环境地理学家王华东教授文集

「第2版」

《环境地理学家王华东教授文集》编委会 编

中国环境出版社 · 北京

图书在版编目（CIP）数据

环境地理学家王华东教授文集/《环境地理学家王华东教授文集》编委会编. —2 版. —北京：中国环境出版社，2009.12
ISBN 978-7-5111-1268-2

Ⅰ. ①环… Ⅱ. ①环… Ⅲ. ①环境保护—文集 Ⅳ. ①X-53

中国版本图书馆 CIP 数据核字（2013）第 006370 号

出 版 人 王新程
责任编辑 陈金华
封面设计 陈 莹

出版发行 中国环境出版社
（100062 北京市东城区广渠门内大街 16 号）
网 址：http://www.cesp.com.cn
电子邮箱：bjgl@cesp.com.cn
联系电话：010-67112765（编辑管理部）
010-67113412（教材图书出版中心）
发行热线：010-67125803，010-67113405（传真）
印 刷 北京中科印刷有限公司
经 销 各地新华书店
版 次 2009 年 12 月第 1 版 2014 年 9 月第 2 版
印 次 2014 年 9 月第 1 次印刷
开 本 787×1092 1/16
印 张 33.5 彩插 8
字 数 680 千字
定 价 98.00 元

《环境地理学家王华东教授文集》（第2版）

编委会

本书得到国家水专项课题“流域水污染控制环境经济政策综合示范（2012ZX07102-002-05）资助

前 言

王华东教授（1933—1997）是我国著名地理学家、环境科学家与环境教育家，在我国学术界最先投入环境科学研究的学者之一。在化学地理学、环境地理学等多个领域中做出了宝贵的历史性贡献，特别是我国环境评价、规划与管理的开拓者与奠基人之一。

20 世纪五六十年代，王华东先生辅助其导师刘培桐教授在国内首次比较系统地建立化学地理的基本理论与方法体系；自 70 年代以来，王华东教授在国内率先开展了环境质量评价工作，对环境质量演化规律与调控进行了系统研究；借鉴国外经验，结合我国实际，在国内率先提出了区域环境影响评价、景观环境影响评价与战略环境评价理念与方法体系，拓展了我国环境影响评价新领域，丰富和发展了我国环境影响评价的理论与方法体系，推动了我国建设项目与规划环境影响评价管理体系的建立与发展；同时，在环境容量与总量控制、环境规划与管理，以及人地关系与可持续发展等领域进行了大量开拓性与创新性工作。

在环境质量评价领域，王华东教授以系统论为指导，建立了我国环境质量评价的理论与方法体系，包括时间序列上的环境现状、预断与回顾性评价，以及在空间序列上的区域环境综合评价的理论与方法。在环境影响评价方面，建立了一整套适合中国国情的项目环境影响评价与战略环境影响评价理论与方法体系，对我国建设项目环境影响评价制度化、规范化与科学化做出开拓性贡献。在环境容量研究方面，在国内率先提出环境容量概念与理论方法体系，特别是典型流域水环境容量与水环境容量区划以及污染物排放总量控制等方面，取得了很多创新性研究成果。在环境规划与管理方面，王华东教授与其合作者率先提出“协调度”与“环境承载力”等概念及其量化模型，为区域社会、经济与环境协调持续发展，确定区域适度发展规模、结构与优化布局提供科学依据。王华东教授还参与国家多项重大建设工程立项、选址的论证工作，为建设项目环境影响决策做出重大贡献，为我们留下了丰富的、宝贵的科学财富。

王华东教授把毕生的精力献给了我国的地理及环境科学教育事业，呕心沥血、诲人不倦，以其深厚的学术造诣、渊博的知识，始终站在学科的前沿，理论联系实际，科研与教学紧密结合。王华东教授是北京师范大学环境科学研究所第二任所长，在任职期间，建立了我国第一个环境地理学博士点，先后独立或与同事联合培养环境地理学硕士100余人，博士、博士后15人及进修访问学者多人。通过各种形式的环境保护培训，培养了各级环境保护干部，为我国环境科学的发展与实践以及骨干人才的培养做出了重大贡献。

王华东教授以其对我国环境保护与环境科学事业的敬业精神，不断地探索和发展新的研究领域，发表学术论文160余篇，编写教材和专著17部。《王华东教授文集》收录了王华东教授不同时期的代表著作，包括早期土壤地理与化学地理，以及20世纪70年代后在环境科学，特别是在环境评价、规划与管理方面的主要成果。这些成果很多迄今仍具有重要的理论意义与实际应用价值。希望通过《王华东教授文集》的出版缅怀先生的学术贡献，总结并传承先生的学术思想并发扬光大；王华东先生不懈的奋斗精神将激励我们励精图治，开拓进取，为促进我国环境保护事业的发展做出更大贡献。

《环境地理学家王华东教授文集》编辑委员会
2014年3月18日

全国高校环境科学教学指导委员会教材建设组委员合影（前排左数第一）

在南水北调专家论证会上发言

1982 年在北京市环境保护研究所与有关专家研究区域环境污染综合防治问题（右边第一）

关于环境污染综合防治问题在听取地方领导现场介绍（左数第五）

在为攻读博士学位的研究生修改论文

王先生在他博士论文答辩会上（前排左数第一）

1990 年在温哥华哥伦比亚大学进行学术访问

1996 年在香港大学讲学时留影

在美国讲学时与温格尔教授在一起

与刘培桐教授、刘逸农教授在马萨诸塞大学和环境学家进行学术交流（左第一）

在美国与北京师范大学环境科学研究所客座教授杨宪贵先生合影（前排右数第一）

在环境影响评价国际研讨会上（中间）

生平与贡献

王华东教授（1933—1997），河北束鹿人。著名地理学家、环境科学家与环境教育家，中国环境影响评价的开拓者，环境地理学的奠基人。在化学地理学、环境地理学，以及环境评价、规划与管理等领域中做出了重要的历史性贡献。

王华东教授，1933年12月27日出生于河北省束鹿县；少年时代，就读于北京市宣武区虎坊桥小学；1946年9月至1950年9月，就读于北京师范大学第一附属中学；并于1950年9月至1954年9月，在北京师范大学地理系学习；大学毕业后，于本校地理系土壤地理研究班学习。

1956年，王华东教授研究生毕业后留校。研究生毕业后的3年时间里，王华东参加了北方地区多个实地项目考察：1957年，在赴沈阳中国科学院林业土壤研究所进修期间，参加了中国与前苏联合作组成的黑龙江综合考察队，赴松嫩平原进行考察，获得了实践经历。同年，还赴松辽平原草甸黑土区进行苏打盐渍土调查研究；1958年在山西大同盆地完成千千村碱铺地区的苏打盐渍土研究；1958—1959年在北京地区进行土壤普查工作，这期间发表了关于农业土壤的论文。这个阶段的研究经历为他此后所从事的地理学与环境科学研究与教育事业打下了宽厚坚实的基础。

20世纪60年代，王先生协助导师刘培桐教授在地理系组建本科化学地理专业与国内第一个化学地理研究生班；在刘培桐教授指导下，参与编写《化学地理学》讲义，比较完整地建立化学地理的基本理论与方法体系。同时，在刘培桐教授主持下，王华东参加了内蒙凉城县岱海盆地化学地理研究项目，该项研究是一项典型的化学地理实例剖析，在国内首次系统开展化学地理学研究，具有重要的示范意义。此后，王华东开展了河北承德地区土壤中微量元素含量与地方性甲状腺相关方面的研究，以及北京小汤山氟含量与人体健康方面的研究工作。作为刘培桐教授的得力助手，王华东先生传承了刘先生的化学地理学理论思想体系；并在刘培桐教授带领下，与同事一起逐渐建立起环境地理学的理论与方法体系，为建立国内第一个环境地理学博士点奠定了良好的基础。

20世纪70年代以来，王华东教授围绕环境科学的核心问题，环境质量演化规律与调控进行系统研究，在国内率先开展环境质量评价工作。王先生最早将模糊数学方法应用于环境质量评价，提出变权的概念与方法，为同类研究奠定良好的基础，是我国学术界率先投入环境科学研究的学者之一。

1972年，王先生参与编写《中国自然地理——地表水》中河流水化学部分，并开展了“环境与癌”的相关性分析研究。1973—1976年，王华东教授参与了《北京西郊环境污染调查及环境质量评价研究》与《官厅水系水源保护研究》。由于这两个项目对推动我国环境科学研究的发展起了重要的作用，以及王华东先生在项目实施中起了重要、骨干作用，这两个项目均获得1978年全国科学大会奖，王先生荣获大会个人奖。

1976—1979年，在北京东南郊环境污染调查及其防治途径研究项目中，王华东教授任协作组副组长，负责组织设计课题，协调大气、地表水、地下水与土壤作物等子课题的研究工作；并最终负责总报告的编写工作。该项研究工作1981年获北京市科技进步一等奖，后又获国家科技进步三等奖（王先生排名第二）。

1978年，中国环境科学学会成立。在成立大会上，王华东教授首次发表了“环境质量预断评价”的论文，提出环境预断评价概念，将环境影响评价制度引入中国；会上，王华东被推举为中国环境科学学会环境质量评价专业委员会主任。在这之后，王华东教授积极响应刘培桐先生的倡导，大力推动我国环境影响评价工作，先后负责包括江西永平铜矿（1980—1982年，为我国第一个建设项目环评项目）、江西贵溪冶炼厂（1982—1984年）、山西平朔大型露天煤矿（1983—1985年）等环境影响评价工作。

王华东教授以系统论为指导，建立了我国环境质量评价的理论与方法体系，包括时间序列上的环境现状、预断与回顾性评价，以及在空间序列上的区域环境综合评价的理论与方法，先后负责指导帮助天津市、西安市、厦门市、海口市等地方的环境质量评价工作。在此基础上，对环境影响评价的方法学进行了探索，在国内环境影响评价领域一直处于领跑者地位，先后参加上海金山二期工程、大庆30万t乙烯工程、湖北王集煤矿等建设项目环境影响评价的指导工作，进一步完善了环境影响评价的理论体系与方法论。1983年参加了国际采矿与环境相协调的专门学术会议，1985年与1986年，参加了在英国阿伯丁大学举行的第六届、第七届国际环境影响评价会议，开拓了视野，开展了学术交流，促进了中国环境影响评价工作。王华东教授是我国环境质量评价与环境影响评价的开拓者，通过承担与指导大量环境质量评价与环境影响评价课题，兼收并蓄，形成一整套理论与方法体系。

20世纪90年代，王华东教授通过借鉴国外先进环境影响评价的科研成果，进一步丰富和发展适合中国国情的环境影响评价理论与方法体系，提倡单个项目环境影响评价与区域环境影响评价相结合，在生态影响评价、环境风险评价、社会环境影响评价、区域环境影响评价与战略环境评价等方面都留下开拓者的足迹。他在国内率先将战略环境评价概念和理论引入国内环境影响评价研究，提出了开展我国战略环境评价研究和实践的具体建议；将环境影响评价应用于宏观决策过程，为实施环境与发展综合决策提供了有力工具；提出了综合集成战略环境评价方法学框架，围绕生物多样性影响评价、发展政策环境影响评价、累积环境影响评价等战略环境评价的关键和热点科学问题开展了探索性研究，培养出国内第一个战略环境评价博士，丰富和发展了中国环境影响评价的理论与方法体系，对建设项目环境影响评价制度化、规范化与科学化做出了开拓性贡献，推动了中国建设项目与规划环境影响评价管理体系的建立与发展。

王华东教授十分重视理论创新，在环境规划与管理领域，做出大量开拓性与创新性工作。早在20世纪80年代初，王华东教授就将环境容量与总量控制制度引入中国，是国内最早涉足该领域的学者之一。他与合作者出版了国内第一本《环境容量》著作，对环境容量的基本概念、分类体系与各要素环境容量计算方法等开展了系统研究；在风险水环境容量及其合理分配、随机条件下总量控制、典型流域水环境容量与中国河流水环境容量区划等方面取得一系列创新性研究成果。80年代末、90年代初，在王华东教授参与完成的《我国沿海新经济开发区环境的综合研究——福建省湄洲湾开发区环境规划综合研究》等课题中，针对当时环境规划理论体系存在的缺陷，王华东教授与合作者率先提出“环境承载力”概念，拓展了“承载力”概念的内涵，初步建立“环境承载力”量化方法与优化模型，丰富和发展了环境规划理论与方法体系，为区域社会、经济与环境协调持续发展，确定区域适度发展规模、结构与优化布局提供科学依据。王华东教授还参与国家多项重大建设工程立项、选址的论证工作，为建设项目环境影响决策做出重大贡献，通过研究与实践，逐步形成了宏观微观相结合的环境与经济协调持续发展的学术思想，为我们留下了宝贵而丰富的科学财富。王华东教授是我国环境影响评价的先行者与奠基人。

王华东教授留校任教后，先后承担土壤地理学、化学地理学、环境学、环境科学导论、环境质量评价与环境保护通论等课程的教学工作。早在20世纪70年代末，环境质量评价作为环境科学的一个新分支、一个崭新的研究领域，正处于发育尚未成形的胚胎阶段，王华东教授在国内最早开设《环境质量评价》这门新课，经过一段时间的教学探索，编写了《环境质量评价》教材，在国内高校与环保部门得到了广泛应用。除此以外，他还撰写了大量的学术论文和专著，从理论和实践结合上为发展我国的化学地理学、环境科学和解决我国环境保护中的一些重大问题，做出了宝贵的贡献。他孜孜好学、勇于进取、有强烈的事业心和责任感，有卓越的创新精神和超前意识，不断探索和发展新的学科领域。作为一位具有创新精神和超前意识的教育家，环境地理学的奠基人之一，王华东教授在中国环境科学领域开创并发展了环境地理学这一新学科，与同事一起共同组建了中国第一个环境地理学博士点，成为北京师范大学第三批博士生导师，培养了中国第一批环境地理学领域的博士生。作为优秀的教育家，王华东教授把毕生精力献给了中国的地理及环境科学教育事业，呕心沥血、诲人不倦，以其深厚的学术造诣、渊博的知识，始终站在学科的前沿。他善于将理论联系实际，科研与教学紧密相结合，为中国的环境科学理论与实践以及人才的培养做出了重大的贡献。

王华东先生于1977年10月国家恢复职称评定工作后就被晋升为副教授；1978年获得全国科学大会奖励，1981年承担的“北京市东南郊环境污染调查及其综合防治”课题获北京市科技进步一等奖，国家科技进步三等奖；1986年，晋升为教授。1993年，王华东教授所承担的“黄土高原地区工矿和城市发展的环境影响及其对策”获中科院科技进步一等奖；“我国沿海新经济开发区环境的综合研究——福建省湄洲湾开发区环境规划综合研究”获国家教委科技进步一等奖。

1983年，经教育部批准的全国高校首批从事环境科学研究与环境教育的基地之一——北京师范大学环境科学研究所正式成立，继刘培桐先生之后，王华东教授担任了北京师范大学环境科学研究所第二任所长（1987—1993年），其间，与北大、清华、中科院生态中心联合参与组建了第一批环境类国家重点实验室-环境模拟与污染控制国家重点联合实验室，王华东教授任环境模拟与污染控制国家重点联合实验室副主任。

王华东教授先后被聘为国务院学位委员会地理、大气、海洋学科组成员；国家教委科技委员会地理、大气、海洋及环境组成员；国家教委环境科学教学指导委员会委员；中国环境科学学会常务理事；环境教育专业委员会主任；环境评价专业委员会主任；中国环境工程学会常务理事；中国地理学会环境地理与化学地理环境专业委员会委员；联合国环境规划署环境影响评价顾问；国家自然科学基金第一、第二届评审组成员；以及北京市人民政府第一、第二届环境保护顾问，第四届北京市科协委员，担任《地理学报》、《中国环境科学》及《环境科学》等杂志的编委等职，并被聘为联合国环境规划署（UNEP）环境影响评价顾问和国际影响评价协会（IAIA）组织成员。

王华东教授十分重视国际合作与交流，先后赴美国、加拿大、英国、法国、葡萄牙、希腊、以色列、澳洲、日本与韩国以及香港地区考察与讲学，开展学术交流活动。1987年10月，在他具体组织参与下，北京师范大学主办了中国首个环境影响评价国际学术会议，来自日本、澳大利亚、英国、美国等25个国家代表，以及80多位国内代表出席了会议。会上，王华东教授做了“中国环境影响评价进展”的主题演讲，扩大了我国在环境影响评价领域的国际影响，增进了我国在环境影响评价领域的国际合作与交流。

王华东教授把毕生的精力献给了我国的地理及环境科学教育事业，呕心沥血、诲人不倦，以其深厚的学术造诣、渊博的知识，始终站在学科的前沿，理论联系实际，科研与教学紧密结合，先后培养环境地理学硕士100余人，博士博士后15人及进修访问学者多人。通过各种形式的环境保护培训，培养了大批各级环境保护干部，为我国的环境科学实践与管理，以及大批骨干人才的培养做出了重大贡献。

《环境地理学家王华东教授文集》编辑委员会

2013 年 3 月 18 日

目　录

第一篇　土壤地理与化学地理

第二篇　环境科学基础理论

第三篇　环境评价

环境质量评价

环境影响评价

环境风险评价

第四篇 环境规划与管理

环境容量与总量控制

环境规划

环境管理

人地关系与可持续发展

第五篇 英文

第一篇

土壤地理与化学地理

土壤的绝对年龄及相对年龄学说的初步探讨*

王华东

伟大的土壤学家 B·B·道库恰耶夫曾经首先提出了影响土壤形成过程的五种成土因素，其中最值得注意的一点就是地区年龄也被列为成土因素之一，将时间对土壤形成过程的影响提高到这样的高度，在土壤学发展史上还是第一个。这样一个概念后来又为B·P·威廉士所光辉地发展了，他的土壤统一形成过程学说，就充分地体现了这样一个中心思想。尽管如此，目前在苏联对这个问题的研究在整个的土壤学研究当中仍然是较薄弱的环节；在我国对这个问题的探讨一般还仅仅限于重复前人对这个问题的说明，至于如何充分地运用目前的科学成果推进这个学说的发展显然是不够的。

近几年来致力于这方面研究的苏联学者有 И·П·格拉西莫夫、B·П·布辛斯基、M·C·茨岗诺夫、C·A·科里亚格、E·И·施依洛娃等人，这些学者对这个问题的看法是不一致的，但基本上可以分为两派：一派是 B·P·威廉士学说的拥护者，另一派主张B·P·威廉士的地区年龄的学说是有不完满之处的，譬如C·A·科里亚格就主张B·P·威廉士的地区年龄的学说与其统一的土壤形成过程学说之间有矛盾存在；同时认为要运用目前的科学成果把这个学说更向前推进一步。我认为后一种见解是比较正确的，我们应当运用目前的科学成果，包括生物学的、地质学的、气候学的、地理学的等各个相关科学的新成就来丰富 B·P·威廉士的土壤绝对年龄及相对年龄学说的内容。

诚然在 B·P·威廉士的地区年龄的学说与其统一的土壤形成过程学说之间是存在着矛盾的，正像C·A·科里亚格在苏联《土壤学》杂志 1953 年 4 月号第 73 页上所写的：“这个矛盾的构成如下：一方面由于B·P·威廉士的学说认为统一土壤形成过程是由生命在地球上发生到现阶段的发展过程；而另一方面，所谓地区的绝对土壤年龄和统一土壤形成过程的绝对年龄理解成，过去的大陆从第四纪冰川解脱出来的瞬间起到我们现代的这一段时期。”这样理解必然给我们带来思想上的混乱。我认为将整个地球及各个不同地区的土壤绝对年龄分开是完全有必要的。当然随着生命在地球上的出现土壤也就相伴而生了，从那个时候起直到现在的这一段地质历史时期可以算做是全球土壤的绝对年龄。另一方面地球上的各个不同的具体地段的土壤又有其地区的绝对土壤年龄，它是由这个地区遭受到大的地质变化以后成土过程重新开始时计算起的，譬如像冰川的覆盖、海水的进退、大的构造运动以后来计算的。很明显，在全球的土壤绝对年龄和地区的绝对土壤年龄之间是有区别的，但它们是互相紧密联系着的，因为无论经过任何大地质事件的侵袭，地球上的生

---

* 原载《土壤通报》，1957（00）：43-45。

物（植物和动物）都从未中断过，尽管有些地区或甚至是极大范围的地区遭到了地质作用的破坏，扫去了当地的所有生物遗迹，但这个地方的生命再开始发展的时候，其周围环境已经完全不同于原始的地理环境了，岩圈、气圈、水圈、生物圈都早已起了深刻的变化，因而这个地方就不会是再像生命刚刚在地球上产生时一样缓慢地向前发展了，尤其是在这时就有必要来考虑其毗邻地区的生物，特别是植物所发展的阶段，因为周围的植物迟早是会侵移到这个地方来的，同时植物的侵移并不一定比动物慢些。根据印度 Sahni 教授的意见："因为动物的移动性较速，所以人们常常这样想，动物较植物易于适应新的环境。因为植物的迁移性较缓，所以人们也常常这样想，在一个不幸和不顺的环境改变中，植物较动物易于毁灭和死亡。但在我看来，这些观念是错误的。我想我们可以这样说：在植物和动物当中，都有一个从其'原来的分布区域'的边缘固定地向四周发展的倾向，此'种'或此类植物的种子常常早已分布于此类或此'种'植物的'正常分布区域'的边缘四周以外的地方。当环境没有改变时，这些种子之所以不能扩张此种植物的分布区域，并不是它们'不能到达'此种植物的正常分布区域以外的地方；而是在那些地方它们'不能生存'。一旦环境——比方说气候发生改变，这些种子便乘机发芽，而此'种'植物的'正常分布区域'便可以扩大了。""因此我们可以决定：一'种'植物的平面分布的速度，常较其受环境变更的影响而开始移动的速度为速。所以植物的迁移性，不见得比动物慢。"（载于《科学通报》，二卷六期，斯行键译述）既然其生物（尤其是植物）不一定是从头开始发展的，而是接受了其他地区的生物因素的影响，故其土壤发育的相对阶段一开始就不一定是从极低级的阶段开始的，而是适应于侵入的植被类型及当地的具体自然条件发育了相应类型的土壤。由此可见，个别地区土壤的发展是整个地球上的土壤发展序列中的一部分，个别地区的绝对土壤年龄是整个全球的绝对土壤年龄的一个环节。

毫无疑义，现在的每个个别地段上的土壤，没有任何一个地段的土壤其绝对年龄是与整个地球的土壤的绝对年龄相同的。因为从生命在地球上产生以后直到现在的地质历史时期当中，地球上各个不同部分都曾或多或少地经过了大小程度不同的地质事件，其上生长的植物、发育的土壤都会遭到过程度不同的变革，由此可见整个地球的绝对土壤年龄只有理论上的意义。在探讨我国土壤的绝对年龄时就充分体现出了这样的问题，一般地说，我国回归线以南的地区，在第四纪时受冰川的影响很小，因而当地的红、黄壤可以说是从白垩纪就一直发展下来的，因而在推断当地土壤的绝对年龄的时候，可以追溯到白垩纪。然而发育在回归线以北地区的土壤就不同了，在这个地区第四纪时山岳冰川是比较发达的，譬如九华山、天目山、黄山、庐山、淮阳山、秦岭、泰山、崂山、太行山、吕梁山、长白山、大兴安岭、小兴安岭、阴山、贺兰山、祁连山以及青海、新疆等地均会发现有冰川地形存在，由此看来这个地区的土壤，其绝对年龄也只能是从第四纪冰川以后算起了。当然，在其他的国家也一样，同样的不能追溯到生命在地球上出现的时期，譬如苏联受第四纪大陆冰川的影响很大，故其土壤也只能追溯到第四纪冰川以后的时期。

在这里我们还必须指出，除了由土壤形成过程开始到现在、由生命的出现到现在算是整个地球上的土壤的绝对年龄以外，同时每个不同的发生土类也是有其绝对年龄的。譬如在泥炭纪的时候，陆地植物大大地向前进化了，当时已经出现了由蕨类、木贼以及芦木类组成的浓密森林，在相应的植物群社之下可能出现了红、黄壤型的土壤，这就表明了红、黄壤是在泥盆纪刚刚开始发育成的，因而红壤和黄壤这个土类的绝对年龄就应当从泥盆纪开始算起。但同样的我们也应当把发生土类的绝对年龄和分布于各区的具体的这类土壤的绝对年龄区分开来。正像 И·П·格拉西莫夫在苏联《土壤学》杂志 1955 年第三期上所写的题为“土壤系统和分类的科学基础”的文章中所指出的：“因此，当研究土壤进化问题时，应该把发生土类的绝对年龄和具体土壤的绝对年龄区分开，换句话说，在一般土壤进化问题中，我们应把发生土类的‘系统发育’和个别具体土壤的‘个体发育’区分开来。第一类问题也就是关于确定一定的现代发生土类在地表出现时间的判断问题，在土壤学上它应当是进化问题的本质。”（见土壤学译报 1955 年第二期第 7 页）格拉西莫夫在同一篇文章中又写道：“泰加森林，从其现代优势树种的结构和组成看来，它们是最适合于其周围环境条件，当然也不是永久存在着的，正如古地理的材料所证明了的，它们仅仅在第四纪的下半期才出现在地表上。相反地和现代森林非常相近的阔叶林都已存在很长的时间了，无论如何在第三纪下半期之前就存在了。”由此可见，灰化土类最初形成时，显然晚于棕色森林土。换句话说，从整体上看来，灰化土的发生土类较棕色森林土类年轻，当然这并不是说任何一种具体的灰化土都比任何一种棕色森林土年轻些。因为侵蚀过程或其他过程强度的不同，均能消灭土壤的尸体。所以无论是具体棕色森林土或是灰化土都具有极其不同的年龄，即是它本身存在的时期是极不相同的。

所谓土壤的相对年龄，正像 B·P·威廉士所指出的，是指土壤在统一形成过程中所处的阶段地位而言，这里应该着重指出，各个发生土类在全球的统一的土壤形成过程中是有着确定不移的位置的，但是在各个不同的具体地段上，各个土类出现的先后次序与这个土类在全球的统一的土壤形成过程中所出现的次序可能是不一致的。通常我们所指的其发育阶段的高低，一般是指其系统发育而言。因此在具体运用这个概念的时候就需要考虑各地的历史演变过程及其具体条件来确定各个地区的土壤的演替顺序，不能机械地将其他区域的图式加以搬用，正像苏联的土壤发育图式不能硬搬到中国来一样。

土壤的绝对年龄和土壤相对年龄之间的关系是很密切的，一般来讲在正常的情况下绝对年龄愈大的土壤，其相对年龄也愈高，正像苏联的栗钙土带的土壤比黑钙土带的土壤脱离冰川的作用更久一些，因此其绝对年龄更大一些，相应的这个土类的相对发展阶段也比较高。但在特殊的情况之下，绝对年龄大的土壤，而相对年龄并不一定高。

很显然，将这样的概念运用在我国的领土上才能正确地解决我国土壤的发生、发展过程，才能找出我国土壤的具体发育图式。但还应该指出仅仅有这样的思想做指导，而无实际的调查材料，无其他各种相关科学的相应发展，想彻底解决这样一个复杂问题也不过是一个臆想罢了！正如 И·П·格拉西莫夫院士在苏联《土壤学》杂志 1954 年 3 月号（第 65-66 页）发表的题为“为了创造性地发展 B·P·威廉士的关于统一的土壤形成过程学说要反对教条式的解释它”的文章中所指出的：“在所有的情形里，选择我的方法在于不仅仅使 B·P·威廉士的科学观点通俗化，而且根据 B·P·威廉士的观点，同样的根据不同的新老事实及土壤学、地质学、地理学及其他自然—历史科学的科学概念，提出新的假设，新的理论说明，也就更大大地发展了他的意图。”尽管我们是非常需要这方面的材料，尤其是我国的具体材料，但我国在这方面积累的材料太少了，尤其是第四纪地质学在我国仍然是一个非常年轻的科学，我国的地理情况还很少人研究。正因为如此，所以给我们探讨中国的土壤发育过程带来了极大的困难。今后关于我国古土壤学及土壤年龄问题的研究，必须伴随着其他相应科学的发展不可。

京郊平原区土壤的利用及改良问题*

地理学土壤利用改良小组

1958 年底，在北京农业科学院的领导下，我们与科学院土壤队合作在京郊平原地区进行了群众性的土壤普查工作。通过普查我们对京郊平原区的土壤有了较全面的了解，搜集了农民在本区利用及改良土壤的宝贵经验和措施。

京郊平原位于华北大平原的西北边缘，属于温带半干旱性的大陆季风气候。北京境内分布有许多河流，其中较大的有永定河、潮白河及大清河的上源——拒马河，其他小河多为它们的支流。河流由京西山区下降到平原，比降变化极大，河床坡度陡，携带大量泥沙，到出山口处水流速度减小，泥沙沉积，于是形成了山前的扇形地和洪积淤积平原。北京平原就是由大大小小许多河流的扇形地和洪积淤积平原所联结起来而组成的。

北京平原并不是绝对平整的，有许多的局部起伏，如残丘、黄土台地、自然堤与自然堤背后洼地、河漫滩及阶地、风成沙丘、扇形地之间的洼地、冲沟等，高差可由几米到几十米。微地形的起伏打破了平原的单调景色。这是影响京郊平原土壤形成的重要自然条件。

几千年来由于人们的耕作、施肥、灌溉及排水的结果，也改变了自然土壤形成过程的真正方向，尤其是 1958 年的水利化及深翻土地运动，使土壤的性质在短期内起了很大的变化。

本文土类名称都是采用了当地农民所熟悉的土名，我们感到它的最大优点主要是更能紧密结合农业生产。但是由于土名中同土异名和同名异土之处甚多，而限于我们所掌握的资料和水平关系，在归并土类时，恐有不够妥当甚至是错误的地方。

京郊平原土壤经初步归纳分析的结果，计有红黏土（石灰性褐土）、石渣土（粗骨褐土）、黄土（褐土、草甸褐土）、黑土（草甸土及沼泽化草甸土）、二合土（浅色草甸土、褐土化浅色草甸土、草甸褐土）、沙土（浅色草甸土、固定及半固定沙丘）、蒙金土（浅色草甸土）、盐碱土（盐化浅色草甸土、盐化沼泽化浅色草甸土）、水稻土 9 种类型。石渣土及红黏土发育于山前的残丘上；黄土分布于冲积扇的中部及上部；冲积扇及冲积平原交接地带发育的是黑土；低洼地区种植水稻发育成水稻土；二合土分布于冲积扇下部；沿河分布有沙土及蒙金土；盐碱土分布于冲积扇边缘洼地。

京郊农业的发展方向是为首都服务，今后它将逐步满足北京市区对粮食、农业副食品及工业原料不断增长的需要，京郊将成为首都粮食、副食品及工业原料的供应基地。为此，就需要合理地利用土地，按土种植、按土施肥，尽早实现耕地利用的“三三制”和大地园

---

* 原载《北京师范大学学报》（自然科学版），1959（2）。

林化，不断提高土壤的肥力。

下面就京郊平原区分布面积较广的几个土类来谈谈：

黄土

黄土是京郊土壤的主要类型，在周口店区、昌平区、丰台区和顺义区有着广泛的分布，位于山麓台地和冲积扇的中上部以及山麓平原上，地势高而平坦或略微起伏，即农民所称的平旱地、山岗地、坡地、偏坡岗地等。

由于北京地区干湿季明显，而且湿季不长，土壤虽有淋溶现象，但不很强烈，上层中的碳酸钙等盐类向下淋溶，并在一定深度里聚积，形成假菌丝体。同时因地下水位低和土壤中的可溶性盐类因淋洗而减少的结果，所以黄土不易发生返盐现象。又因表层细粒随雨水下移，发育成黏化层，故下层常夹有一层质地黏重的胶泥。而表层多为轻壤，适于耕作。但由于通透性好，有机质分解迅速，故肥力不高，土壤结构也较差，但含有相当的矿物养料，可供作物利用。

在相同的气候条件下，由于各处黄土所处的地形部位不同，就相应的发育着不同的土壤，大体可概括为 3 种：一是发育在地势高而有一定坡度的山麓台地上的岗地黄土（包括石渣黄土）。它的土层深厚，地下水位深达 20～30 m，土壤受强烈的淋溶，地表冲刷较甚，极显干旱，土壤肥力很低。此外在山前谷口地带的土壤，上下层均有数量不等的石渣，对耕作颇为不利。二是发育在地势较高而平坦或坡度平缓的冲积扇中、下部或山麓平原上的平地黄土。它的分布面积最广，水分条件和肥力状况较岗地黄土好，地下水位一般为 10 m 左右，土壤黏化现象不明显，胶泥夹层很薄或没有。三是发育在地形相对低下的山麓平原上的黑黄土。它的地下水位在 3 m 上下，是黄土和黑土之间的过渡土壤，它兼有黄土与黑土的优良特性，比黑土耐旱抗涝，耕作性能好，比黄土肥力高，水分条件也好，为良好的农业土壤。

针对岗地黄土和平地黄土，我们提出改良措施如下：

1．种植规划：岗地黄土一般不适于农作，但地势高，排水好，日光充足，又背西北风，较平原地区的温度要高，雨水较多，这便为发展果园提供了有利的条件。现有果树品种甚多，其中以柿、杏、枣、栗、红果等生长较好，因它们对土壤的要求不高，抵抗病虫害的能力也较强，可以种在山前谷口中的石渣黄土上。其他如苹果、香果、桃、梨和葡萄等可以种在条件较好的地方。其间还可以兼种粮食作物，如玉米、谷子等，以关照当地粮食的自给。平地黄土则应以种植大田作物，如玉米、高粱、谷子和棉花等为主，不过在村庄周围的果树，仍应予保存并加以发展。黑黄土适种小麦、蔬菜，并可采用三大季的轮作制，即一年三茬，其中二茬菜一茬粮或二茬粮一茬菜。此外为了达到少种多收并配合其他土壤改良措施，还可以大力栽培牧草和饲料。

2．水利措施：在全面进行各种安排的同时，土壤的干旱问题和侵蚀问题尚待进一步解决。①在地形有明显起伏、具有一定坡度的地方可以修筑等高沟埂和地边埂；②在沟谷发达的地区，沟头砌石筑坝，沟壁、沟底种植灌木和牧草；③平整土地，减小地面坡度，防止冲刷；④在山口适当地方修筑小水库，在村头道旁雨水集流处挖涝池，蓄水灌地。

3．农作措施：①深耕：黄土很适合深耕，但过去耕作层很薄，一般不过 20 cm，往下土层密实，不利根系伸展。深耕后不但为根系的发育创造有利条件，并且带动了土壤许多良好性能的发展。至于深耕的其他好处，有关文献很多，此处无须重述，这里只提出黄土深翻应注意的事项：分层深翻，活土保持在上；在深翻的同时，必须大量施肥，如果肥料不足，则深度一时不宜过深，应逐年加深；在深翻施肥的同时，还需加水，因黄土比较干旱，施肥以后，不能融散。如加水后，肥料进行融解、均匀地分散到各个土粒中，水、肥、土相融，有利于土壤团粒结构的形成。②施肥：黄土的腐殖质含量很低，故必须多施有机肥料，以增加土壤的氮素。黄土含有一定数量的磷，但因土壤富含石灰，发生磷的固定作用，植物不能吸收，每年需要施入一定量的有机磷，特别在作物开花结果的期间，更急需磷肥的补给。黄土中钾肥的含量较为充足，但在高额丰产和种植喜钾性作物如白薯、蔬菜等也需适当施加钾肥。施肥量和方法应视作物种类而定，如白薯一般要求勤追肥，而花生则要求多施底肥。追肥最好是稀肥，如底肥多的则应经常浇水，以便充分发挥肥料的有效性，同时防止土壤溶液浓度过大而影响作物生长。

黑土

黑土包括普通黑土、黑胶泥、鸡粪土等。严格来说，这几种土壤的质地、结构与所处的地形部位不尽相同。但总的情况比较接近，质地一般黏重，中壤或重壤，颜色较暗，灰褐色或褐色，地势低洼，农业利用以及改良途径颇为近似，所以把它们归并在一起，统称黑土。

黑土的土层较厚，自然肥力也很高，但在农业利用上存在下列几个问题：

1．怕旱怕涝：黑土一般怕旱怕涝，因土质密实、通透性差而易涝；因小孔隙多、毛管作用强而易旱；更因地势低洼，为周围雨水注泻之地，每每为内涝所威胁。通常地下水位高 100～130 cm，影响作物根系发育。如果地下水位经常保持在 30 cm 左右，土壤中的根系便很少，产量很低。这是指较为耐涝的作物如高粱等而言，至于不耐涝的作物，如芝麻、花生等则难以生长。因此作物种类的种植范围便受限制。

2．黏重口紧耕作性能差：由于黑土质地黏重，怕旱怕涝，因此也不利于耕作。干时坚硬发裂，湿时泥泞成浆，正如农民所说的“干时像把刀，湿时一团糟”。因此翻地很费劳力，并且产生很多坷垃，适合耕作的时间很短，在劳力不足的情况下，误时耽工，易使土地荒废。

3．盐渍化：黑土地区，地形相对低下，地下水位高，土壤都有不同程度的盐渍化现象，对作物的生长影响也不同（但对作物影响较大的盐渍化黑土已归在盐碱土范围）。

从上述可知，黑土在农业利用上存在一定的缺陷，只有在雨水协调的情况下，才能发挥较大效用，获得高产。要获得高额而稳定的产量，就必须对黑土进行合理利用和改良：

1．建立排灌系统：现在黑土区已初步建立起灌溉系统，加上地形相对低下，供水问题基本上解决，但排水问题还待进一步解决。每当暴雨，极易内涝，积水成灾，可以采取多样的措施：①多修毛渠，减轻积水负担。②等高排溃，高水高排，低水低排，防止高处的水全倾泻于低处，这可以在洼地四周加筑溃水堤，以防溃漫溢，溃水堤的高低和大小，应以承受水的面积和径流量的大小而定，但应以不使堤溃决为原则。

2．掺砂：掺砂是改良黑土的物理性质，提高抗旱耐涝的有效措施。黑土掺砂以后，土壤质地变为松散，不仅使土壤的耕作性能变好，同时也改善了土壤的通透性，削弱毛管作用，减低蒸发速度，防止土壤发生干旱和盐渍化现象，同时也增强土壤的透水性能，提高它的抗涝能力。这就是农民所说的“黑土加砂如上粪”的道理。如顺义区李遂公社后营村一块甜菜地，减少了施肥量而拌进 1/3 砂以后，结果比不加砂而多施肥的同样黑土增加了产量。据农民经验，黑土地一般铺上四指厚的砂就能变成上等好地。拌砂有下列几种方法：①扬砂二翻法：冬季或春季刮大风时，用铣扬起砂子借风力吹送到黑土地里。这不仅省力，而且均匀。铺上一层砂以后，进行翻地，把砂翻下去，把下面黏土翻上来，最后再铺一层砂。②混合深翻法：黑土底层或夹层如有砂土，可以进行混合，并深翻土地，把底层或夹层的砂和表层黏重的黑土相拌。掺用的砂最好是油面砂，其次是细砂，如果当地缺乏这两种砂时，用白眼砂亦可。但要注意不宜过多，以免造成板结现象，一般砂与黏土之比为 3∶7 较为合适，但必须根据黑土的黏度和砂的粗细而定。其原则为：黏重的多掺，不太黏重的少掺；细砂多掺，粗砂少掺。

3．加速土壤熟化：过去黑土由于经常处于旱涝状态，适合作物生长的时间较短，耕作次数少，土壤熟化程度低，所以加速土壤熟化是改良黑土的重要措施，而深翻是迅速加速土壤熟化的有效方法。在深翻的同时，除了拌砂以外，还要适当施加肥料。深翻土地的措施决定于种植计划和轮作制度。如在春天播种，先一年冬季休闲，就应在秋后深翻，并可将下层生土翻上来经过暴晒和冻结，加强土壤风化，加速土壤熟化。如果秋季休闲，则应夏收后深翻。不管什么时候深翻，最好都在土地深翻后，让土壤有一定时间进行熟化，然后再进行播种。

4．种植规划：种植规划应结合各地区的特点加以全面考虑。在地势最低洼、盐渍化较重、水源丰富但排水条件又较好的地区，可以发展为水稻田，如果排水条件差，则应考虑发展为鱼塘或种植芦苇。水稻田应集中一个地区，不要过于分散，以便于水利控制和田间管理。黑土一般宜种玉米、高粱，在条件较好的地区适种小麦、蔬菜。黑土经过改良以后，小麦和蔬菜的种植还可以大力发展。

5．轮作制度：在一般的黑土地，可以试用这样的轮作：冬小麦-绿肥（绿豆）；冬小麦-青贮玉米。这样轮作其优点是：①保证生产大量饲料（绿豆），解决大力发展畜牧业而饲料不足的困难。②保证小麦的播种面积，解决粮食需要。③青贮玉米收成快（比籽用玉米早收一个月左右），所以在小麦播种前有较长的时间进行深翻，并且土壤有较充分的时间进行风化。④保证黑土肥力的有效性：绿肥除了可以作饲料，还能增加土壤的固氮能力和有机质含量，以满足作物对土壤养分的需要。

二合土

二合土是河流的冲积物质，经过不明显的草甸过程而发育起来的土壤。它主要分布于通州区，其次是大兴区，其他各区也有零星的出现。从地形部位看，它处于砂土与黑土之间，距河较远，地势宽阔平坦，即农民所称“四平地”。地下水位一般在 200 cm 左右。按二合土表层质地的差别，反映在农业利用上的价值不同，还可以分为典型二合土和砂性二合土两种。

典型二合土分布于比较靠近黑土的地区，距河较远，地势略为低平，地下水位一般150～200 cm。表层厚度各处不等，30～100 cm 皆有出现。底层或砂或黏。耕作层呈灰棕色，它的最大特点是不砂也不黏，一般为轻壤或轻偏中壤，土层比较疏松柔和，易于耕作。一般不易旱、涝，通透性好，利于根系发育。因耕作频繁，土壤熟化程度也较高，在农业利用上占据显著的地位。

砂性二合土分布于靠近砂土的地方，地势比典型二合土高，地下水位 200 cm 左右，它跟典型二合土相比：颜色较浅，多呈黄棕色，比较偏砂性，为砂壤或砂质轻壤，肥力也较低，保水保肥能力都不如典型二合土。但因土壤较松，耕作性能因而比典型二合土好。表层也较厚，一般约 1 m。在此以下常出现肥力较低砂壤质土层，或于更深处出现流砂。总的来说，砂性二合土虽不如典型二合土，但比砂土要好，在农业利用上仍具有较大的价值。

从上述情况看，二合土存在的问题不大，由于具有许多优良特性，一般作物均能种植，收成也比较稳定，但产量都不高。为了充分发挥二合土的良好性能而获得高额丰产，还必须注意以下几个问题：

1．二合土虽然许多作物都可以种植，但典型二合土以种小麦、玉米最为合适。在靠近村镇的地方以种蔬菜最适宜。砂性二合土因土质较松，适宜种红薯、甜菜、花生、西瓜等。

2．二合土都适合深翻，其深翻厚度和方法应根据作物种类与底层土壤性状而定，深翻厚度一般以 50～60 cm 为合适，并以分层深翻的效果较好。如遇表层砂性较大，而下层又为黑土层时则可以进行适当混合。若底层有流砂层的，切不可翻上以免降低二合土表层的良好性能。

3．二合土的自然肥力，不论是有机质含量或是矿物质含量都不高，在作物生长的后期，往往感到没有后劲。所以在深翻的同时，需加大量的肥料，特别是有机肥料。并注意适当追肥，尤其在作物生长的后期，追肥更为重要。

4．在实现了河网化的情况下，二合土区的灌溉问题得到基本的解决。为了今后工作更好地开展，我们提出以下建议，以供参考：要注意防止渠系渗漏，引起土壤发生次生盐渍化或盐渍化加重。有一些地区，如通州区等，现有的渠道高出地平面，渠道容易发生渗漏现象，在渠道两旁土壤的地下水位因而升高，以致发生次生或加重盐渍化。故建议：（1）加强渠系管理，在渠系上应逐渐设置量水设施，如建筑分水闸、节制闸、涵洞、导虹管以及渠系上的小型闸门，控制渠道流量，进行要计划用水，减少渠系渗漏损失。（2）集中时间，统一灌溉，在平时不灌溉时，渠道不要有积水。（3）注意渠系布置，有些地区渠系布置不合理，渠系多呈树枝状，干渠与支渠交角过小，在尖角处，土壤盐渍化较为严重。通常以支渠与干渠的流向交角稍大于 90° 较为合适。（4）修整渠系边坡，有些地区，由于不是根据土质来设计边坡的坡度，往往造成个别地方发生塌坡。边坡修整遇黏质土时可较陡，砂质土则应较缓，渠道较深时，下部边坡较缓而上部可较陡，如遇土质不同时，应视土质的砂黏在同一剖面上采取不同的坡度。（5）现在渠道两旁皆有两条小沟，可以进一步加深，并把挖上来的土，填在渠道外坡的下缘，这样既能防止渠水渗漏，两旁水沟加深后又能降低土壤地下水位，防止盐渍化发生或加重。

沙土

沙土主要分布于各大河流的出山口，各大河流两岸及其附近的低平地带。其中以永定河东部、潮白河及小清河两岸分布最广。在各区中，大兴区所占比重最大，占该区耕地面积的 24%。

沙土是河流在历史上长期泛滥与改道而造成的。由于河流的分选作用，沿河有一定的规律。在河流出山口处物质较粗，分选作用较差，故土层夹有粒砂及砾石，愈往下游物质愈细，离河床愈远物质愈细，农民称为“勤泥懒沙”是非常科学的。

由于地势低平，地下水位较高，土壤多有草甸化现象，氧化、还原作用频繁交替，土壤剖面中锈纹锈斑明显，土壤发育程度较差。

沙土口松易耕，易耙，不黏着农具，耕锄容易。但其空气和水分畅通，有机质分解迅速，加以原来河流带来的养分及人工施肥并不多，土层含有机质数量很少，肥力低，再加上土层薄，漏水漏肥，所以沙土急需改良，沙土的改良需要采取“预防与治疗”相结合的方法：

1．要杜绝砂子的来源，防止砂粒的继续增加。在京西山区绿化造林，防止水土流失；沿河营造防护林网，防止砂土吹扬；植树可混交种紫穗槐、野槐、烟柳和其他阔叶树种，尤其沿东西间的河流与道路，植防护林的作用更为显著。京郊几条河流的含砂量很大，如永定河在官厅水库未修建以前，根据三家店水文站多年的观测，每立方米的河水中含砂量达 44.15 kg。为了防止泥沙大量运积到平原中来，需要修建水库。如官厅、怀柔、十三陵等水库的修建已起显著效果。

2．有条件的地方，可以用玉米秸秆和苇子或高粱秆做成夹风障。风障可呈东西向，向南倾斜，风障可距两丈。为了避免风障的迎风面由于砂子汇积而形成“牛糟地”，故需要把风障适当地留开缝，使飞砂通过，这样在风障前后留下一层飞砂，俗称“背风砂”，质地细，稍经施肥即可利用。

3．在有河泥、坑泥，或距黄土板与黑黏土较近的地方可直接把它掺入砂土。在靠山地区可把山上黏性较大的土壤用烟熏后掺入砂土。由于人力关系，入泥量不一定很多，周口店区农民播种穴中种子周围掺进一部分泥，增产效果即很显著。若砂土层不厚，可用机翻，将黏土翻上，改善砂土理化特性，所以农民说：“砂土掺黏土，一亩顶二亩”。

4．河流中、下游及水库附近的沙土，可放混浊河水灌淤。但需掌握河流含泥最多的时间及适于开口的地点，这种方法节省劳动力。

根据土壤肥力、利用及土壤剖面特性不同，可分砂土为三种类型：普通沙土及黄沙土、油沙土、沙荒地。

普通砂土及黄砂土：在砂土中分布面积最广。前者质地为砂壤或砂壤偏砂，后者表层多为砂壤或砂质轻壤，底土为黄土或黑土，有的是夹砂姜等特殊土层。一般适宜种植花生、白薯、玉米，并可相应的发展枣、梨、桃、杏、红果、葡萄等。在水肥较好的地方还可种植小麦、烟草。

油沙土：分布于近河低平地或低洼地当中。表土为砂壤或砂质轻壤，底土为砂壤，个别地区底土是中壤到重壤，有机质含量高，看来油黑发亮。这种土水分条件好，旱涝保收，很多小麦丰产田，海淀区及丰台区的蔬菜地都分布在这种土壤上。它可作为各人民公社的基本田。

沙荒地：呈零星分布，包括由风的搬运而堆成的沙丘。一般全剖面是由粗细砂交互所组成的，肥力极低，农民称为“破地”。沙丘有些尚未固定，如通州区马头公社的沙子在60年中就移动了10 m，该社曹庄村20多所房屋被埋没。针对这些情况，可以混交耕植一些性喜沙土和对生活条件要求不高的乔木、灌丛和草本植物，如旱柳、醋柳、烟柳、洋槐、紫穗槐、加拿大杨、小叶杨、荆条、胡枝子、苜蓿、香豆、草木樨等。

盐碱土

京郊的东南部地区，处于永定河、潮白河的两个较大冲积扇边缘及向洪积冲积平原过渡地带，地势低平，排水不畅，而雨季地表径流也随之把可溶性盐分携带至洼处，形成盐化土壤，农民称为“水碱地”。但京郊盐碱土壤形成的主要原因是由于地下水位较高（150～200 cm），矿化度较大（2～5 g/L），而土壤质地大部属毛管作用较显著的轻壤质，因而水位都在临界水位以上，再加以冬、春两季，雨量少，风大而频繁，地面无植被保护，蒸发强烈，地下水所含可溶性盐分沿毛管上升而留存于地表。

盐碱土表层含有多量可溶性盐类，据分析材料：NaCl 占 70%，Na_2SO_4、$MgSO_4$、$MgCl_2$等约占 30%，有少量 Na_2CO_3，pH 8.4～8.9，呈强碱性反应。土壤溶液因含有多量盐分，渗透压增加，因而影响作物对水分养分的吸收，特别影响出苗率，危害幼苗。有时因缺苗严重，不得不数次播种。故农民说盐碱土是“春不拿苗夏怕涝”。

根据所含可溶性盐的种类多少、影响作物生长的盐化程度不同，耕作性能的好坏、土壤质地、拿苗的难易而细分为下列几类：

1．砂碱地：分布较广，往往由沙土经盐化后演化而成的。质地多数为砂质沙壤或沙壤，地表有层白色盐霜，因此，农民又称之为“白面碱”。拿苗容易保苗难，能拿 6～7 成，肥力低，作物长不好。一般适种玉米、高粱、麦子、葱、菠菜，若表层下有胶泥底，则可改种水稻。

2．青碱地：是分布最广的盐化土壤，一般是由二合土盐化而成的。地表有白色硝碱（结皮），尝时，初感冻后感涩，可熬硝，农民又叫“硝碱地”。能拿苗 7～8 成，但保苗力也差，适宜种玉米、高粱、棉花，但也有的种植小麦或改种水稻。

3．缸碱地：面积较小，多为胶泥地盐化演变而成，农民也称“缸瓦碱”或“胶泥碱”。其特点是干时起坷垃，易破碎，地表起白硝，板结，湿时黏而滑，耕作困难，因此，耕地耩地需抓住时机，雨后 2～3 天即要整地，否则坚硬后耕种很难进行。此土盐化程度较重，质地黏重，不易拿苗，但肥力较高，拿住苗后，作物生长很壮。一般种植棉花、玉米、高粱，适于改种水稻。

4．油腻碱地：面积极少。表面发乌发亮，起黑霜，并起盐包，含盐腻，经常潮湿。由于分布零星似云状，故又称“云彩碱”，色似油腻故又称“油腻碱”，为盐碱土中盐化程度最重者，只拿 2～3 成苗，因此作物不能生长，成为碱荒地或光板地。但表层疏松，蝼蛄活动旺盛，若加以改良，可种植水稻。

根据上述情况来看，京郊盐碱土的改良主要是解决地下水位过高，防止可溶性盐随毛管水继续上升累积于地表，排出表层过多的盐类，以及排水不良等问题。

1．实现河网化，建立排灌系统：这是改造京郊盐碱土的根本办法。从灌渠将淡水引入地内，让水透过土层，把盐分淋溶到地下水，经排水沟及时排走。在进行此法的同时，要整平地、松地，以利排走盐水，降低地下水位，彻底免除盐碱和旱涝的威胁。实现河网化后，即可开展大规模地改良盐碱土的工作。

2．台田排碱：与挖排水沟道理相仿，四边挖沟，当中部分垫高，称为台田。它相对降低了地下水位，表层水盐下渗增多，达到防止底层盐分上升的效果。台面可种大田作物，沟内则植水稻，旱涝兼收。但较费人力，特别不适宜今天大规模机械耕作，因而在应用上只有局部意义。

3．铺炉灰、盖沙或施有机肥料压碱：这些措施的共同特点是破坏毛管作用，且不同程度地改善土壤的结构，减少蒸发，阻止底层盐分继续向表层集中，表层所含可溶性盐类则在自然降水作用下逐渐向下淋移，减少对作物生长的危害。它们适用于质地较黏重的缸碱地和青碱地。但长期进行则费劳力，而且会导致土壤肥力的降低。今后在较小的面积上，因地制宜可适当考虑采用。根据大兴区施肥能使出苗率增加 1～2 成与单位产量提高的经验。说明施有机肥料（羊粪、马粪或其他厩肥）是一种改良盐碱土较好的方法。过去认为盐碱地施肥不上算的看法，是需要重新考虑的。

4．种植水稻：种植水稻是改变盐碱土面貌的有效方法。以往京郊由盐碱地改成的水稻田，产量都翻了几番，1958 年通州区窑上还放出了亩产 16 367.5 kg 的卫星。正如农民歌唱的“改良水田有三好，人有粮食马有草，发展牛猪有饲料，人民生活步步高”。青碱地与缸碱地最适改为水田。但改种水稻后，往往抬高了附近的地下水位，把盐碱压向附近旱地，特别在零星小块分布的水稻田，影响更大。故今后最好在盐碱洼地集中开辟水稻田，并建立排水系统，排水沟深度应在北京地下水临界深度（150～200 cm）以下。

5．在地势特别低洼、地貌条件适合的地方，可以考虑修筑平原水库，蓄水灌溉并发展养鱼鸭等副业。若在地势较洼，土质不好，而又缺乏劳动力的情况下，可有计划地种植芦苇、莲藕等。如水源不太足，可采取水旱轮作。轮作次序，一般为 3 年水稻，1 年豆类，1 年玉米等杂粮。若水源不足种植耐盐作物如棉花、玉米、甜菜、高粱、糜黍、雪里红、菠菜等。也可以大量种植牧草（如苜蓿、青饲料等）或绿肥作物（紫穗槐等）。在洗盐后，可种葡萄、梨等果树。沙碱地还可种植毛柳、杨树等用材林或搞副业生产（如编筐）。

水稻土

京郊水稻土是在各种土壤和母质上，受生产实践活动的影响而发生发展起来的土壤。主要分布于山麓平原有泉水的低地和冲积扇同平原交接洼地水源充足的地区。以海淀区玉泉山前、清河北岸、丰台区南苑镇附近面积最广；其次，顺义等区也有分布。

根据种植的年代、肥力状况、质地及所处地形部位的不同，大致可归纳为水稻黑土（包括黑黏土、澄浆泥、黑土）、水稻鸡粪土、水稻沙土三类。其中以水稻黑土为最多，水稻沙土最少。

水稻黑土及水稻鸡粪土：前者地势部位较后者低，肥力也较高，后者多为旱地改成的水田。它们的共同特点是整个剖面质地较黏重，耕作层多为轻-中壤，下部为中-重壤，具有托水、托肥能力。一般有机质含量高，有的地区还埋藏着泥炭，土壤结构良好，干湿交替明显，有利于水稻生长，适于密植而无倒伏。但也有一些在洼地的水稻黑土，由于常年积水（地下水 50 cm 左右），土性松软，稻根易烂易倒伏。

水稻沙土：分布于近河两岸，全剖面质地为轻壤偏轻，或面沙到中壤，有的底土层下为老沼泽土，并有腐根存在。由于耕作年代较短，肥力较差，但通透性良好，无涝迹，只要勤施肥，能让作物及时吸收，则稻秆长得硬，不易倒伏，适于密植。对沙性过大的稻土（如水稻青沙板、黄沙板）可改种蔬菜等其他作物。

京郊大多数水稻田都有自流井或河水灌溉，极为方便，但由于长年浸水而变得松软，干时坚硬，耕作较困难，有的沙性过大，易漏水、漏肥，这些都是目前急需改良的问题。

1．换茬：水稻与藕或荸荠换茬既能长得好，且能使土壤肥沃和代替深耕，尤其在不利密植的松软土壤中更为适宜。

2．深翻与施肥：种一年藕及荸荠，能长两三年好稻子的原因，是为刨藕、荸荠时必须刨到 33 cm 以下，这就等于进行了一次深翻，利于根系伸展，吸取犁底层丰富养分，再者种藕、荸荠时，施肥量也总是大大地超过种水稻的数量。翻的深度视具体情况而定，一般以 40～60 cm 为合适。而对沙性较大或水源较困难的地方还可加深，施肥以分层施基肥为主。

3．合理灌溉与排水：苗矮于 3 cm 时，水要没过苗，早晨较寒，水就要厚些，天寒时可盖水 10～12 cm，以保持土温。水最好在邻田中暖后再灌入。天较暖时要马上排水，留下 3～6 cm 厚即可。当苗到 3～5 cm 时，必须让苗露头，留下 5～6 cm 水，以免苗烂死，到白露以后，就可撤水。但水稻沙土撤水时间应稍晚一些。

灌溉以分小区进行为最合适。

4．发展养鱼事业：在该洼处的水稻黑土下部往往含大量泥炭，它是造制土化肥的宝贵原料。这些地区挖了泥炭后，地面降低，不宜再种水稻，可改为鱼塘，或种蒲苇、芦苇。其他水源充足的稻田也可以发展养鱼副业。

（王华东、李天杰、古汉如、王国烘等执笔）

关于在我国开展化学地理研究的几点意见*

刘培桐 王华东
（北京师范大学地理系）

化学地理学是晚近诞生于苏联的一门新科学，它是随着科学的发展和社会生产的要求而发展起来的，是和B·B·杜库恰耶夫（Докучаев）、B·И·维尔纳茨基（Виноградов）、A·E·费尔斯曼（Ферсман）、A·П·维诺格拉多夫（Виноградов），特别是和Б·Б·波雷诺夫（Полынов）等院士的科学活动分不开的。

在B·B·杜库恰耶夫思想的指导和启发下，B·И·维尔纳茨基和A·E·费尔斯曼创立了地球化学的新学派。这一学派和以美国学者F·W·克拉克为首的经验统计学派相对立，而着重于自然界化学元素的行为的研究，目的是要弄清楚化学元素在空间和时间上分布和运动的规律，以便于掌握它、利用它，为社会主义的生产建设服务。

在他们的许多工作中，特别是B·И·维尔纳茨基关于有机体的地质作用学说、物质的地质循环和生物循环的学说，以及A·П·维诺格拉多夫所创立的关于地球化学省的学说、费尔斯曼关于元素的迁移和地球化学地带性等方面的研究，对于化学地理学的发生和发展具有极其巨大的意义和作用。

但是有意识地把地球化学知识运用到自然地理学的研究中，并把它发展成为一门新科学——景观地球化学的是Б·Б·波雷诺夫，早在30年前，由于他不满足于景观研究中原有的自然地理学派，便开始把景观学的研究建立在地球化学的基础上。1946年正式确立了“地球化学景观”这一新概念，制定了地球化学景观的研究方法，并对某些景观作了简短的地球化学描述。1950年Б·Б·波雷诺夫曾准备编写专门著作，来系统地叙述有关景观地球化学的新学说，但不幸得很，他只完成了专著的第一章便逝世了。

目前，景观地球化学在苏联正蓬勃地发展着。B·A·柯夫达对盐分平衡和漠境地球化学景观方面、M·A·格拉佐夫斯卡娅（Глаэовская）和A·И·彼列尔曼（Перельман）对景观地球化学和应用景观地球化学的理论进行探矿方面、И·И·金茨堡（Гинзбург）和K·И·鲁卡舍夫（Лукащев）对于风化壳方面、Г·A·马克西莫维奇（Максимович）对水的化学地理方面等的研究都取得了卓越的成绩，并在一部分高等学校中开设了景观地球化学课程。从1959年起，莫斯科大学地理系又正式成立了景观地球化学专门化，壮大了干部的培养工作。

自然地理学中的这一新学科，近年来也正日益普遍地引起我国地理学工作者的注意。

* 原载《地理学报》，1960，26（2）：135-143。

苏联学者在这方面的著作，也愈来愈多地被介绍过来。同时在苏联专家的帮助下，在几个大型的综合考察队的工作中，也进行了这方面的某些个别问题的研究。在地理学、土壤学、地质学和植物学的科学机构和某些高等学校的研究工作中，也开始涉及这一方面的问题，并且在北京大学已开设了这门课程。而在今年年初召开的全国地理学术会议上，也第一次提出了这一方面的论文，在党的领导下第一次有组织地讨论了这一方面的问题，为今后开展这一方面的工作统一了认识和创造了条件。无疑地，这一次会议在促进化学地理学在我国的发展中具有特殊的重要意义。以下仅根据讨论的结果和个人的体会，作一简要的汇报，以供参考和商榷。

一、化学地理学在推动我国自然地理学发展中的意义和作用

十年来，随着祖国社会主义建设事业的发展，我们的自然地理学也和其他科学一样，在党的领导下和各项建设任务的带动下，以及向苏联学习的结果，取得了辉煌成就。特别是自 1958 年以来，在党的鼓足干劲、力争上游、多快好省地建设社会主义总路线的光辉照耀下，破除迷信，解放思想，大搞群众运动，使我们的自然地理学踏上了飞速发展的新阶段。1958 年年底在北京召开了全国地理专业会议，提出了要为力争在 3～5 年的时间内，基本上改变地理学而貌而奋斗的号召。从今年 1 月在北京召开的 1960 年全国地理学术会议上所反映出来的情况：成果多，质量好，结合生产密切，空白、薄弱环节的加强，新生力量的成长，新学科的露头，新技术方法的采用等来看，我们地理科学的面貌确实已发生了巨大的变化，基本上消除了主要学科残缺不全的局面，呈现出一幅“万紫千红”“百花争艳”的新景象。

因而在这一次会议上，更明确地指出：化学地理学、水热平衡和生物地理群落学是我们今后进行高层突破、带动自然地理学前进的几个主要的努力方向。大力开展这几方面的工作，将会使我们充分地运用数、理、化、生等几门基础自然科学的新成就和新技术，在自然地理学领域内，掀起一个带有根本性质的大革命，彻底革新自然地理学的面貌。

化学地理学是产生于自然地理学和地球化学之间的边际科学，因而也是具有强大的生命力和光辉的发展远景的科学。

我们说它具有强大的生命力和光辉的发展远景，是因为它从两门科学中汲取营养并把它们结合在一起，为这两门科学的发展指出了新方向。

化学地理学属于自然地理学，但同时也属于地球化学。根据最一般概括的理解：它是研究化学元素在景观中转化和迁移过程的科学。它一方面是在运用地球化学的理论和方法，对景观的结构、特征和动态过程进行深入的分析研究；另一方面也可以说是在从景观入手，或者说结合环境条件，对进行于地表的地球化学过程进行具体的研究。

从这方面来看，化学地理学不仅是把自然地理学和地球化学结合起来，而且也把自然地理学中长期以来没有很好地结合起来的景观派和过程派很好地结合起来了。如果过去由于这两个学派没有互相取长补短地结合起来，给自然地理学的发展带来了一定的损失，特别是影响到综合自然地理学长期停留在一般化的水平，对于它所研究的对象不能深入地研究下去，以致使它不仅落后于有关的基础自然科学，而且也相对地落后于部门自然地理学。

那么，化学地理学的诞生和发展，将使它迅速地改变这种面貌，也是完全可以预期的。

首先，化学地理学的研究，将有助于更深刻地揭露各景观要素间复杂的、发生上的内在联系。诚然，对于自然地理学所研究的对象是一个统一的整体，构成这个整体的各景观要素之间存在着发生上的内在联系，是没有人怀疑的。但是，我们对它的认识却是很不深入和很不具体的，甚至在各景观要素间究竟存在着什么样发生上的内在联系都还了解得很不够。问题在于我们在实际工作中还没有采用适当的方法，把它具体地揭示出来。

显然，在解决这些有关自然地理中的基本问题方面，化学地理学提出了新的途径。正如 M・A・格拉佐夫斯卡娅所说："Б・Б・波雷诺夫总结了文献上已有的材料，并根据他本人的研究得出了以下的结论：化学元素及其最简单的化合物是存在于所有景观要素中的共同物质，化学元素从一个景观要素迁移到另一个景观要素中，在发生上是相互联系的"。这里很明确地指出：化学上的联系是存在于各景观要素间的、发生上的内在联系之一。

因此，"用发生学的观点去研究某一个具体景观的任务，首先在于定性地和定量地测定和比较各种景观的化学成分"。"完整地进行这种研究，应该能揭露景观要素间的发生学联系，查明其间的地球化学本质"。

众所周知，各景观要素的化学成分是很复杂的，进行于景观中的地球化学过程是一个贯穿于各景观要素之间的、极其复杂而庞大的物质和能量的交换过程，这就构成了化学地理学的丰富多彩的内容。而 Б・Б・波雷诺夫关于风化壳的经典研究，A・E・费尔斯曼和 Б・Б・波雷诺夫关于化学元素迁移和迁移序列的研究，B・И・维尔纳茨基和 A・П・维诺格拉多夫关于生物地球化学方面的研究，B・И・维尔纳茨基、O・A・阿列金、Г・A・马克西莫维奇等关于水化学和水化学地理方面的研究等，已为年轻的化学地理学开拓了极其广阔的科学领域。

第二，开展化学地理方面的研究，将有助于了解进行于景观中的地球化学过程的性质和强度，加强自然地理研究中的动态和数量概念。

正如大家所知道的，太阳辐射是进行于地表自然界的各种过程的主要能量来源，而有机体是把这些能量转化为地球化学过程能量的基本营力。因此，可以把景观中的生物产量作为景观发育程度的数量指标。景观中生产的活质越多，那么其中所聚积的太阳能量也越多，这种景观也就具有更高的能量水平。而这种能量的进一步的转化，也就大大地促进了进行于景观中的各种地球化学过程。这种情况我们在热带和亚热带，如我国的华南地带看得很清楚。在那里，一方面有大量的有机质形成（根据法格列尔（1935）的材料，在热带赤道雨林中有机质的年增长量可达 100～200 t/hm^2，约合每亩 6 500～13 000 kg。在冬雨夏干的亚热带森林中，有机质年增长量可达 60 t/hm^2，约合每亩 4 000 kg。我国红壤带的森林中有机质增长量可能介于上述数字之间）；另一方面又有大量的有机质遭到分解，生物过程进行得异常旺盛。而伴随着这种旺盛的生物过程的是强烈的风化过程，原生矿物遭到了彻底的分解，绝大部分的化学元素都投入到极为活跃的转化和迁移过程中。化学元素在景观中迁移的 3 种基本类型：空气迁移、水迁移和生物迁移都得到了高度的发展，而在这些复杂的矛盾的迁移过程中，生物迁移过程处于主导地位。由于旺盛的生物迁移过程，才引起旺盛的空气迁移过程（如光合作用、呼吸作用以及有机质分解过程中所引起的 O_2 和 CO_2 的迁移过程）。同样地，由于生物活动的结果，产生了一些酸类（主要是碳酸），加强了水迁移过程。但另一方面，也由于生物活动的结果，把大量的化学元素从地质大循环引入了生物小循环，而限制了水迁移过程的作用。也就是说大量的元素都被动员起来，投入了生产性的生物循环过程。这和我国西北地区因缺水而限制了化学元素的迁移过程，使大量的化学元素以矿物质盐的形式在土壤中累积起来的情形，和我国青藏高原以及东北地带因温度不足而限制了元素的迁移，使大量化学元素以有机质的形式累积起来的情况，都迥然不同。认识到这些不同的特点，是有重要的科学理论意义和生产实践意义的。

同时，由于生物气候条件的周期性变化，也引起了化学元素迁移过程的日周期性和年周期性变化。特别是年周期性变化，在我国具有特殊的重要意义。由于我国具有显著的季风气候，在我国大部分地区，夏季高温多雨，因而化学元素的迁移过程就与热带和亚热带的情形相似；而冬季则低温降雪，化学元素的迁移过程就和寒带或寒温带的情形相似。这种显著的、在时间上的地球化学对比性，是我国地球化学景观的特点之一，这种特点在农业生产上起了很大的作用。

当然，这种周期性的变化是在定向性的地球化学过程的基础上进行的。例如，在干草原和荒漠地带的湖泊向盐湖方向发展；在寒带针叶林下，形成于碳酸盐上的景观向酸性景观发展。因而化学元素迁移过程的周期性，不是一个周而复始的封闭过程，而是一个螺旋式的发展过程。掌握它的发展方向和速度，将对我们的实践活动有很大的指导意义。

第三，开展化学地理方面的研究，将有助于更深刻地从发生上分析景观内部的结构和联系，阐明景观的地带性和地区性特征。

进行于景观各要素间的化学元素的迁移过程，同时也就是化学元素在景观内的分异和分别向景观的不同部分累积的过程。这种过程的进行，使景观内部发生了显明的分化。同样这种过程的进行，又把分化了的各个部分从发生上联系起来，形成一个统一的景观整体。

Б·Б·波雷诺夫把构成地球化学景观的基本单位叫做单元景观。所谓单元景观，即指在一定的地形部位上有同一种岩石、生长有同一种植被、具有同一种土壤和同一种类型的土壤水和潜水的地段。根据这个定义，我们可以看出，单元景观内物质的水平分异是不大的，而垂直分异是很显著的。自下而上，不仅可以划分出各个景观要素层次——潜水层、风化壳、土壤、植被、大气层等，而且在每个要素中又可以划分出许多发生层次。显然，每一个具体的单元景观都有它特殊的层次组合，我们把这种组合叫做单元景观结构。研究单元景观结构的发生学特征，首先要对各个发生层次的化学组成进行系统的分析，并将分析结果依照各层次在景观结构中的排列顺序编制成图表，这样就会得出一幅完整的单元景观地球化学结构图，由此可以看出各化学元素在单元景观内的迁移动态，查明各层次之间的内在联系。

当然，单元景观并不是孤立的地段，每一个单元景观都通过普遍进行于地表自然界的化学元素的迁移过程，同邻近的单元景观联系起来。因此，根据化学元素的迁移特性（或迁移条件），可以把单元景观分为残积景观、水上景观和水下景观 3 种基本类型。

残积景观的性质很少受水上和水下景观的影响，而水上和水下景观的性质则常取决于残积景观。因此，残积景观又称自成景观，水上景观和水下景观又叫做从属景观。化学元素的迁移把自成景观和从属景观联合成一个地球化学整体，Б·Б·波雷诺夫把这个统一整体叫做地球化学景观。在不同地带和不同地区，自成单元景观以及和它相联系的从属景观是各不相同的。所以每一个地球化学景观类型，甚至每一个具体的地球化学景观，都有它特有的自成单元景观和从属单元景观的组合，通常把这种具体的组合叫做“地球化学联系”。从这里不难看出，所谓“地球化学联系”实质上也就是自成景观、水上景观、水下景观间的物质和能量交换类型，因而也是地球化学景观的重要特性，是我们进行地球化学景观分类的主要根据。

当然，以上所说的是极其简单而完整的标准地球化学景观。在自然界常见的地球化学景观可能没有这样完整，往往比较复杂。自成景观和从属景观之间的界限，也不一定是截然分明，而有过渡类型出现。譬如，就以北京附近的永定河大冲积扇来说，也可说是一个地球化学景观。自成景观分布在京西冲积扇的顶部，潜水很深，矿化度很低（不超过 1 g/L），对于土壤的发育和植物的生长没有影响；土壤为褐色土，没有钙积层或仅在某种深度有 CO_2 反应。从属景观分布于扇缘（如京东南的大兴区），潜水邻近地表，矿化度高（甚至可高达 5 g/L）；土壤中积累有大量的易溶盐类，形成大面积的盐渍土。而在北京城附近则可见到它们之间的过渡类型，夏季潜水可升高到距地表 1 m 左右，冬季则降低到 3～4 m 以下；土壤为草甸褐土，有明显的钙积层。像这样一个类型的地球化学景观，在华北平原地区的沿山麓一带，可能有相当广泛的代表性。

此外，还应指出，开展化学地理方面的研究，对于像生命起源地点和演化及在各地质时期内化学元素迁移的定向性和周期性等重大的自然科学问题的解决，提出了新的途径。

Б·Б·波雷诺夫根据所有活有机体共同的化学元素组成，同样得出了与 Н·Г·霍洛德和 В·Р·威廉斯根据另一些先决条件而得出的生命起源于陆地的见解，А·Г·维诺格拉多夫在《生物地球化学区》一文中，阐述了生物种属的地球化学特性和介质间的相互联系，不仅对研究有机体的演化具有重大意义，而且也说明了某些化学元素在地质时期内的迁移和生物演替之间的关系。譬如，铝的最剧烈的迁移时期是在石炭纪，随着巨大的石松类森林的绝迹而告终。

另外，中外许多学者根据对沉积岩的化学组成和沉积矿床的研究，查明了某些化学元素在地质时期迁移的定向性和周期性。依照侯德封的研究，在我国自元古代到新生代，硅、镁、铁等元素在沉积岩层中的富集愈来愈少，而卤族元素则愈来愈多，这是定向性的和普遍性的。但另一方面，相应于地壳运动，也表现出明显的以铁、铝在沉积岩中的富集开始，以盐类的富集告终的周期性和地区性的迁移活动。第一周期从震旦纪到奥陶纪，第二周期从泥盆纪到三叠纪，第三周期从侏罗纪到第四纪。这充分说明了在地表带化学元素迁移和富集是沿着螺旋式的发展过程进行的。

无疑地，这些科学研究成果将在推动古地理学以及有关的地质科学和生物科学的发展中起很大的作用。

总之，开展化学地理的研究，在推动自然地理学的发展中具有重要的意义和作用，将有助于把自然地理学的研究建立在科学的发生学基础上，彻底摆脱形态描述地理学的旧框框，掌握景观在空间和时间上的变化规律，将更有效地为祖国的社会主义建设事业服务。

二、化学地理学在生产实践中的意义和作用

由于化学地理学深刻地研究了各景观要素间的内在联系，分析了景观内部的物质分化，掌握了景观在空间和时间上的变化规律，这就大大地加强了它为生产实践服务的战斗力量。而且由于它的研究领域非常广泛，涉及整个地理环境的各个方面，因而它可能为生产服务的途径也是多方面的。

从为农业生产服务来看，首先，化学地理通过对化学元素在景观内的迁移和依照地形部位重分配的研究，为制订合理的农业区域规划提供了科学依据。譬如，就前面所举出的北京附近永定河大冲积扇地球化学景观来说，位于京西的自成景观是一个水分和养料的支出地区，因而也是一个相对的缺乏水分和养料的地区；位于京东南的从属景观，是一个水分和易溶盐类的收入地区，因而也常常因水分和易溶盐类的过剩而引起对农作物的危害；介于二者之间的过渡景观，则是水分和养料供应正常的地区。各地区的具体条件不同，所存在的问题和所要求的具体措施也必然不同。因而我们在制订农业区域规划时，必须充分地予以考虑。多年来农民掌握了自然的规律，在自成景观区主要用来发展旱作，种植玉米、谷子等；在较低洼的从属景观地区多种植高粱、稻米等；经济价值较高的小麦则主要种在过渡景观地区。当然，这都是自发的适应自然条件特点的利用方式。在我们今天优越的社会主义制度下，根据首都农业为城市服务的具体要求，参考各景观的特点、元素迁移的规律，可以全面地制定出合理的农业区域规划。

其次，化学地理通过对化学元素在各景观要素间迁移的研究，为制订合理的农业技术措施提供了科学依据。从化学地理角度来看，人类进行农业生产活动，主要目的是为了使大量的化学元素参加到生物循环中来并尽量想办法加速这一循环的速度。一方面，人类想以最大的可能来加强和加速物质的形成作用；另一方面，也尽量想办法加强和加速有机质的分解作用。正如前面所提到的，我国华南的红壤地区，由于风化过程十分强烈，生物活动旺盛，几乎所有能动员起来的元素都被动员起来并参加到生物循环中去了，因而能获得高额丰产。但为了进一步提高单位面积产量，除进一步动员景观内部资源，使其向生物循环集中外，还应当从外部加入更多的元素。几年来，群众的经验证明，在红壤上合理施加有机肥料、化肥、石灰是提高红壤肥力、增加作物产量的有效措施。

我国东北地区的黑钙土及高寒地区的土壤中累积有大量的有机质，含有丰富的植物营养元素。在这些地区要提高生产，除须由外部增加元素以外，主要还是须动员景观内部的资源。东北地区农民积累了丰富的提高作物产量的经验，如进行起垄耕作，早翻地、深翻地以提高土壤温度，加速有机质的分解过程等，都是加速动员内部元素参加生物小循环的有效措施。

我国西北地区的盐渍土中累积了过剩的可溶性盐类。由于盐分太多、碱性太强，不适于作物的生长发育，所以这个地区主要是设法排除可溶性盐类的问题。

化学地理的研究与找矿：化学地理通过对化学元素转化和迁移规律的研究，可以得出有理论根据的找矿方法，尤其是对稀有分散元素矿床的寻找具有特殊重要的意义。化学地理学通过对风化壳、土壤、植被、天然水的化学分析，可以全面地从各个方面探索矿床。

苏联 M·A·格拉佐夫斯卡娅和 A·И·彼列尔曼等用化学地理的方法在乌拉尔地区找寻铜矿，已经获得满意的结果。

由于化学地理注意元素迁移条件的研究，不同景观条件下化学元素迁移的能力及其在景观中富集的地点不同，所以它可以有理论根据地指出，在某一景观中应运用哪一种方法寻找某一元素的矿床。

化学地理研究和工程建筑：化学地理对风化壳，特别是喀斯特风化壳的研究和工程建筑有极为密切的关系。研究风化壳性质及发育速度，可以为道路、桥梁的建筑及水库库址、厂矿场址的选择提供科学依据。同时从事沿海及河口化学洄淤条件的研究，可为港口及航道的修建提供科学资料。

此外，化学地理的研究与卫生保健事业也有密切的关系。在自然界，有些微量元素是对人类有益的，是人类身体组织器官中不可缺少的组成部分；另外也有些微量元素是对人体有害的。通过化学地理对各地区元素转化迁移的研究，可以说明微量元素在各地区分布的规律性，找出地方病发病的原因。黑龙江综合考察队进行土壤微量元素分析研究的结果证明，乌罗夫病产生的原因与土壤中锶、钼、钒的含量过高有关系。同时，土壤中微量元素含量的多寡不仅对人体有很大影响，而且对家畜及植物的生长都有一定的影响。

三、化学地理学在我国发展的途径及方式

我国面积辽阔广大，自然条件复杂，伴随着我国工农业建设的飞速发展，在不同的地区提出了各种不同的生产任务，在科学上提出了一系列新的研究课题。客观形势要求化学地理学在我国能迅速地发展，以解决我国经济建设中有关的问题。为了能够使化学地理学在我国迅速地建立与开展，我们认为必须坚决贯彻两条腿走路的方针，不仅需要保证化学地理重点项目的研究，同时还需要全面发展，遍地开花。

首先，化学地理研究工作必须结合国家当前的重点考察项目进行。

（1）结合大规模的治沙工作，进行干旱地区水化学地理的研究（包括地下水、河水、盐湖水矿化度、水化学类型及盐湖中稀有元素积累的研究等）、盐渍土的发生和演变的研究（包括次生盐渍化防治的研究）、荒漠区盐分平衡的研究。此外，还可进行风尘运动对元素移动的研究、化学—物理治沙的实验研究，摸清荒漠地区元素迁移及转化的规律、地球化学景观类型，建立起我国漠境化学地理的系统理论。

（2）结合海岸及河口的调查，研究海陆元素的移动规律。对沿海特别是河口的胶体化学作用进行研究，以解决洄淤化学成因的问题。研究潮汐对沿海地区土壤和地下水的影响，以及其与海水的化学组成与渔业及养殖业发展的关系。此外，还可结合海岸调查，进行找矿的研究。

（3）结合黄河流域水土保持工作开展黄土喀斯特的研究；结合长江三峡水利枢纽工程进行喀斯特的形成与发育速度的研究。进行这方面的研究，可以为建筑公路、桥梁、水库等工程提供施工、建筑的科学数据。

（4）结合湖泊调查，开展湖泊水化学类型及其演变规律的研究，为湖泊的综合利用、渔业的发展提供资料。

（5）结合东北地区的沼泽调查，研究沼泽中稀有元素的富集情况，调查沼泽泥炭层的性质及层位，以阐明沼泽的形成过程及其与环境条件的关系。

（6）结合华南热带资源考察以及南水北调，开展红色风化壳的研究。一方面，这可以解决红、黄壤的发生学问题，并为红、黄壤的利用、改良提供资料；另一方面，可以解决与道路、堤坝工程等有关的工程技术问题。

（7）结合各个地区的综合考察，对风化壳、土壤、植被及地下水等景观要素进行化学分析，对不同地球化学景观类型进行研究，制定地区的景观地球化学区划。

此外，还可配合专门的考察队，进行稀有元素矿床的探索和研究。

除了结合国家考察项目进行重点研究以外，还必须发动群众，以地方的地理科学研究机构、高等学校地理系为基点，结合人民公社规划、农业发展远景规划等综合调查工作，对所在地区进行化学地理的研究。特别是结合我国农业生产发展的四化，如水利化、化学化等，研究自成景观及从属景观中元素的迁移及转化的规律性，为防治次生盐渍化制定合理的灌溉与施肥制度提供科学依据。并在全国各地编制水化学类型图、风化壳类型图，在摸清地球化学景观类型的基础上，制作化学地理区划图，并编写出化学地理方面的专著。

由于化学地理学牵涉的范围比较广，在发展这门学科时，必须注意“从大处着眼，小处着手”“由近及远，由小到大，由易到难，由浅入深”的原则。在现阶段开展化学地理的研究工作，应先从土壤地理学及水化学地理学的研究开始。至于风化壳的研究，可先在个别地点进行，以后再由点及面，全面铺开。

从事化学地理的研究工作，也和开展地理学其他新方向的工作一样，要在研究工作中实现“三化”。第一，定位实验化。化学地理学是研究化学元素在景观中转化和迁移过程的科学。景观中元素的迁移和转化规律是很复杂的。短时期的考察只能说明在某一个时间片段里景观中元素迁移转化的规律，而对于自然过程的深入了解必须进行长期的、系统的观测。但在目前人力及设备都还不足的情况下，为了能系统全面地积累科学资料，可有计划地在国内不同的自然地带设立几个中心试验站，进行细致深入的观测研究。

第二，技术工程化。由于化学地理涉及的面很广，所以从事化学地理的研究首先需要累积大量的科学分析数据。由于其中某些项目的数据要求的精度比较高（如稀有及扩散化学元素在土壤及风化壳中含量的测定，常需测定出含量万分之几甚至十万分之几的元素数量等），所以除应进行一般的分析以外，还必须运用近代的物理化学分析方法进行分析。

第三，理论化。在目前阶段，应当首先学习苏联在化学地理方面的先进科学理论。伴随着全国范围化学地理研究工作的开展，需要经常注意总结工作，并把丰富的实践经验提高到理论层次，建立一套适应我国特点、独具风格的化学地理理论，以指导今后研究工作的开展。

我国风化壳及土壤中化学元素迁移的地理规律性*

刘培桐　王华东　刘锁臣
（北京师范大学地理系）

（一）

大规模综合性地改造和利用自然的工作，要求人们更深入、更全面地了解作为最原始、最基本的生产资料的地理环境。因而，在自然地理学的研究中，于 20 世纪三四十年代，苏联学者先后提出地表热量平衡的研究和地表化学元素迁移过程的研究等新方向。后者即化学地理学所研究的中心内容。

地表化学元素的迁移过程是一个极其庞大而复杂的过程。它包括地表化学元素的存在形式、存在状态、运动形式的转化过程和空间位移过程。实质上，也就是进行于地理壳或景观之中，贯穿于各地理要素和各结构单元之间的化学元素的重分配、重组合、分散和集中过程。因而，通过这种研究，将有助于我们查明各地理要素和各结构单元之间的物质及其相伴随的能量交换过程，阐明它们之间的内在联系，说明地理壳或景观的整体性及其在空间与时间上的演变规律，从而使我们对地理环境的认识更加深入。同时，众所周知，自然地理学在其发展过程中，一向是以研究自然地理现象和过程的物理方面为主，很少甚至完全忽视化学方面的研究，以致自然地理学的研究工作长期地陷入片面的残缺状态。因而，开展化学地理学的研究将会把这个缺陷弥补起来，使我们对于地理环境的认识更加全面。只有在我们对地理环境有了更深入和更全面的认识以后，才能更好地对发生于地理环境中的自然现象和过程进行预测、控制、改造和利用。

由于化学地理的研究工作在我国才刚刚开始，下面我们仅拟根据手头现有资料，对在我国风化壳和土壤中化学元素迁移的地理规律性作一概括的介绍。

---

* 原载《北京师范大学学报》（自然科学版），1962（1）：112-138。

注：略去表 10、表 1-4 的原因：原文中有的符号已经模糊，辨认不清，且原有文献难以找到。

（二）

化学元素在风化壳及土壤中的迁移过程，是元素在地表条件下整个迁移运动总体系中的一个重要环节。化学元素在风化壳及土壤中的迁移能力和形式，一方面取决于化学元素内部的矛盾性。另一方面还取决于一定外在条件的作用。但在一定程度上讲，元素迁移的内因可以说是不变的，而影响我国风化壳及土壤中化学元素迁移的自然地理条件却是非常复杂而多变的。相应于我国各不同地区化学元素迁移条件的变化，各地风化壳及土壤中化学元素迁移的规律也不一样。

风化壳及土壤在风化过程和成土过程中释放出来的 K、Na、Ca、Mg、Fe、Mn、Al、Si、O、C、N、H、S、P、Cl 及其他微量元素等的迁移能力和迁移形式是各不相同的。在一般情况下，O、C、N、S、P、H 等多以氧化物如 CO_3^{2-}、NO_3^-、SO_4^{2-}、PO_4^{3-}及 H_2O 的形式存在，K、Na、Ca、Mg 等生成各种溶解度不同的盐类和氢氧化物。从阴离子来说，Cl^-、NO_3^-、SO_4^{2-} 等的盐类等都具有相当大的溶解度，从阳离子来说，K^+、Na^+等的各种盐类以及 Ca^{2+}、Mg^{2+}等的氯化物都具有相当大的溶解度，Ca^{2+}的硫酸盐和 Ca^{2+}、Mg^{2+}的碳酸盐的溶解度比较小。这些盐类都以真溶液的状态进行迁移，影响它们迁移的最主要条件是水热条件，尤其是水的条件。这些盐类的化学淋溶和淀积是依照其溶解度的大小来进行的。譬如，下渗水流在前进途中将依次为 $CaCO_3$、$MgCO_3$、$Ca(HCO_3)_2$、$Mg(HCO_3)_2$、$CaSO_4$、K_2SO_4、Na_2CO_3、KCl、$MgSO_4$、NaCl、$MgCl_2$ 等所饱和，并开始依次地将已达饱和浓度的盐类自溶液中析出，而分别地淀积于风化壳和土壤中的不同部位。

上述这些盐类的溶解度是随风化壳及土壤溶液温度的升降而变化的。根据我国气候的特征，高温与多雨季节相符合，所以有利于大多数盐类的淋溶，特别是像 Na_2SO_4、$10H_2O$ 那样的硫酸盐类，在风化壳及土壤溶液温度的变化范围内，随着温度的升高，其溶解度有显著的增加，更有利于淋溶，但在冬季也有利于它们在土壤中的累积。从气候来看，我国似乎不利于碳酸盐的淋溶，但是夏季高温多雨，为生物的活动创造了条件，而生物的生命活动是 CO_2 的主要来源，由于空气中 CO_2 分压的升高，水中 CO_2 含量增加，又促进了碳酸盐的淋溶。但从地理条件来看，在我国西北、华北、东北地区，凡是地势低平、地下水位较高、有利于冷地下水上升的地方，水温的升高、水中 CO_2 逸失，便有利于 $CaCO_3$、$MgCO_3$ 在土壤和风化壳中的累积。

铁、锰等氧化物、氢氧化物或盐类的化学迁移不仅与水热条件有关，而且与酸碱条件和氧化还原条件有密切的关系。它们的高价化合物是很难溶解的，但低价化合物的溶解度则有显著的增加，而且随着 pH 的愈益降低，其溶解度也愈益增加。譬如，高铁化合物的溶解度在一般情况下是很低的，只有 pH 降低到 3 以下时才是可溶性的，但对低铁化合物来说则不然，它是可溶性的，而且溶解度随着 pH 和 Eh 的变化而有显著的变化。

当溶液中同时存在着高铁和低铁离子时，它们的关系服从于 Nernst 公式：

$$\mathrm{Eh} = E_0 + \frac{RT}{nF}\ln\frac{a\mathrm{Fe}^{3+}}{a\mathrm{Fe}^{2+}} \tag{1}$$

如所周知，活度等于乘上活度系数的浓度：

$$aFe^{3+} = [Fe^{3+}]fFe^{3+}$$
$$aFe^{2+} = [Fe^{2+}]fFe^{2+}$$

因此（1）式可采用下面的形式：

$$Eh = E_0 + \frac{RT}{nF}\ln\frac{[Fe^{3+}]}{[Fe^{2+}]} + \frac{RT}{nF}\ln\frac{fFe^{3+}}{fFe^{2+}} \quad (2)$$

然后，把自然对数换算为普通对数，并把18℃时 R、T、F 的数值代入得到：

$$Eh = E_0 + 0.058\lg\frac{[Fe^{3+}]}{[Fe^{2+}]} + 0.058\lg\frac{fFe^{3+}}{fFe^{2+}} \quad (3)$$

溶液的离子强度不超过0.1 mol/L时，有下列等式：

$$-\lg f = 0.5Z^2\sqrt{\mu}$$

这里 Z——价数（铁为2和3）；

μ——溶液的离子强度。

把式（3）的第三项变为：

$$0.058\lg\frac{fFe^{3+}}{fFe^{2+}} = 0.058\lg fFe^{3+} - 0.058\lg fFe^{2+} = -0.145\sqrt{\mu} \quad (4)$$

当三价铁溶解度很小时，总是pH＞3

由于　　L　$[Fe^{3+}][OH^-]^3 = 0.7\times10^{-36}$

$$Kw = [H^+][OH^-] = 0.74\times10^{-14}$$

$$[Fe^{3+}] = \frac{L[H^+]^3}{K^3w} \quad (5)$$

按式（4）以活度的对数关系，而低铁离子浓度按式（5）代入式（3）则得：

$$Eh = E_0 - 0.145\sqrt{\mu} + 0.058\lg\frac{L[H^+]^3}{K^6w[Fe^{2+}]} \quad (6)$$

将 E_0、L和 K_2O 诸常数代入则得：

$$Eh = 1.112 - 0.145\sqrt{\mu} - 0.174pH - 0.058\lg[Fe^{2+}] \quad (7)$$

从式（7）可以看出，溶液中铁离子的浓度不仅决定于pH值和它的离子强度，而且在很大程度上决定于Eh的大小。

根据此式可以制出在不同pH和Eh的增减，铁离子的浓度也发生显著的相反方向的变化；如当pH=5，Eh=400～600mV时，溶液中铁离子浓度变化于 $2.9\cdot10^{-2}$—$1.2\cdot10^{-6}$mol/L，而当pH=6时，在同样Eh值下，铁离子浓度则变化于 $3.4\cdot10^{-6}$—$1.2\cdot10^{-9}$mol/L之间。同样，如pH不变，而Eh发生变化，则铁离子浓度也会发生显著的改变，当pH=6，Eh大于500mV时，铁离子浓度小于 10^{-5}mol/L；Eh大于300mV时，铁离子浓度小于 10^{-5}mol/L。当pH值相当低，而Eh相当高时，铁离子也可以生沉淀，反之，如pH相当高，而Eh相当低时也可能不发生沉淀。Eh 值的少许变动就会引起铁离子浓度相当大的变化，一般地说，Eh 如增 5～6mV，则铁离子的浓度大约可以减少 2 倍，这就说明在风化壳及土壤中铁的迁移在很大程度上取决于氧化还原条件。我国虽然没有大面积的低温潮湿的寒带地区，但寒冷潮湿的山地却分布很广，为铁的迁移造成特殊有利的环境条件，形成特殊的风化壳和土壤。

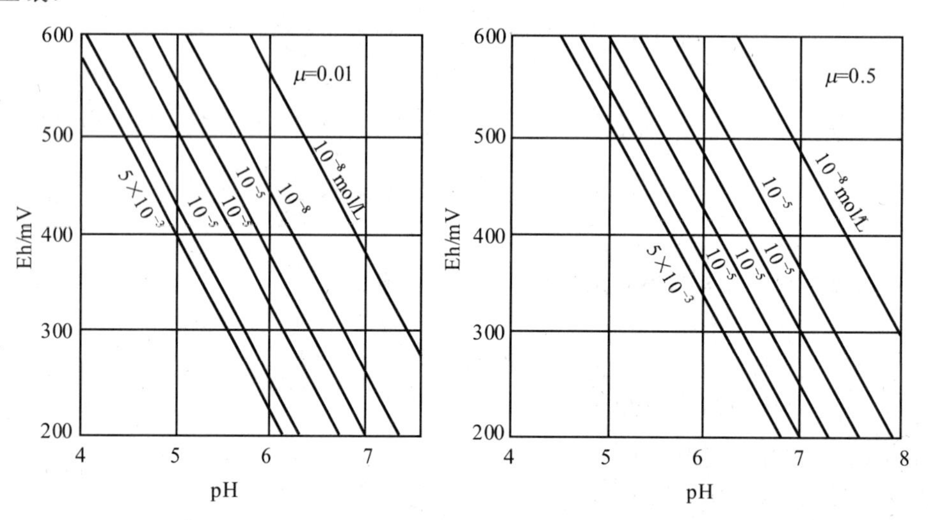

图 1 离子强度为 0.01 与 0.5 溶液的铁等离浓度线图

锰和铁有许多性质很相似，因而锰和铁在氧化—还原反应中的行为以及因此而引起的迁移运动与其说是种类上的差异，不如说是程度上的差异。

锰在不同的化合物中可以以 2 价，3 价，4 价，6 价和 7 价形式存在，但在风化壳和土壤中一般的氧化—还原和酸碱条件下，通常以 2 价，3 价和 4 价锰出现，3 价锰在通气良好的情况下是不稳定的，因而最常见到的是 2 价和 4 价锰。高价锰是难溶性的，低价锰是易溶性的，这一点和铁相似，但有所不同的是锰在氧化—还原电位序列中位置较低。因而相对地说：锰是较易被还原的，而铁则是较易被氧化的，所以在相同的情况下，Mn^{2+}的浓度要比 Fe^{2+}的高，迁移能力要比铁大，迁移距离也比较远。

$Mn^{3+} \rightleftharpoons Mn^{2+}$与$Fe^{3+} \rightleftharpoons Fe^{2+}$ 相似，其 Eh 服从于下式：

$$Eh = 0.991 + 0.058\sqrt{\mu} - 0.116pH - 0.029\lg[Mn^{2+}]$$

根据此式可以制定锰的等浓度线图（图 2）。

由图 2 可以看出：锰离子浓度随 pH 和 Eh 值的增长而减少，而 Eh 的增减所引起锰离子浓度的变化也与所引起的铁离子浓度的变化的速率相同，即 Eh 每升高 5～6mV，离子浓度减低 2 倍。在同样的 pH 与 Eh 值时，锰与铁相较，其离子浓度要大得多，便如在 Eh 为 400mV，pH 为 6 时，铁离子浓度低于 10^{-6}mol/L，而锰离子浓度则高于 10^{-4}mol/L，即约较铁增高 100 倍，可见锰比铁活跃得多。

总之，就铁与锰比较来说，铁对酸碱条件较敏感，锰对氧化还原条件较敏感，相对来说，锰较易被还原，铁则较易被氧化。这些特性对于铁与锰在风化壳和土壤中的分类有很大影响，视外界条件的不同，铁、锰等的氧化物、氢氧化物及其他盐类可以累积在土壤及风化壳的不同层位中。

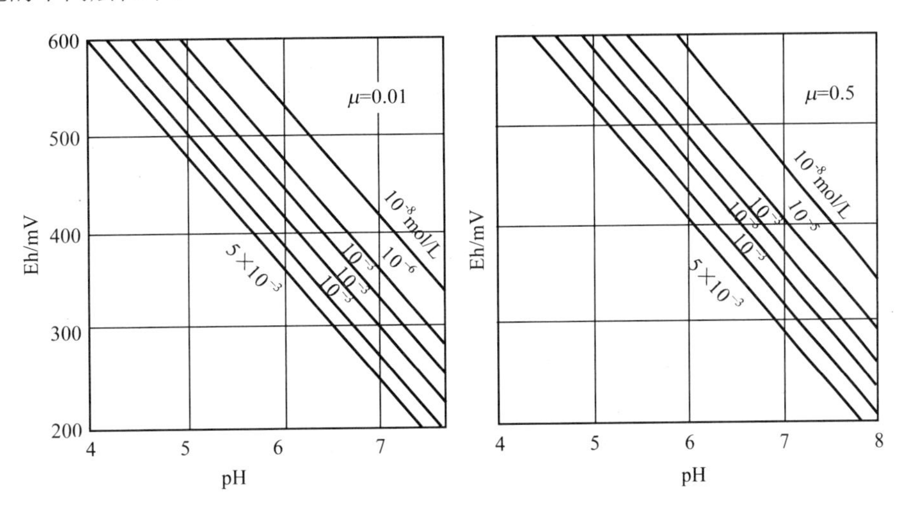

图 2　离子强度为 0.01 与 0.5 溶液的锰的等浓度线图

铝在风化过程中以氧化物、氢氧化物以及其他复杂的次生黏土矿物的形式进入风化壳及土壤当中。这些风化产物在地表条件下是较稳定的，铝的氧化物和氢氧化物只有在强酸性和强碱性环境中，才以铝盐和铝酸盐的形式，溶解于水中进行迁移；在中性环境中呈稳定的凝胶状态，起初形成非晶形的、成分不固定的 $Al_2O_3 \cdot nH_2O$，久而久之，则转变为晶形的、成分固定的单水化矾土（如一水硬铝石、一水软铝石）、三水化矾土（三水铝石）及两者的混合物。

硅在风化过程中以 $SiO_2 \cdot H_2O$ 的形式进入风化壳，其溶解度随 pH 的增高而增高，一旦以粉末状自溶液中析出后，即逐渐脱水、老化而形成次生石英，极难溶解（图 3）。

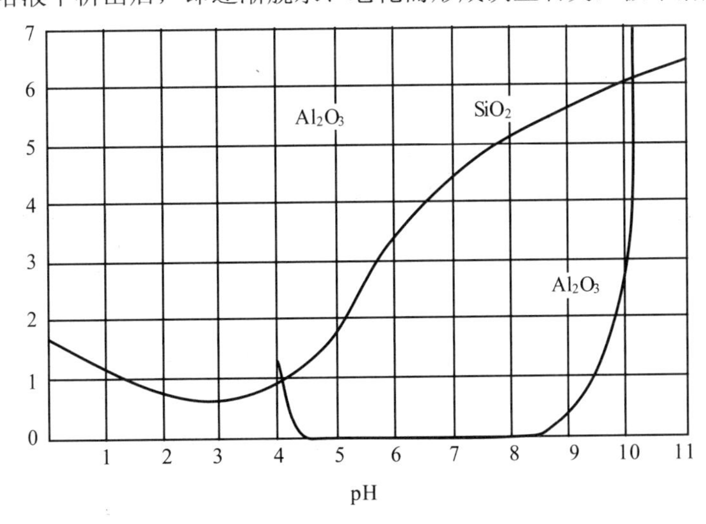

图 3　pH 值与硅和铝的溶解度图

然而，应该指出：对于铁、铝、硅来说，除了形成真溶液进行迁移外，形成胶体溶液进行迁移也具有重要的意义。氢氧化铁和氢氧化铝是两性胶体，pH 愈低，即距其等电点愈远，对其迁移愈有利，在其下移过程中随着 pH 的增高，其胶体稳定性渐被破坏而淀积下来。此外，氢氧化铁和氢氧化铝等疏液正胶体也可以受亲液负胶体腐殖质的保护作用而下移，但在下移途中可因电解质的增加而破坏其稳定性，促使其沉淀下来。

为了说明化学元素在风化壳和土壤中的相对迁移情况，很多学者曾设计了许多分子比率式。最常用的有以下几种。

$$\text{ba 值（H. Harrassowitz, 1926）} = \frac{K_2O + Na_2O + CaO}{Al_2O_3}$$

$$\text{ba}_1 \text{ 值} = \frac{K_2O + Na_2O}{Al_2O_3}$$

$$\text{ba}_2 \text{ 值} = \frac{CaO + MgO}{Al_2O_3}$$

$$\text{硅铝铁率} = \frac{SiO_2}{Al_2O_3 + Fe_2O_3}$$

$$\text{Sa 值（C.F.Marbut, 1935）} = K_i \text{值（Harrassowitz）} = \frac{SiO_2}{Al_2O_3}$$

$$\text{Sf 值（C.F.Marbut, 1935）} = \frac{SiO_2}{Fe_2O_3}$$

叶尼(H.Jenny)于 1931 年曾建议用淋溶层的 ba_1 与母质层的 ba_1 之比来表示淋溶率β，以说明 K、Na 等的淋溶情况。

$$\beta = \frac{\text{淋溶层的 ba}_1}{\text{母质层的 ba}_1}$$

当然，这种比率关系可以不限于淋溶层与母质层之间，也可以应用于各个土层与母质层之间。Ф • Я • 葛夫利流克（Гаврипюк）于 1955 年建议不用淋溶率β，而改用迁移系数K_m，以更全面地反映元素在土壤剖面中的迁移情况。我们认为葛夫利流克的建议是有益的，并可以推广应用以计算风化壳和土壤的不同层次中各种元素的迁移系数。譬如，我们觉得可用以下各式分别计算 K、Na、Mg、Ca、Si、Al、Fe……的迁移情况。

$$K_m(K) = \frac{\text{任一土层或风化层的 } K_2O/AlO_2}{\text{母质层或母岩层的 } K_2O/Al_2O_3} \quad (1)$$

$$K_m(Na) = \frac{\text{任一土层或风化层的 } Na_2O/Al_2O_3}{\text{母质层或母岩层的 } Na_2O/Al_2O_3} \quad (2)$$

$$K_m(K \cdot Na) = \frac{\text{任一土层或风化层的 } (K_2O+Na_2O)/Al_2O_3}{\text{母质层或母岩层的 } (K_2O+Na_2O)/Al_2O_3} \quad (3)$$

$$K_m(Mg) = \frac{\text{任一土层或风化层的 } MgO/Al_2O_3}{\text{母质层或母岩层的 } MgO/Al_2O_3} \quad (4)$$

$$K_m(Ca) = \frac{\text{任一土层或风化层的 } CaO/Al_2O_3}{\text{母质层或母岩层的 } CaO/Al_2O_3} \quad (5)$$

$$K_m(\mathrm{Mg}\cdot\mathrm{Ca})=\frac{\text{任一土层或风化层的}(\mathrm{MgO}+\mathrm{CaO})/\mathrm{Al_2O_3}}{\text{母质层或母岩层的}(\mathrm{MgO}+\mathrm{CaO})/\mathrm{Al_2O_3}} \quad (6)$$

$$K_m(\mathrm{Sa})=\frac{\text{任一土层或风化层的}\mathrm{SiO_2}/\mathrm{Al_2O_3}}{\text{母质层或母岩层的}\mathrm{SiO_2}/\mathrm{Al_2O_3}} \quad (7)$$

$$K_m(\mathrm{Sf})=\frac{\text{任一土层或风化层的}\mathrm{SiO_2}/\mathrm{Fe_2O_3}}{\text{母质层或母岩层的}\mathrm{SiO_2}/\mathrm{Fe_2O_3}} \quad (8)$$

$$K_m(\mathrm{Sr})=\frac{\text{任一土层或风化层的}\mathrm{SiO_2}/(\mathrm{Al_2O_3}+\mathrm{Fe_2O_3})}{\text{母质层或母岩层的}\mathrm{SiO_2}/(\mathrm{Al_2O_3}+\mathrm{Fe_2O_3})} \quad (9)$$

迁移系数如大于 1，表示该元素在该层中的相对富集；如小于 1，表示该元素在该层中相对地被淋溶。上述公式之所以主要采取以 Al_2O_3 为标准作对比，是因为 Al_2O_3 在风化壳和土壤中是最稳定的化合物。但在强酸或强碱性环境中也要考虑到它的迁移问题。所以，在说明迁移系数的意义时，应当结合具体情况来加以分析。

（三）

上述各公式在我国不同的地带具有不同的意义。在我国西北的荒漠、半荒漠以及干草原地区，式（1）、式（2）、式（3）具有重要意义，而在草原和森林草原地带，式（4）、式（5）、式（6）便具有重要意义，在我国南方的湿润地带，式（7）、式（8）、式（9）的意义就更大一些。

在我国西北的荒漠、半荒漠以及干草原地区风化壳及土壤中释放出来的元素，仅一价的碱金属元素 K、Na 进行迁移，K_m(K · Na)小于 1，Al、Fe 很少移动，Ca、Mg 在风化壳及土体中进行累积，以新疆于田县甫鲁村附近的山地棕钙土为例，K_m(Ca) 64 介于 5～6，K_m(Mg)在 3～6，K_m(Sa)在 1 左右。根据元素的迁移累积率得出，其迁移系列如下：

$$K_2O+Na_2O > SiO_2 > MgO > CaO$$

自干荒漠、半荒漠、干草原逐渐向草原和森林草原地区过渡，风化壳及土壤中不仅 K、Na 进行强烈迁移，Ca、Mg 亦自上层淋出，淀积于下部土层中。以山西大同瓦窑村发育于黄土上的淡栗钙土为例，在 3 m 的土层内 K_m(K)在 1 左右，K_m(Na)介于 0.4～1.3。K_m(Ca)在 0～84 cm 介于 1～1.32，在 84～182 cm 为 4.83。K_m(Mg)在 0～84 cm 介于 0.90～1.20，而在 84 cm 以下 K_m(Mg)约为 1.5。

由栗钙土地带向褐土地带过渡，黑垆土土体中 K、Na、Ca、Mg 均有下移现象。以西峰栗钙土型黑钙土-黑垆土为例，由 30～90 cm，K_m(K)、K_m(Na)、K_m(K · Na)、K_m(Mg)、K_m(Ca)、K_m(Mg · Ca)均在 1 以下，而在 120～150 cm 又均大于 1。

至褐色土及棕色森林土地区，风化壳及土体中 K、Na、Mg、Ca 强烈迁移。以北京西郊淋溶褐色土为例，除表层外，K_m(K)介于 0.1～0.9，K_m(K · Na)介于 0.8～1.1，K_m(Mg)介于 0.8～1。棕色森林土中 K、Na、Ca、Mg 淋溶更加彻底，譬如以山东省威海卫发育于花岗岩上的棕色森林土为例，K_m(K)介于 0.1～0.3，K_m(Na)几乎均在 0.1 以下，K_m(K · Na)介于 0.1～0.2，K_m(Ca)介于 0.4～0.7，K_m(Ca · Mg)介于 0.3～0.8。

可见，由西北地区向华北地区逐渐过渡，随着水热条件的变化，特别是由于降水量的递增，$CaCO_3$、$MgCO_3$、$Ca(HCO_3)_2$、$Mg(HCO_3)_2$、$CaSO_4$、K_2SO_4、Na_2SO_4、Na_2CO_3、KCl、$MgSO_4$、NaCl、$MgCl_2$及$CaCl_2$等盐类的迁移能力不断加强，因而它们在风化壳及土体中的分异也愈加明显。在西北干旱地区，只有极易溶解的盐类，如氯化物、部分的硫酸盐等有相当明显的淋溶现象，或淀积于风化壳和土壤的深层，或被地下水带走；$CaSO_4$则只被淋溶到不深的部位而淀积为石膏层；$CaCO_3$往往很少被淋溶，从土壤表层就可以看到CO_2反应，风化壳和土壤中也往往没有明显的钙积层。到内蒙古及华北西部地区，风化壳及土壤体中1价及2价盐类产生明显的地球化学分异，多具有明显的聚钙层次。但是华北区的东部，适应于降雨量的增加，风化壳及土体中1价及2价盐类几乎淋溶殆尽。可以很明显地看出：自棕钙土而淡栗钙土，以至于黑垆土与淋溶褐色土，其中K_m(K · Na)、K_m(Ca · Mg)、K_m(Sr)由偏离1的位置，逐渐向1处靠拢，清楚地阐明了由西北向华北地区，风化壳及土体中元素迁移的一般趋势。自华北的山东半岛、辽东半岛到东北山地，除K、Na、Ca、Mg有显著淋失外，Al、Fe等有自表层向下淋移，Si存在表层相对累积的趋势。

自华北地区向华南过渡，风化壳及土体中的$CaCO_3$、$MgCO_3$、$Ca(HCO_3)_2$、$Mg(HCO_3)_2$、$CaSO_4$、K_2SO_4、Na_2SO_4、Na_2CO_3、KCl、$MgSO_4$、NaCl、$MgCl_2$及$CaCl_2$等将全部淋失，铁、锰、铝及硅等在风化壳和土壤中的迁移逐渐跃居主要地位。

在红壤及砖红壤地区内，通常在地势较高、地下水较深、以下行水为主的地区，氧化环境占优势，雨季时有利于风化和成土过程产物的淋溶，旱季则有利于氧化铁、锰、铝的脱水，而不可逆地累积于土壤表层。但在植被郁闭、地表有残落物层覆盖的低温潮湿的森林植被下，也常见到显著的还原环境或季节性的还原环境，而引起铁、锰的淋溶现象。在下渗的过程中随着pH和Eh值的增高，铁将首先自溶液中析出，然后锰才自溶液中析出，而分别淀积下来。

红壤地区风化壳及土体中K、Na、Ca、Mg及Si的迁移能力远远超出于上述各种风化壳及土体中各该元素的迁移能力。以云南昆明发育于玄武岩上的森林红壤为例。K_m(K)介于0.2～0.4，K_m(Na)介于0.03～0.07，K_m(K · Na)介于0.07～0.15，K_m(Ca)介于0.03～0.07，K_m(Mg)介于0.01～0.04，K_m(Ca · Mg)介于0.3～0.5，K_m(Sa)介于0.25～0.50。

应该指出，在不同母岩及母质上发育的红壤，上述各种元素的迁移系数是不相同的。发育在花岗岩上的红壤比玄武岩上的红壤的K_m(Sa)值大，K_m(Ca · Mg)、K_m(Sf)、K_m(K)小。而发育在石灰岩上的红壤的K_m(K)、K_m(Na)、K_m(K·Na)、K_m(Ca)、K_m(Mg)、K_m(Ca · Mg)、K_m(Sa)、K_m(Sf)、K_m(Sr)值普遍都比较高。发育于第四纪红色黏土上的红壤，K_m(K)、K_m(Na)、K_m(K，Na)、K_m(Ca)、K_m(Mg)、K_m(Ca · Mg)值虽较发育于石灰岩上的相应值低一些，但它们又普遍高于发育于玄武岩及花岗岩上的红壤。可见即使在同样的生物气候条件下，由于母岩本身的化学组成、抵抗风化的能力及其所造成的元素迁移的环境不同，在风化壳和土壤中化学元素的迁移能力也不一样。

砖红壤及砖红壤性的土壤及风化壳，K、Na、Ca、Mg强烈淋溶。以云南呈贡发育在玄武岩上的砖红性土壤为例，K_m(K)介于 0.03～0.04，K_m(Na)介于 0.02～0.09，K_m(K)、K_m(K · Na)介于0.02～0.1，K_m(Mg)介于0.2～0.4，K_m(Sa)介于0.4～0.5。将这些数值与发育在玄武岩上的红壤相较，相近或偏低一些，说明这些元素的迁移有比红壤加强的趋势。

由淋溶褐色土而棕色森林土、红壤以至于砖红壤性红色土，K_m(K · Na)、K_m(Ca · Mg)、

K_m(Sr)逐渐远离 1，而向左偏离，反映出 K、Na、Ca、Mg 及 Si 的迁移能力逐渐有规律地加强。

（四）

综上所述，由 K_m(K · Na)、K_m(Ca · Mg)、K_m(Sr)的变化曲线可以明显地看到如下的规律。

（1）我国西北荒漠、半荒漠以及干草原地区土壤及风化壳中各种元素的迁移系数值均比较高［特别以 K_m(Ca)及 K_m(Mg)最突出，K_m(Ca · Mg)极度右偏］，即使 K、Na、Si 进行迁移，迁移能力也极微弱，Ca、Mg 在剖面中大量累积。

（2）华北地区土壤及风化壳中，元素迁移系数接近于 1，除 K、Na 迁移外，Ca、Mg 迁移能力显著增强。

（3）由华北向华南湿热地区逐渐过渡，K_m(K)、K_m(Na)、K_m(K · Na)、K_m(Ca)、K_m(Mg)、K_m(Sa)、K_m(Sf)、K_m(Sr)值相应递减，至砖红性土壤减至最低值，某些元素的迁移系数几乎逼近于零，元素迁移能力显著增强。

（4）由于元素的生物成因富集作用，某些土壤表层 K、Ca 等元素常出现累积现象，K_m(K)、K_m(Ca)等大于 1。

由于上述化学元素在地表组成中的克拉克较高，所以它们的迁移过程和存在状态不仅决定着和反映着风化壳及土壤的地球化学特征，而且，也决定着和反映着影响其他化学元素迁移的物理化学条件。

针对我国不同地区元素及其化合物迁移的特点，我们应当有意识、有目的地去调节元素迁移的强度，以服务于农业生产。在以元素累积为主的地区，应当把各种元素及其化合物充分动员起来，提高它们的有效度，使其更充分地参加生物学迁移。在元素淋溶强烈的地区，应积极采取措施，阻止或延缓元素迁移的速度，并考虑如何不断人为补充各种营养元素以满足作物的需要。

氟的化学地理*

王华东　于　澂

氟是对有机体有着重大生物学意义的化学元素之一。如果在动物及人体的某些器官内氟含量超过了正常数量，就会引起“氟中毒”。相反，如果少于正常数量，就会引起“龋病”。这是一种分布比较广泛的地方性疾病。本文试阐述化学元素氟在地表条件下迁移和分布的规律，供探讨这些疾病的病因、分布状况及防治措施时参考。

一、氟与慢性氟中毒及龋病的关系

如果动物及人体从环境中经常摄取较多量的氟，就会引起机体的慢性氟中毒。最常见的是牙齿斑釉症，其特点是牙齿矿质化异常而形成白垩状斑点，以及形成黄褐甚至黑褐的着色，有的还表现为釉质发育不全等，严重者牙齿常常发生早期（40岁）脱落。

除斑釉病之外，慢性氟中毒的其他症状还表现有“骨硬化”及“贫血”。启真道、刘巨恒（1951）曾发表过贵州氟中毒患者骨硬化情况的报告。山西医学院环境卫生教研组（1961）在山西省稷山县翟店地区调查氟中毒时，也发现此症。

与氟供应量不足有关的另一种口腔疾病是“龋病”，俗称蛀牙，它是一种牙体组织逐渐毁坏崩解的牙齿疾病。发病率较高，在我国为60%～70%，有些国家还更高些。龋病初期无自觉症状，但进一步恶化发展不仅破坏咀嚼器官、妨碍消化功能，而且对一系列疾病的发展都有重要影响。

关于水中的氟含量，究竟以多少最为适宜呢？虽然医学家们进行过多年的调查，但还没有发现这种理想的标准，没有发现在哪一个地区内绝对不患上述疾病，只是在饮水中某一定含氟量之下，某种疾病患者的数量相对少一些罢了。通常，在含氟量稍高的地区，表现为慢性氟中毒患者多一些，而不是绝对没有龋病患者；在含氟量稍低的地区，表现为龋病多一些，慢性氟中毒少一些。

近年来，各国学者对于饮水中含氟量的正常标准的研究，结果各不相同。苏联的标准是 1.5 mg/L，美国是 1.0～1.2 mg/L，日本是 0.6 mg/L。我国卫生部与建筑工程部于 1959年共同审查批准的标准是，生活饮用水中氟含量以不超过 1.5 mg/L 为宜。近几年来实行的结果，我国口腔学界认为 1.5 mg/L 的标准，对于某些地区来说是偏高的。因此，某些学者

* 原载《地理》，1963（3）：113-116。

提出用 1.0mg/L 做标准比较适于我国的大部分地区。

关于产生这些疾病的原因，我们认为不能只考虑饮水中氟的含量，而且还应该考虑到自然环境中的其他要素，例如土壤，生物（食品）等的含氟量。因为作为营养成分之一的氟，不只是通过饮水，而且还可以通过食物进入体内。例如在南大西洋里斯坦台切哈海岛上的居民，因为以富含氟的海生鱼类为主食，则极少有人患龋病。研究证明，氟在不同地区，含量是不同的。是什么原因造成氟在地表上分布不均？由此而引起的发病地区的分布规律又如何？以下分别加以说明。

二、氟在地表自然界的分布

氟的相对原子量为 19.00，在门捷列夫周期表中属于第七组卤族元素。氟的负电性很强，永远呈负一价存在。氟的原子体积比较小（半径 1.33Å[①]），约相当于氯原子的 1/4。在化合物及络阴离子中，它往往包围于另一原子周围，形成高价多氟的化合物，如 SF_6、UF_6、IF_6 等及离子 HF_2^-、BrF_2^-、BF_4^-、AlF_6^{3-}、SiF_6^{2-}等。很多氟化物在水中的溶解度都很大，例如，氟化钠在 25℃时溶解度可达 40 540～42 100 mg/L，氟硅酸铜可达 203 200 mg/L，氟硅酸钠可达 6 520～7 590 mg/L，氟硅酸钾 1 200～1 750 mg/L，在 18℃时氟化锌为 15 160 mg/L，氟化铝为 5 590 mg/L。很多非离子性的氟化物具有非常大的挥发度，一般地说，在 MFx 型化合物中 M 原子被 F 包围得愈紧密，其挥发度也愈大。易挥发性氟化物有 BF_3、CF_4、NF_3、OF_2、F_2、AlF_3、SiF_4、PF_3、PF_5、SF_4、SF6、F_2、ClF、ClF_3、VF_5、CrF_6、GeF_2、GeF_4、AsF_3、AsF_5、SeF_4、SeF_6、BrF、BrF_3、BrF_5、NbF_5、MoF_6、RuF_5、RbF_5、SnF_4、SbF_3、SbF_5、TeF_4、TeF_6、IF5、IF_7、TaF_5、WF_6、ReF_6、OsF_6、OsF_8、IrF_6、PbF_4、BiF_5、UF_6、ReF_4 等。氟化物的溶解度及其挥发度决定了氟能广泛参加地表的水迁移及空气迁移过程。

氟是典型的亲石元素，氟在岩圈中多以化合物状态存在，它与其他元素一起参加到各种岩石和矿物的组成中。含氟的矿物很多，如氟石（CaF_2）、氟镁石（MgF_2）、铈钇矿、钇萤石（Ca_3，Y_2）F_6、氟铈镧矿（Ce，La，Nd-Pr）F_3、氟铝石、冰晶石（Na_3AlF_6）、钾冰晶石[$Na_3K_3(AlF_6)_2$]、锂冰晶石[$Na_3Li_3(AlF_6)_2$]、锥冰晶石、铝氟石、霜晶石、钙铝氟石、针六方石（$Ca_3Mg_3O_2F_8$）、氟硅钾石（K_2SiF_6）、氟硅铵石$(NH_4)_2SiF_6$ 以及磷灰石、云母、电气石、碳氟酸盐、硫氟酸盐、磷氟酸盐、铌氟酸盐等。氟的克拉克值与氯相仿，氟为 0.03（氯为 0.045）。不同岩石含氟量也不一样，根据 A • П • 维诺格拉多夫 1962 年的材料，酸性岩含氟量最高，为 $8 \cdot 10^{-2}\%$；中性岩及沉积岩次之，均为 $5 \cdot 10^{-2}\%$；基性岩及超基性岩含氟最少，分别为 $3.7 \cdot 10^{-2}\%$及 $1 \cdot 10^{-2}\%$。

土体及风化壳的平均含氟量低于岩圈的平均值，为 $2 \cdot 10^{-2}\%$，土壤溶液的平均含氟量为 $10^{-5}\%$。土体的含氟量随土壤类型而异，根据 A • П • 维诺格拉多夫的研究，苏联各土壤类型的氟含量分别为：冰沼土 $3 \cdot 10^{-3}$～$2 \cdot 10^{-2}\%$，灰化土 $1.5 \cdot 10^{-2}\%$～$2.8 \cdot 10^{-2}\%$，灰色森林土及褐色土 $1.3 \cdot 10^{-2}$～$3.2 \cdot 10^{-2}\%$，黑钙土 $1.3 \cdot 10^{-2}$～$2.4 \cdot 10^{-2}\%$，栗钙土 $1 \cdot 10^{-2}$～

① 1Å=10^{-8}cm。

$3.2 \cdot 10^{-2}\%$，红壤 $7 \cdot 10^{-3}\%$～$1.5 \cdot 10^{-2}\%$。可见，这些土壤中氟的含量介于 $n \cdot 10^{-3}\%$～$n \cdot 10^{-1}\%$范围之内，上述各类型土壤剖面中腐殖质层氟的含量均有增高的趋势，反映了氟在土壤中的生物成因累积作用。根据高梯尔（Gautier，1913）的测定，法国土壤中含氟量为 $6 \cdot 10^{-3}$～$2.2 \cdot 10^{-2}\%$；斯泰康尼盖（Steinkönig，1919）测定美国东部土壤含氟量为 0%～$1.5 \cdot 10^{-1}\%$，美国中部是 $3 \cdot 10^{-2}\%$；威尔逊（Wilson，1941）测定印度土壤中含氟量为 $3 \cdot 10^{-3}\%$～$3.2 \cdot 10^{-1}\%$；海迈尔（Hemmel，1947）测定新西兰土壤含氟量为 $6.8 \cdot 10^{-3}$～$5.4 \cdot 10^{-2}\%$；菲兰伯格（Fellenberg，1948）测定瑞士土壤含氟量为 $9.8 \cdot 10^{-3}\%$～$3 \cdot 10^{-2}\%$。由上述情况亦可看出，世界各地土壤含氟量的变化也大致介于 $n \cdot 10^{-3}\%$～$n \cdot 10^{-1}\%$范围内。局部地区土壤中氟含量的增高与母岩及富氟矿物有关，某些地区萤石矿周围的土壤含氟量可达 $5 \cdot 10^{-2}\%$，印度磷钙土矿周围的土壤中含氟达 $3.2 \cdot 10^{-1}\%$，在北非的类似地区含氟平均为 $6 \cdot 10^{-2}\%$。当然，由于人为施用过磷酸钙（含氟一般为 1%～1.6%），也常使土壤含氟量显著增高。

岩石及土壤中的易溶性氟化物随地表径流及地下径流转入水圈。各种天然水体集中氟的数量不同，海洋中含氟量较高，为 $1 \cdot 10^{-4}\%$，河水中为 $0.8 \cdot 10^{-5}\%$～$3 \cdot 10^{-5}\%$。地下水的含氟量比河水中高。如苏联科拉半岛地表水含氟量平均为 0.8mg/L，而地下水可高达 1.5mg/L。我国北京地区永定河含氟量为 0.7mg/L，而京郊大、小汤山泉水含氟量却高达 3.5～6.5mg/L。世界各地很多泉水中都含有氟，据 P. 卡尔莱斯（Carles）的测定，法国 93 种泉水中有 87 种含有氟，含氟最高的泉水，其中 NaF 达 18mg/L；葡萄牙的盖莱兹矿泉含氟达 12mg/L。在朝鲜、日本与火山活动有关的泉水中含氟量可达 10 mg/L。天然降水中含氟量很低，在苏联列宁格勒、基辅、伏龙芝、萨哈林岛等地大气降水的含氟量为 $n \cdot 10^{-6}\%$～$n \cdot 10^{-5}\%$。

氟亦属生物累积元素，根据 A・П・维诺格拉多夫等人的材料，氟在动物中的平均含量要比植物中的平均含量高，分别为 $n \cdot 10^{-4}\%$及 $1 \cdot 10^{-5}\%$。氟在植物体内多集中在含磷最多的地方，每克植物叶中含有 3～14 mg 氟；在植物体中含磷较少的部分，如芽、果实、木质部分中氟的含量很低。氟通过食物及饮水进入动物体内，动物体内与消化及排泄有关的器官，氟的含量为每 100g 干物质含氟 0.5～8 mg，磷与氟的平均比值为 450∶1。在骨骼中含氟量较高，磷氟比为 125∶1，牙齿、指甲、毛发及羽毛中氟的含量更高，每 100g 干物质中含氟 100～180mg，磷氟比为 5∶1～7∶1。

三、氟在地表条件下的迁移过程

氟在地表自然界存在很广泛，是地表最活跃的迁移元素之一。

如图 1 所示，地表氟的主要来源有两个方面：一方面岩石风化释放氟，另一方面火山喷出物中也含有大量的氟（来自宇宙系统的陨石也补给地表极少量的氟）。

火山气体、火山烟雾中含有大量的氟化物。例如，1906 年维苏威火山喷发时，曾喷出大量的 HF、CaF_2、MgF_2、$Mg[F(F,OH)_2(SiO_4)_2]$、$KMg_3(AlSi_3O_{10})(F,OH)$等含氟的化合物。这些氟化物升入大气中积极参与了空气迁移过程，它们迁移的距离很远，有时可达几千公里。海底火山喷发后，一部分直接溶解于海水，提高了海水的含氟量，它们参与了地表的水迁移过程。

在悠久的地质时代里，由于风化作用氟可以从母岩及矿物中释放出来。云母族矿物在地表的分布是十分广泛的，它们在风化过程中可以释放出氟。如金云母[$KMg_3(AlSi_3O_{10})(F,OH)_2$]、黑云母[$(A1Si_3O_{10})(OH,F)_2$]、锂云母[$KLi_{1.5}Al_{1.5}(Si_3AlO_{10})(F,OH)_2$]、铁锂云母[$KLiFeAl(Si_3AlO_{10})(F,OH)_2$]以及氢氧-硅酸盐，如硅镁石[$Mg_7(F,OH)(SiO_4)_4$]中的氟，在风化时可能有一部分氟被氢氧根代替而进入水溶液中。不同氟化物溶解于水的能力不同。因此，它们在地表参加水迁移的能力也不一样，依其参加水迁移能力的大小可排成如下两个系列：

$ZnF_2 \cdot H_2O > AlF_3 > FeF_3 > CuF_2 > PbF_2 > SrF_2 > MgF_2 > CaF_2$

$CuSiF \cdot 6H_2O > NaF > Na_2SiF_6 > K_2SiF_6 > Na_3[AlF_6]$＞磷钙土＞氟磷灰石＞$BaSiF_6$

根据A. И. 彼列尔曼等人的研究，氟在湿润地区及干旱地区的水迁移系数分别在2～5，因此，它在风化壳及土体的元素迁移能力序列当中，比Cl和S低，而与Ca、Mg、Na等相伯仲，属于第Ⅱ组——易移动元素组。

氟化物溶于水后，随地表、地下径流汇入各种水体，最终泄入海洋。据穆因泰（Mcintire）的研究，每年在100 m^2土壤中，随雨水溶失的氟为2 g。海洋中长期汇集各种氟的化合物，在一定的条件下产生沉淀，海洋中发生氟化物沉淀的地带不在海洋底部，而是在海陆分界的海岸地带，由于海岸地带水中CO_2分压降低，常产生纯粹氟磷灰石及氟化钙的沉淀。此外，海生生物常富集一部分氟，当它们死亡后成磷酸盐的复杂络合物发生沉淀。可见海相沉积岩中氟的含量比较高的原因即在于此。以后由于某种地质过程海底再度上升为陆地的时候，这些被聚集在沉积岩中的氟化物就再度活化，重新纳入氟在岩石圈、土圈、水圈及大气圈间的大系统的循环过程（图1）。

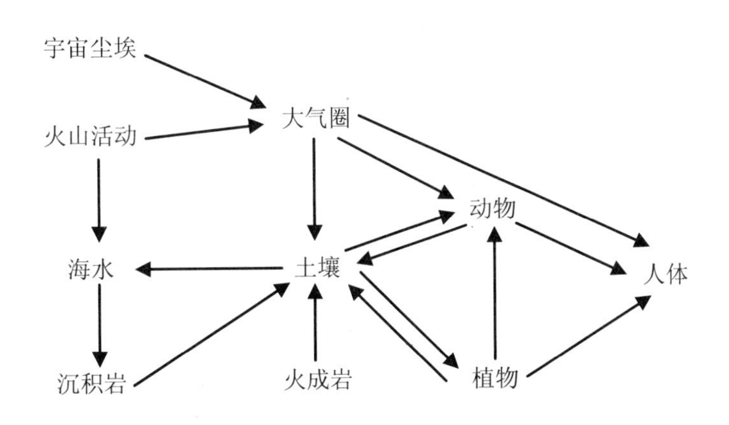

图1　氟在自然界中的循环

氟为生物吸收的生物化学机制，还不十分清楚。但氟在动物体中的累积量要高于植物，是早已肯定了的。动物及人体可直接吸收天然水中的氟化物，亦可间接通过食物获得所需要的氟。根据A·И·彼列尔曼的计算，氟的生物学吸收系数为0.*n*[①]，属于弱生物累积元

① 0.*n*中*n*代表从1～10的任意数值。

素，与 Si、Fe、Ba、Rb、Cu、V、Ge、Ni、Co、Li、Y、Cs、Ra、Se 及 Hg 同属一组。比 P、S、Cl 及 Ca、K、Mg、Na、Sr、B、Zn、Mo 及 Mn 等的生物吸收系数值小。可见，动物及人体需要一定量的氟以满足生理活动的需要，自然界中缺氟或含氟量过剩，都会引起机体生理活动的不正常，甚至发生地方病。因此，按地表氟含量的过多或不足，可以划分出一系列氟的生物地球化学省。

四、氟的生物地球化学省

由于氟在地理壳中迁移循环的结果，产生了明显的地带性分异现象。氟是活跃的水迁移元素之一，在潮湿地带的景观中，土体及风化壳中发生了强烈的淋溶，各种低矿化的水体中缺乏氟的化合物，水中含氟量为 $1.0\sim1.5\times10^{-4}$g/L。而在干旱地带的景观中，由于蒸发强烈，水体中含氟量增高，河水可达 3.5×10^{-4}g/L，地下水达 $1.0\sim2.0\times10^{-3}$g/L，湖水达 $n\cdot10^{-3}$g/L。应该指出，地表聚氟的地区，有很多是由于非地带性因素所引起的，在今昔火山活动地区，含氟矿床附近及酸性岩浆岩和海相沉积岩分布地区的土体及水体中含氟量都显著增高。前者形成缺氟的生物地球化学省，在这些地区的动物及人体牙齿的牙体及珐琅质中氟的含量降低，发生龋齿。据目前的研究，世界上有很多国家，如苏联乌克兰的波列西地区、外喀尔巴阡地区，美国、加拿大、瑞士、荷兰等的个别地区都发现有龋病。后者形成富氟的生物地球化学省，在这里引起动物及人体的慢性氟中毒，例如苏联、朝鲜、日本、印度、马来西亚、英国、法国、罗马尼亚、希腊、西班牙、葡萄牙、意大利、冰岛、加拿大、美国、墨西哥、阿根廷、阿尔及利亚、摩洛哥、东非等的个别地区，都有地方性牙齿斑釉症发生，其中尤以阿尔及利亚、摩洛哥、南非、印度、马来西亚、阿根廷、美国较为严重，除有斑釉症外，还常发生骨硬化病症（图 2）。

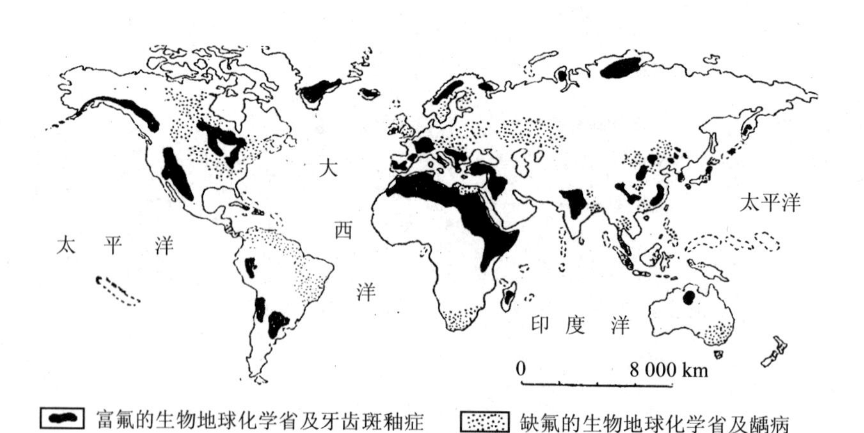

图 2　世界氟的生物地球化学省及牙齿斑釉症与龋症分布

我国关于氟的生物地球化学省的研究尚少，但根据已经累积的牙齿斑釉症及龋病分布地区的资料来看，在东北、内蒙古、陕西、山西、河北、河南、山东、浙江、福建、云南、贵州等省区，都发现有一定程度的牙齿斑釉症，很可能上述地区恰处于相应的富氟生物地球化学省内。在一些大城市附近，如北京、天津、西安、贵阳等地也可能有小面积的富氟的生物地球化学省。其中北京是比较明显的例证，北京附近地区饮用水中含氟量很低，含量变化在 0.1～0.5 mg/L。但至温榆河以北的大汤山、小汤山及其毗邻地区，饮用水中含氟量却远远超过上述各地区的背景值，可高达 1.85～7.13mg/L，该区居民中患有牙齿斑釉症者较多。又如贵阳附近含氟量也比较高，附近的居民不仅发生牙齿斑釉症，而且存在有严重的骨硬化现象。黑龙江、辽宁、内蒙古、甘肃、河北、山东、河南、安徽、湖北、湖南、台湾等省区的一些地区，也普遍发现龋病，这些地区可能是处在缺氟的生物地球化学省内。

值得注意的是，氟的生物地球化学省不仅与某地区天然水及土壤中含氟量的高低有关，而且根据近来的研究，氟化合物的有效度及其他元素对氟的补偿作用和拮抗作用，也是确定含氟生物地球化学省的重要条件。例如，根据 G·K·斯托凯及 I·C·玛克兰的研究，钼的存在可以促进骨骼中氟的累积。可见，确定含氟的生物地球化学省还必须开展相关元素的研究。

为了与缺氟或氟量过剩所引起的地方病作斗争，在缺氟地区可利用氟化物防治龋齿。具体办法很多，常用的是在饮用水中加氟。1956 年加拿大安大略省卫生科报告氟化水源 10 年（1945—1955）的结果，龋病患率下降 60%。氟化水源时常用的化合物是 NaF、H_2SiF_6、HF 及成本较低的 Na_2SiF_2、CaF_2 等。此外亦可用含氟量高的天然水来浓化低氟的水源，这样也可以达到防治龋病的目的。在含氟量过剩的地区，可以在高浓度的水源处设立过滤层，以便从饮用水中将过多的氟除去，通常可用骨粉及磷灰石制成过滤层，因为磷灰石（骨粉与磷灰石的成分相同）对氟有吸附作用。当然，在可能的条件下更换含氟量低的水源是最彻底的办法。

最后应该指出，为了与由氟所引起的地方病作斗争，应该进一步摸清氟的生物地球化学省的发生及分布规律，并加强与有关方面的配合来开展这方面的研究工作。

岱海盆地的水文化学地理*

刘培桐　王华东　潘宝林　张丽君　刘桂贞
（北京师范大学地理系）

ГИДРОХИМИЧЕСКАЯ ГЕОГРАФИЯ БАССЕЙНА ОЗЕРА ДАЙХАЙ

Лю Пэй-тунь, Ван Хуа-дун, Пан Пао-лин,
Чжан Ли-цзюнь и Лю Гуй-ужэь
(Географический факультет Пекинского педагогического университета)

Резюме

Бассейна озера Дайхай расположена в уезде Лянчен аймака Улан-цабу Автономной области Внутренней Монголии, и относится к зоне каштановой почвы степи умеренного пояса.

Котловина Дайхай представляет собой провальную котловину западо-юго-западного простирания. Окружающие ее с севера горы узкие и крутые, а к югу от нее простираются широкие и пологие горы. Пролювиально-аллювиальные равнины подходят непосредственно к южному и северному берегам озера Дайхай. На самом востоке и западе, в низовье рек Мохуахэ, Гунпайхэ и Ухоухэ лежат сравнительно широкие аллювиально-озерные равнины. Коренные породы котловины состоят из гранито-гнейсов досинийского периода. В восточной и южной частях гнейсы покрыты базальтами, извергнутыми в период между третичным и четвертичным периодами. В северо-западной части котловины имеются небольшие по площади туфы мезозойской эры. Литологическое свойство разных горных пород оказывает сравнительно явное влияние на химический состав и типы природных вод.

Минерализация атмосферных осадков в бассейне озера. Дайхай в среднем составляет 80 *мг/л*, и преобладают воды типа C_{II}^{Na} и C_{III}^{Ca}. Падшие на земную поверхность, атмосферные осадки собираются в озеро Дайхай, находящееся в центре бассейна, с окружающихся гор в виде наземного и подземного стока. В результате взаимного действия осадков, горных пород, коры выветривания, почвы и испарительной концентрации минерализация продолжает повышаться, соответственно изменяются и химический состав и типы.

По сравнению с грунтовой и озерной водой минерализация речной воды является наименьшей, и составляет менее 300 *мг/л* в горах на окраинах бассейна, а во внутренней части бассейна преимущественно доходит до 300—400 *мг/л*. Все они относятся к воде типа C_{I}^{Ca} или C_{II}^{Ca}. Только на устье рек Гунпайхэ, Ухоухэ и Мохуахэ минерализация превышает 400 *мг/л* или даже 500 *мг/л*. Видна вода типа C_{I}^{Na}、C_{II}^{Na} или даже типа S_{II}^{Na}.

* 原载《地理学报》，1965，31（1）：36-62。

Минерализация воды озера Дайхай везде превышает 2000 *мг/л*, и озерная вода относится к воде типа Cl_{II}^{Na} и Cl_{III}^{Na}.

Минерализация грунтовой воды характеризуется большой амплитудой. Относительно сложны ее химический состав и тип. В горах минерализация, химический состав и тип такие же как и у речной воды. На пролювиально-аллювиальных равнинах химический состав и тип грунтовой воды не отличаются от речной воды, но минерализация грунтовой воды окажется повышенной и составляет 300—500 *мг/л*; На периферии пролювиально-аллювиальных конусов минерализация быстро увеличивается до 500—700 *мг/л*, и соответственно переходит от типа C_{I}^{Ca} или C_{II}^{Ca} в тип C_{I}^{Na} или C_{II}^{Na}. На аллювиально-озерной равнине минерализация доходит до 700—1000 *мг/л* и появляется вода типа S_{II}^{Na}. В низовье рек Гуншайхэ, и Ухоухэ, вблизи от озера Дайхай минерализация превышает 1000 *мг/л* и даже доходит до 2000 *мг/л*. Видна вода типа Cl_{III}^{Na}.

Среди биогенных веществ природной воды бассейна озера Дайхай более многочислен NO_3, меньше Fe^{+++}, Fe^{++} и SiO_2 и крайне беден фосфором.

В общих гортах, содержание микроэлементов в природной воде бассейна озера Дайхай имеет следующую тенденцию: переходя от речной воды в грунтовую и озерную воду, и от гор в центр бассейна, по мере увеличения минерализации, вид микроэлемента становится все меньшим и содержание микроэлемента—все большим.

В настоящей работе осветили процесс образования гидрохимико-географических особенностей вод бассейна озера Дайхай. По свойствам и условиям процесса образования выделено 4 гидрохимико-географической зоны вод: зона химической денудации гор, зона химической аккумуляции-денудации пролювиально-аллювиальных равнин, зона химической денудации-аккумуляции аллювиально-озерных равнин и зона химической аккумуляции озера Дайхай. По химическому составу и типу делили эти зоны на 11 районов.

В общем, процесс сосредоточения природной воды из окраин бассейна в центральную часть бассейна—это не только процесс затраты количества и энергии воды, но и процесс ухудшения качества воды. Для того чтобы полно и эффективно использовать водные ресурсы бассейна, предложим вести противоэрозионную работу и соорудить водохранилище в горах с целью развития дела орошения на пролювиально-аллювиальных равнинах, малых гидроэлектростанций и рыбоводства.

岱海盆地位于内蒙古自治区乌兰察布盟凉城县，属于温带草原栗钙土地带。

岱海盆地是一个西南西—东北东向的陷落盆地，南北山地海拔达 1 700～1 900 m。北山狭而陡峻，南山宽而平缓（图 1）。盆地内部自山麓向岱海，依次为洪积—冲积平原和冲积—湖积平原。盆地基底为前震口纪花岗片麻岩，盆地东部和南部有第三纪晚期到第四纪早期多次喷出的玄武岩，平铺于古老基岩之上，形成熔岩台地，盆地西北部有小面积中生代凝灰岩。在玄武岩下古老的基岩上，在不同时期喷出的玄武岩之间及在洪积—冲积扇之下散见有第四纪早期及其以前的红色中性硅铝风化壳，在片麻岩山区及洪积—冲积扇下红色风化壳之上分布有第四纪中期红黄棕色中性硅铝风化壳，第四纪晚期整个盆地又普遍覆盖了一层黄土。

岱海盆地属温带半干旱季风气候，根据凉城县 1959—1962 年气象记录，年平均温度为 5.74℃。冬季冷而长，夏季热而短，绝对低温为−30.1℃，绝对高温为 33.7℃，年平均降水量 455.7 mm（1953—1962 年平均为 420.8 mm），75%以上降于夏季，年蒸发量大于降水量 3.5 倍，90%分配于 4—10 月，而以 6 月蒸发量最大。气候上的干湿变化频繁，常引起岱海水位相应的涨落变化。

汇入岱海的河流有 20 余条，终年有水注入岱海的有弓坝、五号、步量、天成、目花等河流，皆分布于盆地东部和南部；发源于北部山区的河流较短而急，多为间歇性河流。

盆地中地带性植被为草原，地带性土壤为栗钙土；在河流下游及滨湖地区主要为盐生草甸和盐渍化草甸土，亦分布有沙生植被和栗钙土型沙土；山地顶部主要为次生草甸及山地草甸土，阴坡零星散见有小片幼年白桦及白桦和山杨混交林。

显然，对于这样一个内陆盆地来说，水为其极为宝贵的资源。为了充分地、合理地利用这项资源，就不仅需要从水量方面，而且需要从水质方面加以研究。本文即是这方面的一个初步尝试，拟对其水文化学地理特征及其形成过程加以阐述。其中着重说明各水体之间以及由盆地边缘向盆地中部水文化学特征的变化规律和发生上的联系，以便进行水文化学地理区划，并指出其实践意义。因工作不够深入，谬误之处在所难免，尚祈批评指正。

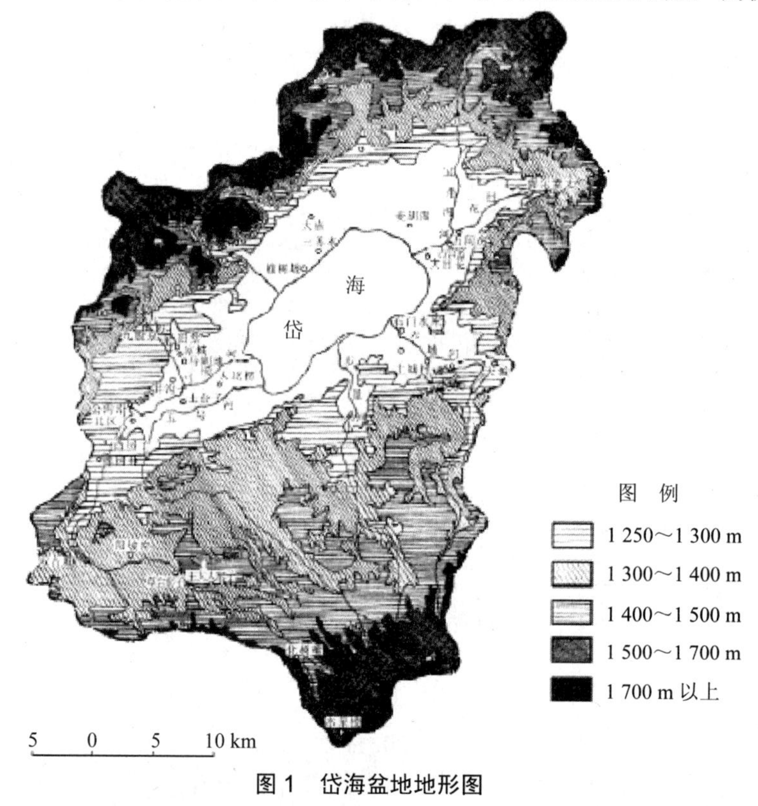

图 1　岱海盆地地形图

（一）岱海盆地天然水的水文化学地理特征

1. 天然水的矿化度和硬度

岱海盆地天然水的矿化过程开始于大气降水对大气的淋溶过程。根据我们在岱海湖西北约 5 km 的凉城和湖东南不到 1 km 的坝底村所收集的大气降水进行分析的结果（表 1），大气降水最低的矿化度为 66.20 mg/L，最高的矿化度为 106.01 mg/L，平均值为 80.91 mg/L，远高于华北平原大气降水的矿化度，这和本区地处内陆、气候干旱、降水较少、大气中盐分尘埃较多有关。就盆地内部来看，西北部大气降水的矿化度又高于东南部，东南部大气降水的矿化度变化较小，均在 66～68 mg/L 之间。而西北部大气降水的矿化度则变化于 78～106 mg/L 之间。显然这和本区多西北风是分不开的。

表 1　岱海盆地大气降水的离子组成

单位：mg/L

样品编号	取样地点和日期	总矿化度	阳离子			阴离子			水化学类型
			Ca^{2+}	Mg^{2+}	$K^{+}+Na^{+}$	SO_4^{2-}	HCO_3^{-}	Cl^{-}	
1	1963 年 6 月 5 日凉城	78.02	16	0.24	24.5	12.98	23.8	14.9	C_{I}(Na)
2	1963 年 7 月 1 日凉城	86.55	17.23	3.77	1.25	12.98	42.1	9.22	C_{III}(Ca)
3	1963 年 9 月 11 日凉城	106.01	9.86	6.785	10.02	9.05	57.66	12.63	C_{II}(Mg)
4	1963 年 6 月 18 日坝底	66.20	1.6	4.01	14.25	12.98	19.53	13.83	C_{II}(Na)
5	1963 年 7 月 1 日坝底	67.82	6.02	3.49	7.75	12.98	24.41	12.77	C_{II}(Na)
平均值		80.91	7.26	3.74	11.55	12.19	33.5	12.67	C_{II}(Na)

表 2　岱海盆地河水、潜水及湖水主要水文化学特征比较表

离子 / 特征值 / 单位 / 水体	Ca^{2+}					Mg^{2+}					K^{+}				
特征值	最高值		最低值		主要分布范围	最高值		最低值		主要分布范围	最高值		最低值		主要分布范围
单位	mg/L	mmol/L	mg/L	mmol/L	mg/L	mg/L	$\frac{1}{2}$ mmol/L	mg/L	$\frac{1}{2}$ mmol/L	mg/L	mg/L	mmol/L	mg/L	mmol/L	mg/L
湖水	53.07	2.65	28.20	1.41	40～46	63.60	5.23	44.99	3.70	50～55	6.30	0.16	0.01	0.002	1～2.5
地下水	93.99	4.69	22.44	1.12	40～80	72.10	5.91	4.26	0.35	10～50	6.70	0.17	1.17	0.03	2～3.5
河水	71.74	3.58	25.52	1.27	40～50	27.97	2.30	4.26	0.35	10～15	12.08	0.31	0.002	0.00	1～4.0
水体间对比	地下水≥河水＞湖水					湖水＞地下水＞河水					河水≥地下水＞湖水				

离子 / 特征值 / 单位 / 水体	Na^{+}					SO_4^{2-}					CO_3^{2-}				
	最高值		最低值		主要分布范围	最高值		最低值		主要分布范围	最高值		最低值		主要分布范围
	mg/L	mmol/L	mg/L	mmol/L	mg/L	mg/L	$\frac{1}{2}$ mmol/L	mg/L	$\frac{1}{2}$ mmol/L	mg/L	mg/L	$\frac{1}{2}$ mmol/L	mg/L	$\frac{1}{2}$ mmol/L	mg/L
湖水	823.17	35.79	666.54	28.98	680～700	82.28	1.71	34.97	0.72	45～55	44.17	1.47	5.10	0.17	25～35
地下水	201.20	8.75	7.59	0.33	15～150	274.82	5.72	5.35	0.11	15～150	0.00	0.00	0.00	0.00	
河水	83.94	3.65	2.59	0.11	20～30	132.43	2.75	7.41	0.21	15～40	32.32	1.10	0	0.00	0～10
水体间对比	湖水＞地下水＞河水					地下水＞湖水＞河水					湖水＞河水＞地下水				

离子 / 特征值 / 单位 / 水体	HCO_3^{-}					Cl^{-}					矿化度			硬度		
	最高值		最低值		主要分布范围	最高值		最低值		主要分布范围	最高值	最低值	主要分布范围	最高值	最低值	主要分布范围
	mg/L	mmol/L	mg/L	mmol/L	mg/L	mg/L	mmol/L	mg/L	mmol/L	mg/L	mg/L	mg/L	mg/L	mg/L	mg/L	mg/L
湖水	390.16	6.34	258.73	4.24	300～350	1 223.47	33.47	1 012.74	28.56	1 030～1 150	2 680	2 002	2 100～2 400	7.79	5.27	6～7
地下水	670.61	10.99	161.45	2.64	200～700	126.38	3.56	8.87	0.21	10～100	2 048	243.05	300～1 000	7.27	2.82	3～6
河水	306.93	5.02	105.60	1.73	180～200	31.91	0.90	8.87	0.21	10～20	517.6	275.35	280～400	4.69	2.18	2.5～4
水体间对比	地下水＞湖水＞河水					湖水＞地下水＞河水					湖水＞地下水＞河水			湖水＞地下水＞河水		

大气降水着陆以后，在其以地表和地下径流形式向岱海汇集的过程中，由于与岩石、风化壳及土壤的相互作用，矿化度继续不断地升高，这样就形成自盆地边缘向盆地中心，天然水矿化度有规律地递增的现象。河水矿化度最低值低于 300 mg/L，最高值高于 500 mg/L（表 2）。在山地及洪积—冲积扇中上部均小于 300 mg/L，在洪积—冲积扇中下部多为 300～400 mg/L，在岱海以西的弓壩河和五号河下游及岱海以东的目花河下游的冲积—湖积平原为 400～500 mg/L，只有在弓壩河口附近才超过了 500 mg/L（图 2）。

潜水的矿化度最低值与河流相似，最高值则可超出 2 000 mg/L 以上，一般均在 300～1 000 mg/L 之间。在山地均小于 300 mg/L，在洪积—冲积扇平原多为 300～500 mg/L，而到洪积—冲积扇扇缘，因潜水面接近地表、蒸发浓缩的结果，致使矿化度迅速地增加到 500～700 mg/L。在冲积—湖积平原达到 700～1 000 mg/L，只有在弓壩河和五号河下游滨湖地区才超过了 1 000 mg/L，甚至 2 000 mg/L（图 3）。

岱海湖水矿化度最低值稍高于 2 000 mg/L，最高值超过 2 600 mg/L，一般在 2 100～2 400 mg/L 之间。湖水矿化度的水平变化较垂直变化明显，岱海西部水浅，蒸发浓缩较强烈，加以近年来湖面扩大，淹没了大面积的滨湖盐渍土地区，故矿化度较东部为高，而于弓壩河和五号河之间，受河水影响较小的近岸湖区形成全湖的高矿化中心。岱海湖的中北部则主要由于受低矿化潜水的补给，形成了全湖的低矿化中心。至于各大河入口附近的较低矿化区，则显然是受河水淡化影响的结果（图 2）。

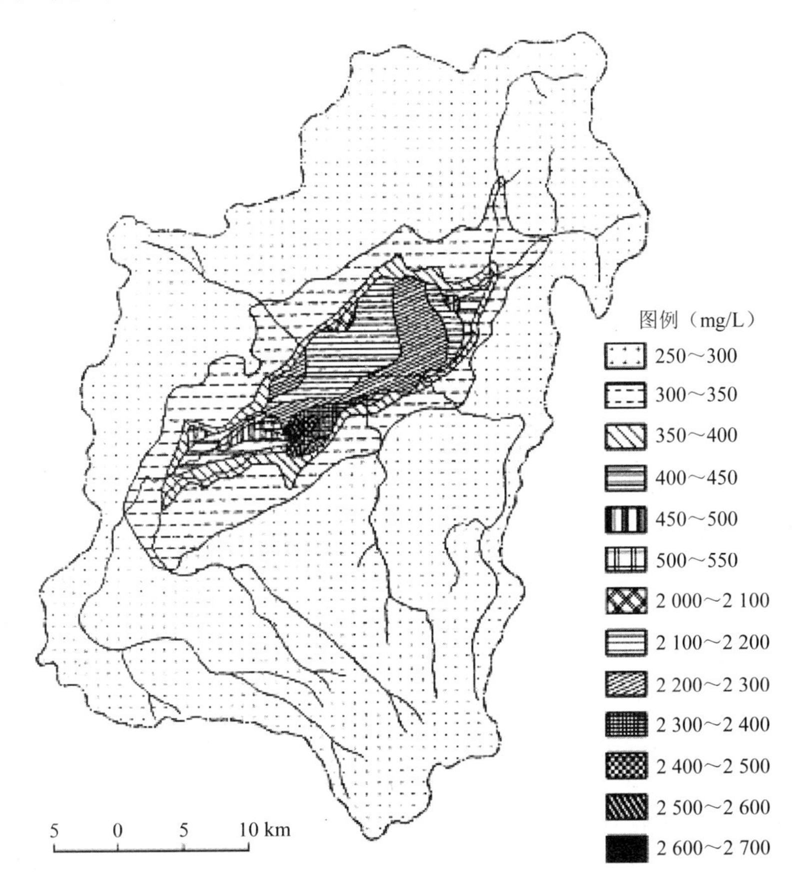

图 2　岱海盆地地表水矿化度分布图

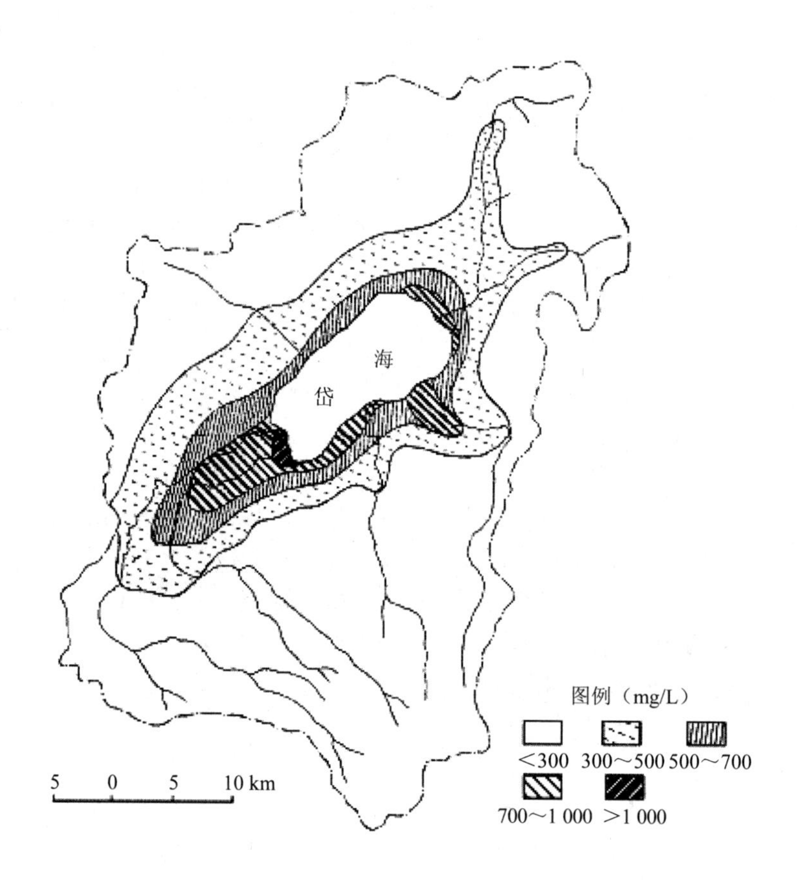

图 3 岱海盆地潜水矿化度分布图

岱海盆地天然水的硬度与矿化度有密切的关系。在矿化度低于 700 mg/L 时，硬度随矿化度的增加而增加，待矿化度超过 700 mg/L 以后，平均硬度一直保持为 3～3.5 mmol/L，变化很小（图 4）。大气降水的硬度在岱海西北的凉城附近常稍超过 0.5 mmol/L，而在岱海东南的坝底附近则仅有其 1/2。河水硬度最低值 1.1 mmol/L，最高值 1.35 mmol/L，一般多为 1.3～2 mmol/L，山地区均低于 1.8 mmol/L，平原区多为 1.5～2.3 mmol/L。潜水硬度的最低值为 1.24 mmol/L，最高值可超过 5 mmol/L，一般多为 1.5～3.5 mmol/L，在山地多为 1.5～2 mmol/L，洪积—冲积平原多为 1.8～3 mmol/L，冲积—湖积平原多为 2～3.5 mmol/L。湖水硬度最低值为 2.64 mmol/L，最高值为 3.9 mmol/L，一般多为 3～3.5 mmol/L。湖水与河水及潜水硬度的不同，不仅表现在量的方面，而且也表现在质的方面。在湖水硬度组成中镁大于钙，而在河水及潜水硬度组成中则钙大于镁。

2．天然水的化学组成和类型

（1）天然水的主要离子组成和化学类型。随着矿化度的增长，天然水的主要离子组成也发生明显的改变。由图 5 可以看出：在阴离子中 HCO_3^-的含量在低矿化水中随矿化度的增加而迅速地增加，然后随矿化度的增加而缓缓下降。SO_4^{2-}的含量最初也随矿化度的增加而增加，然后随矿化度的增加而下降，其转折点均在矿化度 700 mg/L 附近；Cl^-的含量起初随矿化度的增加而缓缓增加，然后则随矿化度的增加而迅速上升，其转折点在矿化度

800 mg/L 附近。在阳离子中 Ca^{2+}含量曲线的变化形势与 SO_4^{2-}相似，但含量则较 SO_4^{2-}高。Mg^{2+}的含量起初是随矿化度的增加而迅速增加，然后则随矿化度的增加而缓慢地增加，其转折点在矿化度 300 mg/L 附近。Na^{+}的含量一直随矿化度的增加而迅速增加，但增加的速度在矿化度 700 mg/L 以前稍逊于 700 mg/L 以后。

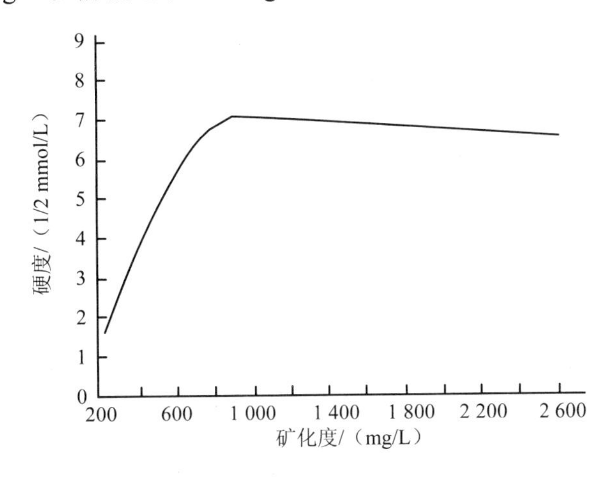

图 4　硬度与矿化度相关图

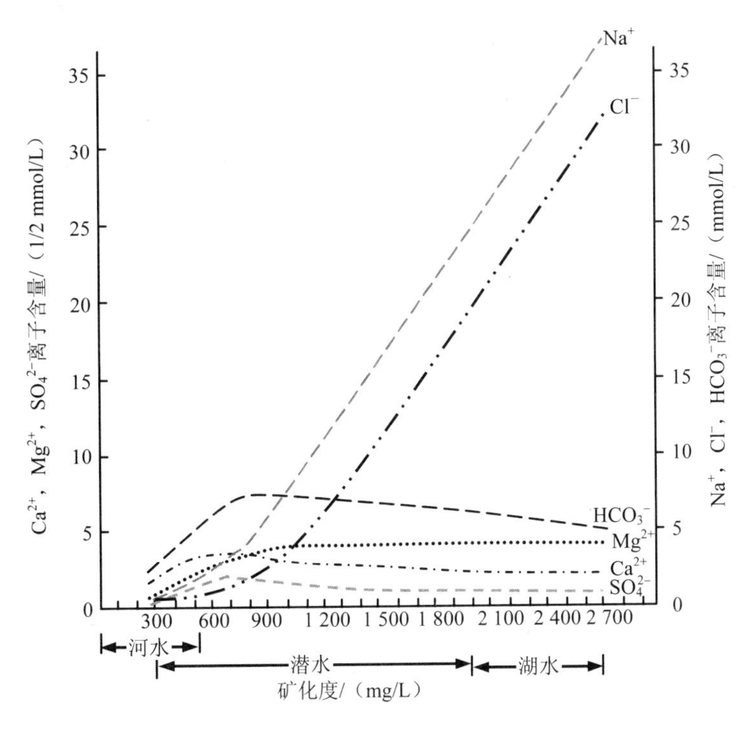

图 5　岱海盆地天然水中主要离子含量与总矿化度相关图

由于各主要离子含量随矿化度的增加而改变的情况不同，主要离子组成的对比关系也随之而发生了相应的改变，致使盆地天然水的矿化过程呈现出明显的阶段性。矿化度 700～800 mg/L 和 1 200～1 300 mg/L 是两个很明显的分段点。在矿化度 700 mg/L 以下时，各离子含量均随矿化度的增加而增加，HCO_3^-增加最快，Na^+、Mg^{2+}、Ca^{2+}、SO_4^{2-}次之，Cl^-最缓慢，离子组成以HCO_3^-和Ca^{2+}为主，属 $C_{\rm I}$(Ca)或$C_{\rm II}$(Ca)型水。在矿化度 1 300 mg/L 以上时，Cl^-和 Ca^{2+}的含量仍继续随矿化度的增加而平行上升，成为占绝对优势的阴、阳离子，水化学类型属 $Cl_{\rm II}$(Na)或 $Cl_{\rm III}$(Na)水，矿化度 800～1 200 mg/L 为过渡阶段，离子组成和水化学类型都比较复杂。

大气降水的离子组成在盆地西北部以 HCO_3^-和 Ca^{2+}，Mg^{2+}为主，属 $C_{\rm III}$(Ca)或 $C_{\rm II}$(Mg)型。在盆地东南部以Na^+和HCO_3^-或Cl^-为主，属 $C_{\rm II}$(Na)或$Cl_{\rm II}$(Na)。造成这种差异的原因主要是受风向及岱海的影响。就同一地点来说，某次降水矿化度高时，往往Ca^{2+}和 HCO_3^-的含量也较高，Na^+和 Cl^-则较少；反之，某次降水矿化度较低时，往往其 Ca^{2+}和 HCO_3^-的含量也较少，而Na^+和Cl^-则较多。这主要与降水持续时间的长短有关，持续时间愈短则矿化度愈高。

河水处于低矿化阶段，首先离子组成以HCO_3^-和Ca^{2+}为主，HCO_3^-占阴离子的60%～80%，Ca^{2+}占阳离子的 40%～60%。其次，在玄武岩山区 SO_4^{2-}占第三位，在片麻岩山区则 Na^+占第三位。平原地区河水的主要离子组成和化学类型绝大部分都与其相邻的山区相同，这可能与流程短、流速大、流经洪积—冲积扇地区、属补给河性质等有关。在弓壩河和五号河下游、目花河下游，以及步量河、天成河河口段等地区，地势低平、坡降小、流程较长、流速较缓、流经盐渍化草甸土区，并接受扇缘溢出水的补给，Mg^{2+}、SO_4^{2-}与Na^+的含量均随矿化度的增加而迅速增加，Na^+甚至超过了Ca^{2+}，而居第二位。随着主要离子组成的变化，河水的化学类型的变化是：在片麻岩山区及其邻近的洪积—冲积平原区为 $C_{\rm I}$(Ca)型，在玄武岩和凝灰岩山区及其邻近的洪积—冲积平原区为 $C_{\rm II}$(Ca)，在弓壩河和五号河下游自洪积—冲积扇扇缘向湖滨依次为 $C_{\rm I}$(Na)→$C_{\rm II}$(Na)→$S_{\rm II}$(Na)型，在目花河下游依次为 $C_{\rm I}$(Na)→$C_{\rm II}$(Na)衬型，天成河河口为 $C_{\rm I}$(Na)型，步量河河口为 $C_{\rm II}$(Na)型（图 6）。

潜水处于中间矿化阶段，矿化度变化的幅度较大，且各主要离子含量随矿化度的增加而改变的曲线均在此范围内发生了明显的转折。Cl^-和Na^+的增长由缓变急，曲线呈凹弧形；其他各主要离子含量的增长均由急转缓，或由上升变化为下降，曲线是凸弧形，因而影响到各主要离子含量间的对比关系随矿化度增加而频繁地改变，致使潜水的离子组成和化学类型复杂化。矿化度在 500 mg/L 以下时，其离子组成和化学类型均与河水相同，离子组成以HCO_3^-与Ca^{2+}为主，其次为Na^+、SO_4^{2-}、Mg^{2+}、Cl^-。化学类型在片麻岩山区及其邻近的洪积—冲积平原区，为 $C_{\rm I}$(Ca)型，在玄武岩和凝灰岩山区及其邻近的洪积—冲积平原区为 $C_{\rm II}$(Ca)型。矿化度在 500～700 mg/L 时，Na^+、Mg^{2+}、SO_4^{2-}的含量均随矿化度的增加而迅速增加，Na^+、Mg^{2+}终于超过了 Ca^{2+}，洪积—冲积扇扇缘大致可作为钙组水和钠组水的分界线。在洪积—冲积扇扇缘以下的冲积—湖积平原区，潜水矿化度均在 700 mg/L 以上，随矿化度的增高，Na^+和Cl^-的含量继续迅速上升，Mg^{2+}的含量缓缓上升；而 HCO_3^-、Ca^{2+}、SO_4^{2-}有平稳下降的趋势。离子组成和化学类型均自扇缘向湖滨依次发生有规律的变化。在岱海南北两岸冲积—湖积平原甚狭隘，潜水的化学分异不明显；而在岱海东西两端的冲积—湖积平原较宽阔，潜水的化学分异较完善。特别是在岱海西端弓壩河和五号河下游的冲积—湖积平原，潜水依次为 $C_{\rm I}$(Na)→$S_{\rm II}$(Na)→$Cl_{\rm III}$(Na)型，由与河水相近似的离子组成和化学类型逐渐转变为与湖水相近似的离子组成和化学类型，其过渡性质非常明显。在东部目花河下游则依次为 $C_{\rm III}$(Ca)→$C_{\rm II}$(Na)→$S_{\rm II}$(Na)型。其矿化变质过程大致较西部差一个阶段（图 7）。

岱海湖水处于盆地中天然水的最高矿化阶段。矿化度变化幅度较狭隘，离子组成及化学类型变化较小，特征明显而稳定。在阳离子中 Na^+居首位，约占阳离子当量总和的 88%。其次为 Mg^{2+}，再次为 Ca^{2+}；在阴离子中 Cl^-居首位，占阴离子当量总和的 80%以上，其次为 HCO_3^-，再次为 SO_4^{2-}。湖水离子组成中的另一个特征是含有一定数量的 CO_3^{2-}。各主要离子在岱海内的分异大致与矿化度的变化相一致，Na^+、Cl^-、HCO_3^-及 CO_3^{2-}；含量都是西南部高于东北部，Ca^{2+}、Mg^{2+}、SO_4^{2-}不很明显，但湖的边缘大于湖的中部，东部又稍大于西部。这种差异主要和地表及地下径流的补给来源有关。这从岱海周围地表水和潜水的离子组成和化学类型分布图中可明显地看出，岱海湖水属于 $Cl_{II}(Na)$型或 $Cl_{III}(Na)$型。

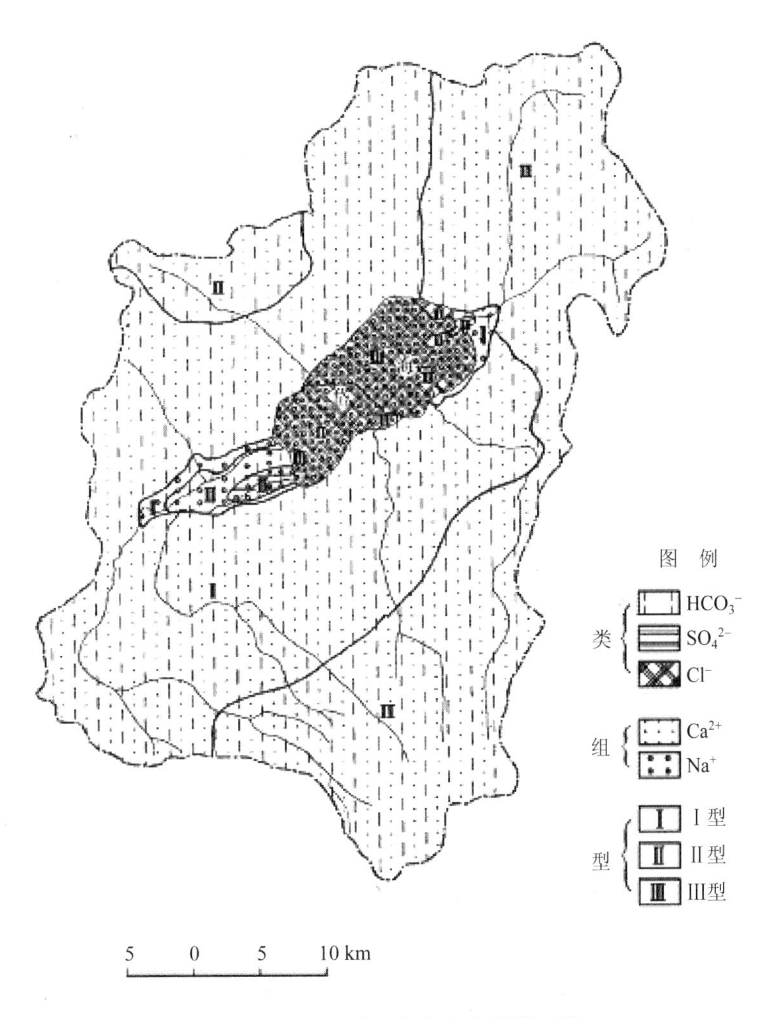

图 6　岱海盆地地表水水文化学类型图

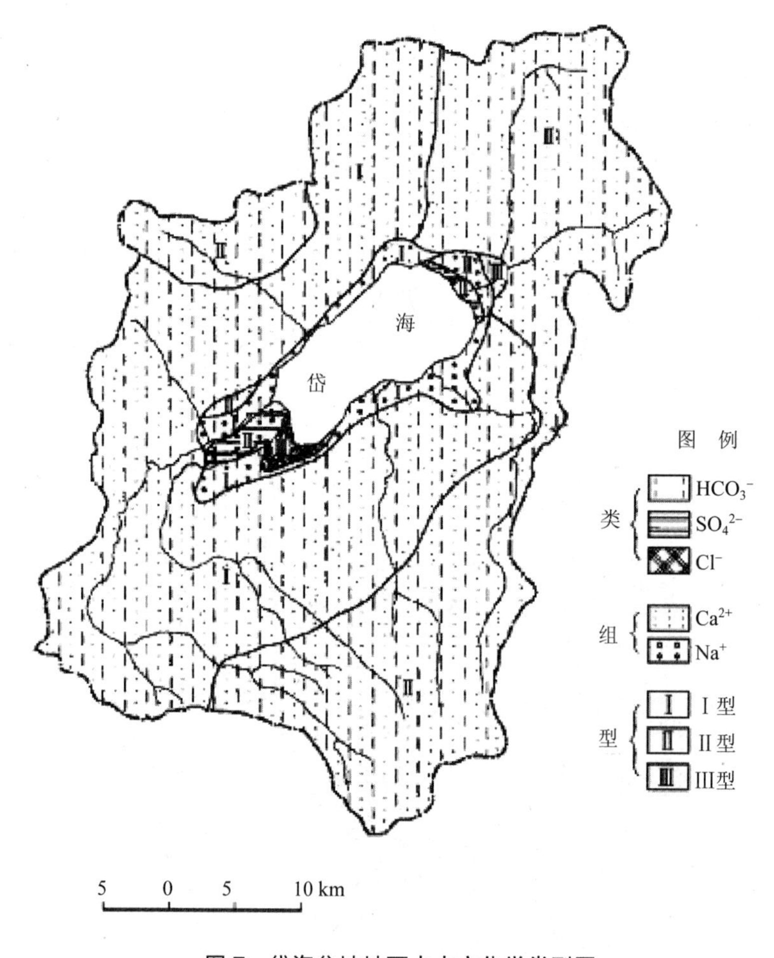

图 7 岱海盆地地下水水文化学类型图

（2）天然水中的生源物质。生源物质指的是氮、磷、铁、硅等。这些元素含量的高低是天然水生产性能的重要指标。

氮在天然水中有 NH_4^+、NO_2^-和 NO_3^- 3 种存在形式。在岱海盆地天然水中 NH_4^+和 NO_2^-含量甚低，主要为 NO_3^-态氮。河水中 NO_3^-的最高含量为 2.5 mg/L，一般为 0.5～1.5 mg/L。潜水中 NO_3^-最高含量为 7 mg/L，一般为 1.5～3.5 mg/L。NO_3^-在湖水中的分布：西部多于东部，边缘多于中部，河口附近 NO_3^-含量最高，在湖中部的很大范围内 NO_3^-低于 1 mg/L，而在河口附近则高达 2 mg/L。总的来看，岱海岔地天然水中 NO_3^-含量是比较高的，这和本区处在草原—栗钙土地带，滨湖滩地牧场上牲畜粪尿不断供给及滨湖滩地有硝酸盐盐渍土的存在等因素的影响是分不开的（图 8）。

由于本区风化壳和土壤中含钙较丰富，pH 较高，磷的迁移能力极低，加以我们进行考察采样时，正值生物生长旺盛季节，消耗磷较多，所以本区天然水中磷的含量普遍很低。在岱海广大面积的湖水中含量为零，只有在湖的边缘和河口附近才有微量的磷，其含量有随深度的增加而增加的趋势。湖水中磷的含量较少可能是限制浮游植物生长的一个因素，从而也影响到湖中渔业的发展。

由于本区主要处于中性到碱性氧化环境中，铁（Fe^{3+}、Fe^{2+}）的迁移能力也大受限制，天然水中含铁量较低。相对地说，潜水中含量最高，河水中次之，湖水中最少。铁的含量在湖水中变化于 0.4～0.008 mg/L，在河水中变化于 0.8～0.008 mg/L，在潜水中介于 1.2～0.04 mg/L。铁在湖水中的分布是西部高于东部，这显然与河水的补给来源有关（西部弓壩河每年输入湖中的铁为 12.475 2 t/a，东部目花河仅为 1.164 6 t/a）。

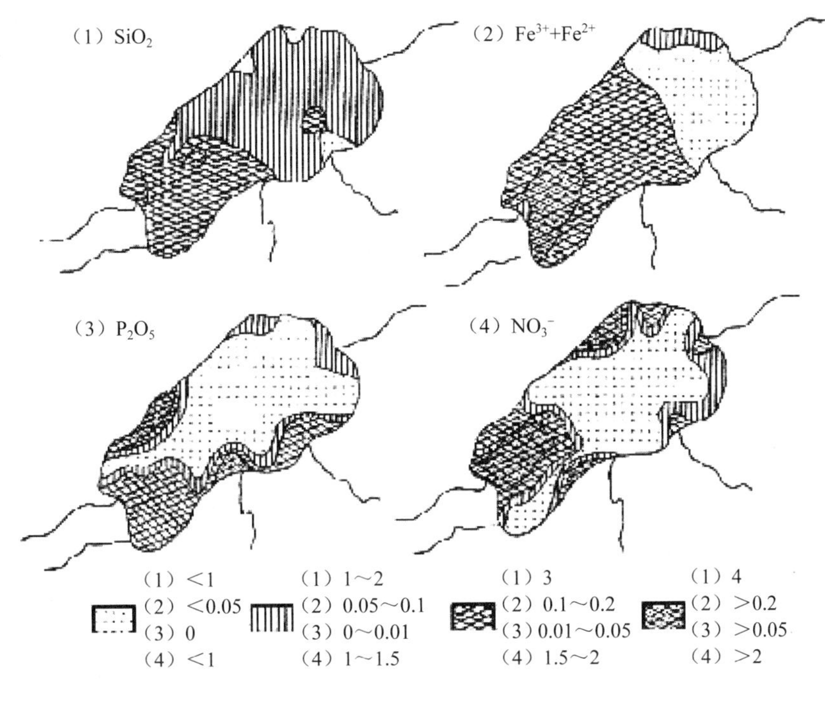

图 8 岱海 SiO_2，$Fe^{3+}+Fe^{2+}$，P_2O_5，NO_3^-含量（mg/L）分布图

硅在本区也是弱迁移元素。所以天然水中含量较少，而且也以潜水中含量最高，变化于 28～2.8 mg/L，河水中次之，变化于 24～3 mg/L，湖水中最少，变化于 4～0.2 mg/L。其含量无论是在河水或潜水中，均有自盆地边缘的山地区向盆地中部的平原区减少的趋势，若从其相对含量来看，这种趋势就更为明显。硅在湖水中的分布是西部大于东部，这可能是与母岩及岱海东部浮游植物较为丰富、大量消耗了硅有关。

3．天然水中的微量元素

岱海盆地天然水中微量元素的种类或含量在各种水体之间以及在空间分布上都有明显的差异。概括地说，由河水向潜水、而湖水以及由盆地边缘向盆地中部，随着矿化度的增加，所含微量元素的种类愈来愈少，而所含微量元素的数量则愈来愈大。河水中含有 Co、Ni、Mn、Sr、Ba、Cr、Pb、Zn、Cu、Mo、Sn、Ag、Ti 13 种微量元素。潜水中普遍含有 Ni、Mn、Sr、Ba、Cr、Pb、Cu、Sn、Ag、Ti，少数水样中含有 Zn、Be、Mo。湖水中普遍含有 Mn、Sr、Ba、Pb、Zn、Cu、Ti，少数水样中含有 Sn、Ag。

从图 9 中可以看出：本区天然水中含量较大的微量元素为 Mn、Sr、Ba、Cu、Pb、Zn。其中 Sr 和 Ba 在本区的环境条件下是较为活跃而又利于累积的元素，故在本区各水体中含量丰富。Mn 在还原条件下较为活跃，故在潜水中含量较高。河水接受一部分潜水的补给，也含有一定数量的 Mn。湖水在接受河水和潜水的补给，并进一步地蒸发浓缩的情况下，含有更多的 Mn。Ti 在本区的氧化还原和酸碱条件下属弱迁移元素，故天然水中含量较少。以上 4 种元素在本区各水体中的含量都是河水＜潜水＜湖水，这是正常的和极易理解的。Cu 的重碳酸盐远较碳酸盐溶解度大，故在本区各水体中的含量是河水＞潜水＞湖水。Pb 在本区水体中的含量是河水＜湖水＜潜水。Zn 在本区各水体中的含量是潜水＜河水＜湖水。

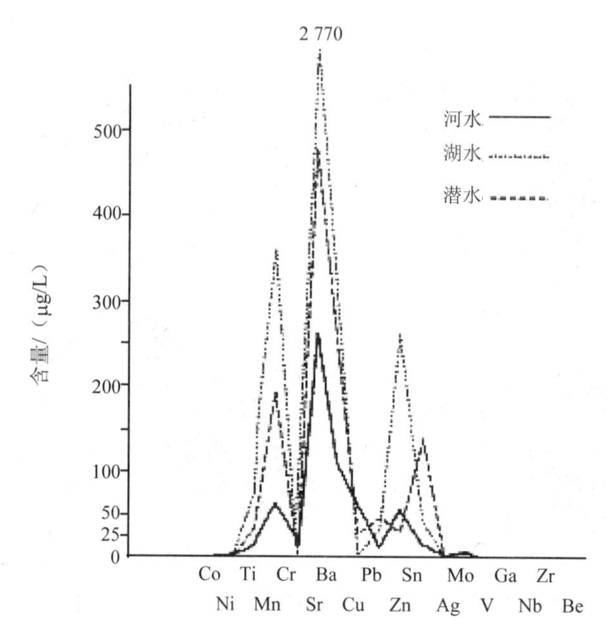

图 9 岱海地区河水、湖水及潜水中微量元素含量的平均值曲线

此外，还应该指出，在基性喷出岩（主要是玄武岩）区天然水中所含微量元素的种类和数量有较酸性变质岩（主要是片麻岩）区稍为丰富的趋势，特别是比较明显地表现在 Co、Ni、Mn、Ti、Cr、Sr 等元素的含量上。

根据以上的叙述可以看出，岱海盆地各种水体之间以及由盆地边缘向盆地中部水文化学特征的变化是很明显的。

从图 10 可以看出：河水、潜水和湖水的矿化度、离子组成和硬度等是很悬殊的。湖水平均的矿化度约为潜水的 3 倍，潜水约为河水的两倍。在阳离子平均组成中：湖水以 Na^+ 占绝对优势，其次为 Mg^{2+}，再次为 Ca^{2+}，三者相对的含量有很大的差异；但在河水和潜水中则以 Ca^{2+} 占绝对优势，其次为 Mg^{2+}，再次为 Na^+，三者含量相对差异不大。在阴离子平均组成中：河水以 HCO_3^- 占绝对优势，Cl^- 和 SO_4^{2-} 的含量都很小；在潜水中仍以 HCO_3^- 占绝对优势，其次为 SO_4^{2-}，再次为 Cl^-；而湖水则以 Cl^- 占绝对优势，其次为 HCO_3^-，再次为 SO_4^{2-}，出现了一定数量的 CO_3^{2-}，使湖水 pH 显著较河水和潜水为高。潜水与湖水的硬度很相近，河水的硬度则较小；但从硬度的组成来看则河水与潜水相近似，均以 Ca^{2+} 占优势，Mg^{2+} 次之，湖水与此相反，以 Mg^{2+} 占优势，Ca^{2+} 次之。

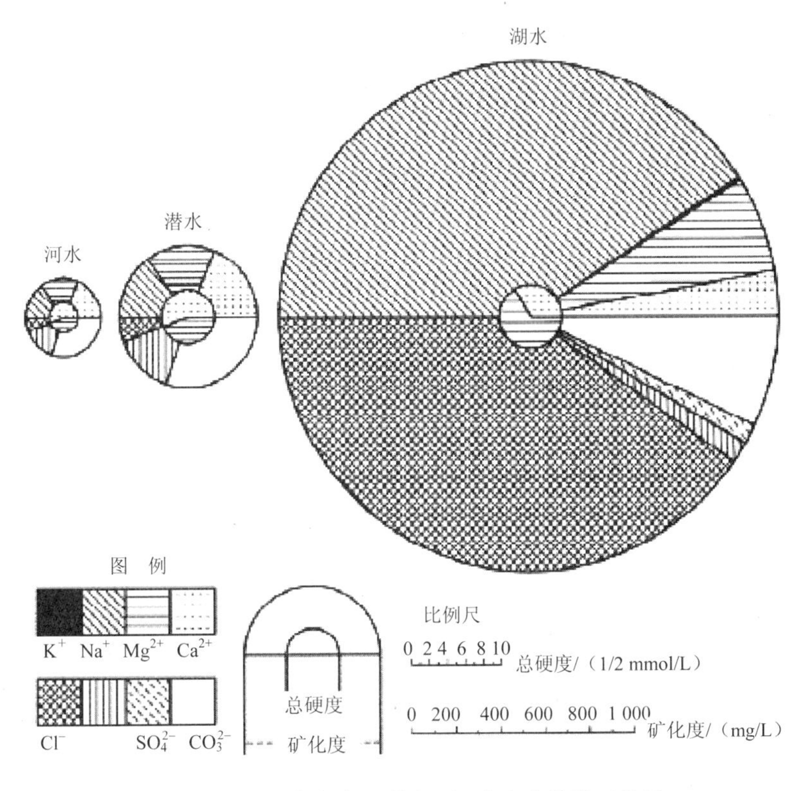

图 10　岱海湖水、潜水、河水水文化学对比图

从图 11（1）可以看出：河水样点主要有向 HCO_3^- 和向中部而偏向 Ca^{2+} 集中的趋势，主要属于重碳酸盐钙组水；湖水样点则向 Cl^- 和 Na^+ 密集，全部属于氯化物钠组水；潜水样点也有向 HCO_3^- 和向中部而偏向 Ca^{2+} 集中的趋势，但显然更较分散，而具有过渡的性质，虽然主要属于重碳酸盐钙组水，但也有一定数量的重碳酸盐、硫酸盐及氯化物钠组水，其化学组成和类型显然较为复杂。

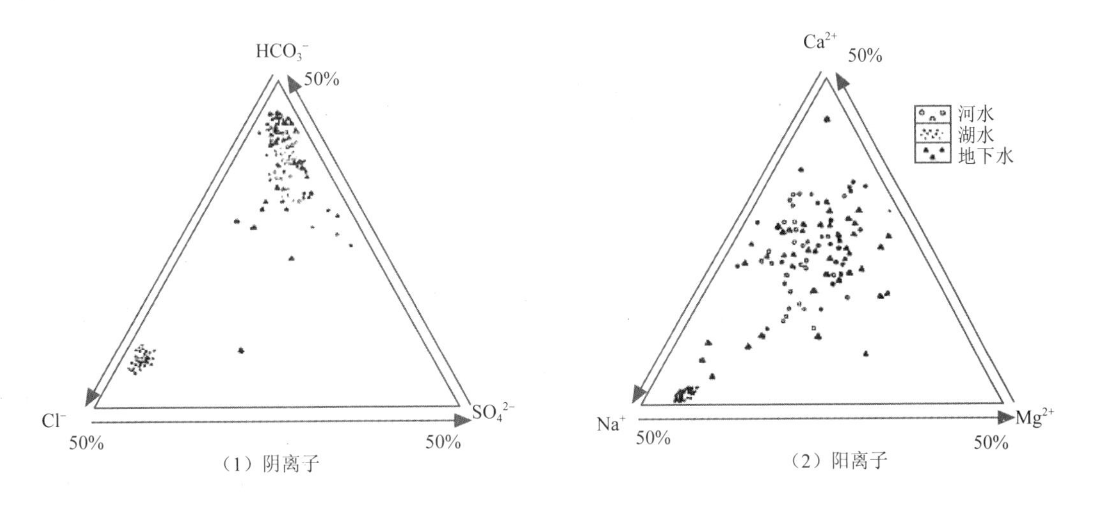

图 11　河水、潜水、湖水阴阳离子含量三角形图解

从图 12 可以看出：由盆地边缘的山区到盆地中部的岱海，河水和潜水向湖水演变的情况，河水由河源到河口水文化学特征的演变是极平缓的，河源和河口的水文化学特征差异并不大，待至岱海则发生急剧的改变。潜水自边缘山区向中部岱海的演变则是加速进行的，特别是到了洪积—冲积扇扇缘以下的冲积—湖积平原区，矿化度迅速增加，组成和类型也相应地改变；待至岱海虽然也发生显著的改变，但这种改变具有逐渐过渡的性质，特别是在盆地的西部，这种性质表现得较明显。

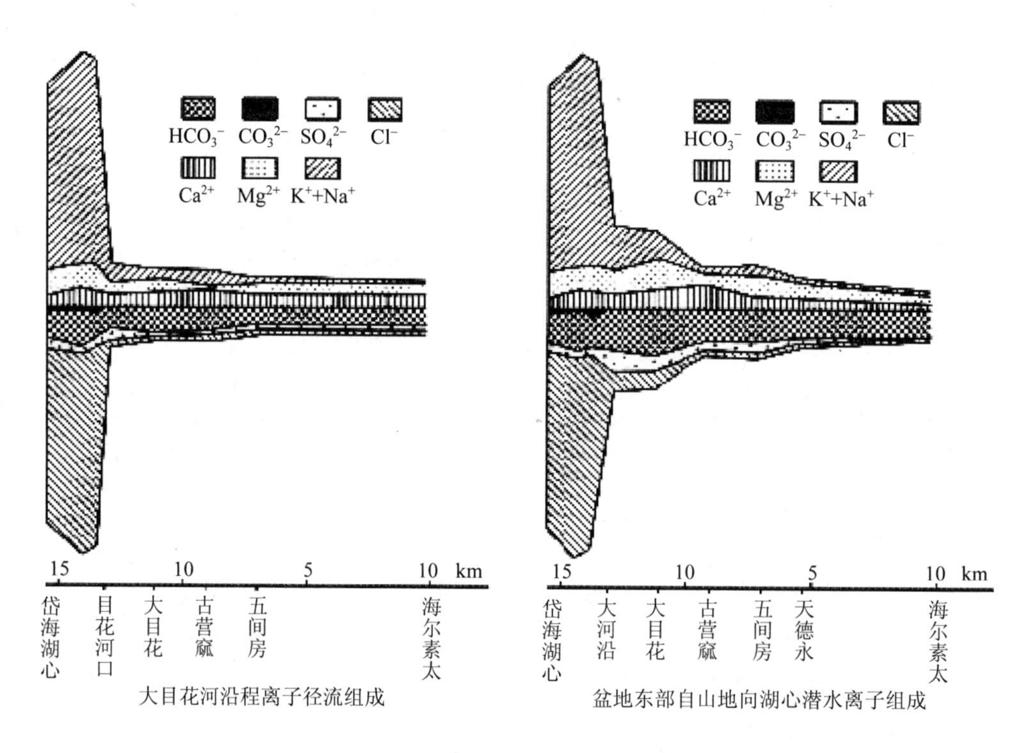

图 12　从盆地边缘到盆地中部的河水、潜水离子组成情况示意图

（二）岱海盆地水文化学地理特征的形成过程

岱海盆地水文化学地理特征的形成过程主要包括天然水对母岩、风化壳和土壤的淋溶过程、矿化变质过程（主要表现为因蒸发而引起的浓缩变质过程和因各水体相互补给而引起的混合变质过程）、胶体的吸附和凝聚过程以及有关的生物化学过程，这些过程往往密切地相互联系在一起，是很难截然分开的，下面我们只预备谈几个最主要的过程。

1. 天然水对母岩、风化壳和土壤的淋溶过程

这是岱海盆地水文化学特征的最基本和最普遍的形成过程。但是相对地说，愈是在低矿化阶段，愈是在盆地边缘的山地区，它愈占有重要的地位。

首先是大气降水在降落途中对大气的淋溶作用。由于本区少雨多风，大气中盐分尘

埃较多，所以大气降水的矿化度普遍较高，而且愈是降水少，愈是远离岱海（尤其是在盆地的西北部），相对地说其所淋溶的物质也愈多（其矿化度较高），其所淋溶的成分愈以 Ca^{2+}、Mg^{2+}和 HCO_3^-为主；反之，愈是降水多，愈是靠近岱海（尤其在盆地的东南部），相对地说其所淋溶的物质愈少（其矿化度较低），其所淋溶的成分愈是以 Na^+和 Cl^-为主。

但是和其他水体比较起来，大气降水毕竟还是矿化度很低的水，含有丰富的氧及一定数量的侵蚀性 CO_2（表 3），具有相当大的氧化和溶蚀能力，因而当它降落在地表，与土壤、风化壳和岩石接触以后就必然对它们有强烈的淋溶作用。河水与潜水矿化度的增高就是很好的说明。

表 3　岱海地区天然水的碳酸侵蚀能力

编号或采样日期	采地地点	水温/℃	pH	游离 CO_2/（mg/L）	平衡 CO_2/（mg/L）	侵蚀 CO_2/（mg/L）	侵蚀强度 $I=\frac{(S_2-y)^2}{S_2}i$
大气降水							
1962 年 6 月 5 日	凉城	未测	7.3	4.48	0.00	4.46	0.54
1962 年 7 月 1 日	凉城	未测	7.4	8.0	0.11	7.92	0.97
1962 年 9 月 11 日	凉城	未测		11.04	0.14	10.45	1.26
1963 年 6 月 18 日	坝县	未测	8.2	3.68	0.26	3.41	0.40
1963 年 7 月 1 日	坝县	未测	8.0	4.64	0.01	4.40	0.52
地下水							
Γ_{26}	九股泉	5.4	7.7	12.45	7.65	5.28	0.11
Γ_{27}	旧堂	10.2	7.3	28.60	12.93	8.73	0.24
Γ_{28}	新堂	9	7.3	26.88	16.72	8.58	0.23
Γ_{30}	马则地	12.2	7.1	55.44	45.31	4.40	0.04
Γ_{31}	马则地	11.4	7.5	25.62	24.94	1.74	0.04
Γ_{13}	海尔素太	8.5	7.5	13.92	7.20	4.84	0.10
Γ_{11}	古营窳	10.6	7.5	16.00	15.4	1.76	0.01
Γ_{12}	大圪楞	10.5	7.4	36.12	25.91	8.14	0.13
Γ_{13}	五间房	6.4	7.5	15.65	16.3	2.64	0.02
Γ_{2}	大河沿	5.2	7.5	18.00	15.91	4.62	0.05
Γ_{24}	三苏木	6.8	7.3	15.04	7.09	5.06	0.10
Γ_{21}	东海仁	7.0	7.3	16.62	7.30	5.50	0.14
Γ_{22}	榆树坡	7.2	7.3	19.86	14.44	1.10	0.04
河水							
P_4	水泵楼	7.6	7.5	13.4	5.11	6.16	0.19
P_3	化树嘴	12.7	7.6	11.08	5.69	3.08	0.05
P_2	王大人窑子	18	7.6	9.38	4.20	7.30	0.28
P_5	草台窑子	15.6	7.6	10.17	7.20	6.62	0.18
P_{11}	阳坡窑子	19.8	7.6	10.09	6.53	4.42	0.19
P_{12}	双古城水库	20.2	7.8	17.01	9.33	5.74	0.13
P_{13}	西房子	24.2	7.74	9.27	5.97	4.20	0.09

编号或采样日期	采地地点	水温/℃	pH	游离 CO_2/（mg/L）	平衡 CO_2/（mg/L）	侵蚀 CO_2/（mg/L）	侵蚀强度 $I=\frac{(S_2-y)^2}{S_2}i$
P_{21}	辛苦地村	8.0	7.5	9.54	7.34	3.34	0.049
P_{22}	海尔素太	13.8	7.5	12.32	7.51	7.90	0.28
P_{24}	孔独林	10.5	7.5	13.24	7.11	8.05	0.28
P_{27}	榆树湾	5.4	7.5	13.16	6.21	7.92	0.27
P_{29}	宝沟	23.8	7.5	13.24	9.78	6.18	0.18
P_{25}	五间房	24.2	7.6	9.45	7.13	1.58	0.012
P_{24}	古营窳	17.2	7.5	13.55	12.81	1.41	0.008
P_{44}	谷了沟头	10.5	7.4	10.46	8.35	10.06	0.45
P_{47}	谷了沟中	11.1	7.4	17.23	3.29	10.21	0.59
P_{57}	园子沟	17.2	7.7	7.92	6.24	8.82	0.40
P_{33}	五号村	20	7.76	10.74	9.86	1.76	0.01
P_{28}	步量河中段	21.2	7.6	11.96	10.65	3.74	0.06
P_{28}	老汉窑	16	7.6	15.48	11.31	4.20	0.07
P_7	五一六号	20	7.5	11.08	3.44	7.55	0.31

在山地区风化壳和土壤均较薄，大气降水可以浸透土壤和风化壳，加以地形条件的影响，有利于淋溶的进行。所以土壤和风化壳中的易溶盐及难溶盐都遭到相当强烈的淋溶。在北山顶部的土壤和风化壳中不仅易溶盐含量较少，而且硫酸钙和碳酸钙等也都淋溶殆尽，致使河水和潜水的矿化度较大气降水增加 2～3 倍。自山顶而下，随着气候的逐渐干暖，大气降水对土壤和风化壳的淋溶也逐渐减弱，在山坡的中下部和宽阔的洪积—冲积平原，易溶盐遭到相当强烈的淋溶，但大部分难溶盐则在土壤和风化壳中累积起来，形成厚达数 10 cm 到 1 m 以上的钙积层。而且，由于地面坡降较大，洪积扇顶部组成物质较粗，河水及潜水的循环条件好，因而矿化度的增加和离子组成的改变都很慢、很小。到洪积—冲积扇扇缘以下的冲积—湖积平原，潜水面埋藏浅，已进入以盐类淀积为主的地区，土壤表层含盐丰富，因而当大气降水与土壤接触后，便可溶解大量的盐类由地表流失或下淋到潜水中，增加它的矿化度、改变它的离子组成。但相对地说，淋溶过程在这些地区天然水水文化学特征的形成过程中已居于次要地位。

2. 天然水的蒸发浓缩过程

天然水的蒸发浓缩过程与淋溶过程相反，愈是到盆地内部，愈是在高矿化度天然水水文化学特征的形成过程中，愈显不其相对的重要性。

本区河流流程短、流速大，蒸发浓缩过程对河水的矿化变质影响不大。

蒸发浓缩过程对潜水矿化变质的影响是愈向盆地中部愈显著。山地区地表和地下的径流条件都好，是潜水的补给区；洪积—冲积平原潜水埋藏较深，水力坡度较大，组成物质较粗，径流条件好，是潜水径流的形成区，蒸发浓缩过程对潜水矿化变质的影响不显著。到洪积—冲积扇扇缘水力坡度变小，组成物质变细，径流条件显著变坏，潜水面壅高，蒸发浓缩过程的影响显著增加，所以扇缘及广大的冲积—湖积平原是潜水的消耗区，也是潜水的急剧矿化变质区。由图 13 可以看出：潜水的矿化度是随着埋深的减小而增加的，增加的速度由缓而急，埋深 2 m 是一个明显的转折点，埋深在 2 m 以内，矿化度直线上升。

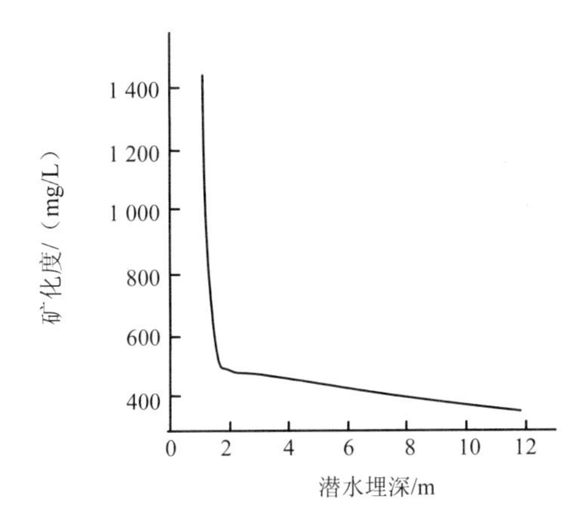

图 13　岱海盆地潜水埋深与矿化度间的关系曲线

随着矿化度的增加，天然水的离子组成和化学类型也发生相应的变化。首先是由重碳酸盐钙组水转变为重碳酸盐钠组水。

$$Ca(HCO_3)_2 \longrightarrow CaCO_3\downarrow + CO_2\uparrow + H_2O$$

$$Na_2SiO_3 + Ca(HCO_3)_2 \longrightarrow CaSiO_2\downarrow + 2NaHCO_3$$

$$Na_2SiO_3 + H_2CO_3 \longrightarrow Na_2CO_3 + SiO_2\downarrow + H_2O$$

这一过程在盆地西部以片麻岩区天然水为补给来源的潜水中表现得很明显。表 4 所载自洪积—冲积扇中部到扇缘 SiO_2 逐渐减少，Na^+、HCO_3^-及矿化度的逐渐增加，也清楚地说明这一事实的存在。

表 4　随地貌部位降低，矿化度、Na^+、HCO_3^-、SiO_2 含量变化表

地点	SiO_2/（mg/L）	Na^+/（mg/L）	HCO_3^-/（mg/L）	矿化度/（mg/L）	备注
洪积扇中部（旧堂）	16	29.55	272.10	396.53	
洪积扇下部（新堂）	12	32.26	302.60	436.22	
洪积扇扇缘（马则地）	11	135.01	493.98	841.68	苏打少量堆积
洪积扇扇缘（咸区子）	9		782.86	1 191.39	苏打大量堆积

继续蒸发浓缩将有一部分石膏与 Na_2CO_3 相作用，而使潜水由重碳酸盐钠组水转变为硫酸盐钠组水。

$$CaSO_4 + Na_2CO_3 \longrightarrow CaCO_3\downarrow + Na_2SO_4$$

蒸发浓缩再继续进行下去，潜水中氯化物的组分将有所增加，硫酸盐将相对减少，终致使潜水转变为氯化物钠组水，其过程主要是在 NaCl，$CaCl_2$，Na_2SO_4 同时存在而继续浓缩的情况下，发生如下的反应。

$$CaCl_2 + Na_2SO_4 \longrightarrow CaSO_4\downarrow + 2NaCl$$

$CaCl_2$ 主要是直接由母岩、风化壳、土壤淋溶而来。经蒸发浓缩过程，其含量逐渐增加，也可以由以下反应而来。

$$\boxed{\text{土壤胶体}}^{Ca^{2+}} + 2NaCl \longrightarrow \boxed{\text{土壤胶体}}^{Na^+}_{Na^+} + CaCl_2$$

蒸发浓缩过程是岱海湖水矿化变质的极其重要的过程。这一过程进行的方向是难溶盐自湖水中析出和易溶盐在湖水中的累积。即在湖水浓缩过程中 NaCl 相对富集，而 Ca^{2+}、Mg^{2+}均以碳酸盐和硫酸盐的形式自水中析出，一部分 HCO_3^-转变为 CO_3^{2-}。湖水中 $CaCO_3$ 呈过饱和状态，其过饱和度自湖岸向湖心逐渐降低（图 14）；湖底淤泥中 $CaCO_3$ 及 $CaSO_4$ 含量的分布是自湖岸向湖心增加的（图 15、图 16）。在淤泥的全量分析中，CaO、MgO、K_2O、Al_2O_3 的含量都是自湖岸向湖心增加的（图 17）。而 SiO_2 的含量则是自湖岸向湖心减少的。这些事实说明：上述物质自湖水中析出的地点和淀积出来的地点是不一致的，前者是按化学分异规律进行的，而后者则是按机械分异规律进行的。亦即 $CaCO_3$、$CaSO_4$ 等虽然已过饱和而自湖水中析出了，但并未立即自湖水中淀积出来，它们和 Fe、Al 等胶体以及为胶体所吸附的 K 等一样是愈向湖心受震动愈小的静水区，才愈增加地自湖水中淀积出来。

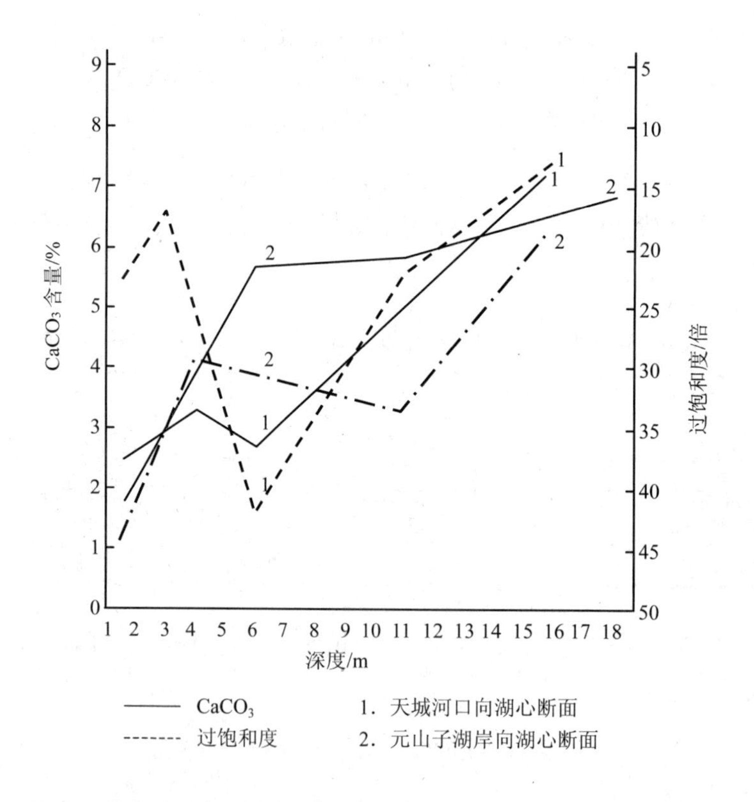

图 14　岱海淤泥中 $CaCO_3$ 含量与湖水中 $CaCO_3$ 过饱和度的关系图

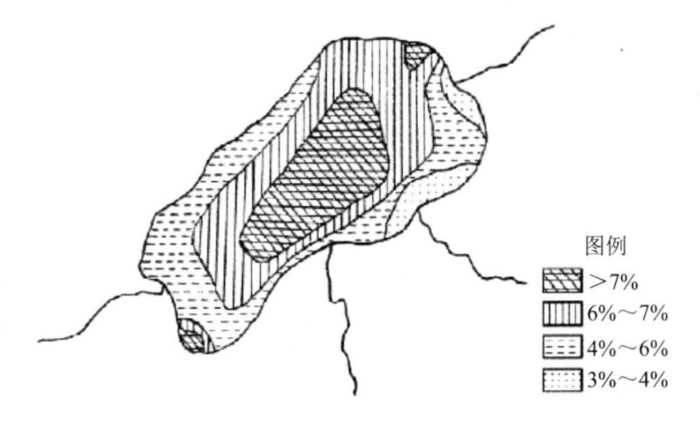

图 15　岱海碳酸钙淀积分布图

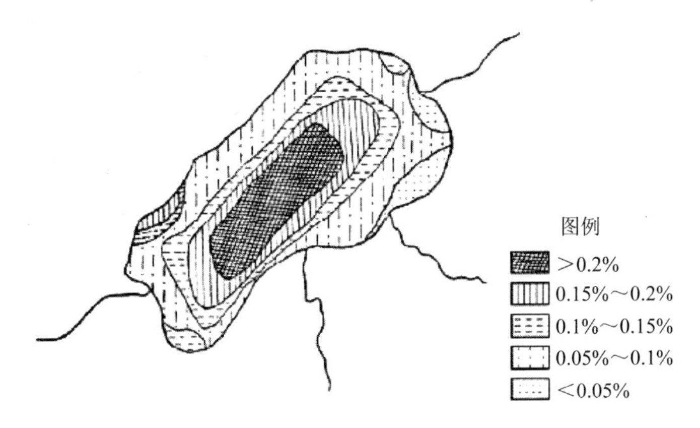

图 16　岱海硫酸钙淀积分布图

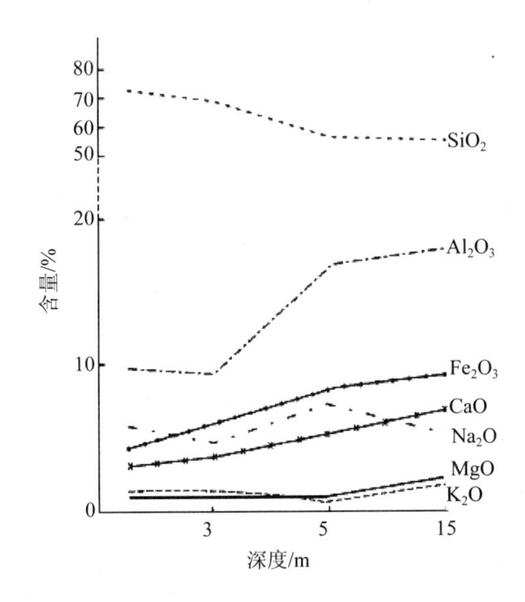

图 17　河口—湖心淤泥矿质全量变化曲线图

3．天然水中碳酸盐系统的平衡过程

碳酸盐系统的平衡过程是经常地影响本区天然水化学组成的重要因素，特别是对低矿化度的大气降水、河水和潜水更具有决定性意义。天然水的碳酸盐系统平衡可概括地用以下的反应来表示。

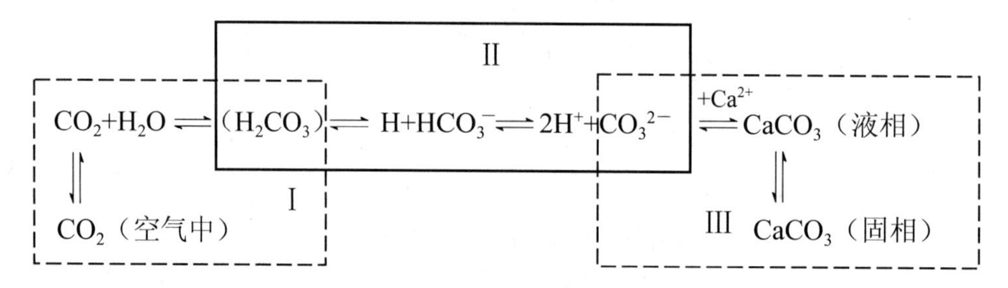

上列化学方程包括 3 个平衡：①水中 CO_2 与空气中 CO_2 的平衡，相当于式中第 I 部分；②碳酸的离解平衡，相当于式中第 II 部分；③水中溶解 $CaCO_3$ 与固相 $CaCO_3$ 的平衡，相当于式中第III部分。在一定的温度和压力条件下这些平衡都有固定的平衡常数，依据这些常数可以计算天然水中碳酸盐系统的平衡情况，并判断其平衡移动的方向①。根据我们计算的结果：平衡 CO_2 和游离 CO_2 均为大气降水＜河水＜潜水，侵蚀 CO_2 及侵蚀强度则有相反的趋势（表 3）。岱海中 $CaCO_3$ 处于过饱和状态，一般来说不含有侵蚀 CO_2 对于碳酸盐（主要是 $CaCO_3$）无侵蚀能力，但实际上由于温度和 CO_2 分压的变化，此平衡反应还是经常在进行的。

4．天然水中的胶体吸附及凝聚过程

胶体的吸附主要表现为极性吸附，即天然水与土壤和风化壳中胶粒间的离子代换过程。在山区及洪积—冲积平原的河水和潜水都是钙组水，土壤和风化壳中胶粒基本上也为钙所饱和，水土之间的离子代换基本上是平衡的，但从总的趋势来看，在这些地区水土间的离子代换主要是按照以下反应进行的。

$$\boxed{\text{土壤胶体}}\begin{matrix}Na^+\\Na^+\end{matrix} + Ca^{2+} \longrightarrow \boxed{\text{土壤胶体}}Ca^{2+} + 2Na^+$$

到洪积—冲积扇扇缘以下的平原地区和岱海湖区，则河水、潜水及湖水均转变为钠组水，而土壤中仍含有丰富的钙，因而水土之间的离子代换过程主要是按以下反应进行的。

$$\boxed{\text{土壤胶体}}Ca^{2+} + 2Na^+ \longrightarrow \boxed{\text{土壤胶体}}\begin{matrix}Na^+\\Na^+\end{matrix} + Ca^{2+}$$

胶体的凝聚主要表现在两种矿化度较悬殊的水体相接触的地区。在岱海盆地最明显地表现在河水与湖水相遇的地区。河水所携带的胶体物质骤然遇到含电解质较多的湖水即发生凝聚，而有助于胶体从水中淀积出来。从湖底淤泥的全量分析中，可以看出 Al_2O_3 和 Fe_2O_3 的含量自湖岸向湖心递增的曲线是先急后缓，显然与单纯受动力影响的 CaO 和 MgO 含量自湖岸向湖心呈现先缓后急的递增趋势是有所不同的（图 17）。

① 根据王德春的资料。

5．天然水的混合过程

岱海盆地各种水体——河水、潜水和湖水都不是孤立的，而是整体的天然水水分循环的各个分支和阶段，彼此之间保持着不可分割的联系。

从河水与潜水的联系来看，在山地区河水是地表和地下水的排泄者，在洪积—冲积平原河水补给潜水，在洪积—冲积扇扇缘则潜水溢出补给河水，但到了冲积—湖积平原各河流的下游段，河床往往高于自然堤外的洼地，河水又成为潜水的补给来源。在洪积—冲积扇扇缘带以上，河水与潜水的矿化度都很低，化学组成和类型也相似，因而它们之间相互地补给，并不引起显著的变化。如以凉城西北的九股泉河水作为河水的代表，以旧堂潜水作为潜水的代表，从图 18 可以看出：各离子连线与横轴之间的夹角很小，各连线之间没有交叉现象，这说明混合后离子组成顺序和化学类型都没有改变。

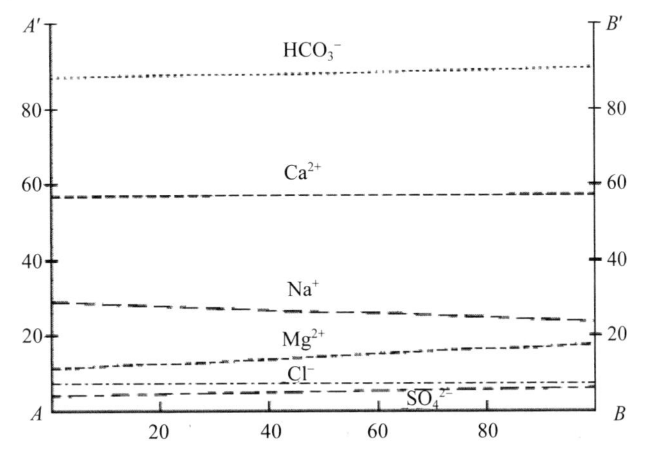

（AA′为河水的各离子分别占阴阳离子总量的毫克当量百分数；BB′为潜水的各离子分别占阴阳离子总和的毫克当量百分数；横轴表示参与混合水体的百分含量）

图 18 洪积—冲积平原河水与潜水混合图解

在洪积—冲积扇扇缘潜水溢出补给河水，使河水由重碳酸盐钙组水转变为重碳酸盐钠组水，其反应主要是由潜水中的 $NaHCO_3$ 的补给以及 Na_2SO_4 与河水中的 $Ca(HCO_3)_2$ 相作用的结果。

$$Ca(HCO_3)_2+Na_2SO_4 \longrightarrow CaSO_4\downarrow+2NaHCO_3$$

在冲积—湖积平原河水补给潜水，使潜水发生淡化。如以盆地西部豪欠村附近的河水和潜水为例：由图 19 可以看出，各离子连线倾斜较大，而且有交叉现象，这说明混合后离子组成顺序和化学类型均发生了改变。从假定盐来看（表 5），河水及受河水补给的潜水含有 $NaHCO_3$，而未受河水补给的潜水则不含 $NaHCO_3$。未受河水补给的潜水含有 $MgSO_4$，而河水及受河水补给的潜水中均不含 $MgSO_4$。这说明在混合过程中发生了如下的反应：

$$2NaHCO_3+MgSO_4 \longrightarrow Mg(HCO_3)_2+Na_2SO_4$$

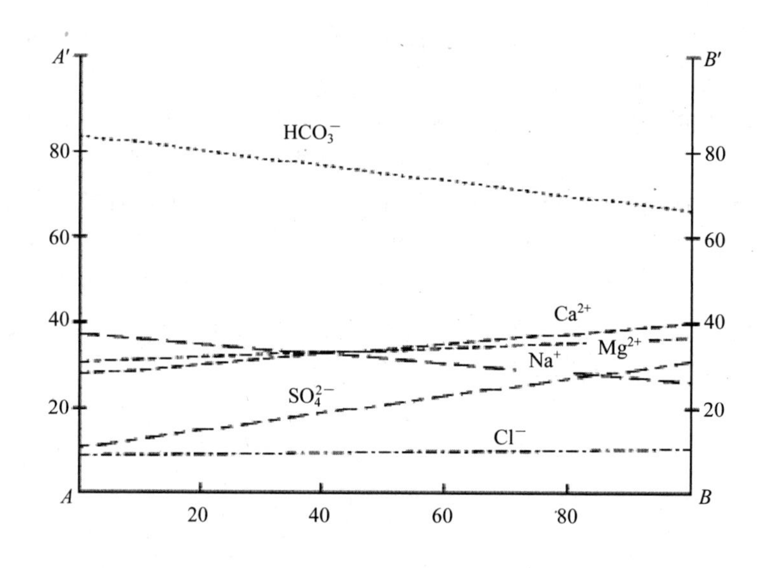

图 19 冲积—湖积平原河水与潜水混合图解（说明同图 18）

表 5 豪欠村附近河水、潜水的假定盐

水体	地点	盐类					
		NaCl	Na_2SO_4	$NaHCO_3$	$MgSO_4$	$Mg(HCO_3)_2$	$Ca(HCO_3)_2$
河水	豪欠村旁	0.412	0.559	1.041	0	1.579	1.740
未受河水补给的潜水	豪欠村中	0.733	1.764	0	0.757	2.662	3.856
受河水补给的潜水	豪欠村附近河外洼地	0.691	1.263	0.017	0	2.968	2.339

由于河水中 $NaHCO_3$ 的含量远高于潜水中 $MgSO_4$ 的含量，所以受河水补给的潜水中不含有 $MgSO_4$，而含有 $NaHCO_3$。

潜水与湖水的差异远小于河水与湖水的差异，故湖水受河水的冲淡作用较为明显，但也只影响到型的变化，在受河水冲淡作用影响较大的范围内均为 $Cl_{II}(Na)$型水，反之，均为 $Cl_{III}(Na)$型水。

（三）岱海盆地的水文化学地理区划

根据天然水水文化学特征形成过程的性质和条件，首先分出以下 4 个带，再根据天然水的离子组成和化学类型进一步划分为 10 个区。

1．山地化学剥蚀带

分布于盆地边缘的山地区，地貌条件有利于化学剥蚀的进行。化学淋溶过程是本带水文化学特征的主要形成过程。河水是地表和地下径流的排泄者，因而河水与潜水的水文化学差异不大，矿化度均低于 300 mg/L，离子组成均以 HCO_3^-和 Ca^{2+}为主，属于重碳酸盐钙组水，水质优良，但因基岩的不同，本带内部也有较显著的差别。大致在玄武岩区矿化度较高，属于 $C_{II}(Ca)$型水，化学剥蚀较强，根据凉城县 1952—1955 年统计的流量资料计算的结果，化学淋溶率均在 20 t/（km^2 • a），化学剥蚀力均在 8 μm/a 以上，高者将近 14 μm/a。在片麻岩区矿化度较低，属 $C_I(Ca)$型水，化学淋溶率为 13～20 t/（km^2 • a），化学剥蚀力为 5～8 μm/a。凝灰岩区矿化度、化学淋溶率、化学剥蚀力均与片麻岩区相似，但离子组成与玄武岩区相近，均属 $C_{II}(Ca)$型水。据此可进一步划分为：①$C_I(Ca)$型水弱剥蚀区；②$C_{II}(Ca)$型水中剥蚀区；③$C_{II}(Ca)$型水弱剥蚀区。

2．洪积—冲积平原累积剥蚀带

分布于盆地内部自山麓到洪积—冲积扇扇缘之间，本带河水是地表径流的排泄者、地下径流的补给者，因而既有化学剥蚀也有化学累积，但地貌和物质组成条件均有利于地表和地下径流的排泄，且潜水埋藏较深，蒸发浓缩过程较弱，所以河水与潜水的矿化变质过程均不强烈。矿化度、离子组成和化学类型变化不大，基本上均属于重碳酸盐钙组水。仍以化学剥蚀为主，化学淋溶率小于 14 t/（km^2 • a），化学剥蚀力小于 5 μm/a。但因受邻近山区的影响，本带内部也稍有差异，一般邻近玄武岩区的部分均为 $C_{II}(Ca)$型水，邻近片麻岩区的部分均为 $C_I(Ca)$型水。本带进而可划分为：①$C_I(Ca)$型水累积剥蚀区；②$C_{II}(Ca)$型水累积剥蚀区。

3．冲积—湖积平原剥蚀累积带

分布于洪积—冲积扇扇缘到湖滨之间。本带地势低平，潜水面接近地表，蒸发强烈，潜水矿化变质过程剧烈进行，矿化度迅速升高，一般均在 750 mg/L 以上，离子组成有显著改变，自扇缘到湖滨依次由重碳酸盐水转变为硫酸盐水和氯化物水，全部为钠组水。河水在本带边缘受潜水补给，矿化度也显著升高，但多在 400～500 mg/L，很少超过 500 mg/L。离子组成和化学类型也有明显改变，但在岱海南北两侧仍多为重碳酸钙组水，仅于岱海东西两端依次出现重碳酸盐钠组水和硫酸盐钠组水。在本带内部河水补给潜水，潜水因强烈蒸发，水质显著变坏，土壤出现盐渍化现象。故在本带以化学累积过程为主，仅在雨后地表有化学剥蚀的进行，但因地表径流量不大，化学剥蚀力也很小。

潜水在本带内的空间分异较完善，对其他自然因素如土壤、植被……的影响也较大，故可主要根据潜水的离子组成和化学类型进一步划分为：①$C_I(Na)$型水剥蚀累积区；②$C_{II}(Na)$型水剥蚀累积区；③西部 $S_{II}(Na)$型水剥蚀累积区；④东部 $S_{II}(Na)$型水剥蚀累积区；⑤$Cl_{III}(Na)$型水剥蚀累积区。

4．岱海累积带

岱海是盆地中地表和地下径流的最后汇注场所，为一化学累积带，水质低劣。湖水的离子组成和化学类型在空间上也有一定的差异，但均属渐变性质，无明显的界限，不再作进一步的区划（图 20）。

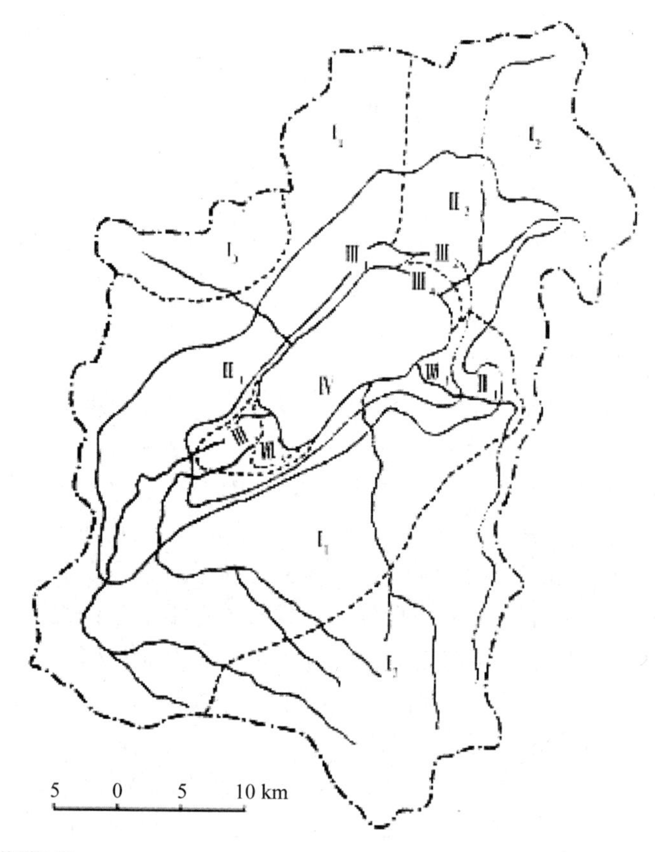

Ⅰ山地化学剥蚀带：

I_1 C_{I}(Ca)型水弱剥蚀区　I_2 C_{II}(Ca)型水中剥蚀区　I_3 C_{II}(Ca)型水弱剥蚀区

Ⅱ洪积—冲积平原化学累积剥蚀带：

II_1 C_{I}(Ca)型水累积剥蚀区　II_2 C_{II}(Ca)型水累积剥蚀区

Ⅲ洪积—湖积平原化学剥蚀累积带：

III_1 C_{I}(Na)型水剥蚀累积区　III_2 C_{II}(Na)型水剥蚀累积区　III_3 西部 S_{II}(Na)型水剥蚀累积区

III_4 东部 S_{II}(Na)型水剥蚀累积区　III_5 S_{III}(Na)型水剥蚀累积区

Ⅳ岱海化学累积带

图 20　岱海盆地水文化学地理区划图

（四）岱海盆地水文化学地理研究的实践意义

通过以上的叙述我们可以看出以下几点具有实践意义的事实。

（1）天然水自盆地边缘向盆地中部汇集的过程不仅是水量和水能的消耗过程，而且也是水质的变坏过程。矿化度逐渐升高，离子组成由以 HCO_3^-、Ca^{2+}为主转变为以 SO_4^{2-}、Cl^-及 Na^+为主，水文化学类型由 C_{I}(Ca)型或 C_{II}(Ca)型转变为 Cl_{II}(Na)型或 Cl_{III}(Na)型。总的来说：湖水已不适于灌溉，但如灌区排水良好，进行少量灌溉也并非绝对不可。岱海东西两端滨湖地区及土城子附近潜水水质也较差，但该地区在现阶段实尚无灌溉的必要。其余广大地区的潜水和河水都是适于灌溉和饮用的。根据这种情况，我们认为应在盆地边缘的山区大力进行水土保持，并在适当的地方兴修水库以延缓或改变天然水向盆地中部汇集的自然过程，并借水库发展灌溉、养鱼和发电，这对当地农业的水利化、电气化和养殖业的发展具有巨大意义。

（2）岱海随着气候上的干湿变化，在水量和水质上也发生相应的变化。从水质上的变化来看，岱海也和其他内陆湖一样，总的趋势是向着咸化的方向发展的，但随着气候的干湿变化，咸化与淡化是交替进行的。在频繁而剧烈的咸化过程中，随着矿化度的急剧上升，Cl^-、Mg^{2+}等的大量增加，可能不止一次地出现过对鱼类的生长、繁殖造成致命威胁的程度，这可能是过去岱海无鱼的主要原因。但目前岱海处于淡化阶段，矿化度及 Cl^-、Mg^{2+}等含量均未达到对鱼类发生致命影响的程度，因而近年来在岱海放养成功。由于放养量小，从鱼类的个体发育来看，效果良好。从生源物质的含量来说，岱海属于一个中等营养的湖泊，氮含量丰富，铁含量适中，硅含量稍差，而磷含量不足，后者是限制浮游生物繁殖的重要因素，间接影响到鱼类的生长和渔业的发展。现在湖中放养量还很低，如在管理方法和生产技术上加以改良，渔业的发展还大有潜力可挖。但从长远方向来看，随着各河流中上游水库的修建、中下游灌溉事业的发展，注入湖的水量必然大为减少。湖水蒸发浓缩，久而久之必然达到对鱼类生长繁殖危害的程度，所以我们认为随着水利事业的发展，应该逐渐发展水库养殖事业。

（3）根据天然水中碳酸盐系统的平衡计算，可知大气降水、河水和潜水均含有一定数量的侵蚀 CO_2，对碳酸盐有一定的侵蚀能力（表 3）。本区随着灌溉事业的发展，水利工程建筑也必日益增多，黄土及混凝土是本区主要的建筑材料，其中都含有丰富的 $CaCO_3$，因而天然水对它的侵蚀作用应加以注意。

第二篇

环境科学基础理论

对环境科学的初步认识*

王华东　于　澂

一、环境与环境科学的产生

所谓环境即存在于人类周围的客观物质世界——自然界。它是人类赖以生存的必要的社会物质生活条件之一。还是在人类出现之前，自然界早已经历了一个从发生到发展的漫长的地质历史阶段。而人类出现之后，则通过其生产和消费活动来利用、改造、影响着自然环境。与此同时，整个自然界也就进入了人与环境相互依存、相互作用即对立统一的新的历史阶段。人类从自然环境中摄取生活必要的物质，同时由于人类生产活动使自然环境也不断地发生变化。在这当中，一方面是人类作用于自然环境，另一方面自然环境也反作用于人类。人类和自然环境之间在长期的发展过程中，不断地进行着物质和能量交换过程，从而建立起动态平衡关系。人类对自然环境的改造、影响的程度，是随着社会生产力的发展，生产方式的不断演变，利用自然的能力不断提高而逐步增强的。在生产力低下和比较低下的社会条件下，人类对自然环境的影响是有限的，对整个自然环境来说，是微不足道的。而在近代大工业生产发展以后，人类对自然界开发利用的规模和速度有了突飞猛进的增长。埋藏在地下深处的物质和能源被大量地开发出来，参加到人类与自然环境之间的物质和能量的循环过程中，甚至促使自然环境的性质和质量发生很大变化。自然环境的这种变化，一方面向人类提供了有益财富，另一方面还可能会达到对人类的生产活动、生存和健康发生不良影响的程度。这正说明了，人类在不断提高驾驭自然环境的能力，使自然环境为自己的目的服务的同时，自然环境对人类的反作用也将随之增大，也就是人类改造环境的能力越大，自然环境的反作用有时也会很大。但是，人类正是在改造客观物质世界的同时，也改造了自己的主观世界。人类在不断地同自然反复斗争中，不断地取得自由，而创造着新的生存环境。“在生产斗争和科学实验范围内，人类总是不断发展的，自然界也总是不断发展的，永远不会停止在一个水平上。”“人们若在自然界里得到自由，就要用自然科学来了解自然，克服自然和改造自然，从自然里得到自由。”环境科学也正是在生产斗争发展的过程中应运而生的。20 世纪 70 年代以来，环境科学的发展异常迅速。

* 原载《环境保护》，1978（1）：36-38。

二、环境科学的对象、内容和任务

任何一门科学能不能成为有别于其他科学的独立科学，取决于它是否有独特的研究对象。因为，“如果不研究矛盾的特殊性……也就无从辨别事物，无从区分科学研究的领域。”“科学研究的区分，就是根据科学对象所具有的特殊的矛盾性，因此，对于某一现象的领域所特有的某一种矛盾的研究，就构成某一门科学的对象”。当前我们所理解的环境科学是以“人类与生存环境”之间的矛盾为其研究对象的科学。

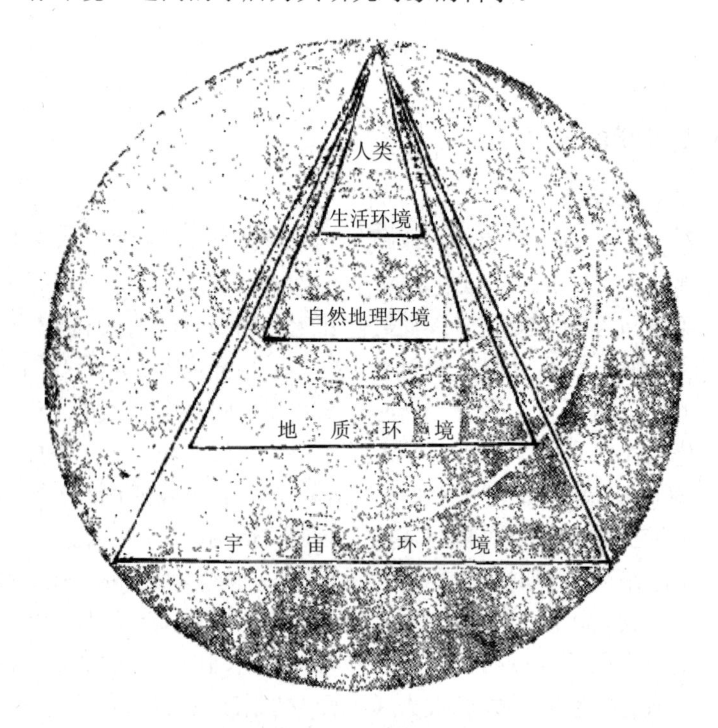

图1 环境层次系统示意图

我们知道，环境是由各环境要素所组成的一个有层次的系统（图1）。由小到大、由近及远可以分为人类的生活环境、自然地理环境、地质环境、宇宙环境。生活环境是由空气、水、食物等组成的；自然地理环境是由大气圈、水圈、土壤圈、岩石圈及生物圈等环境要素组成的。它的上界是大气圈对流层顶部，下界是风化壳及成层岩的底部，地质环境的范围较自然地理环境广阔，上界为大气圈的顶部、下界一直可延伸到地核的内部。宇宙环境则包括整个地球以至地球大气圈以外的宇宙空间。由此可以说，人类周围的环境层次系统是十分广阔的。所以，环境科学的研究内容可以有广义与狭义的两种理解。广义的研究内容，是研究各环境要素（大气、水体、土壤、生物等）和各个结构单元（即各个自然地理区域，如盆地地区、山地地区等）之间物质和能量交换的过程。涉及环境的产生和发展，研究环境中进行的物理、化学、生物过程。狭义的研究内容是研究由于人类活动所引起的环境质量变化及其保护和改造的措施等。其中，主要是研究工业及相应的农业生产中排放到环境的废气、废水、废渣所造成的环境污染及其保护的问题。其具体内容包括：①人与环境关系的研究；②污染源的研究；③污染物进入环境系统中迁移转化过程和规律的研究；④环境污染危害的研究；⑤环境污染评价的研究；⑥环境污染控制及消除措施的研究；⑦环境污染预测、预报的研究；⑧环境污染区划和环境保护规划的研究等。

环境科学的任务不仅是单纯地保护好环境，使之不受污染，而更重要的是揭露人类与环境之间这一对矛盾的实质，研究人类与环境之间的对立统一关系，掌握其发展规律，能动地改造环境。伴随着生产的不断发展，在人类与环境要素之间的平衡被打破的同时，积极地调节人类与环境之间的物质和能量交换过程，力求建立新的平衡，能动地改善和提高环境质量，促使环境朝着有益于人类的方向演化，以利于发展生产和保障人民的健康，为人类造福。

三、环境科学的分科

在广泛的科学领域内，环境科学以研究人与环境这一对矛盾，将它与其他科学区分开来了。然而，“一个大的事物，在其发展过程中，包含着许多的矛盾。”同样，在人与环境这一对总体矛盾事物中，也包含着许多相对较小的矛盾。相对来说，总矛盾成为普遍矛盾，而许多的小矛盾又都成了特殊矛盾。在人与环境这一总矛盾之下，那些研究其中特殊矛盾的学科，就形成了相互之间以普遍矛盾相联系，又以各特殊矛盾相区别的环境科学内部的一些分支。环境科学正在蓬勃发展，其分科体系还须进行深入的探讨。目前，比较一致的意见是，环境科学包括三大部分（图 2）：基础环境学、环境学和应用环境学。环境学是环境科学的核心，它研究环境科学的方法论和基本理论。环境学又可分为如下的一些部门环境学学科，如大气环境学、水体环境学、土壤环境学、生物环境学、城市环境学及区域环境学等。基础环境学是环境学发展过程中形成的环境学的基础学科，如环境数学、环境物理学、环境化学、污染生态学、环境毒理学、污染化学地理学、环境地质学等。应用环境学是环境学的实践应用学科，大致包括环境工程学、环境控制学、环境管理学、环境经济学、环境医学等。

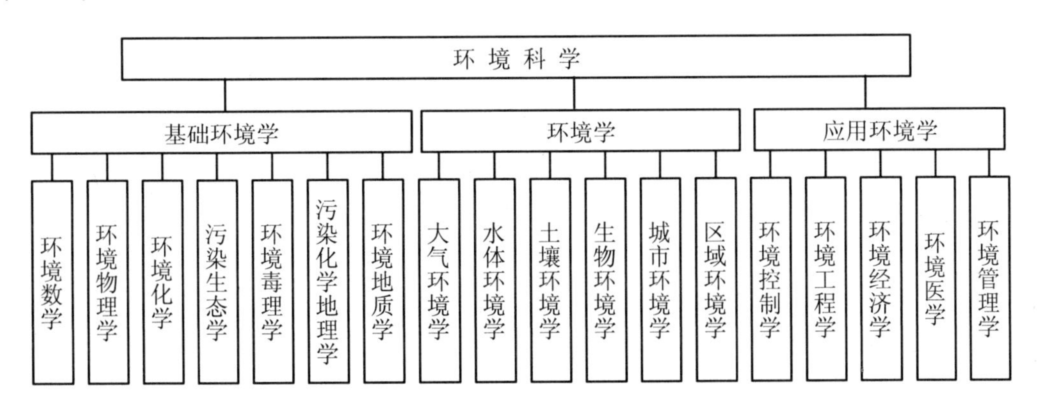

图 2 环境科学的分科体系

从上述可知，环境科学的特点首先是综合性强。由于环境科学所研究的对象涉及的学科范围十分广泛，各学科领域多边缘相互交叉渗透，给环境科学带来了强烈的综合性特点。其次，它具有鲜明的区域性。由于不同区域的环境条件、生产布局、经济结构不同，人与环境之间的具体矛盾也不相同。因而，各区域出现的环境问题也不一样。最后，环境科学所研究的物质运动形式复杂。环境科学所研究的各种污染物在环境中迁移转化过程，是污染物在大气、水体、土壤、生物各环境要素中进行的大系统复杂的运动过程，包括物理、化学、生物的三种物质运动形式。

鉴于环境科学是一门多边缘的综合性科学，因而，在环境保护工作实践中，尤其是在区域性环境保护工作实践中，必须组织多学科、多专业协同作战。这样不仅对环境工作，同时也对我国环境科学的发展是极为有益的。在官厅流域水源保护、北京西郊环境质量评价研究以及广东茂名油污染的调查研究中，都积累了多“兵种”协同作战的丰富经验，取得了丰硕成果。另外，在控制和消除污染中，也必须采取多途径的综合防治措施。一方面在厂内进行工艺改革，研究无害化工艺，对工业“三废”采取积极回收和综合利用的措施，对必排不可的污染物进行治理。另一方面在外环境中要充分利用大自然的净化能力消除污染危害。由于各区域环境条件不同，污染源的组合类型不同，为了消除污染必须因地制宜地、辩证地制定综合防治的最优化方案，采取经济合理的途径，走出我国自己的环境保护道路。

对环境科学几个基本理论问题的初步看法

王华东
（北京师范大学地理系）

环境科学是20世纪70年代发展起来的多边缘综合性新兴学科。为了促进环境科学的迅速发展，围绕环境科学的几个基本理论问题进行深入探讨研究具有重要意义。

一

环境科学是研究“人与环境”这一对矛盾，研究其对立统一关系的发生、发展、预测和控制的科学，当前研究的重点是指由于人类活动的影响，特别是由于大工业和大农业的发展所造成的环境质量的变化及其保护和改造的科学。它研究的内容主要包括：人与环境的关系；污染源的研究；污染物在环境（大气、地表水、土壤及生物）中迁移转化过程的研究；环境污染危害的研究；环境质量评价的研究；环境污染预测、预报及自动化制图的研究；环境污染控制；环境污染区划和环境污染规划的研究。这里我们将着重讨论下述几个基本理论问题。即环境中污染物运动规律的研究；环境污染生态平衡的研究；环境质量评价原理的研究；环境污染控制理论的研究；环境污染区划及规划理论的研究。

二

环境科学的产生是有其自然科学基础的。20世纪70年代自然科学的特征，是多学科间的交叉渗透，数学、物理学广泛地向相邻学科渗透。法拉格在《马克思回忆录》中说：“按照马克思的看法，任何一门科学，只有当它充分应用了数学时，才能算做很好地发展了”。

数学是环境科学发展的基础。数学是研究客观事物的空间形式及数量关系的学科，具有高度的抽象性和广泛的实践性。数学特别是多元分析及主成分析法在环境科学各个研究领域中可以得到广泛的运用，它在处理环境科学的“多元性”及环境系统的“复杂性”上具有突出作用。不仅分明数学中的多元分析在环境中应用很广泛，而且不分明数学中模糊

注：原载于：1978年6月科技大会论文集：25-29。

数学的出现，在环境科学的发展中将起重要推动作用。

物理学中的流体力学理论及多体作用问题，化学中的多组分问题，生物学中的系统生态学理论，地学中的地球化学及化学地理理论在环境科学理论的发展中均起着有力的推动作用。

数学、物理学、化学、生物学及地学的理论是环境科学发展的理论基础，其中特别是数学及物理学应该是环境科学发展中基础的基础。数学、物理学向环境科学的渗透将促进理论环境学的发展。

三

下面分别对各项环境理论问题进行初步的分析探讨：

（1）污染物在环境中运动规律的研究。它是环境科学的核心基础理论问题之一。国外这方面的文献较多，分别阐述了污染物（如汞、砷、滴滴涕、六六六等）在全球环境中的迁移循环规律；污染物在某一环境要素中的迁移转化过程以及污染物在某一具体环节中的转化机制等。国内近几年来逐步开展了这方面的工作，如官厅水库水源保护科研协作组在官厅流域（有中国科学院地理所、地球化学所、北京大学地质地理系、北京师范大学地理系等）；吉林地理研究所在第二松花江；厦门大学海洋系在长江口；山东海洋学院化学系在胶州湾；南京土壤所等在蓟运河均分别开展了污染物（特别是重金属污染物）迁移转化过程的研究。

环境是由多介质组成的多相多元体系，包括大气介质、水介质、固、气、液三相交互的土壤体系以及生物介质体系，而每种介质中往往会受到数种到数十种污染物，因此环境是一个十分复杂的系统。人类生活的环境处于宇宙系统和地球系统交互作用的地带，环境属于常温常压的状态，它的热动力学条件是时刻在变化着的，因此污染物在环境中的运动规律也是十分复杂的。各种环境要素属于不同的迁移介质，而不同介质的性质不同，污染物进入该系统后，它的存在形式（价态及结合态）以及它们扩散、迁移转化的特点也不一样。

目前的工作，主要集中在单个环境要素中污染物迁移转化过程的研究上。关于大气中污染物的迁移转化规律，国外已发展了大气化学，对一些主要污染物，如 SO_2、NO_x、CH 化合化、CO、3,4-苯并芘等，进行了比较系统的环境化学研究。与气象条件相结合，运用大气物理学原理，结合风洞试验已达到能进行短期预报的阶段。关于污染物的水迁移过程，对污染物的水化学行为已积累了大量的资料，但由于与地表水体的水文学过程结合研究不够，在预测预报方面尚未取得显著成果。当前应积极进行水模拟试验研究工作，需要加强污水化学、水文学、数学等学科的协作，相互渗透，建立水质污染预报的模式，力争早日在水质预测预报方面有所突破。

关于土壤中污染物环境化学行为的研究，目前主要集中于污染物价态、结合态及有效态的研究上。作物及生物体中污染物的残毒积累已有大量文献，在作物及生物体残毒积累的机制和过程以及环境毒理学方面文献报道尚少，急需组织有关专业从生理、生化角度进行深入一步的研究工作。环境微生物学的研究对阐述污染物在环境中的迁移转化规律起着十分重要的作用，但在我国仍属空白学科，需要在高等学校设置有关专业，培养有关的人才。并设置专门研究机构开展这项研究工作。

应该指出，各环境要素间污染物交换转化规律的研究，目前仍然是一个十分薄弱的环节。如地表水与大气间污染物交换规律的研究；土壤与作物间污染物交换规律的研究；生物与大气间污染物交换规律的研究；水生生物与水体间污染物交换规律的研究等。从事上述研究，可为环境质量评价中“跨介质污染”提供科学依据，这部分研究往往需要跨学科来进行。研究的方式最好选择典型的单元环境进行定位及半定位的研究工作。

在环境污染物运动规律研究的基础上，确定不同地带、不同区域单元环境的环境容量具有重要意义。环境容量是指环境在生态或人体健康阈限值以下所能容纳的污染物的总量。由于环境对污染物有很强的自净能力（或称转化能力），因此环境容量是个变量，它是因时因地而异的。建立环境容量的数学模型，对于确定污染物的地方性排放标准及区域环境污染最优化的防治方案具有重要意义。

（2）环境污染与生态平衡理论的研究。当环境遭受污染以后，破坏了自然界的生态平衡。一般来讲，污染物自污染源排出后，进入环境则属于无序运动，朝向增熵过程发展，它被摄入生物体当中，亦属无序运动及增熵过程（有些污染物在初摄入时可能属于有序运动和减熵过程），它将破坏生物的正常代谢作用。破坏生物个体的稳定状态，进而破坏生物群体的结构。例如在一个生态系统内，植物和动物之间，或动物的个体之间往往存在着一定的数量关系，由于环境污染，可以改变这种关系，有时甚至可能消除一个种，而造成整个系统结构的深刻变动。

生态系统是一种极其复杂的，多要素、多变量的系统。在生态系统中各种污染物污染阈限值的研究具有十分重要的意义，确定阈限值为环境污染控制提供了可靠的前提。研究证明，生态系统越成熟，它的组成越多样，食物网越复杂，它忍受污染扰乱的能力也越大，污染物的阈限值趋于增高。因此通过实验并运用系统生态学的方法，定量地表示污染物阈限值的变动是值得深入研究的问题。确定生态系统中污染的阈限值是确定环境容量标准的重要指标。

在生态系统中，污染物经过食物链的富集现象是一种无后效性的随机过程，它是一种“无惯性”或者“无记忆”的运动，这种随机过程称为马尔可夫过程。系统研究各种污染物富集累积的规律及马氏过程的性质，是环境科学的一项基础理论研究工作。据目前的研究，汞、镉等重金属污染物及滴滴涕、氯化碳氢化合物等在地球生态循环中的积累是当前值得人们深为注意的问题。

（3）环境质量评价原理和方法的研究。在国外自 20 世纪 60 年代起已引起环境科学界的重视。其中美、加、日等国工作较多。除对环境质量进行现状评价外，预断评价工作日益引起人们的重视。我国从进行北京西郊环境质量评价工作后，各地陆续开展了有关的研究工作，特别是 1977 年 11 月在成都召开“区域环境学”学术讨论会以后，环境质量评价工作已在全国普遍铺开，除进行城市环境质量的评价以外，在 1978 年 2 月举行的官厅流域水源保护第五次科研监测会上决定开展官厅流域的环境质量评价工作。

进行环境质量现状评价工作，一般可包括下述 3 个环节，即：

1）环境质量参数的选择；

2）确定各种参数的权系数；

3）建立环境质量评价的数学模型。

环境质量参数的选择，国外选择参数十分广泛，美国在环境质量评价中选择了经济、社会及环境等各方面的参数，不仅选取了生态学、环境污染学等方面的指标，甚至还包括美学及人类志趣在内。我们认为：环境质量参数的选择取决于环境质量评价的目的，选择适当的参数。如做一般的环境质量评价，选择的参数可广泛一些；如做环境致癌性的评价，则应选择能致癌或促癌的参数为主；如做环境的渔业评价可选择对渔业影响最明显的参数做为计算环境质量指数的基础。

各种环境质量参数在评价中的权系数值的确定是环境科学中一个十分重要的理论问题。它一方面需要对环境污染的规律做深刻的研究，另一方面又需要应用近代数学如多元分析（主成分分析法）、模糊集理论等予以解析。

环境质量指数数学模式的建立。应该包括污染参数，环境污染对生物危害和人体健康的影响，以及环境污染所造成的经济损失等几个环节。应该抓住主要矛盾建立方程进行计算。

预断评价工作对我国具有特殊重要的意义。20 世纪末在我国将要实现四个现代化，要建成 10 来个大庆、20 个鞍钢式的企业，要建立一系列工业城镇，为了使环境科研工作走在生产建设前面，摆脱环境科研落后于生产的被动局面，必须组织科研力量对新建大型工矿区域进行预断评价的研究。值得注意的是，当前环境科研工作的中心还往往只摆在已有污染地区的研究上，预断评价工作还未引起应有的重视。在国外，对环境质量的预断评价工作十分重视，美国自 1970 年到 1973 年，编制的环境评价报告即达 4 236 件；日本通商产业省组织的工业基地环境评价，1974 年搞了 8 个地区，1975 年搞了 7 个地区，澳大利亚规定在建设污水处理厂、公路、飞机场、电站时必须进行环境质量评价工作。

（4）环境污染控制是环境科学的重要课题之一。对环境污染采取多途径的综合性防治措施，是解决环境污染的有效途径。这是国外环境污染防治工作的最新发展趋势。这里值得注意的著作有 A・丹尼格尔（1974 年）《环境污染控制模型》一书，书中收入有关环境污染控制数学模型方面的论文 20 篇。R・H・潘泰尔的《环境系统分析技术》一书，书中介绍了环境系统的表述方法、环境污染控制选择、水污染控制的最佳排列和判定分析。

进行区域环境污染综合防治的研究，必须运用系统分析的方法，系统分析和数学模型用于阐明和解决环境污染问题，只有十多年的历史。环境污染系统是一个复杂庞大的系统，一般可分为厂内和厂外两大部分。前者包括厂内各主要车间或联合企业各厂间以及随机模型中各厂间的系统。后者指大气、地表水、土壤及生物等各种环境要素间的系统研究。环境系统工程主要包括环境的系统分析和系统工程的研究。

系统分析包括环境系统的划分，运用系统分析的方法，建立数学模型，研究各环境系统间的关系。系统分析的一般模式：一般一个系统具有 3 个变量，即输入、状态及输出，在它们之间可建立两个方程式：一个方程，是由输入及现有的状态确定下一个时刻的状态，这叫动态方程；另一个方程，则是给出输入与输出之间的关系，叫响应方程，由此刻划系统运行的规律。

环境系统工程的研究，它是以环境质量的变化规律、污染物质对人和生态系统的影响以及环境容量为理论基础，运用现代控制论，用系统分析方法研究环境系统的各环节。它是以多级递阶控制方法，把环境系统分解为若干“子”系统，使它们各按某种最优方式工作，最后统一规划，达到全系统整体上的最优化。即在局部系统分析研究的基础上逐步建成全区域环境的系统工程研究，确定区域环境污染的最优化综合防治方案。

（5）环境区划和环境规划理论的研究。根据生产地域综合体的污染特征进行区域划分，再根据不同区域的环境污染特征进行环境规划是环境科学的重要理论课题。

环境区划理论的研究将伴随着全国环境污染监测工作的开展而日益发展起来。环境规划理论的研究在我国还刚刚开始。环境保护 32 字方针为首的八个字“全面规划，合理布局”，指明了进行环境规划的重要性。

环境规划的原则是，进行合理环境规划布局应该服从国家总体的国民经济计划原则；环境规划应使工业服从大分散、小集中的原则；应该在生产地域综合体中寻求和维持各生产部门之间污染物的统筹平衡；区内污染源污染物的排放应符合区域环境容量标准。

确定污染源的污染参数是环境规划工作的基础。污染源排出的污染物十分复杂，分散子水、气、渣当中，属于多相多组分体系，因此，确定污染源的污染参数，采用污染物简单叠加的办法是不够的，可采用构造矩阵的办法进行计算。对于某一污染源，可构造出如下矩阵：

$$\begin{pmatrix} x_{1,1}, & x_{1,2}, & \cdots, & x_{1m} \\ x_{2,1}, & x_{2,2}, & \cdots, & x_{2m} \\ x_{n1}, & x_{n2}, & \cdots, & x_{nm} \end{pmatrix} \tag{1}$$

式中 x_1 表示该污染源在废气中所含 A_i 的数量（i=1，…，m），若不含 A_i，则取 $x_{1,i}$=0；x_{2i} 表示该污染源在废水中所含 A_i 的数量（i=1，…，n），若不含 A_i 亦取 x_{2i}=0；x_{3i} 表示该污染源在废渣中所含 A_i 的数量（i=1，…，n），若不含 A_i，取 x_{3i}=0。

有了矩阵（1）以后，便可按下式计算出此污染源的污染参数 L：

$$L=\sum_{k=1}^{3}\sum_{i=1}^{n}\mu K\cdot mi\cdot x_{ki}=\mu_1(m_1x_{1,1}+m_2x_{1,2}+\cdots+m_nx_{1n})+\mu_2(m_1x_{2,1}+m_2x_{2,2}+\cdots+m_nx_{3n})+\mu_3(m_1x_{3,1}+m_2x_{3,2}+\cdots+m_nx_{3n}) \tag{2}$$

式中 μ_1，μ_2，μ_3 是废气、废水、废渣这三个要素在污染参数的确定中所应当具有的权数；m_1，m_2，…，m_n 是 A_1，A_2，…，A_n 这 n 种污染物组分在污染参数的确定中所应当具有的权数。这两种权数可以采用主成分分析法或模糊数学的方法来确定。式（2）中污染源污染参数 L 是综合考虑了上述这两组权数而得出的。

污染场的研究。一个污染源的污染场是一个包括三维空间的立体场。由于污染源的污染跨大气、地表水、土壤及地下水几种环境要素，污染物的迁移介质不同，污染场是一种不均匀场。

两个污染源所产生的污染场，可能是各自污染场的叠加，即 $\rho=\rho_1+\rho_2$

这里 ρ_1，ρ_2 分别是污染源 P，Q 的污染浓度，ρ 是 P、Q 两个污染源联合产生的污染场的浓度。

但是，也有可能不具有叠加性。它们之间存在着交互作用，一般而言

$$\rho=\rho_1+\rho_2+\rho_{1,2}$$

$\rho_{1,2}$ 称为 P 与 Q 的交互作用浓度量

当 $\rho_{1,2}>0$， $\rho>\rho_1+\rho_2$ 两个场有协同作用

$\rho_{1,2}<0$， $\rho<\rho_1+\rho_2$ 两个场有拮抗作用

$\rho_{1,2}=0$， $\rho=\rho_1+\rho_2$ 两个场无交互作用

在某一生产地域综合体内，多个污染源污染场的布局原则是，按照均匀分布原则及不超限分布原则布点。

四

环境科学的前沿是复杂的环境体系（多介质多元体系）中污染物运动规律及环境质量评价的研究以及区域环境污染控制最优化理论的研究。前者帮助人们揭示环境污染的规律性，后者的研究，将为改善和保护环境作出重要贡献。上述两个问题的突破，对发展环境科学将起重要推动作用。

当前环境科学的发展有两个趋向，一方面在客观上应以控制论为指导，利用系统分析的方法研究环境污染及控制的规律；另一方面在微观上应该进入分子环境学水平，甚至深入到量子环境学的水平进行研究。深入研究环境污染的机制及环境污染对人体健康的影响。

为了迅速发展我国的环境科学，一方面要努力发展分析测试技术及环境污染控制技术，另一方面又要创立环境科学理论，奋起直追，迎头赶上，力争早日赶超国际环境科学的先进水平。

耗散结构理论与环境科学

王华东[1]　汪培庄[2]
（1. 北京师范大学地理系；2. 北京师范大学数学系）

地球表面的环境系统不断与外界进行着物质和能量的交换，形成一个稳定非平衡系统，它保持着远离平衡的相当低的熵值和一定的有序度。由于人类活动的影响，不断改变着环境系统的物质和能量平衡，使环境质量发生变化。揭示环境系统中的耗散结构特征，调控物质与能量的交换过程，形成对人类生活和工作的最优环境系统是环境科学的重要理论研究课题。这样，就使环境科学工作者对于 Prigogine 的耗散结构理论产生了浓厚的兴趣。

（一）

耗散结构理论是比利时 Prigogine 学派所开创的一个新的研究领域，他们在这一领域中所取得的初步成就，获得了 1977 年度国际化学诺贝尔奖金。

虽然 Prigogine 学派在 1969 年才正式提出“耗散结构”这一名称，但是，早在这之前，他们积三四十年之努力，一直从事非平衡态统计物理及不可逆过程热力学的研究，其主要任务是要把经典热力学与经典统计物理从平衡扩大到非平衡尤其是远离平衡的范畴中来。这样做的最主要的目的是要为自然界中各种越来越高级的自组织现象尤其是生命现象提供一种物理解释。

生物规律不同于物理、化学规律，但它又以后者为基础，如果要同意这种观点，那么人们会很自然地提出反问：热力学定理指明系统从有序走向无序，而生物的进化都是从无序走向有序，二者岂非矛盾?

为了回答这一问题，Prigogine 学派指出，热力学第二定理，最早是对孤立系统而言的。至于开放系统，热力学第二定律应当修改为：

$$ds = d_i s + d_e s \qquad d_i s \geq 0 \tag{1}$$

这里，s 表示系统的熵；ds 是系统总熵的变化。$d_i s$ 是系统内部的熵变化，它由系统内部的不可逆过程所决定。$d_e s$ 是系统通过与外界进行物质与能量交换而导致的熵变化，或称外界对系统输入的熵流。对于封闭系统中的过程，狭义的第二定理表明 $d_i s \geq 0$，但是，对开放系统而言，只要 $d_e s \leq -d_i s$

原载《环境科学》. 情报资料，全国环境保护科技情报网，1980（3）：5-9。

便有
$$ds \leqslant 0 \tag{2}$$
这就是说，外界对系统输入负熵流，可以导致一个系统的总熵降低。熵是一个系统无序程度的度量。因而式（2）表示，在适当的外界条件下，一个系统可以从相对无序变得相对有序。

当
$$d_e s = d_i s \tag{3}$$
有
$$ds = 0 \tag{4}$$
这就是说，一个开放系统可以通过外界条件的约束，用输入的负熵抵消系统内部的熵产生，来维持一个系统的定态（这里所指的定态是不随时间变化的，定态不一定是稳定的）。这种定态是非平衡的定态，熵并未达到极大，还有继续增加的余地。只因有外界的负熵流不断注入，才保持相对的定态，外界条件一旦撤除，系统就要回到熵极大的无序状态上去。负熵流的注入，就是系统向外输出正熵流，就是放热，就是耗散。一个非平衡的系统不断从外界吸取能量，又不断向外界耗散能量，这就是新陈代谢，新陈代谢是有序定态存在的模式，这正是 Prigogine 学派的一种基本观点。

“耗散结构”是当前正在探讨研究的课题，该词至今还没有十分严格的定义。在“结构”前面加上“耗散”二字，是相对于平衡结构（如晶体）而言的。由此来划清如前所述的耗散与非耗散的界限，在耗散后面加上“结构”二字，是相对于没有特殊结构的耗散系统而言，由此来划清线性非平衡区（或称近平衡区）与远离平衡区的界限。应该说，划清后一种界限，才是 Prigogine 学派的主要功绩。

举一个例子，让水层的上下两缘保持恒定的温差，它从下缘吸收外界的热量，然后通过上缘将热散出，这是一个开放系统，它在外界影响下保持一个非平衡的定态（有一定的温度梯度），但是，Prigogine 不把这样的系统叫做耗散结构，只有当温差ΔT超过某一临界值ΔT_c时，微观的热传导运动转化为宏观的效应，俯视流体，呈现六角形的特殊结构，这种宏观的对流称为 Benard 流，Prigogine 把它当做是耗散结构的一个典型例子。比较一下，前者只有微观热扩散而没有宏观对流运动是一个扩散过程，流与力呈线性关系（虎克定律），称这种过程为线性非平衡过程（或称过程在平衡区附近），Prigogine 学派证明，在线性平衡区，处于线性平衡区的定态不会发生失稳现象，不能依靠微扰而由它转向另一个定态。后者，出现了六角形结构的对流与力不是线性关系，它属于非线性的非平衡区，称为远离平衡态，只有在非线性区，一个定态才有可能随着外参量的改变而经历一个失稳—分支（可能突变）—到达一个新的相对有序的稳态。只有不断重复这样的过程，才能不断进化。如果一个稳态是通过对旧的定态的破坏而来，又具有时间或空间的有序结构，这样的稳态就是 Prigogine 所谓的耗散结构。

Prigogine 学派把“熵”这个物理概念的功能扩大了，原来，熵是作为无序程度的量度，用它指明事物运动或时间的方向。现在 Prigogine 学派进一步利用熵产生和超熵产生来作为定态稳定性的判据。

（二）

环境科学需要吸收和运用 Prigogine 学派的理论和思想，这是因为：

第一，环境科学中所研究的系统都是开放系统，太阳供给地球以能量，以地球为背景的社会生态系统是开放的；人类与环境互相作用、互相影响，二者作为社会生态系统的子系统也都是开放的；生物与生态环境相互作用，二者作为环境系统的子系统，也是开放的；在大气、地表水体、土被及地下水体之间也存在着相互影响，它们作为生态环境的子系统，也都是开放的；全球如此，各区域、各环境单元也是如此。这些系统都与外界有着物质与能量的交换。它们所处的定态，多是非平衡的定态，这种定态保持着相当低的熵值，它们的维持，必须有自由能的不断补充，做必要的功以对抗系统向平衡发展，因而都要耗散能量，都要有新陈代谢。因此，环境科学需要非平衡的热力学与统计物理理论。

第二，环境科学的根本任务是要认识环境系统的演化规律，利用这些规律改造、调节和控制环境。环境系统中的规律，突出地包含着生物规律，因而需要从物理上阐明生物规律和突变，进化的耗散结构理论。

地球从宇宙分化出来以后，首先是一个无机环境系统，由于地球表面不断地从宇宙系统获得物质与能量。在地表的大气圈中形成行星风系，在水圈中形成大洋的洋流，都可望是一些耗散结构。

地球继续演化，地球环境的自组织程度越来越高，出现了越来越高级的耗散结构，直至生命出现，生命由低级到高级，它的自组织程度逐渐增高，因此它的耗散结构愈来愈复杂。在地球表面，由干旱荒漠地区到湿润地区，生物群落结构由低级过渡到高级，由寒带地区向温带、热带过渡，生物群落结构也由简单过渡到复杂，它的耗散结构也愈来愈复杂。人类在地球上出现以后，人类活动对环境产生影响。人类对环境产生干扰源，改变对系统输入的能量与物质，改变原有的定态，向着新的结构转变，人类的盲目活动，使生态环境朝着相对无序的方向发展，环境调控的任务，就是要使环境朝着相对有序的方向发展，使人类能够获得最大利益。

第三，城市环境问题是环境科学研究的重要课题。城市是人类聚居形式的一个重要发展阶段，城市化是生产力发展特别是工业化的一个必然趋势。为了满足人们现代化生活、工作和生产的需要，迫切要求建设和发展一系列新型城市。城市化的发展曾经带来一系列环境问题，在资本主义工业发展时期，曾经出现严重的环境污染问题。为了解决城市环境污染，寻求城市环境质量的最优模型，在城市生态系统研究中必须开展耗散结构理论的研究。

城市生态系统是一个结构复杂、功能综合、因素众多、具有高度自适应、自组织能力的主动大系统。城市生态系统是以人类为中心的社会生态系统，它高于一般的生态系统。

在城市生态系统中人类通过自己的生产与消费活动作用于环境，人类通过生产活动，从环境中获取物质能量，又通过消费活动，以“三废”的形式把物质和能量归还给环境。城市环境被污染后，又以反馈作用于人类本身。这样，就通过物质流、能量流和信息流把人类和城市环境联系起来，形成一个有组织的城市生态系统整体。城市生态系统最优化的任务之一，就是把该系统中的物理、化学和生物耗散形式给予合理的权重安排，调控城市生态系统中的物质能量流循环，使城市环境清新、舒适，利于人们的生活、工作和生产。

关于城市工业系统中污染物的反应迁移过程，如光化学烟雾等可望是耗散结构的一种形式。这些均可用污染物的反应迁移模型来表述，本文不再赘述。

第四，人类对环境的开发与利用，是人对自然生态系统所施予的一种影响。这种影响可使自然生态系统朝着有利或不利的方向发展。预测人类开发活动对生态系统的影响，是环境科学研究的一个十分重要的课题。有关生态学的研究，已经取得了相当深入的结果。

一个生态系统可以用诸群体的数量 X_1，…，X_n 来刻画，按照物种之间捕食、竞争、合作、共存等各种不同的关系，构造不同的生态模型，一般有：

$$\frac{\mathrm{d}}{\mathrm{d}t}X_1(t)=F_1(X_1(t),\cdots,X_n(t))$$

$$\frac{\mathrm{d}}{\mathrm{d}t}X_2(t)=F_2(X_2(t),\cdots,X_n(t))$$

$$\vdots$$

$$\frac{\mathrm{d}}{\mathrm{d}t}X_n(t)=F_n(X_1(t),\cdots,X_n(t))$$

不同的模型是由不同的函数表达式 F_n 表征的。

现有的生态学理论，给出了若干分析方法，论证在一定条件下会有定态解 X_i^*（$i=1,\cdots,n$）存在，它是诸群体之间的一种静态平衡；这种定态可以是渐近稳定的，微小的扰动不会打破这种平衡；可以是中心奇点，扰动会造成各种周期现象，但这些周期现象亦不稳定，随遇而安，例如著名的 Lotka-Volterra 模型。以上两种情形都不会出现耗散结构，但也可以是不稳定的，这时，有可能在它周围出现极限环，出现时间有序的耗散结构；也有可能是一个鞍点，失之毫厘，差之千里，微小的扰动可能造成极不相同的结局，这正是人类活动所应该特别注意的。因此，在人类生态学中把人类作为生态系统这个子系统的外参量，讨论生态系统在人类活动影响下的变化规律，就是环境科学一项重要研究课题。

人类开发活动的目的，是为了在人类生活上获取一定的利益，但它往往又引起了生态系统的变化，它又反馈作用于人。因此，环境科学应该研究人类开发活动、生态系统及人类生活等几者关系的矛盾统一规律。

（三）

环境科学是一门新兴的综合性科学，它必须不断吸收现代物理学、现代化学的理论来推动它自身的发展。

认识环境系统的耗散结构规律，人为地调节环境系统中的物质与能量交换关系，创造和保持对人类生活和工作最优的环境系统具有重要意义。

最优环境可望是多等级多层次有序度更高的环境系统，它可以吸收更多的负熵，使系统本身熵值最低，保持稳定。

环境系统中由非平衡态的定态发育成耗散结构的阈值环境条件是值得今后进一步深入研究的课题。

污染物在各环境要素中转移的马尔可夫过程

王华东[1]　汪培庄[2]
（1. 北京师范大学地理系；2. 北京师范大学数学系）

污染物在环境中迁移转化规律的研究是环境学的重要基础理论课题之一。由于污染物本身的性质及迁移的环境条件不同，它们在不同地带、不同地区各环境要素中的转移概率及分配系数也不一样，研究污染物在各环境要素间的分配规律对研究环境容量，制定地区性的环境标准具有重要意义。

区域环境的最小结构单元称为环境单元，它是由大气、地表水、土壤、生物等组成的一个环境综合体。在某环境单元中，考察某种污染物质的存在状况是一个典型的马尔可夫过程。

（一）

马尔可夫过程是随机过程中的一种，在马氏过程中，考虑了以前事件对后来事件的影响，它是在不相互独立事件的研究方面提出的一种概率模型。把研究对象作为一个独立系统，系统可划分成若干状态，在某个时刻 T_0 已知系统所处状态的条件下，可以按照概率推知以后的状态，而时刻 T_0 以后系统将达到状态的情况与 T_0 以前所处的状态无关。

马尔可夫过程的基本概念是系统状态和状态的转移。状态的转移具有概率性质。设系统有 N 个状态，标以 1，2，3，…，N。如有一个随机地（即偶然性地）运动的量，它每经过一个单位时间作一次随机转移。设它现在处于状态 1，那么，以后它可能转移到 2、3 或 4，以至转移到 N，我们并不能事先精确预言它转移到哪里，只能说它转移到某个状态的概率。

时间离散、状态离散的马尔可夫过程叫做马尔可夫链，简称马链。对于一重平稳马尔可夫链，系统每次转移仅仅依赖于前一次的状态，与更以前的状态无关，而且这个概率与几次转移无关。如果每次转移的概率依赖于前面两个状态，即所谓二重马尔可夫链。对于多重的马尔可夫链，可依次类推。

原载：1981 年 4 月，教育部直属高等学校环境科学第一次学术讨论会论文集（续集）：81-86。

（二）

在某一环境单元中，考察某种污染物质的存在状态，包括在大气、水体、土壤、生物中四种状态。就一种污染物质A原子（或分子、离子）来说，它的赋存状况随时都在变化。形成一个随机过程 $x(t)$，这里 t 表示时间，$x(t)$ 表示它在时刻 t 的状态，前述的四种状态构成集合 $X=\{(1),(2),(3),(4)\}$，叫做状态空间，$x(t)$ 总是在 X 中变化，污染物 A 原子（或分子、离子）在时刻 t 处于第 i 个状态的概率记为

$$P_i(t)=P(x(t)\text{ 取 }i\text{ 第 }(i)\text{ 状态})\text{（简记为 }P(x(t)=i)\text{）}(i=1,2,3,4) \quad (1)$$

掌握了这种概率分布，便可以计算出污染物A在该环境单元中，气、水、土、生物四要素中的含量：

$$Q_i(t)=Q\cdot P_i(t) \quad (i=1,2,3,4) \quad (2)$$

其中 Q 为初始时刻进入环境的污染物总量。如果在 $[0,t]$ 这段时间内，污染物没有入量与出量，总量为 Q 的污染物A原子（分子或离子）在该环境单元的四要素之间随机转移，单个原子（分子或离子）在某一环境要素中的转移概率也就代表了总量为 Q 的污染物A处于该状态的含量比率，这就是式（2）的含义。

污染物在环境要素中的存在状态转移过程可以简化地描述为一个马尔可夫过程。这里将 $x(t)$ 定义为一个马尔可夫过程。为了简便，把时间离散化，假定 t 只取整数值 n，$x(t)$ 又可记为 $x(n)$。

要刻画一个马氏过程，最重要的是掌握它的转移概率，即A原子在时刻 n 处于状态 (i) 的条件下，下一步转为状态 j 的概率：

$$P_{ij}(n)=P(x(n+1)=j\mid x(n)=i) \quad (i,j=1,2,3,4) \quad (3)$$

由于这种转移规律与环境单元的特定结构污染物的性质有关，作为转移规律而言，并能随时刻 n 而变化，式（3）中的 $P_{ij}(n)$ 与 n 无关（时齐性），过程的转移规律完全由下面的矩阵

$$P=\begin{pmatrix} P_{11} & P_{12} & P_{13} & P_{14} \\ P_{21} & P_{22} & P_{23} & P_{24} \\ P_{31} & P_{32} & P_{33} & P_{34} \\ P_{41} & P_{42} & P_{43} & P_{44} \end{pmatrix} \quad (4)$$

所确定，矩阵 P 称为一步转移矩阵，它具有性质：

$$\sum_{i=1}^{4} P_{ij}=1 \quad (i=1,2,3,4)$$

按矩阵的乘法，

$$P^n=P\cdot P^{n-1} \qquad (n\geqslant 2)$$

称为 n 步转移矩阵，它的元素 $P_{ij}(n)$ 表示从状态 i 出发，第 n 步转移至状态 j 的概率。

一般地，初始状态也是随机的，具有分布

$$P_j^{(0)}=P(x(0)=i) \qquad (i=1,2,3,4) \tag{5}$$

称为过程的初始分布，给定初始分布（5）及转移矩阵（4），则过程在时刻 n 的概率分布可按下式计算：

$$P(x(n)=i)(\text{记作 }P_i^{(n)})=\sum_{i=1}^{4}P_j^{(0)}P_{j\,i}^{(n)} \qquad (i=1,2,3,4;\ n\geqslant 1) \tag{6}$$

马氏过程的基本理论，首先是根据转移矩阵 P 的性质，来讨论过程的分布$\{P_i^{(n)}\}$随时间 n 的演变规律。

如果 $P_{ij}>0$，则称由状态（i）可以一步转移到（j），以图形表示，从（i）或（j）连以箭头，从（i）到（j）不画箭头。可以有各种不同情况，例如：

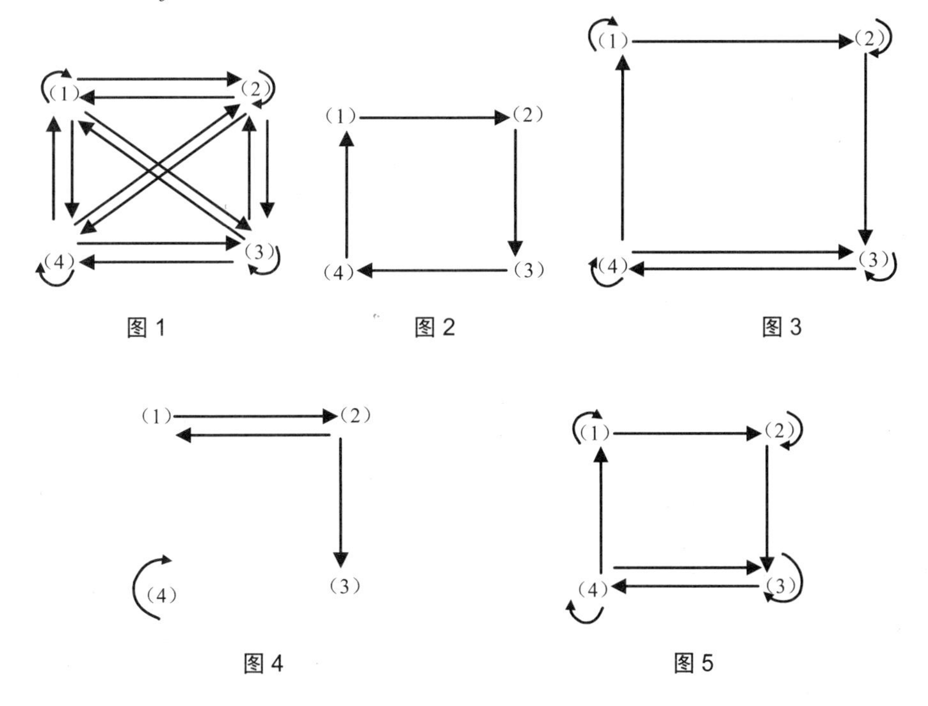

图 1　图 2　图 3

图 4　图 5

在上图中，图 1 表示任意两个状态（相同或不相同）彼此都可以一步转移，图 2 表示四个状态循环转移，虽然两个状态之间并不都是可以一步转移的[例如从（2）到（1）没有箭头，但是，任意两个状态之间都有箭头间接相连，例如从（2）到（1）有（2）→（3）……（4）→（1），这说明四个状态之间终究是可以相互转化的。图 3 就不相同了，从（1）能转移到（4），从（4）就不可能转到（1）；图 4 则甚至出现孤立状态（4），它和谁都不能来往。

一般来说，上述各种转移情况都可能出现。而其情况又多得不胜枚举，怎样从这众多的情况划分出几种主要类型呢？

如果从状态（i）到（j）能通过箭头直接或间接地相连，则称状态（i）可以转移到（j），记作（i）→（j），否则称为从（i）到（j）隔绝，记作（i）$\not\rightarrow$（j）。

任意两个状态彼此都可以相互转移，这个过程叫做是遍历经的，图 1、图 2 表示的过程是遍历经的，而图 3、图 4 则不是。图 2 所表达的过程是遍历经的，而且有周期，任意状态返回自己的步数必定是 4 的倍数，整数 d=4 叫做周期，当 d>1，这种过程叫做是有周期的，当 d=1，叫非周期的。在数学上可以证明：对于一个非周期的遍历经的马尔可夫链，无论初始分布如何，当 $n\to\infty$，都存在着唯一的极限分布：

$$\lim_{n\to\infty} P_i^{(n)} = \pi i \qquad (i=1,\ 2,\ 3,\ 4) \tag{7}$$

这个极限分布是稳定的，它在每次转移下是不变的：

$$\pi_2 = \sum_{i=1}^{4} \pi_j P_{ji} \quad (i=1,\ 2,\ 3,\ 4) \tag{8}$$

极限分布的存在，意味着一定数量的污染物在气、水、土、生物中的含量具有稳定的分配比例。

求平衡分布的分法。

例如：

给定

$$P = \begin{pmatrix} 2/4 & 2/4 & 0 & 0 \\ 0 & 2/4 & 2/4 & 0 \\ 0 & 0 & 2/4 & 2/4 \\ 1/4 & 1/4 & 1/4 & 1/4 \end{pmatrix}$$

如图 5 所示，任意二态都是可以转化的，因而由 P 所刻画的过程是各态历经的，又因为状态（1）可以一步转移到它自己，可以验证，整个过程是非周期的，从而它有唯一的平稳分布存在，下面求该项平稳分布：

步骤：

（1）任取一初始分布，例如（1，0，0，0）

计算（矩阵乘法）

$$(1,\ 0,\ 0,\ 0)\begin{pmatrix} 2/4 & 2/4 & 0 & 0 \\ 0 & 2/4 & 2/4 & 0 \\ 0 & 0 & 2/4 & 2/4 \\ 1/4 & 1/4 & 1/4 & 1/4 \end{pmatrix} = (1/2,\ 1/2,\ 0,\ 0)$$

比较初始分布（1，0，0，0）与一次转移以后的分布（1 / 2，1 / 2，0，0）各分量之差的最大绝对值δ=1 / 2，事先给定一个精确度ε，例如ε=0.01，将δ与ε进行比较，得$\delta>\varepsilon$。

（2）将一次转移以后的分布（1 / 2，1 / 2，0，0）当做初始分布，重复步骤（1）。

计算

$$(1/2\quad 1/2\quad 0\quad 0)\begin{pmatrix}2/4 & 2/4 & 0 & 0\\ 0 & 2/4 & 2/4 & 0\\ 0 & 0 & 2/4 & 2/4\\ 1/4 & 1/4 & 1/4 & 1/4\end{pmatrix}=(1/4,\ 1/4,\ 1/4,\ 0)$$

比较（1/2，1/2，0，0）与（1/4，1/2，1/4，0），求得$\delta=1/4>\varepsilon$

（3）把（1/4，1/2，1/4，0）重复步骤（1）。

计算

$$(1/4,\ 1/2,\ 1/4,\ 0)\begin{pmatrix}2/4 & 2/4 & 0 & 0\\ 0 & 2/4 & 2/4 & 0\\ 0 & 0 & 2/4 & 2/4\\ 1/4 & 1/4 & 1/4 & 1/4\end{pmatrix}=(1/8,\ 3/8,\ 3/8,\ 1/8)$$

求得$\delta=1/8>\varepsilon$

（4）重复步骤（1）。

计算

$$(1/8,\ 3/8,\ 3/8,\ 1/8)\begin{pmatrix}2/4 & 2/4 & 0 & 0\\ 0 & 2/4 & 2/4 & 0\\ 0 & 0 & 2/4 & 2/4\\ 1/4 & 1/4 & 1/4 & 1/4\end{pmatrix}=(3/32,\ 9/32,\ 13/32,\ 7/32)$$

求得$\delta=2/32>\varepsilon$

（5）重复步骤（1）。

计算

$$(2/32,\ 9/32,\ 13/32,\ 7/32)\begin{pmatrix}2/4 & 2/4 & 0 & 0\\ 0 & 2/4 & 2/4 & 0\\ 0 & 0 & 2/4 & 2/4\\ 1/4 & 1/4 & 1/4 & 1/4\end{pmatrix}=(13/128,\ 31/128,\ 51/128,\ 33/128)$$

求得$\delta=5/128>\varepsilon$

（6）重复步骤（1）。

计算

$$(3/128,\ 31/128,\ 51/128,\ 33/128)\begin{pmatrix}2/4 & 2/4 & 0 & 0\\ 0 & 2/4 & 2/4 & 0\\ 0 & 0 & 2/4 & 2/4\\ 1/4 & 1/4 & 1/4 & 1/4\end{pmatrix}=(59/512,\ 121/512,\ 197/512,\ 135/512)$$

求得$\delta=7/512>\varepsilon$

（7）重复步骤（1）。

计算

$$（59/512，121/512，197/512，135/512）\begin{pmatrix} 2/4 & 2/4 & 0 & 0 \\ 0 & 2/4 & 2/4 & 0 \\ 0 & 0 & 2/4 & 2/4 \\ 1/4 & 1/4 & 1/4 & 1/4 \end{pmatrix} =$$

（253/204 8，495/204 8，771/204 8，529/204 8）

求得$\delta = \dfrac{17}{2\,048}$

此时，由于$\delta < \varepsilon = 0.01$停止。

$\left(\dfrac{253}{2\,048}, \dfrac{495}{2\,048}, \dfrac{771}{2\,048}, \dfrac{529}{2\,048}\right)$便是所求的平稳分布的近似解（精确到0.01）。

假定污染物总量为100，则在平稳状态下，它在气、水、土、生物中的含量百分比为

$$Q_{1（气）} = Q \times \pi_1 = 100 \times \frac{253}{2\,048} = 12$$

$$Q_{2（水）} = Q \times \pi_2 = 100 \times \frac{495}{2\,048} = 24$$

$$Q_{3（土）} = Q \times \pi_3 = 100 \times \frac{771}{2\,048} = 38$$

$$Q_{4（生物）} = Q \times \pi_4 = 100 \times \frac{529}{2\,048} = 26$$

城市环境问题研究*

王华东[1]　潘宝林[2]
（1. 北京师范大学地理系；2. 安徽师范大学地理系）

城市的出现是人类聚居形式的一个重要发展阶段。城市是一个复杂的地域综合体。城市化是生产力发展，特别是工业化的一个必然趋势。为了满足现代化生活、工作和生产的需要，将不断地建设和发展众多新型城市。伴随城市化的发展，无疑地会带来一系列新的问题。环境问题是其中重要而突出的问题之一。资本主义发展时期，工业化带来了环境污染，产生了环境问题，酿成了“公害”事件，曾引起世界震惊。近年来，通过采取一系列措施，国外城市环境面貌有所改善。但目前，我国各大、中型城市都存在不同程度的环境问题，有些城市甚至发展得很严重。20 世纪 70 年代中期，环境科学工作者提出寻求城市环境质量最优模型问题。为此，必须研究城市生态系统的理论问题，以科学地、尽快地改善和解决城市环境问题。

（一）

城市已有 4 000 多年的历史。古代城市是人口集中活动的区域单元。它是社会生产力发展到一定阶段，随着劳动分工的加深和生产关系的变革，而逐渐由乡村日益分化出来的。早在奴隶社会，世界上就出现了一批著名城市。公元前 2000 年时，世界最大城市罗马，人口曾发展到数万人，建设气势相当雄伟。

我国 3 000 多年前，商都殷墟已有城垣、宫室、庙宇，铜的冶炼厂、铜的作坊、石工作坊和兵器作坊。城市规模虽不大，但已有道路网的配置以及各种功能分区。当时，生产规模小，生产能力低，所消耗的燃料、原料不多，城市人口不太多，密度也不高，所产生的废物量不大。排出的污染物可以被自然界净化掉。但于此亦可看到城市一经出现就孕育着环境问题。

随着资本主义工业的出现，引起了生产力和生产关系的巨大发展和变革。工业生产不断集中于愈来愈大的企业，出现工业的畸形发展，致使有些工业城市或工业区连成“大工业地带”。如美国大西洋沿岸的纽约、波士顿等城市很早就有较大的工业，后来，随着资本主义的发展，生产愈来愈集中，城市愈来愈大。形成费城、巴尔的摩、华盛顿和纽约、

* 原载《环境科学与技术》，1981（4）：8-13。

波士顿相连成片的“大工业地带”。人口达 3 700 万之多，面积达 53 500 km^2。这个地带拥有美国全部制造工业的 70%，集中了全国人口的 40%。又如，日本东京、大阪、名古屋三大城市周围 50 km 以内不到 1%的土地上，居住了占全国 32%的人口，发展成为连绵不断的“大工业地带”。再如，鲁尔地区是西德的经济中枢。其面积不到西德总面积的 1/7，却集中了 1 700 万人口，相当全国人口的 28%。还有，英国从利物浦、曼彻斯特、里兹、布赖德福、约克、谢菲尔德向南经伯明翰、诺丁汉与伦敦连成一片，形成了“大工业地带”。像这样的工业地带在世界许多国家均有出现，只是规模和表现形式不同罢了。“大工业地带”的工业部门之多，生产规模之大是前所未有的。所消耗的原料、燃料种类和数量随之增多和加大，排入城市环境中的废物量超过其自然净化能力，就导致环境污染的产生并日趋严重。因此，如何解决大工业地带所产生的环境问题，是当前环境科学中的重要课题。

近二三十年来，国外的城市结构正在发生着变革。正由单心封闭式结构向多心开敞式结构发展。带形城市结构将代替向心式（或放射式）城市结构。带形城市结构呈长条状、具有连环式立体交叉交通系统的多心开敞式的组群城市结构。它的特征是沿着城市的带形骨架开辟一系列公共活动中心区。从每个中心或副中心的侧面开辟横向道路，通向它所从属的居住区，就近解决居民的工作与生活问题。各个中心区及其从属的居住区，组成一系列具有相对独立性的、自给自足的、各具特色的、综合性的城市单元。各城市单元之间，有横向绿化隔离带，它可以从城市轴线干道向两侧伸展，直到郊区。目前，从华盛顿到纽约，从东京到大阪以及从巴黎到德芳斯，正在发展多心轴线的带形城市。城市环境问题愈加复杂和突出。

我国现有城市 190 座，其中百万以上人口的城市 15 座，50 万以上人口的城市 43 座。城市总人口近 8 000 万，不到全国人口的 10%。我国城市人口的比重和工业发展水平，与其他工业发达国家相比，显然较低。但是，我国城市环境污染的潜在危险却较大。几种典型的环境有害物的工业排放量与全球平均排放量相比都很高。随着“四化”建设的发展，城市将陆续增多。到 20 世纪末，还要兴建上百座新型城市。一些重要城市也正在兴建新区，即将形成一系列连接的工业城市区。如京津、沪宁地区。面对这些未来城市，应达到怎样的环境目标？怎样设计和建设？如何制定环境规划？这些问题均应给予回答。

城市是人类与环境交互作用最密切的地区。城市生态系统，虽然也受自然生态系统规律的影响，而更重要的是受人们的主观意志和愿望所控制。在城市中人类彻底地改变了自然环境的面貌，创造了人工的生态系统，形成了特定的人类社会生态系统。因此，需要开展城市生态系统的理论研究。

（二）

城市是人与环境之间关系最密切、最紧张、矛盾最突出的场所。城市市区面积狭小，人口高度集中。如北京为 265 人/km^2、香港为 536 人/km^2、东京为 14 703 人/km^2（表 1）。天津人口更为集中，人口密度为 18 900 人/km^2。巴黎为 21 005 人/km^2。我国一些大、中城市某些区的人口密度甚至更大。

城市居民生活（包括从事工作和从事生产）在一个由自然、社会、经济、文化及美学交织在一起的环境系统内。城市生态系统是一个规模庞大、结构复杂、功能综合、因素众多、具有高度自适应性、自组织能力的主动大系统（有人统计城市生态系统可涉及 10^8 个部件），这个系统是以人类为中心的自然和社会结合的生态系统，它高于一般的生态系统。

表 1 东京面积、人口统计表

项目＼范围	东京首都图	东京都	东京2：区	都中心三个区		
				千代四区	中央区	港区
总土地面积/km^2	36 568*	2 145	581	11.52	10.05	19.48
总人口/万人	3 346*	1 169	8 543	5.68	8.59	20.17
人口密度/（人/km^2）	915*	5 449	14 703	4 935	8 557	10 359

注：（1）东京首都图：包括 1 都 7 县，即：东京都、神奈川县、埼玉县、千叶县、茨城县、枥木县、群马县和山梨县。

（2）东京都：下辖 23 个特别区（即区部），26 个市，7 个町，8 个村。

（3）统计年代：带*号者为 1976 年统计，其余皆为 1977 年统计。

（4）资料来源：1978 年《民力》，1977 年《东京都都政》。

在城市生态系统中，人类与环境之间的关系，主要是通过人类的生产和消费活动而表现出来的。生产活动和消费活动在城市生态系统中主要表现为物质流、能量流和信息流的交换活动。生产活动以资源和能源的形式，从环境中获取物质和能量，然后通过消费活动（包括生产消费与生活消费）又以“三废”的形式归还给环境。环境遭受污染后，又反作用于人类本身。这样就用物质流、能量流和信息流把人类、城市以及城市环境的各结构单元（如功能分区）和各组成要素（包括自然的及社会的）联系起来，形成一个有组织的城市生态系统整体。组成一个复杂的城市物质、能量和信息传递网络。

城市的物质流和能量流概括起来包括 5 个过程，即开采、制造、运输、使用、废弃。其中每个过程还可细分更多的步骤。城市物质流、能量流的每个过程，几乎都有废物、污染物排入环境，给人们带来危害。值得提出的是城市是：人类生活圈中信息流的最大场所。城市环境污染的信息，给人们以心理上和生理上的影响。明显地反映在损害人们安静、快乐的情绪，破坏人们的审美意识，降低人们生产的积极性和主动性……进而给人们以生理上的影响，损害身体健康。

由上述可见，城市是人类作用于环境最深刻最集中的区域。同样，又是环境反作用于人类强度最大的区域。不同类型城市，其物质能量及信息流的组成及强度不同。它在相当程度上反映了城市环境特点。据此，可以分出不同的人类生态系统动态类型。

城市生态系统是一个生产与消费不平衡的系统。这种不平衡集中地表现在两个方面：第一，食物生产与消费的不平衡；第二，工业制造生产资料与消费的不平衡。城市生态系统与自然生态系统不同。该系统内“消费者”数量远超出绿色植物生产者的数量。以东京为例：人体的重量为 600 t/km^2，而绿色植物仅为 60 t/km^2；在美国的百万人口城市每天要输入食品 2 000 t。城市制造的大量生产资料产品要输往各地。

城市生态系统是一个稳态非平衡系统。包括物理、化学和生物学等各种耗散结构形式。不同生态结构类型的城市，它们的耗散结构特征也不一样。一般来说，以生物耗散结构为主的城市是一种最优的耗散结构形式。我国南方及沿海城市耗散结构形式较优。半干旱地区及内陆城市耗散结构较劣，必须加以改变。

城市生态系统不是自律系统。城市生态系统的代谢过程与自然生态系统不同。它是在自然规律的基础上叠加上人为影响，而且往往以后者占主导地位。人为影响因素中，社会经济技术条件对城市的物质流和能量流运行，更具重要作用。因此，根据城市居民生活和生产的需要，必须强化城市生态系统中物质流、能量流和信息流的调控，使其变化规律与人们的生活、生产相适应。

城市生态系统中，植物及动物种群组成及其结构，已被强烈简化。按照各城市所处自然地带的环境特点，设计最优的人工生态系统，对扩大环境容量，提高环境质量具有重要意义。

最后应该强调指出，城市生态系统是人类社会生态系统的重要组成部分之一。在其构成中，应该包括社会基本文化结构系统，包括城市的历史发展过程、文化和科学技术传统、学术思想的形成和发展、城市美学环境等在内。城市社会文化发展过程与经济发展过程应该并行、协调的发展。

（三）

城市生态系统规划、设计和管理的基本目标是把生产与生态指标统一起来，以便满足和提高人类对环境质量和生活质量的要求。

在城市规划中最主要的是要确定城市的性质。即根据城市在国家及各省所处的地位，确定政治经济文化、娱乐等几个方面职能在一个城市发展中的权重。对城市目前职能的分析，可在目前城市人口构成中选择几十个变量，采用主成分分析法进行。然后，在城市性质确定的前提下，按照不同风格发展城市环境。有的城市可以政治、文化作为环境规划的主要目标，另一些城市可以发展经济和工业生产为环境规划的主要目标，还有的可以名胜古迹、风景游览区为环境规划的主要目标。

对城市生态系统规划、设计的基本途径是通过对系统结构的规划设计和对物质流、能量流和信息流的调控，以实现对系统的最优管理。

在城市生态系统结构的规划和设计当中，最关键的问题是要解决工业布局问题。在国外有关工业布局的区位理论，有 5 个主要学派，即最低成本学派、运输费用学派、市场区学派、边际区位学派以及行为学派。它们分别从产品成本、运输费用结构、市场状况、成本结构与工业空间变化的相关分析，以及企业负责人的能力及心理状态等作为决定和影响工业布局的主要因素。这些学派是以求得工业生产的发展，达到所期望的经济指标、获取高额利润为目的。

一般来说在一个城市内部，工业的布局，必须注意适当的集中，以便形成生产地域综合体。所谓生产地域综合体是指生产的地域组织，它是一种包括所有经济因素的综合体。一个城市的生产地域综合体，代表着该地区范围内的经济地域组织的最先进的形式。生产地域综合体，按照结构、组成、专业化，以及在地域经济中的作用，可有多种类型。城市工业综合体：核心是由工业建设组成的综合体；城市郊区的农业—工业综合体或者工业—农业综合体：除工业外，农业也起重要作用；城市工业—交通综合体：在工业发展的初期阶段，未形成纯粹的工业综合体之前，这种类型比较普遍。服务业综合体：以服务业为主，工农业居次要地位。

城市的工业布局问题是个复杂问题。它涉及自然、经济、技术和环境等各方面的因素。既要考虑到原料、燃料、水、电条件，以及产品的运输、消费问题，也要考虑工业内部的协作及其与国民经济各部门的关系，还应考虑到环境影响问题。应该看到：环境影响问题与工业布局关系至为密切。因此，应把保护环境视为工业布局的基本原则。

过去，我国城市的发展，实际上是受行为学派的思想所支配。缺乏周密的城市生态系统的设计。城市环境问题遗留很多，亟待解决。随着“四化”建设的发展，将要建设一系列大型骨干企业及中小型项目。应将大、中型企业摆到新型工业区去，摆到中、小城镇去。防止工业过分集中，防止城市规模过于庞大。老城市的工业在挖潜、革新、改造时，不能只看到城市工业基础好、技术力量强、水电交通条件方便、投资省、见效快，能应付急需，就无止境加厂建设。这样势必造成局部地区工业畸形发展，水电紧张，环境污染，以致无法进一步发展生产。

城市各种功能区要设置合理。市区中心一般不要布置消耗大量燃料，散发高热量的工厂。主要工业区和大型企业要远离主干街道和居民稠密区。铁路干线和主要专用线要避开主干街道。工业区和生活区之间要设置一定防护地带。

新城市的建设和老城市的改造，要坚持生产与生态观点相结合，对整个城市生态系统物质循环、能量交换和信息联系的规律加以分析，协调发展经济和保护环境的关系，以调控和改善环境质量，实现对城市生态系统的最优管理。

结语

城市化是关系到人类生活、生产和健康的一种重要社会现象。它的发展直接关系到人类的前途。由于城市化所带来的环境问题，是环境科学的重要研究课题之一。

为了在城市化中寻求城市环境质量最优模型，必须努力开展下述几方面的研究工作：

（1）发展城市生态系统理论。国外在20世纪70年代，发展了有关城市生态系统的理论，但在广度及深度上都需进一步研究，以作为我国老城市改造和新城市发展的理论指导思想。

（2）城市环境问题的产生根源，来自于城市环境空间狭小与物质、能量、信息高度集中的矛盾。应选择不同城市类型，对其物质循环、能量交换、信息联系的规律进行研究。

（3）开展城市环境区划和环境规划的理论研究。

（4）广泛运用各种数学方法于城市生态系统的研究，以促进城市生态系统理论的发展，提高城市生态系统理论的研究水平。

城市景观生态学刍议*

王华东[1] 王 建[2]
（1. 北京师范大学环科所；2. 北京环境学会）

城市景观生态学是一门新型学科，它是正在蓬勃发展而又不十分定型的学科。它是研究城市景观形态、结构、空间布局及景观要素之间关系并使之协调发展的科学。城市景观的组成、结构及其和谐程度与美有关；城市景观生态则侧重于各景观要素及各种生态系统之间相互关系的研究。其任务是促进城市生态建设，提高城市环境的美学质量，力求使城市内部协调发展，使城市变成符合人类生态学要求的艺术整体。从某种意义上来说，它是景观建筑学与城市生态学的边缘学科。

（一）

景观是人们观察周围环境的视觉总体。城市景观是自然景观、建筑景观及文化景观的综合体，城市总是依托一定的自然环境单元为基础发展起来的，因而其自然景观组成要素形式各异，如山岳景观、丘陵景观、平原景观、河口景观、海滨景观等，发育于相应的景观类型的城市其边缘轮廓、形态及结构各异。同时各类城市的历史、文化及建筑风格不同，其建筑景观亦异。如西方及东方的建筑艺术风格不同，城市中各建筑群反映出多样化的景观形象。符合城市景观生态要求的景观，应该是融合着自然美、社会美和艺术美的有机整体。

生态是研究生物与周围环境之间关系的科学。城市景观生态则着重研究各景观要素之间的关系，以期处理好它们之间的关系，促使城市生态系统协调发展。众所周知，城市生态系统是一个包括自然及社会的复合大系统。它包括人的自然需求及社会需求以满足人的物质、精神及社会服务需要，即阳光、空气、水源、绿地、衣食、住行、能源和科学、文化、教育、体育、旅游、娱乐、交往以及卫生、保健、商业、金融、交通、治安及防灾等。城市景观生态的功能在于协调和满足人们上述的各种需求。

城市景观生态要求协调自然景观、城市建筑、城市资源开发、经济发展与保护生态环境的关系，使城市有序地发展，解决城市生态病，形成城市生态系统的良性循环。

* 原载《城市环境与城市生态》，1991，4（1）：26-27。

（二）

城市景观生态学的研究内容很丰富，它包括如下一些主要方面：

1．研究城市景观生态区的划分原则、类型、结构及其功能。

2．研究城市范围内各景观组成要素之间及各景观结构单元之间的相互关系及其物流、能流与价值流的传输与量化分析。

3．研究城市景观区域内各种景观系统（包括自然景观生态系统、建筑景观生态系统及人工生态系统）之间的关系。

4．研究符合城市生态要求景观的美学性质，城市景观融合着自然美、社会美和艺术美，它们构成一个有机的整体。

5．通过城市景观生态研究，探索城市生态系统的协调发展规律，寻求解决城市生态病，防止城市肥胖病的措施和办法。

6．研究城市生态一体化，从景观生态出发来制定城市发展的战略。

7．研究城市生态设计的原理及方法，为城市景观生态建设提供指导及科学依据。

（三）

城市景观生态学是一门综合性很强的学科，到目前为止尚不具备成套的系统研究、方法学，在现阶段的研究实践中可借助于其他学科的一些有关方法。

1．景观及视觉研究方法。它包括直接调研野外现场观察法及室内电子计算机图像模拟法，研究城市景观生态的和谐度及其美学性质。

2．城市生态研究方法。通过收集大量有关城市生态的资料，研究城市生态系统协调发展的规律，提出其存在的主要生态问题及相应的对策。

3．景观生态设计方法。应遵循自然优先、整体设计及设计适应性原理，设计具有城市全景艺术、中轴线艺术及干道与小区艺术特点，能满足人的生理和心理要求的城市景观生态系统。

（四）

城市景观多种多样，分别属于不同类型如工矿城市、商贸中心城市、政治文化中心城市、港口城市及旅游城市等，它们在功能结构上迥然不同，现列举某些类型分别介绍如下：

1．工矿城市。多为在山岳、丘陵景观上发展起来的城市，矿石运输等物流负荷沉重，环境污染严重，重点放在发展生产上，经济发展与环境保护往往失调。应利用地形特点发展立体城市，理顺城市物流及能流的关系，建成清洁、景观生态结构合理的城市。

2．政治文化中心城市。以政治文化景观为主体，应力求反映历史、文化及民族特色，反映出地区或不同国家的特征，显示出凝聚力，以信息流及价值流为主，成为对外交流的中心，具有辐射作用，应建成便利、舒适、优美的城市景观生态系统。体现出自然景观及社会文化景观的和谐发展。

3．风景旅游城市。在优美的自然景观基础上渗透着人文景观的美，应具有整体美感，并独具特色。以视觉欣赏功能为主，城市应为自然美与人工艺术美的高度统一。

以我国首都北京为例，它西北两个方向环山，发育在永定河洪积冲积扇上，地理景观基础好，同时又具有建都已有800年的悠久历史，因此如何保持其古朴面貌，又具有现代化城市的设施，处理好继承及吸收国外建筑艺术的关系，形成自己特殊的艺术整体，具有自己独特的景观生态风格，而屹立于世界城市之林。

城市生态系统研究*

王华东
（北京师范大学地理系）

城市环境质量问题是我国当前环境保护的突出问题。它的形成原因复杂，与过去城市职能不清、缺乏全面规划、生产布局不合理、城市生态系统组成和结构不健全、对城市的生态系统的新陈代谢缺乏科学管理和有些城市老化、功能失调有关。城市生态系统是一种特殊的生态型——人类生态系统。由于城市生态系统十分复杂，人们对该系统的性质及特点认识不清，在建造和改善这种关系时往往还带有很大的盲目性。为此，积极开展城市生态系统理论研究，对改善和提高城市环境质量具有重要意义。在建设新城市和老城市进行改造时，必须改变城市生态系统的结构、组成，调节它的物质，能量交换及其新陈代谢过程，并把它的环境调控到最优状态。

（一）

为适应城市的发展，20 世纪 70 年代初提出了城市生态系统的概念。城市生态系统是一个规模庞大，组成、结构十分复杂，功能综合，影响因素众多，具有高度自适应、自组织能力的主动大系统。城市生态系统是以人类为中心的自然和社会相结合的生态系统，它高于一般的生态系统。

城市生态系统是一种强烈被人类活动简化但又加入了大量人工建筑物的系统，它的组成及结构十分复杂。简言之，它是由生物系统及非生物系统组成的。生物系统如图 1 所示，它包括人工培育的生物（如人工栽培的花草、树木）、保留的野生生物及微生物等。非生物系统则包括自然无机环境系统（如大气、水体、土壤及矿产等）、能量系统（如太阳能、各种化石燃料、原子能及食物等）。这里应特别强调的是它还包括庞大复杂的人工物质系统（包括各种建筑物、道路设施、交通运输设备、通讯设备及市政管网设备等）。因此，城市生态系统包含的部件很多，数量可达 10^8。

城市生态系统的结构十分复杂。它是由自然环境要素（包括大气、地表水、地下水、土壤、岩石及第四纪沉积物等）、社会经济要素（包括工业、商业、交通运输业等）及文化科学技术组成的综合系统。

* 原载《环境科学丛刊》，1984（3）：1-5。

城市的区域结构单元是由自然环境结构单元与一定的社会经济文化综合体组合而成的。不同结构单元具有不同的功能。由各结构单元经过一定的发展，彼此镶嵌，有机地结合在一起，形成一个统一的城市生态系统。城市生态系统的等级层次结构复杂，可以运用大系统，甚至巨系统的理论分析城市生态系统的层次结构。

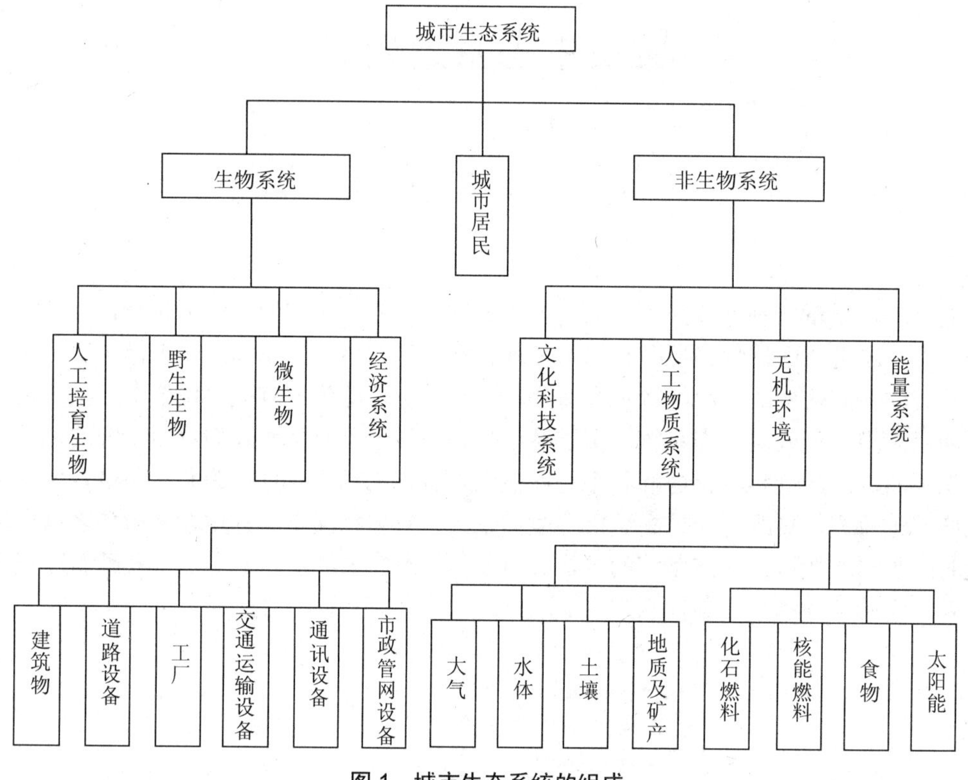

图 1 城市生态系统的组成

城市生态系统是一个生产与消费不平衡的系统，一方面是食物生产与消费的不平衡；另一方面是生产资料的生产与消费的不平衡。城市生态系统与自然生态系统不同，该系统内消费者的数量远超出绿色植物生产者的数量。以东京为例，人体的重量为 600 t/km^2，而绿色植物仅为 60 t/km^2。以北京为例，人体的重量为 976 t/km^2，绿色植物的现存量为 130 t/km^2。

城市的能流和物流究竟有多少？A·沃尔曼（1965）曾对发达国家 100 万人口的城市进行了统计（表 1）。由表 1 可见，每天输入的水量大约 63 万 t，其中 13 万 t 被蒸发掉，其余 50 万 t 成为被利用过的废水进入下水道，最后从系统中输出。每天向城市供应食物约 2 000 t，消耗燃料近 1 万 t，产生的固体废物约 2 000 t，颗粒物及其他有毒气体 850 t。而这些城市制造的大量生产资料产品又要源源不断地输往各地。

城市生态系统不是自律系统。城市生态系统物质能量流的代谢与自然生态系统不同。人类生产和生活的需要，要求改变物质、能量流的自然节律，保持城市生态系统物质能量流的稳定。

表 1　100 万人口城市的代谢

输入物质/t		输出物质/t	
水	625.000	废水	500.00
食物	2.000	固体废物	2.000
燃料	—	固体尘埃	150
煤	3.000	SO_2	150
油	2.800	NO_x	100
气	2.700	CO	450

城市生态系统是一开放系统，它不断与外界进行物质、能量及信息流的交换，并由它们的交替循环完成城市的耗散过程。城市具有一定的耗散结构形式。城市生态系统的熵代表它的混乱程度，城市生态系统中物流及能流愈混乱，熵就愈大。

城市生态系统中物流循环可以分成两类，一类为长程循环，是指无机自然环境的物质释放及循环而言，它是自然界地质大循环的一部分；另一类为短循环，它包括两方面的内容，一方面为生物小循环，另一方面则为人工的物质循环，它是生产链的一部分，是城市中物质循环的主体。城市生态系统中能流循环包括：自然能流循环及人工能流循环。可以通过信息流（包括科学技术、政策、法令等）调控城市生态系统内的物流、能流循环的方向以及它们与外界的物质、能量交换的方向及强度。

城市生态系统的功能综合。它是一个为了满足人类生存需要的美好环境系统，它要能为人类提供大量而稳定的物质，稳定的能流，成为安定、舒适、美满的符合人类生态学原理的系统。因此，它必须根据国家、省区及地区的要求，形成一个多功能的系统，这里包括政治、经济、文化、科学技术及旅游等项功能。一个优化的城市生态系统要求各项功能协调，这样该系统内耗最小，功能效率最高。功能分析的方法，在国外多采用归纳法，根据城市人群的职业构成分析城市的职能。我国可以根据国家规划的要求和目标，有意识地去调节和规划它的功能。可以采用社会系统工程的方法进行城市的功能分析，并根据社会发展的需要不断予以调节。

城市生态系统的影响因素众多。城市生态系统是一个受多种因素干扰的不确定系统。为了判断该系统状态的范围及其隶属量，可以对城市生态系统进行模糊规划研究，这是一个颇有发展前途的发展方向。

总之，在城市生态系统中人类通过自己的生产与消费活动作用于环境。人类的生产活动以资源和能源的形式，从环境中获取物质和能量。消费活动（包括生产、生活消费）又以“三废”的形式把物质和能量归还给环境。环境遭受污染后，又反馈作用于人类本身。这样就用物质流、能量流和信息流把人类、城市环境以及城市环境的各结构单元联系起来，形成一个有组织的城市生态系统整体，组成一个复杂的城市物质能量和信息传递网络。它的复杂性是由于各子系统不同时间标度及该系统的不确定性所引起的。

城市生态系统按其发育的程度可以划分为 3 种类型：

1．发展型：指新兴城市的城市生态系统类型，通常这种类型物质和能量流的输入大于输出，该类系统自外界输入大量负熵流，城市处于有序态，城市迅速建成新的结构系统，城市发展的自由度较大，城市规模不断扩大。

2．稳定型：指经过相当的历史时期发展起来的城市生态系统。这种类型物质和能量流的输入和输出大致平衡。该系统自外界输入一定的负熵流，城市生态系统有序度较高，城市规模趋于稳定。城市发展的有序度较大，城市发展的自由度减小。

3．衰老型：指一些有悠久发展历史的城市生态系统类型。该系统输入的物质能量较前期减少，城市生态系统的熵值增大。城市的结构和功能混乱，必须对老城市进行彻底改造，否则环境质量难以改善。

（二）

城市生态系统的品质及环境质量指标。为了提高城市环境质量，必须研究城市生态系统的品质特征，并建立城市生态系统和环境质量指标。具体指标体系如下：

1．城市生态系统品质指标

（1）城市生态系统的稳定性：是指城市生态系统当其所受的外来干扰（指自然的和社会的冲击）停止后，抵抗和适应外来干扰，恢复其原来系统功能的能力。

（2）城市生态系统的抗污性：指城市的各组成要素，特别是绿色植物抗污染的能力。

2．环境质量指标

（1）自然景观：指自然景观的优美特征。

（2）气象指标及气候特征：包括温度（年均温度及极端温度）、降水及湿度。

（3）水域及水文指标：A. 水域指标，城市应当有相应的水域适应比例。B. 水文指标，城市附近水体应保证一定的水量水平及一定的保证率。

（4）地质地貌指标：A. 地质指标，城市地质基础的稳定性及一定的水文地质条件。B. 地貌指标，城市不应有过大的地形起伏，应有一定的适于建筑的地貌类型。

3．环境污染指标

按全国大气及水质环境标准执行。不同功能区应执行不同的标准。

（1）空气污染指标：包括颗粒物、二氧化硫、二氧化氮、一氧化碳、氧化剂等。

（2）水体污染指标：包括 pH、DO、BOD、COD、悬浮物、重金属及大肠杆菌等。

（3）土地污染指标：包括城近郊区污水灌溉土壤中 Hg、Cd、As、Cr、Cu、Pb、Zn 含量等。

4．噪声污染指标

包括：

（1）居住环境：A. 房屋建筑环境；B. 生活设施环境。

（2）服务环境：A. 购物环境；B. 医疗环境；C. 其他服务事业；D. 公共交通等。

（3）文化环境：包括科研、教育及文化设施等。

（三）

城市生态系统环境质量的调控。为了不断改善城市生态系统的状况，不断提高城市环境质量，必须改善城市生态系统的组成、结构，调控它的物质、能量循环和寻求最优的耗散结构形式，这里拟分别说明如下：

1．适应不同地带、不同地区的环境特点，调整土地利用方式，改变城市生态系统的组成及结构，进行工业的合理布局，彻底改善和提高环境质量，这是从系统上着手，从根本上解决城市环境问题的措施。

2．调整城市生态系统的能源构成，改善城市生态系统和大气环境质量，积极开展城市大气环境质量与能源经济分析的研究。在我国城市中改变以燃煤为主，发展天然气及电能是迫不及待的任务。

3．对城市生态系统和水资源进行全面保护与调控研究。必须开展城市水资源平衡及水源全面保护的研究，对水资源进行全面规划和调控。

4．根据各地带、各地区城市生态系统的特点，模拟生物圈，建立新型的生产与环境调控体系，建立新型的城乡关系，以期解决城市发展中所面临的环境问题。

5．研究城市生态系统中各个子系统的协和效应。通过城市生态系统的信息流、物质流和能量流的调控，建立统一协和的城市生态系统，促使环境质量优化。

（四）

综上所述，城市生态系统是一个多功能、结构复杂的多元动态系统。为了提高城市环境质量，必须改善城市生态系统的组成，确定城市的合理规模，调控它的物质、能量循环方向和强度，寻求最优的耗散结构形式。为了消除城市环境污染，必须开展城市环境污染防治技术及生态控制途径的研究，这里包括城市大气、水及固体废弃物污染的综合控制途径，城市环境污染的生态控制途径。

试论环境地理学的研究对象、内容与学科体系*

邓春郎　王华东
（北京师范大学环境科学研究所，环境模拟与污染控制国家重点联合实验室，北京 100875）

摘　要：环境地理学以人—地系统为对象，研究人类活动对地理环境整体及其各要素的影响，环境质量的区域差异与评价，环境的历史发展、演化与预测，环境污染的发生、污染物分布、迁移、转化、自净规律及其生态健康效应，自然资源保护与合理利用；辅助制定环境保护规划和环境功能区划，为环境决策提供科学依据。

关键词：环境地理学　人地关系　环境科学　地理学

On the research object，contents and discipline system of environmental geography

Deng Chunlang，Wang Huadong
（Institute of Environmental Sciences，Beijing Normal University，State Key Joint Laboratory of Environmental Simulation and Pollution Control，Beijing　100875）

Abstract: Environmental geography is an interdiscipline between environmental science and geography. It takes the human-environment system as its object of study; deals with the impact of human activities on the whole geographical environment and its elements. It involves regional differences and assessment of environmental quality; evolution and predict-tion of environment; formation of environmental pollution; distribution，migration，transforming and self-purification of pollutants; as well as their effects on ecosystem and human health. It also covers protection of natural resources and their rational use; and formulates environmental protection planning and environmental function zoning to provide scientific basis for environmental decision making.

Key words: environmental geography，human-environment relationship，environmental sciences，geography

---

* 原载《中国环境科学》，1998，18：37-41。

从国外环境地理学的发展可以看出：20 世纪 50 年代以前，环境地理学主要是以人地关系为中心的偏重于“人”方面（即环境对人的影响）的探讨；50 年代以来，随着人力与自然力的对比不断上升，环境地理学则以人地关系为对象、以环境问题为焦点的偏重于“地”方面（即人对环境的影响）的研究，甚至“人”“地”并重（即人与环境的相互影响）的研究。同时，研究方法与手段也有质的飞跃。过去传统的方法是资料分析法，只能定性地描述、解释现象；但现代的方法，通常是宏观与微观技术手段相结合，定性与定量相结合，运用系统分析的方法，对人地系统进行全面的分析、预测、规划、管理与调控。

我国环境地理学几乎与国外同期诞生，但其发展以 20 世纪 90 年代初为界限可分为两个主要阶段。第一阶段：90 年代以前，我国环境地理学（Environmental Geography）的研究内容与任务一直融入环境地学（Environmental Geoscience）之中，没有作为高等院校的学科专业分化出来。1982 年在编写《中国大百科全书·环境科学卷》时，即使只列入环境地学及其他分支学科，但并不能说其中没有环境地理学的内容，恰恰相反，环境地理学的内容几乎与环境地学融入一体。难怪有人把 Environmental Geography（环境地理学）与环境地学混为一谈。其实，“环境地理学”一词，早在 70 年代末 80 年代初就已明确提出，并以条目形式载入《地理学词典》。第二阶段：90 年代以来，环境地理学进入一个新的发展时期。1991 年北京师范大学环境科学研究所在原有环境地学专业的基础上明确、正式改设为环境地理学专业，开始招收硕士生和博士生，成为我国第一个环境地理学硕士、博士点。1996 年北京师大环科所还设立了环境地理学的博士后流动站。从此，环境地理学从环境地学中分化出来，步入专业发展的轨道。并将沿环境科学与工程领域方向发展。

1 研究对象

环境地理学是以某一区域人—地系统为对象，研究其发生与发展、组织与结构、调节与控制、改造与利用的科学。严格地说，人—地系统就是由人类与地理环境构成的对立统一体，它是一个以人类为中心的生态系统。进一步来说，人—地系统是某一区域的社会、经济和自然环境之间通过相互作用、相互影响、相互制约而构成的紧密相连的统一体，可称为社会—经济—自然复合生态系统，简称区域复合系统。

研究目的是揭露某一区域人类与地理环境这一矛盾的实质，研究该区域人类与生存环境之间的对立统一关系，解决人类发展过程中的无限可能性与环境资源的相对有限性的矛盾，掌握它的发展规律，调节人类与环境之间的物质和能量交换过程，建立良性循环；改善环境质量，合理开发利用资源，促进人口—社会—环境协调发展，走可持续发展道路。

2 研究任务与范畴

一门学科是否成熟的一个重要标志，就是看它是否形成自己的一系列概念、范畴构成的理论体系，而一门成熟的学科，必然有它自己的一套概念范畴体系。

环境地理学主要任务是研究某一区域人类活动对自然环境的影响以及环境对人类的

反馈。从研究客体而言，地理与环境是统一的，但作为学科两者的侧重点与研究方向是不一样的。地理学主要研究人类环境的空间结构与人地关系；环境学则比较偏重于环境污染与生态破坏的控制问题。两者既有统一的研究对象，作为近邻，其研究内容与方法也必有交叉。环境地理学就是由地理学与环境学派生出来的一门边缘学科，它主要研究地理环境在人类活动的影响下，结构、功能的变化，污染物的环境行为与效应，地理环境质量的评价及其发展预测与调控对策。与一般的自然地理学不同，环境地理学更强调在人类活动影响下的变化，更突出人为过程的影响及其后效问题，更突出人地关系在地理空间的作用。与环境学也不一样，它很少涉及环境污染工程控制问题，而更注重于污染物在地理环境中的行为与效应，区域环境质量的差异、综合评价与宏观调控对策。

目前世界上区域性重大环境问题都与环境地理学有关，是环境地理学的研究范畴。一类是区域环境污染问题，涉及地理环境中各个要素（大气、水体、土壤、生物）。例如温室效应、臭氧层耗竭、酸雨蔓延、有毒化学品的越境转移等。对这些问题的研究，离不开自然地理学的知识。另一类是区域生态退化问题，即人类不合理利用自然资源引起的环境问题，如土地荒漠化、次生盐渍化、水土流失、生物多样性锐减、自然资源枯竭等。对这两类问题的研究，不仅涉及其物质、能量迁移转化与循环的机理、原理，还涉及自然保护区、环境区划与规划等区域环境系统工程。

综上所述，传统地理学侧重于地理环境要素“量”的时空差异（如降水量、径流量、生物量、矿藏量等）；环境地理学则侧重于地理环境要素“质”的时空差异（如水质、大气质量等）。当然，地理环境要素总是质与量的统一体；不存在无量的质，也不存在无质的量。环境地理学与环境科学其他分支学科相比，环境地理学侧重于宏观、区域、综合（多要素）的一面；而其他分支学科侧重于微观、局域、单要素的一面。但这种区分也绝非泾渭分明。

3 学科体系与性质

环境地理学是地理学与环境科学的交叉学科。从地理学学科体系来说，按照地理学研究对象的侧重点不同可分为自然地理学、人文地理学、系统地理学、区域地理学、历史地理学和应用地理学等。其中，应用地理学研究某一特殊问题的地理分布、演变规律及其规划，具有边缘科学的性质，如环境地理学、医学地理学、建设地理学、行为地理学等。从环境科学体系来说，“环境科学”仍只是一个多学科的集合概念，还没有形成一个较完整的、成熟的统一体系，直到如今依然如此。就目前的认识和发展水平，大致可以分为下列三大部分。

3.1 综合环境学

包括理论环境学、系统环境学等，是环境科学的核心，也是“环境学”的初级形态，着重于环境科学基本理论和方法论的研究。

3.2 部门环境学

按环境要素分为大气环境学、水体环境学、土壤环境学和生物环境学；按人类活动性质分为工业环境学、农业环境学、社会环境学等；也可按环境科学发展过程中所依靠的基础学科分为环境物理学、环境化学、环境地学、环境生物学等。其中环境地学又可分为环境地理学、环境地质学、环境海洋学、环境水文学、环境水利学、环境地球化学等。

3.3 应用环境学

环境学中实践应用的学科，包括环境工程学、环境经济学、环境管理学、环境法学等，即通常所说的环境保护科学。

就环境地理学而言，可根据地理环境要素进一步分为大气环境地理学、水环境地理学、土壤环境地理学；根据研究任务与范畴，可进一步分为环境污染地理学、环境生态地理学和环境保护地理学（或称环境地理工程、区域环境工程）3 个分支。第二种分法，更具有综合性，是值得推荐采用的。当然，还可继续往下进一步分化；但它的体系就不够成熟了（图 1）。

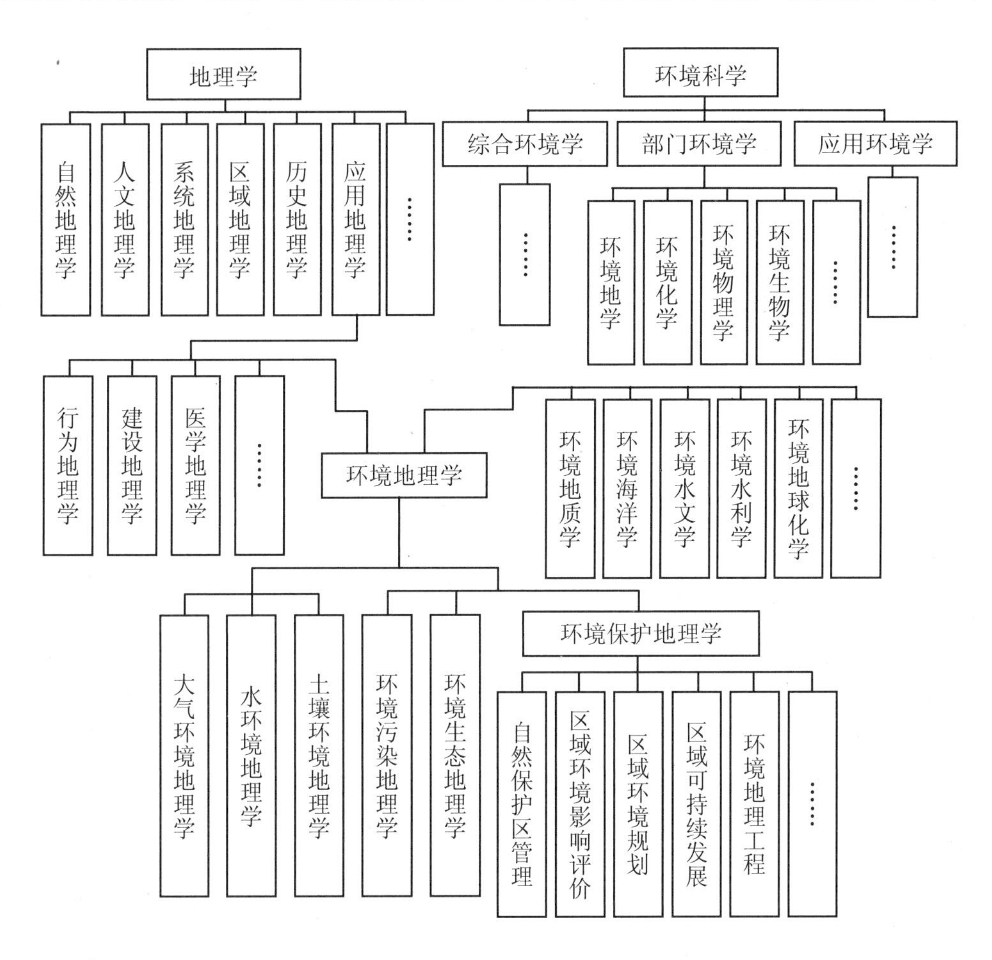

图 1　环境地理学学科谱系

3.4 环境污染地理学

主要研究区域环境污染的机理，探讨污染物在环境各要素及不同要素之间的界面中的迁移、转化规律，包括物理、化学、数值分析与实验模拟，以及对人体健康的效应。目的是进行区域环境质量评价，揭示环境质量的区域分异规律，为区域环境规划方案的制订与决策提供科学依据。

3.5 环境生态地理学

以区域生态破坏、退化问题为主要研究任务，探讨环境生态问题与人类不合理利用自然资源的关系，以及与全球环境变化的相互作用的机制。目的是掌握区域生态环境的演变规律，为区域生态系统的重建与恢复提供理论基础。

3.6 环境保护地理学

以工程与系统工程技术相结合为手段，以预防区域环境污染、改善区域环境质量，及保护、重建或恢复区域生态系统为目标，进行建设项目环境影响评价；建立自然保护区；区域环境污染综合治理与恢复；制订、实施区域环境协调、可持续发展规划；探讨适合于区域环境规划、区划、决策等区域系统工程技术的方法，即所谓“环境地理工程”。

环境地理学有两个立足点：在地理学上，属于应用地理学的分支，具有应用学科的性质，即具有“硬”的一面；在环境科学上，主要侧重于区域、综合环境问题的研究，因此环境地理学，亦可称为“区域环境学”。同时，环境地理学又是从环境科学发展过程中所依靠的基础学科分化出来的，因此，又具有基础学科的性质，即具有“软”的一面。可见，环境地理学从不同的立足点出发，具有不同的学科性质。总之，具有应用学科与基础学科的双重性。

4 环境地理学的学科特征

学科的特征或性质取决于学科的研究对象。环境地理学研究对象为区域人-地系统，是由区域内部的社会子系统、经济子系统、资源子系统、环境子系统等组成。环境地理学具有一般系统的共性，如整体性、相关性、动态性、有序性、目的性、适应性、层次性等；此外，还具有区域性、复杂性、时序性和应用性。

4.1 区域性

这是环境地理学有别于环境科学其他分支的一个突出特征。由于构成人类-环境系统的自然地理要素具有地带性与非地带性，而社会经济在区域间的发展水平差别也很大，即地域差异性，所以区域性成为环境地理学的显著特征之一。区域研究是地理学研究的核心。甚至有“部门地理学是起点，区域地理学是终点”的说法。这充分说明区域性是地理学各分支学科的灵魂。

4.2 复杂性

作为环境地理学研究对象的区域社会-经济-自然复合生态系统的复杂性表现在以下 4 方面。

4.2.1 非线性作用

现在人们已充分认识到，任何一个实际的系统，几乎都是非线性的。所谓线性，只不过是对非线性的一种简化或近似，或者是非线性的一种特例。非线性相互作用是区域复合系统形成和演化的内在动力，也是系统与外界环境相互协调促进系统演化的主要根据。

4.2.2 层次结构

区域复合系统是由不同层次的子系统组成的，具有多层次递阶结构，不同层次或同一层次的不同子系统之间具有不同的发展、变化规律，彼此之间不能相互归结、类推、替代。

4.2.3 不确定性

众多子系统运动状态在时间、空间和数量上不断改变，整个区域复合系统的状态也不断改变。区域复合系统不仅是子系统状态的总和，而且是一个综合平均的效应，因此必然存在着涨落现象，即随机性。

4.2.4 人的参与

人是当今地球上最复杂、最高级的生物，人的活动有自觉性和目的性。区域复合系统中的每个人的想法不同、表现不一，难以预测，具有明显的不确定性。同时社会子系统内各要素之间也存在着复杂的非线性相互作用。诚然，复杂性是一个相对的概念，是相对于简单性而言的。随着人们认识过程的深入、时间的推移，原来的复杂性问题，一旦掌握了其中的规律性，也就会变成简单性问题。

4.3 时序性

现代地理学已在逐渐抛弃只重视空间，而忽视时间的传统研究方法，愈来愈重视时空的有机结合和地域空间变化的时序性。从物理学与哲学的观点来看，量与质随时间、空间变化而变化；从社会学与经济学的观点来看，随着生产力的发展和人类社会的进步，与社会发展和人类活动相关的区域环境质量等事物都在不断地发生变化。可见，人与环境的相互作用具有动态性、时序性；尽管区域复合系统具有复杂性，但在一定程度上也具有预测性。

4.4 应用性

环境地理学的研究成果，如区域环境影响评价、环境区划、环境规划等对国民经济生产、建设具有应用价值，但要注意加强这些成果的可操作性，才能真正体现其应用性。

5 结语

环境地理学是地理学与环境科学的边缘学科，以区域人-地系统为对象，侧重于研究地理环境要素“质”的时空差异及宏观、综合或多要素的一面。根据研究任务和范畴，环境地理学可分为环境污染地理学、环境生态地理学和环境保护地理学，并具有应用学科与基础学科的双重性。其学科特征除具有一般系统的共性外，还具有区域性、复杂性、时序性和应用性等。

第三篇

环境评价

环境质量评价

环境质量预断评价*

王华东
（北京师范大学地理系）

环境质量预断评价是环境质量评价工作中的一个重要组成部分。为了把环境保护工作做在环境污染之前，摆脱环境保护工作的被动状态，进行环境质量预断评价的研究具有十分重要的意义。近年国外十分重视环境质量预断评价工作，1974 年在加拿大召开了环境质量评价的学术会议，会上提出了一些环境质量预断评价的方法和模型。美国于 1969 年制定了国家环境政策法，详细规定了环境影响评价制度，并于 1970 年开始执行。此外，瑞典、西德、加拿大和澳大利亚也通过了法律，肯定了环境影响评价制度。近年日本也非常重视这项工作，于 1974 年 6 月中央公害对策审议会防止计划部会环境影响评价小委员会提出了“关于环境影响评价的运用指南”的报告，提出了有关环境影响评价技术方法的试行方案。于 1975 年 12 月中央公害对策审议会防止计划部会环境影响评价制度专门委员会提出了“关于环境影响评价制度的方法”。

伴随着我国四个现代化的发展，特别是伴随着大型钢铁企业、石油化工、有色冶炼、大型火力发电厂及原子能电站的建立，将引起环境面貌的深刻变化，因此在我国开展环境质量预断评价工作已经是一项刻不容缓的任务。

（一）

进行环境质量预断评价可以采用列表法、矩阵法及网络法等。目前较常见的环境质量预断评价的方法有利奥波德矩阵法、重叠法、巴特尔环境评价系统、环境管理通用模型及环境影响分析模型等。下面简要予以介绍：

1．利奥波德矩阵法

由美国地质调查所 L・利奥波德（1971）提出。该方法的原理是列出一个矩阵，横轴上列出计划行动，纵轴上列出环境“特征”和“条件”。然后在矩阵的各栏中列出从 1～10 的数值，以表示计划行动对环境影响的大小。

这个方法主要列举出物理、生物环境和社会经济环境两个方面的 88 个环境“特征”和“条件”，并列举出 100 个计划行动。由于列举的项目多，又没有列举出评价值的标准，

* 原载《环境科学》，1979（2）：74-77。

所以不能预测综合汇集的指数，因此这个方法“选择性”差。

2．重叠法

由美国宾夕法尼亚大学的麦克哈格（1969）提出。这个方法采用几张透明板重叠在一起的办法，来确定预测、评价和传达某一地区适合开发的程度。这个方法已被用来进行公路选线和在沿海地区进行开发选择评价。

这种方法首先是将所研究的地区划分成几个地理单位。在每一个地理单位内分成3个系统，即经济系统、社会系统及自然系统。然后对每一个单位给出由0～5的等级影响评价值。这种方法是一种简化的矩阵形式。

3．巴特尔环境影响评价系统

这种评价方法是由巴特尔、哥伦布研究所提出来的。它主要用来评价水资源开发、水质管理计划、公路以及原子能发电站等的环境影响。

该方法中所考虑的项目包括四个方面：即生态学的、物理化学的、美学的及人类社会兴趣方面的。它采用了“环境质量指数”这个概念，根据环境质量指数值来确定供选择的方案。这个方法在确定供选择的方案中“客观性”较强。

4．环境管理通用系统模型

在日本渡边、千仞（1971）设计了以防止水质污染模拟系统为中心的环境管理通用系统模型。它是以海域排水扩散现象的数学模型为基础，通过预测计算污染浓度，进行将来的水质污染预测。为了进行计算，它考虑到海域中支配排水扩散现象的一些主要因子：如海水流动的扩散条件（包括潮流、海流、海水密度、海水的涡动黏滞性、涡动扩散及河流等的流入水量）、地形条件（海岸地形、水深、潮高、海底摩擦以及由于地球自转运动而使海洋受到的克里奥莱力等）、排水条件（包括排水量、排水的水质等）。将这些影响排水扩散现象的因子建立方程，通过解这种方程式体系，便可求得污染浓度的预测计算。作者用这种模拟系统，以爱知县东三河地区为对象进行了模拟。在日本从公害管理上，用“系统”的方法对广泛海域中的流速、污染浓度等进行预测计算，是从这里开端的。

5．环境污染分析模型

在日本1977年用这种模型对近畿地区的环境质量评价进行了实例研究。它是基于一个区域内生产、消耗和污染之间的相互关系而建立起来的模型。将它和区域发展规划结合起来，在平衡社会经济活动和环境方面，能获得一套较好的地区发展规划。该模型能定量地计算每个分区的环境影响，将其制成环境影响图，可以比较各个分区的环境质量。

这种模型是由3个环境影响分析模型构成，它们分别是空气污染模型、水污染模型及固体废物处理模型。在空气污染模型中选择的污染参数是灰尘、SO_x、NO_x、HC及CO；水污染模型中主要考虑了BOD；固体废物模型中主要选择了废塑料。当制作这些分模型时，考虑了环境容量指标，如水质污染考虑了河流流量大小、空气污染考虑了气象条件。

这种模型考虑到“三废”的全面污染情况以及对区域环境的综合影响，适用于进行区域环境污染的综合预断评价。但在整个评价过程中，有关环境容量部分的作用和意义似乎探讨不深。

综上所述，目前国外开展的环境质量预断评价可分为两类情况：一类是全面评价人类活动的综合环境影响；另一类是专门评价工程的环境污染效果。本文拟着重讨论后者。

（二）

环境质量评价一般分为 3 个阶段：即首先掌握环境现状（称为现象分析阶段）；其次进行环境的预测和评价（称为评价分析阶段）；最后根据各方面的意见进行处理（称为政策分析阶段）。

开展环境质量预断评价工作可以按照下述步骤进行：

首先确定环境质量预断评价的对象，选择代表性的工厂、矿山或规划中拟新建的工业基地等进行预断评价。然后按下述 3 个阶段进行工作：

1．现象分析阶段

了解评价对象的生产计划规模、工艺流程及排放污染物的种类和数量，拟采用的环境保护措施，目前的环境质量状况。

应该指出，确定新建企业的污染参数是一项重要工作。可在不同行业中选择代表性的企业、研究工业产值、产量与“三废”产生之间的系数关系。这方面资料的积累，是环境质量预断评价工作的重要基础。

根据区域环境特征确定环境容量。应该调查观测评价地区的自然条件如气象条件、水文状况及土壤类型等，以便确定环境容量。所谓环境容量是指一个环境单元对污染物的允许容纳量。环境容量是一个变量，它是由基本环境容量及变动环境容量组成。基本环境容量可以通过地方性环境标准和环境本底值求出，后者通过环境的自净能力研究来取得。应该指出，目前环境中污染物迁移转化规律的研究已经取得一定成绩，如何把这方面的研究与环境容量的研究结合起来，对推动环境质量现状及预断评价具有重要意义。

确定地方性环境标准是一项基础工作。它是确定环境容量的具体限制标准。应该根据区域环境特征、各个环境要素间的相互制约关系，污染物在环境中的迁移转化特征及人们对环境利用的具体要求，确定地方性环境标准。这项工作在我国还是一个薄弱的环节，应该积极开展研究。

2．评价分析阶段

这个阶段主要是建立各种环境质量预断评价的数学模型来评价环境污染的未来趋势及其影响。这种模型应该包括如下的一些主要环节：即区域内原料输入量的计算模型；产品产值和污染物的换算模型；污染物对环境影响的计算模型；区域环境污染综合评价指数计算的模型等。既可以列出一系列分模型分别计算，也可以将它汇总综合起来构成一个总体模型。

这里污染物对环境影响的估算是个值得深入研究的课题。目前，一般是采用大气或水的扩散模式进行计算。应该指出，这样进行环境单要素的影响预测是可以的，但对于全环境的污染影响估算，尚缺乏可靠的计算模式。为此我们曾进行了根据马尔可夫链的平稳分布，计算各种污染物在各要素中分配比例的尝试。

3．政策分析阶段

根据环境质量预断评价数学模型计算的环境质量指数或环境影响程度，参照环境管理法规的规定，提出环境质量预断评价的意见。

（三）

随着我国四个现代化的发展，我们认为在我国应该开展下述几个方面的环境质量预断评价的研究：

第一，积极开展我国四个现代化不同发展阶段全国环境质量预断评价的研究。

预估 5 年、10 年、15 年及 20 世纪末我国的环境质量，进行这项研究，对我国工业的全面规划、合理布局具有重要意义。实践证明，在制定国民经济规划时，仅考虑生产力布局原则，而不考虑环境容量原则，将会带来严重的环境后果。

第二，开展不同流域或海域环境质量预断评价的研究。

应该在我国各流域或海域水源保护研究的基础上，开展环境质量预断评价的研究。譬如，我们可以选择官厅流域及渤海作为这项工作的试点。

第三，开展城市环境质量预断评价的研究。

可在城市环境质量现状评价的基础上进行。适应城市工业不断迅速发展的要求，预估它未来的环境面貌，对改造老城市和合理进行新兴城市的工业布局都有重要意义。

第四，选择不同行业的典型代表性企业进行预断评价研究。

进行典型工、矿企业预断评价的研究、摸索预断评价工作的规律，积累基础资料，是一项开展区域环境质量预断评价的基础工作。

环境质量指数的评价方法*

王华东　于　澂
（北京师范大学）

区域环境质量评价，是在对区域环境污染状况进行综合性调查和监测，并积累了大量资料之后，进一步对环境质量进行全面系统地分析和研究的工作，通过评价得出环境质量好坏的客观结论，以便为保护环境、控制和消除污染提出切实可行的依据和建议。环境质量指数的评价研究工作，在国外发展较快，20 世纪 70 年代初已成为环境科学研究中的“热门”之一。例如，美国、加拿大、日本等国都提出了用环境质量指数来衡量环境质量好坏的评价方法。近年来，我国在城市和水体的环境质量评价中，也应用了这种方法，并建立了环境质量评价的工作程序，对开展环境质量的研究工作起了一定的推动作用。大量涌现出各种环境质量指数的计算方法，并把环境质量指数作为衡量环境质量好坏的尺度。某一环境质量指数的提出，都是根据一定的污染参数及其环境质量标准，或附加一定的假设条件，确定出计算公式，并通过计算进行实际验证而确定下来的。下面介绍几个有代表性的环境质量指数及其计算方法。

1 格林大气污染综合指数

这是美国格林于 1966 年最早提出的大气污染综合指数。他根据纽约发生的五次大气污染事件中，二氧化硫、烟尘浓度与死亡率之间的相关关系，规定出二氧化硫、烟尘的三级（希望水平、警戒水平、极限水平）日平均标准，通过计算得出衡量大气质量的评价指数，称为大气污染综合指数。其计算公式为：

$$I=0.5\ (I_1+I_2)$$

式中：I——大气污染综合指数；

I_1——二氧化硫污染指数；

I_2——烟尘污染指数。

$$I_1=a_1s^{b_1}\ ;\quad I_2=a_2c^{b_2}$$

* 原载《环境污染与防治》，1979（1）：36-38。

上述两式中，s 为二氧化硫的实测浓度，c 为烟尘的实测浓度。a_1、a_2、b_1、b_2 均为常数。格林假设当二氧化硫、烟尘含量达到希望水平时，I 为 25；达到警戒水平时，I 为 50；达到极限水平时，I 为 100。这样可以求出式中的各常数值。

格林大气污染综合指数，是以造成大气污染事件关系密切的二氧化硫和烟尘这两种主要大气污染物的实测浓度值为基本参数，通过公式计算，得出 I 值后再来衡量大气质量的。其优点是简便，不需做多种污染物的测定，就可以判断大气质量状况是否良好，是否接近或发生大气污染事件，以便提出相应的预防办法。不足之处是对于由多种因素（如一氧化碳、氮氧化物、氧化剂等）引起的大气污染，尚不能做出全面有效的衡量。

2 橡树岭大气质量指数

这种大气质量指数是美国橡树岭国立实验室于 1971 年提出的。此指数的污染参数包括二氧化硫、一氧化碳、氮氧化物、烟尘、氧化剂 5 种污染物的实测值，考虑的污染指标比较全面。其计算公式为：

$$I=\left[a\sum_{i=1}^{5}\frac{C_i}{S_i}\right]^b$$

式中：I——大气质量指数；

C_i——各种污染物的实测值；

S_i——各种污染物的环境标准；

a、b——常数。

常数 a、b 的数值是通过下列的假设条件求出的，即当大气中五种污染物浓度相当于未污染的大气中背景值时，假设大气污染指数 I 为 10；而当大气中五种污染物浓度达到污染水平时，假设大气污染指数 I 为 100。

3 R·M·布朗等的水质评价法

该水质评价法使用的水质质量指数 WQI 称水质指标。其计算公式为：

$$WQI=\sum_{i=1}^{n}W_i q_i$$

式中：WQI ——水质指标；

q_i ——各项水质参数的质量；

W_i ——各项水质参数的权系数（$\sum_{i=1}^{n}W_i=1$）。

在具体评价运算时，是从 35 种水质参数中选择 9 种重要的水质指标的实测值作为参数，然后按照专家们的意见，确定每个参数对水质影响程度的轻重而进行加权，分别确定各项污染物的权系数。显然，这里引进了“加权”的新概念，是企图把污染危害较大的污染参数，通过人为加权，分配较高的比例，使之在 *WQI* 中占较大的比重，来突出主要污染物对环境质量的影响程度。反之，则分配较小的加权值。

4 N·L·乃姆诺河水污染指标

$$PI = \sum_{j=1}^{j=n}(W_j PI_j)$$

$$PI_j = \frac{1}{\sqrt{2}}\sqrt{(C_i / L_{ij})^2_{最大} + (C_i / L_{ij})^2_{平均}}$$

式中：W_j ——权系数，$\sum_{j=1}^{j=n} W_j = 1$；

C_i ——水中各污染物的浓度；

L_{ij} ——把水用于 j 项使用时的水质标准。

该污染指标公式，同时考虑了污染浓度的最大值和平均值。这样就为在用水时，可以决定对 $C_i/L_{ij}>1$ 的污染物是否要进行处理，提出了参考依据。N·L·乃姆诺建议选取下列 14 项水质参数作为计算水质指标的基础，即温度、pH 值、悬浮固体、硬度、硫酸盐、颜色、大肠杆菌、总氮、氯、溶解氧、透明度、总溶解固体、碱度、铁和锰等。

5 综合污染指数

这是我国某地在评价水体污染时，表示地表水总体污染程度的一个相对数量指标。其计算公式为：

$$K = \sum \frac{CK}{C_{0i}} \cdot C_i$$

式中：K——综合污染指数；

CK——各种污染物的统一最高标准；

C_{0i}——污染物的地表水标准；

C_i——地表水中污染物的实测值。

6 环境质量系数

这是我国某地在评价环境质量时，计算在多种污染物存在下，环境质量状况的定量表达值，称为环境质量系数。此方法与 5 的不同之处，是不用最高统一标准予以校正。其计算公式为：

$$P=\sum_{i=1}^{n}\frac{C_i}{C_{0i}}$$

式中：P——水体质量系数；

C_i——水体各污染物的实测值；

C_{0i}——各污染物的环境标准。

在评价计算时，可将地表水、地下水、大气、土壤中各污染物含量实测值代入上述公式，即可求得各要素的环境质量系数。然后，再将它们相加，则求得整体环境质量的综合评价系数。

7 环境质量指数系统

这是我国南方某地评价城市环境质量时使用的方法，较 6 有所改进，加进了“权”值计算，具体计算公式如下：

$$Q_i=\sum_{i=1}^{k}m_i p_i$$

式中：Q_i——某一环境要素的质量指数，或某一环境单元的总体环境质量指数；

m_i——各污染物或各环境要素的相对加权百分比，故$\sum_{i=1}^{k}m_i=1$；

p_i——污染指数或质量指数。

$$\rho_i=\frac{C_i}{Cs_i}$$

式中：C_i——各污染物的实测值；

Cs_i——各污染物的评价标准。

在对单个环境要素质量进行评价时，m_i为各污染物相对加权百分比，对整体环境质量评价时，m_i则为各环境要素的相对加权百分比。因此，这个计算公式是一个通式，当使用该环境质量指数进行环境评价时，实际上是包含两次加权运算。

综上所述，不论是用于单个环境要素质量评价的还是整体环境质量综合评价的环境质量指数，它们的建立大致可以归纳为 3 个主要环节：①选择环境质量评价的参数；②确定各项污染参数的权系数；③建立适用的数学公式。环境质量指数评价方法的优点是：能够把各污染物对各环境要素及整体环境质量的影响程度用一个数学式确切地表达出来，在判断环境质量好坏时，用一个相对数字做衡量标准，并可以利用污染参数并通过计算来预测环境质量状况。不过任何一个环境质量指数，都是从客观实际中抽象出来的，所以必须通过客观实际的检验来证实和发展，一成不变的指数公式是没有的。怎样才能建立一个比较理想的有实用价值的环境质量指数和做好环境质量评价工作呢？初步看来，首先正确选择能够标志区域环境质量的污染物，是做好环境质量评价的基础。不同区域的标志污染物是不相同的。例如某地市郊是以钢铁工业为主体的生产地域综合体，在该区域的水质污染评价中选取了酚、氰、砷、汞、铬5种毒物作为标志污染物，这就基本上反映了该种生产地域综合体的特点。又如，在另一区域内的工业组成中是以化学工业为主体，污染物以有机物为主，重金属次之，因此，这里的标志污染物显然应着重选择有机污染物。其次，污染参数的选择也要考虑环境质量评价的目的。如果是对环境质量做一般评价时，选择的污染参数要尽量全面些，而为了某项特殊目的进行评价时，对污染参数的选择则应做专门设计。例如对某水体专门做渔业评价，应选择对发展渔业关系密切的溶解氧等污染参数，而做城市环境质量与人群患癌的相关评价，则需选3,4-苯并芘、亚硝胺、联苯胺、氯乙烯等致癌物质作为污染参数。第三，在环境质量评价中，确定各项污染参数的权系数值的原则与理论是当前应该突破的关键环节。比如在$\sum_{i=1}^{n} W_i q_i$中，所选定的i项污染参数，其中各项对环境质量的影响，以及对人体健康和生物的危害程度是不相同的。因而，应当对i项中的各污染参数赋予不等的权系数W_i。要想正确地确定权系数，就应当深入研究标志污染物在区域环境中的污染规模及其对人体健康的影响程度，特别是要加强多种污染物联合作用的毒理学实验研究，来确定污染物之间的拮抗、加成和协同作用对人体的危害程度，以便为确定权系数提供理论根据。

区域环境质量评价是区域环境学研究中的重要课题，这里只对一些有代表性的评价方法做了简单介绍。应该指出，环境质量评价的原理和方法正处在不断发展和完善之中，其中很多问题还值得今后进一步探讨研究。

值得指出，为了不断提高环境质量评价水平，开展近代数学新理论和新方法在环境科学领域里应用的研究，运用近代数学工具解决环境质量评价和环境污染控制等方面的问题，已经是摆在我们面前刻不容缓的任务。

区域环境质量评价中单元环境的模糊聚类及污染类型的模糊识别

王华东　车宇瑚
（北京师范大学地理系）

区域环境质量评价是我国目前环境科学发展中的一项重要研究工作。区域环境包括自然环境和社会环境两个组成部分，自然环境是一个综合的自然客体，它包括大气、水、土壤、生物等各种不同的环境要素，由于人类生产及生活等各种活动的影响，常造成自然环境各环境要素的不同程度的污染，对污染程度不同的单位环境如何评价和分类，是当前环境科学工作者正在探索的课题，本文就是运用模糊聚类和模糊识别的方法，在区域环境质量评价工作方面的一个初步尝试。

（一）环境单元的模糊聚类

聚类分析是数理统计多元分析中的一个分支，它是对事物按一定要求进行分类的数学方法。单元环境的分类问题，多伴随着模糊性，因此运用模糊聚类的方法比较适宜。

我们先对模糊聚类分析的一般理论作一简单介绍，定理的证明从略，有兴趣的读者可参阅[1]。

定义 1　设有两个论域 U 和 V，则 $U \times V$ 上的一个模糊子集 $\underset{\sim}{R}$ 就叫做 U 与 V 之间的一个模糊关系。

定义 2　$\underset{\sim}{R}$ 的隶属函数 $\underset{\sim}{R}(u,\ v)$ 是定义在 $U \times V$ 上的一个二元实函数：

R：$U \times V \rightarrow [0,\ 1]$

若 $U=\{u_1,\ u_2,\ \cdots,\ u_n\}$，$V=\{v_1,\ v_2,\ \cdots,\ v_m\}$ 都是有限集合，则 $\underset{\sim}{R}$ 可以用一个 $n \times m$ 矩阵来表示：

原载《北京东南郊环境污染调查及其防治途径研究》论文集，《北京东南郊环境污染调查及其防治途径研究》协作组，1980 年 10 月，11～24 页。

$$\underset{\sim}{R}=\begin{pmatrix} r_{11} & r_{12} & \cdots & r_{1m} \\ r_{21} & r_{22} & \cdots & r_{2m} \\ & \vdots & & \\ r_{n1} & r_{n2} & \cdots & r_{nm} \end{pmatrix}, \tag{1}$$

$$0\leqslant r_{ij}\leqslant 1 \quad (i=1,\ 2,\ \cdots,\ n;\ j=1,\ 2,\ \cdots,\ m)$$

式中 $r_{ij}=\underset{\sim}{R}$（$u_i$，$v_j$）表示 u_i 和 v_j 具有关系 $\underset{\sim}{R}$ 的程度。（1）式的矩阵就叫做模糊矩阵。

定义 3 设 $\underset{\sim}{Q}$ 是 $n\times m$ 模糊矩阵，$\underset{\sim}{R}$ 是 $m\times l$ 模糊矩阵，则 $\underset{\sim}{Q}$ 与 $\underset{\sim}{R}$ 的模糊乘积为

$$\underset{\sim}{Q}\circ\underset{\sim}{R}=\underset{\sim}{S}=(S_{ij})_{n\times 1} \tag{2}$$

其中：

$$\begin{aligned} S_{ij} &= \bigvee_{k=1}^{m}(q_{ik}\wedge r_{kj}) \qquad \begin{pmatrix} i=1,2,\cdots,\ n \\ j=1,2,\cdots,\ l \end{pmatrix} \\ &= \max_{1\leqslant k\leqslant n} \min(q_{ik},\ r_{kj}) \end{aligned} \tag{3}$$

定义 4 设 U 为 n 个元素的有限集合，U 上的模糊等价关系 $\underset{\sim}{R}$ 是指 U 与其自身的一个模糊关系（模糊矩阵）满足

1．反身性：$r_{ii}=1$　　（$1\leqslant i\leqslant n$）；

2．对称性：$r_{ji}=r_{ji}$　　（对一切 i，j）；

3．传递性：$R\cdot R\leqslant R$。

这里（S_{ij}）≤（t_{ij}）的含义是指对一切 i，j 都有 $S_{ij}\leqslant t_{ij}$。

定义 5 对任意 $0\leqslant\lambda\leqslant 1$，模糊关系 $\underset{\sim}{R}$ 作为 $U\times U$ 上的模糊子集，有λ截集 R_λ，称为模糊关系 $\underset{\sim}{R}$ 的λ显示，若 $\underset{\sim}{R}$ 为模糊矩阵，则令

$$\underset{\sim}{R}_\lambda=(r_{ij}^{(\lambda)}) \tag{4}$$

其中：

$$r_{ij}^{(\lambda)}=\begin{cases}1 & r_{ij}\geqslant\lambda \\ 0 & r_{ij}<\lambda\end{cases} \tag{5}$$

定理 1 设 $\underset{\sim}{R}$ 是 U 上的一个模糊等价关系，则对任意 $0\leqslant\lambda\leqslant 1$，$\underset{\sim}{R}$ 的λ显示 R_λ 都是一个普通的等价关系。

定理 2 当λ由 1 下降到 0 时，R_λ 对 U 的分类只有一种归并过程，亦即，$\lambda_1\leqslant\lambda_2\Rightarrow R_{\lambda 1}\geqslant R_{\lambda 2}$。

定理 1 说明当我们取定一个门槛λ时，可以对 U 的元素进行一种明确的分类。定理 2 保证当λ变动时，随之而变的分类是协调的，不会发生矛盾。

定理 3 设 $\underset{\sim}{R}$ 是 U 的一个反身，对称的模糊关系，令

$$R^m=\overbrace{R\cdot\ R,\cdots,R}^{m} \tag{6}$$

则

$\lim_{m\to\infty} \underset{\sim}{R}^m = \underset{\sim}{R}^\infty$ 必存在，且 $\underset{\sim}{R}^\infty$ 必是一个模糊等价关系。

定理 4　若 $\underset{\sim}{R}$ 是 $n\times n$ 反身，对称模糊矩阵，则 $\exists k$，使 $\underset{\sim}{R}^k=\underset{\sim}{R}^{k+1}=\underset{\sim}{R}^\infty$。

在进行模糊聚类时，我们要建立一种相似关系，这种相似关系是一种模糊关系，通常它满足反身性和对称性，但不满足传递性，因此，它不是一个模糊等价关系，这是模糊聚类分析的一大障碍。而定理 3 和定理 4 就使得我们能够通过自乘的办法把相似的关系改造成一种模糊等价关系。

下面我们通过一个简单的例子来说明模糊聚类的方法与步骤，然后再介绍我们对北京市东南郊环境单元的聚类结果。

例　设有五个环境单元，每个单元都测得空气、水、土壤、作物四个要素的污染指数，如表 1 所示。

表 1　不同环境单元各环境要素的污染指数

要素 / 指数 / 单元	空气	水	土壤	作物
Ⅰ	5	5	3	2
Ⅱ	2	3	4	5
Ⅲ	5	5	2	3
Ⅳ	1	5	3	1
Ⅴ	2	4	5	1

第一步，建立环境单元的相似关系 $\underset{\sim}{R}$。

注意，相似关系是根据物理意义或几何意义人为地确定的一种模糊关系，但不一定是模糊等价关系。例如，两个向量的夹角余弦就可作为两个向量相似程度的度量，夹角越小，两向量越接近，夹角余弦就越大，当然，如果要求这些点在空间中隔得越近才认为是越相似，则还应当考虑向量的长度。在举例中我们就采用夹角余弦来做相似系数（即相似关系矩阵中的元素）：

$$r_{ij}=\sum_{k=1}^{4} a_{ik}a_{jk} \Big/ \sqrt{\sum_k a_{ik}^2 \cdot \sum_k a_{jk}^2} \tag{7}$$

于是可以算得相似关系矩阵

$$\begin{array}{c} \\ \underset{\sim}{R}=(r_{ij})= \end{array}\begin{array}{c} \\ \text{I} \\ \text{II} \\ \text{III} \\ \text{IX} \\ \text{V} \end{array}\begin{array}{c} \quad\text{I}\qquad\text{II}\qquad\text{III}\qquad\text{IX}\qquad\text{V} \\ \begin{pmatrix} 1 & 0.81 & 0.98 & 0.89 & 0.89 \\ 0.81 & 1 & 0.79 & 0.79 & 0.21 \\ 0.98 & 0.79 & 1 & 0.83 & 0.79 \\ 0.89 & 0.79 & 0.83 & 1 & 0.93 \\ 0.89 & 0.21 & 0.79 & 0.93 & 1 \end{pmatrix} \end{array} \tag{8}$$

很容易看出，$\underset{\sim}{R}$不是一个模糊等价关系，因为$\underset{\sim}{R}\cdot\underset{\sim}{R}\nleqslant\underset{\sim}{R}$，即不满足传递律（相似关系通常都具有反身性和对称性）。

为了得到模糊等价关系，我们要进行

第二步，把相似关系改造成模糊等价关系*

根据定理 3、4 对$\underset{\sim}{R}$进行改造，即计算$\underset{\sim}{R}^2=\underset{\sim}{R}\cdot\underset{\sim}{R}$，$\underset{\sim}{R}^4=\underset{\sim}{R}^2\cdot\underset{\sim}{R}^2$，…直到$\underset{\sim}{R}2^t\leqslant\underset{\sim}{R}^{2^{t-1}}$时为止，所得到的$R^{2^{t-1}}$就是一个模糊等价关系。在本例中，

$$R^4=\begin{pmatrix}1 & 0.8 & 0.98 & 0.89 & 0.89\\ 0.81 & 1 & 0.81 & 0.81 & 0.81\\ 0.98 & 0.81 & 1 & 0.89 & 0.89\\ 0.89 & 0.81 & 0.89 & 1 & 0.93\\ 0.89 & 0.81 & 0.89 & 0.93 & 1\end{pmatrix}\tag{9}$$

就是一个模糊等价关系。其元素称为等价系数。

第三步，根据定理 1、2，由模糊等价关系（9）进行分类。

先把（9）中元素由大到小排成一列于左侧，然后顺次把等价系数入所在的行和列所示的单元用⊔形线连接起来，使⊔的底线与左侧的λ齐平，得到一个聚类图。举例的聚类图如图 1。

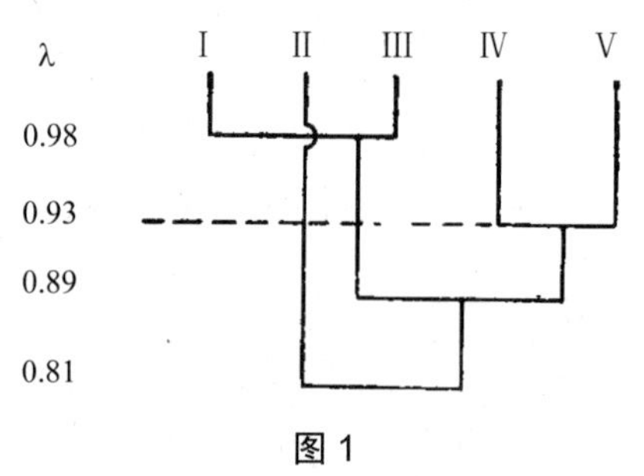

图 1

当我们取定一个关系水平时，便可得到一个明确的分类，如取λ=0.93，便得到如下的分类：

{Ⅰ，Ⅲ}，{Ⅱ}，{Ⅸ，Ⅴ}

我们把上述模糊聚类的方法应用于北京市东南郊环境质量评价的工作中，获得了较好的效果。兹将此工作的过程与结论简述如下。

待分类的单元共有 43 个，其中 20 个单元有 4 个数据（土壤、作物、地表水和地下水），另 23 个单元只有 2 个数据（土壤、作物）。为了不致引起混乱，我们只好对这两组单元分别进行聚类。这些单元数据列于表 2 和表 3。

这里我们设计了 7 种相似系数。试算结果表明，在本工作中采用以下两种相似系数的定义效果较好：

* 如果所得的相似关系已具有传递值，当然这一步就可省略。

表 2　第一组数据

单元号	网格位置	土壤	作物	地表水	地下水
1	3～15	1.41	1.57	1.53	0.5
2	3～22	1.09	2.46	122.01	0.73
3	4～15	4.45	1.95	0.02	0.94
4	4～16	5.15	2.33	26.39	0.72
5	5～16	5.22	2.11	26.39	1.51
6	5～20	1.12	1.03	0.015	0.91
7	6～15	2.66	1.37	21.93	0.5
8	6～17	2.08	0.91	62.55	0.84
9	6～18	1.71	1.31	62.55	0.45
10	7～19	1.94	1.26	62.55	0.71
11	8～1	1.92	1.35	23.54	0.9
12	8～3	4.20	1.12	23.54	0.72
13	8～9	3.04	1.38	0.01	0.92
14	8～17	1.94	1.00	4914.58	0.625
15	9～2	5.94	1.22	0.008	0.72
16	13～4	2.24	0.89	0.008	0.46
17	16～12	1.53	1.34	59.07	0.01
18	19～18	1.79	0.97	90.30	0.009
19	11～8	2.29	1.40	297.23	0.63
20	18～21	2.19	0.89	373.75	0.008

表 3　第二组数据

单元号	网格位置	土壤	作物
1	10～23	1.34	0.84
2	10～26	1.07	1.06
3	11～25	0.96	0.43
4	12～17	1.25	1.04
5	12～19	1.09	0.58
6	13～13	1.83	1.03
7	13～15	1.50	1.25
8	13～18	1.17	0.87
9	13～21	1.10	0.90
10	13～23	1.05	1.33
11	14～11	2.17	1.26
12	14～12	1.75	1.33
13	14～16	1.13	1.54
14	14～18	1.04	1.04
15	14～21	1.09	1.01
16	15～14	1.09	1.39
17	15～16	1.12	0.72
18	15～22	1.13	1.09
19	15～24	1.11	1.52
20	16～19	1.07	1.03
21	16～25	1.06	1.22
22	17～22	0.94	0.85
23	17～23	0.94	1.17

$$r_{ij}=\begin{cases}\dfrac{\sum\limits_{k=1}^{4} a_{ik}\ a_{jk}}{\sqrt{\sum\limits_{k=1}^{4} a_{ik}^2\ \sum\limits_{k=1}^{4} a_{jk}^2}}+\dfrac{4}{\left|\sqrt{\sum\limits_{k=1}^{4} a_{ik}^2}-\sqrt{\sum\limits_{k=1}^{4} a_{jk}^2}\right|} & (i\neq j)\\ M & (i=j)\end{cases} \tag{10}$$

$$r_{ij}=\begin{cases}\dfrac{1}{\sum\limits_{k=1}^{4}\left|a_{ik}-a_{jk}\right|} & (i\neq j)\\ 1 & (i=j)\end{cases} \tag{11}$$

应当说明，在式（10）中，$i\neq j$ 的情形，r_{ij} 的表达式中第一项是表征两向量的夹角关系，第二项是表征两向量的长度关系，两者考虑的权重不一样，前者为 1，后者为 4。另外，这里并没有严格地按照相似关系的要求使 $r_{ij}\leqslant 1$ 及 $r_{ii}=1$，而是取大于所有 r_{ij}（$i\neq j$）的一个数 M 来作为 r_{ii}。这样处理仅仅为了计算上的方便，毫不影响计算的结果（只要对所有的 r_{ij} 除以 M 就可符合 $r_{ij}\leqslant 1$ 的形式要求）。

我们将按式（10）计算的结果作出聚类图（图 2 和图 3），在图 2 中取λ=0.999 983，得到六类，见表 4。在图 3 中取λ=4.649 91，得到六类，见表 5。

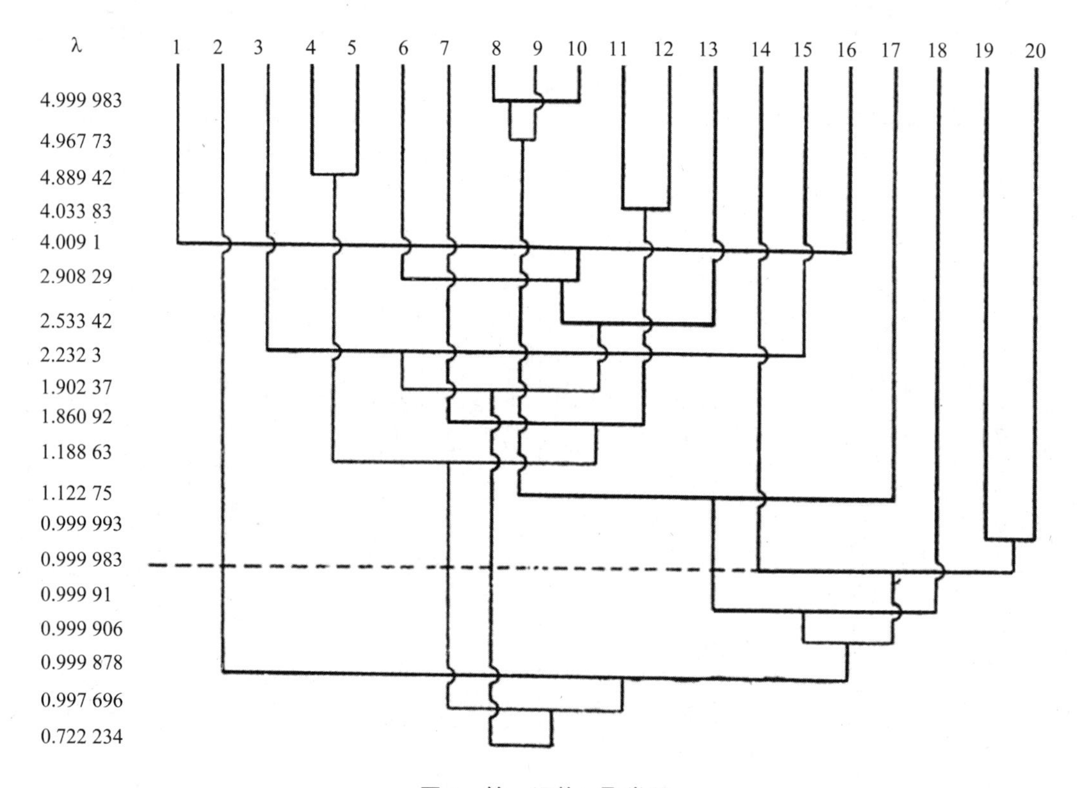

图 2　第一组单元聚类图

模糊聚类的工作框图见图 4。计算程序从略。

表 4 第一组聚类结果

类群元	I	II	III	IV	V	VI
单号	1，3，6，13，15，16	4，5，7，11，12	8，9，10，17	14，19，20	2	18

表 5 第二组聚类结果

类群元	I	II	III	IV	V	VI
单号	1，2，4，5，8，9，10，14，15，16，17，18，20，21，22，23	7，13，19	3	6	11	12

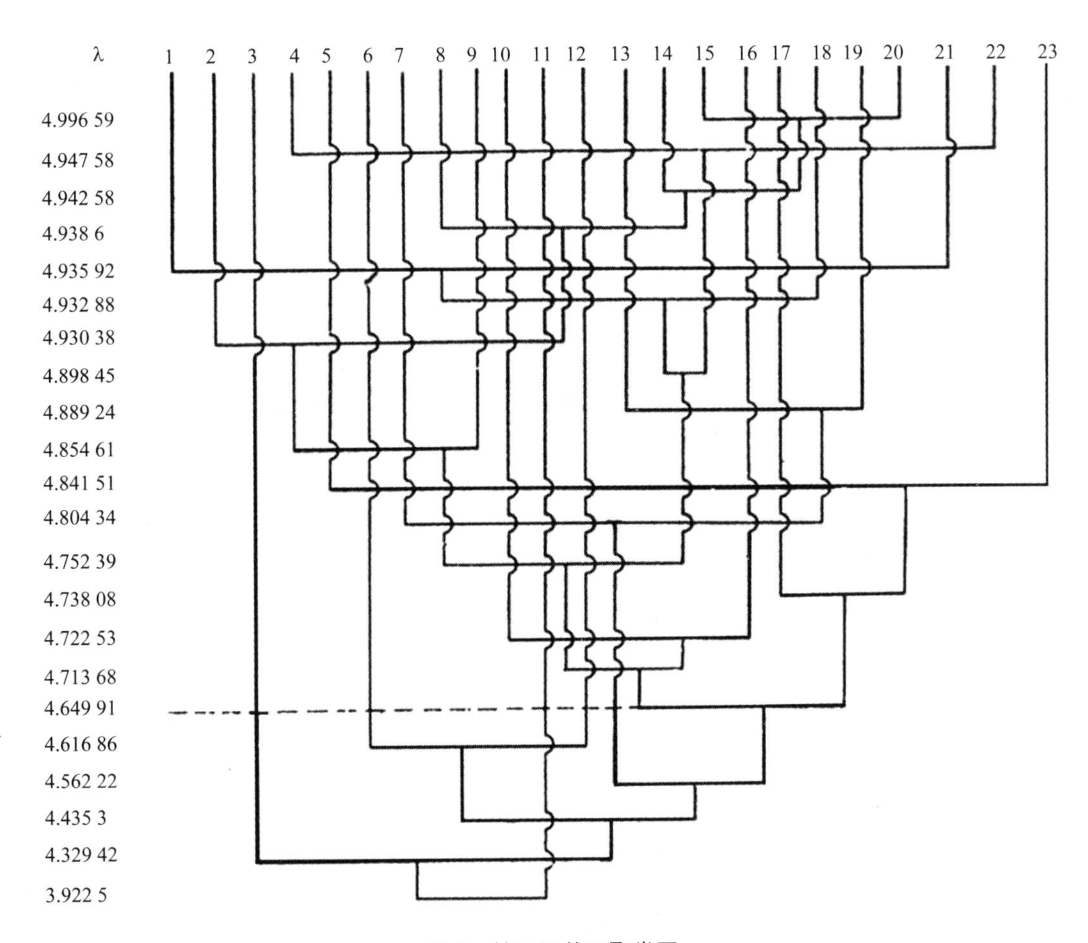

图 3 第二组单元聚类图

（二）环境单元和环境类群的模糊识别

当我们把上述环境单元划分成不同类群以后，究竟它们污染的严重程度应该分别属于哪一级别，这可以采用模糊识别的方法予以归类。

首先，根据研究地区各环境单元的污染指数，划分不同的污染等级*。

单元环境污染程度的划分有种种不同准则。可以单元环境污染对人体健康的影响及其生物学效应来评定。还可以单元环境污染所造成的经济损失值来评定。假定我们把典型地区的环境单元按照对人体健康的影响，初步划分成五级，即“极严重污染”“严重污染”“中度污染”“轻度污染”及“清洁”。

在实际工作中碰到的数据会出现各种情况，兹将具体污染分级的数值界限分述如下：

1．如果各种要素几乎同等重要，且各要素污染程度比较一致，此时分级可对各要素都进行较详细的划分。例如：

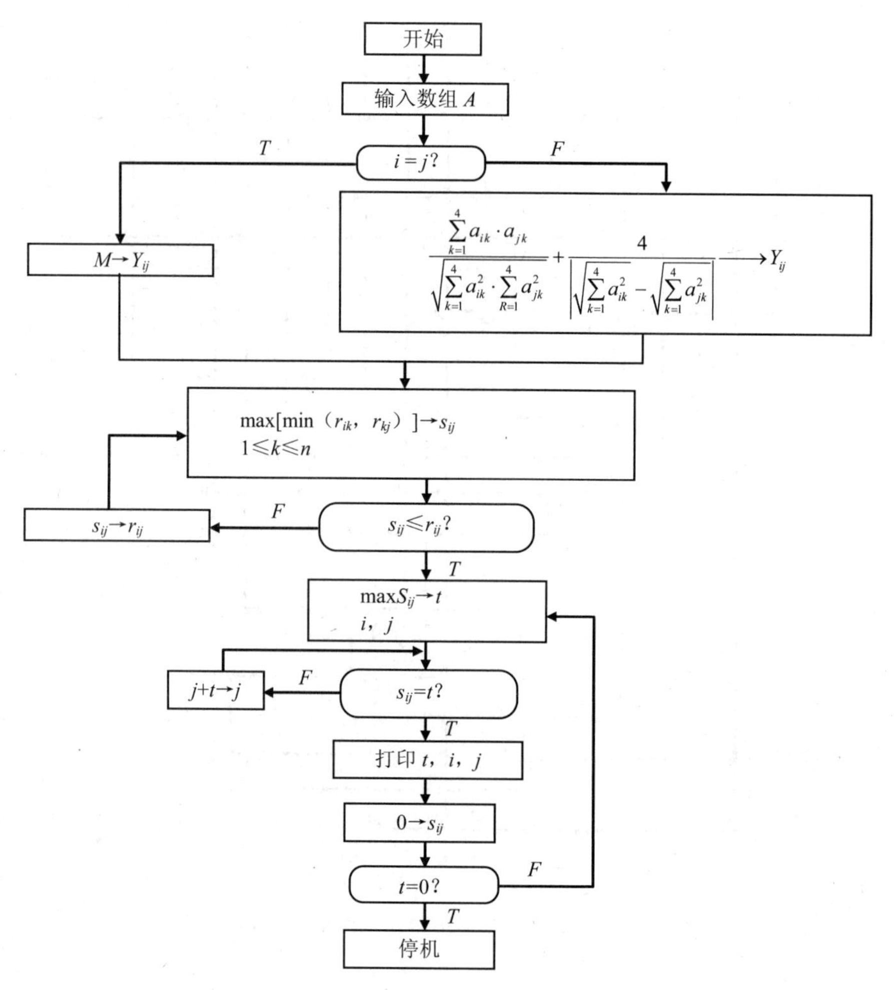

图 4　模糊聚类的工作框图

* 有条件的话，也可以根据国家标准统一划定。

表 6

指数范围 分级 \ 要素	地表水	地下水	土壤	农作物
极严重污染	100～	10～	20～	10～
严重污染	35～100	5～10	10～20	5～10
中等污染	10～35	2～5	5～10	2～5
轻度污染	1～10	1～2	2～5	1～2
清洁	0～1	0～1	0～2	0～1

2．如果某一种或某几种要素比较重要，污染程度有较明显的差异，而其他的要素污染程度差别不大，这时就依这一种或这几种较重要的要素来分级。这样分级后，那些较次要的要素的污染指数可能会发生交叉的现象，我们可以把若干级别合并用同一个指数范围来标定，对某些较次要或差异很小的要素甚至可以不作划分。例如

表 7

指数范围 分级 \ 要素	地表水	地下水	土壤	农作物
极严重	100～	—	—	—
严重	35～100	—	—	—
中等	10～35	1	—	—
轻度	1～10	—	—	—
清洁	0～1	0	0	0

在定出分级的指数范围后，可选取分属各个级别的若干典型环境单元来进行统计处理，以建立各种污染级别的模糊数学模型。

典型环境单元的选取，主要依靠实际工作经验或征求专家意见。但在北京市东南郊的评价工作中，数据比较完整可靠的只有前述 43 个单元。因此建立污染级别的数学模型也只有依靠这些数据，不过，我们可进行如下的处理，即把所有单元每种要素的数据都从大到小排列起来，将这样经过我们“改组”所得到的向量看成是典型环境单元，再参考上述的级别划分得出典型单元的样本，数据列于表 8 和表 9。

从表 2 中可以看出地表水的数据有明显的等级差异，而且东南郊的污染情况，地表水亦显得更为重要，因此，我们以地表水的数据来作为划分等级的依据。表 9 的等级是参照表 8 来划分的。

表 8　第一组典型单元样本

级别 \ 指数 \ 要素	土壤	作物	地表水	地下水
极严重	5.94	2.46	4 914.58	1.51
	5.22	2.33	373.75	0.94
	5.15	2.11	297.23	0.92
	4.45	1.95	122.01	0.91
严重	4.20	1.57	90.30	0.90
	3.04	1.40	62.55	0.84
	2.66	1.38	62.55	0.73
	2.29	1.37	62.65	0.72
	2.24	1.35	59.07	0.72
中等	2.19	1.34	26.39	0.72
	2.08	1.31	26.39	0.71
	1.94	1.26	23.54	0.63
	1.94	1.22	23.54	0.625
	1.92	1.12	21.93	0.5
轻度	1.88*	1.10*	5.3*	0.5
	1.81*	1.08*	2.72*	0.49*
	1.79	1.03*	1.53	0.48
清洁	1.71	1.00	0.02	0.46
	1.53	0.97	0.015	0.45
	1.41	0.91	0.01	0.01
	1.12	0.89	0.008	0.009
	1.09	0.89	0.008	0.008

*这些数据是为了统计需要而参考其他单元的数据虚设的。

表 9　第二组典型单元样本

级别 \ 指数 \ 要素	土壤	作物
中等	2.17	1.54
	1.83	1.52
	1.75	1.39
	1.50	1.33
	1.34	1.33

级别＼指数＼要素	土壤	作物
轻度	1.25	1.26
	1.17	1.25
	1.13	1.22
	1.13	1.17
	1.12	1.09
	1.11	1.06
	1.10	1.04
	1.09	1.04
	1.09	1.03
	1.09	1.03
	1.07	1.01
	1.07	
	1.06	
	1.05	
	1.04	
清洁	0.96	0.90
	0.94	0.87
	0.94	0.85
		0.84
		0.72
		0.58
		0.43

每一种污染级别都可看成是一个模糊集合，它是全体环境单元构成的论域 U 上的一个模糊子集 $\underset{\sim}{A}$ 。一种环境要素（如地表水、地下水等）的指数 X 是论域 U 上的一个模糊变量。由概率统计的知识可知这些指数的数值分布一般都是正态分布，所以类型 $\underset{\sim}{A}$ 通过 X 在 R（实数域）上诱导的分布是属于正态型，即以 X 为论域， $\underset{\sim}{A}$ 在其上的隶属函数形如

$$\underset{\sim}{A}\ (x)\ =e^{-\left(\frac{x-a}{b}\right)^2} \tag{12}$$

在我们的实例中，级别 $\underset{\sim}{A}_i$ 通过要素 X_i 在 R 上诱导的分布（即 $\underset{\sim}{A}_i$ 的第 j 种要素的隶属函数）便是

$$A_{ij}\ (x_j)\ =e^{-\left(\frac{x_j-a_{ij}}{b_{ij}}\right)^2} \tag{13}$$

其中参数 a_{ij}， b_{ij} 可以利用表 8、表 9 的数据由下式来计算：

$$a_{ij}=\frac{1}{n}\sum_{k-1}^{n}x_{ijk},\qquad b_{ij}=\sqrt{\frac{1}{n-1}\sum_{k-1}^{n}(x_{ijk}-a_{ij})^2} \tag{14}$$

这里，i—级别标号，j—要素标号，k—第 i 级别中的单元序号，n—第 i 级别第 j 要素的数据个数，x_{ijk}—第 i 级别中第 k 单元的要素 j 的指数。

上述参数的计算结果列于表 10 和表 11。

表 10 第一组污染级别模型的参数

级别 \ 参数符号 \ 参数数据 \ 要素		土壤	作物	地表水	地下水
极严重	a	5.19	2.2125	1 426.89	1.07
	b	0.608	0.226	2 327.51	0.293
严重	a	2.886	1.414	67.404	0.782
	b	0.802	0.089	12.89	0.083
中等	a	2.026	1.25	24.358	0.637
	b	0.118	0.086	2.262	0.088
轻度	a	1.83	1.07	3.18	0.49
	b	0.047	0.035	1.93	0.01
清洁	a	1.372	0.923	0.012 2	0.187 4
	b	0.266 3	0.037	0.005 2	0.244 3

表 11 第二组污染级别模型的参数

级别 \ 参数符号 \ 参数数据 \ 要素		土壤	作物
中等	a	1.718	1.422
	b	0.319 5	0.102
轻度	a	1.104 7	1.109
	b	0.052 9	0.096 6
清洁	a	9.974	0.74
	b	0.011 55	0.176

环境单元的识别归类，可以有两种途径进行，一是逐一进行单个识别，二是先如（一）中所述进行聚类，再对所得的类群来进行识别，在实际运用时，往往两者结合进行。现将这两种方法分述如下。

单个环境单元的识别，依据隶属原则，即设一环境单元的四个要素的指数为

$$x_1^1,\ x_2^1,\ x_3^1,\ x_4^1$$

分别将它们代入各级别相应的隶属函数，得到 20 个隶属度 A_{ij}（x_j）（i=1，2，3，4，5；j=1，2，3，4）

令

$$S_i = \min A_{ij}(x'_j) \qquad i=1,2,3,4,5 \tag{15}$$

$$1 \leqslant j \leqslant 4$$

若

$$S_{i_0} = \max S_i \quad (16)$$
$$1 \leqslant i \leqslant 5$$

则判定该单元属于第 i_0 类。

类群识别依据择近原则，方法如下：

设 $\underset{\sim}{A}$ 为某一级别的一个要素的隶属函数，它是具有参数（a_1，b_1）的正态型分布，$\underset{\sim}{B}$ 为某一类群相应要素的隶属函数，它是具有参数（a_2，b_2）的正态分布，则定义 $\underset{\sim}{A}$ 与 $\underset{\sim}{B}$ 的贴近度为

$$(\underset{\sim}{A}，\underset{\sim}{B}) = (1 + e^{-(\frac{a_1+a_2}{b_1+b_2})^2}) /2 \quad (17)$$

它表征了模糊集合 $\underset{\sim}{A}$ 与 $\underset{\sim}{B}$ 的贴近程度，算出 $\underset{\sim}{B}$ 与各种不同级别的相应要素 $\underset{\sim}{A}_{ij}$ 的贴近度，按择近原则便可识别定级。

择近原则就是：设一个类群的四个要素的模糊子集为 $\underset{\sim}{B}_1$，$\underset{\sim}{B}_2$，$\underset{\sim}{B}_3$，$\underset{\sim}{B}_4$（其隶属函数的求法与计算 A_{ij} 完全一样），算出它们与 A_{ij} 的贴近度（A_{ij}，B_j）（i=1，2，3，4，5；j=1，2，3，4）

令

$$S_i = \min\{(\underset{\sim}{A}_{ij}，\underset{\sim}{B}_j)\}，\qquad i=1，2，3，4，5 \quad (18)$$

若 $$1 \leqslant j \leqslant 4$$

$$S_{i_0} = \max S_1 \quad (19)$$
$$1 \leqslant i \leqslant 5$$

则判定该类群属于第 i_0 级别。

在实际识别定级过程中，对于包含环境单元较少（通常是 3 个以下）的类群，往往用隶属原则进行单个单元的识别，若发现同类群中的不同单元分属不同级别（这是由于聚类的模糊性而引起的），应予调整。对于包含环境单元较多（通常是 3 个以上）的类群，一般就用择近原则来进行识别定级。

对于（一）节中北京东南郊环境单元聚类所得的类群，我们的识别结果列于表 12 和表 13。

表 12　第一组类群的识别结果

类群号	I	II	III	IV	V	VI
所属级别	清洁	极严重	严重	严重	极严重	极严重

表 13　第二组类群的识别结果

类群号	I	II	III	IV	V	VI
所属级别	轻度	中等	清洁	中等	中等	中等

上述结果基本符合经验估计，某些出入是由于经验判断的错觉所产生的。但第一组中的II类（极严重）和VI（极严重）似乎有点问题，这主要是因为统计样本过少而使模型不够准确而致。

环境单元及类群识别的计算框图如图 5 所示，程序从略。

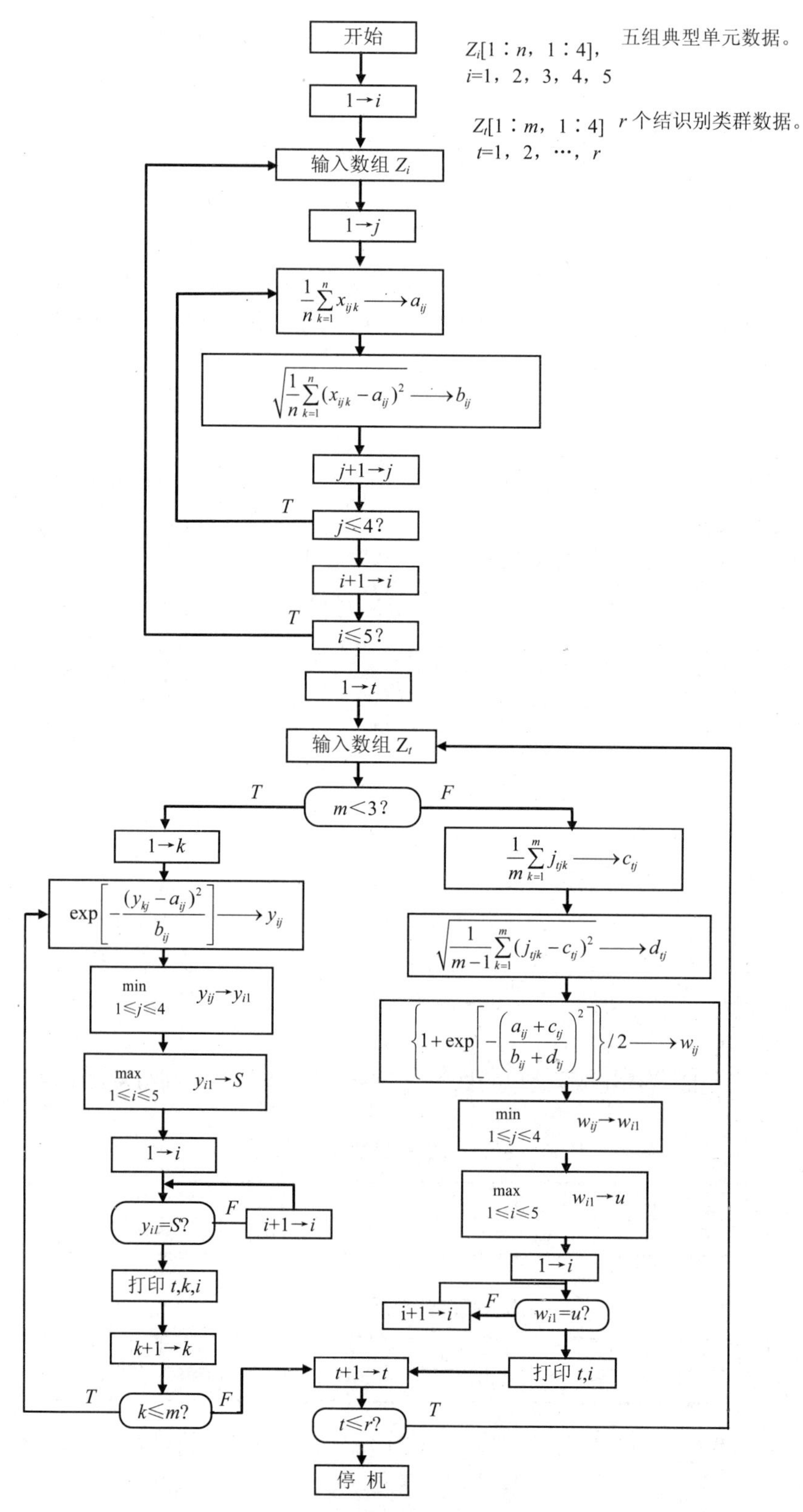

图 5 模糊识别的计算框图

结语

应该指出，环境单元的聚类及定级问题是多介质多元的复杂环境问题，过去用各环境要素的污染指数简单相加来表示，在理论和方法上都不够完善。

本文用模糊数学的方法来处理聚类与识别问题，并把它们应用于北京东南郊环境质量评价的实际工作中，这当然是一个很初步的尝试，一定有很多不完善之处，值得进一步研究与探讨。

区域环境学研究中的环境质量评价问题

王华东
（北京师范大学地理系）

区域环境污染研究具有鲜明的地区性特征。每一个人类活动的区域都是一个独立的生产地域综合体，它具有特定的环境条件和工、矿及农业组成结构。区域环境质量评价是继区域环境污染综合调查，积累大量资料之后的环境科研工作的继续和深入。20 世纪 70 年代初，国外环境质量研究工作发展比较快，已成为环境学研究工作中的“热门”之一。如在美国 1977—1981 年环境科研规划中多次提出进行环境质量评价的研究。目前美国、加拿大等对环境质量的衡量都提出用环境指数来表示。还召开了一些专门会议，专题讨论环境质量评价问题。如 1971 年在菲列德菲亚由美国科协主持召开了“环境质量指示物”讨论会，1974 年国际科学联合会的环境问题科学委员会在加拿大召开了环境质量会议，会后出版了专著。

一

环境质量评价包括现状评价和预断评价。前者是指对区域环境污染的现状进行评价，目前在我国各地均已普遍展开工作。后者是指对新建工程及新兴工业基地等进行事先评价，评价人类活动的未来环境影响和后果。

进行环境质量现状评价，包括对单个环境要素进行评价和对整体环境质量进行综合评价。单个环境要素的质量评价包括对大气、地表水、土壤及作物等的污染现状进行评价。目前在国外有关大气污染及水污染评价的文献比较多。

关于大气污染方面的评价。20 世纪 60 年代仅有零星的报道，20 世纪 70 年代这方面的报道迅速增多[1-3]。其中如格林氏大气污染综合指数是最早的一种大气污染指数计算方法，它计算了二氧化硫及烟雾的污染指数；巴布库克大气污染综合指数（1970 年），它考虑到一个地区大气中的几种污染物的总体污染状况，包括颗粒物质、硫氧化物、氮氧化物、一氧化碳、氧化剂和碳氢化合物等的污染状况；橡树岭大气质量指数是美国橡树岭国立实验室 1971 年提出的综合大气质量指数。值得注意的是加拿大环境部科学政策处殷哈勃建议的一组大气质量指数，他将特定污染物指数、城际大气质量指数和工业排放量指数综合

原载《区域环境学术讨论会文集（一九七七）》，北京：科学出版社，1980：13-16。

成一个综合的大气质量指数，称为加拿大大气质量指数。近几年来，有关大气污染评价计算方法的研究，比较系统，进展较快。

关于水质污染评价指标，自20世纪60年代以来，文献渐多[1)]，其中赫尔顿的工作最早，他选择了8种水质参数提出了水质评价方法。以后利勃曼根据化学和生物学参数提出了一种水质指标，并且着手编制了巴伐利亚全州的水质图。R・M・布朗等（1970）在35种水质参数中，选取了4种重要水质参数，针对每个参数的相对重要性进行加权计算了水质指标。L・普拉提等（1971）首先将地表水质根据一些主要水质参数分了类，分成五级即未污染的、可接受的、轻度污染的、污染的及重度污染的，然后将每种水质参数的浓度实测值通过转换方程，分别转换成新的污染单位值，将之加和平均，求出其平均水质污染指数。N・L・乃姆诺在其“河流污染的科学分析”一书中提出了一种计算河水污染指标的方法。他所拟定方法的特点是，不仅考虑到各种污染物实测含量值与该种污染物的规定浓度标准相比，而且要考虑污染物中含量最大的污染物与规定浓度标准相比。因为，在污染物平均浓度标准比值较低的情况下，个别污染物的浓度比值常有时较大。为了保证该项水的用途，对个别浓度高的污染物常需特殊处理。因此，在计算时应予特殊考虑。为了确定水体的总水质指标，他分别计算了各种不同用途用水的水质指标，然后进行加权计算。

目前国内沿用的水质评价方法是综合污染指数法[2)]及水质质量系数法[3)]。近来又提出了污水化学式[4)]及有机污染综合评价值[5)]等方面的表示方法。

关于土壤及作物污染状况的评价方法论述较少。在我国某地东南郊环境质量评价中，采取首先确定土壤及作物的污染起始值及不同等级污染值的办法，确定土壤及作物的污染指数，是这方面工作的初步尝试。

整体环境质量的综合评价难度较大，这方面的报道较少。日本大阪府的环境质量评价[6)]，根据大阪府影响生活环境的主要因子，选择了几个主要污染参数，即SO_2、粉尘、BOD_5、噪声及交通量强度等。将大阪地区划分成一系列（2×2）km^2的方格，每一方格为一基本环境单元然后评价各基本环境单元中，上述几项污染指标的污染程度。调查大阪府居民对环境污染的反映，确定各项污染参数的影响程度，用主成分分析法解析，求得各项污染参数的权系数。然后求出各基本环境单元的综合评价值。

加拿大环境部环境质量指数小组提出了综合的环境质量指数系统，用四种分指数（即大气、水、土壤及其他方面的环境质量指数）综合成全国总的环境质量指数来评价整体环境质量。

几年来北京西郊及南京市进行了整体环境质量的全面评价。目前沈阳、广州、上海等地正在开展整体环境的质量评价工作。

综合上述，不论是单个环境要素的质量评价，还是整体环境质量的综合评价，大致都可以归纳成如下的3个主要环节：

1）王华东：河流污染评价及其控制问题，1978。

2）官厅水系水源保护领导小组办公室：官厅水系水源保护的研究，1977。

3）北京西郊环境质量评价协作组：北京西郊环境质量评价，1977。

4）北京东南郊环境污染调查及防治途径研究协作组地表水组：东南郊地表水组1976年总结报告，1977。

5）上海师范大学地理系：水质有机污染评价方法探讨，1972。

6）北京环境保护研究所译：环境污染综合评价的研究（以大阪府为实例）。

第一，环境质量评价参数的选择；

第二，确定各项污染参数的权系数；

第三，建立适用的数学模式。

应该指出，如何选择能够标志区域环境质量的污染参数是做好环境质量评价工作的基础。研究证明，不同地区的代表性污染物是不相同的。如某地西郊环境质量评价中，关于水质评价是选取了五大毒物——酚、氰、砷、汞、铬作为标志污染物进行了评价，它反映了以钢铁联合企业为主体的生产地域综合体的特点。而在某地东南郊环境污染程度更严重，该区工业组成中以化工企业为主体，污染物十分复杂，以有机污染物为主，重金属次之。同时，污染参数的选择是因评价目的而异的，如果做环境质量的一般综合评价，则选择的参数应该尽量齐全一些，而为了某项特殊目的进行评价时，对污染参数应做专门设计。如对某一水体专门做渔业评价，则应选择 DO 等一系列对发展渔业有关的污染参数作为标志参数。又如，做某城市环境质量与人体癌症发病率的相关评价，则需要选择 3,4-苯并芘、亚硝胺、联苯胺、氯乙烯等致癌物作为标志污染参数。值得提出的是，为了做好环境质量评价，确定适合于进行环境质量评价的污染参数，需要环境分析化学工作者突破某些污染物，特别是有机污染物的检测方法。

在环境质量评价工作中，确定各项污染参数及各种环境要素的权系数是当前应该攻关突破的关键环节。所选定的环境污染参数对环境质量的影响及对人体健康和生物的危害并不是等同的，应该对不同的污染参数赋予不同的权系数。正确地确定权系数包括两个方面的工作：一方面要深入研究标志污染物在区域环境中的污染程度及其对生物和人体健康的影响。特别是要加强多种污染物联合作用的毒理学实验，确定污染物之间的拮抗、加成及协同作用。另一方面要运用近代的数学工具，进行数学解析。多元分析当中的主成分分析法是一个有效的手段。近年新发展起来的“模糊数学”属于非判明数学，它可以解决一些在边界条件不十分清楚条件下，事物间的一些数量关系问题，我们运用模糊集的理论，在计算环境污染参数的权系数方面做了初步尝试。在进行全环境质量评价中，确定各环境要素的权系数可以采用主成分分析法，这方面的研究尚需进一步探讨。

由于我们所研究的区域环境对象是污染物在多介质多元体系中物质的运动规律，因此要建立一个完整的数学模式，也是一个较为复杂的问题。如前所述，目前正在进行多方面的探索研究。为了解决各环境要素污染指数间不宜做简单加和的矛盾，我们运用“聚类分析”的方法，进行了区域环境污染各基层单元间归类的数学统计计算的尝试。采用绝对值距离法、内积系数及夹角余弦法分别进行了计算。结果证明，根据具体单元环境的污染状况，运用适合的计算方法，可以顺利完成单元环境的并类问题。

应该指出，为了不断提高环境质量评价的水平，近代数学与环境科学的交叉渗透，已经是摆在我们面前的一项刻不容缓的任务。

二

区域环境质量预断评价是一项新的研究课题，日本、美国等都很注意这方面的工作。一些国家规定，新兴工业基地的开发，必须提交环境质量预断评价报告。

进行区域环境质量预断评价可包括如下的一些调查、研究项目：①环境现状的调查：包括自然条件、社会条件概况；土地、水资源利用概况；环境质量现状（包括大气、水、土壤、作物及噪声等）。②环境保护计划和环境影响预测：包括工业发展计划、交通计划、水利计划等以及大气、水质污染、噪声的预测及今后的环境保护对策等。

关于环境预断评价的方法有利奥波德（1971）提出的矩阵法、麦克哈格（1969）提出的重叠法以及巴特尔、哥伦布斯研究所提出的巴特尔环境评价系统。其中利奥波德矩阵法“选择性”差，重叠法是一种简化的矩阵形式，巴特尔环境评价系统采用了“环境质量指数” 的方法，对于选择方案的确定具有一定的客观性。

近年渡边、千仞（1971）提出的以防止水质污染的模拟系统为中心的环境管理通用系统模型[①]及国际环境研究杂志（1977）发表的日本近畿地区环境影响分析模型[②]值得注意。前者是用来预测计算滨海地区工业废水对海洋的污染状况，当制定工业废处水理措施后，并对其进一步的环境影响进行预测。后者是建立环境影响分析模型，用于区域性的环境计划和管理，这种模型可用来估计由于人口增加和物质消耗方式改变对将来环境的影响。

为了评价我国随着四个现代化所带来的环境影响，我们根据生产和排废的关系，污染物在环境要素中的分配规律及污染对人群的影响，初步提出了环境质量预断评价的数学模型[③]。

三

从上述可见，区域环境质量评价是环境科学的一项基本理论研究课题，近年国内外都取得了一定进展。但在环境质量现状评价方面，对污染参数的选择、污染参数权系数的确定、环境要素权系数的确定以及污染模式的建立方面均存在不少问题，尚待今后深入地进行研究。

关于环境质量预断评价，应该对产品与排废的相关系数、污染物在环境要素中的迁移转化规律及污染物在环境要素中的分配系数等做大量的基础研究工作。对环境影响评价分析模型以及输入模型的参数尚需进一步探索研究。

① 渡边、千仞：环境管理通用系统模型的意义与部分模型的实例，地理环境与污染研究，1974。

② 上海科学技术情报研究所译：日本近畿地区环境质量评价的实例研究，1978。

③ 王华东、汪培庄：环境质量预断评价的数学模型，1978。

环境质量评价污染参数权系数确定中模糊集理论的应用

王华东[1] 汪培庄[2]
（1. 北京师范大学地理系；2. 北京师范大学数学系）

环境质量评价包括整体环境质量评价和个别环境要素评价。进行环境质量评价基本上包括三项内容：环境污染参数的选择；污染参数权系数的确定及数学模式的建立。

在环境质量评价中，当环境污染参数确定后，污染参数权系数的确定就成为一个决定评价好坏的关键因素。本文是应用模糊集理论来建立环境质量评价污染参数权系数方法的初步探讨。

环境质量评价是一种多因素的评价，这就需要解决各个因素的权系数问题。以水质评价为例，目前有些地区在水质监测中水质检测项目达 40～50 种之多，根据不同水质用途的要求，在评价时可以确定一组水质指标。假定是做一般的水质评价，拟定一组水质指标可包括 pH、DO、BOD_5、COD、重金属等项。又如，做大气污染评价，可以确定一组大气污染指标，如 SO_2、CO_2、NO_2 等。再如作土壤的重金属污染评价，可选择 Hg、Cd、Cr、As、Cu、Pb、Zn 等作为一组指标。当选择上述各类污染参数后，就需要科学地确定各项参数的权系数，然后就可分别对水质、大气及土壤污染进行评价。同样，对于整体环境质量的评价，可以选择各环境要素（大气、水、土壤及作物等）的污染指数作为环境质量参数，在此基础上确定各环境污染指数的权系数分配，进而对总体环境质量作出评价。

根据模糊集合论的概念，当我们讨论一个问题时，总有一定的范围，叫做论域，论域 M 上的一个普通子集 A，可以这样来表示：建立一个函数关系，对于 M 中的任一元素 x，规定一个数 $A(x)$，如果 $x\in A$，则 $A(x)=1$，如果 $x\notin A$，则 $A(x)=0$，$A(x)$ 叫做子集 A 的特征函数，也叫做子集 A 的隶属函数，普通子集的隶属函数值（又称隶属度），不取 1 便取 0，绝不取其他值。新的模拟集理论，则是将隶属度的概念加以灵活化，$A(x)$ 可以取比 0 大比 1 小的任何一个实数值。例如 $A(x)=0.75$，意思是，x 既不是绝对地隶属于 A，也不是绝对不隶属于 A，它隶属于 A 的程度是 0.75。

模糊子集没有确定的边界，它的几何形象是模糊的，但它有确定的隶属函数供以刻画。

结合环境评价问题，论域是评定的等级 Y，例如，常取 $Y=\{$优、良、中、差、劣$\}$，它是由优、良、中、劣、差这五个评语所构成的集合。一个确切的评价，就是要在 Y 中选

原载《区域环境学术讨论会文集（一九七七）》，北京：科学出版社，1980：17-20。

定一个元素。但是，环境评价往往不是确切的评价，同一个人面对同一个环境单元，往往会先后作出不同的评价。严格地说，对环境的一个评价，不是 Y 中某一个确定元素，而是 Y 的一个模糊子集，优、良、中、差、劣均备，只是各自有不同的命断程度而已。例如，单从大气污染参数着眼，对某环境单元集体鉴定，若有30%的人认为良好，70%的人认为中等，我们可按这种人数比例来确定 Y 中各元素对模糊评价的隶属度，把这个模糊评价写成一个向量：

$$\alpha_1 = (\underset{优}{0},\quad \underset{良}{0.3},\quad \underset{中}{0.7},\quad \underset{差}{0},\quad \underset{劣}{0})$$

有了一个模糊评价，当然希望也有方法把它转化为一个确切的评价（比如，取隶属度为最大者）。在模糊数学所处理的范围之内，姑且只谈模糊评价，以下“评价”二字均指模糊评价。

这里的 α_1，是就大气污染参数作出的单因素评价，完全类似，对同一环境，还可就水质污染指数、土壤污染指数、作物污染指数分别进行单因素评价。评价结果，分别记为 α_2，α_3，α_4。作为例子，不妨设

$$\alpha_2 = (0.1,\ 0,\ 0.8,\ 0,\ 0.1)$$
$$\alpha_3 = (0,\ 0,\ 0.7,\ 0.3,\ 0)$$
$$\alpha_4 = (0,\ 0.2,\ 0.6,\ 0.2,\ 0)$$

单要素评价总是好办的，难的是同时考虑四个环境要素，对区域环境质量进行综合评价，首先需要把上述四个向量合放在一起，联合为一个矩阵 R：

$$R = \begin{pmatrix} 0 & 0.3 & 0.7 & 0 & 0 \\ 0.1 & 0 & 0.8 & 0 & 0.1 \\ 0 & 0 & 0.7 & 0.3 & 0 \\ 0 & 0.2 & 0.6 & 0.2 & 0 \end{pmatrix} \begin{matrix} 气 \\ 水 \\ 土 \\ 作物 \end{matrix} \tag{1}$$
$$\quad\ 优\quad 良\quad 中\quad 差\quad 劣$$

矩阵 R 表示从被考察要素到评定等级的一种模糊转化关系。

所考虑的污染参数又组成一个论域 X，在这里

X＝{大气污染指数，水质污染指数，土壤污染指数，作物污染指数}

所谓一个综合评价，则要在 X 中确定一个模糊子集 μ，叫做被考虑因素集，它是一个模糊子集，我们不能指明 X 中的因素究竟在评价过程中谁一定被考虑而谁一定不被考虑，只能指明各个因素对 μ 的隶属度，也就是指明它被考虑的轻重程度，一个因素 x 在综合评价中被考虑的轻重程度，叫做该因素的权数或者权系数，各个单因素评价（R 的各行）经过加权处理，便可得到一个综合评价，更严格地说，应该把它叫做一个 μ—综合评价，表示是按模糊子集 μ 的考虑方式加权而得出的综合评价。

例如，给定 X 的模糊子集 μ：

$$\mu = (\underset{气}{0.2},\quad \underset{水}{0.3},\quad \underset{土}{0.4},\quad \underset{作物}{0.1})$$

这里，模拟子集 μ 由 X 的各元素对它的隶属度来表示，故写成一个四维向量，它的四个分量也就是四种因素在综合评价中的权数，它说明在 μ—综合评价中，对大气污染指数

的考虑比重占 20%，对水质污染指数的考虑比重占 30%，对土壤污染指数的考虑比重占 40%。对作物污染指数的考虑比重占 10%。按照权数μ，对单因素评价进行加权处理得出的μ—综合评价记为μR：

$$\mu R=(0.2,0.3,0.4,0.1)\begin{pmatrix}0 & 0.3 & 0.7 & 0 & 0\\ 0.1 & 0 & 0.8 & 0 & 0.1\\ 0 & 0 & 0.7 & 0.3 & 0\\ 0 & 0.2 & 0.6 & 0.2 & 0\end{pmatrix}=(0.03,0.08,0.72,0.14,0.03)$$

上式是按普通矩阵乘法计算。

在模糊数学中，为了运算的便利，尤其在利用计算机进行大量计算时，将普通矩阵运算改为格上的矩阵运算，它与普通矩阵乘法一样，只不过将二数相加改为取 max（取二数中之大者），将二数相乘改为取 min（取二数中之小者）。

给定一个权数分配μ，便能得到一个综合评价，综合评价做得好不好，全看权数μ定得是否合理，那么究竟怎样合理地确定权数呢?

这里有一个辩证的关系：要作出综合评价，需要利用权数，而为了合理地确定权数，又必须先就一个典型环境作出一个可靠的综合评价。或者，选取一个事先已有定论的典型环境以供分析，或者集中有经验的专门工作者集体鉴定，综合诸方面的因素，全盘审度，反复计议，各抒己见，求同存异，作出统一（确切）或非统一（模糊）的但却是可靠的评价。

假定有一个可靠的综合评价 D，又假定有一个由单因素评价所构成的矩阵 R，我们便可以反过来检验我们的权数方案是否合乎实际。假定需要检验一组备择权数分配方案μ_1，μ_2，…，μ_n。我们的择优原则是：每一个μ_i作用在矩阵上都产生一个综合评价$\mu_i R$（$i=1$，…，n），而 v 是可靠的综合评价，因此，哪一个$\mu_i R$ 与 v 最接近，我们就认为那个μ_i是其中相对的最优方案。这就是本文所要提出的权数确定方法。

举例来说，设 $v=$（0，0.2，0.7，0.1，0），又设矩阵 R 如前，假定备择的权数有三：

$$\mu_1=(0.2,\ 0.3,\ 0.4,\ 0.1)$$
$$\mu_2=(0.2,\ 0.3,\ 0.3,\ 0.2)$$
$$\mu_3=(0.4,\ 0.3,\ 0.2,\ 0.1)$$

可以算得

$$\mu_1 R=(0.03,\ 0.08,\ 0.72,\ 0.14,\ 0.03)$$
$$\mu_2 R=(0.03,\ 0.1,\ 0.71,\ 0.13,\ 0.03)$$
$$\mu_3 R=(0.03,\ 0.14,\ 0.72,\ 0.08,\ 0.03)$$

三者之中，谁与 v 最“接近”?什么叫“接近”?由于综合评价是论域 Y 上的模糊子集，按照模糊数学中基于对称差的“接近”概念。对 Y 上任意两个模糊集

$$\alpha=(a_1,\ a_2,\ a_3,\ a_4,\ a_5)$$
$$\beta=(b_1,\ b_2,\ b_3,\ b_4,\ b_5)$$

记

$$\alpha\ominus\beta=(|a_1-b_1|,\ |a_2-b_2|,\ |a_3-b_3|,\ |a_4-b_4|,\ |a_5-b_5|)$$

称为α与 β 的对称差（仍为一模糊集），又记

$$\| \alpha \ominus \beta \| = |a_1 - b_1| + |a_2 - b_2| + |a_3 - b_3| + |a_4 - b_4| + |a_5 - b_5|$$

称为α与β的自由度，差异越小就越相近。

由于$v=$（0，0.2，0.7，0.1，0）

故

$$\| v \ominus \mu_1 R \| = 0.03 + 0.12 + 0.02 + 0.04 + 0.03 = 0.24$$
$$\| v \ominus \mu_2 R \| = 0.03 + 0.10 + 0.01 + 0.03 + 0.03 = 0.20$$
$$\| v \ominus \mu_3 R \| = 0.03 + 0.06 + 0.02 + 0.02 + 0.03 = 0.16$$

三者之中，以$\| v \ominus \mu_3 R \|$为最小，故在这三种权数分配方案μ_1，μ_2，μ_3中，以μ_3为较好。故选$\mu_3=$（0.4，0.3，0.2，0.1）作为权数方案。

注意，我们在这里并不是无条件地确定最优的权数方案，而是在备择的几种方案中挑一种相对来说较优的权数方案。备择的方案越多，选择出来的方案也就越好。

一次综合检测，引出一个相对最优的方案，还可以多作几次综合检测，不断修正权数方案使之尽量符合实际。

本文仅是模糊集理论在环境质量评价工作中的初次运用，尚需不断完善，由于模糊集理论能对环境科学中一些内在或外在条件尚不十分清楚的污染问题予以处理和解决。因此，它将促进环境科学不断向前发展，反之环境科学的发展又将不断推动模糊数学的前进。

河流水环境质量评价研究

——对评价系统、评价方法的新探讨*

马小莹　王华东

（北京师范大学环境科学研究所）

摘　要：本文旨在对河流水环境资源中水质、水量二要素的评价以及对定量、定性数据的综合评价进行方法论上的探讨。文中提出了模糊数学评价的改进方法，建立了一套水量评价标准和评价方法；建立了"优势度"概念并提出了水质、水量多目标定量、定性数据综合评价方法。以四川省沱江为例，对上述方法进行验证，根据评价结果划分河段，并对各河段的水资源合理利用及水环境规划提出建议。

关键词：水环境质量评价　水质评价　水源评价　综合评价　沱江

A New APproach to Water Quality Assessment

Ma Xiaoying，Wang Huadong

（Institute of Environmental Science，Beijing Normal University）

Abstract: Over ten methods currently used for water quality assessment were reviewed and the modification of the Fuzzy Evaluation Method was made. A procedure for water quantity evaluation was established and a Potential Pollution Index was defined to describe the relationship among water quality,water consumption and water flow. A new appr oach of comprehensive evaluation of water quality with both quantitative and qualitative data was discussed. The method was applied to the water. quality assessment of Tuo River.

Key words: water quality assessment; water quantity evaluation; potential pollution index; fuzzy evaluation method; Tuo Rivet

* 原载《环境科学学报》，1987，7（1）：60-71。

前 言

河流水环境资源包括水质、水量及水力多方面的要素。运用一定的数学手段对各要素及其综合状况进行定量评价，是合理利用水资源、进行水环境规划的基础工作。

国内外学者在河流水环境质量评价方面曾做过大量研究工作，尤其在水质评价方面，有关研究的开展已有二十多年，研究文献近百篇，先后提出的方法包括：加权叠加法、内梅罗指数法、坐标法、聚类法、统计法、模糊数学法等，并且在对水质污染强度进行评价的同时，开始对水质污染历时、污染范围的评价进行研究。可以认为水质评价方法的研究正在趋于成熟和完善。在水量评价方面，尽管从水文学、自然地理学等方面的研究很多，但从环境科学角度出发的研究较少。应该指出，水量要素与水质要素在水环境质量的评价中是同等重要、相互联系的。若河流水质清洁而水量甚微，则河流水环境资源的开发潜力不高，河流水体自净能力的利用也因水量受到极大的限制。因此，有必要同时对水质、水量状况进行评价，并研究水质、水量的关系以及水环境资源的综合利用状况。从环境学角度出发，“河流水环境质量”广义上是指一个具体流域或河段内，河流水环境总体或水质、水量等要素对人群生存及社会经济发展的适宜程度[1]。本文正是从这一点出发，在对现有水质评价方法进行分析改进的同时，提出河流水量评价方法以及定量、定性数据的综合评价方法，并探讨评价结果的应用。

图 1 表示河流水环境资源开发条件评价系统，其中虚线部分为本文讨论范围。

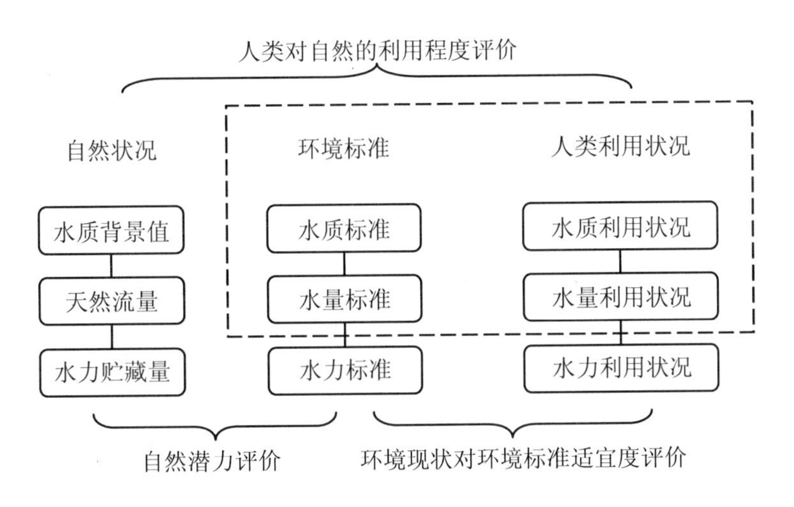

图 1 河流水环境资源开发条件评价系统

一、水质评价方法分析及改进

水质评价方法多种多样，各有其优缺点。本文以列表的形式对国内外 20 余种水质评价方法进行归类分析（表 1）。其中模糊数学方法是近年提出的一种新的评价方法，目的在于反映水质级别在实际中界线的模糊性，本文对该评价方法的不足之处做了改进，并将改进方法列为表 1 中的最后一项。

表 1　水质评价数学模式分类表

模式类型Ⅰ：简单指数类	代表性模式举例	国内 （1）综合污染指数（北京大学　关伯仁）$I=\sum_{i=1}^{n}\frac{C_k}{C_{0i}}C_i$ （2）水域质量综合指数（南京）　$I=\frac{1}{n}\sum_{i=1}^{n}W_i\frac{C_i}{S_i}$ （3）内梅罗指数修正值（重庆环保局　叶兵） $I_i=K\sqrt{\left(\frac{C_i}{S_{ij}}\right)_{\text{平均}}^2+\left[\frac{(C_i/S_{ij})_{\text{最大}}-(C_i/S_i)_{\text{平均}}}{14}\right]^2}$ （4）上海有机污染指数（上海地区水质水系调查组） $A=\frac{\mathrm{BOD}_i}{\mathrm{BOD}_0}+\frac{\mathrm{COD}_i}{\mathrm{COD}_0}+\frac{\mathrm{NH}_3\text{-}N_i}{\mathrm{NH}_3\text{-}N_0}-\frac{\mathrm{DO}_i}{\mathrm{DO}_0}$ （5）双指数（衡阳市环保所） $\begin{cases}Q=\sum_{i=1}^{n}W_i\cdot C_i/S_i\\ \sigma^2=\sum_{i=1}^{n}W_i\cdot(C_i/S_i)^2-Q^2\end{cases}$ 国外 （6）Brown　$WQI=\sum_{i=1}^{n}W_iq_i$ （7）Nemerow　$PI_j=\frac{1}{\sqrt{2}}\sqrt{(C_i/S_i)_{\text{最大}}^2+(C_i/S_i)_{\text{平均}}^2}$ PI_1：直接接触用水，PI_2：间接接触用水，PI_3：非接触用水 $PI_m=W_1PI_1+W_2PI_2+W_3PI_3$ W：按各类用途水占水总量份额计算的权重值
	适用范围及分析	适用于较粗略的水质评价，即当评价目的以得到清洁、中等污染、严重污染等水质级别概念为满足时，可选用此类模式 此类模式的特点在于均以 C_i/S_i 为基本单元，利用加、减、乘、除、开方、平方等初等数学运算得出一个综合指数，并以此指数进行分级评价。此类方法使用简便，对水质的两个关键因素 C_i（实测值）与 S_i（标准值）进行了考察。此类方法的缺陷在于：人为地以相同超标倍数（如 5 倍、10 倍）作为水质分级依据是不够恰当的，因为按照毒理学的原理，不同污染物同一超标倍数所产生的危害不同，而且不同污染物的超标范围也是不同的

模式类型Ⅱ：分级指数类	代表性模式举例	国内 分级评分法： (1)将地面水质统一分为六级，1～3 级为质量良好的水质分级，4～6 级是污染水质分级，级数越高，得分越少 (2)当所有参数属于 1～3 级时，按总分定级：$\frac{\Sigma a_i}{p}$（a_i：第 i 项参数对应级别的得分值；p：总分Σa_i对应的级别）。当参数中有项目属 4～6 级时，以其中最高级的参数级别为定级依据 国外 (1) Prati：①将地表水水质依据主要参数分级；②将每种水质参数的浓度实测值通过转换方程变为新的无量纲值；③将各参数的新值加和平均，得到综合分级指数 (2) Ross：$WQI=\frac{\sum \text{评分值}}{\sum \text{权重值}}=\frac{1}{10}\sum_{i=1}^{n}\text{评分值}$（取$\sum$权重值=10）
	适用范围及分析	适于较粗略的水质评价，并适于对大范围（如全国、全省）的统一水质评价。此类模式的特点是首先划分水质等级，然后用实测值（或转换值）与等级比较打分，最后综合各污染参数的得分值进行综合评价。此类方法克服了用 C_i/S_i 划分水质级别的不合理性，但最初的分级要求以毒理学为依据，往往较难做到
模式类型Ⅲ：函数运算类	代表性模式举例	国内 水质保证率法（水利部淮委会　翟志敏） ① $C_i=\frac{\int_{x_1}^{x_2} f(x)\mathrm{d}x}{x_2-x_1}$　$f(x)$：污染物水质模型 或 $C_i=\frac{\left(\sum_{i=1}^{m}C_{i0}/m+\sum_{i=1}^{n}C_{i0}/n+\cdots\right)}{R}$ C_{i0}：实测浓度值；m、n：评价断面采样数；R：评价断面数 ②根据 C_i 进行水质单项分级，然后综合分级 ③计算各级水质在总测次数中的比率：$R_i=\frac{N_i}{M}\times100\%$ ④计算分级保证率
	适用范围与分析	适于较深入的水质评价研究。 此类模式将水质函数与水质评价结合起来，试图反映水质动态变化，在理论上是进步的，但研究还不够成熟，计算比较复杂
模式类型Ⅳ：高级指数类	代表性模式举例	国内 (1)聚类法（唐山环保所　陈淑君） ①计算 $P_i=C_i/S_i$ ②计算不同断面或不同污染物间的距离：$d_{ij}=\sum_{k=1}^{n}\lvert a_{ik}-a_{jk}\rvert$ ③确定类与类间的置信水平λ_i：$\lambda_i=\bigwedge_{j=1}^{n}(d_{ij})$ ④以λ_i为依据进行断面（或污染物）合并和水质分级评价

模式类型Ⅳ：高级指数类	代表性模式举例	（2）信息论应用法（吉林师大　杨秉庆） ① $y_i = \dfrac{C_i}{S_i}$ ②计算信息量 $H(x) = -\sum P(x_i)\log_2 P(x_i)$，其中 $P(x_i)$是 x_i 的概率 ③将信息量点绘于图，按其大小合并断面 （3）模糊数学评价方法（北师大　容跃，金健） ①计算各污染参数对各级水质标准的隶属度，得到矩阵 $\underset{\sim}{R}$ ②计算各污染参数权重值得矩阵 $\underset{\sim}{A}$ ③模糊矩阵复合运算：将 $\underset{\sim}{A}$ 与 $\underset{\sim}{R}$ 进行复合运算，即将一般矩阵乘法中的“+”号改为“∧”（两数中取大），“*”号改为“∨”（两数中取小） 运算后得到矩阵 $\underset{\sim}{B}$，其中最大隶属度对应的水质级别为综合评价结果 （4）模糊评价改进方法（北师大　陈飞星，马小莹） ①改进评价结果的表达：为区别同级水质中污染程度的差异，有效反映“模糊”概念，在评价结果后补注次大隶属度及对应的水质级别，如Ⅱ/Ⅰ$_{0.4}$，表示评价结果为Ⅱ级水，但隶属于Ⅰ级水的程度为 0.4 ②在复合运算中，以“相乘取大”代替“取大取小”，其物理意义比原来明确
	适用范围及分析	此类模式有各自的数学理论（如概率统计、信息论、模糊集理论）和各自的优缺点（如聚类法反映污染程度近似的因子，利于水质分区，但 λ_i 的分级不够合理；信息论应用法把信息概念引入水质评价，但物理意义不准确；模糊数学方法用“隶属度”概念反映了水质级别的模糊性），因此严格讲不属于一类。由于这些方法均非简单运算，并均在某一方面较深入地研究了水质特征，且评价结果为一综合指数，在此意义上称为“高级指数”类。此类方法的不足是运算较为复杂，有些概念还不够成熟 适用于较为深入的水质评价研究

二、水量评价方法及潜在污染指数研究

1．水量评价

将水量评价作为河流水环境质量评价的一部分是本文提出的一个新的尝试。从环境学的角度可将其定义为：运用一定数学手段对不同目标下河流可利用水量对于工业、农业、生活等需求水量的适宜程度进行定量描述。具体步骤为：

（1）参数选择。本文采用供水量与需水量之比作为水量评价的基本单元（供水量指河流可利用的水量），记为 S_i/D_i。i 表示第 i 种用水部门，本文中的 i 取四项：工业、农业、城镇生活及农村人畜用水。

（2）标准的确定。水量评价标准的确定以对人类生产生活的适宜度为依据。为与水质标准对应，本文提出五级水量评价标准，并均以 $S_i/D_i=1$ 作为第三级标准，若评价结果劣于三级，说明水量供不应求，反之供水较充足。

①工业水量评价标准：以 2000 年工业产值翻两番为依据，根据河流流域实现该目标的具体步骤及工业用水重复利用率确定水量评价标准*。首先确定基础标准为 2、1.5、1、0.8、0.5（倍），然后按 $SQ_{ij}=B_j/（1+R）$**计算工业水量评价标准。SQ_{ij} 为第 i 种用水部门第

* 假设近期内工业结构、工艺、设备不发生很大变化。
** 当水量数据为补充水量给出时，按此式计算；若为总水量给水时，直接使用基础标准。

j 级工业水量评价标准，B_j 为第 j 级基础标准，R 为水量重复利用率。

②农业水量评价标准（包括农灌和农村人畜）：农业水量评价标准受多种因素限制，要视不同流域的具体情况而定。根据沱江流域天然河流水量较充足而因水利设施不足使农灌水量在多数区域只保证 80%、50%甚至 20%的情况，又考虑该流域优先保证工业和生活用水的原则，选用 S_i/D_i 分别为 1.2、1.0、0.8、0.5、0.2 为农业水量评价的五级标准。

③城镇生活水量评价标准：根据典型城市***的生活用水量来确定，即选取典型城镇的生活用水量作 S_i/D_i 中的分子，分母一律用被评价流域的城镇生活需水量，其运算式为：$SQ_{ij}=Q_j \times P/D$。式中 Q_j 为 j 级典型城市生活用水量，P 为被评价流域的人口，D 为被评价流域的城镇生活需水量。

在确定了评价参数及评价标准后，还应指出，水量评价过程中各用水部门权重值的确定应视具体流域的用水结构、水量分配状况而定。关于水量评价中数学模式的建立，仍选用水质评价中模糊数学运算方法的改进方法（表 1）。

2．潜在污染指数研究

在对河流水质、水量进行评价的基础上，为全面地评价水环境质量，有必要研究水质与水量的关系。在水量评价中，水量的概念是指人类可利用的水量，而非天然流量。一般而言，河流的天然流量越大，水质越好，而用水量越大，水质越差。本文提出“潜在污染指数”以反映水质与用水量及天然流量的关系。其计算式为 $PI=\dfrac{RP \times AD}{Q}$。其中 RP 为人口，AD 为人均用水量（包括工业、农业和生活用水），Q 为流量。PI 值越高，表明水质状况越差。因此可以利用 PI 值预测河流水质变化趋势。

三、河流水环境质量综合评价

1．定量、定性数据的综合评价

现有文章多只对定量数据（如 BOD 值）加以评价，而对定性指标（如感观性指标）无能为力。荷兰学者 Voogd 曾在城市用地的多目标评价中提出定量、定性数据的综合评价方法[2]，本文对其中定量数据的计算进行了改进，并将此方法用于水环境指标的定量、定性数据的综合评价中。

2．水质、水量的综合评价

水质、水量综合评价是高层次上的综合。由于其代表水环境的不同属性，故将它们各自的评价结果进行简单叠加是不可取的。可以认为，水质、水量综合评价与定量、定性数据综合评价的性质是类似的，即对两种不同性质的信息进行综合评价。

综合评价具体运算步骤如下：

（1）首先将水质、水量及定性指标的评价结果列表。

（2）计算各河段水环境质量优势度。

本文提出优势度的概念以反映水环境质量状况的好坏程度，记为 P_j，j 为河段号。

*** 指对某一类自然、社会条件相似的具有代表性的城市。

①由于水质、水量及定性指标的评价结果的单位均以“级”表示，因此不需要进行标准化，可直接计算优势度。

②对定性参数计算优势度：

$$PL_i = \sum_{j'=1}^{J} \sum_{i\in 定性} W_i \operatorname{sgn}(e_{ij} - e'_{ij})$$

$$\operatorname{sgn}(e_{ij} - e'_{ij}) = \begin{cases} +1 & e_{ij} > e'_{ij} \\ 0 & e_{ij} = e'_{ij} \\ -1 & e_{ij} < e'_{ij} \end{cases}$$

式中 W_i 为第 i 项参数的权重值，e_{ij} 为表 2 中的数值；j（j，j'=1，2，3，…，J）为河段号；i（i=1，2，3…）为第 i 项参数。

③对定量参数计算优势度：

$$PQ_j = \sum_{j'=1}^{J} \sum_{i\in 定量} W_i (e_{ij} - e'_{ij})$$

④计算总优势度：

首先将 PL_j 和 PQ_j 进行标准化：

$$SPL_j = PL_j \sum_{j=1}^{J} (|PL_j|)^{-1}$$

$$SPQ_j = PQ_j \sum_{j=1}^{J} (|PQ_j|)^{-1}$$

总优势度为

$$P_j = W_L SPL_j + W_Q SPQ_j$$

式中 $W_L = \sum_{i\in 定性} W_i$，$W_Q = \sum_{i\in 定量} W_i$

P_j 值越大，说明 j 河段水质、水量综合水环境质量状况对人类生产、生活的适宜度越高。

（3）根据 P_j 值对河段排序，并给出相应的排序图。处于图上方的河段表明水质、水量（或定量、定性指标）处于良好状态。若某河段水质、水量（或定量、定性指标）二者有一很差或二者均差，则处于图的下方。根据不同的规划目标可得到不同的排序图。

作为上述评价方法的概括，给出评价程序框图（图 2）。

四、沱江水质、水量评价及综合评价实例研究

本研究根据四川沱江流域的特征，将其干流两岸划分为 11 个水量调查区段（图 3），并选取 DO、COD、BOD、NH_3-N、CB（大肠杆菌）作为水质评价参数，选取工业、农灌、农村人畜及城镇生活用水为水量评价参数。在评价过程中，水量评价标准按本文提出的方法确定。其中典型城市生活用水量选用 1983 年广州、北京、沱江流域城市平均、全国城市平均及全省（四川）城市平均生活用水量。水质评价标准选用城建部 1983 年颁布的地表水环境质量标准。

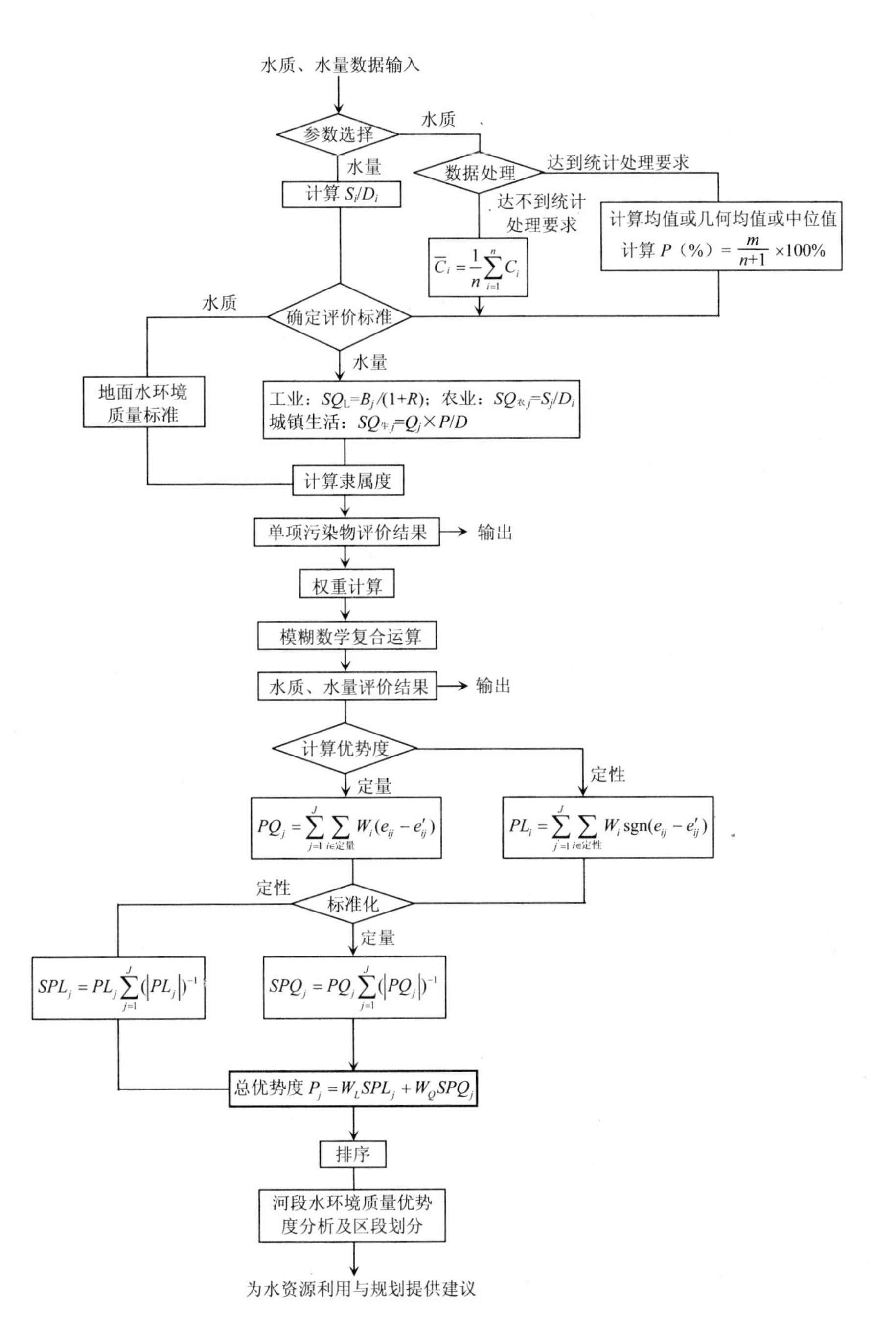
水质、水量数据输入
参数选择
水质
水量
数据处理
达到统计处理要求
计算 S_i/D_i
达不到统计
处理要求
计算均值或几何均值或中位值
计算 P（%）$=\frac{m}{n+1}\times100\%$
$\overline{C}_i=\frac{1}{n}\sum_{i=1}^{n}C_i$
水质
确定评价标准
水量
地面水环境
质量标准
工业：$SQ_L=B_j/(1+R)$；农业：$SQ_{农j}=S_i/D_i$
城镇生活：$SQ_{生j}=Q_j\times P/D$
计算隶属度
单项污染物评价结果
输出
权重计算
模糊数学复合运算
水质、水量评价结果
输出
计算优势度
定量
定性
$PQ_j=\sum_{j=1}^{J}\sum_{i\in定量}W_i(e_{ij}-e'_{ij})$
$PL_i=\sum_{j=1}^{J}\sum_{i\in定性}W_i\,\mathrm{sgn}(e_{ij}-e'_{ij})$
定性
标准化
定量
$SPL_j=PL_j\sum_{j=1}^{J}(|PL_j|)^{-1}$
$SPQ_j=PQ_j\sum_{j=1}^{J}(|PQ_j|)^{-1}$
总优势度 $P_j=W_LSPL_j+W_QSPQ_j$
排序
河段水环境质量优势
度分析及区段划分
为水资源利用与规划提供建议

图2　评价程序框图

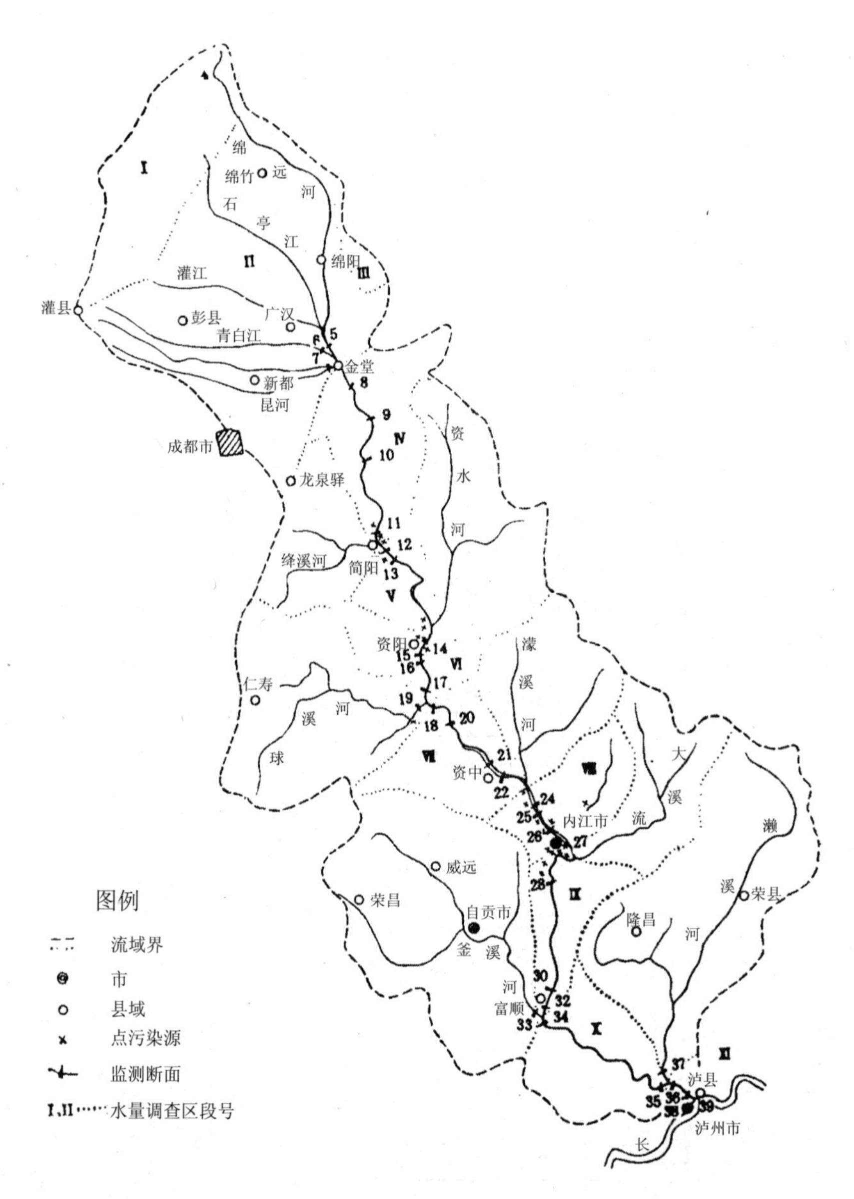

图3 沱江流域水系和点污染源、监测断面分布

1. 水质、水量评价及娱乐印象评价

表2 水质、水量及娱乐印象评价结果*

参数 \ 河段	上游山区	上游平原	上游丘陵	金堂—绛溪	绛溪—资水	资水—球溪	球溪—濛溪	濛溪—大清	大清—釜溪	釜溪—濑溪	濑溪—沱江口
	1	2	3	4	5	6	7	8	9	10	11
1 水量											
1.1 工业	3	2	1	3	3	3	3	3	3	3	3

参数 \ 河段	上游山区	上游平原	上游丘陵	金堂—绛溪	绛溪—资水	资水—球溪	球溪—濛溪	濛溪—大清	大清—釜溪	釜溪—濑溪	濑溪—沱江口
	1	2	3	4	5	6	7	8	9	10	11
1.2 城镇生活	3	2	1	3	3	3	3	3	3	3	3
1.3 农村人畜	3	1	1	3	3	3	3	3	2	3	2
1.4 农灌	4	1	1	4	5	5	5	5	3	5	3
2 水质											
2.1 DO	1	1	1	1	1	1	2	2	3	2	2
2.2 BOD	1	1	1	3	3	3	3	3	3	3	3
2.3 COD	1	2	2	1	2	2	3	3	3	3	2
2.4 NH_3-N	1	4	4	4	5	4	4	4	4	4	3
2.5 CB	1	4	4	2	3	3	2	4	3	3	4
3 娱乐印象	+++++	++++	++++	+++	+++	+++	++	+	++	++	++

* 表中水质评价结果是选用 1984 年枯水期监测数据，用“模糊数学的改进方法”计算得到的。

2. 综合评价结果与讨论

根据表 2 计算优势度，得到表 3、表 4。

根据表 3、表 4 进行综合评价计算，分别得到图 4、图 5。

表 3 各河段优势度及排序（工业、农灌、生活用水等权）

		上游山区	上游平原	上游丘陵	金堂—绛溪	绛溪—资水	资水—球溪	球溪—濛溪	濛溪—大清	大清—釜溪	釜溪—濑溪	濑溪—沱江口
		1	2	3	4	5	6	7	8	9	10	11
水量	优势度	–3.750	15.500	21.000	–3.750	–6.500	–6.500	–6.500	–6.500	1.750	–6.500	1.750
	排序	4	2	1	4	5	5	5	5	3	5	3
水质	优势度排序	14.600	–0.800	–0.800	–3.000	–5.200	1.400	1.400	–0.800	–0.800	–3.00	–3.00
		1	3	3	4	5	2	2	3	3	4	4
娱乐印象	优势度排序	10	7	7	2	2	2	–5	–10	–5	–5	–5
		1	2	2	3	3	3	4	5	4	4	4

表 4 各河段优势度及排序（优先考虑工业、生活用水）

		上游山区	上游平原	上游丘陵	金堂—绛溪	绛溪—资水	资水—球溪	球溪—濛溪	濛溪—大清	大清—釜溪	釜溪—濑溪	濑溪—沱江口
		1	2	3	4	5	6	7	8	9	10	11
水量	优势度排序	–3.900	12.600	19.200	–3.900	–5.000	–5.000	–5.000	–5.000	0.500	–5.000	0.500
		4	2	1	4	5	5	5	5	3	5	3
水质	优势度排序	14.600	–0.800	–0.800	–3.000	–5.200	1.400	1.400	–0.800	–0.800	–3.000	–3.000
		1	3	3	4	5	2	2	3	3	4	4
娱乐印象	优势度排序	10	7	7	2	2	2	–5	–10	–5	–5	–5
		1	2	2	3	3	3	4	5	4	4	4

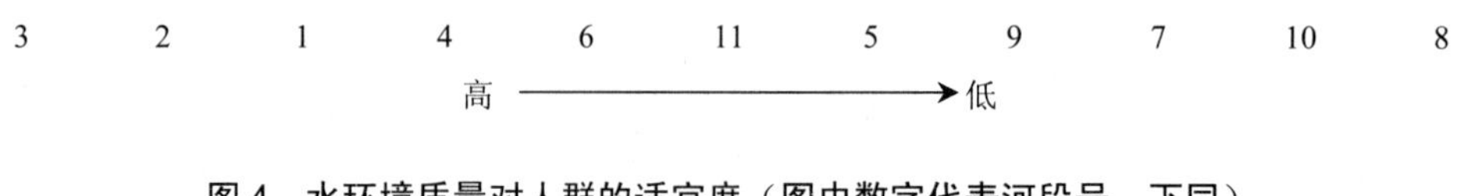

图 4　水环境质量对人群的适宜度（图中数字代表河段号，下同）

3　1　2　4　6　5　11　9　7　10　8

高 ——→ 低

图 5　水环境质量对人群的适宜度

从表 3、表 4 和图 4、图 5 可见，无论从何种规划角度出发，上游山区、平原区、丘陵区及金堂至绛溪河口段（即 1～4 河段的水环境质量状况较好）。这与该四段河流水量相对充足、水质清洁、娱乐印象好是相符合的。濛溪河口至大清流河口段（第 8 段）水环境质量状况对人群生产、生活的适宜度最低，亦即水环境资源开发条件最差。这主要是由于该河段位于银山镇—内江市工农业发达区，水质在枯水期明显污染，水量处于三级水平，即仅能维持现有工农业及生活用水量的需求，而远不能满足近期和远期的发展需要。该河段水体呈暗红色、灰色，娱乐印象很差，是全江段水环境质量最差的河段。釜溪河口至濑溪河口段水环境质量亦较差，仅次于第 8 段。其余各段属于中等水平。

3．潜在污染指数计算结果与讨论

表 5　1990 年沱江干流各河段 *PI* 值

河段	金堂 | 绛溪	绛溪 | 资水	资水 | 球溪	球溪 | 濛溪	濛溪 | 大清	大清 | 釜溪	釜溪 | 濑溪	濑溪 | 沱江口
PI 值	20.83	8.19	11.90	11.49	12.66	15.63	10.99	0.64

首先计算 1984 年枯水期水质实测值与 *PI* 值的相关系数，结果为 0.7，说明 *PI* 值可以预测水质变化趋势。表 5 中除濑溪河至沱江口段的 *PI* 值较低外，均达到 1980 年各河段 4 级以劣水质所对应的 *PI* 值。因此若无环保措施，1990 年水质将达到严重污染。从表 5 还可看出，1990 年水质污染趋势为金堂至绛溪河口段、大清流至釜溪河口段最重，这与现状（1980 年）评价结果并不完全一致。因此，可以认为，*PI* 值主要与各区段的发展程度有关。

4．河流水环境分段及水环境规划建议

根据水质、水量及综合评价结果，将沱江干流划分为四段，各段的评价结果分析及水环境规划建议见表 6。

表 6　评价结果分析及水环境规划建议

河流分段	评价结果分析	水环境规划建议
第一段 金堂以上段	在全江段中水质最为清洁，除枯水期较短时间达到中度污染外，全年大多数时间为清洁水；水量供应在全江段中也是最充足的，除上游山区农灌用水不足外，平原、丘陵地区供水可满足近期发展需要，娱乐印象在全江段中为最佳	上游山区要以加强供水设施的建设为主，该段近期内水质水量环境较好，可以加以利用，并可开发河流的旅游资源。对远景规划而言，要加强供水设施的建设，防止水源水质污染，严格控制排放量和合理布局
第二段 金堂—濛溪河口	水质不如第一段，枯水期可达中度污染（3～4 级），供水量不充足，农业供水保证率为 50%～80%，甚至更低。潜在污染指数表明该段将是全江段中污染加重程度最大的段	枯水期要严格控制排放量，防止水质进一步恶化，在平、丰水期可适当排放，充分利用河流的自净能力。远期规划应考虑兴建废水处理厂。该段农灌供水设施急需加强
第三段 濛溪河口—濑溪河口	为全江水环境质量最差段，水质在枯水期明显污染，达 4～5 级，污染历时长，除大清流至釜溪河口一段水量供应可满足现在及近期发展需要外，农灌用水缺乏，保证率为 50%～80%。娱乐印象最差，潜在污染指数较高，仅次于第二段	水质问题突出。近期内应进行工艺改革，有条件可兴建小型废水处理厂。除大清流至釜溪河口段，应大力发展引水工程。此外，要十分注意釜溪河等支流的污染对干流的影响
第四段 沱江口段	该段水质、水量状况均较好，水质评价除 CB 一项污染较重外，全年水质较清洁（2 级）。水量在 80 水平年及 90 水平年均为 2 级，即可以满足目前及近期发展的需要。娱乐印象一般	对现有水量资源和水体自净能力可以加以利用。远期规划应考虑污水处理问题

结论

1．应用本文提出的评价方法，对四川沱江干流水质、水量及综合水环境质量进行评价，结果表明：

（1）根据水质、水量的不同状况，可将全江划分为四个江段。

（2）目前第一、第二江段水环境资源状况较好，但潜在污染指数表明，1990 年该两段污染加重程度很大，且水量供应将严重不足。因此，沱江唯一能较大规模开发水环境资源的区段，亦不可立即开发。

（3）沱江其他江段已有不同程度污染，在进一步进行水质模拟研究后，可以有限度地开发利用局部区段。枯水期要严格控制点源污染，丰水期要重点注意非点源污染。

2．本文提出的思路和方法可应用于水资源开发条件评价的各个方面。若对图 1 中各部分加以评价，将会更全面、系统地认识人与河流水环境的关系，使该研究发挥更积极、切实的作用。

大气颗粒物的环境质量评价方法研究*

王华东　蒋永生
（北京师范大学环境科学研究所）

摘　要：大气颗粒物对环境和人体健康的影响不仅与颗粒物的总浓度有关，而且与其粒径大小分布有关，基此本文提出了一种兼顾其粒径大小的大气颗粒物环境质量评价方法。并以北京为例，在北京七个不同功能区用十级级联碰撞采样器进行采样，评价了大气颗粒物的环境污染。

Study on the Envirometal Quality Evaluation on Air Particulate Matter

Wang Huadong，Jiang Yongsheng
（Environment Science Institute　Beijing Normal University）

Abstract: Environmental quality evaluation（EQE）on air particulate matter is one of the main contents in regional environmental quality evaluation in China. In the paper，authors put forward a new method considering both particle concentration and particle size，and take Beijing as a case to evaluate air particle pollution. It has been found that the results fit better to the real situation.

资源与环境是相互依存的对立统一体。生态破坏及工业排尘是大气颗粒物的主要来源，颗粒物污染是我国北方城市的主要环境问题之一，因此，大气颗粒物的环境质量评价是我国环境质量评价的重要内容之一。过去，我们在评价大气颗粒物对环境质量的影响时，总是不考虑大气颗粒物的粒径分布及其化学组成对环境质量的影响，而是只考虑将总的大气颗粒物的质量浓度（*C*）与大气颗粒物的环境质量标准（*S*）之比值（*C/S*）作为评价参数（或评价指标）进行评价的[1-4]。事实上，大气颗粒物对环境质量的影响除了与总的大气颗粒物质量浓度有关外，还与其粒径分布及其化学组成密切相

* 原载《资源与环境》，1990，2（3）：19-26。
北京师范大学低能核物理研究所朱光华、沈新尹、汪新福参加了研究工作。

关[4-6]。因此，为了科学地评价大气颗粒物的环境质量状况，需要一种既能体现颗粒物的粒径大小，又能体现其化学组成对大气环境质量影响的环境质量评价方法。但是，由于大气颗粒物中的化学组成成分十分复杂，且各化学成分对环境质量的综合影响也错综复杂，因此，很难研究出能全面、客观、真实地反映实际情况的大气颗粒物环境质量评价方法。但是，若能考虑到大气颗粒物的粒径分布状况对人体健康的影响而建立的评价方法，这无疑使评价比原来更进一步接近真实情况。本文提出一种新的兼顾大气颗粒物粒径分布的环境质量评价方法，并以北京地区城市大气颗粒物的环境质量评价为例，评价其环境质量状况。

一、评价方法的建立

对大气颗粒物的研究，近年来已引起越来越多的大气环境污染研究者和环境卫生学工作者的注意[7-10]。由于大气颗粒物的物理特征在很大程度上随其粒径分布的变化而变化，因此，对大气颗粒物的粒径分布规律研究已成为大气颗粒物研究领域的重要内容，这为建立新的大气颗粒物的环境质量评价方法提供了前提条件。

随着科学技术的发展，世界不同的国家和地区提供了大气颗粒物污染监测数据。从这些数据资料中，我们可以发现，尽管不同的国家和地区大气环境中大气颗粒物的粒径变化范围很大（在 0.001～100 μm），且颗粒物的质量浓度也由很清洁空气的每立方厘米几百个粒子变化到城市污染区每立方厘米 10^5 数量级[11]。但是，研究表明：不同国家和地区的大气颗粒物的粒径分布规律却呈现极大的相似性——大气颗粒物的粒径分布累积质量百分比和其空气动力学直径的对数之间有很好的直线相关关系。这也就是说，大气颗粒物的粒径分布呈现对数正态分布[12,13]。此外，研究还表明，大气颗粒物的空气动力学直径与其在人体呼吸道不同部位的沉积量有密切的关系[14-16]。关于后者的研究，国际标准化组织中的 ISO/TC 146 空气质量技术委员会编写的“空气-颗粒物采样标准”一文中提出，可根据如下数学模式计算空气中大气颗粒物的吸气效率的估计值，此模式称为 ISO 模式。

$$\zeta = 100 - 15\left[\log_{10}(\varPhi + 1)\right]^2 - 10\log_{10}(\varPhi + 1)$$

式中：ζ——吸气效率，%；

$\varPhi$——大气颗粒物的空气动力学直径。

根据吸气效率（ζ）计算公式则可计算可吸入量。

另外，国际放射性委员会动力学工作组于 1966 年提出了沉积和滞留模型，简称 ICRP 模型。根据 ICRP 模型，则可算出大气颗粒物在人体呼吸道不同部位的沉积分布数据。

环境污染中所谓的环境，是指以人为中心而言的，这就决定了评价环境质量的好坏应以评价污染物质对人体健康和自然环境影响的大小为标准。因此，一般情况下，一种好的污染物质环境质量评价方法应该是能够准确、灵敏、定量地描述其对人体健康和自然环境危害性程度大小的表达方法（或叫评价模式）。为了客观地描述这种影响，众所周知，除了总颗粒物的质量浓度以外，其在人体呼吸道不同部位的沉积量也是评价大气颗粒物污染的重要参数。为此，本评价方法选择大气颗粒物总的质量浓度、每天可吸入量、每天在鼻咽区、气管区和肺泡区的沉积量 5 个指标作评价参数进行评价。其中人体每天大气颗粒物的可吸收量及每天大气颗粒物在人体呼吸道不同部位的沉积量可分别按上述 ISO 模式和 ICRP 模式估算而得。在实际计算过程中，应按照规定，针对的人应是健康的成年人，且每人每天吸入的空气按 12 m^3 计算。

大气颗粒物污染指数（*API*）是综合各评价参数（或评价因子）对大气环境质量影响的一种方便、直观的综合指数。综合评价指数方法的研究在综合环境质量评价方法中已有许多种比较成熟的方法。如综合指数评分法、模糊数学综合评价法等。对于某一地区具体的大气颗粒物评价过程中，则可根据实际情况，采用已有的综合评价模式进行综合评价。

综上所述，为了更加清楚地了解这一新的大气颗粒物环境质量评价方法，我们将评价方法程序框图列于图 1。

值得指出的是，在实际大气颗粒物的环境质量评价时，一般先取清洁对照区（或背景区）的大气颗粒物各评价参数作为标准进行评价。

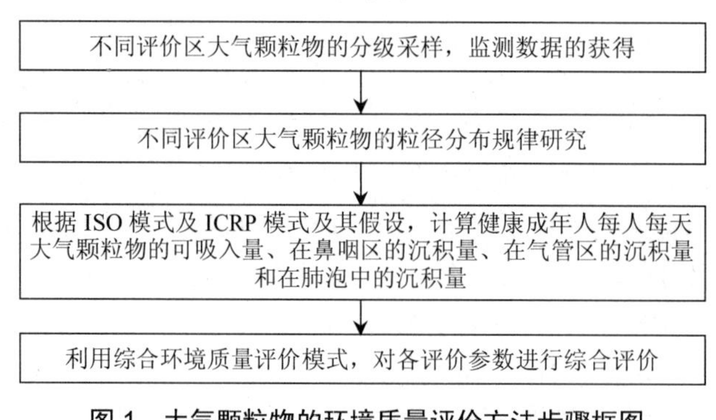

图 1　大气颗粒物的环境质量评价方法步骤框图

二、实例研究

随着工业和经济的发展，城市人口不断增长，人们的生活水平也日益提高。但与其同时也产生了一系列的环境问题。其中，在我国大气颗粒物的污染问题十分突出。这是因为我国的煤炭资源中含有高含量的炭分，且民用和工业用能的 70%以上主要来源于煤的燃烧。在中国的北部城市，气候干燥少雨，风砂土尘较大，冬春季节采暖燃煤，平时民用炉灶、锅炉到处皆是，大气颗粒物污染比较突出。另外，黄土高原及沙漠也都位于我国的北部，冬季和春季盛行的西北风携带着大量的地表风沙土输送到我国北方地区上空，这也是造成北方城市颗粒物污染的重要原因。

北京，是我国政治、经济和科学文化的中心，北方交通的枢纽。北京地区能源以煤炭为主，由于燃煤技术、方式落后，污染物排放控制不严，致使燃烧过程中排放大量的固体颗粒物质进入大气。同时生态破坏及二次扬尘也是其颗粒物污染的重要原因。为了进一步探索大气颗粒物环境质量与人体健康的关系，为制定大气环境质量防治对策提供科学依据。本文中我们以北京地区城市大气颗粒物为例，评价其不同功能区的大气颗粒物环境污染状况。

（一）采样点的设置

按不同的功能区，在北京城区内选择具有代表性的六个采样点。其中北环中路（1#）为交通区，北京师范大学（2#）为文教区，北海公园（3#）为绿地娱乐区，天安门广场（4#）为市中心区，王府井大街（5#）为商业区，化工路口（6#）为工业区。因为位于北京市西北郊区、距城 30 km 左右的风景游览区——定陵周围附近没有其它工业和民用污染源，大气颗粒物主要来源于当地地表土层的风沙土，因此我们选择定陵（7#）作为清洁对照区。

（二）样品的采集

在每个采样点，从 1985 年 3 月到 1987 年 10 月，用美国 PIXE 公司生产的十级级联碰撞采样器进行历时近 3 年的大气颗粒物采样。采样平均每月一次，一般均选择静风天气。采样流量约为 1 L/min，每组样点连续采集 8 h 左右。该采样器可将大气颗粒物按十级不同的空气动力学直径分离并沉积在相应的膜上（表 1）。其中 O 级为过滤级，用微孔为 0.4 μm 的核孔膜作为滤膜，其余各级均为撞击级，以厚度为 3.5 μm 的迈拉膜作为收集膜。

表 1 十级级联碰撞采样器的分级其对应的空气动力学直径范围

级 别	空气动力学直径范围/μm	级 别	空气动力学直径范围/μm
O	＜0.06	3	1.0～2.0
L_1	0.06～0.125	4	2.0～4.0
L_2	0.125～0.25	5	4.0～8.0
1	0.25～0.50	6	8.0～16.0
2	0.50～1.0	7	＞16.0

（三）实验数据的处理及数据的统计参数

1. 大气颗粒物平均质量浓度的粒径分布

美国 Zimmer C.E Larseu R.I 和日本的真空哲雄等人研究表明，在大气监测浓度的数据处理中，用几何平均比用算术平均浓度更合适。因为几何平均浓度与算术平均浓度相比，它不受由于偶然因素引起的反常浓度（特高或特低）的影响，但当某些测定值低于检出限或某数值等于零时，则无法应用。有鉴于此，我们在统计各采样点大气颗粒物平均质量浓度的粒径分布时，仍采用通用的算术平均浓度统计方法。

2. 质量中值直径（MMD）

在各采样点大气颗粒物的粒径分布曲线上，累计百分数 50%所对应的空气动力学直径，即为该采样点的大气颗粒物的质量中值直径。

3. 可吸入分数

可吸入分数是代表大气颗粒物吸入人体呼吸道系统的重要参数，是质量中值直径作空气动力学直径时的吸气效率。

（四）北京地区城市大气颗粒物环境质量评价

1. 北京地区城市大气颗粒物的粒径分布规律

根据北京地区城市大气颗粒物粒径分级采样实测数据，计算出各功能区不同粒径的重量累计百分数，由重量累计百分数对颗粒的空气动力学直径的对数进行回归计算，得到相关关系很好的线性方程 $y=a+b\log_{10}X$，其相关系数，回归方程及质量中值直径列于表 2 中。

表 2 北京地区城市大气颗粒物的粒径分布回归方程及质量中值直径

采样点编号	采样点类型	回归方程 $y=a+b\log_{10}X$	相关系数 R	质量中值直径 MMD/μm
1	交通区	$y=38.59+47.09\log_{10}X$	0.975 1	1.75
2	文教区	$y=34.95+48.97\log_{10}X$	0.970 7	2.03
3	绿地娱乐区	$y=30.35+44.74\log_{10}X$	0.932 0	2.75
4	市中心区	$y=42.66+51.99\log_{10}X$	0.972 8	1.38
5	商业区	$y=44.22+38.19\log_{10}X$	0.957 0	1.41
6	工业区	$y=28.91+48.81\log_{10}X$	0.946 7	2.70
7	清洁对照区	$y=60.44+36.26\log_{10}X$	0.958 0	0.52

2. 评价参数的计算

根据以上所述各评价参数的计算方法，我们则可得出北京地区城市大气颗粒物的可吸入分数及每天每人大气颗粒物的可吸入量、在人体呼吸道主要部位的沉积量分布。计算结果列于表 3 中。

表 3 北京地区城市大气颗粒物环境质量评价中各评价参数的指标

采样点编号	总浓度/（μg/m³）	可吸入分数/%	可吸入量/（μg/d）	呼吸道的沉积					
				鼻咽区		气管区		肺泡区	
				%	μg/d	%	μg/d	%	μg/d
1	0.40	92.7	0.371	26	1.25	6	0.29	26	1.25
2	0.14	91.7	0.128	26	0.43	6	0.10	26	0.43
3	0.11	89.3	0.098	30	0.40	7	0.10	26	0.35
4	0.12	94.1	0.113	23	0.34	5	0.07	27	0.38
5	0.23	94.0	0.216	24	0.66	5	0.14	27	0.74
6	0.47	89.5	0.421	30	1.69	7	0.40	26	1.46
7	0.02	97.7	0.019 5	5	0.01	5	0.01	30	0.07

3. 综合评价

大气颗粒物环境质量综合评价的基本要求，就是要用数学模式对大气颗粒物环境质量评价各评价参数进行数学上的归纳和处理，进而得到一个简单的数值或集合-评价尺度或指数，用以代表大气颗粒物的环境质量状况的优劣。一般说来，一个满意的评价尺度或指数，应具有下述特点：

（1）它既能体现评价参数中各主要参数的影响，又不削弱其中主导参数的作用。即不仅能综合地表达各评价参数对大气环境质量的影响，还能突出某一单个评价参数的主导作用。

（2）能反映各评价区大气颗粒物环境质量状况的差异性。

（3）表达形式简单明了，易于被推广。

满足以上原则的综合评价方法，在过去已经有过许多的研究。本文为了综合评价北京地区城市大气颗粒物环境质量状况，选用“欧氏距离”评价法。评价思路是：把每个评价参数计作一个分矢量，那么，几个评价参数就构成一个 n 维空间。这样，每个评价区的大气颗粒物环境质量状况就可以用 n 维空间中的一个坐标点来表示。则 m 个评价区的大气颗粒物环境质量状况则构成 n 维空间的样本集（表 4）。为了反映各评价区大气颗粒物的环境质量的优劣，我们以评价区偏离背景区（或叫清洁对照区）的程度（即距离）大小作为评价尺度进行评价。用数学语言表达则是：设有 m 个评价区中，第 i 个评价区对应的 n 个评价参数指标为 P_i（I_{i1}，I_{i2}，…，I_{in}），清洁对照区（或背景区）所对应的几个评价参数指标为 P_s（I_{s1}，I_{s2}，…，I_{sn}）。则第 i 评价区偏离清洁对照区（或背景区）的距离 D_{is} 则可表示为该评价区大气颗粒物环境质量综合指标 API（i）。显然 API（i）值愈大，表明该评价区偏离清洁对照区（或背景区）程度愈大，即评价区大气颗粒物环境质量状况受到人为因素的影响程度愈大，大气颗粒物污染愈严重，环境质量状况愈差，反之亦然。

表 4　评价区综合评价样本集

j \ j	P_1	P_2	P_3	…	P_i	…	P_m
I_1	I_{11}	I_{12}	I_{13}	…	P_{1i}	…	P_{1m}
I_2	I_{21}	I_{22}	I_{23}	…	P_{2i}	…	P_{2m}
⋮	⋮	⋮	⋮	⋮	⋮	⋮	⋮
I_j	I_{j1}	I_{j2}	I_{j3}	…	P_{ji}	…	P_{jm}
⋮	⋮	⋮	⋮	⋮	⋮	⋮	⋮
I_n	I_{n1}	I_{n2}	I_{n3}	…	P_{ni}	…	P_{nm}

$$\mathrm{API}(i) = D_{is} = \left|P_i P_s\right| = \sqrt{\sum_{j=1}^{n}(I_{ij} - Is_j)^2}$$

式中：API——大气颗粒物环境质量指数；

i——评价区；

j——评价参数；

I——评价区评价参数指标值；

Is——清洁对照区（背景区）相对应的评价参数指标值。

为了利用上述公式，必须对各评价参数进行标准化处理以除去其量纲。处理方法为：

$$I_{ij} = \frac{C_{ij}}{C_{sj}}$$

式中：C_{ij}——评价区冲评价参数的指标值；

C_{sj}——清洁对照区 S（背景区）中评价参数 j 的指标值。

将北京地区城市大气颗粒物的实测数据进行计算，得到表 5 的结果。

表 5　北京地区城市大气颗粒物环境质量综合评价

采样点编号	采样点类型	标准化后的各评价参数指数值（I）					综合评价指数
		总颗粒物	可吸入颗粒物	鼻咽区沉积	气管区沉积	肺泡区沉积	*API*
1	交通区	20	19.0	125	29	17.9	131
2	文教区	7	6.6	43	10	6.1	44
3	绿地娱乐区	5.5	5.0	40	10	5	41
4	市中心区	6	5.8	34	7	5.4	35
5	商业区	11.5	11.1	66	14	10.6	68
6	工业区	23.5	21.6	169	40	20.9	176
7	清洁对照区	1	1	1	1	1	0

从表 5 计算的结果可见，北京地区城区各评价区：交通区（北环中路）、文教区（北京师范大学）、绿地娱乐区（北海公园）、市中心区（天安门广场）、商业区（王府井大街）、工业区（化工路口）的大气颗粒物环境质量的综合指数 *API* 分别为 131、44、41、35、68 和 176。这一结果表明，北京市城区大气颗粒物的环境质量状况为：绿地娱乐区、市中心区、文教区较好，商业区居中，交通区和化工区最差。

三、结果与讨论

本文提出的大气颗粒物环境质量评价方法从大气颗粒物对人体健康和自然环境的危害性观点分析，除了选择总颗粒物的质量浓度作为评价参数外，又选取每天人体大气颗粒物的可吸入量及颗粒物在人体呼吸道各重要部位每天的沉积量作评价指标，这样既考虑了颗粒物的质量浓度，又间接地考虑了颗粒物的粒径分布进行评价，克服了过去仅考虑大气颗粒物的质量浓度作唯一评价参数进行评价的不足之处，使评价结果更加符合实际。但是，另一方面，由于大气颗粒物中化学组成对人体健康和自然环境的影响极为复杂，在本方法中忽略了其化学组成的影响，还有待于我们进一步研究。

环境影响评价

环境影响评价的意义及其程序*

王华东
（北京师范大学地理系）

环境影响评价是指对一个建设项目预测其未来的环境影响，这里包括对自然环境的影响（包括生物地球物理影响和生物地球化学影响）和社会环境的影响。

环境影响评价是环境质量评价的新分支，自 1969 年美国提出环境影响评价开始，直到目前为止，在 10 年多的时间内，它的发展十分迅速，成为环境科学中的“热门”。环境影响评价的开展，使某些资本主义国家的环境保护研究，由消极的防治走向防患于未然的阶段，环境保护工作由被动转向主动。

把环境影响评价工作用法律的形式予以规定，作为一种必须遵守的制度，叫做“环境影响评价制度”。美国是第一个把环境影响评价制度在国家环境政策法中肯定下来的国家。其后，瑞典、澳大利亚、法国也分别于 1969 年、1974 年和 1976 年在国家的环境法中肯定了环境影响评价制度。日本、加拿大、英国、西德、新西兰等国虽未在法律中拟定类似的条款，但也已建立了相应的环境影响评价制度。近年，东南亚国家也陆续开展了环境影响评价的工作。

我国环境保护领导部门吸取了国外的经验，在 1979 年公布的中华人民共和国环保法中明确规定了环境影响评价制度。这是一项十分重要的环境管理措施。过去国内一些大型工程建设项目在建设之前由于缺少环境影响评价工作，兴建以后曾带来严重的环境后果。某些钢铁厂、火力发电厂、炼油厂、石油化工厂、农药厂、造纸厂及有色冶炼厂等由于布局不当对所在地区环境带来严重影响，使某些地区环境质量下降，给当地居民健康及生态系统造成严重威胁。这些教训应该引以为戒。

我国是发展中国家，国民经济经过调整后，社会主义建设速度将大大加快。新的工业、新的工业区、新的工业城镇将会不断出现。为此，必须大力开展环境影响评价工作。

目前我国刚开始进行环境影响评价工作，首要的是建立环境影响评价的工作程序（包括行政工作程序及技术工作程序）。这里首先介绍国外的评价程序。

---

* 原载《化工环保》，1981（1）。
陈田耕同志参加部分资料整理工作。

1 美国的环境影响评价程序

美国的环境影响评价程序比较完整，如图 1 所示。当提出一种开发设想时，应首先将建设项目计划行为的提案交给环境主管部门，讨论进行环境影响评价的必要性。经研究，如认为没有必要，即可着手进行建设，经与美国环保局及有关部门协商有必要写环境影响报告书时，即按程序进行影响评价。当写出环境影响评价报告书草案后，迅即征求各有关部门及州的意见，征求群众的意见，然后交给环保局审查评议，如无问题即将影响评价报告书交还主管部门，着手开发，如有问题，提交环境质量委员会，听取该委员会的意见，写出最后的环境影响评价报告书，经环境保护局及环境质量委员会审议批准后，即可着手进行开发。

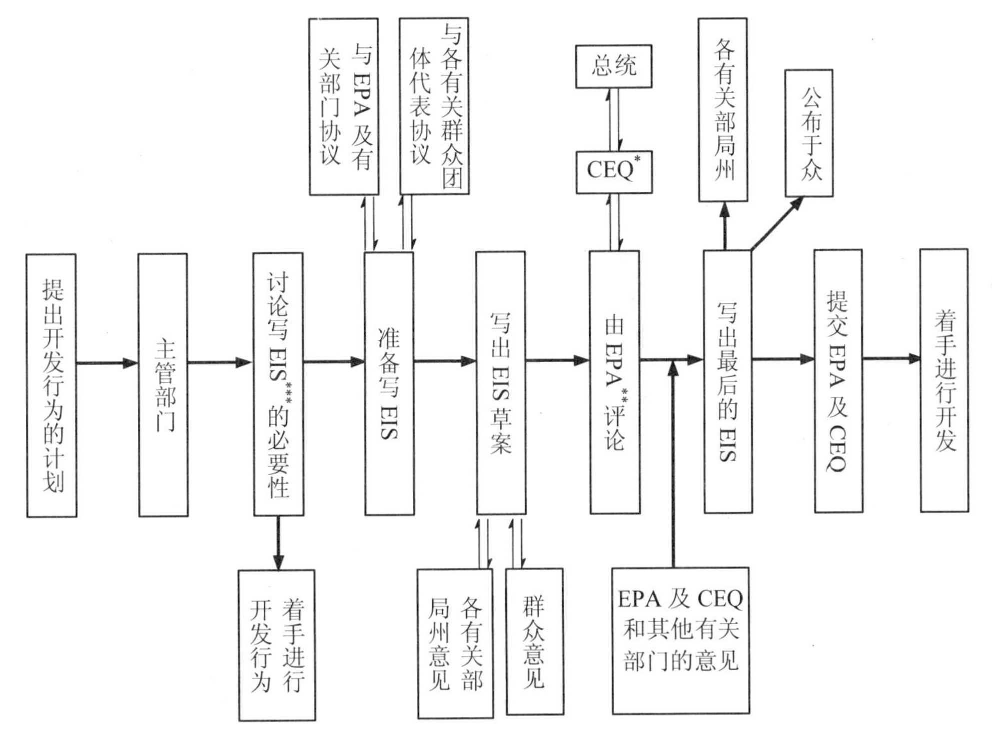

注：* 环境咨询委员会；** 环境保护局；*** 环境影响报告书

图 1 美国环境影响评价的程序

2 加拿大安大略省的环境影响评价程序

加拿大的环境影响评价程序可以安大略省作为代表。一般是由企、事业单位写出环境影响评价报告书，提交环境保护部门审核。若环境影响评价报告书不完善，环境保护部门责令制作单位予以修改。若环境影响评价报告书符合要求，环境长官可接受审理，行使批准权。如需要召开公听会，则由环境评价局主持召开，行使批准权。

3 瑞典的环境影响评价程序

瑞典与美国不同，它不要求像美国那样制定环境影响评价报告书，但是在可能造成污染的工程项目提出的许可申请书中，必须记载污染行为的性质、规模，说明其环境影响，列入有关的图表及详细的技术项目。应将申请内容在地方报纸上发表，或者用其他适当的方法，传达给受影响者，以征求意见。在瑞典由环境保护许可委员会负责审查工作，该委员会由法律学家、技术工作者和环境对策专家组成。该委员会负责审定企事业单位在施工时，是否采取了防止污染的先进措施。瑞典的环境影响评价程序如图 2 所示。

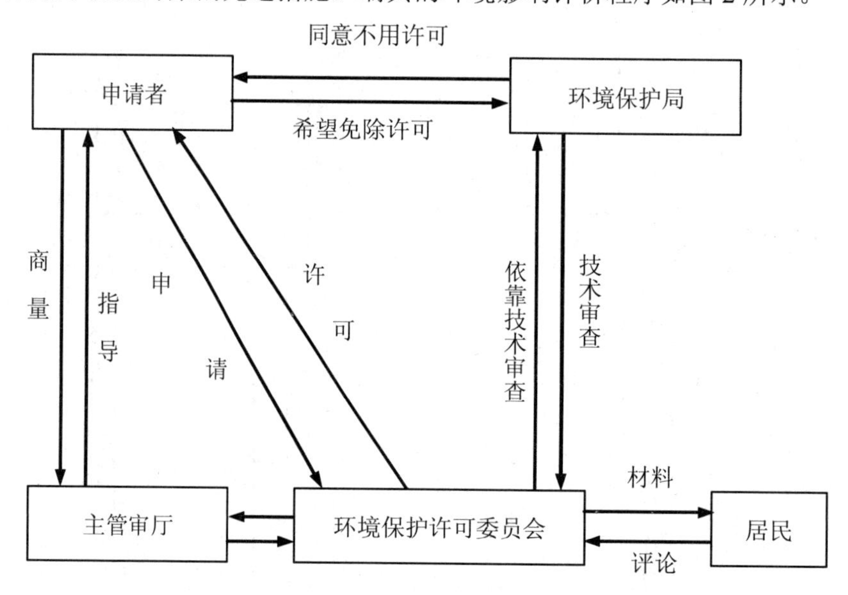

图 2　瑞典环境影响评价的程序

4 澳大利亚的环境影响评价程序

澳大利亚在环境影响评价中，首先由企业计划的制订者提供基本资料，由环境部门判断进行环境影响评价的必要性。环境部门认为有必要，企业计划的制订者必须拟出环境影响评价报告书草案。草案完成后，公布于众，并接受一般公众的意见。企业单位应认真考虑公众意见，完成最终环境影响评价报告书，提交环境领导部门，并向一般公众发表。由环境长官研究最终环境影响报告书，并提出意见。如环境长官及公众认为此计划将危害环境，则向法院提出诉讼，由法院作出计划进行与否的最终仲裁。澳大利亚环境影响评价的程序见图 3。

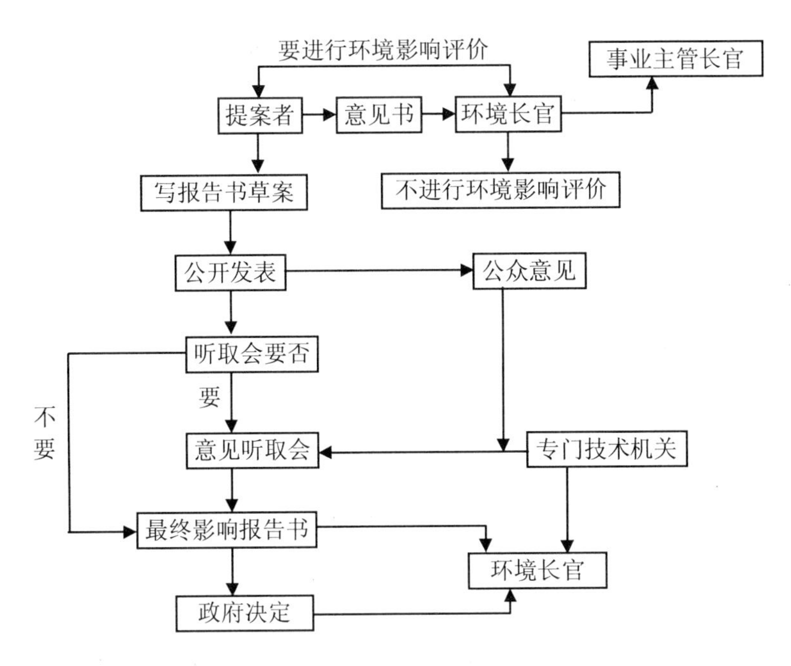

图3　澳大利亚环境影响评价的程序

5 日本的环境影响评价程序

日本的环境影响评价程序部分是借鉴于美国的。首先由计划、事业的决定、实施者进行详细的环境调查，预测该建设项目对环境的影响，写出环境影响评价书草案。发表环境影响评价书草案，召开说明会，提出家喻户晓的措施。提出意见书，召开公众听取会，征求居民的意见。进一步征求环境厅长官和地方公共团体的意见。计划、事业的主持者充分吸收上述意见，修改原环境影响评价报告书，并完成最后的环境影响评价报告书。日本环境影响评价程序如图4所示。

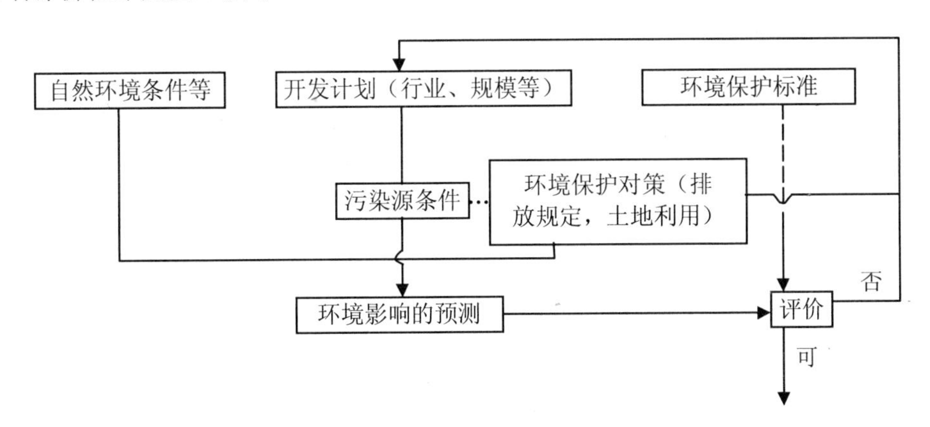

图4　日本环境影响评价的程序

由上述可见，国外为了推进环境影响评价工作，很多国家都已制定了明确的环境影响评价程序。我国在1979年公布的环境保护法中虽已规定了环境影响评价制度，但尚未制定具体的工作程序。目前急需制定环境影响评价项目的申请及审批手续，特别应早日规定进行环境影响评价项目的具体经费标准。适于我国目前的经济技术条件，评价经费可稍低于国外水平。但由于我国环境条件的监测资料累积年限短，很多地区甚至缺乏最基本的评价资料，需要由承担评价单位从最基础的工作做起，工作量很大，要付出一定的经济代价才能完成环境影响评价任务。

对于环境影响评价的技术程序，国外研究很多。这里仅举几种，略作介绍。

日本环境厅1977年在“环境影响评价共通基本技术指针”中提出环境影响评价的一般技术程序如下：

（1）首先明确事业开发时所伴随的对环境影响的不利活动的内容。

（2）掌握环境现状和提出预测、评价项目。

（3）讨论和确定环境保护的目标。

（4）环境影响的预测。

（5）讨论环境保护诸问题并确定方案。

（6）环境影响的评价。

1977年内川浩、沼田全弘综合了各种环境影响评价做法，提出了以下的环境影响技术程序（图5）。它主要是掌握调查项目和现状，利用模式进行预测。如果这样作出的评价得到批准，就算结束。如预测结果各方面都有意见，可以再作代替方案，重新预测评价，如果这个评价得不到批准，此开发计划就得停止。

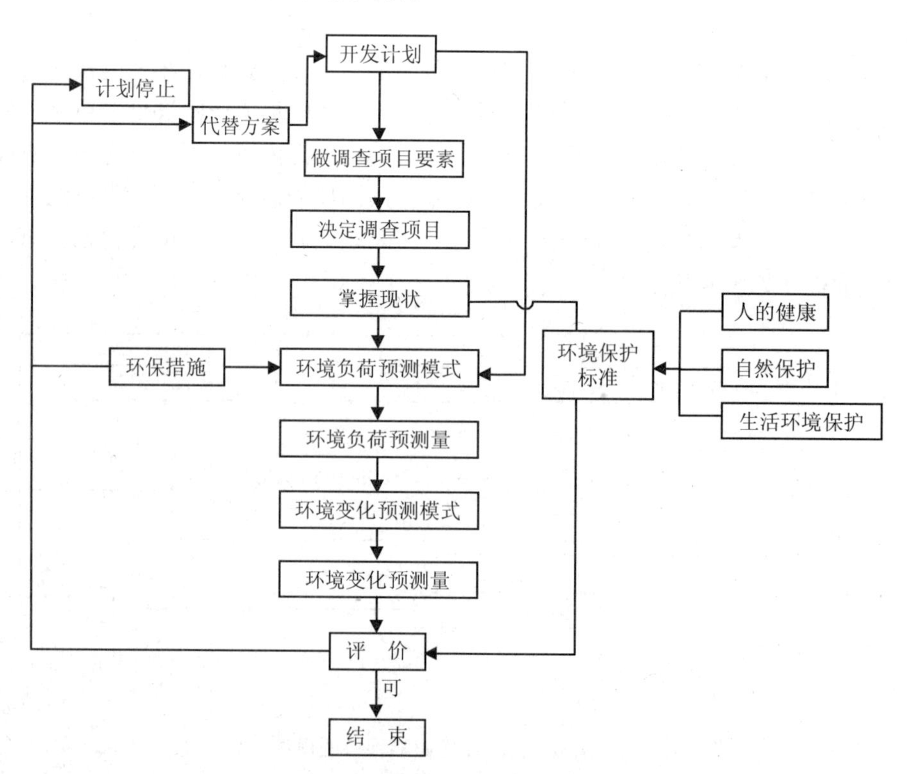

图5　环境影响评价技术程序

1977 年 Jain 等在其《环境影响分析》一书中制定了写环境影响评价书（EIA）和环境影响报告书的九个步骤。各步骤的关系如图 6 所示。

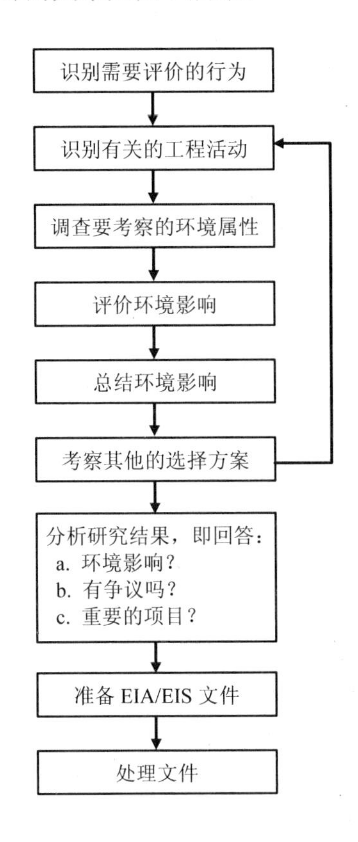

图 6　环境影响评价逐步程序

1977 年 Canter 则将环境影响评价过程图示如下，见图 7。

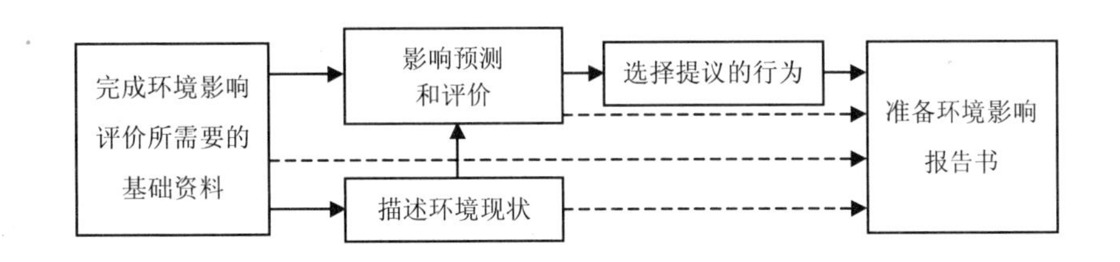

图 7　环境影响评价过程

6 我国环境影响评价的技术程序

根据江西永平铜矿、官厅矾山磷矿、长江三峡大型水利工程、山东齐鲁石油化工公司等地的工作经验，初步提出如下的工作程序：

（1）确定环境影响评价对象。凡国家大型工程由建设单位将建设计划向各级环境保护领导部门提出申请，由各级环境保护领导部门确定该项建设项目是否应该进行环境影响评价，如果需要进行环境影响评价，应由建设单位委托有关科研单位或高等学校承担评价任务。

（2）制定环境影响评价计划草案。由环境影响评价负责单位组织协作单位进行预测，根据预测结果拟定环境影响评价计划草案，包括评价协作组各分组计划及评价协作组总体计划。计划草案应该包括环境影响评价的预定目标，完成期限，组织形式及经费数量。

（3）环境保护部门审核环境影响评价计划草案，确定评价项目的经费限额。环境影响评价报告书是工程建设计划的重要组成部分，环境影响评价所需经费应由工程建设项目总投资中抽出一定的比例支付。参照国外经验，根据我国具体经济条件，可在基建投资中抽出0.1%～0.5%用来进行环境影响评价。

（4）由环境影响评价协作组制定详细评价方案。承担评价单位根据评价草案的要求，进一步调研，提出切实可行的、详尽的环境影响评价实施方案。承担评价单位应该对整个评价系统的组织、结构，系统的稳定性、灵敏性及粗壮性进行研究。

（5）分环境要素进行预测及评价研究。

1）收集自然环境（包括地质、地貌、水文、气象、植被、土壤等）、社会环境的基本资料。其中水文及气象资料累积年限愈长，价值愈大。

2）进行野外现场调查。根据各组课题要求开展环境监测、污染物迁移转化规律的研究，如有条件可开展四氟化硫示踪研究、水团追踪研究。

3）模拟实验研究。开展大气风洞模拟实验及水环境中BOD的降解模拟实验，重金属迁移转化的水模拟实验。

4）数据的统计处理。首先对数据的可靠性进行审核。根据环境物理、环境化学及环境生物数学模型进行数学运算。

5）评价图幅的编制。为了展示工程建设项目对未来环境的影响，可编制系统的环境质量变化图。

6）完成分组报告。各分组于预定时间内将研究成果编写出总结报告。分组报告应从所负责专业角度出发，提出影响评价的结论性意见。

7）编写环境影响评价综合报告。在分组评价报告的基础上，围绕建设工程可能带来的主要环境问题，综合分析建设工程的环境影响，对其影响的性质和程度进行评价。对工程的建设从环境角度提出结论性意见，并提出工程的代替性方案或应采取的补救措施。

我国环境影响评价实例研究*

王华东
（北京师范大学地理系）

近年来，我国陆续开展了环境影响评价研究。对某些重点厂矿、大型水利工程和经济特区开展了和正在开展着环境影响评价工作。例如，兰州市第三热电厂、成都市第三印刷厂、江西上饶地区永平铜矿开发、河北矾山磷矿开发、南水北调工程、长江三峡大坝工程、山东日照港等的环境影响评价。即将开展的有上海金山石化总厂二期工程的环境影响评价，广东及福建的深圳、珠海、汕头及厦门经济特区的环境影响评价等。这里拟选择几个代表性的环境影响评价项目——云南省昆明三聚磷酸钠厂、江西永平铜矿及长江三峡大坝——做一简单介绍。

一、工业企业的环境影响评价

工业企业的环境影响评价可以云南省环保所等正在进行中的昆明市三聚磷酸钠厂的环境影响评价为例。昆明三聚磷酸钠厂位于昆明市西南部，在螳螂川的左岸，地处昆明市的上风向。由于环境影响评价工作是在该厂选址建厂之后，所以环境影响评价工作的目的主要是提出该厂建厂后，应该采取的环境保护措施的建议。

螳螂川流域是昆明市郊的工业区，环境污染比较严重。三聚磷酸钠厂坐落在红卫造纸厂与昆明钢铁厂之间，当地大气、地表水及土壤等均已受到一定程度的污染。为了确定其环境背景值，必须在大范围内取样，进行对比研究。其中土壤背景值的确定，由于该区地质条件比较复杂，岩性变化大，必须分别采集不同土壤类型及各种母岩及母质样品进行分析，经过一定统计处理研究，才能确定相应的土壤环境本底值。

为了预测三聚磷酸钠厂的环境影响，必须弄清当地环境质量的现状，在环境质量现状评价的基础上，研究如何叠加该厂污染的影响。研究表明，为了确定三聚磷酸钠厂污染物的排放总量，必须把螳螂川流域作为一个整体看待，从全局上进行该厂的环境影响评价研究。

在大气污染方面，为了预测该厂排放烟气对周围环境的影响，拟用六氟化硫同位素示踪来研究厂区附近大气污染物的扩散规律。预测氟及二氧化硫污染的范围及程度。在螳螂

* 原载《化工环保》，1982（1）。

川水质污染预测研究中，由于该厂废水排入水体已经有海口红卫造纸厂等排入大量有机污染物，因此必须对排入该水系的五个主要污染源进行全面的水质规划研究，首先确定螳螂川河流水体的功能及环境目标，然后提出对三聚磷酸钠厂排放“三废”的约束目标及排放总量。可根据三聚磷酸钠厂排入螳螂川的主要污染物进行追踪或受控模拟，建立污染物在河流中迁移输送的数学模型，然后进行水质预测研究。

在农业生态系统方面，着重研究本区不同土壤类型中氟的累积规律，确定各种不同主要土壤类型氟的环境容量及氟在作物及蔬菜中的积累规律。为了进行类比，选择了条件比较相近的昆阳磷肥厂对周围农业生态系统的影响及污染规律进行研究，以便说明三聚磷酸钠厂建厂后排氟对周围环境的影响。

在人体健康方面，对昆明三聚磷酸钠厂周围以下风向自然村为主的生产队，8～50 岁人群约 1 500 人进行体检。根据检查结果进行统计分析，最后做出人群本底。

昆明三聚磷酸钠厂的环境影响评价项目考虑是比较全面的，对于我国目前已经选址建厂补做环境影响评价的工业企业有一定参考价值。

二、矿山的环境影响评价

矿山环境影响评价可以江西永平铜矿为例。永平铜矿位于江西省上饶地区铅山县境内。永平铜矿在晋代即开始开采，到明代已达日产铜万斤的规模，至清初停采。1858 年又开始小规模开采。1975 年后逐步铺开了铜矿的建设，选用露采方式进行。

永平地区位于赣东低山、丘陵和闽西北低山区的交界处。武夷山余脉由南向北贯穿全区，形成以全区最高点天排山（474.4 m）为中心的遍布全区的中等切割丘陵。永平铜矿是一个以黄铜矿、黄铁矿为主的多元素共生的大型硫化物矿床，共生的元素有 Cu、Pb、Zn、Fe、S、Ti、Be、Sn、Mo、Ni、Bi、Ag 及 Au 等。矿体埋藏很浅，甚至局部出露地表，形成十分典型的硫化矿床氧化带。铁帽出露地表长达 2 000 多 m，水平宽 10～110 m，氧化带深 90～170 m。

本项工作以系统论为指导，通过调查与定位观测，研究了伴随着铜矿开发，硫化矿床酸性水的形成与气温、降雨量和矿山开发之间的定量关系，并导出了用于预测铜矿开发对酸性水形成的数学模型。在研究中把河水、悬浮物和底泥作为一个统一系统，利用泥沙运动规律研究河流中金属污染物迁移、累积的宏观规律。建立了铅山河中金属污染物分布累积的模式，用以预测铜矿开发、酸性水产生，及其对铅山河水质的影响。本项研究把永平地区视为一个整体，在考虑铜矿开采与其他经济部门联系的基础上对铜矿开发方案进行了环境经济分析，提出了开发项目的环境代价、环境成本的概念和计算方法。

永平铜矿的环境影响评价工作表明，环境影响评价工作系统庞大，内容复杂。必须抓住建设项目可能引起的主要环境问题，建立完整的研究程序，周密调查当地环境现状，取得大量环境监测资料，对环境质量进行现状评价，对各种环境过程的规律进行较深入的研究，才能预推其今后的环境质量变化。根据铜矿开发可能造成酸性水重金属污染这个主要矛盾，将该项研究工作划分成四个子系统，见图 1。即铜矿开发系统、水土流失系统、酸性水系统及金属污染物迁移累积系统，揭示本区环境金属污染的规律，预测伴随铜矿不同开发阶段，可能造成的环境影响及其效应，提出相应的有效环境保护措施。为了进行预测，建立了适合于当地环境条件的酸性水金属浓度预测多元回归模型、河流重金属迁移累积模型、土壤重金属污染物累积模型及环境经济损益模型等。

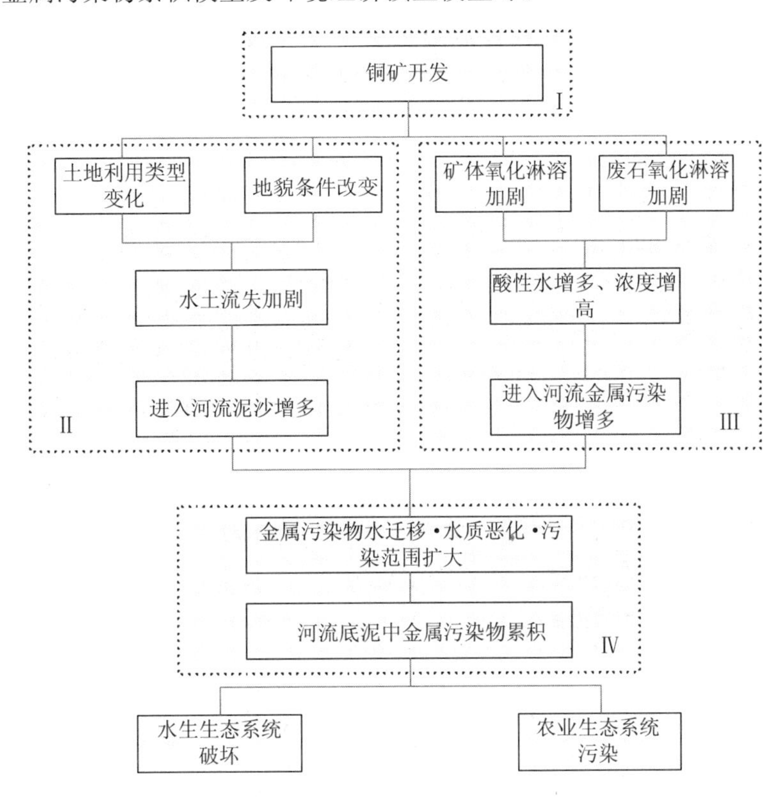

I．铜矿开发子系统；II．水土流失子系统；III．酸性水形成子系统；IV．金属污染迁移累积子系统

图1　江西永平铜矿开发环境影响研究的模型系统

我国江西、湖南、广东、云南等省有色金属矿床广布，江西永平铜矿环境影响评价的思路可作为同类工作的参考。

三、大型水利工程的环境影响评价

大型水利工程的环境影响评价，可以三峡大坝的环境影响评价为例。三峡水利枢纽是治理、开发长江的一项控制性工程，规模宏伟，最大坝高为200余m，总库容为700亿m^3，是解决长江中下游防洪的关键性工程，年发电达1 100多亿度。兴建三峡这样规模宏大的水利工程，对环境生态会带来什么影响，必须进行环境影响评价研究。根据长江水源保护局的研究，兴建三峡水利枢纽将对当地小气候（降水、气温、风及雾等）带来很大变化，影响水温的变化，影响水库的水质，影响长江中、下游的水量变化。工程兴建将对长江鱼类资源产生一定的影响。其中三峡库区将为发展渔业创造良好的条件，建坝后，库区将完全改变原来滩多流急型河道的水生生态环境，可养鱼水面达 13.33 万 hm^2。由于流速变缓，上游有机物质、生物营养盐类滞留库区，库水将变肥、变清、透明度增大，有利于饵料生物的繁殖生长。河湖型鱼类区系将逐渐发展成为库区的优势种群。但三峡建坝将阻隔鱼类的洄游通路。对中华鲟的繁殖带来较大的影响。中华鲟是一种典型的江海洄游性大型底层鱼类，一般体重可达 50～250 kg，最大的可达 500 kg 左右，体长一般为 2～4 m。该种鱼类性成熟即由海入江，沿河道深槽洄游。三峡建坝后，将继葛洲坝之后，再次阻断它的洄游通路，如不采取有效措施，中华鲟将在长江上游逐渐减少，甚至可能绝灭。根据初步预测，三峡建坝后不会导致引起影响人群健康的严重疾病，但防疟问题应予注意，因为水库回水影响的支流河汊、水库的浅水区和库边低洼杂草地带，都是蚊虫孳生繁殖的良好环境，如不采取有效措施，可能导致中华按蚊在数量上的增加。国外有些大中型水库就曾发生过这样的现象。我国丹江口水库蓄水后，库区的郧阳地区疟疾病即有发展的趋势，疟蚊原虫率由蓄水前的 1.34%上升到 3.78%，发病率由 1.3%上升到 7.6%。三峡建坝后，长江中下游河段水位变幅减小，有利于围垦区消灭钉螺，消除血吸虫病疫源。例如汉江丹江口建坝后，其下游大柴湖得到垦殖，湖北陆水建库后，其下游柳山湖得到垦殖，消除了两处重要的血吸虫病疫源。

我国在“四化”建设中，将兴建一系列大中型水利工程，必须对这些工程的环境影响进行全面评价，尤其应该着重对水生生态系统的影响进行评价。长江水源保护局对长江三峡大坝的环境影响分析可资借鉴。

山西省煤炭开发的环境影响评价*

王华东[1] 艾亚民[2] 许向才[2]
（1. 北京师范大学环科所；2. 山西省煤炭厅环保所）

摘 要：山西省是我国重要的能源化工基地，煤炭资源十分丰富，随着煤矿的大规模开发，大型露天煤矿的建立将引起一系列环境污染及生态破坏问题。本文通过近几年来山西一些煤矿的环境影响评价所积累的经验，对煤矿环境影响评价的内容及方法学做了初步探讨，并指出了今后研究方向。

Environmental Impact Assesment of Coal Mine Developments In Shanxi Province

Wang Huadong[1]，Ai Yamin[2]，Xu Xiangcai[2]
(1. Research Institute of Environmental Science of Beijing Normal University;
2. Research Institute of Environmental Protection，Shanxi Coal Bureau)

Abstract: Shanxi Province is an irnportant coal energy base in our country. It is of great significance to conduct coal mine environmental assessment so as to coordinate the mine developments and environment protection in Shanxi. The present paper has described the necessary contents of mine environmental assessment in Shanxi based on the experience Vie have gained in recent years. The contents of the assessment are as follows: the technically working procedure for the assessment，the systematic analyzing methodology of the assessment and the technically of coal mine impact assessment. The paper particularly discussed about wide subsieence caused by mine developments in Shanxi and about the predicting methodology of pollutants discharged after the spontaneous combustion of coal residue.
The establishment of ecological criteria for mining; area is prdliminarily discussed in the paper and the development of assessing techniques in Shanxi province are also pointed out.

山西省是我国重要的煤炭重化工基地，全省已探明煤储量 2 000 多亿 t，预测储量达 8 000 亿 t，分布面积占全省面积的 36%。1984 年全省煤产量已达 1.8 亿 t 左右，到 20 世

＊ 原载《环境污染与防治》，1987（1）。

纪末将达 3.6 亿～4 亿 t。

当前，煤炭开发已经给山西带来严重的环境问题。据不完全统计，全省统配煤矿历年来积存的煤矸石已达 8 000 多万吨，占地 66.67 多 hm^2，每年还要新增 2 000 多万 t；矿井水、洗煤水及生活污水大多未经处理即直接排放；矿区降尘量超标，其中最高超标达 11.8 倍，二氧化硫最高超标 2.3 倍。煤炭开发还造成生态严重破坏。据有关部门统计：全省 8 个矿务局 43 个煤矿中，有 29 个煤矿因采煤造成地表塌陷，受影响面积为 247 km^2。漏水比较严重的县有 18 个，涉及 240 个生产大队，有 20 多万人口，1 500 头大牲畜的吃水问题有待解决。

开展山西省煤矿环境影响评价，对于协调煤炭开发与环境的关系，实现社会效益、经济效益及环境效益的统一，具有十分重要的意义。

一、山西煤矿环境影响评价程序

山西进行煤矿环境影响评价的程序如图 1 所示。

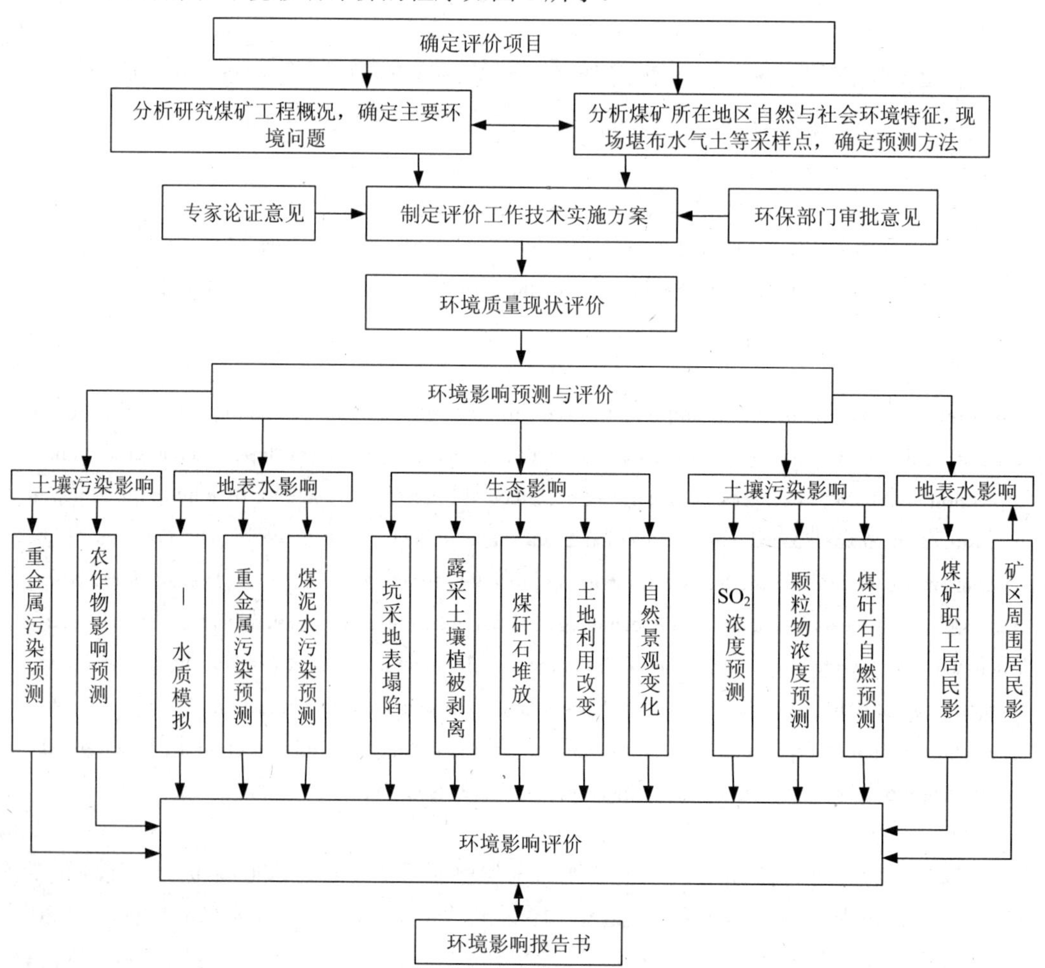

图 1　煤矿环境影响评价技术程序

二、山西煤矿环境影响评价内容

1．山西煤矿开发引起广泛的地面塌陷

1）应预测地表塌陷的范围及其深度。

2）研究地表塌陷对土地利用、建筑设施及水资源的影响。

2．对地表水环境的影响

1）矿井水排放对地表水影响的预测与评价。

2）洗煤水对地表水影响的预测及评价。

3）生活、医院污水对地面水影响的预测及评价。

3．对大气环境的影响

1）煤矸石自燃的可能性及影响预测。

2）锅炉烟、尘、矿井排风对居住区的影响预测。

3）煤炭装卸、运输、储存作业场扬尘的污染预测。

4．固体废弃物对环境影响的预测及评价

1）煤矸石排放量及堆放是否合理的预测与评价。

2）大型锅炉灰渣的年排放量、堆弃地点、占地面积、扬尘及淋溶水对环境影响的预测。

5．噪声污染的环境影响

1）高噪声机械设备及车间的噪声级预测。

2）噪声对邻近居住区、办公区、文教区及卫生区的预测及评价。

6．矿山对附近名胜古迹、游览休养地及自然保护区的影响

7．露天开采导致地表生态破坏的范围、进度、深度和由此引起的土地破坏、地面扬尘，水土流失及迁移的居民数

8．环境保护、主要项目经济和环境效益的分析

1）防止地面塌陷在井下采取的技术措施。

2）塌陷区造地还田工程。

3）拣选低热值煤及硫化铁防止矸石自燃、回收资源工程。

4）矸石及灰渣利用工程。

5）废弃矸石推平、覆土、植被、造田工程。

6）废水、污水净化工程。

7）抽放瓦斯利用工程。

8）露天矿剥离土壤的植被、围截防止水土流失工程。

应该指出的是，评价工作过程中还应根据煤矿周围的自然环境与社会环境特征不同，选择评价的重点。如山西古交矿区位于太原市的上风向及河流的上游。其评价重点应为大气和水环境的影响；大同燕子山、四台沟矿距著名的云冈石窟较近，且井田内建筑较多。其评价重点为大气污染和地表塌陷的影响；山西平朔煤矿为露天开采，矿区周围自然生态系统脆弱。其评价重点是生态和二次扬尘的污染影响。

三、煤矿环境影响评价系统分析

煤炭开发的环境影响评价是一个涉及采矿技术及自然环境条件的大系统。对煤炭开发的环境影响评价，首先应该进行系统结构研究。确定评价系统边界、系统的构成以及各子系统之间的相互关联性。在煤矿环境影响评价中可采用大系统结构模型（如图 2）。

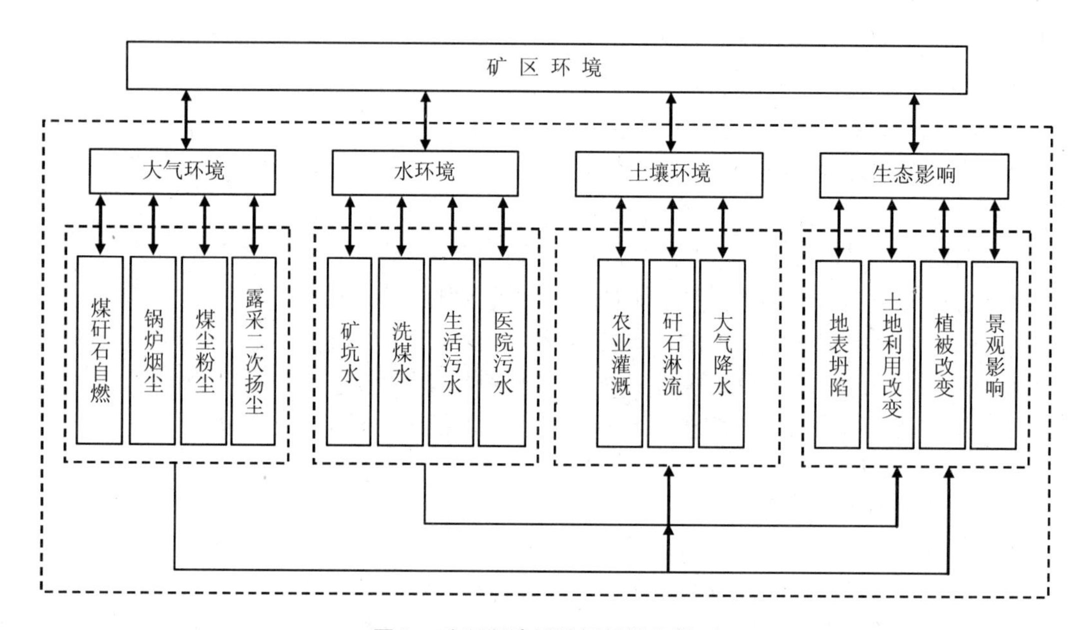

图 2　矿区环境系统解析结构模型

由图 2 可看出，煤矿环境影响评价是一个复杂的多级镶嵌体系，各子系统组织水平在总体结构中，层次不同，它们之间的关系也不完全一样。煤炭工业一般可分成开采、加工、储存、运输和利用等环节。其中每个环节还可以再细分。各子系统之间是互相关联的，它们对环境的综合作用可概括为对矿区生态系统的影响（如图 3），并用生态指数来表示。

各子系统模型的建立，一般可先对现实原型进行研究，即对原型进行一定的抽象、概括、形象化和典型化。然后再确定问题的边界，并确定建模对象的基本组成要素，由此建立自由体模型，研究问题的约束条件，最后建成各子系统模型。

通常宏观的定性模型可采用“结构模型”，微观的定量模型可采用数学模型的形式。采煤环境影响评价整个大系统可用结构模型表示，而在影响评价时各环境要素的影响预测可采用数学模型。

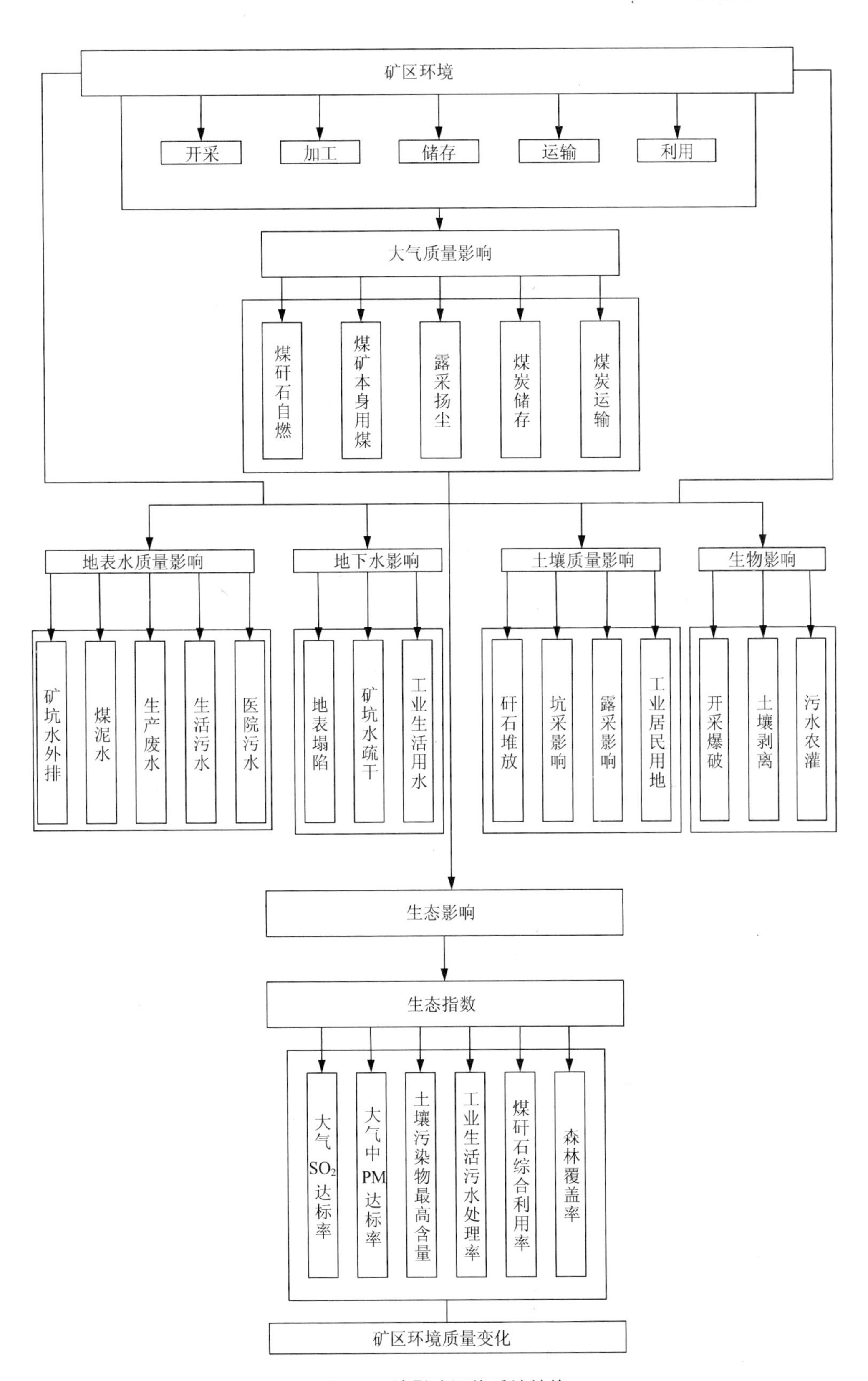

图 3 环境影响评价系统结构

四、山西煤矿环境影响评价的方法技术

1．大气环境影响预测模式

目前，大气中污染物质浓度的推算和预测方法较多，如烟流模型、烟团模型、箱式模型、原始模型（扩散的微分方程）、风洞与水流模型及回归模型等。现将大同燕、四煤矿评价中采用的预测模式介绍如下：

（1）自燃矸石山大气污染物排放强度预测。对矸石山自燃排放强度预测，是根据窄烟云扩散模式的原理。

$$c=\int_0^R\int_\pi^\pi\frac{Q}{\pi\overline{u}\sigma_\theta\sigma_z}\exp(-\frac{Q^2}{Z\sigma_\theta^2})\mathrm{d}\theta\mathrm{d}R$$

σ_z 可表示为 aR^b

式中：c——污染物浓度；

$\overline{u}$——平均风速；

Q——单位面积源强；

R——矸石山半径；

$\sigma_\theta\sigma_z$——侧向和垂直扩散参数；

θ——瞬时风和平均风向的交角。

假定矸石山排放强度 Q 基本均匀，则近似值：

$$c=\left(\frac{2}{\pi}\right)^{\frac{1}{2}}\frac{Q}{a(1-b)\pi}R^{1-b}\text{或}Q=Kc\overline{u}$$

其中：

$$K=\frac{a(1-b)}{\left(\frac{2}{\pi}\right)^{\frac{1}{2}}R^{1-b}}$$

即只要已知垂直扩散参数σ_z随距离的变化规律，便可利用矸石周围和中心附近的污染物浓度和风速数据，估算矸石山的排放源强。

（2）点源排放的 SO_2 浓度预测是采用高斯烟流模式。

$$c=\frac{Q}{\pi u\sigma_g\sigma_z}\exp\left[-\frac{y}{2\sigma_y^2}-\frac{H_e}{2\sigma_z^2}\right]$$

式中：Q——连续源强，mg/s；

u——烟囱高度的风速，m/s；

$$u = u_{10} \cdot \left(\frac{H_s}{10}\right)^P$$

u_{10}——气象常规观测 10m 高风速；

H_s——烟囱高度；

P——随稳定度变化的参数；

$\sigma_y = cx^d$——垂直扩散系数；

y——侧风向距离，m；

$H_e = H_s + \Delta H$——烟流有效高度，m；

ΔH——烟流抬升高度。

（3）面源排放的 SO_2 浓度预测是采用虚点源模式计算，基本形式同点源模式，只是其中：

$$\sigma_y = a(x + 1\,250)^b$$
$$\sigma_z = c(x + x_0)^d$$

x_0 为随稳定度变化的常数或称后退距离。而源中心标准浓度值根据不同源高，不同稳定度用数值积分计算。

2．地表水环境预测模型

预测河流水质模型有水污染回归模型、Strceter-Phelps 模型及它的各种修正式等。对于以碳、氮有机物和简单结构的有机化合物为主要污染物的水体，应用最多和最能真实地反映实际的模型是 BOD-DO 模型。我们在燕子山、四台沟矿的环境影响评价中，采用的是 BOD-DO 稳态水质模型预测十里河水质变化。

（1）基本表达式。

$$\begin{cases} u\dfrac{\mathrm{d}L}{\mathrm{d}x} = -K_1 L \\ u\dfrac{\mathrm{d}O}{\mathrm{d}x} = -K_1 L + K_2(O_s - O) \end{cases}$$

式中：L——水中 BOD 质量浓度，mg/L；

O——水中溶解氧质量浓度，mg/L；

O_s——饱和溶解氧质量浓度，mg/L；

u——河流断面平均流速，m/s；

x——河水流向的距离，m；

K_1——BOD_5 衰减耗氧系数，1/d；

K_2——溶解氧复氧系数，1/d。

（2）设 $L(0) = L_0, O(0) = O_0$，并忽略弥散时，则上式的解为：

$$\begin{cases} L = L_0 \mathrm{e}^{-\frac{K_1 X}{u}} \\ O = O_s - (O_s - O_0)\mathrm{e}^{-\frac{K_2 X}{u}} + \dfrac{K_1 L_0}{K_1 - K_2}\left(\mathrm{e}^{-\frac{K_1 X}{u}} - \mathrm{e}^{-\frac{K_2 X}{u}}\right) \end{cases}$$

式中：L_0、O_0——每一河段起始的 BOD_5 和 DO 质量浓度；

u——可通过水文数据分析和实测确定；

K_1、K_2——可通过水质监测确定。

在上述各参数确定后，即可分别计算各河段 BOD_5 和 DO 质量浓度。

3．地表沉陷的预测模式

预测地表沉陷的方法主要有典型曲线法、负指数函数法和概率积分法。我们采用的是概率积分法。

（1）概率积分法专用参数

1）主要影响角正切（$\mathrm{tg}\beta$）。初采：$\mathrm{tg}\beta=1.5$，复采：$\mathrm{tg}\beta=1.8$。

2）拐点偏距（S）。$S=0.2H$（m），式中 H 为采深。

3）影响传播角（θ_0）。$\theta_0=90°-0.8\alpha$。

（2）单一工作面开采的地表移动，变形预测；

移动盆地主断面上的移动，变形预测。

1）走向主断面（充分采动半盆地）。

下沉：$$W_{(X)}=\frac{W_{\max}}{\sqrt{\pi}}\int_{-\sqrt{\pi}}^{\infty}\frac{X}{r}\mathrm{e}^{-\lambda^2}\mathrm{d}\lambda=\frac{W_{\max}}{2}\left[1+er-\sqrt{\pi}\frac{X}{r}\right]$$

倾斜：$$i_{(X)}=\frac{W_{\max}}{r}\mathrm{e}^{-\pi\left(\frac{X}{r}\right)^2}=i_{\max}\mathrm{e}^{-\pi\left(\frac{X}{r}\right)^2}\ (\mathrm{mm/m})$$

曲率：$$K_{(X)}=2\pi\frac{W_{\max}}{r}\mathrm{e}^{-\pi\left(\frac{X}{r}\right)^2}=i_{\max}(10^{-3}/\mathrm{m})$$

水平移动：$$U_{(X)}=bW_{\max}\mathrm{e}^{-\pi\left(\frac{X}{r}\right)^2}=U_{\max}\mathrm{e}^{-\pi\left(\frac{X}{r}\right)^2}\ (\mathrm{mm})$$

水平变形：$$\varepsilon_{(X)}=2\pi b\frac{W_{\max}}{r}\left(\frac{X}{r}\right)\mathrm{e}^{-\pi\left(\frac{X}{r}\right)^2}=4.13\varepsilon_{\max}\left(\frac{X}{r}\right)\mathrm{e}^{-\pi\left(\frac{X}{r}\right)^2}\ (\mathrm{mm/m})$$

2）倾向主断面（非充分采动）。

下沉：$$W^0_{(y)}=\frac{W_{\max}}{\sqrt{\pi}}\left[\int_{\sqrt{\pi}}^{\infty}\frac{X}{r}\mathrm{e}^{-\lambda^2}\mathrm{d}\lambda-\int_{-\sqrt{\pi}}^{\infty}\frac{y-L}{r}\mathrm{e}^{-\lambda^2}\mathrm{d}\lambda\right]=W_{(y)}-W_{(y-L)}(\mathrm{mm})$$

倾斜：$$i^0_{(y)}=\frac{W_{\max}}{r_1}\mathrm{e}^{-\pi\left(\frac{y}{r_1}\right)^2}-\frac{W_{\max}}{r_1}\mathrm{e}^{-\pi\left(\frac{y-L}{r_1}\right)^2}=i_{(y)}-i_{(y-L)}(\mathrm{mm/m})$$

曲率：$$K^0_{(y)}=-2\pi\left[\frac{W_{\max}}{r_1^2}\left(\frac{y}{r_1}\right)^2\mathrm{e}^{-\pi\left(\frac{y}{r_1}\right)^2}-\frac{W_{\max}}{r_1^2}\left(\frac{y-L}{r_1}\right)^2\mathrm{e}^{-\pi\left(\frac{y-L}{r_1}\right)^2}\right]=K_{(y)}-K_{(y-L)}(10^{-3}/\mathrm{m})$$

水平变形：$$\varepsilon^0_{(y)}=-2\pi b\left[\frac{W_{\max}}{r_1}\left(\frac{y}{r}\right)^2\mathrm{e}^{-\pi\left(\frac{y}{r}\right)^2}-\frac{W_{\max}}{r_2}\left(\frac{y-L}{r_2}\right)^2\mathrm{e}^{-\pi\left(\frac{y-L}{r_1}\right)^2}\right]=\varepsilon_{(y)}-\varepsilon_{(y-L)}(\mathrm{mm/m})$$

式中：W_{max}——最大下沉值。设 m 为开采厚度，α为煤层倾角，则$q \cdot m \cdot \cos\alpha = W_{max}$；

q——下沉系数，其值与顶板管理密切相关，在 0.06～0.6 之间变化；

r——主要影响半径。设 H 为采深，则：$r=H/\mathrm{tg}\alpha$；

r、r_1、r_2——分别代表走向、下山、上山影响半径；

H、H_1、H_2——分别代表走向、下山、上山采深；

i_{max}、K_{max}、U_{max}、ε_{max}——分别代表最大倾斜、曲率、水平移动和水平变形，可分别按下式计算：

$$i_{max} = \frac{W_{max}}{r}\text{；}\quad K_{max} = \pm 1.52\frac{W_{max}}{r^2}\text{；}\quad U_{max} = bW_{max}\text{；}\quad \varepsilon_{max} = \pm 1.52\frac{W_{max}}{r}\text{；}$$

e、L——分别为工作面走向和倾向开采长度，可按下式计算：

$$e = \dot{e} + 2S\text{，}\quad L = \dot{L} + (H_1 + H_2)\mathrm{ctg}\alpha + (S_1 + S_2)\frac{\sin(\alpha+\theta)}{\sin\theta}$$

其中：$\dot{e}$、$\dot{L}$——分别为工作面走向采长和倾向采长的水平投影。

$W_{(y)}$、$W_{(y-L)}$、$i_{(y)}$、$i_{(y-L)}$、$K_{(y)}$、$K_{(y-L)}$、$\varepsilon_{(y)}$、$\varepsilon_{(y-L)}$的计算公式与以式（$y-L$）代入即可。

4．煤矿开发环境影响综合评价

对矿区生态系统的现状及开发所带来的影响做定量评价，是一个较为复杂的问题。一方面它需要有较完整、系统的矿区生态结构及功能方面的资料；另一方面，还需要建立适用的评价模型。对矿区生态质量进行分析，可用多维欧氏空间距离法，即以生态状况构成 n 维欧式空间中的点，然后根据生态学原理，对每种生态指标设定“理想点”。这样可将矿区生态质量好坏转换成空间中各点与各“理想点”之间的关系。然后，用它们之间的距离来度量。一般讲，其距离越小，可以认为环境质量越好。

关于生态质量参数的确定，可考虑选取气象要素中的积温（≥10℃积温）、年降雨量、干燥度、8 级以上大风日，植被覆盖度、土壤肥力水平、土壤侵蚀程度、农田生产力及作物受污染的程度等作指标，然后进行加权，最后确定总指数值。

五、建议与展望

在山西这个生态脆弱地区大规模、高强度开发煤炭必将对生态带来深刻影响，关键问题是建立地区生态标准，以便于评价比较。根据我国的国情和山西煤矿的技术、经济条件，我们认为研究生态标准可从以下三方面考虑：

1．矿区生态恢复到原始状况

原始状况是指未进行开矿前的状况。

2．矿区生态恢复到目前山西最好或比较好的地区的环境状况

3．矿区生态达到理想状况

理想状况指通过规划、设计、管理把生产、生活、生态指标统一起来，以建立一个合理的人类生态系统，并调控到最优运行状态。

国外已着手这方面的研究，并制定了一些恢复矿区生态的措施。如美国、英国、德国等都颁布了采矿复田法，明确规定复田是采矿工艺的一个部分。

此外，环境影响评价从总的发展趋势看，是越来越多地采用以生态系统理论为指导，运用最优化技术，借助电子计算机模拟进行工作。评价内容正在由单目标转向多目标，由单一环境要素转向多环境要素，由单纯的自然环境转向自然环境与社会环境的综合方向发展。日本、美国等在环境影响评价中，现已建立计算机辅助图像显示系统支援环境影响评价工作。该系统的建立，能缩短评价周期，提高评价精度。山西煤炭任务紧，要求急，因此计算机辅助图像显示系统的建立，是山西煤矿环境影响评价的重要发展方向。

环境影响综合评价方法研究*

王华东[1] 苏玉江[2]
（1. 北京师范大学环科所；2. 河南省洛阳市环保局）

摘 要：本文结合环境影响评价工作的实际，根据目前环境影响评价方法中所存在的一些问题，应用模糊数学工具，试建立起满足工程评价需要的区域环境影响综合评价方法。使环境影响评价结果由目前的按要素分述向综合性评价过渡，为环境监督管理提供更为科学的决策依据。

Studies of Eia Comprehensive Method

Wang Huadong[1] Su Yujiang[2]
（1. Institute of Environmental Sciences，Beijing Normal University;
2. Louyang Environmental Protection Bureau）

Abstract: According to EIA exists some questions at present，this paper applies methods of fuzzy mathematics to tries establishment comprehensive methods of regional EIA to satisfy need of constructing project，to cause the results of EIA transition from each element or factor statement to regional comprehensive evaluation. It provided mere scientific foundation for the environmental supervision and management.

环境影响评价的中心任务是对项目开发、资源利用及产品加工中可能产生的环境影响作出估计和预测，虽然环境影响评价工作得到许多国家的高度重视，特别是在我国作为环境监督管理的一项重要手段加以制度化。但在环境影响评价的方法上仍然存在着以下问题：①评价因子的定量化问题。在影响评价中除了一些能够用物理和化学方法测定的因素外，还有一些因素如经济、社会、美学及自然条件等往往难以定量，使评价结论的全面性受到限制。②评价因子的权值确定问题。为了使评价结果客观全面，尽量选取更多的评价因子去表述环境影响的特征，但在综合时许多因素的定权成为问题，致使评价的结果不能

* 原载《重庆环境科学》，1990，12（3）：1-5。

给出最终综合结论。③评价结果的实用性问题。就建设项目的环境影响评价来说，其主要的目的是为建设部门提出其主要的环境问题及防治措施，为环境管理部门和计划审批部门提供是否同意建设的区域影响适宜性评价结论。而目前的评价方法却只能给出各个环境要素的独立影响结果，给综合决策造成困难。

针对上述一些问题，本文通过对环境系统的剖析，依照环境系统内部所具有的多级性，而逐级之间各个子系统的交错性，以及某些因素的影响所具有的两面性。并在测定一些因素的状态时还存在着随自然条件和空间位置变化而变化的不确定性，然而在评价时评语集合所具有的模糊性等特点，结合环境影响评价的目的性，在原有评价方法、理论和实践的基础上，运用模糊数学的工具，建立起比较适合区域特点的环境影响综合评价方法——模糊多级综合评判法，以适应生产建设和环境监督管理的需要。

一、环境影响综合评价模型

根据环境系统的复杂性和因素的多样性，把环境系统划分成类别不同的亚系统、要素、因子等不同的各个等级，建立起各个等级因素子集，构成模糊评价系统的因素集合。然后根据各级评价主体的性质建立起评语集合。通过对评价指数和隶属度的计算，先对初级水平的因素（如因子）进行评价，然后按层次由低向高逐级进行综合评价（图 1），最后给出各级评价的综合结论。

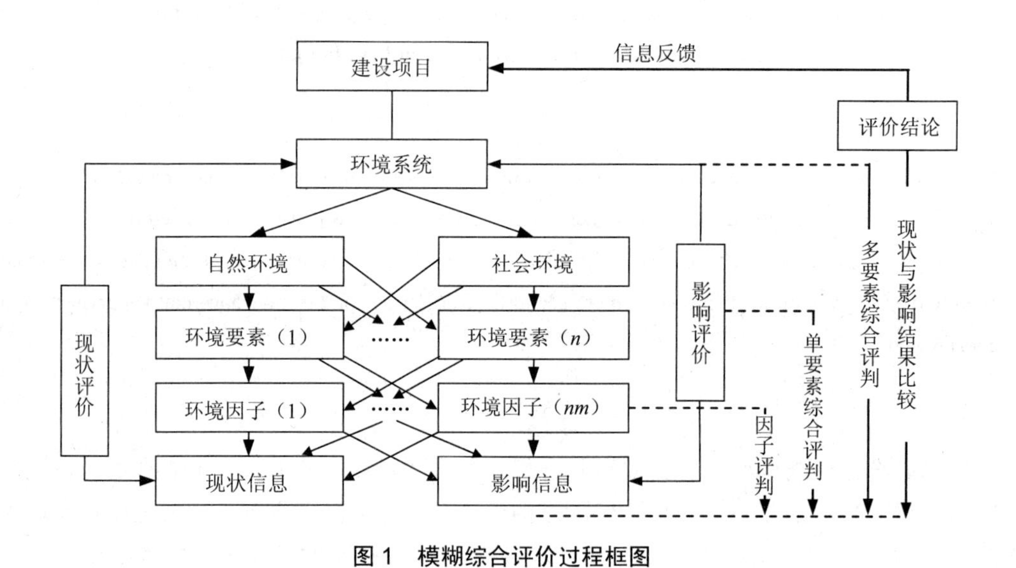

图 1　模糊综合评价过程框图

（一）单因子评价模型

为了客观评价各个因子对环境的影响状况，根据事物量变到质变的性质，用各个因子的定量值（x_{ij}）与环境标准或某些特征值（S_i）之间的关系建立起评价指数的计算方法，用评价指数（P_{ij}）的正、负值来描述某因子对环境影响状况。根据评价因子的性质不同分别给出评价指数的计算方法：

对于环境污染、生态破坏因子：

$$P_{ij}=\begin{cases}S_i/x_{ji}, & x_{ji}<S_i\\0, & x_{ji}=S_i\\-x_{ji}/S_i, & x_{ji}>S_i\end{cases}\qquad(1)$$

对于经济、社会效益、人文、景观因子：

$$P_{ij}=\begin{cases}-S_i/x_{ij}, & x_{ij}<S_i\\0, & x_{ij}=0\\x_{ji}/S_i, & x_{ij}>S_i\end{cases}\qquad(2)$$

通过式（1）、式（2）把各种评价因子中不同量纲的数值转化为无量纲的指数值，根据指数值的正、负及其大小，结合各评价分级，利用概率统计的方法（略），求出某因子隶属于各个评价等级的隶属度 r_{ij1}，构成因子评价模糊子集 $\underset{\sim}{R}_{ij}$：

$$\underset{\sim}{R}_{ij}=(r_{ij1},\ r_{ij2},\cdots,\ r_{ijk})$$

利用 $\underset{\sim}{R}_{ij}$ 和评语集合可对每个因子作出评价。

（二）单要素综合评价模型

1．因子权重的确定

在要素评价中首先要确定各个因子所起的作用，即（权值）大小。在此是利用各种因子对环境所起的危害或贡献程度（也就是为它们所规定的限定值即标准或特征值之间的数量关系）的大小来确定评价因子的性质不同，因子权值的计算方法分成两种。

污染及破坏因素的因子权值计算：

$$W_{ij}=a_{il}/\sum_{j=1}^{m}a_{jl}\qquad(3)$$

其中：

$$a_{jl}=\sum_{j=1}^{m}S_{jl}/S_j\qquad(4)$$

经济、社会效益等因子的权值计算：

$$W_{ij}=S_j/\sum_{j=1}^{m}S_j\qquad(5)$$

2．要素综合评价

单要素综合评价模型是利用初级模糊综合评判法，将某个环境要素中各个因子的模糊子集 $\underset{\sim}{R}_{ij}$ 组合成某要素的模糊关系矩阵 W_i，结合各因子的权值矩阵 W_i，利用模糊变换（∧,⊕）法，得到某要素中多因子综合评价模糊子集 $\underset{\sim}{B}_i$：

$$\underset{\sim}{B}_i = (b_{i1},\ b_{i2},\ \cdots,\ b_{ik})$$

其中：

$$b_{ij} = \{\min 1, \sum_{j=1}^{m} W_{ij} \wedge r_{ijl}\} \tag{6}$$

利用最大隶度判别准则对某要素中各因子的综合影响作出评价。

（三）多要素综合评价模型

1. 要素权值的确定

要素权值的确定是根据各个单要素评价模糊子集 $\underset{\sim}{B}_i$ 中各隶属度的分布状态不同，而隶属度的差异反映了各环境要素在总体环境质量中所占有的相对作用大小。由隶属度加和值的大小来确定各要素的权值，其公式为：

$$W_i = b_i / \sum_{i=1}^{m} b_i \tag{7}$$

其中：

$$b_i = \sum_{j=1}^{m} b_{ij} \tag{8}$$

由此可求出各个要素的权值，组成权矩阵：

$$W = (W_1,\ W_2, \cdots,\ W_n)$$

2. 多要素综合评价

多要素综合评价是利用多级模糊综合评价模型，将各个单要素综合评价模糊集合 $\underset{\sim}{B}_i$ 按照内在关系组成多要素综合评价模糊关系矩阵 $\underset{\sim}{R}$：

$$\underset{\sim}{R} = (\underset{\sim}{B}_1,\ \underset{\sim}{B}_2,\ \cdots,\ \underset{\sim}{B}_n)^T$$

结合各要素的权矩阵 W，通过模糊变换 $M(\cdot,\ +)$，便可求得多要素的综合评价模糊集合 B：

$$\underset{\sim}{B} = (b_1,\ b_2,\ \cdots,\ b_k)$$

其中：

$$b_i = \sum_{i=1}^{n} W_i b_{ij} \tag{9}$$

利用最大隶属度判别准则对 $\underset{\sim}{B}$ 作出多要素综合评价结论。

为了便于本方法的应用，将上述全部运算过程汇编成计算机程序，现给出程序框图，见图 2。

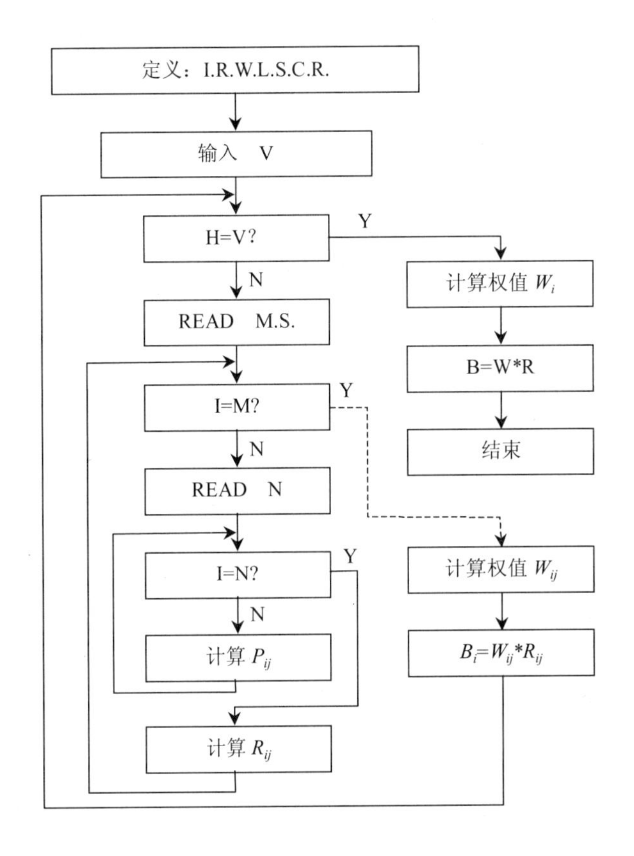

图 2 综合评价计算程序框图

二、实例计算

应用上述评价模型对某地水泥厂扩建工程进行评价研究。根据该厂所处的地理位置、自然条件、社会环境特点及污染源分析资料，确定要素集合的元素为大气、地表水、地下水、土壤、噪声、农业，每个要素又由因子构成子集合。综合评价的评语集合由适宜、较适宜、不大适宜和不适宜构成，单要素或单因子评价的评语子集合由良好、较好、尚可和恶化构成。首先利用现状监测、调查资料做出现状厂址的适宜性评价，然后利用预测结果做出扩建后对区域环境影响的适宜性评价。通过现状评价与影响评价的结果比较，给出本区环境质量的变化趋势及能否扩建的决策性意见。

（一）现状综合评价

1．单因子评价

以大气环境要素中的因子 NO_x 为例进行计算。应用式（1）对表 1 的监测数值计算后，其结果给在表 2 中。由隶属度计算公式对表的数值算出隶属于 4 个评价等级的隶属度值，构成模糊子集合 $\underset{\sim}{R}_{NO_x}$。

$$R_{NO_x}=(0.86,0.14,0.0)$$

由其他各个因子的定量值按同理可计算出各因子的隶属度，构成各因子的评价模糊子集。

表 1 NO_x 测定结果

单位：mg/m^3

次 \ 浓度 \ 样点	1	2	3	4	5	6	7	8	9	10
1	0.03	0.043	0.016	0.006	0.020	0.012	0.033	0.018	0.038	0.025
2	0.043	0.053	0.025	0.01	0.031	0.012	0.042	0.022	0.065	0.034
3	0.06	0.066	0.018	0.006	0.007	0.013	0.058	0.038	0.061	0.049
4	0.043	0.033	0.031	0.014	0.014	0.018	0.022	0.012	0.083	0.027
5	0.022	0.023	0.012	0.006	0.008	0.01	0.012	0.012	0.025	0.015
6	0.008	0.067	0.006	0.002	0.058	0.002	0.027	0.003	0.007	0.015
7	0.017	0.025	0.017	0.003	0.011	0.003	0.055	0.027	0.013	0.019

表 2 NO_x 评价指数

次 \ 指数 \ 样点	1	2	3	4	5	6	7	8	9	10
1	3.3	2.33	6.25	16.67	5	8.33	3.03	5.56	2.63	4
2	2.33	1.89	4	10	3.23	8.33	2.38	4.55	1.54	2.94
3	1.67	1.52	5.56	16.67	14.28	7.69	1.72	2.63	1.64	2.04
4	3.03	2.33	3.23	7.14	7.14	5.56	10	8.33	8.33	6.67
5	33.3	12.5	1.49	16.7	50	1.72	50	3.7	14.29	3.7
6	6.67	5.88	4	5.8	33.3	9.09	33.3	16.7	12.58	7.7
7	4.55	8.33	1.2	4.55	4	4.35	8.33	2.7	1.8	5.26

2. 单要素评价

仍以大气要素为例，当求出 NO_x、SO_2、TSP、飘尘的模糊子集后，构成大气环境要素评价的模糊关系矩阵 $\underset{\sim}{R}_{气}$。利用式（3）～式（5）求出各种因子的权值矩阵 $W_{气}$，通过式（6）作出单要素评价结果：

$$\underset{\sim}{B}_{气}=(0.375,0.25,0.125,0.25)\otimes\begin{pmatrix}0.86 & 0.14 & 0 & 0\\ 0.65 & 0.22 & 0 & 0.13\\ 0 & 0.08 & 0.04 & 0.88\\ 0 & 0.51 & 0.05 & 0.44\end{pmatrix}=(0.625,0.687,0.089,0.508)$$

按照最大隶属度判别准则结合评语子集对 $\underset{\sim}{B}_{气}$ 作出判别，最大值为 0.687，大气环境属于较好级。

同理可以作出其他 5 个要素的评价结果。

3. 多要素综合评价

由各单要素现状评价结果 $\underset{\sim}{B}_i$ 构成了多要素现状综合评价模糊关系矩阵 $\underset{\sim}{R}$：

$$\underset{\sim}{R}=\begin{pmatrix}\underset{\sim}{B}_1\\ \underset{\sim}{B}_2\\ \underset{\sim}{B}_3\\ \underset{\sim}{B}_4\\ \underset{\sim}{B}_5\\ \underset{\sim}{B}_6\end{pmatrix}=\begin{pmatrix}0.625 & 0.687 & 0.09 & 0.508\\ 0.383 & 0.941 & 0 & 0.234\\ 1.0 & 0.089 & 0 & 0.089\\ 0.205 & 0.004 & 0.207 & 0.995\\ 0.071 & 1.0 & 0.105 & 0.893\\ 0.076 & 1.0 & 0.025 & 1.0\end{pmatrix}$$

利用式（7）、式（8）求出各要素的权值，构成权矩阵 W_i：

$$W=(0.179\quad 0.188\quad 0.11\quad 0.132\quad 0.194\quad 0.197)$$

利用式（9）求得多要素综合评价结果 $\underset{\sim}{B}$：

$$\underset{\sim}{B}=W\otimes\underset{\sim}{R}=(0.436\quad 0.701\quad 0.069\quad 0.646)$$

按最大隶属度判别准则，结合评语集合对现状综合评价结果 $\underset{\sim}{B}$ 作出判别，得到比较适宜级。说明该厂现厂址在该区比较适宜。

（二）扩建工程环境影响综合评价

环境影响综合评价是在预测的基础上，把 6 类环境要素中各种因子的预测结果分别按上述方法，逐级进行评价，最终给出综合评价结果。由于整个运算过程都是在计算机上进行，现仅给出扩建工程对环境影响的综合评价结果。

由各单要素综合影响评价结果 $\underset{\sim}{B}_i$ 构成多要素综合评价模糊关系矩阵 $\underset{\sim}{R}'$：

$$\underset{\sim}{R}'=\begin{pmatrix}0.833 & 0.333 & 0 & 0.292\\ 0.779 & 0.966 & 0 & 0.234\\ 1.00 & 0.089 & 0 & 0.089\\ 0.205 & 0.004 & 0.007 & 0.995\\ 0.07 & 1.0 & 0.105 & 0.893\\ 0 & 1.0 & 0.025 & 0.947\end{pmatrix}$$

由式（7）、式（8）求得权矩阵 W'：

$$W'=(0.145\quad 0.196\quad 0.117\quad 0.140\quad 0.205\quad 0.198)$$

用式（9）求出多要素影响的综合评价结果 $\underset{\sim}{B}'$：

$$\underset{\sim}{B}'=W'\otimes\underset{\sim}{R}'=(0.443\quad 0.651\quad 0.055\quad 0.607)$$

按最大隶属度判别准则对 $\underset{\sim}{B}'$ 作出评价，环境影响综合评价结果仍为比较适宜级。说明该厂扩建后该区的环境质量没有发生大的变化。仍然比较适宜。

通过现状评价和影响综合评价结果的比较，可给出同意该厂扩建的结论。

三、结论

通过上述实例计算表明，用文中提出的环境影响综合评价方法，不仅能够解决环境现状和影响的综合评价问题，而且也能用在建设项目的选址评价上，根据评价结果能够给出某个建设项目是否适宜在某一地区建设的确切结论。由于该方法能够综合多要素、多因子的影响，所作出的评价结论可信程度高，而且本方法是经过多级综合后给出的评价结果只有一个，这排除了决策时的随意性。

开发建设项目对生物多样性的影响评价方法构想*

王华东　刘贤姝
（北京师范大学环境科学研究所，北京　100875）

摘　要： 开发建设项目的经济利益与生物多样性保护之间的矛盾日益突出，迫切需要在环境影响评价工作中解决。本文利用模糊综合评价建立起一套方法体系来解决这一现实问题。

关键词： 环境影响评价　生物多样性　模糊综合评价

Impact Assessment Method of Developing Projects on Biodiversity

Wang Huadong，Liu Xianshu
（Institute of Environmental Sciences，Beijing Normal University，100875）

Abstract: The contradiction between economic benefit and biodiversity conservation becomes intensive in developing projects. The solution is urgently demanded through Environmental Impact Assessment. In this paper assessment principles，a tentative assessment indicator system and criterions were given，based on which a fuzzy comprehensive assessment is conducted.

Key words: Environmental impact assessment，Biodiversity，Fuzzy comprehensive assessment

伴随着我国经济的发展，有许多开发建设项目已经影响到一些生物多样性价值相对较高的区域，甚至影响到自然保护区。但在环境影响评价中如何评价项目对自然生态、生物多样性的影响，如何协调经济建设与生物多样性保护之间的矛盾，尚无完善的评价方法可循。本文拟在这方面做一初步探讨。

---

* 原载《重庆环境科学》，1996，18（1）：15-19。

1 评价的目的和原则

进行开发建设项目对生物多样性的影响评价，其主要目的在于针对那些拟在生物多样性保护意义重要的地区兴建的开发建设项目，评价项目对生物多样性价值较高的物种及生态系统将产生的影响，并结合自然生态恢复能力，提出科学可行的生态建议，协调经济发展与保护生物多样性和生物资源的生态可持续利用之间的关系，最终达到区域的可持续发展。

我国是发展中国家，伴随经济增长而产生的发展空间的拓展，使经济建设与生物多样性保护之间的矛盾更为突出。例如，在黄河三角洲某地区，丰富的石油资源蕴藏于生物多样性意义重要的自然保护区的地下，如何协调两种资源的利用与保护？又如，规划中的黑河引水工程是解决西安用水的重要工程，但黑河流域的太白山自然保护区和周至县金丝猴自然保护区必然受到影响，如何协调这一工程中保护与发展的矛盾？再如，我国仅存的两片原始热带雨林之一位于海南岛五指山，生物多样性资源与旅游资源共存，这里发展与保护的矛盾又如何解决诸如此类的现实问题很多，都要求在环境影响评价中得以协调。这也正是进行开发建设项目对生物多样性影响评价的现实目标。

评价需要遵循以下原则：

1.1 利用生态恢复力与保护珍稀物种、珍稀生态系统的原则。一方面，生态系统和物种对于外界干扰都有一定的抵抗能力和恢复能力。片面排斥对生物界的任何影响不仅是不经济的，也是不科学的。另一方面，有些生态系统或物种，尤其是珍稀物种及珍稀生态系统，由于本身受到严重威胁，或生境条件发生较大的改变，已经处于生态恢复能力的下限或种群的衰落期，其恢复能力弱，抗干扰能力很小，应视其价值大小而采取措施避免影响，尽力保护。

1.2 兼顾生物多样性保护与经济发展的原则。经济发展是人类的追求和需要，发展的趋势不能逆转。进行环境影响评价也正是为了使人类活动更有利于自身的发展。而自然生态与生物多样性是经济发展的自然基础，它们的破坏必然会导致人类发展的非持续性。保护生物多样性可服务于经济发展，同时，经济的发展又能为保护生物多样性提供经济、科学技术和思想观念上的支持。所以评价时应兼顾多样性保护与经济发展，寻找二者的最佳结合点。

1.3 层次性原则。对生物多样性的影响评价应分遗传多样性、物种多样性和生态系统多样性 3 个层次进行。同时，考虑到评价工作的现实，以及基因多样性是以物种为载体的，除在特殊的遗传特征存在的条件下应结合现有资料给予考虑外，在一般情况下，可以仅分物种和生态系统两个层次进行评价。

1.4 区域性原则。一方面，物种和生态系统在区域生态中的地位不同，其变化对区域生态环境可能产生不同的影响；另一方面，生物多样性的保护具有规模效益，单个零散的保护措施，只能造成脆弱的岛屿生态效应，从经济和生态上都难以维持。故评价时应考虑影响和保护的区域性特点。

1.5 综合性与简易性结合的原则。生物多样性是生态系统结构与功能的一个重要方面，它的存在、变化、发展都受到整个区域环境的影响，也会影响区域自然环境的变化。

评价时应从整体的角度系统综合地予以考虑。但评价工作本身的性质要求可操作性强，且要求时间相对较短，故应尽量选取代表性的因素，使复杂的问题简单化。

2 评价方法构想

生物多样性的研究正在进行中，可用于环境影响评价的成果尚少。本文以现有研究成果为基础，结合环境影响评价工作的特点，制定了初步的评价指标体系和评价标准，拟以层次分析的结果给出各指标的权重，以专家评分为基本数据，采用模糊综合评价方法进行评价。最终通过生物多样性影响评价和项目经济及社会评价的结果比较，得出评价结论。

2.1 评价指标体系

在评价中可分为物种多样性和生态系统多样性两个层次进行评价。一般地，在工程范围较小的非区域性项目评价中，以生物群落多样性评价代替生态系统多样性评价，而基因多样性仅在已知有特殊基因型存在的情况下单独考虑。

现状评价中物种多样性价值和生态系统多样性价值的评价指标如图 1、图 2 所示；影响评价的评价指标如图 3 所示；项目级别评价指标如图 4 所示。表中同时标出各指标的代码。

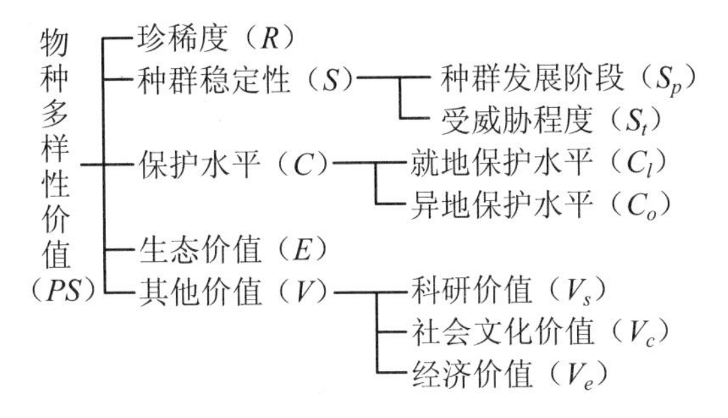

图 1　物种多样性价值现状评价指标体系及指标代码

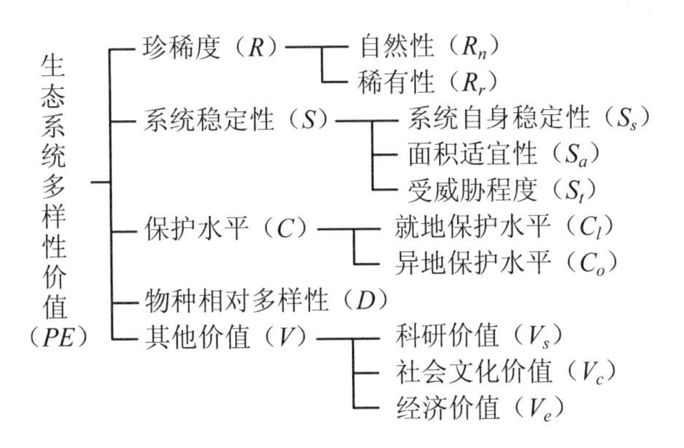

图 2　生态系统多样性价值现状评价指标体系及指标代码

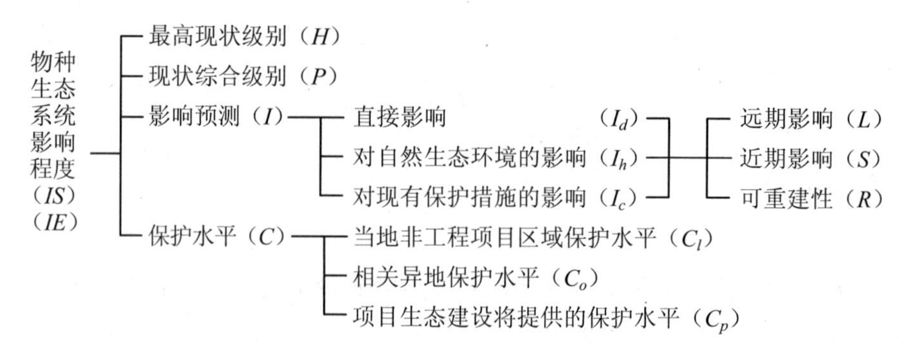

图 3 物种、生态系统多样性价值影响评价指标体系及指标代码

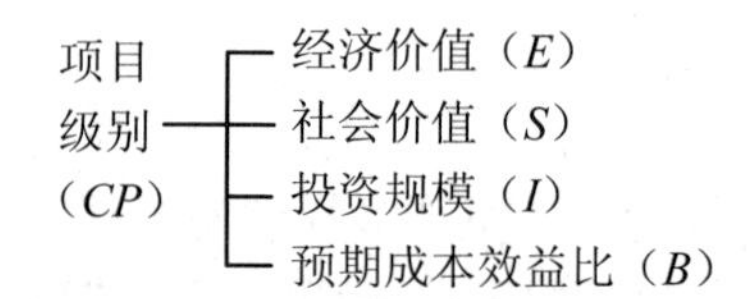

图 4 项目级别评价指标体系及指标代码

2.2 评价标准

可参照一定的赋分标准，组织专家对物种、生态系统多样性价值现状，工程项目对之将产生的影响，以及工程项目本身的各个指标进行评分。表 1 中给出了物种多样性价值现状评价中珍稀度的拟定标准，其他标准从略。

表 1 物种多样性价值现状赋分标准

分值	1	3	5	7	9
珍稀度	一般种	未估价或未充分了解的种	濒危种或敏感种	稀有种	濒危种、极危种

将分值分为四个区间，与评价级别相对应：Ⅰ级为[7.5，10.0]，Ⅱ级为[5.0，7.5)，Ⅲ级为[2.5，5.0)，Ⅳ级为[0，2.5)。

2.3 评价方法

模糊综合评价是由 $\underset{\sim}{B}=\underset{\sim}{A}\circ\underset{\sim}{R}$ 得出的。其中，$\underset{\sim}{B}$ 为评语集 V=（Ⅰ，Ⅱ，Ⅲ，Ⅳ）上的一个模糊子集，称为评价；$\underset{\sim}{A}$ 为因子集 U 上的模糊子集，是权数分配集；“∘”为算子符号；$\underset{\sim}{R}$ 为模糊变换集，设 $\underset{\sim}{R}=(r_{ij})_{n\times 4}$，则 r_{ij} 为指标 U_i 所得分值对 υ_j 级别的隶属度。

$$
\begin{array}{c} \quad\ \upsilon_1 \quad \upsilon_2 \quad \upsilon_3 \quad \upsilon_4 \\ \underset{\sim}{R}=\left|\begin{array}{cccc} r_{11} & r_{12} & r_{13} & r_{14} \\ \vdots & & & \vdots \\ r_{n1} & \cdots & & r_{n4} \end{array}\right| \begin{array}{c} u_1 \\ \vdots \\ u_n \end{array} \end{array}
$$

隶属度由

$$r_{ij}=\frac{n_{ij}}{\sum_{j=1}^{4}n_{ij}}$$

给出。分子表示对指标 u_i 的评分落于 υ_j 区间的个数，分母表示对于指标 u_i 的评分总个数。

对于现状评价、影响评价、项目评价，以及评价各层次，因子集 U 都各不相同。如对于物种多样性价值现状评价，$U_{ps}=\{R，S，C，E，V\}$，其中因子 V 的子因子集为 $U_v=\{V_s，V_c，V_e\}$，详见图 1～图 4。在影响评价的影响预测中，I_d，I_h，I_c 各指标对各级的隶属度，均需从远期、近期和可重建性三方面评价得出，其中 I_d 为对各物种或生态系统影响的等权综合结果。

各指标的权数分配集可由层次分析得出，本文从略。

评价中算子符号“∘”取乘积算子“·”和闭合加法算子“⊕”。

2.4 评价程序（图 5）

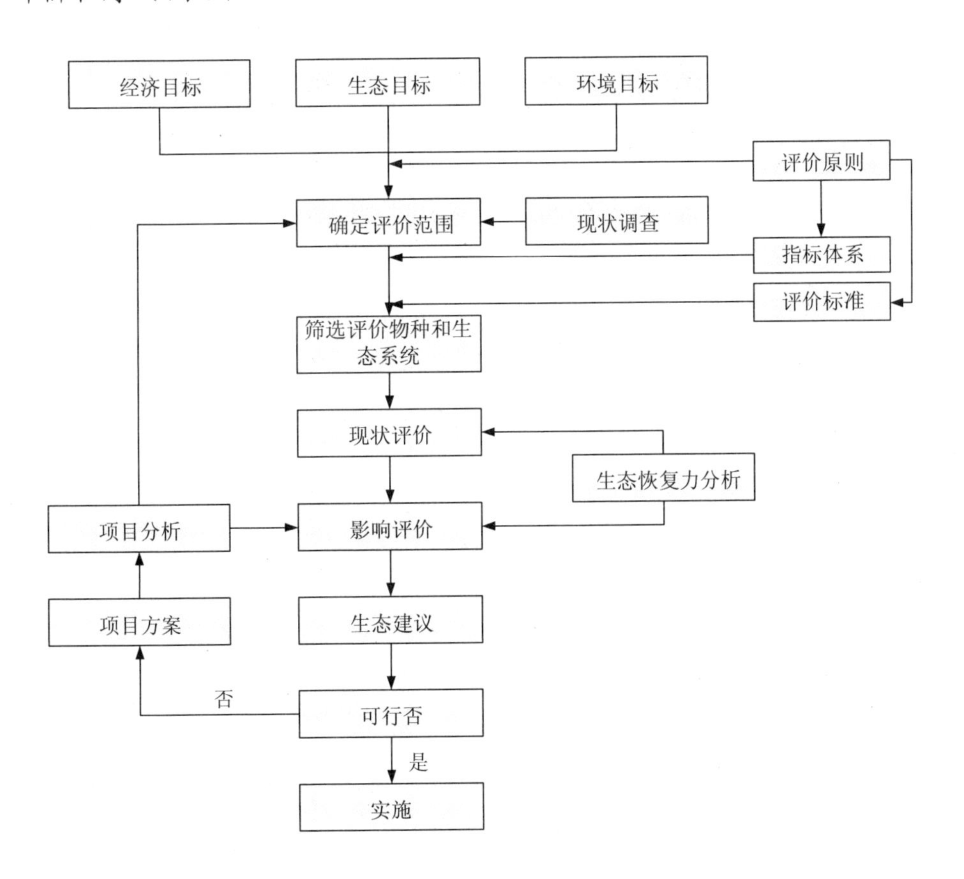

图 5 环境影响评价技术系统图

对某工程项目进行对生物多样性的影响评价，首先进行项目方案分析、自然环境勘察、生态现状调查，据此确定评价范围。

第二步，选定评价对象集，物种集为$S=\{S_1, S_2, \cdots, S_m\}$，生态系统（或生物群落）集为$E=\{E_1, E_2, \cdots, E_n\}$。

第三步，对选定的每一评价物种$S_k\,(k=1, 2, \cdots,\ m)$和生态系统$E_k\,(k=1, 2, \cdots, n)$进行多样性价值现状评价，通过两级模糊评价得出各现状评价集B_{PSk}和$B_{PEk}=(B_{k1},\ B_{k2},\ B_{k3},\ B_{k4})$。

第四步，对B_{PSk}和B_{PEk}分别进行m行和n行模糊矩阵的等权综合，得出物种多样性价值和生态系统多样性价值现状综合评价集B_{PS}和B_{PK}，取集合的4个元素中的最高值所属级别为现状综合评价级别。

第五步，利用现状综合评价集B_{PS}、B_{PE}和物种与生态系统中现状级别最高的评价B_{PSmax}和B_{PEmax}，以及由多级模糊评价得出的影响预测集B_I、保护水平集B_C。进行综合评价，得出影响评价集B_{IS}和B_{IE}以及影响评价级别。

第六步，进行项目评价，得出项目评价集B_{CP}和项目级别。

第七步，进行影响级别与项目级别的比较，得出项目是否可行的结论。结论的得出需遵循以下原则：影响级别高于项目级别的，应禁止项目进行，或采取其他项目方案，改建或易址兴建；影响级别与项目级别相当的，应进一步权衡，因生物多样性的损失具有不可逆性，原则上以保护多样性为重，改建或易址兴建工程项目；影响级别小于项目级别多样性不会有重要损失的情况下允许项目进行；影响较小的项目可以进行。

第八步，提出生态建议。对于允许兴建的工程项目，需全面考虑其将产生的影响，并结合区域生物多样性保护要求和保护措施现状，提出生态建议。使系统向着生态经济效益最高的方向演替。

人类活动对生物多样性的影响评价是一个亟待发展的重要领域，它将成为人类走向持续发展的强有力的手段。这方面研究刚刚开始，我们仅提出了基本的思路和框架，希望引起各方面有关专家的关注和讨论。

战略环境影响评价研究*

李 巍 王华东 王淑华
（北京师范大学环境科学研究所，北京 100875）

摘 要：研究证明，仅对项目进行环境影响评价是不够的。最近提出的战略环境影响评价不仅是对项目环境影响评价的提高，而且能用一种可操作的分阶段的方法把可持续性目标的理论要求贯彻到实际中去。因而在大力提倡持续发展的今天，有必要在我国开展战略环境影响评价。本文介绍了战略环境影响评价的概念、特点、目前的发展状况和一般的方法学，并提出了今后应开展的工作。

关键词：战略环境影响评价 可持续性 项目环境影响评价

Studies on Strategic Environmental Impact Assessment

Li Wei，Wang Huadong，Wang Shuhua
（Environmental Institute，Beijing Normal University，Beijing 100875）

Abstract: As it has been proven，only to do project - based EIA is inadequate. Strategic environmental impact assessmeat（SEIA） proposed recently is not only a development on the basis of project - based EIA，but also an operational step by step method to implement sustainability in practice. Therefore，it is imperative to develop SEIA in China at the time of sustainable development. The concept，charactcristics，present status and general methodology of SEIA are presented here and we propose also the future work of developing SEIA in China.

Key words: strategic environmental impact assessment（SEIA），sustainability，project-based EIA

* 原载《环境科学进展》，1995，3（3）：1-6。

一、前言

自从 1979 年环境影响评价制度在我国建立以来，它在协调经济发展和环境保护关系方面发挥了重要作用。但是，长期以来它一直主要应用于较低级的项目层次，因而不仅不能有效地处理多个项目的累积、间接和协同的影响，而且受到有关发展战略的严重制约。换句话说，如果战略的本质是对环境有害的，那么项目环境影响评价很难从根本上有效地阻止对环境的破坏。所以说还有许多项目环境影响评价不能解决的问题，仅对项目进行环境影响评价是不够的。而发展战略是长远的、决定性的，它的正确与否实际上就已经决定了一项事业或行动的成败。所以，为了能在发展的早期，从根本上防止人为的环境污染与破坏，必须对发展战略进行环境影响评价。

目前，持续发展已经成为世界各国的研究热点，我国也在研究制定相应的战略，其中在环境与发展问题上，应该采取促进经济发展的同时保护资源与环境的战略，即在保护生态环境不受破坏、资源永续利用的前提下发展经济。所以，为保证一项发展战略是有利于持续发展的，同样需要对战略进行环境影响评价。因此，在我国开展战略环境影响评价研究，具有现实的和深远的意义。

二、战略环境影响评价的概念

战略是指重大的政策、计划或规划，具有全局性、长期性、规律性和决定性的特点。战略环境影响评价就是环境影响评价在战略层次上的应用。具体地，它是指对政策、计划或规划及其替代方案的环境影响进行正式的、系统的和综合的评价过程。

在这里，战略可以是大到全球和国家，小到区域和部门的战略。它的具体政策、计划和规划之间是有区别的。政策是政府的目标和实现目标的措施。计划或规划是政策的具体表达，是使政策发挥作用的一整套相关的活动，通常由项目组成。从政策—计划或规划—项目，既含有时间顺序，又包含等级顺序。但无论是政策，还是计划或规划的环境影响评价都被称为战略环境影响评价。

三、开展战略环境影响评价的意义

开展战略环境影响评价主要有两方面的意义。

1．是对项目环境影响评价的拓展、完善和提高

许多国家（包括我国）一直主要开展项目环境影响评价。但是，随着研究和应用的深入，大量的理论和实践表明，在保护环境方面还有许多项目环境影响评价不能解决的问题，这主要表现在以下几个方面：

（1）它总是在发展战略实施以后对单个项目进行评价，而不是在决策过程中对发展战略进行反应。因此，它不能改变战略，只能帮助确定是否接受或者拒绝一些具体的项目计划。而战略环境影响评价则采取积极的方法，即在制定发展战略的过程中就充分考虑与环境有关的各种问题，并对发展战略进行不断的选择和调整。因此，它能及早预测和防止可能出现的各种问题，并对发展战略进行不断的选择和调整。它能及早预测和防止可能出现的环境问题，并制定出最佳战略，实现既发展经济又保护环境的目标。

（2）美国环境质量委员会早就强调，考察替代方案是环境影响评价的核心（USCEQ，1978）。而项目环境影响评价却只能用一种非常有限的方式处理项目的替代方案。这一方面是因为缺乏有关的指南和在环境影响评价立法中对替代方案强调很少。如在我国的环境影响评价技术导则中就不要求讨论项目的替代方案。另一方面是因为当进行环境影响评价时，许多情况下一个项目计划已经规定得特别严格，没有可能再做修改了。用一个更严格的项目环境影响评价可以部分解决这个问题，但绝不可能同战略环境影响评价一样，要求并能够在决策的早期阶段就对所有的替代方案进行充分的选择和评估。

（3）项目环境影响评价的客观性也受到准备评价的机构的影响。包括我国在内的许多国家，环境影响评价由项目的开发者准备，而不是由地方当局或一个中立的政府机构来进行。这样，开发者将尽可能使评价的结果满足自己的要求，于是就破坏了环境影响评价的客观性。而战略环境影响评价由负有公共责任的国家机构或政府部门组织进行，通过部门间的合作及有关专家和公众的参与，能够进行客观的、全面的环境影响评价。

（4）项目环境影响评价的准备时间同样受到制约。特别是受资金和计划时间表的制约，使得许多评价在一个短期内进行（通常几个月）。这不仅限制了数据的收集量，而且影响了分析的质量。此外，对评价结果的鉴定也太晚，而不能对项目作出应有的贡献。而在战略环境影响评价过程中，有关专家在计划早期阶段就参与进去，并利用高层优势，充分收集各种信息，进行全面的讨论和评价，从而避免了在项目层次上重复评价同样的问题，可以节省时间和资金。

最后，在项目环境影响评价中，公众参与也由于类似的原因受到限制。在我国，公众参与很少甚至没有。而战略环境影响评价不仅能为公众参与提供机会，而且会充分考虑公众的意见和建议，以提高决策的质量。

2. 是贯彻可持续性目标的一种可操作的方法

目前，世界各国政府已经接受了持续发展的概念，我国也制定了以持续发展为核心的《中国 21 世纪议程》。然而判断一个战略是否有利于持续发展以及实际贯彻可持续性目标一直是一个难题。理论上，可持续性原则将作为所有政策的核心内容，然后通过计划、规划和最终的项目一点一点的渗透和贯彻。这就要求一个能综合考虑大范围人类活动和环境要素的更综合更积极的方法。而战略环境影响评价要求在制定战略的初级阶段就充分考虑大范围人类活动的后果，进而选择对环境、社会和经济最有利的最佳方案。如果把可持续性作为战略环境影响评价系统的最终目标，那么这个系统能够用一种分阶段的方法把可持续性原则贯彻下去：政策→计划或规划→项目—……。由此可见，战略环境影响评价的指导思想和研究方法与持续发展理论高度统一，是一个贯彻可持续性目标的适宜方法。

总之，在提倡持续发展的今天，仅仅在我国进行项目环境影响评价是不够的。为了更好地保护环境和资源，推动我国的持续发展，有必要建立和开展战略环境影响评价。

四、战略环境影响评价的特点

战略环境影响评价是对现行的针对项目的环境影响评价的提高。不仅能确保在战略的制定过程中系统评估所有的替代方案，给公众一个参与机会，而且有助于贯彻可持续性原则。它除了具有高层次性之外，还具有以下特点：

（1）提供一个对公众有效的负有公共责任的决策框架，并由制定战略的政府部门组织环境影响评价，从而提高环境影响评价的客观性。

（2）在决策过程中，综合考虑环境和发展。并通过跨部门合作，实现在不同目标之间的磋商和权衡。

（3）在决策有较大弹性的早期阶段，充分考虑所有的替代选择和公众意见。

（4）通过在战略决策过程中，全面考虑环境问题和影响，避免了在项目层次上的重复评价，从而节省了时间和资金。

（5）是贯彻可持续性和预防性原则的一种可操作的方法。

但是，需要指出的是，进行战略环境影响评价并不是要取代现行的项目环境影响评价，而只是把环境影响评价应用到以前没有涉及的更高级的战略中去，并建立一个理想的框架，使各个层次的环境影响评价在其中有效地进行。

五、战略环境影响评价的研究发展状况

1. 评价准备和审议

现行的战略环境影响评价都由制定战略的机构来准备。例如，美国住房和城市发展部负责准备主要城市发展计划的环境影响评价，而运输部负责机场雷达安装规划的环境影响评价。由一个独立的环境机构负责审议战略环境影响评价是必要的，因为这样做能确保评价全面、准确和无偏见的优点。目前，在荷兰和美国有这样独立的环境机构，德国的大多数计划也有独立的环境机构来审查。

2. 评价的分类

目前，战略环境影响评价有三种类型：部门的、区域的和其他的。部门的包括废物处理、供水、农业、林业、能源、娱乐、运输以及工业、房屋建筑和冶炼。区域的有区域规划、城市规划、社区规划、区域再发展规划、乡村规划及机场规划、大学城规划和其他有关发展地点选择的决策。其他的是指诸如科学、技术、金融（或财政）政策和法律等间接影响环境的战略的环境影响评价。

3. 评价的范围

目前有两种方法用来确定哪些战略需要环境影响评价。列表法是给出一个需要进行环境影响评价的战略的清单，如欧共体和荷兰。概念法是对需要进行环境影响评价的战略下定义。但不具体地列出，如美国及其加州。这一种方法是比较适宜的，但要给出一个全面的最佳定义，还要进一步研究。

4．应考虑的影响

在战略环境影响评价中应考虑的影响有三种类型。“传统影响”指的是大多数项目环境影响评价所考虑的影响，如水质、大气、地质和噪声等影响；“与可持续性有关的影响”主要是指受不可逆、累积和二次影响威胁的资源，包括独特的自然特征、主要栖息地和物种、能源及不可更新资源的使用；“与政策有关的影响”指的是其他政策的作用和对其他政策的作用，包括安全与风险、发展的可持续性、自然灾害和社会情况等。

六、战略环境影响评价方法学概述

目前，战略环境影响评价的方法学还处在发展的初级阶段，其中的两个主要问题是：

1．对于政策、计划、规划和项目是否应采用不同的评价方法

伍德和蒂加德奥（Wood and Djeddour）在 1991 年建议：既然战略环境影响评价的许多内容是与项目环境影响评价相同的，因此许多方法可以在战略层次上继续使用，所差的只是在详细程度和特征水平上的不同。而斯佐特（Street）在 1992 年认为：政策、计划、规划和项目是互不相同的，不同层次的环境影响评价应该考虑不同的问题。

2．对于区域的、部门的或其他的战略是否应该采用不同的评价方法

目前，这个问题已经变得很明显，美国住房和城市发展部的指南（USHUD，1981）是特别为区域计划和规划的环境影响评价准备的。而英国环境部的《政策评估和环境》（D.E.，1991）是用于分析所有类型政策的环境影响的。结合这两个指南，我们认为战略环境影响评价除了要继续使用项目环境影响评价的一些方法之外，还应包括一些更系统、更全面的方法，而且还要进行高层的不确定性分析。

3．战略环境影响评价的一般方法学

战略环境影响评价中，环境承载力和可持续性是评价影响的最基本标准。累积、二次和间接环境影响的预测和评价是重点。此外，还要注意短期和长期、可逆和不可逆影响之间的区别。

其中，影响预测技术不需要像项目环境影响评价中的那样特殊，主要是使用能够提供大面积地区信息的技术，包括航空照片、制图技术、地理信息系统（GIS）、资源和废弃物相关分析、事故和不确定性分析及同其他机构进行磋商。其中，由于地理信息系统卓越的数据处理功能及在建模和影响预测方面的突出特点，使其成为战略环境影响评价的有力工具。

对环境影响重要性的评价可采用列表、衡量和筛选程序、覆盖方法、资源的流动、损害和耗竭分析、景观评价技术及同环境机构磋商等方法。而替代方案的评价方法包括直观技术（在专家讨论基础上的评价）、费用—效益分析、目标矩阵分析和另一种矩阵形式，即在水平轴上表示出各种替代方案、在垂直轴上列出有效的环境成分，并在相应的矩阵元内注明与每个环境成分相关的替代方案的重要性和等级。

七、今后的工作

综上所述，在我国开展环境影响评价能够在早期预防和避免由于经济发展引起的环境问题，从根本上防止人为的环境破坏，而且有助于形成环境和发展综合决策机制，使环境影响评价真正成为协调经济发展和环境保护的有力工具。目前，我国经济发展迅速，新的发展热点和发展战略不断涌现，国家有国家的发展战略，各省、市、地区和部门也有各自的发展战略。而发展必然带来环境影响，如我国最近出台的发展私人小汽车的战略。发展私人小汽车是我国经济发展的必然，但这将导致空气污染和道路交通的拥挤及其他累积、二次和间接影响，所以，必然对这个战略进行环境影响评价。其他如长江流域的发展战略、东北亚地区的发展战略、外贸进出口战略、开发区和城市的发展规划等也都需要进行战略环境影响评价。为了更好地在我国开展战略环境影响评价，今后应开展以下几项工作：

（1）引进和吸收战略环境影响评价的概念、原则和方法。在借鉴国外战略环境影响评价经验的基础上，逐步开展国内的战略环境影响评价研究。

（2）在实践的基础上，研究和完善适合于我国的战略环境影响评价方法学。

（3）建立有中国特色的战略环境影响评价系统。

（4）探索用战略环境影响评价系统贯彻和实施持续发展思想的方法，推进中国的 21 世纪议程。

累积影响研究及其意义*

彭应登[1] 王华东[2]
（1. 北京市环境保护科学研究院，北京 100037;
2. 北京师范大学环境科学研究所，北京 100875）

摘 要：在综述累积影响研究现状的基础上，概述了累积影响的概念与分类方法、累积影响评价的主要途径，论述了累积影响研究的前景与意义。

关键词：累积影响 累积影响评价 环境影响评价

Cumulative Impacts Research and Its Significance

Peng Yingdeng[1] Wang Huadong[2]
（1. Beijing Municipal Research Academy of Environmental Protection，Beijing 100037;
2. Institute of Environmental Science，Beijing Normal University，100875）

Abstract: The recognition of cumulative impact can be largely attributed to the development in environmental impact assessment. This article reviews definitions and conceptual frameworks of cumulative impact and describes analytical approaches to cumulative impacts assessment（CIA）.Based on this review，the flexible application of CIA to policies，plan or programs were proposed and some immediate research needs were suggested.

Key words: cumulative impacts，cumulative impact assessment，environmental impact assessment

累积影响研究源于对现行环境影响评价（EIA）方法缺陷的认识。现行 EIA 方法的最大缺陷是其将视野主要局限在单个项目的评价上，使得一个项目与其他项目（包括区域内过去、现在和未来可能预见到的项目）之间对环境产生的综合影响或累积影响得不到应有的考虑，结果导致越来越多的由累积影响产生的环境问题（如酸雨、光化学烟雾和温室效应等）的出现，而现今的环境管理体系中尚缺乏对累积影响进行有效预测与管理的手段。

---

* 原载《环境科学》，1997 年 1 月。

所以，累积影响研究的兴起，不仅是 EIA 不断走向完善的结果，也是解决现实环境问题的迫切需要。

1 累积影响的概念与类型

自累积影响为人们所认识以来，国外已进行了不少研究工作，但尚未对其给出明确的概念与分类。累积影响的概念最早见于 1973 年颁布的美国《实施“国家环境政策法”(NEPA) 指南》上，并在 1978 年颁布的《NEPA 规定》中被正式提出要求考虑。该概念的含义是指“当一个项目与过去、现在和未来可能预见到的项目进行叠加时会对环境产生综合影响或累积影响”，特别是指“各个项目的单独影响不大，而综合起来的影响却很大”的现象。

从此概念的含义推知，开发项目的累积影响会产生于以下两种情形：

(1) 当一个项目的环境影响与另一个项目的环境影响以协同的方式进行结合时。

(2) 当若干个项目对环境系统产生的影响在时间上过于频繁或在空间上过于密集，以至于各单个项目的影响得不到及时消纳时。

对这两种情形的分别理解，引出了两种截然不同的研究思路，即“环境系统”的思路和“开发项目”的思路。第一种思路侧重环境系统的特性研究，第二种思路侧重开发活动之间的累积关系研究。从研究的不同时期来看，早期的研究主要侧重于累积影响的特征，最近的研究则主要注重于累积影响的过程。

1.1 累积影响的特征

累积影响的特征可归纳为以下 3 个：

(1) 时间累积的特征。当两个干扰之间的时间间隔小于环境系统从每个干扰中恢复过来所需的时间时，就会产生时间上的累积现象（例如森林砍伐速度高于林木恢复速度）。时间上的累积可以是连续性的、周期性的或不规则性的，产生的时间可长可短。

(2) 空间累积的特征。当两个干扰之间的空间间距小于疏散每个干扰所需的距离时，就会产生空间上的累积现象（例如大气污染烟羽的汇合）。空间累积在空间上可以是局部的、区域的或全球的，在密度上可以是分散的或集聚的，在外形上可以是点状的、线状的或面状的。

(3) 人类活动导致的特征。当各种人类活动之间在时间和空间上出现上述两个特征的关联时，人类活动的特征也会影响累积发生的方式。

上述的 3 个特征不是彼此孤立的，而是相互高度依赖的。3 个特征的归纳有助于对累积影响发生过程的分析。

1.2 累积影响的概念框架

自 Horak 等 1983 年首次提出以因果关系为基础的累积影响的概念框架以后，一些新的概念框架相继出现。这些概念框架均有一个共同特点，即都是建立在累积影响发生的因果过程之上。这个因果过程包括影响源（原因）、影响的途径和影响的结果 3 个部分。

（1）影响源。人类的开发活动是产生环境累积影响的主要根源。虽然各类开发活动在数量、类型和时空分布上情况各异，但可将其简单地分为单个开发项目和多个开发项目两大类。

（2）影响途径。累积影响产生的途径可根据影响源的类型（单个项目或多个项目）和累积的方式（加和作用或交互作用）分为 4 大类：

途径一　单个项目通过简单加和或削减作用持续向环境系统释放物质或能量。例如填埋在地下深层的核废料对地下水缓慢而持续的污染。

途径二　单个项目通过交互作用持续向环境释放物质或能量。农药残留物在生物链中的“生物放大作用”就是这种交互作用的一个典型例子。

途径三　两个或两个以上的项目通过加和作用（非协同作用）导致环境变化。例如排入大气中的 CO_2 和 CFC（含氯氟烃）尽管在大气中呈现的化学过程不同，但均会对全球增温（温室效应）作出贡献。

途径四　两个或两个以上的项目通过协同作用导致环境变化。协同作用使得总的环境效应大于各个项目环境效应的总和，如光化学烟雾的形成。

以上累积途径的分类还不太完善，因为这 4 个途径之间不是完全孤立的。在一个复杂的环境系统中，4 个途径往往会同时出现，而且会产生相互联系和作用。但这种分类有助于了解和分析累积影响产生的复杂机理和过程。

上述分类是从对累积过程的分析得出的。除了这种“过程型”的累积现象外，还存在一种由开发项目间接产生或次生的累积现象。这种累积现象的产生主要是由于某些开发项目具有“增长诱导性”。这种项目的出现会刺激和加速其他始料不及的新项目的出现，它们是产生更大的环境影响的“催化剂”。该类项目对环境产生的深远影响远大于其直接影响，例如，新道路项目的建设将带动周边地区房地产、商业等项目的开发。

（3）影响的结果。影响的结果是指开发活动对环境造成的累积效应。累积效应的分类方法繁多，其中有代表性的是 CEARC（1988）提出的分类法，详见表 1。这种分类法的缺点是缺乏一个统一的分类标准。例如，有些类型是根据累积的过程而划分的（如时间拥挤、空间拥挤和协同效应）；有些类型是根据结构和形式而划分（如蚕食效应）；而有些类型是根据指标而划分的（如阈值）。而且，各种类型之间往往不是彼此独立的关系，而是一种并存的关系。

表 1　累积效应的分类

类型	主要特征	例子
时间拥挤	对某一环境要素频繁而反复的影响	废物连续性排入湖泊、河流或大气
空间拥挤	对某一环境要素密集的影响	大气污染烟羽的汇合
协同效应	多个污染对某一环境要素产生的协同作用	大气污染物排入大气产生化学烟雾
时间滞后	响应长时间滞后于干扰	致癌效应
空间滞后（超出边界）	环境效应在远离污染源的地域出现	酸雨在远离污染排放源的地区出现
触发点和阈值	改变环境系统行为的破坏作用	大气中 SO_2 逐渐增加导致全球变暖
间接效应	在时间上超出了主项目的次生影响	新道路建设带动周边的开发
蚕食效应	生态系统被割裂分化	自然生态区的逐渐缩小和消失

Cocklin 等人（1992）将累积影响简单地划分为“影响的累积”和“累积性的影响”两大类。“影响的累积”是指单个或多个项目产生的不相关联的效应（例如湖泊中由电厂排入的冷却水与农业排放的磷负荷）。只有当这些效应以不同的方式降低整个生态环境系统的功能时，才能认为它们之间是有关联的。“累积性的影响”则是指源于加和或协同作用而产生的交互性效应。尽管某些开发项目之间无任何关联，但它们均会对某一环境要素产生联合作用（如汽车尾气与火电厂排气均会影响大气中 CO_2 的浓度水平）。

笔者认为，第一类累积影响跨越较大的时空尺度，涉及单个项目和多个项目两种影响源，可称其为“广义的累积影响”；第二类累积影响跨越的时空尺度较小，只涉及多个项目影响源，容易被人类的视野所覆盖，可称其为“狭义的累积影响”。第二类累积影响是目前研究的主要对象。

以上对累积影响概念的探索始终反映了最初两种迥然不同的研究思路。第一种思路是从研究环境系统对外界干扰的响应特性（包括阈值、非线性和协同性）入手，采用“环境系统”的观点来定义累积影响。此定义的累积影响包括时间“拥挤”、空间“拥挤”、协同效应和阈值等内容。第二种思路是从研究开发活动之间、开发活动与其产生的累积影响之间的关系入手，采用“开发活动”的观点来定义累积影响。此定义的累积影响包括相似性与非相似性项目、加和性或协同性项目、“增长诱导性”项目等内容。

这两种思路后来出现了相互融合，从而使累积影响的概念开始趋于完善。

2 累积影响评价

累积影响评价（CIA）是指系统地分析和评估累积影响的过程。累积影响的概念研究为确定、预测和评估累积影响提供一定的基础。然而，要使累积影响得到客观全面的分析，就必须采用有效的分析途径和方法。目前的分析途径主要有两种：第一种途径主要是将 CIA 作为一种为决策者提供信息的预测分析手段，即认为 CIA 是 EIA 的一种扩展形式。第二种途径则是将 CIA 视为一种规划的形式，使其成为选择最优规划方案的一种手段。

采用第一种途径的 CIA 形式主要有“区域评价”和“规划评价”两种。“区域评价”的评价对象是某一区域内的所有各类开发项目；而“规划评价”的评价对象是某个大型计划中若干相似的或相关联的开发活动。这两种评价在评价范围和评价时段上都比单个项目的评价宽广得多。该途径主要是通过调整和完善现行的 EIA 体系来适应对累积影响的分析。

采用第二种途径的 CIA 形式有“适宜度分析”和“承载力研究”两种。“适宜度分析”主要研究某一区域的环境特征并确定区域内各地段对不同开发活动的适宜性和敏感性。“承载力研究”主要研究环境系统对人类开发活动的承载能力和制约因素。该途径主要是通过将累积影响因素纳入现行的资源规划体系来实现对累积影响的分析。

由此可见，第一种途径主要从分析开发活动的累积影响入手，强调 CIA 为决策服务的预测分析功能，是一种预测分析的观点；第二种途径主要从研究环境的特征入手，强调 CIA 为资源综合开发提供规划手段的管理控制功能，是一种政策规划的观点。笔者认为，这两种途径并不对立和矛盾，只是在CIA的应用上各自的侧重点不同。其实，这两种途径所包括的内容就是解决累积影响问题过程中的两个必要的步骤和组成部分（预测分析与管理控制）。在当今实施可持续发展战略的要求下，应该将累积影响分析纳入战略环境评价的体系中，使开发活动的累积影响在政策、规划和计划的各个层次上都得到充分的考虑。

3 累积影响研究展望

日益增多的关于累积影响的研究报道说明了累积影响研究将成为环境科学研究的一个新热点。目前，该领域的研究仍处于起步阶段，其理论与实践有待于发展和完善。

（1）由于环境累积影响的普遍性与多样性，不可能对每一种可能累积的现象都加以研究，所以理论研究应注重带共性的方法学的研究。累积影响研究的出发点是加强对多个开发活动的环境管理。因此，方法学研究的侧重点应该是开发活动的相互关系与时空分布的研究。而不是微观具体的物理化学过程的研究，因为后者已有“复合污染”领域对其进行专门的研究。

（2）累积影响研究将使传统的EIA方法框架产生重大的改进，同时将为区域环境管理规划提供一种更为有效的规划手段。CIA研究应侧重累积影响分析与管理的方法研究，使CIA与现行EIA体系和环境管理规划体系能有机地融合在一起。

（3）加强累积影响研究成果的应用研究。累积影响是广泛存在的环境干扰现象，其研究成果对环境保护的许多方面均有重要的意义。例如，区域可持续发展规划、区域环境综合防治、环境容量与承载力研究、环境总量控制和环境标准的修订等。

（4）可持续发展战略的实施为开展累积影响研究提供了新的机遇。可持续发展战略要求人们以较宽广的时空观协调环境与发展的关系，累积影响研究则较充分地体现了这一可持续发展的思想。

（5）我国目前虽然很少开展累积影响研究工作，但已开展的环境总量控制和区域开发环境影响评价研究中也体现了部分“累积影响”的思想。这就为我国开展累积影响研究提供了一定的基础。

环境风险评价

环境风险评价*

王华东[1] 肖振宣[2]
（1. 北京师范大学环科所；2. 安徽省环境监测站）

环境风险评价是环境影响评价领域中的一个新课题。伴随着建设项目环境影响评价的深入，人们已经从正常事件转移到对偶然事件发生可能性的环境影响分析研究。环境风险评价诞生于20世纪80年代初，它是环境影响评价与风险评价交叉发展的结果。特别是在各种化学合成物质不断涌现的今天，开展环境风险评价研究就更显得重要了。

1980年由联合国科学工作者联合会组织出版了A·V·怀特及L·帕尔吞编著的《环境风险评价》；1985年出版了K·S·史莱德尔—福莱希特的《风险分析和科学方法》；1982年出版了R·A·Conway的《化合物的环境风险分析》；1985年在加拿大由蒙特利尔大学主持了环境风险评价的学术讨论会；年底由美国阿巴丁大学环境管理和规划中心在印度海德拉巴德召开了发展中国家环境风险评价讨论会。可见，环境风险评价近年在国外是一个十分活跃的研究领域。下面就环境风险评价的概念、研究内容、研究方法及步骤做一简单介绍。

1 环境风险评价的概念

首先应该明确风险评价的概念，它是指对非正常事件出现几率和最坏影响的测度，它包括对风险后果的安全分析和定量估计，研究社会对风险的可接受水平。将风险评价的概念引入环境科学，进一步发展了环境风险评价。广义的环境风险评价应该包括由新化学合成物质的应用所引起的环境风险以及各种自然灾害引起的环境风险。对环境风险评价的狭义理解，是指有毒化学物质对人体健康产生危害的可能性和可能程度做出估计，并进一步提出减少环境风险的决策，以加强环境风险管理。

2 环境风险评价的内容与方法

环境风险评价的重要内容可概括如图1所示。它包括实验观察研究、环境风险评价及环境风险管理三部分。

---

* 原载《环境与健康杂志》，1987，4（6）：40-43。

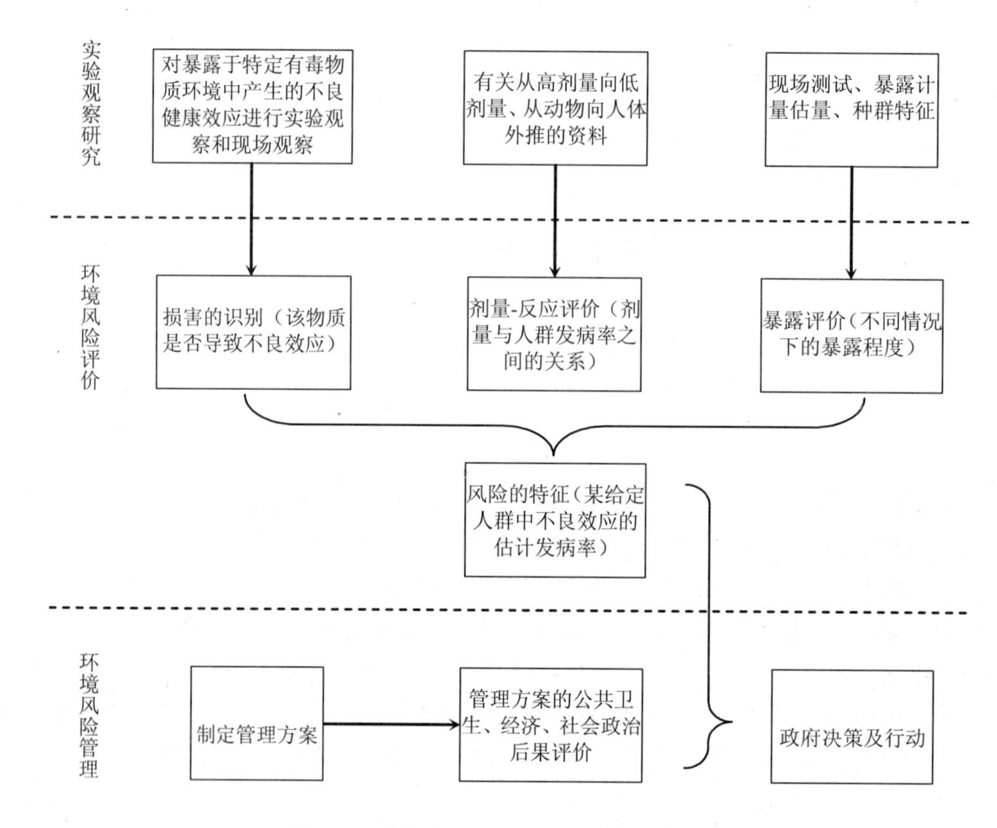

图 1 环境风险评价及管理的程序及内容简图

进行环境风险评价并无固定的公式可循，它只是一种评价分析手段，可按照实际需要来进行设计，大致可分为两种类型。

（1）无阈作用值有害物质的环境风险评价方法。无阈作用值就是不存在无风险的暴露水平。例如，致癌物质就是不存在阈作用值的有害物质。致癌物的环境风险评价就是估算其暴露致癌的几率。由于致癌物环境风险评价一般是根据动物的实验数据，而动物实验设计的暴露水平大大高于人群的预期暴露水平。因此，这类环境风险评价使用概率模型画出剂量-反应曲线，从较高的实验剂量水平外延至零暴露点。这类评价的结果是对某给定暴露水平导致病例增加的概率（即风险）的估计值。往往用单位剂量或单位暴露的风险，如空气或饮用水每 ppm 某物质的风险来表示。单位风险乘以暴露水平和暴露人数，就能得到该暴露水平下该人群癌症发病率的估计值。

对于无阈作用值的有害物质，只要有足够的实验数据建立剂量-反应曲线，就可以用概率模型进行环境风险评价。

（2）有阈作用值有害物质的环境风险评价方法。对有阈作用值的有害物质，主要是确定其“安全”或无影响的暴露水平。也就是依据动物实验或可靠的人群调查资料，确定所研究物质的“无可见影响水平”（no observable effect level，NOEL），然后根据所用资料的性质除以不确定因子，得到允许暴露水平，可用允许日摄入量（acceptable daily intake，ADI）表示。这里，我们假定暴露在低于允许暴露水平的污染物剂量的人不会因这种暴露而遭受损害。然后综合 ADI 和超过阈水平的影响的资料，就可做出环境风险评价。

3 环境风险评价的步骤

有毒污染物给人群带来的风险是损害与暴露这两个可测度因子的函数。一种化学物带来环境风险必定具备一定的毒性，并以某个水平存在于环境中。环境风险评价是从这两个方面的发现来判断某种有害影响是否发生，并进行必要的计算以估计影响的总程度。

环境风险评价过程一般遵循下面4个步骤。通常先作损害的识别或暴露评价，如果不存在损害或暴露，就不必继续评价下去。

（1）损害的识别。应该利用现有数据和资料进行分析和权衡，从而确定某种物质是否会产生有害健康的效应。特别是致癌、致畸、致突变以及对肝、肾等重要器官的损害等。

（2）剂量-反应评价。一旦证实某种化学物质能产生某种特殊的人体效应，就必须进一步确定不同暴露水平剂量的反应强度。

（3）暴露评价。暴露评价是估计人体暴露于某种化学物质的可能程度。最好的方法是对环境条件作直接测定或监测，但费用太高。实际上，大多是根据排放量和有限的监测数据，结合最终浓度估算模式进行估算。

不同污染物暴露在环境中，所产生的影响和效应也异。对很多污染物的效应，主要是它在人群生活期间的暴露情况；对另一些污染物的效应，则关心排放源附近人群的最大暴露水平或短期暴露的峰值水平；还要考虑人群中特别敏感的部分，如儿童、老人、患有呼吸道或其他特殊疾病的人群等。在上述步骤的基础上，为了管理的需要，应对不同暴露水平的风险进行估算。最后，应提出与决策有关的全部信息，包括评价过程每个步骤中数据资料的性质和意义、各评价因子的不确定性的估计、人群各构成组分的风险分布以及评估中包含的各种假设等。

4 环境风险评价中的不确定性

在目前的环境影响评价中，由于资料的限制，评价结果往往还不能精确地说明环境污染与人体健康的关系，例如，兴建一个新的建设项目，究竟有多少人、在多大程度上受到某种特定污染物的影响。某些污染物有关导致疾病的机制或暴露以及可能出现症状的性质尚不清楚。因此，环境风险评价的任务是对物质与疾病之间可能存在的各种关系做出最能令人信服的表述，尽可能减少不确定性，并对其不确定性说明原因。下面讨论环境风险评价各个阶段的几种不确定性。

（1）损害识别中对数据资料的衡量问题。绝大多数的环境风险评价依赖于动物实验，因其能有效地控制产生误差的很多因素。但也存在一些问题，如动物生物学系统与人类系统不同；一些动物种属对某些物质的敏感性高于人类，而对另一些物质的敏感性不如人类。某种化学物质可能对各种实验动物有很强的致癌作用，但所诱发的肿瘤是人类不会发现的。还有一些化学物质可能对一种动物有致癌作用，但对人体不一定致癌。

（2）剂量-反应评价中的不确定性。现代科学还不能完全肯定哪一种有毒物质确实存在安全水平以及阈值的大小。有的污染物，低剂量短期暴露不产生诸如呼吸道不适之类的反应，但低剂量长期暴露可能对健康产生潜在性损害，并可能对整个人群产生值得控制的损害。

剂量-反应评价中必须把动物实验数据外推为人体的剂量-反应关系，并以人体-动物体重或代谢上的差异对剂量进行校正。低剂量效应需根据高剂量的实验结果或流行病学研究成果进行推断。对于癌症，典型的是以某种化学物质最多可能导致多少病例来表述。这是一个很复杂的过程，每一个判断和推论都有其误差。由于演绎过程复杂，必须依赖于各种假设，因此，致癌物质的剂量-反应估算是环境风险评价中特别有争议的问题。

美国 EPA 在探索新的统计学方法，以期更准确地表述剂量-反应数据。使用不同的假设和不同的数学模式，环境风险评价结果会有显著差异。例如，职业安全卫生部（OSHA）1980 年详细地比较了不同假设对致癌风险估计结果的影响。使用不同的低剂量外推法和毒理学或流行病学方法估算 1×10^{-6} 氯乙烯暴露的风险，估算结果为 10^{-8}～10^{-1}。

（3）暴露评价中的不确定性。一般来说，暴露评价中的争议较少，但也存在不确定性。暴露评价的基础是人体监测、环境监测、模拟，或以上方法的组合。人体监测和环境监测，由于时间和经济等原因，数据往往有限，只有借助模拟方法来弥补监测数据的不足。模拟，就是依据污染物排放率、排放特点、气象、水文及地形等数据，建立表达它们之间的相互关系的数学模式。通过计算机计算污染物在离污染源不同距离处的大气环境和水环境中的分布。然后利用人口普查资料、饮用水源和其他暴露途径的有关资料估计暴露于这些化学物质的人口数。上述过程属于受多因素影响的动态变化过程，均存在着不确定性。

5 环境风险管理的目标与应用

按照美国科学院（NAS）的定义，环境风险管理是根据环境风险评价结果，做出环境行动决策的分析判断过程。

美国 EPA 在实际工作中，提出风险管理有两个主要目标：①确定应该控制的污染风险的重点；②对确定的重点选择恰当的减少风险的措施。

风险管理决策至少考虑 3 个主要因素。

（1）风险管理部门提出进行控制的污染物有何有害影响。包括暴露程度、损害的严重程度、影响的范围、影响是否可逆以及管理决策对人类生态系统的长期健康发展的影响。

（2）费用。包括应考虑不同控制方案的污染控制费用。使用其他化学物质来替代拟加控制的化学物质所造成的效益与损失，控制方案对就业、商业或社区的影响等。

（3）风险管理措施的成功程度，也就是费用与效果之间的关系。费用和效果是关联的，检查费用与效果之间的关系是风险管理的核心问题。有害影响的大幅度减轻带来控制费用的大幅度提高。当有害影响减少到一定程度之后，想再提高控制效率，那么，费用的增量就会大大超过效率的增量。

有很多分析法可用于探索费用与效果之间的关系。如费用效益分析、风险-效益分析、费用有效性分析等。

南水北调中线水源工程环境风险评价*

王华东　王　飞
（北京师范大学环境科学研究所，北京　100875）

摘　要：研究对象是南水北调中线水源工程与环境复合系统，用层次分析法进行风险识别，用模糊概率—事故树分析法估计风险概率，用统计分析法和类比分析法估计风险后果，最后，用灰色关联分析法和综合指数法进行风险的综合评价。该工程与环境复合系统的主要环境风险事故是溃坝，特大洪水和破坏性地震是其主要致因。溃坝洪水将严重影响大坝下游地区的自然、社会和经济，主要受影响的是荆州地区和襄樊地区。为确保该工程与环境复合系统的安全，应采取有效的风险管理措施。

关键词：水源工程　环境风险　风险识别　风险估计　风险综合评价

The Environmental Risk Assessment of the Middle Route of South- to-North Water Transferring Source Project in CHINA

Wang Huadong　Wang Fei
(Institute of Environmental Sciences Beijing Normal University，100875 Beijing. China)

Abstract: This paper focuses on the environment risk of the middle route of south- to-north water transferring source project in China. Analytic hierarchy process is applied to risk identification，fuzzy probability—fault tree analysis to risk probability assessment，statistics and analogy process to risk consequences assessment，lastly，grey relevant analysis and comprehensive index process to risk impact evaluation. The main environment risk accident of the project is dam failure，the main causative factors of the accident are catastrophic flood and wrecking seism. The flash flood，due to dam failure. will impact on nature，society and economy. The major environment risk areas are Jingzhou and Xiangfan district. The environment risk management measures should be adopted in order to ensure the safety of the

* 原载《北京师范大学学报（自然科学版）》，1995，31（3）：410-414。
长江流域水资源保护局委托项目。

project-environment complex system.

Key words: water source project，environment risk，risk identification，risk assessment，risk evaluation

水利枢纽工程技术的发展给人类社会带来了巨大的经济效益，促进了社会文明。但是，当该工程与环境复合系统发生风险事故时，会给人类社会带来灾难。近来，这一问题已引起社会各界的关注。

水利枢纽工程环境风险指的是该工程与环境复合系统在特定时空条件下发生非期望事件的可能性及其所产生的环境影响。它包括自然的和人为的两个方面。

水利枢纽工程环境风险评价是以特定工程与环境复合系统为对象，按照科学、实用的程序和方法，对系统中的主要风险事故及其致因进行识别，估计其发生的可能性、影响范围和影响大小，并综合评价系统整体的风险，其目的是为制定风险管理对策和决策提供科学依据。

南水北调中线工程是一项跨流域调水的大型水利工程，该工程分为供水区工程和水源工程两大部分。在本文中，将重点探讨水源工程的环境风险问题。

1 水源地环境状况和水源工程概况

1.1 水源地环境状况

汉江是长江中游最大的支流，全长 1 577 km。丹江口水库位于其上中游交界处，库区水质现状良好，是理想的水源地。库区地质条件复杂，初期工程曾于 1973 年诱发地震，震级达 4.7 级。

从丹江口水库大坝至河口为汉江中下游，以宜城为界，以上属鄂北岗地，以下为江汉平原。该区域有 19 个市、县，总人口 901 万，1990 年工农业总产值 183 亿元，主要污染源是城镇点源和农村的面源。

1.2 水源工程概况

水源工程为续建的丹江口水利枢纽，1958 年按批准的正常蓄水位 170 m 方案动工兴建。施工过程中改为分期建设，水下工程仍按 170 m 方案完成。

初期工程正常蓄水位 157 m，库容 174.5 亿 m^3，坝顶高程 162 m，拦河大坝总长 2.5 km。续建工程拦河大坝的平面布置大体与初期工程相同，坝顶高程 176.6 m。正常蓄水位 170 m，库容 290.5 亿 m^3。水源工程的主要任务是防洪、供水、发电、航行。

2 环境风险识别

由于不同环境风险事故的危害不同，不同致因事件对导致特定风险事故的“贡献”不同，因此，需进行环境风险识别。风险识别是风险研究的重要组成部分，目的在于确定系统的主要风险事故及其主要致因事件。

2.1 水源工程环境风险识别

该工程与环境复合系统的风险事故有 2 类：第 1 类是环境亚系统风险事故，它主要是由工程引起的，如诱发滑坡和地震等；第 2 类是工程亚系统风险事故，它主要是由环境引起的，如溃坝和非溃坝性破坏等。

在此，运用层次分析法（analystic hierarchy process，AHP）进行风险事故识别。结果表明：该工程与环境复合系统的主要风险事故是溃坝（表 1）。

表 1 风险事故识别结果

项目	溃坝	非溃坝性破坏	诱发地震	引起滑坡	污染事故
权重	0.440	0.220	0.180	0.099	0.064

2.2 水源工程环境风险事件识别

引起溃坝事件发生的事件即致因事件，它包括自然致因、工程致因和社会致因。在此，也采用层次分析法，结果见表 2。主要环境风险致因事件是特大洪水和破坏性地震。

表 2 风险致因事件识别结果

项 目	自然致因		工程诱因			社会诱因	
	特大洪水	破坏性地震	质量不良	管理不善	设计失误	经济危机	战争破坏
权 重	0.488	0.244	0.133	0.062	0.034	0.031	0.030

3 环境风险估计

风险估计是环境风险研究的关键步骤。由于缺乏足够的客观统计数据，故研究过程不可避免地要采用相关数据和主观估计值。环境风险估计的目的是确定风险事故发生的可能性、影响范围及其后果。

3.1 水源工程环境风险事故发生概率的估计

在此，采用模糊概率-事故树分析法（fuzzy probability-fault analysis tree）估计风险事故发生概率。首先，以溃坝为顶端事件和以致因事件为基本事件建立该系统的事故树。

以语言集 A={很大，大，不大不小，小，很小}=$\{A_h\}\{h$=1，2，3，4，5}来描述某一基本事件发生的可能性，并取有限论域 $X=\{X_k\}\{k$=1，2，…，10}，则模糊子集 A_h 可表述为：

$$A_h = \sum_{k=1}^{10} \frac{\mu X_k^{(h)}}{X_h} \tag{1}$$

式中：$\mu X_k^{(h)}$——A_h 对 $X_k(X_k \in X)$ 隶属度。A_h 的模糊值 C_{Ah} 可由下式得到：

$$C_{Ah} = \frac{\sum_{k=1}^{10} \mu X_k^{(h)} \cdot X_k}{N_h} \tag{2}$$

式中：N_h——A_h 中隶属度 $\mu X_k^{(h)} \neq 0$ 的个数。

在确定专家意见权重时，采用 5 个项目，并将各项目分为 5 个级别，用强制比较法对其赋予不同权值。设各项权重系数集为$\{W_i\}$，级别权重系数集为$\{X_{ij}\}$，则第 l 位专家在第 i 项目上得分为

$$A_{ij}^l = \sum_{j=1}^{5} X_{ij} \cdot B_{ij} \tag{3}$$

式中：B_{ij}=1——第 l 位专家在第 i 项目中属于第 j 级；

B_{ij}=0——第 l 位专家在第 i 项目中不属于第 j 级；

i——项目序列（$i=1,2,\cdots,5$）；

j——级别序列（$j=1,2,\cdots,5$）；

l——专家序列（$l=1,2,\cdots,15$）。那么，第 l 位专家的权重为：$R_l = \sum_{i=1}^{5} A_{ij}^l W_i$ 。

各基本致因事件的模糊概率则由下式确定：

$$P_m = \sum_{l=1}^{15} \sum_{h=1}^{5} R_l \cdot C_h \cdot D_{hl}^{(m)}$$

式中：m——基本致因事件序列（$m=1,2,\cdots,32$）；

$D_{hl}^{(m)}=1$——第 l 位专家对第 m 个基本致因事件取语言 $\{A_h\}$；

$D_{hl}^{(m)}=0$——第 l 位专家对第 m 个基本致因事件不取语言 $\{A_h\}$。

根据布尔代数运算法则，确定溃坝事故的模糊概率为 0.003 5 次/a。

3.2 水源工程环境风险事故影响范围估计

为了确定影响范围，需要推算溃坝洪水情况，在此，采用圣维南方程法：

$Q_m = (8/27)\sqrt{g}h_0^{3/2}$ 。其中 Q_m 为坝址处最大溃坝流量（m^3/s）；g 为重力加速度；h_0 为溃坝时坝前水深（m）。

汉江中下游沿程各主要断面的最大溃坝流量由下式估算：

$$Q_{xm} = VQ_m/(V + Q_m XK)$$

式中：Q_{xm}——下游断面的最大流量，m^3/s；

X——下游断面距坝址距离，m；

K——系数 0.17；

V——溃坝库容，m^3。

通过计算得，坝址处最大溃坝流量为 43.96×10^5 m^3/s，下游各主要断面的最大溃坝流量见表 3。

表 3 汉江中下游各主要断面的最大溃坝流量

参量	碾盘山	新城	泽口	杜家台
$X/10^5$ m	2.70	3.75	4.10	4.96
$Q_{xm}/10^5$ m^3/s	4.59	3.41	3.14	2.62
安全泄量/10^4 m^3/s	2.70～3.00	1.84～1.90	1.13～1.50	0.52～0.92

1935 年，汉江出现特大洪水，丹江口和碾盘山断面的洪峰流量分别达到 0.5 万 m^3/s 和 4.5 万 m^3/s，淹没了 16 个市县的 4.3 万 hm^2 农田，受灾人口 370 万，死亡 8 万。目前，汉江中下游主要通过自流方式供水，且溃坝洪水流量大于 1935 年洪水和各断面的安全泄量，所以，不难设想，一旦溃坝，影响范围不会小于整个供水区，它包括荆州、襄樊、孝感和武汉地区。

3.3 水源工程环境风险事故后果估计

溃坝事故的后果包括 3 个方面：①经济损失将是严重的，溃坝洪水所经区域，将淹没或冲毁城镇、工矿和农田等；②社会影响包括伤亡人数、血吸虫病蔓延和犯罪行为等；③生态影响包括土壤盐碱化、土壤侵蚀、水污染和生物物种退化等。

显然，处在风险事故影响范围内的财产量越大，事故发生后造成的损失也就越大。在本文中，采用统计分析和类比分析结合的方法研究风险事故后果。主要考虑工业损失、农业损失、伤亡人数、土壤侵蚀、水质污染和血吸虫病等指数（表 4）。

表 4 环境风险事故的影响系数

地区	工业损失	农业损失	伤亡人数	血吸虫病	土壤侵蚀	水污染
襄樊	0.30	0.11	0.18	0.19	0.09	0.39
荆州	0.46	0.51	0.51	0.46	0.17	0.34
孝感	0.18	0.20	0.27	0.25	0.18	0.03
武汉	0.06	0.17	0.04	0.10	0.56	0.26

4 环境风险综合评价

由于同一环境风险事故对不同地区的影响不同，故应进行环境风险综合评价，本文采用的是灰色关联法和综合指数法。

首先，采用极差正规化方法对表 4 中的数据进行标准化处理，公式如下：

$$X'_{ij}=\frac{X_{ij}-\{X_{ij}\}_{\min}}{\{X_{ij}\}_{\max}-\{X_{ij}\}_{\min}}$$

式中：X_{ij}——i 地区 j 指标值。由下式确定基准特征参数序列 X_0：

$$X_0=[\max(X'_{i1}),\max(X'_{i2}),\cdots,\max(X'_{i6})]$$

关联系数可由下式得到：

$$\xi_i(j)=\frac{\min_i\min_j\left|X_{0j}-X_{ij}\right|+\rho\max_i\max_j\left|X_{0j}-X_{ij}\right|}{\left|X_{0j}-X_{ij}\right|+\rho\max_i\max_j\left|X_{0j}-X_{ij}\right|}$$

式中：ρ——分辨系数[$\rho\in(0,1)$]，一般取ρ=0.5。

将上面计算的各关联系数代入下式可得关联度。

$$W_i=\frac{1}{n}\sum_{j=1}^{n}\xi_i(j)\qquad(i=1,2,\cdots,4;\ j=1,2,\cdots,6)$$

根据环境风险的定义，采用 $R_i=P\cdot U_i\cdot W_i$ 计算环境风险系数，式中 P 为溃坝事故的模糊概率；U_i 表示不同地区对溃坝事故的响应系数，在此取 U_i=1；W_i 表示用于表征影响值的关联度。经过综合评价，荆州、襄樊、孝感和武汉的风险指数分别为 0.40、0.26、0.18 和 0.16。

5 结论和建议

5.1 结论

通过对南水北调中线水源工程进行环境风险评价，得出如下基本结论：该工程与环境复合系统的主要环境风险事故是溃坝，主要风险致因事件是特大洪水和破坏性地震。一旦发生溃坝事件，将严重影响自然、社会和经济，主要受影响地区是荆州和襄樊。

5.2 建议

虽然在工程的设计、施工、运行中已经考虑了环境风险问题，但为了最大限度地确保工程与环境复合系统的安全，应采取如下风险管理措施：

（1）建立南水北调中线水源工程环境风险管理机构。

（2）加强设计、施工、运行中的风险管理。

（3）合理规划汉江中下游地区的社会经济发展，加强中下游地区的防洪设施建设。

（4）建立该系统的风险事故预警系统。

（5）一旦发生溃坝事故，应及时采取分洪、抢险等应急措施。

沙颍河闸坝调控与淮河干流水质风险管理*

鲍全盛[1] 王华东[2] 海热提[2]
（1. 华北电力设计院，北京 100043；2. 北京师范大学，北京 100875）

摘 要：文章分析了沙颍河闸上重污染水集中泄流与淮河干流突发性污染事故的关系。结果表明：在目前排污条件下，淮河干流突发性污染事故的风险，是沙颍河河道节制闸上蓄积实际用水量数十倍及至近百倍的重污染水所造成的。但是，只要闸上始终保持 10～15 天蓄积水量的规模，然后每天不间断地泄流日均蓄水量规模的水量，则完全可以协调农业生产与淮河干流水质保护之间的关系。

关键词：河流 突发性污染事故 水质管理 淮河干流

Preliminary Study on the Sluice Gate Regulation of Shayinghe River and Risk Management of Water Quality in Huaihe Trunk Stream

Bao Quansheng[1] Wang Huadong[2] Hai Rety[2]
(1. North China Electrical Power Design Institute，Beijing 100043;
2. Beijing Normal University，Beijing 100875)

Abstract: This article analysed the relationship beween central sluicing of heavy pollution in Shayinghe river sluice gate and sudden pollution accident in Huaihe main stream. The result showed that the present risk of sudden pollution of Huaihe trunk stream is caused of over-stored water for agricultural irrigation of which ten times greater than normal usage and nearly hundred times of heavy polluted water. The stored water may be greater than river water. The sudden pollution of Huaihe trunk stream can be avoided by rational retaining water scale on the sluice gate, and regulating throttie valve scientifically.

Key words: River，Sudden pollution accident，Water quality management，Huaihe trunk stream

* 原载《上海环境科学》，1997，16（4）：11-14。

1 概述

河流突发性污染事故属风险事故的范畴，其具体形式有6种：工业企业事故排放、水陆运输失事使可污染物倾覆于河流、污水库垮坝决口、首场暴雨径流将非点源或蓄于沟渠的污水和沉积物冲刷入河、洪水冲毁或淹没工厂仓库造成可污染物向河流释放、闸坝河道积蓄污水集中泄流。淮河流域突发性污染事故的主要形式为最后一种，蓄积于沙颍河河道中的、由大量工业废水和生活污水构成的重污染水是淮河干流突发性污染事故的主要风险源。

沙颍河位于淮河中游，是淮河干流最大的一级支流。河流全长557 km，跨豫、皖两省，流域面积39 890 km^2，包括36个县级以上城镇。根据1993年的统计，36个城镇工业废水和生活污水日排放量为193.73万t，COD日排放量为780.16万t，分别占淮河流域总排放量的19.56%和18.97%。沙颍河径流量的年内分配极不均匀，每年11月至翌年3月枯水期径流量不足全年径流量的 20%。为了保证枯水期沿河城乡的工农业生产用水和防洪排涝，新中国成立后先后修建了若干节制闸。节制闸的修建对沿岸地区经济的发展，特别是农业的发展产生了积极的影响，但是伴随着流域水质的日趋恶化，闸上蓄积的重污染水成为引发淮河干流突发性污染事故的重大隐患，使得小污染事故年年有，大污染事故2～3年发生一次。并随着径流的丰枯变化，形成年内和年际周期性的特点。每次突发性污染事故，均对沿淮地区生产及生活产生巨大危害，造成巨大经济损失。仅以1994年7月间发生的突发性污染事故为例，造成的经济损失达 2 亿元以上。本文拟初步探讨蓄积于沙颍河河道的重污染水集中泄流对淮河干流水质的影响问题，为防止淮河干流突发性污染事故和淮河干流水质风险管理提供科学依据。

2 沙颍河污水集中泄流对淮干水质的影响分析

在探讨沙颍河污水团对淮干水质的影响时，首先进行4点假设：①沿岸城镇排放的污废水和来自上游的天然径流量均蓄积于河口节制闸——颍上闸（安徽省境内）；②河道水量和污染物在颍上闸上能够均匀混合；③蓄水和泄流期间污废水日均排放量、排放浓度和来自上游的日均天然径流量恒定不变；④河道中污染物只有稀释混合作用。

在上述假设和现状排污条件下，不同蓄积时段、不同上游（淮干）来水量时，沙颍河重污染水集中泄流对淮干水质的影响如表1～表5所示。

表1　现状排污下，沙颍河蓄积5天后集中泄流对淮干水质的影响

上游淮干来水量/（m^3/s）	泄流2天，河段的COD/（mg/L）			泄流3天，河段的COD/（mg/L）			泄流4天，河段的COD/（mg/L）			泄流5天，河段的COD/（mg/L）		
	颍河口	凤台至淮南段	怀远至五河段	颍河口	凤台至淮南段	怀远至五河段	颍河口	凤台至淮南段	怀远至五河段	颍河口	凤台至淮南段	怀远至五河段
30	158.05	30.93	33.43	152.52	23.60	27.08	147.85	19.65	23.67	143.87	17.18	21.56
50	140.54	30.25	32.78	130.25	23.06	26.52	122.20	19.18	23.18	115.71	16.76	21.10
100	110.01	28.67	31.24	95.43	21.80	25.23	85.22	18.11	22.02	77.70	15.81	20.03
150	90.44	27.24	29.85	69.33	20.66	24.05	65.43	17.15	20.98	58.49	14.96	19.07
200	70.76	25.26	28.57	62.18	19.65	22.98	53.10	16.28	20.02	46.89	14.19	18.19

表 2 现状排污下，沙颍河蓄积 10 天后集中泄流对淮干水质的影响

上游淮干来水量/（m^3/s）	泄流 2 天，河段的 COD/（mg/L）			泄流 3 天，河段的 COD/（mg/L）			泄流 4 天，河段的 COD/（mg/L）			泄流 5 天，河段的 COD/（mg/L）		
	颍河口	凤台至淮南段	怀远至五河段	颍河口	凤台至淮南段	怀远至五河段	颍河口	凤台至淮南段	怀远至五河段	颍河口	凤台至淮南段	怀远至五河段
30	164.73	49.15	49.57	161.23	37.57	39.26	162.41	31.72	34.13	155.16	26.62	29.69
50	154.14	48.20	48.70	146.83	36.78	38.52	144.42	31.02	33.46	135.06	26.02	29.02
100	132.79	45.98	46.67	120.04	34.94	36.79	113.09	29.40	31.90	102.03	24.62	27.69
150	116.64	43.96	44.80	101.52	33.28	35.20	92.94	27.94	30.47	81.98	23.37	26.42
200	103.99	42.11	43.08	87.95	31.77	33.75	78.87	26.62	29.17	68.51	22.23	25.27

表 3 现状排污下，沙颍河蓄积 15 天后集中泄流对淮干水质的影响

上游淮干来水量/（m^3/s）	泄流 2 天，河段的 COD/（mg/L）			泄流 3 天，河段的 COD/（mg/L）			泄流 4 天，河段的 COD/（mg/L）			泄流 5 天，河段的 COD/（mg/L）		
	颍河口	凤台至淮南段	怀远至五河段	颍河口	凤台至淮南段	怀远至五河段	颍河口	凤台至淮南段	怀远至五河段	颍河口	凤台至淮南段	怀远至五河段
30	167.27	63.22	58.49	164.73	49.15	45.26	162.36	40.66	37.42	160.14	34.99	32.24
50	159.70	62.14	57.58	154.14	48.20	44.27	149.15	39.83	36.73	144.64	34.24	31.62
100	143.45	59.59	55.41	132.79	45.98	42.61	123.93	37.88	35.11	116.46	32.50	30.18
150	130.21	57.24	53.40	116.64	43.96	40.91	106.01	36.11	33.63	97.47	30.93	28.86
200	119.21	55.07	51.54	103.99	42.11	39.33	92.62	34.50	32.26	83.80	29.50	27.52

表 4 现状排污下，沙颍河蓄积 30 天后集中泄流对淮干水质的影响

上游淮干来水量/（m^3/s）	泄流 2 天，河段的 COD/（mg/L）			泄流 3 天，河段的 COD/（mg/L）			泄流 4 天，河段的 COD/（mg/L）			泄流 5 天，河段的 COD/（mg/L）		
	颍河口	凤台至淮南段	怀远至五河段	颍河口	凤台至淮南段	怀远至五河段	颍河口	凤台至淮南段	怀远至五河段	颍河口	凤台至淮南段	怀远至五河段
30	170.01	91.13	88.59	168.62	74.42	72.74	167.27	63.22	62.35	165.98	55.19	55.02
50	165.92	89.96	87.53	162.72	73.28	71.71	159.70	62.14	61.38	156.84	54.17	54.10
100	156.53	87.16	84.98	149.64	70.56	69.25	143.45	59.59	59.07	137.88	51.80	51.94
150	148.14	84.54	82.58	138.51	68.04	66.96	130.21	56.93	56.93	122.99	49.62	49.95
200	140.61	82.06	80.32	128.92	65.09	64.81	119.21	54.94	54.94	111.01	46.77	48.10

表 5 现状排污下，沙颍河蓄积 90 天后集中泄流对淮干水质的影响

上游淮干来水量/（m^3/s）	泄流 2 天，河段的 COD/（mg/L）			泄流 3 天，河段的 COD/（mg/L）			泄流 4 天，河段的 COD/（mg/L）			泄流 5 天，河段的 COD/（mg/L）		
	颍河口	凤台至淮南段	怀远至五河段	颍河口	凤台至淮南段	怀远至五河段	颍河口	凤台至淮南段	怀远至五河段	颍河口	凤台至淮南段	怀远至五河段
30	171.94	132.38	129.66	171.45	118.71	115.73	170.96	107.71	104.76	170.48	98.68	95.50
50	170.50	131.54	128.86	169.32	117.70	114.79	168.17	106.61	103.74	167.03	97.53	94.85
100	167.02	129.47	126.90	164.24	115.24	112.49	103.95	101.29	159.00	159.00	94.77	92.32
150	163.68	127.46	124.99	159.46	112.88	110.29	101.41	98.95	151.71	151.71	92.16	89.93
200	160.47	125.52	123.15	154.94	110.62	108.17	99.00	96.71	145.05	145.05	89.69	87.65

由表 1～表 5 可以发现：①污废水在闸上蓄积的时间越长，所形成的污水团对淮干水质的影响越大，即突发性污染事故的危害程度越严重。闸上重污染水越集中泄流（即泄流天数短），对淮干水质的影响越大。②淮干沙颍河口以上来水量越大，污水团对淮干水质造成的影响越小。③当沙颍河泄流污染物量小（如蓄积天数短，泄流天数长）时，凤台至淮南段水质污染物浓度低于怀远至五河段。相反，当沙颍河泄流污染物量大时，凤台至淮南段水质污染物浓度高于怀远至五河段。这说明怀远至五河段受本河段所排污染物影响较大，而凤台至淮南段，则易受沙颍河污水团直接冲击。④由表 1 可以看出，当蓄积 5 天后，污废水分 5 天泄流（即闸上不蓄水）时，即使在目前沙颍河污染物排放量很大的情况下，凤台至淮南段的水质基本符合Ⅲ类水质标准，怀远至五河段受本段排污的影响，水质浓度略高，但基本上也能符合Ⅳ类水质标准。这说明没有闸坝蓄水不至于发生突发性污染事故。因此，如果对闸坝进行合理调度，能够有效地控制突发性事故的发生。

应该指出的是，闸坝蓄水并不是导致淮干突发性污染事故的充分条件。表 6 中分析了淮河流域水质还清目标实现后，颍河蓄积 90 天后集中泄流对淮干水质的影响状况。

表 6　水质还清后①，沙颍河蓄积 90 天后集中泄流对淮干水质的影响

上游淮干来水量/(m^3/s)	泄流 2 天，河段的 COD/(mg/L)			泄流 3 天，河段的 COD/(mg/L)			泄流 4 天，河段的 COD/(mg/L)			泄流 5 天，河段的 COD/(mg/L)		
	颍河口	凤台至淮南段	怀远至五河段	颍河口	凤台至淮南段	怀远至五河段	颍河口	凤台至淮南段	怀远至五河段	颍河口	凤台至淮南段	怀远至五河段
30	11.34	9.22	9.47	11.41	8.54	8.90	11.47	8.00	8.46	11.53	7.56	8.15
50	11.25	9.16	9.41	11.26	8.47	8.83	11.28	7.92	8.38	11.30	7.47	8.01
100	11.02	9.01	9.26	10.93	8.29	8.65	10.84	7.72	8.18	10.75	7.26	7.80
150	10.80	8.87	9.12	10.61	8.12	8.49	10.43	7.54	7.99	10.26	7.06	7.60
200	10.59	8.74	8.99	10.31	7.96	8.32	10.05	7.36	7.81	9.81	6.87	7.41

①水质还清目标指淮干水质和其他闸控河流水质分别达到 GB 3838—88Ⅲ类和Ⅳ类标准。

从表 6 可以发现，还清目标实现后，即使蓄积 90 天后集中泄流，也不会对淮干水质产生大的影响。这说明闸坝蓄水只是导致突发性污染事故的必要条件。只有当前沙颍河沿岸城镇污染物严重超负荷排放，才是引发淮干突发性污染事故的真正原因。可见，蓄水灌溉与控制水质污染并不对立，当河流水质污染到一定程度后，关闸蓄水才能引发突发性污染事故，等到淮河流域水质变清后闸坝调控完全能够兼顾经济发展与环境保护的关系。

3 闸坝调控与风险管理

沙颍河流域是农业发达而又缺水的地区，因此在沙颍河沿岸城镇现状排污情况下，如何协调农业灌溉与防止突发性污染事故的关系，成为淮干水质风险管理的重要内容。

沙颍河流域不同频率年日均耗水量（包括水面蒸发损失和农灌用水）、不同蓄积时段的闸上总蓄水量（包括污废水量和天然径流量），以及总蓄水量与日均耗水量的比值分别列于表 7～表 9。

表 7 沙颍河流域不同频率年日均耗水量

单位：m^3

频率年别	日均水面蒸发损失量	日均农业灌溉用水量①	日均耗水量
偏丰水年（*P*=20%）	189 315	794 918	984 233
平水年（*P*=50%）	272 329	105 891	1 332 220
偏枯水年（*P*=75%）	210 411	2 296 431	2 506 842
枯水年（*P*=95%）	51 781	2 208 107	2 259 888

①灌溉用水量按 1992 年保有耕地 2 944 143 hm^2 计算所得。

表 8 沙颍河流域不同蓄积时段的闸上蓄水量

单位：m^3

蓄积天数/d	污废水量	天然径流量①	总蓄水量
5	9 686 500	360 288	10 046 788
10	19 373 000	360 288	19 733 288
15	29 059 500	360 288	29 419 788
30	5 811 900	360 288	58 479 288
90	174 357 000	360 288	174 717 288

①天然径流量按颍上闸的 90%保证率最枯月平均流计算所得。

表 9 沙颍河河道总蓄水量与日均耗水量之比

单位：m^3

频率年别	蓄积天数				
	5	10	15	30	90
偏丰水年（*P*=20%）	10.21∶1	20.05∶1	29.89∶1	59.42∶1	177.52∶1
平水年（*P*=50%）	7.54∶1	14.81∶1	22.08∶1	43.90∶1	131.15∶1
偏枯水年（*P*=75%）	4.01∶1	7.87∶1	11.73∶1	23.33∶1	69.70∶1
枯水年（*P*=95%）	4.44∶1	8.73∶1	13.02∶1	25.88∶1	77.31∶1

由表 7～表 9 可知，沙颍河流域包括水面蒸发、农灌用水在内的日均耗水量，即使在偏枯水年和枯水年也仅略多于闸上日均来水量（包括污废水和天然径流量）。目前的闸上远大于实际需水量的蓄水，不但无助于农业生产，反而孕育了导致突发性污染事故的重大隐患。因此，必须通过适度的闸坝调度措施来协调蓄水农灌与防止突发性污染事故的关系。研究结果表明：只要闸上始终保持 10～15 天蓄积水量的规模，然后每天不间断地泄流日均蓄水量规模的水量，则完全可以协调农业生产与淮干水质之间的关系，既能保全农业灌溉用水量，又能达到防止突发性污染事故的目的。

4 结论

在目前排污条件下，淮河流域突发性污染事故的风险，是由沙颍河河道节制闸上蓄积多出农用灌溉实际用水量数十倍，乃至近百倍的重污染水造成的。只要闸上始终保持 10～15 天蓄积水量的规模，然后每天不间断地泄流日均蓄水量规模的水量，淮河干流突发性污染事故是可以避免的。

沈阳市 PCBs 污染的风险评价*

毕军[1] 王华东[1] 陈建智[2] 祁忠[1]
（1. 北京师范大学环境科学研究所，北京 100875；2. 沈阳环境科学研究所，沈阳 110005）

摘 要：以沈阳市 PCBs 污染为例，探讨了有毒化学品风险评价的程序和方法，并应用多阶段模型评估了沈阳市 PCBs 引起的人体健康风险，结果表明：沈阳市由于 PCBs 污染每人生命期额外患癌风险为 2.89×10^{-4}，全市每年增加 12.39 个患癌人数。通过比较风险评价，可为当地管理部门决策提供一定的科学依据。

关键词：风险评价 PCBs 污染 多阶段模型

Risk Assessment of Pcbs Pollution in Shenyang

Bi Jun[1] Wang Huadong[1] Chen Jianzhi[2] Qi Zhong[1]
（1. Institute of Environmental Sciences，Beijing Normal University，100875，Beijing. PRC;
2. Shenyang Environmental Sciences Institute，110005，Shenyang. PRC）

Abstract: Risk assessment of toxic chemicals is the priority topics of environmental studies in the world，and PCBs is one of the most pressing agents. Taking PCBs pollution in Shenyang as a case study，this paper puts forward a procedure for the risk assessment of non-threshold carcinogent，and applies the modified multi-stage models to assess the human health risk caused by the PCBs in the environment. The study indicates that the maximum additional lifetime risk of cancer is 2.89×10^{-4}，the extra cancers per year in Shenyang is 12.39. Through the comparative risk assessment，some scientific results could be referred for the decisions of the local government.

Key words: risk assessment，PCBs pollution，modified multi-stage model

* 原载《北京师范大学学报（自然科学版）》，1993，29（4）：551-556。

20 世纪 80 年代以来，环境风险评价和风险管理在环境决策中正发挥着日益显著的作用。风险评价和管理已成为当今环境研究的前沿领域。其研究内容不仅仅局限于突发性污染事故的风险评价和应急措施，对低浓度长期暴露的潜在风险也给予了极大关注，如 TBT 对海洋生物的慢性毒性效应研究等。美国曾筹措大量资金，开展了旨在研究不同风险种类及作用方式的生态风险研究计划，我国也开始了这方面的研究。所有这些工作的目标都是为了探求不同胁迫条件下人体及自然生态系统所面临的危害。迄今为止，有关人体健康风险评价的研究已取得一定进展，积累了相当的数据、模型及方法，美国还建立了综合风险信息系统（IRIS），每年以 PB 报告形式展现研究成果。

在有毒化学品对人体健康的风险评价中，PCBs（多氯联苯）以其难降解性和高生物毒性成为主要研究对象。沈阳市是我国东北最重要的重工业城市，PCBs 的使用量也最大，由于多种原因，PCBs 流失严重，已成为政府和公众关注的对象。

1 有毒化学品风险评价的程序

在风险评价中，大规模建设开发活动的影响方式比较复杂，包括物理、化学、生物扰动等各个方面，而有毒化学品和核辐射则主要以化学胁迫为主，因此它们的评价程序和方法有着相当的区别。就有毒化学品而言，突发性污染事故和在环境介质中长期低浓度存在的影响方式和范围也有质的区别，下面主要介绍的是低剂量长期暴露条件下有毒化学品风险评价的程序，它包括 4 个阶段：

（1）危害识别。确定某一化学物是否与致癌、致畸、致突变等健康效应有关，它主要是通过动物或其他受试生物的试验来进行。

（2）剂量-反应评价。表征化学物暴露剂量与人体健康效应之间的关系，在这一过程中，要利用外推方法从高剂量向低剂量及从动物向人体外推。

（3）暴露评价。确定毒物暴露浓度及其时空变化本质，并研究毒物暴露下的人群特征。

（4）风险表征。将前 3 个阶段综合起来，对影响公众健康的程度做出估算。

在以下实例研究中，笔者应用这一程序对 PCBs 污染造成的人体健康风险进行评估。

2 PCBs 的危害识别

PCBs 是具有潜在致癌作用的有毒化学物质，由于 PCBs 的严重流失及开放性生产、使用已导致其全球性污染。PCBs 自生产使用以来就伴有职业病的报道。近年来的研究表明，PCBs 是一类潜在性致癌物，当它与致癌促进剂共存时，显示出致癌性。毒性试验表明：①对某些河口生物来说，所有测试的 Aroclor 均具有急性毒性；②PCBs 能影响水生生物的生长繁殖；③Aroclor1254 含量高于 10^{-9} 时就对商品虾有毒；④鱼类特别是花鳍鱼对 Aroclor1254 极敏感，含量为 10^{-10} 就能毒死鱼苗。

由于 PCBs 的低水溶性和亲脂性，其在禽类和哺乳动物体内有较强的生物富集作用。PCBs 可在动物皮肤、肝脏、肾脏等器官中蓄积，当超过一定负荷时，可引起中毒。小鼠的 Aroclor1254 经口试验显示出明显的致癌效应，能诱发良性和恶性肝细胞肿瘤病变。美国国家环保局 1986 年根据化学物致癌的可能性将它们分为 5 类，以表征其危害大小，其中 PCBs 属于 B_2 类。

3 PCBs 的剂量-反应评价

剂量-反应评价就是建立剂量-反应曲线，其关键是从高剂量向低剂量外推，这是因为：①大多数的有毒化学品（包括 PCBs）在环境介质中低浓度长期存在；②大量试验数据来源于急性毒性和亚急性毒性试验，慢性低剂量试验数据普遍缺乏。目前，剂量外推模型有许多，应用较多的是多阶段模型（MSM）和单击模型（OHM）。MSM 认为，肿瘤的形成是一系列多阶段的生物学事件作用的结果。如果以 d 表示暴露剂量，$P(d)$表示癌症的生命风险，MSM 则表示如下：

$$P(d)=1-\exp[-(q_0+q_1d+q_2d^2+\cdots+q_nd^n)] \quad (1)$$

其中，$q_i>0$，$i=1,2,\cdots,n$；q_0是背景癌症发生率，一般较小。已知

$$e^x=1+x+\frac{x^2}{2!}+\frac{x^3}{3!}+\cdots+\frac{x^n}{n!} \quad (2)$$

当 $x\to 0$ 时，$$e^x\approx 1+x \quad (3)$$

对于式（1），由于暴露剂量一般较小，像 PCBs 的 d 值一般为 10^{-9} 级，所以 $q_0+q_1d+q_2d^2+\cdots+q_nd^n$ 也趋近于零，于是有

$$\begin{aligned}P(d)&\approx 1-[1-(q_0+q_1d+q_2d^2+\cdots+q_nd^n)]\\&=q_0+q_1d+q_2d^2+\cdots+q_nd^n\end{aligned} \quad (4)$$

据式（4），如果 d=0，则有 $P(0)\approx q_0$。于是由于有毒化学品低剂量存在而造成的额外风险 $A(d)$可表示为：

$$A(d)=P(d)-P(0)\approx q_1d+q_2d^2+\cdots+q_nd^n \quad (5)$$

式（5）表明额外癌症发生率是暴露剂量的 n 次线性函数，n 是形成癌症的 n 个生物学过程。

当 n=1 时，式（1）、式（4）、式（5）分别转换为：

$$P(d)=1-e^{-(q_0+q_1d)} \quad (6)$$

$$P(d)=q_0+q_1d \quad (7)$$

$$A(d)=q_1d \quad (8)$$

式（6）～式（8）组成单击模型，它是 MSM 的特例。

OHM 说明癌症的发生可由单一化学物一次生物学攻击形成，此时额外风险是暴露剂量的一次线性无阈函数。

由于 MSM 是 n 次线性拟合，因此其与实验数据的拟合程度优于 OHM，所以在通常情况下多采用多阶段模型。在低剂量区间由于缺乏数据，拟合曲线完全是一种理论假设，其正确性仍有待探讨。但目前的环境管理一般是采用保守性策略，因此美国国家环保局对 MSM 进行了修正，建立了一个线性多阶段模型，即假设在低剂量区间的致癌风险是暴露剂量的一次线性函数，并保证在统计意义上低估风险的概率不大于 5%，此时 $P(d)=F_p d$。F_p 称为潜力因子或斜率因子，单位是 mg/(kg·d)，其物理意义是指生命期中平均日剂量为 1 mg/(kg·d)时产生的风险。由此，生命期中的额外致癌风险可用下式表示：

$$R = I_{cd} \times F_p \tag{9}$$

式中生命风险 R 是致癌概率，平均日剂量 I_{cd} [mg/(kg·d)]是假设 70 年生命期中的平均摄取量，即生命期平均日剂量或慢性日摄取量。一般情况下，I_{cd} 可由下式求得：

$$I_{cd} = D/(m \cdot T)$$

式中：D——总剂量，mg；

m——体重，kg；

T——生命期，d。

D 又等于污染物浓度、摄取率、暴露期和吸收系数之乘积。

4 沈阳市 PCBs 的暴露评价

在沈阳市，PCBs 主要应用于电力、油漆、油墨行业，也用作树脂、塑料加工、橡胶炼制等生产工艺的添加剂，并曾作为化工产品的副产品出现过。由于各方面原因，尽管沈阳市内没有直接生产 PCBs 的工厂，但是含 PCBs 的制品及原料流出、各种含 PCBs 的报废设备流失至社会的现象比较严重。据调查，至 1990 年，沈阳市现存 PCBs 电容器 1 516 台，待认定的电容器 1 268 台，共有 PCBs 电容器填埋场 20 个，埋藏电容器 612 台。另外，沈阳少数地区还积存有部分 PCBs 工业废渣，某些单位还在进行不合理的销毁处理（如低温焚烧）。由于以上原因，沈阳市 PCBs 污染已相当严重。一方面，沈阳市现存含 PCBs 设备及废渣存放场因 PCBs 泄漏而导致局部土壤、大气、地面水及地下水的污染；另一方面，PCBs 随着在大气、水体及食物网内的迁移转化，对全市环境也造成了相当的污染。

PCBs 特有的理化特性使其在环境介质中的迁移转化异于其他化学物质。一般情况下，PCBs 的迁移和归宿主要在于吸附、生物富集、气态挥发和水体传递。光解及脱氯作用在一定条件下也能发生，但生物降解和化学降解性非常小，因此，尽管 PCBs 在环境介质乃至生物体内的含量相当低，但这种暴露是长期存在的。对于局部性污染，主要应考虑 PCBs 流失对土壤、地下水的污染和在一定空间范围内的大气污染；对于大环境和人体暴露来说，应着重考虑 PCBs 在大气、饮用水及食物中的含量水平。

通过现场采样和采用 PCBs 的特定测定方法，测得沈阳市大气及饮用水中 PCBs 污染程度基本处于同一等级，无显著差异。目前，我国尚无 PCBs 的环境标准，只有暂行标准和控制值，还不包括大气和饮用水。从测定数据看，表层土在表层下 30 cm 土中 PCBs 的含量在大部分地区略高于或接近土壤暂行标准（10 μg/kg），尚远低于土壤污染控制值的 3 个水平（2，50，500 mg/kg），饮用水中 PCBs 的含量已超过地表水的暂行标准（1 μg/L），可见饮用水质较差；大气中 PCBs 的含量也远高于发达国家中 PCBs 的测试水准（0.1～50 $\mu g/m^3$）。这些暴露特征与沈阳市重工业城市的特点有关，还有部分原因是管理不善。PCBs 高浓度的暴露已对人体健康造成潜在危害，因此应该进行风险评价。

5 沈阳市 PCBs 的风险评价

根据前述分析及可获取的数据，在风险评价过程中考虑的 PCBs 人群接触途径有 3 个，即空气吸入、饮用水摄取及食鱼摄取。与 3 种接触途径有关的参数如下，其中潜力因子具有暴露途径专一性，各参数来自美国 EPA 报告、IRIS（综合风险信息系统）数据库并根据我国国情作了修正。

暴露人群数 300 万；人均寿命 70 年；人均体重 55 kg；PCBs 食入途径潜力因子 7.7 mg/(kg·d)；吸入途径潜力因子暂无，但根据 IRIS 推断一定远小于食入途径的潜力因子；人均日摄水量 2 L；人均日呼吸空气量 20 m^3；人均日消耗鱼量 10 g；PCBs 在水体中的生物浓缩系数为 10^5 L/kg；人从大气中的吸收系数为 0.1。

根据上述参数及污染监测结果，可计算沈阳市 PCBs 污染的致癌风险大小。

首先计算不同暴露途径的总摄取剂量 D。

空气吸入总摄取量 $D_{气} = 70 \times 365 \times 20 \times 100.04 \times 0.1 \times 10^{-6} \approx 5.11(\text{mg})$

食入总摄取量 $$\begin{aligned} D_{食} &= D_{水} + D_{鱼} = 70 \times 365 \times (2 \times 2.06 \times 10^{-6} \\ &+ 10 \times 10^{-3} \times 10^{5} \times 2.06 \times 10^{-6}) \approx 52.74(\text{mg}) \end{aligned}$$

由于 $D_{气}$ 仅为食入途径的 1/10，且吸入途径的致癌潜力因子又远小于食入途径。故吸入途径的致癌风险可忽略不计。

第 2 步求 I_{cd}。

根据式（10） $I_{cd} = 52.74/(70 \times 365 \times 55) \approx 3.75 \times 10^{-5}\ \text{mg}/(\text{kg} \cdot \text{d})$

第 3 步计算 PCBs 污染造成的个人额外患癌风险 R。

根据式（9） $R = I_{cd} \times F_p = 3.75 \times 10^{-5} \times 7.7 \approx 2.89 \times 10^{-4}$

第 4 步求全市由于 PCBs 污染增加的患癌人数 N。

$$N = R \times 人数/70 = 2.89 \times 10^{-4} \times 300 \times 10^{4} / 70 \approx 12.39(个/a)$$

6 结果分析及比较风险评价

6.1 结果分析

由于各评价参数估算的不确定性、模型的准确程度以及一些假设的存在，评价的结果也相当不确定。一般情况下，一方面这种风险评估的结果偏高，它只能为决策者提供决策依据。另一方面，沈阳市环境污染物中可引起致癌风险的也远不只 PCBs 一种，而且就 PCBs 来说，也未包括所有暴露途径（如皮肤接触、游泳等），因此整体上的有毒化学品风险仍相当可观，应成为今后环境管理的重点内容。

6.2 比较风险评价

将 PCBs 污染的致癌风险与一些常规性死亡原因及沈阳市癌症背景值（附表）加以比较，可以发现，PCBs 污染引发的患癌风险与触电、落体击伤、烧伤及溺死处于同一风险水平，但远高于雷击、龙卷风、核反应堆等的风险水平。与沈阳市癌症发生背景值 q_0 相比，仅为其 1/200，这一水平的贡献在目前尚可忽略，从这一角度说，尽管沈阳市环境介质中的 PCBs 已超过国家制定的暂行标准，造成的风险仍在可接受风险水平之内。但如果考虑多种污染物的联合致癌效应，却是一个潜在的强风险源。

一般来说，消除 PCBs 污染所需的费用相当大，且存在技术上的困难。通过定性的风险—风险分析、风险—费用分析，笔者认为，目前沈阳市控制 PCBs 污染的主要手段应在于“前端”管理。

附表 不同原因的致死性风险、癌症背景值与 PCBs 污染的致癌风险比较*

风险种类	死亡总数	每年的致死率	每 300 万人的死亡数
汽车	55 791	1/（2.5×10^4）	120
坠落	17 827	$1/10^4$	300
烧伤和烫伤	7 451	1/（4×10^5）	7.5
溺死	6 181	1/（3.3×10^5）	9.1
航空旅游	1 778	$1/10^5$	30
落体击伤	1 271	1/（6.3×10^5）	4.8
触电	1 148	1/（6.3×10^5）	4.8
雷击	160	1/（5×10^7）	0.06
龙卷风	91	1/（4×10^7）	0.075
12 级以上飓风	93	1/（4×10^7）	0.075
核反应堆事故	0	1/（3.3×10^9）	0
所有事故	111 992	1/（6.3×10^4）	47.6
沈阳市癌症背景值	2 500**	1/（1.2×10^3）	2 500**
沈阳市 PCBs 污染	12.39**	1/（2.4×10^5）	12.39**

* 除癌症数据外，均源自英国、美国资料。

** 假设患癌者必然死亡。

7 结论

（1）有毒化学品的风险评价是一个十分活跃却又很不成熟的研究领域，主要困难在于：

a. 有关动物及人体的毒性数据过于缺乏。

b. 各类外推模型尚不成熟，对风险的估算偏高。

c. 有关化学物质的迁移转化模式仍存在颇多争议，且针对不同的时空尺度，模式中参数的变化相当大。

d. 风险评价的结果不易为公众和决策者理解，缺乏信息传递系统。

（2）鉴于以上不足，有毒化学品的风险评价应在以下几个方面加以发展：

a. 建立有关的数据库和模型库。

b. 完善评价程序和方法，建立具有时空特征的评价模式和指数。

c. 加强风险交流。

沈阳地区过去 30 年环境风险时空格局的研究*

毕军[1] 王华东[2]
（1. 国家计委、中国科学院地理研究所，北京 100101；
2. 北京师范大学环境科学研究所，北京 100875）

摘 要：应用"风险频数"及相关指标对沈阳地区过去 30 年环境风险的时空格局进行了分析。结果表明：风险频数在 1966—1977 及 1978—1991 两个时段之间的分布存在极显著差异（t=–7.353；$t_{0.01}$=2.807）；过去 30 年环境风险空间分布格局没有显著变化，但各亚区之间风险频数存在显著差异；沈阳地区存在一批高风险企业，化工行业是风险最高行业。

关键词：沈阳地区 环境风险 时空格局 风险频数

Temporal and Spatial Patterns of Environmental Risk Events in the Past 30 Years in Shenyang City

Bi Jun[1] Wang Huadong[2]
（1. Institute of Geography，Chinese Academy of Sciences，Beijing 100101；
2. Institute of Environ. Sciences，Beijing Normal Univ.，Beijing 100875）

Abstract: The index of "risk frequency" and other relative indices are used to analyze the temporal and spatial patterns of environmental risk events in the past 30 years in Shenyang city. The results show that there existed an extremely significant variation in the risk frequency during the periocis of 1966—1977 and 1978—1979（t=–7.353，$t_{0.01}$=2.807）.During the past 30 years，there was no significant variation in the spatial patterns of the environmental risk，while the distribution of environmental risk among the districts was extremely different. In Shenyang city，there existed a series of high-risk enterprises，and the chemical industry was of the highest risk.

Key words: Shenyang，environmental risk，temporal and spatial patterns，risk frequency

* 原载《环境科学》，1995，16（5）：72-76。

环境风险严重妨碍了区域持续发展。对过去环境风险格局的分析可为区域未来环境风险格局的预测，为区域环境风险管理计划的制订、实施及“区域环境风险最小化”目标的实现提供科学依据。沈阳是我国东北重要的重工业城市，设市区 5 个，即和平、沈河（商业、文化及居民区）、大东、皇姑和铁西区（工业区）及郊区 4 个（苏家屯、东陵、新城子及于洪区）；另有新民、辽中两个市辖县。由于产业结构及布局等多种原因，环境污染严重。过去 30 年（1964—1993）中有 137 次污染事故记录，工业风险水平达 1.1×10^{-3} 左右，超出 UNEP 提出的公众对工业活动可接受的风险水平，说明有必要在沈阳地区进行风险分析和管理。

“风险频数”是描述环境风险时空格局的重要指标，是指特定区域在单位时间内达到某一危害水平的风险事件次数，本研究利用该指数及其变化型对沈阳地区环境风险的时空格局进行了分析。

1 沈阳地区过去 30 年环境风险的时间格局

对所有 137 个案例进行了详细剖析，在计算风险频数时，选取的时间尺度为 1 年，将整个沈阳市作为研究区域。同时，对风险频数进行了 5 年平滑处理，得出如图 1 所示的风险频数分布格局。

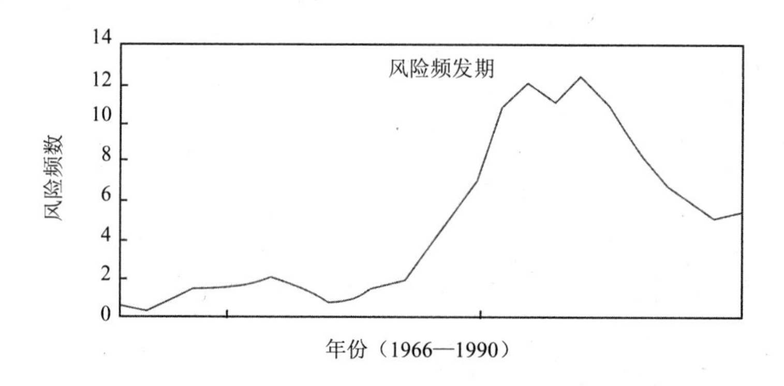

图 1 沈阳市风险频数的时间分布格局

图 1 表明，1977 年之前的 10 年中，风险频数均小于 2.0，1978 年之后，风险频数开始上升，以近似线性函数逐渐增加（变化速率为 2.0/a），于 1982 年、1983 年、1984 年达到最大值。1985 年开始，风险频数也以近似线性函数逐年下降（变化速率为 1.4/a）。1989 年后，风险频数稳定在 5.0/a 的水平。造成上述现象的原因可能是多方面的。首先，风险频数大小与经济发展水平（人均 GNP）是显著相关的（r=0.391，$r_{0.05}$=0.388），1977 年后风险频数明显增高正好说明了这一点；其次，风险频数的高低可能与环境意识及环境管理水平有关。在 1977 年前，环境意识较低，环境管理也较为薄弱，某些污染事件可能未得到反映；再次，环境管理能有效减少污染事件的发生。1979 年后，《中华人民共和国环境保护法（暂行）》等一系列环境法规逐步颁布，20 世纪 80 年代中期后，这些法规逐渐发挥作用。1985 年后，在风险事件发生的原因中，管理失误的比例从 61.7%下降到 31.2%，这

可能是风险频数下降的主要原因。

差异显著性检验结果表明，1981—1985 年与 1966—1977 年的两个时间区间的风险频数具有极显著差异（$t_{0.01}$=2.977，t=−3.103）。因此，相对于 1966—1977 年，1981—1985 年可视为风险事件频发阶段。不仅如此，检验结果还表明，1978—1991 年及 1966—1977 年的两个时间区间的风险频数也具有极显著差异（$t_{0.01}$=2.807，t = −7.353），可将 1978 年视为风险事件发生的一个转折点，这更进一步说明了经济增长与风险事件之间的相关性。

2 沈阳地区过去 30 年环境风险的空间格局

将 137 个案例划分在两个时段进行比较（1964—1982 年，61 次；1983—1993 年，76 次），并计算了两个时段中各亚区的风险频数（表 1）。差异显著性检验表明，风险事件在两个时段之间的空间分布格局不存在显著差异（$t_{0.05}$=2.08，t = −0.035），图 2 也反映了这种规律。但在图 2 中，沈河、皇姑、新民、辽中 4 个地区所占的比例在两个时段之间有较大变化。根据 1984—1991 年上述 4 个地区的风险事件的分析，可以发现，辽中、新民、皇姑等地风险事件的增加是当地工业发展的结果；沈河区的污染事件大多是由于施工及交通运输引起的小型事故。

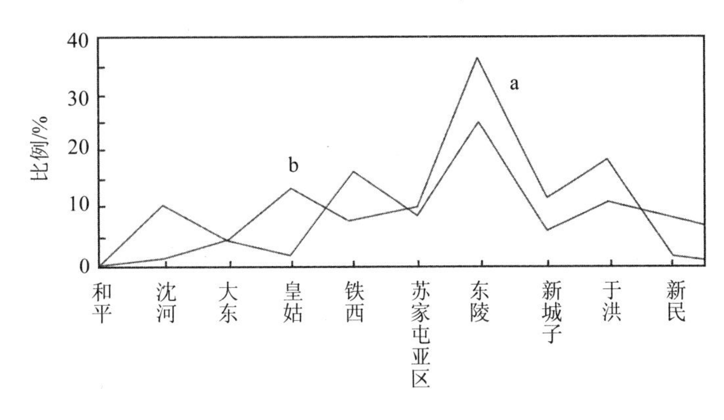

a. 1964—1982 年；b. 1983—1993 年

图 2 不同时段中风险事件的空间分布格局

在 137 个案例分析的基础上，根据风险频数的 5 个改进指标进行了风险评价及分级（每种分区均含有 3 个等级，将铁西区的所有指标值定为 1.0），它们从不同的角度反映环境风险在区域空间上的差异，评价结果及依据见表 1。风险分级的结果给出了区域环境风险管理的优先顺序。

从分级结果不难发现，在沈阳地区，无论采用何种分类标准，环境风险的区域分异都是极其明显的。而且新民、辽中两县均属于低风险区，铁西属于高风险区，其他各区的风险级别则有所变化。不同的分区方法可能导致不同的风险管理优先顺序。

表 1 不同地区的风险比较及分级①

地区	和平	沈河	大东	皇姑	铁西	苏家屯	东陵	新城子	于洪	新民	辽中
1964—1982 年	0	1.41	4.23	1.41	16.90	8.45	36.62	11.27	18.31	1.41	0
1983—1993 年	0	10.61	4.55	13.64	7.58	9.09	25.76	6.06	10.61	7.58	6.08
1964—1993 年	0	5.84	4.38	7.30	12.40	8.76	31.39	8.76	14.60	3.65	2.92
RRF	0	0.47	0.35	0.58	1.0	0.71	2.53	0.71	1.18	0.29	0.24
分级	I	I	I	II	III	II	III	II	III	I	I
RRFPSK	0	1.05	0.27	0.63	1.0	0.04	0.11	0.03	0.06	0.002	0.005
分级	I	III	I	II	III	I	I	I	I	I	I
RRFPC	0	0.59	0.45	0.67	1.0	1.23	4.71	1.67	2.39	0.31	0.34
分级	I	II	I	II	III	III	III	III	III	I	I
RV	1.61	1.79	0.66	0.94	1.0	0.03	0.02	0.02	0.03	0.01	0.02
分级	III	III	II	II	III	I	I	I	I	I	I
RH	0	0.84	0.23	0.55	1.0	0.02	0.06	0.01	0.03	0.03	0.004
分级	I	II	I	II	III	I	I	I	I	I	I

① *RRF*，相对风险频数；*RRFPC*，相对人均风险频数；*RRFPSK*，相对单位面积风险频数；*RV*，相对易损性，本文用人口密度大小来反映各区风险受体的易损性大小；*RH*，相对危害，危害表示为风险频数与人口密度之积。5 个参数的分级标准：I：[0，0.5]，II：[0.5，1.0]，III：[1.0，+∞）。

值得注意的是，虽然污染风险大小与工业生产有着密切关系，但风险分区的结果并没有与工业布局保持完全的一致。以相对风险频数为例，尽管铁西区的工业企业最多，工业产值也最高，但其 *RRF* 却小于东陵和于洪区。可见，除上述两个因素之外，还有其他一些因素影响环境风险的空间分布格局。这些因素可能包括区域产业结构、企业规模、企业管理质量、地区文化水平、地区环境管理水准等多种因素，对这些因素的研究将有助于环境风险管理策略和措施的制定。

3 沈阳地区不同行业及企业环境风险比较分析

对所有 137 个案例按企业及行业进行了分时段归类，将具有两次污染事故以上的厂家计入表 2，同时将具有 4 次以上事故的行业计入表 3。从表 2 可知，17 个主要事故厂家仅占沈阳市企业总数的 0.34%，但事故次数却占了 50.4%。因此，风险事件的“企业集聚”现象在沈阳市是十分明显的，这些企业是沈阳市的高风险群体，是风险管理的重点。一般来说，过去污染事故越多的厂家，未来发生事故的可能性也较大，所以可将上述 17 个厂家视为沈阳地区的高风险源，也可称为高风险点。假设任何工业企业都具有潜在的风险，而且环境风险分布的格局在未来不发生大的变化，就可以根据过去的记录将沈阳市所有的工业企业划分为 5 个风险级别(表 2)，这种级别划分表明了区域环境风险管理的优先顺序。在此基础上，风险管理者可根据分级结果，按一定的次序实施经济、有效、合理的措施，做到资源的合理配置，对不同级别的风险源采取不同的对策；风险责任者（企业）则进一步明确了自己的责任，加强企业内部的管理，最大限度地减少风险事故的发生；公众也可以根据分级结果做出自己的选择。

表 2 沈阳主要污染事故厂家及风险分级[①]

名称	1964—1977 年	1978—1984 年	1985—1993 年	1964—1993 年
V 级风险源				
沈阳石油化工厂	1	5	3	9
沈阳新城子化工厂	3	1	3	7
沈阳化工厂	2	2	2	6
沈阳农药厂	0	4	2	6
Ⅳ级风险源				
沈阳冶炼厂	1	2	2	5
沈阳电镀厂	1	4	0	5
沈阳新生化工厂	0	4	1	5
东北第六制药厂	2	0	3	5
沈阳化肥厂	0	1	3	4
Ⅲ级风险源				
沈阳市助剂厂	0	3	0	3
沈阳油漆厂	1	0	1	2
市煤制气厂	1	1	0	2
沈阳市化工四厂	0	0	2	2
沈阳市有机化工二厂	0	2	0	2
沈阳冶金选矿药剂厂	0	1	1	2
沈阳市机动车辆厂	0	1	1	2
沈阳市有机玻璃厂	0	0	2	2
合计	12	31	26	69
占同期事故的百分比/%	70.6	49.2	45.6	50.4

①发生过一次污染事故的厂家为Ⅱ级风险源，没有发生过污染事故的厂家为Ⅰ级风险源。

表 2 表明，随着时间的推移，高风险企业群体在所有事故中所占的比例正在逐步下降（70.6%→49.2%→45.6%），这说明风险群体的成员正在增加，企业“风险集聚”现象有所减弱，风险管理的对象更为分散了，无形之中增加了风险管理的难度。

“集聚”现象在行业之间也有体现。表 3 表明，在沈阳市 40 个工业行业中，化工行业的风险事故占了 44.5%，前 8 种行业的风险事故则占了 75.9%。因此，行业“风险集聚”现象比企业风险集聚现象更为显著。分时段统计结果还表明，随着时间的推移，集聚现象日益明显（64.7%→68.3%→87.7%）。根据不同行业中风险事故的多少，可将它们划分为高风险行业、中风险行业及低风险行业 3 类（表 3）。行业风险分级同样有利于区域环境风险管理优先顺序的制定。一般来说，行业“风险集聚”现象有利于风险管理，因为对同一行业来说，环境风险事件发生的原因及过程是类似的，环境风险审计的程序及可能采纳的措施也是相似的，企业之间的管理经验能够相互借鉴，管理部门可颁布统一的管理条例，实施统一的监督。特别是对化工行业的管理，如果能获得成功，则能削减将近一半的风险。

表 3　沈阳市污染事故行业分析[①]

行业	化工行业	金属制品业	医药行业	有色金属冶炼业	机械制造业	建筑施工业	危险品储存业	交通运输业	其他所有行业	所有行业	前 8 种行业计
1964—1977 年	7	1	2	10	0	0	0	0	6	17	11
比例[②]	41.18	5.88	11.76	5.88	0	0	0	0	35.29	100	64.7
1978—1984 年	28	6	1	3	1	0	3	1	20	63	43
比例	44.44	9.52	1.59	4.76	1.59	0	4.76	1.59	31.75	100	68.3
1985—1993 年	26	1	4	3	5	6	2	3	7	57	50
比例	45.61	1.75	7.02	5.26	8.77	10.53	3.51	5.26	12.28	100	87.7
1964—1993 年	61	8	7	7	6	6	5	4	33	137	104
比例	44.53	5.84	5.11	5.11	4.38	4.38	3.65	2.92	24.09	100	75.9

①化工行业为高风险行业；另外 7 个行业为中风险行业；其余行业为低风险行业。

②某行业风险事件占所有风险事件的比。

4 结论

（1）沈阳地区过去 30 年中，环境风险事件的时间格局主要表现为：风险频数在 1978—1991 年的分布与 1978 年之前的分布及 1981—1985 年的分布与 1978 年之前的分布均存在极显著差异，1981—1985 年可视为“风险频发”区间。

（2）环境风险事件在不同亚区之间的分布格局没有出现显著变化，但在不同亚区的分布差异却极其显著，不同指标风险分级的结果表明，铁西区是风险最大的亚区。

（3）出现了一批“高风险企业”，化工行业则是风险最大的行业。而且在企业和行业内部存在明显的风险集聚现象，但后者比前者更为显著。随着时间的推移，企业集聚过程正在减弱，行业集聚过程则在加强。

（4）“风险频数”及相关指标是区域环境风险时空格局分析的良好指标，该类指标在确定区域环境风险管理优先顺序时有较大作用。

有害废物运输环境风险研究*

毕军** 王华东
（北京师范大学环境科学研究所，北京 100875）

摘 要：有害废物，运输风险是区域环境风险的主要类型之一，是实现“区域环境风险最小化”的重要管理对象。本文在以往有害废物运输风险研究的基础上，提出基元路段的概念，描述了相关特征，并建立了运输风险、运输成本的计算模型及运输路线优化的多目标决策模型。对沈阳市有害废物运输的环境风险进行了分析，并在运输路线优化过程中得到应用。

关键词：有害废物 运输风险基元路段

Study on the Environmental Risk of the Hazardous Wastes' Transportation

Bi Jun Wang Huadong
（Institute of Environmental Sciences. Beijing Normal University，Beijing 100875）

Abstract: Environmental risk associated with the hazardous wastes' transportation is one of the major risks of the region，as well as the significant management target for the achievement of regional environmental risk minimization. Based on the study of risk of hazardous wastes' transportation，the concept of "basic routes" is put forward and its relative characteristics are described in this paper. Meanwhile，calculation models of transportation risk and transportation cost are established，on the basis of which the multi-objectives optimization model of the trans-portation routes of the hazardous wastes in Shenyang city is built. These models are used in the risk analysis of hazardous wastes' transportation and the optimization of the routes in Shenyang city.

Key words: hazardous wastes'，transportation risk basic routes

* 原载《中国环境科学》，1995，15（4）：241-246。
** 感谢沈阳环境科学研究所蒋放、王毅等。

有害废物是国际社会严重关注的环境问题之一。迄今为止，工业化国家已花费了亿万美元清理有害废物场地、疏散受到有害废物影响的居民。为降低有害废物的环境风险，许多国家开始实行“从摇篮到坟墓”的全过程管理策略。废物运输风险是指运输过程中交通事故等引发的突发性污染事件，是区域环境风险的主要类型之一，在以往的研究中，有害废物的选线和选址已受到较为广泛的关注。英国危险物质、健康与安全委员会顾问委员会曾在《危险物质运输的重大危险问题》一书中研究了某些危险物质的潜在风险，分析了风险形成的原因，并使用“定量风险评价”方法估算了危险物质公路及铁路运输所引起的主要风险，得出了“公路运输的风险已不亚于铁路的结论”。

本文对有害废物运输环境风险分析的理论依据进行了剖析，并根据我国各地资料的可获取性，提出了“基元路段”及相关参数等一系列基本概念，并建立了一个适合我国国情的简化的多目标决策优化模型。在本文中主要讨论城市有害废物公路运输的环境风险问题。

1 有害废物运输环境风险分析的理论依据

有害废物运输环境风险分析与运输路线优化是联系在一起的。从区域环境风险最小化的目标出发，总体环境风险大小是运输过程中必须考虑的一个基本目标。但是，在现实过程中，风险最小化不是社会决策过程中的唯一依据。最小社会费用、最小费用/效益比也是社会持续发展所要求的，即费用最小化也是运输选线过程中必须考虑的问题。然而，无论是风险最小化，还是运输费用最小化，都是效率问题。运输费用越小，说明经济效率越高；社会总体风险越小，则说明风险削减效率越高。与此同时，在现代社会，还必须考虑人与人之间的平等、不同社会群体之间的平等、人与环境之间的平等，即社会发展行动带来的风险/效益分布的公平性已成为决策过程中不可忽略的重要目标。因此，运输路线的优化问题涉及运输费用、社会总体风险、公平性 3 个决策目标。而在寻优过程中，又存在以下几个矛盾：①一方面，最小运输费用要求选择距废物填埋场最近的路线，这可能使某一地区的运输车辆选择同一路线，从而使该路线周围的人群比其他地区的人群面临更高的风险，不满足公平性的要求；另一方面，路径短并不代表路况好，即使路况好也不代表事故发生概率小（与该路段的交通负荷有关），而且较短路径还可能经过一些敏感受体所在地区。这些原因都可能增加总体风险水平，影响风险最小化目标的实现。②公平性必然要求运输车辆尽可能分散在不同的路段上。这样一方面将使运输车辆不能选择较短的路径，增加运输费用；另一方面还可能将风险源引入交通事故发生概率较大地段及敏感受体地段，使总体风险水平明显上升，同样会损害风险最小化目标；再者，满足公平性将使风险管理对象极度分散，从而增加管理过程中的人力、财力和物力。③最小总体风险决定于运输路线的总长度、所选择路径的路况、运输时段的交通负荷、路段周围地区的敏感受体分布等多种因素，在寻求最小社会总风险的过程中，也会影响最小社会费用及社会公平性目标的实现。

上述矛盾主要是“公平与效率”的矛盾，根据“效率优先，兼顾公平”的基本准则，我们建议废物产生厂家联合建立某种“风险补偿基金”。在事故发生时用于应急、补救、恢复、补偿等行动，各个厂家所应提供的资金决定于其产生废物储存的环境风险大小及其与废物填埋场的距离。或者由废物运输部门加收一定的费用，或者是由废物产生厂家进行保险，最后由运输者或保险公司承担责任。在这一前提下，优化过程中仅需考虑总体风险和费用两个决策目标，从而简化了决策过程。

2 有害废物运输环境风险分析及运输路线优化

在上述分析的基础上，本文提出“基元路段”的概念，并在此基础上，建立了具有总体运输风险和运输费用两个目标的优化决策模型。

2.1 基元路段的概念及基本特性

基元路段是运输废物过程中可能经过的、连续的一段路径，其道路服务水平及周围地区易损性（V_u）没有显著差异。道路服务水平及 V_u 值相同或相似，但不相邻的两段路径成为独立的基元路段。在分析中设有 q 个基元路段 p_1，p_2，…，p_k，…，p_q，k=1，2，…，q。任何一个运输方案均可由部分或全部基元路段组成。基元路段有 3 个基本特性，分述如下：

2.1.1 基元路段的道路服务水平

道路服务水平是指道路使用者根据交通状态，在速度、舒适性、方便性、经济性和安全性等方面所能得到的服务程度。描述服务水平的指标有很多，如 V/C 比（即饱和度，道路交通负荷与道路饱和容量之比，等于路段实际通行车辆/路段设计通行能力）、平均车速等。其中最主要的是 V/C 比，而且该指标比较独立。一般来说，城市道路的服务水平越高，发生交通事故的可能性就越小，有害废物运输过程中的事故概率也越小。因此，可用 V/C 比衡量有害废物运输的事故概率。

在道路交通容量一定的情况下（道路交通容量决定于道路宽度、车道数、路面状况、单行或者双行等因素），道路交通负荷是决定服务水平的唯一指标。交通负荷的大小与不同时段道路上的车种类型和数量有关，即必须进行交通组成分析。为了便于交通负荷评价，需将各车型换算成同一标准车型。在城市交通规划中，一般取小型客车为标准车型（取值 1.0）。对于车型换算，国内外均进行过较多的研究。本文选取我国《城市道路设计规范》建议的车型换算系数及沈阳市交通管理研究所制定的换算系数。

在优化过程中，V/C 比用$\alpha_k(t)$的倒数表示，它是衡量任一 p_k 质量好坏的指标，反映了交通事故发生的可能性大小。$\alpha_k(t)$越高，运输过程中发生交通事故的概率就越小，可能产生的运输风险也就越小；反之，则运输风险越大。$\alpha_k(t)$是不同时刻交通流量（当量小汽车/小时，PCU/h）$V_k(t)$与道路容量（PCU/h）C_k 之比的倒数，与时间 t 有关，即：

$$\alpha_k(t)=\left[\frac{V_k(t)}{C_k}\right]^{-1}=\frac{C_k}{V_k(t)} \qquad k=1,2,\cdots,\ q \tag{1}$$

2.1.2 基元路段周围地区易损性——V_u 值

基元路段周围地区易损性（V_u）是决定环境风险事件发生后危害大小的重要指标。它与运输路段经过地区人群暴露密度、特殊风险受体（如学校）及易受害社会财富等相关。本文中，V_u 值用$\beta_k(t)$表示，是衡量受体易损性大小的指标。基元路段附近敏感受体的规模是衡量 V_u 值的主要因素。在本例中，选取 p_k 附近的人口密度$\rho_k(t)$、商服集贸点分布密度$\tau_k(t)$、公共场所分布密度$\upsilon_k(t)$ 3 个指标来衡量 V_u 值。三类指标密度越高，V_u 值也越高。那么，风险事故一旦在该基元路段发生，可能造成的危害也越大，即易损性越高。

$$\beta_k(t) = f[\rho_k(t), \tau_k(t), \upsilon_k(t)] \tag{2}$$

如$\rho_k(t)$、$\tau_k(t)$、$\upsilon_k(t)$均是归一化值，并且重要程度分别为θ_1、θ_2、θ_3，那么有：

$$\beta_k(t) = \theta_1 \cdot \rho_k(t) + \theta_2 \cdot \tau_k(t) + \theta_3 \cdot \upsilon_k(t) \tag{3}$$

本文中取 $\theta_1 = \theta_2 = \theta_3$，故有

$$\beta_k(t) = [\rho_k(t) + \tau_k(t) + \upsilon_k(t)]/3 \tag{4}$$

2.1.3 基元路段的长度——l_k

l_k 是描述 p_k 的重要指标。基元路段越长，运输费用就越高，风险事故发生的可能性也越大。

2.2 风险分析和优化过程的目标变量

公平性目标可通过建立“风险后备基金”来满足。因此，运输方案的优化过程中只考虑整体风险大小和运输费用两个目标变量。在分析过程中，设有 n 个可供选择方案，i=1，2，…，n。由于每个厂家的废物运输过程都是互不影响的离散事件，而决策过程中又不考虑风险分布的公平性，从而大大简化了决策过程。因此，每个工厂的最优运输方案的组合必然是整个运输方案中最优的。所以运输方案优化时只需分别对各个工厂的运输方案进行优化。在各基元路段分析的基础上，可计算出每一可能方案下的运输成本 M 及风险水平 $R_{运}$。

2.2.1 运输成本 M 的确定

简单考虑，运输成本仅与运输过程中经过路径的长度、所运输的废物量及单位运输成本有关。方案 i 的运输成本 M_i 为：

$$\begin{aligned} & M_i = a \cdot \sum_{k=u}^{\upsilon} l_k \cdot Q \\ & 1 \leqslant u \leqslant \upsilon \leqslant q \\ & k = 1, \cdots, q \end{aligned} \tag{5}$$

式中：a——单位运输成本，元/t；

l_k——p_k 路段的长度，km；

Q——工厂产生的废物量，t；

$u \rightarrow \upsilon$——所经过的基元路段的代号。

2.2.2 运输风险 $R_{运}$的确定

i 方案下运输风险 $R_{运 i}$ 是运输所经过基元路段产生的风险 R_{ik} 之和，即：

$$\begin{aligned} & R_{运i} = \sum_{k=u}^{\upsilon} R_{ik} \qquad 1 \leqslant u \leqslant \upsilon \leqslant q \\ & k = 1, \cdots, q \end{aligned} \tag{6}$$

式中：R_{ik}——i 方案下运输废物经过第 k 个基元路段的风险。

一般认为，风险是风险事件发生概率与后果之积。因此，就某一基元路段来说，R_{ik}

与$\alpha_k(t)$、$\beta_k(t)$、$R_{储}$及l_k有关，即：

$$R_{ik}(t)=g[\alpha_k(t),\beta_k(t),R_{储},l_k] \tag{7}$$

其中，R_{ik}与$\alpha_k(t)$呈一次负相关，与$\beta_k(t)$、$R_{储}$及l_k呈一次正相关，所以有：

$$\begin{aligned}R_{ik}(t)&=b\cdot\beta_k(t)\cdot R_{储}\cdot l_k/\alpha_k(t)\\&=b\cdot\beta_k(t)\cdot R_{储}\cdot l_k\cdot V_k(t)/C_k\end{aligned} \tag{8}$$

式中：b——常系数。

2.3 方案优化过程

在具有有限个已经确定运输方案的条件下，运输方案的优化过程实际上就是对不同运输方案的优劣进行排序，即对方案的选择进行决策，因此可用决策分析手段来进行数学求解。由于费用目标和总体风险目标之间存在的矛盾性和不可公度性，不能将两个目标归并为一个目标，所以必须采用有限个方案的多目标决策方法。对于每一废物产生厂家来说，可供选择的运输路线方案较多，所以可在定性决策阶段，采用"优选法"淘汰一批劣方案。在此基础上，使用简单的加性加权法进行定量决策。在确定费用目际和风险目标的权重ω_1、ω_2之后（本研究假设$\omega_1=\omega_2=0.5$），构成如下的决策（效用）函数，对于第i个方案有：

$$D_i(t)=\omega_1\cdot M_i+\omega_2\cdot R_{运i}(t) \tag{9}$$

式中：$D_i(t)$——决策函数；ω_1、$\omega_2=1$；

M_i和$R_{运}$——独立变量；

D——线性函数。

在实际计算中，必须对M_i和$R_{运i}$进行归一化，因两者属性均为成本目标，其转换如下：

$$M_i'=\frac{1}{[M_i/\min(M_i)]} \tag{10}$$

$$R_{运i}'=\frac{1}{[R_{运i}/\min(R_{运i})]} \tag{11}$$

在此基础上，求得与最优（准优）决策值对应的运输方案。

$$D_i'=\omega_1\cdot M_i'+\omega_2\cdot R_{运i}(t) \tag{12}$$

$$D=\max(D_i') \tag{13}$$

对于每个产生废物的厂家，都有一个D值，所有D值构成城市废物运输的最优（准优）方案。

3 沈阳市有害废物运输风险分析及运输方案优化

沈阳是一个典型的重工业城市，为最大限度地消除有害废物风险，拟建的有害废物填埋场每年必须处置 20 000 余 t 废物，根据工程设计，每天将有 10 辆次箱式或罐式运输车出入市区，废物中有固体、半固体、液体等多种类型。由于工业布局不合理，沈阳市有害废物产生厂家在城市各区的分布较为分散，可选择的运输路线较多，另外，沈阳市内路况和交通负荷变化较大，交通质量低，该市的交通事故率在全国同类城市中处于较高水平。因此，沈阳市的有害废物运输过程中存在较大的风险，必须通过运输路线优化，选择总体环境风险及运输费用较小的方案。

3.1 基元路段的筛选及参数描述

首先根据有害废物厂家的位置及其附近的交通状况，利用专家咨询等方法筛选出如表 1 所列的基元路段。其中，各参数的值来自实际调查或沈阳市的各种统计资料（限于篇幅，仅列举部分基元路段）。对于任一基元路段，商服集贸点分布密度等于商服集贸地段长度占该基元路段的百分比，如果另有一个商服集贸地段穿越该基元路段，则τ值增加 0.05。公共场所分布密度决定于该基元路段上公共场所的数量，5 个及 5 个以上者υ取 1.0，4 个取 0.8，3 个取 0.6，2 个取 0.4，1 个取 0.2，没有公共场所的则取 0。

表 1　沈阳市有害废物运输过程中可能经过的基元路段及相关参数

路段名称	C（PCU/h）	V（PCU/h）	V/C	ρ	τ	υ	β	β/α	l（km）
北海街	1 800	2 100	1.17	0.40	0.206	0.20	0.269	0.20	3.12
滂江街	1 800	1 900	1.06	0.40	0.373	0.40	0.391	0.414	2.49
万柳塘路	2 500	1 300	0.52	1.0	0.05	0.40	0.483	0.251	2.99
东北大马路	1 000	1 800	1.80	0.40	0.336	0.40	0.379	0.682	4.65
望花南街	1 800	810	0.45	0.40	0.20	0	0.20	0.09	3.56

注：交通流量的资料来自沈阳市交通工程研究所 1991 年的实地调查；商服集贸地段分布图来源于沈阳市城市交通规划研究报告。

3.2 运输风险分析及运输路线优化

在实际分析过程中，由于资料来源等方面的约束，仅对有害废物储存风险较大的厂家进行分析。根据专家及环境管理部门的建议，确定运输路线时，主要考虑利用高速路、中环路等，给出有限个方案。在此基础上，根据沈阳市的实际情况，利用前述方法对所有潜在的运输方案进行优化决策，得到有害废物运输方案的优化结果，表 2 给出有害废物储存风险较大厂家的具体运输路线。

表 2 沈阳市有害废物运输风险分析及选线优化结果

企业名称	运输路线	费用	风险	决策结果	推荐方案
沈阳飞机制造公司	北陵东街→高速路	10.96	0.900	1.0	√
	北陵东街→崇山东路→望花街	12.80	2.370	0.546	
沈阳二一三厂	北陵东街→崇山东路→望花街	10.13	1.508	1.0	√
	北陵东街→高速路	11.97	2.213	0.751	
东北第六制药厂	长安路→涝江街→北海街→望花街	15.43	2.465	0.910	√
	长安路→涝江街→珠林路→东陵路→高速路	23.93	2.133	0.852	
黎明发动机制造公司	长安路→涝江街→北海街→望花街	14.28	2.205	0.899	√
	长安路→涝江街→珠林路→东陵路→高速路	22.77	1.873	0.876	
沈阳电镀厂	青年大街→惠工街→小北街→望花街	16.73	9.850	0.757	
	青年大街→文化路→万柳塘路→傍江街→北海街→望花街	19.65	6.260	0.950	√
沈阳市化工三厂	沈辽中路→保工南街→保工北街→塔湾街崇山路→望花街	23.10	8.004	0.434	
	沈辽中路→沈新东路→高速路	33.43	1.206	0.897	√
沈阳大统照电器有限公司	建设大路→保工北街→塔湾街→崇山路→望花街	20.89	9.737	0.590	
	建设大路→重工街→广业路→高速路	25.99	3.754	0.935	√
沈阳摩擦密封材料厂	长江街→崇山中路→崇山东路→望花街	12.59	3.040	1.0	√
	长江街→崇山中路→黄河大街→高速路	15.43	3.610	0.828	
沈阳第一毛纺织厂	塔湾街→崇山路→望花街	20.06	6.798	0.494	
	塔湾街→北一路→广业路→高速路	22.43	1.694	0.899	√

注：运输路线中分为两个方案；本表仅列举了储存风险处于前 9 位厂家的废物运输路线。

在优化过程中，不仅考虑有害废物运输风险源的空间位置，还对其时间区间进行研究。根据工艺设计、受体分布的时空格局，并考虑交通流量、安全、应急反应等问题，选定 5：00～7：00 及 20：00～22：00 为运输时间。

4 结论

有害废物运输环境风险是区域环境风险的主要类型之一，妨碍了区域持续发展。将运输风险纳入运输路线优化过程是实现“区域环境风险最小化”的重要手段。“基元路段”等概念的建立有助于运输风险分析过程。该分析方法及优化结果已用于沈阳市有害废物运输管理。

油田开发区域环境风险综合评价探讨*

杨晓松　王华东　宁大同
（北京师范大学环境科学研究所，北京　100875）

摘　要：环境风险评价（ERA）的主要症结在于恰当处理环境中偶发事件的不确定性。本文旨在对区域环境风险综合评价作出尝试性的探讨，提出了区域环境风险综合评价的概念，探讨了区域环境风险综合评价的程序、方法，并以盘锦油田为例，对开发生产过程中的环境风险作了综合评价研究，得到了令人满意的结论。

关键词：区域环境　风险识别　综合评价　风险管理

An Approach to Regional Comprehensive Environmental Risk Assessment in an Oilfield

Yang Xiaosong　Wang Huadong　Ning Datong
（Institute of Environmental Sciences，Beijing Normal University，100875 Beijing，China）

Abstract: The major interest of Environmental Risk Assessment（ERA）lies in the uncertainty of accidental occurance in the environment. This paper aims at making trial approach on comprehensive ERA in a regional limits. The authors advanced some relevant concept，procedure and method of regional ERA. Furthermore，the Panjin Oil Field was taken as an example for regional integrated study on ERA，and encouraging results have been acquired.

Key words: regional environment，environmental risk assessment，risk management

环境风险评价（ERA）是环境影响评价的重要内容之一。主要评价环境中的不确定性、突发性问题。由于它起步晚及其自身的复杂性，以致目前在理论和方法上尚不完善，迄今仍在探索之中。以往的绝大多数工作仅以一个地区的单个环境风险因素为评价对象，而没有注重研究一个区域内众多环境风险因素的综合评价，这在理论研究及实际应用上均显不

* 原载《环境科学》，1991，13（1）：63-68。

足。目前人们已认识到区域环境风险综合评价的重要性，逐步从单因素环境风险评价转向区域环境风险综合评价的研究。为适应区域经济开发的需要，在我国迫切需要开展这项工作。为此，本文着重区域环境风险综合评价方法的研究。

一、区域环境风险综合评价概述

区域环境风险综合评价是对区域内多种环境风险因素的综合评价。在定量评价区域内单个环境风险因素的基础上，得到区域环境综合风险指数，编制出区域环境风险分布图，为区域开发及制定安全法规提供科学依据。

区域内风险因素很多。区域不同，风险因素亦异；同一区域，随其经济发展、规划布局的改变，风险因素也会相应的变化。所以，确切地概括出一个区域的全部风险内容是很困难的。我国是发展中国家，建设工程项目众多，对环境的影响深刻。反之，环境也会影响建设工程的正常兴建和运行。据此，本文着重研究建设工程在内的区域环境风险综合评价。基于这些区域的共性，将区域众多的环境风险因素归纳为自然界发生异常即自然环境风险（如地震、洪水、台风等对建设工程的影响）和由于人为操作、管理不善等对建设工程的影响即人为环境风险两类。

二、区域环境风险综合评价的程序

区域环境风险综合评价建立在单因素环境风险评价体系的基础上，与单因素环境风险评价有共同之处；但它又是单因素环境风险评价理论的综合和拓展。区域环境风险综合评价主要包括区域环境风险识别、区域单因素环境风险评估、区域环境风险综合评估和区域环境风险管理四个部分，具体程序如图 1 所示。

三、区域环境风险综合评价的方法

对一个区域的环境风险综合评价主要通过下面四个步骤来完成。

（一）区域环境风险识别

区域环境风险识别是利用收集的有关资料对区域内多种风险因素进行鉴别和分析。从某种意义上说，风险识别就是寻求危险信号的过程。利用收集的有关资料，从复杂的环境背景中区分出突出的异常是区域环境风险识别的基本任务。

区域环境风险识别主要有以下几种方法：①专家调查法；②因果分析法；③统计分析法；④逻辑分析法；⑤幕景分析法；⑥实验分析法。风险识别时最常用到幕景分析法的筛选、监测、诊断过程。这 3 个过程紧密相连，都使用相同元素，通过图 2 所示的循环程序完成风险识别工作。

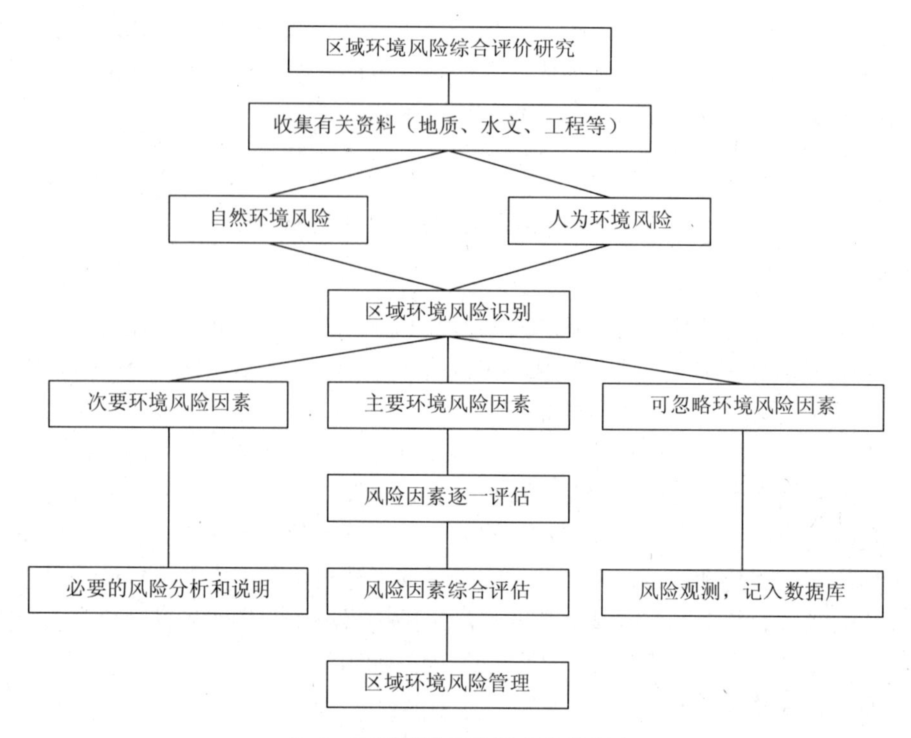

图 1 区域环境风险综合评价程序

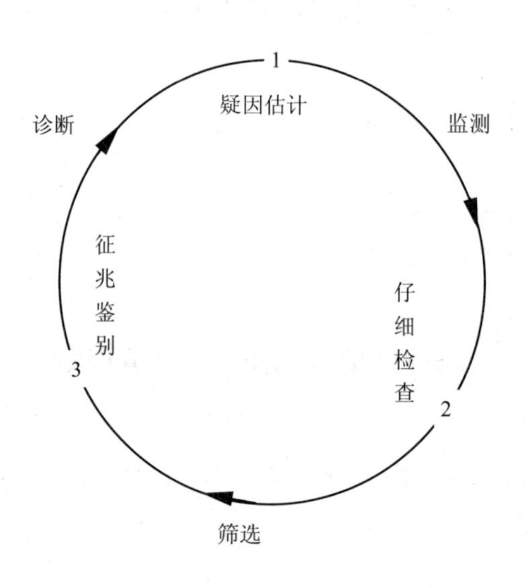

图 2 筛选、监测、诊断过程

（二）区域单因素环境风险评估

区域单因素环境风险评估是对已识别的区域多风险因素的度量和预测。总的来说，区域多风险因素的评估可遵循单因素环境风险评价的原则和方法。目前单因素环境风险评价方法归纳起来大体有以下四种：①逻辑分析法；②统计推理法；③分级评价法；④公式评估法。

但区域环境风险因素繁多，每一种风险都有其各自的特点，所以评价时应针对具体的风险因素选择合适的方法。另外，单因素风险评估的结果应尽可能无量纲或用同一单位表示，也可用风险累积曲线或风险分布图表达，这样可增加区域内各环境风险因素之间的可比性和统一性，为进一步开展环境风险综合评价奠定基础。为此，我们引入“风险指数”的概念。

风险是某一事件发生概率及可能危害后果的函数，可定义为：$R=P\times L$。这里，R——风险指数，它表达某事件发生的可能性和危害性两方面的综合效应；P——事件发生的概率；L——事件的可能危害后果。

计算风险发生概率一般有以下几种方法：①根据大量的试验结果，用统计方法进行计算；②根据概率的古典定义，将事件分解成基本事件，用表达一定逻辑关系的概率公式进行计算，这两种方法得到的是客观概率，但在实际工作中，常常不能获得足够的信息以计算出客观概率，只能依据主观概率即根据个人的判断，用一个 0～1 之间的数来描述风险发生的可能性，这种方法主观性较强，在一定程度上会影响结论的可靠性。风险发生后造成的危害后果多种多样，故而其表达方法也很多，一般可将其归纳为属性指标和数量指标两种。对于多风险因素的评价，为比较和综合其危害后果，需尽可能用数量指标来表达。由于主、客观条件的限制，目前还难以将各种风险因素的危害后果完全定量化，这给综合评价带来了困难。为解决以上问题，本文引入了“比较”的概念。

1. 比较概率

在区域环境风险综合评价中，当目前难以求出各种风险因素的客观概率和主观概率时，可从一个或多个角度对各区域（或多风险因素）进行对比分析，从而得到它们的比较概率，以此来表征风险发生的相对可能大小。

2. 相对危害风险

后果的数量指标可进一步分为相对指标、总量指标和平均指标。相对指标也称为强量指标，用来比较多区域（或多种风险因素）造成危害的相对大小。这种比较可基于风险的多个属性的实测值、估计值或权值从不同角度多方位进行，最后依据实际情况总结出能够反映风险因素相对损失大小的计算公式或危害图。为计算风险的危害后果有时也用到总量指标和平均指标。总量指标表达风险的总体危害情况；平均指标反映某一总体的一般水平。在风险评价时，无法对众多风险因素逐一分析、计算，有时需对它们进行筛选、合并，取其合适量（如平均值等）反映该风险因素的一般特征。

（三）区域环境风险综合评估

区域环境风险综合评估是考虑到多个环境风险因素对区域开发、人群健康等多方面危害程度的差异而再次综合评估的过程。这里，主要指对建设项目影响程度差异性的再次评估，是对区域单因素环境风险评估结果进行综合的过程，即对无量纲或同一单位数值进行加权综合，对风险累积曲线或风险分布图进行拟合和叠加。为完成各风险因素结果（以风险指数为例）的综合可分为以下两步：

1. 求各环境风险因素的权值

区域环境风险涉及自然和社会多方面，含有政治、人文等色彩。用传统的方法很难分析这个系统的重要性差异。可采用 AHP（Analytic Hierarchy Process）方法来解决，分析区域众多风险因素之间的联系，划分出有序的层次，确定各层次的隶属关系，建立恰当的递阶层次结构，请专家打分，构造判断矩阵，用数学方法求出各层次的权值。AHP 方法的这个过程与区域内众多风险因素的分析、综合的思维方式十分相近。所以，AHP 方法是风险综合评估中计算权值的较为可行的方法。

2．求区域环境风险综合指数

区域环境风险因素的风险指数 $R_i(i=1,2,\cdots,n)$ 及其权值 $W_i(i=1,2,\cdots,n)$ 可按下式综合，从而得到区域环境风险综合指数 R：

$$R=\sum_{i=1}^{n}R_i\cdot W_i$$

（四）区域环境风险管理

区域环境风险管理是依据区域环境风险综合评价的结果，作出环境决策分析、判断的过程。美国 EPA 在实际工作中提出环境风险管理有两个主要目标：一是确定 EPA 应该控制的风险重点；二是对确定的风险重点选择恰当的减少风险的措施。进行风险管理时主要考虑以下 3 个因素：①风险管理部门提出进行控制的污染物有何有害影响；②控制或减少区域环境风险的费用；③风险管理措施的成功程度在于费用—效益分析的结果。

四、盘锦油田环境风险综合评价研究

（一）盘锦油田概况

盘锦市位于辽宁省南部，辽河下游，渤海之滨。区域地质构造系属华北陆台中部的渤海凹陷地带。境内流经大小河流 13 条，素有“九河下梢”之称。行政区划为一市两县，即盘锦市、盘山县、大洼县。主要资源是储量丰富的石油和天然气。

辽河油田分布广泛，目前已建成的 12 个油田中有 8 个位于盘锦市内，即兴隆台、双台子、欢喜岭、曙光、高升、于楼、热河台、黄金带油田。将它们总称为盘锦油田。盘锦油田在开发生产过程中由于自然及人为因素给它带来了一定的风险。对盘锦油田环境风险进行综合评价可反映盘锦市及辽河油田环境风险的一般特征。

（二）盘锦油田环境风险综合评价

盘锦油田的各分油田位置分散，包含的风险因素很多又不尽相同，所以，其风险综合评价实际上是对区域内各分区、多风险因素进行比较的综合过程。

1．盘锦油田区域环境风险识别

通过对油田开发生产实际情况的分析，人为环境风险主要指油田开发中人为操作、管理不善等原因造成的工程环境风险。根据收集的有关盘锦市及油田资料，采用专家调查法和统计分析法对盘锦油田环境风险诸因素进行了识别，得出了较为一致的结果。自然环境风险因素中的洪涝、地震和工程环境风险因素中的井喷、输油管线泄漏和油罐泄漏对油田开发生产的危害最为严重，为主要环境风险因素。

2．盘锦油田主要环境风险因素的评估

对盘锦市八个分油田（用 i 表示，i=1，2，…，8）包含的上述 5 种主要环境风险因素（用 j 表示，j=1，2，…，5）进行逐一评估。评估采用的方法（或公式）见表 1。由此得到八个分油田对应于五种主要环境风险因素的风险指数，为便于比较和综合，将其标准化，结果列入表 2 中。

表 1　盘锦油田主要环境风险因素的评价方法

风险因素	方法名称	方法（或公式）说明
地震	重复率预测法 平均矩率法 Webull 分布预测法	依据研究区历史地震统计资料，用三种方法进行预测，得到未来百年各级地震的发展次数、周期、概率。绘出未来 6 级地震的裂度分布示意图，由此估算了可能造成的损失
洪涝	统计推理法	依据历史洪涝灾害的统计资料，估计了今后可能发生概率。绘出未来洪涝危及范围示意图，由此估算了可能受损失大小
井喷	统计推理法	根据历史统计资料（1979—1989 年），得出井喷发生概率，由式（1）估算井喷平均损失
输油管线泄漏	统计推理法	方法（公式）与上类似
油罐泄漏	统计推理法	根据历史资料及对未来的假设，估计事故发生的概率，用事故情况下的危及范围表征损失的相对大小

公式：

$$L_{3,i}=\frac{\sum_{u=1}^{7}(W_{3,u}\cdot N_{i,u})\cdot M_{3,i}}{N_{3,i}} \tag{1}$$

式中：$L_{3,i}$——i 油田多次井喷的平均损失，量纲为一；

$N_{i,u}$——i 油田井喷在 u 经济损失阈中的分配次数；

$N_{3,i}$——i 油田多年井喷总次数；

$W_{3,u}$——u 经济损失阈权重；

$M_{3,i}$——i 油田区域人口密度权重；

u——经济损失阈标志（u=1，2，…，7）；

i——油田标志（i=1，2，…，8）；

3——油田井喷风险标号。

表 2　盘锦油田诸环境风险因素指数 R_{ij}

风险因素 \ 油田	兴隆台	曙光	双台子	欢喜岭	高升	于楼	热河台	黄金带
地　震	0.13	0.11	0.12	0.10	0.03	0.17	0.17	0.17
洪　涝	0.20	0.30	0.12	0.21	0	0.07	0.05	0.05
井　喷	0.043	0.074	0.311	0.096	0.172	0.076	0.013	0.215
输油管线泄漏	0.068	0.452	0.007	0.353	0.065	0.055	0	0
油罐泄漏	0.142	0.413	0.018	0.244	0.123	0.038	0	0.022

3．盘锦油田环境风险综合评估

为求盘锦油田环境风险综合指数 R_i（i=1，2，…，8），用 AHP 法求出各分油田 5 种

环境风险因素的权重 W_{ij}。对此可简化处理，以 5 种环境风险因素在八个分油田中的平均权重 W_i 来代替 W_{ij}。通过对盘锦油田 5 种风险因素的分析，建立了如图 3 所示的递阶层次结构。然后请专家打分建立判断矩阵，由特征值法解得：W_1=0.167；W_2=0.167；W_3=0.294；W_4=0.184；W_5=0.188；由此可求出各分油田的环境风险综合指数 R_i，结果见表 3。

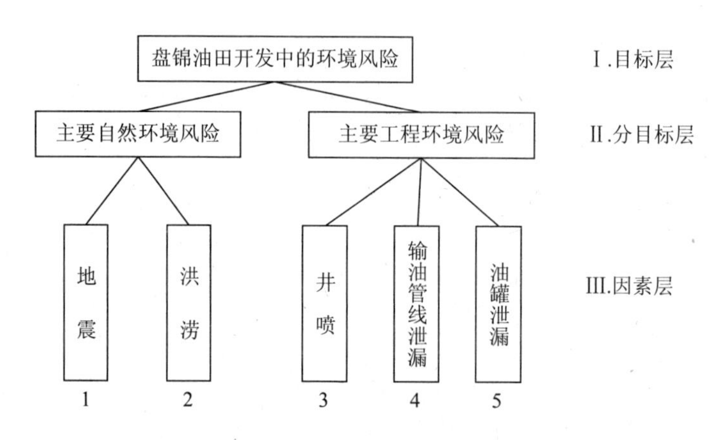

图 3 盘锦油田主要风险因素间递阶层次结构

表 3 盘锦油田各组分环境风险总指数 R_i

油田名称	兴隆台	曙光	双台子	欢喜岭
R_i	0.107	0.251	0.136	0.191
油田名称	高升	于楼	热河台	黄金带
R_i	0.091	0.080	0.041	0.104

4. 盘锦油田区域环境风险管理

综上所述，盘锦各分油田环境风险由大到小依次为：曙光、欢喜岭、双台子、兴隆台、黄金带、高升、于楼、热河台油田。环境风险综合指数最大值为最小值的 6 倍多。前 3 个油田风险已占盘锦油田总风险的 57.8%，达一半以上。所以，降低盘锦油田的风险需首先控制减小前 3 个油田的风险。盘锦市 8 个油田环境风险综合指数的平均值为 $\overline{R}=0.125$，假设该值为环境风险标准值，则风险超标的分油田有曙光、欢喜岭、双台子油田。通过对这 3 个分油田的 5 种环境风险因素的分析，可以得出相应的控制方案。对于曙光油田，应将重点放在减少输油管线泄漏、储油罐泄漏、洪涝 3 种风险上，这样可减少风险的 85%；对于双台子油田，应将重点放在控制井喷、地震、洪涝 3 种风险上，这样可减少风险 90%以上；对于欢喜岭油田，由于各风险因素的“贡献”相近，所以应从实际出发，优先控制有条件、易控制的风险因素，逐步走向全面控制，以便防患于未然。

第四篇

环境规划与管理

环境容量与总量控制

环境容量研究进展*

王华东　夏青
（北京师范大学地理系）

环境容量是环境科学的综合性基础研究课题，并已列为国家科技攻关项目。开展环境容量的研究，对于制订污染物的区域性环境标准、环境污染的综合防治、工业的合理布局以及区域环境质量的预断评价等都有密切的关系。近年在我国环境科学界已愈益引起人们的重视。

（一）环境容量

环境容量视中心事物不同，而有各种不同含义，以污染物的环境容量而言，1968 年日本学者首先提出环境容量这一概念，自日本环境厅委托卫生工学小组提出“1975 年度环境容量计量化调查研究”报告以来，环境容量在日本环境界应用更加广泛。以环境容量研究为基础，逐渐形成了日本的环境总量控制制度。

日本关于环境容量的概念，最初是来源于电工学的想法，可以将它定为下式：

$$Q=KC \tag{1}$$

式中：Q——总量控制中规定的总量；

C——环境中污染物的浓度；

K——环境容量。

在式（1）中，将 Q 及 C 间的关系系数称为环境容量。

日本环境界对环境容量的另一种想法是环境化学方面的设想，认为环境的自净能力是环境容量的核心问题。环境的自净能力就是污染物在环境中的降解速度。可用式（2）表示污染物排出量与环境容量和污染物降解反应速度的关系：

$$Q=Vr \tag{2}$$

式中：Q——污染物排出量；

r——污染物的反应速度；

V——环境容量。

* 原载《环境科学与技术》，1983（1）：32-36。

近年日本学者所提出的污染物环境容量的理论，已不限于单指自然环境对污染物所具有的环境容量，还应考虑人工设施的影响。因为，设定环境容量时，如果不考虑人为的影响，就不可能提出实用的环境容量理论。这方面可以南部、未石及丹保等所提出的环境容量理论为代表。他们曾把环境容量划分为三种类型，即：

（1）环境容量Ⅰ。指环境的自然净化能力而言。在该容量限度以内，排入环境中的污染物，通过物质的自然循环，一般不会引起对人群健康或自然生态的危害。

（2）环境容量Ⅱ。指对居民合意的环境容量。它既包括环境的自然净化能力，还包括环境保护设施对污染物的处理能力。因此，自然净化能力和人工设施处理能力越大，环境容量也就越大。

（3）环境容量Ⅲ。指人类活动的地域容量。它包括环境容量Ⅰ和环境容量Ⅱ。

近年，日本的一些城市在计算城区大气环境容量时，把城市视为一个在逆温层封闭下的箱子。风从箱子的一侧吹向另一侧。若风速设为 U，垂直于风向的城区尺度为 B，逆温层高度为 H，污染物的环境质量标准为 C_0，则

$$Q = C_0 \cdot U \cdot H \cdot B \tag{3}$$

根据式（3）即可求出不同地区的大气环境容量。当烟源条件比较复杂时，日本的一些城市根据拟定的环境标准，用大气扩散模式进行计算。

在进行水体环境容量研究时，日本的某些水体曾按式（4）计算：

$$Q = C_0 \cdot V \tag{4}$$

式中：Q——水体的水环境容量；

C_0——水体的环境标准；

V——水量。

日本学者将“环境容量”一词引入环境科学领域，对于解决日本的环境污染问题起了一定促进作用。日本国土面积狭小，国土面积仅 37 万 km^2，由于工业发展，环境污染严重，某些地区环境污染负荷过重，远远超过环境的净化能力。为此建立起环境容量概念，对日本推行大气及水体污染的总量控制制度提供了科学依据。

（二）我国环境

日本学者提出的环境容量概念值得借鉴，其具体含义尚需进一步探讨。我们认为环境容量是指相对于某种环境标准，某环境单元所允许承纳污染物质的最大数量。它是一个变量，包括两个组成部分，即基本环境容量（或称差值容量）和变动环境容量（或称同化容量）。前者可以通过拟定的环境标准减去环境本底值求得，后者是指该环境单元的自净能力。

某环境单元容量值的大小，与该环境单元本身的组成、结构及其功能有关。因此，在地表不同区域内，环境容量的变化具有明显的地带性规律和地区性差异。通过人为调节，控制环境的物理、化学及生物学过程，改变物质的循环转化方式，从而可以提高环境容量，改善环境的污染状况。

目前，我国在大气环境容量、水环境容量及土壤环境容量的研究方面都有新的进展。

1．大气环境容量方面

在沈阳市大气二氧化硫污染研究中，运用大气环境容量的概念，进行了二氧化硫总量控制的研究。沈阳采用选择控制日的方法确定环境控制目标，即将控制日各地区的浓度控制在标准之下，使全年在某种保证率下不会发生超过环境目标值的污染现象。然后选择适当的控制日，由控制点作总量控制计算，求出污染源的削减量，再由削减后的源强值计算整个沈阳地区 600 个点的浓度分布。沈阳市进行了三种方案的比较研究，并提出了环境管理的建议和具体控制措施，为改善和提高沈阳市区大气环境提供了科学依据。

2．水环境容量方面

通过北京市东南郊地表水体及第一松花江水环境容量的研究，初步提出河流水环境容量可以划分成如下的几种类型：

（1）理想水环境容量（或称绝对水环境容量）。指以水域的环境标准减去污染物原始本底值或以水域的区域背景值推算其纳污能力，用以反映未受人类活动影响水域的自然纳污能力，它是个理论值；或用以表示在最清洁状态下，水域对污染物的容纳能力。这种水环境容量是水域环境容量的最大值。

（2）面源污染现状水环境容量。指根据水域的现状，估算其在达到水环境标准时，所能容纳的污染物数量，用以表示水环境现状可容纳污染物质的最大数量。它可以表示面源污染的最大水环境容量。

（3）点源污染现状水环境容量。指按污染源分布的现状，而实际上还能利用的最大环境容量。可根据污染源分布的特征，通过现状模拟来计算容量值。

（4）可优化利用的水环境容量。即通过水质规划，优化决策，对整个水域的点污染源进行合理安排，所能利用的水环境容量。在优化决策计算中，由于附加了费用函数，增加了经济约束，考虑了社会条件的约束，使它更符合实际，更具有实际意义。

在一般情况下，水环境容量的排列顺序是：理想水环境容量＞面源污染现状水环境容量＞可优化利用的水环境容量＞环境污染现状可利用的水环境容量。

为了计算污染物的水环境容量，可以把污染物划分成三种类型：①易降解的耗氧性有机污染物；②难降解的有机污染物；③重金属。计算第①类污染物的水环境容量，可以利用 Streeter-Phelps 方程，以 BOD 及 DO 为变量，可由 DO 目标值推求 BOD 约束值，从而计算该水域可生化降解的污染物的水环境容量。

如图 1 所示，假定沿河有 N 个排放源，N 个支流，将河流分成相应的 $2N$ 段，支流、排放源均位于段首，每段应基本符合流速、流量定常。

由质量平衡可得：

$$Q_{i-1}L_{i-1} + q_{1i}l_{1i}(1-n) + q_{2i}l_{2i} = Q_iL_i \qquad (5)$$

$$Q_{i-1}D^{T}{}_{i-1} + q_{1i}D_{1i} + q_{2i}D_{2i} = Q_iD_i^{O} \qquad (6)$$

式中，$D = C_{Si} - C_i$ 表示氧亏量。

上标 T 表示段尾，上标 O 表示段首。

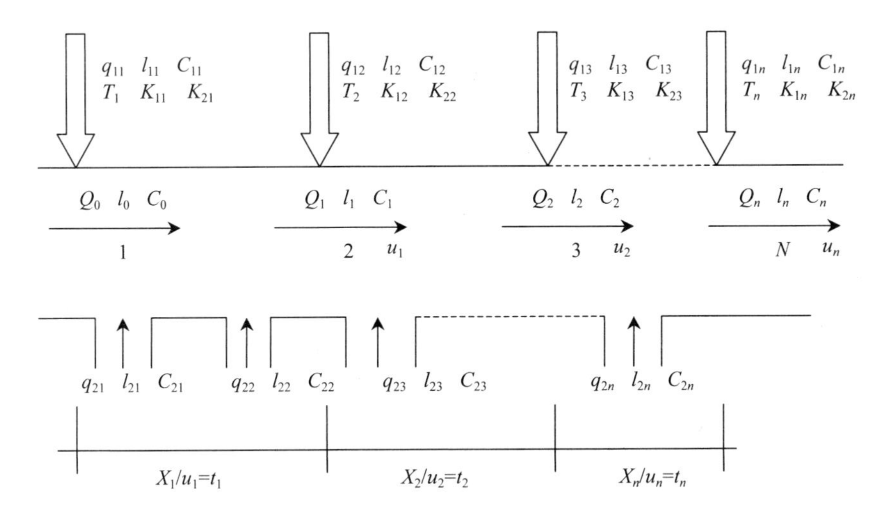

图 1　沿河排放源

符号意义：

Q_i——河水流量；q_{1i}——污水流量；q_{2i}——支流流量；l_{1i}——污水 BOD 浓度；l_{2i}——支流 BOD 浓度；L_i——河流 BOD 浓度；K_{1i}——BOD 衰减率；K_{2i}——复氧率；X_i——河段长；u_i——河水平均流速；C_{1i}——污水 DO 浓度；C_{2i}——支流 DO 浓度；S_1——BOD 水质标准；S_D——DO 水质标准；C_i——河流 DO 浓度；C_{Si}——饱和 DO 浓度；t_i——流经河流时间；T_i——水温；n_i——第 i 段污染物削减率。

假定 BOD 衰减为一级反应，仅考虑天然曝气复氧，则对任意河段 i，应用 Streeter-Phelps 方程的解析解得：

$$L_i^T = L_i^O \mathrm{e}^{-K_{1i}t_{1i}} \tag{7}$$

$$D_i^T = L_i^O \frac{K_{1i}}{K_{2i} - K_{1i}}(\mathrm{e}^{-K_{1i}t_i} - \mathrm{e}^{-K_{2i}t_i}) + D_i^O \mathrm{e}^{-K_{2i}t_i} \tag{8}$$

如令 $a_i = \mathrm{e}^{-K_{1i}t_i}, d_i = \mathrm{e}^{-K_{2i}t_i}, b_i = \frac{K_{1i}}{K_{2i} - K_{1i}}(\mathrm{e}^{-K_{1i}t_i} - \mathrm{e}^{-K_{2i}t_i})$，可得

$$L_i^T = a_i L_i^O \tag{9}$$

$$D_i^T = b_i L_i^O + d_i D_i^O \tag{10}$$

对于一般可降解的有机污染，在一般情况下，我们可以控制每一段起始 BOD 值及末尾氧亏值不超过人为规定的水质标准，可写为：

$$L_i^O = \frac{Q_{i-1}L_{i-1}^T + q_{1i}l_{1i}(1-n_i) + q_{2i}l_{2i}}{Q_{i-1} + q_{1i} + q_{2i}} \leqslant S_1 \tag{11}$$

$$D_i^T = \frac{Q_{i-1}L_{i-1}^T + q_{1i}l_{1i}(1-n_i) + q_{2i}l_{2i}}{Q_{i-1} + q_{1i} + q_{2i}} \cdot b_i + \frac{D_{i-1}D_{i-1}^T + q_{2i}D_{2i} + q_{1i}D_{1i}}{Q_{i-1} + q_{1i} + q_{2i}} \cdot d_i \leqslant S_D \tag{12}$$

从河流的第 1 段起，采取逐段递推的办法，解（11）、（12）两式，并从中选取较大的 n_i，即可确定各段上污染物排放的允许总量：

$$M_{i允} \leqslant q_{1i}l_{1i}(1-n_i) \tag{13}$$

$\sum M_{i允}$ 即为所论水域的水环境容量值。

所论水域不变，将 DO、BOD 本底值代入则 $\sum M_{i允}$ 为容量Ⅰ—1。

所论水域不变，将 DO、BOD 现状实测值代入则 $\sum M_{i允}$ 为容量Ⅰ—2。

所论水域不变，按实际排污位置，重新分段，并仍以 DO、BOD 现状实测值代入则 $\sum M_{i允}$ 为容量Ⅰ—3。

欲计算Ⅰ—4 时，则需增加技术约束和目标函数：

$$Z = \min \sum_{i=1}^{n} C_i n_i \tag{14}$$

C_i 为单位削减率的所需费用。

$$B_{ni} \leqslant n_i \leqslant U_{ni} \quad i = 1, 2, \cdots, n \tag{15}$$

B_{ni} 和 U_{ni} 为技术上可行的削减率的上限和下限。

当费用函数为线性时，则目标函数（14）技术约束（15）水质约束（11）（12）构成一线性规划问题，利用单纯形法得优化削减率组合后，即可推算现状可优化利用的水环境容量Ⅰ—4。

计算第②类污染物的水环境容量，只需把稀释作为该水域决定污染物容量的基本因素。假定污染物与天然水体完全混合，则对于某种污染物，有以下质量平衡关系：

$$\frac{q_0 l_0 + Q_0 L_0}{q_0 + Q_0} = L \tag{16}$$

式中：$q_0 l_0$——排污水量与浓度；

$Q_0 L_0$——河水流量与浓度；

L——水环境标准。

则，$L(q_0 + Q_0) - Q_0 L_0 = q_0 l_0$，即 $(L - L_0)Q_0 = (l_0 - L)q_0$ （17）

显然，由（17）即可求出水环境容量值。

L_0 为本底值时，则由（17）式求得容量Ⅱ—1。

L_0 为现状值，则由（17）式求得容量Ⅱ—2。

容量Ⅱ—3，容量Ⅱ—4 在某一段内仅有一个污染源时与容量Ⅱ—2 没有差别，在多个污染源时，才与容量Ⅱ—2 有差异。由于与Ⅰ类污染物容量计算方法相同，不再详述。

第③类污染物的容量计算，较为困难。

简言之，有现状实测值，只要给定某一重金属的水质标准，标准再严，该水域也会有容量，这是符合定义的推断的。

湖北省湖泊众多，为了进行水环境容量的探索研究，可开展湖泊水环境容量的研究。例如通过武汉东湖的环境研究，可以建立湖泊水体富营养化的主要限制性因素——磷的水环境容量模型；可以对大冶湖进行某种重金属元素水环境容量的研究等。

3．土壤环境容量方面

土壤环境容量的研究在国外报道不多，美国维廉・依・瑟配尔在其《城市生活及工业污水的土地处理》一书中，曾进行过污水灌溉的环境容量计算，他提出的以每周灌水量计算，处理 400 万 L 污水，需利用土地 52 hm^2，每周可灌水 5 cm 深。在澳大利亚以水力负荷或以 BOD（TOC）等来表示污灌区负荷，以澳大利亚威里比牧场土地过滤可灌入 0.055×10^6 L/(hm^2·d)，草地过滤可灌入 0.18×10^6 L/(hm^2·d)。在国内，1972 年中国科学院林业土壤研究所在田间试验中得出不影响水稻产量的有效负荷量为：

NH_3-N	14.5 kg/亩
油类	8.3 kg/亩
挥发酚	2.4 kg/亩
硫化物	0.83 kg/亩
COD	27.6 kg/亩

所有这些都是土壤环境容量研究的早期报道。

污灌区环境容量是指进入该区域内污染物不产生污染危害的总量，即不污染土壤、作物、地下水和人群健康。污灌区土壤环境容量是指相对于土壤的环境质量标准，土壤对污染物的最大允许含量，可以下式表示：

$$Q=(C_k-B)\times150 \qquad (18)$$

式中：Q——污灌区土壤环境容量，g/亩；

C_k——土壤环境标准值，mg/kg；

B——土壤本底值，mg/kg。

在北京市东南郊及沈阳市污灌区农业污染生态研究中，对重金属的土壤环境容量进行了探索性研究。提出了土壤中重金属平衡动态方程式：

$$W=Bk^n+\frac{CQ}{M}K^n-S \qquad (19)$$

式中：W——土壤中污染物总量，mg/kg；

B——土壤中污染物本底值，mg/kg；

C——灌溉水中污染物含量，mg/kg；

Q——灌溉水量，m^3/亩；

M——每亩地土壤重量（按 150 000 kg 计）；

K——残留率；

S——污染物年输出量。

利用式（19）对北京市东南郊污灌区及沈阳张士灌区的重金属土壤环境容量进行了计算。计算结果表明，在北京市东南郊按目前的年平均输入量，当 K=0.96 时，仅高碑店污水灌区下段可能在十七八年后达到汞的重度污染水平；如 K 值提高到 0.99 时，则老君堂沟以北的灌区即可迅速达到汞的重度污染，高碑店污水灌区上段还可能达到铜、锌、镉的重度污染。可见土壤一旦被重金属污染，是很难进行治理的。在沈阳市张士灌区的计算结果，如以灌溉 20 年计，其土壤重金属环境容量是：镉为 22～37 g/（亩·a）、砷为 75～150 g/（亩·a）、铅为 210 g/（亩·a）、锌为 728 g/（亩·a）、铜为 907 g/（亩·a）。

此外，沈阳市还进行了污灌区土壤油污染环境容量的计算。由于油在土壤中能被净化，它的残留率低，所以它的土壤环境容量比较大。在沈抚灌区大田条件下，当土壤中油的含量超过 1 000 mg/kg 时即对水稻生长产生障碍，水稻矮化，不抽穗，或虽开花却不灌浆，形成空壳。当大田中水稻成熟时，受油污染的水稻仍处于无效分蘖，保持青绿色，所以将土壤中油的环境标准定为 1 000 mg/kg，如土壤中油的本底值为 250 mg/kg，则土壤中油的环境容量为 112.5 kg/亩。

由上述可见，土壤环境容量研究，为农田污染生态环境研究的定量化提供了科学依据。鉴于土壤的地带性分异规律明显，今后在土壤环境容量研究中，应选择我国不同地带的主要土壤类型进行对比试验，以揭示土壤环境容量的规律性，为发展农业生产服务。

环境容量*

王华东[1] 张义生[2]
（1. 北京师范大学；2. 吉林大学）

环境容量是环境科学的综合性基础研究课题，现已列入国家科技攻关项目。开展环境容量研究，与制定污染物的区域性环境标准、环境污染的控制和治理、工农业的合理布局以及区域环境影响评价等问题都有直接的作用。而且为协调经济发展与保护环境的关系，为制订区域环境规划提供了科学依据。

因此，开展环境容量研究，在理论上有促进环境地学、环境化学、环境系统工程学等多学科的交叉、渗透，加深对环境的认识，并使理论付诸应用的意义。在实践上，对制定工业污染排放政策作出新的决策，对城市发展、工农业布局根据环境容量作出合理发展规模的判断，以利环境资源开发规划与环境管理规划的制订。这关系到我国环境管理政策的全局，有助于推进环境管理的科学化。正因为如此，近年来环境容量问题在我国环境科学界日益引起人们的重视。本文就有关环境容量的一些问题介绍如下。

一、环境容量的概念和类型

我们所称的环境容量是指某环境单元所允许承纳污染物质的最大数量。它是一个变量，包括两个组成部分，即基本环境容量（或称差值容量）和变动环境容量（或称同化容量）。前者可通过拟定的环境标准减去环境本底值求得，后者是指该环境单元的自净能力。

某环境单元容量的大小，与该环境单元本身的组成、结构及其功能有关。所以，在地表不同区域内，环境容量的变化具有明显的地带性规律和地区性差异。通过人为调节、控制环境的物理、化学及生物学过程，改变物质的循环转化方式，从而可提高环境容量，改善环境污染状况。

我们把环境容量分成整体环境单元的容量及单个环境要素的容量。它们之间的关系可用下式表示：

$$\overline{E} = \overline{A}_V + \overline{W}_V + \overline{S}_V + \overline{B}_V$$

式中：$\overline{E}$——某一环境单元的平均环境容量；

* 原载《环境污染治理技术与设备》，1986，7（9）：24-29。

$\overline{A}_V$——某一环境单元中大气的平均环境容量；

$\overline{W}_V$——某一环境单元中水体的平均环境容量；

$\overline{S}_V$——某一环境单元中土壤的平均环境容量；

$\overline{B}_V$——某一环境单元中生物的平均环境容量。

若按照环境要素，又可细分为大气环境容量、水环境容量（其中包括河流、湖泊和海洋环境容量等）、土壤环境容量以及生物环境容量等。

如果按照污染物划分的话，又可分为有机污染物（包括易降解的和难降解的）环境容量、重金属污染物环境容量以及各种单个污染物的环境容量，如 Hg 的环境容量，Cd 的环境容量、As 的环境容量等。

若从污染物在环境中的作用机理上区分，有物理扩散和化学净化两种类型。

（1）物理扩散类型的环境容量

西村肇从电量、电压关系引申，考虑到污染物排放总量是按时间进行计量，即为单位时间内的排放总量。据此认为排放总量与电学上对应的量不是电量，而是电流，即：

$$I = K_i E$$

式中：I——电流；

E——电压；

K_i——电导，即电阻 R 的倒数（K_i=1/R）。

这样，环境容量是同电导 K_i 相对应。对污染物扩散而言，则与扩散系数密切相关。

例如，城市大气中污染物浓度 C 与排放量 Q 的关系中，

$$Q = SK_Z C / \delta$$

式中：S——截面积；

K_Z——垂直方向扩散系数；

δ——临界层厚度。

这样，大气环境容量 $A_V = SK_Z / \delta$ 。可见，环境容量是污染物在环境中扩散能力的标志。

（2）化学生物（净化）类型的环境容量

污染物在环境中发生化学分解反应，其分解速度 r 与排放量 Q 的关系为：

$$Q=rV$$

式中：V——环境的体积。

而分解速度往往与污染物浓度 C 成比例，即：

$$r = K_r C$$

式中：K_r——反应速度常数。

将此式代入上式，得：

$$Q = K_r VC$$

这样，环境容量 E 相当于 K_rV。从化学（生物）角度来看，环境容量应该是净化能力

的度量。因此，沈阳地区环境质量评价及污染控制途径研究协作组提出：表达环境自净能力的物理量，就叫做环境容量。

二、环境容量的基本特性

众所周知，地球表面按着太阳辐射量的差异，形成以光照和热为主导的全球性纬向地带性；又依海陆分布和大地貌条件，形成以水为主导因子的径向地带性。这两种地带性规律的叠加作用，实际上形成了大体沿东北—西南走向的自然地带性。随着地貌单元的更细划分及不同等级上细部的差异，如光、热、湿度、降水、大气环流、土壤pH值、Eh值、植被状况等的差异，进入某一区域环境的污染物质，根据自身的理化性质，可表现出不同的迁移转化特征和毒性危害。因此，不同的环境单元对污染物质有不同的容纳量。由于区域环境的地带性分布的差异，使得环境容量也具有明显的地带性变化。又由于环境条件在一定地域内的非地带性，使环境容量的大小出现了非地带性的复杂变化。

中低纬度亚热带、暖温带地区，处于全球性的哈德莱环流圈气流下沉区，在干燥、气温较高、风力小的晴天，位于这一带的大中城市由于汽车排出大量的碳氢化合物、氮氧化合物等，易产生光化学烟雾，如美国的芝加哥、我国的兰州等。而在多雨多云雾、寒冷风大的地区，不易形成光化学烟雾。

形成严重大气污染的天气条件往往是与逆温紧密联系的。尤以逆温层底在地面时为最甚，逆温层底高几百米以上，影响就较小。逆温的强度随纬度的不同，而有地带性变化。我国从南到北，逆温强度增大，逆温的机会也增多，就使得北方的大中城市易受空气污染之害。

我国南方多雨，有较强的淋洗作用，而且植被覆盖率大，几乎没有风沙，所以浮尘很少。加之，南方不像北方冬季需烧煤采暖等。因此，就目前情况而言，北方的大中城市大气环境质量劣于南方。总之，我国从南到北，大气环境容量有减少的趋势。

从主要决定水环境容量的河流流量或静止水体的面积因素来分析，我国长江以南，河网密集、总径流量比长江以北大得多，所以对污染物的容纳量大。但是，从南到北，地表水的pH值趋于增加，硬度增高。很多有毒性的重金属污染物在pH值升高时迁移能力减弱，活性变小。所以，以等量的水体计，对很多重金属污染物来说，从南到北，其水环境容量增加。我们从总体上来看，长江以南河网密、流量大，足以抵消软水容量小的影响，因而总的水环境容量仍然大大地超过北方。但还应指出：某些大中城市附近的水体，由于局部水环境容量已达到饱和的程度，因而形成水环境的污染。

土壤环境容量的地带性随自然地理带的变化也有明显的差异。我国从南到北，pH值升高，而随pH值的升高，呈阳离子状态的重金属，如Cu、Zn、Co、Ni、Cr^{3+}、Hg、Cd等趋于固定。而呈络阴离子状态的重金属，如V、Mo、As、Se、Cr^{6+}等，则迁移能力增强，土壤中有机质（特别是胡敏酸）以及有较高吸附阳离子能力的蛭石、蒙脱石等，从南到北是增加的。所以，北方的栗钙土、黑钙土等对重金属、农药等有机污染物的吸附能力比南方的红壤等强得多。如DDT在0.5%的胡敏酸溶液中为水中溶解度的20倍。因此，土壤腐殖质含量高，吸附有机氮农药的能力强。长江以南高温多雨，土壤pH值较低，某些重金属离子活性增加，这使土镶对这些重金属的容纳量有所降低。而在北方碱性土壤中，重金属的存在形态和迁移转化规律则完全不同，它们的土壤环境容量也有所变化。所以，研究重金属污染物的土壤环境容量时，应根据具体情况，区别对待。也就是说，在北方容量大的，也许在南方要小，反之亦然。

由于土壤的地带性差异，“酸雨”的危害也是不同的。在我国南方酸性红壤和黄壤中，pH 值本来就低，再降酸雨，就酸上加酸，危害更重。而我国北方土壤的 pH 值都很高，本身对酸雨有很强的容纳能力，加之大气中碱性的浮尘多，即使形成少许酸雨，未达到地面就可能被中和或部分中和，所以在我国北方一般来说并无酸雨之害。

土壤环境容量除了这种大的地带性变化之外，尚因小的地貌影响而不同。如淹水条件的不同，形成不同的 Eh 值，即不同的氧化还原条件，使土壤环境容量有所差异。例如镉的存在形态受土壤中的 Eh 值影响很大，其原因是由于硫的价态变化，影响到镉的溶解性。其化学反应为：

$$SO_4^{2-} + 8H^+ + 8e^- \rightleftharpoons S^{2-} + 4H_2O$$

当 Eh 值升高时，上述平衡向左移动，以 $CdSO_4$ 形式存在的 Cd 增加，从而镉的溶解性和有效性增加；当 Eh 值降低时，平衡向右移动，以 CdS 形式存在的 Cd 增加，从而使镉固定，活性减弱。

据研究，Eh 值低时，溶解性砷含量增加，所以降低土壤的 Eh 值，可大大地减小砷的容量，增加了砷的危害性。汞在水田嫌气条件下，易转变为甲基汞，所以水田中汞的环境容量低。

三、我国环境容量研究的发展概况

近几年来我国在大气环境容量、水环境容量以及土壤环境容量研究方面都已开展了一定的研究工作，并取得了一些成果。

1. 大气环境容量方面

1977—1979 年沈阳市大气二氧化硫污染研究中，运用大气环境容量的概念，进行了二氧化硫总量控制的研究。沈阳采用选择控制日的方法确定环境控制目标，即将控制日的各地区的浓度控制在标准之下，使全年在某种保证率下不会发生超过环境目标值的污染现象。然后选择适当的控制日，由控制点作总量控制计算，求出污染源的削减量，再由削减后的源强值计算整个沈阳 600 个点的浓度分布。沈阳市进行了三种方案的比较研究，并提出了环境管理的建议和具体控制措施，为改善和提高沈阳市区大气环境质量提供了科学依据。

许可同志在研究大气箱或模型的基础上，提出了单污染物质的大气环境容量模型。孙炳彦等人根据箱式扩散模型，对大气污染物扩散场的环境容量提出了计算方法。

万国江等人从具体环境污染物的人为释放出发，考虑到它们的环境地球化学行为以及环境的地区差异性，在实际调查的基础上，探讨了不同区域环境条件对环境物质的容纳量。并进行了我国工业大气氟环境容量分析，为我国氟的环境区划的划分创造了必要的条件。

这种工业大气氟环境容量分区的研究，为我国排氟企业的合理布局，排氟企业的环境污染控制以及氟污染程度的预测等提供了基础资料。

2．水环境容量方面

我国环境科学工作者通过对北京市东南郊地表水体以及第一松花江水环境容量研究，初步提出河流水环境容量可划分成如下几种类型：

（1）理想水环境容量。指以水域的环境标准减去污染物本底值或以水域的区域背景值推算其纳污能力。用以反映未受人类活动影响水域的自然纳污能力，它是一个理论值。这种水环境容量是水域环境容量的最大值。

（2）面源污染现状水环境容量。指根据水域的现状，估算其达到水环境标准时，所能容纳的污染物质的最大数量。它可以表示面源污染的最大水环境容量。

（3）点源污染现状水环境容量。指按污染源分布的现状，而实际上还能利用的最大环境容量。可根据污染源分布的特征，通过现状模拟来计算容量值。

（4）可优化利用的水环境容量。即通过水质规划，优化决策，对整个水域的点污染源进行合理安排，所能利用的水环境容量。在优化决策计算中，由于附加了费用函数，增加了约束，考虑了社会条件的约束，使它更符合实际，更具有实际意义。

在一般情况下，我们可将上述水环境容量排列如下顺序：理想水环境容量＞面源污染现状水环境容量＞可优化利用的水环境容量＞环境污染现状可利用的水环境容量。

我国已开展了渤海湾、锦州湾等海洋环境容量的研究，并提出了渤海湾内石油环境容量的估算方法；锦州湾水体石油允许容量的计算方法和有机物允许容量的计算方法；渤海湾汞的环境容量的估算方法等。

最近，李生级（1983）研究了武汉市水环境容量资源。并提出了污染物自净和极限自净总量模型，无支流时的河流水环境容量模型以及有支流时的河流水环境容量模型等。同时，利用这些模型进行了长江武汉段水环境容量的计算。

3．土壤环境容量方面

这方面的研究工作国外报道很少。瑟佩尔在其所著的《城市生活及工业污水的土地处理》一书，曾进行过污水灌溉环境容量的计算，澳大利亚以水力负荷或以 BOD、TOC 等表示污灌区负荷。1972 年中国科学院林土所在田间试验中得出了不影响水稻产量的有效负荷量。北京东南郊污灌和沈阳张士灌区（1980）计算了重金属土壤环境容量。此外，沈阳市还进行了污灌区的石油土壤环境容量的计算。他们认为污灌区环境容量是指进入该区域内污染物不产生污染危害的总量，即不污染土壤、作物、地下水和人群健康。污灌区土壤环境容量是指相对土壤的环境质量标准，土壤对污染物（其中包括重金属、石油等）的最大允许含量。可用下式表示：

$$Q=(C_k-B)\times 150$$

式中：Q——污灌区土壤环境容量，g/亩*；

C_k——土壤环境标准值，mg/kg；

B——土壤本底值，mg/kg。

---

* 1 亩=1/15 hm^2，全书同。

土壤环境标准值也是土壤污染指标或土壤中安全容纳量，临界含量的同义语。在特定区域环境中，在土壤特点和环境特点确定的情况下，B 值确定之后，土壤环境容量的大小和土壤环境标准（C_k）密切相关。标准宽，容量偏大；标准严，则容量偏小。因此，制定准确的区域性土壤环境标准是极为重要的事情。

综上所述，在环境容量研究中，大气环境容量和水体环境容量研究较多，并收到一定效果。土壤环境容量研究尚少。此外，有关城市环境容量和人口环境容量研究，还处于开始阶段。

四、环境容量研究中的问题和发展趋势

目前，国内外许多学者在阐明环境容量的科学含义，建立环境容量的基本理论和计算方法以及在实际应用等方面，都做了一定的研究工作。概括来说，定性描述环境容量的概念较为容易，进行定量说明还较困难。环境容量定量化所面临的问题，大致可归纳出如下几点：

（1）由于各种污染物之间存在许多复杂的关系，如各种污染物之间的协同作用和拮抗作用等，因而遇到如何表征环境容量的问题。我们认为此种研究，必须考虑生态效应，特别是人类生态效应问题。

（2）在大气、水体、土壤和生物等环境要素中，由于污染物的迁移分布、迁移转化过程以及污染物特性等方面差异性很大，因而又有怎样研究环境容量的问题。

（3）如何确定环境容量的时间和空间范围的问题。从目前情况看，环境容量的计算正处在研究探索阶段。我们应从研究某一环境单元的单环境要素、单一污染物的环境容量入手。提出通用的环境容量计算方法，然后向多环境要素、多污染物的综合环境容量过渡。事实上，向多环境要素、多污染物的综合环境容量过渡，只要寻找出污染物之间的定量关系，将较易于解决。

环境容量研究中，还应着重环境容量的区域性和地带性规律的研究。这样才为工业的合理布局提供依据，既有利于经济发展，又有利于保护环境，使两者协同发展，同步前进。例如，万国江等人研究了我国工业大气氟环境容量分区问题。这对探讨不同地域环境条件对污染物的环境容量，进行某环境物质的容量分析，为探寻综合性的环境区划创造了有利条件。他们在研究我国工业大气氟环境容量分区时，将全国地域划分为五个氟环境容量区，即低容量区、较低容量区、中容量区、较高容量区和高容量区，这种区域性变化规律的研究，可使我国排氟工业合理布局。

我们认为环境容量研究，还应该与污染物物理状态、化学形态和生物降解过程等紧密地结合起来。因为环境容量是一个变量，它受环境区域性特点和污染物赋存形态所约束。因此，同一种污染物在不同的环境要素中，具有不同的环境容量。就是同一环境要素对不同污染物，也有不同的环境容量。甚至在不同的气象条件、不同季节也有所不同。万国江等人的研究已表明：人为释放水环境中的氟离子，虽然在自然背景条件下起了叠加作用，但对区域性的环境变异影响并不是主要的。淤泥和土壤中的氟，尽管部分参与生物机体生化过程，但因其处于结晶骨架或吸附状态中，比较起来环境作用惰性较强，对环境氟的变

异影响也不很大。然而，气态氟化物，特别是 HF、SiF_4等，则因其一方面可随大气扩散，影响范围较大；另一方面因其毒性大，对人体和生物机体的作用较明显。可见，研究环境容量时，不仅要考虑不同的环境要素，而且还要考虑污染物的赋存状态。只有两者有机地结合起来，才会更深入地研究环境容量问题。

有人提出水环境容量研究的未来趋势是：在天然水环境条件下，加强重金属的地球化学过程研究。即使重金属的结合形态和价态分布特征与时间、空间尺度相联系，与污染物输入的变化规律相联系，与水文要素的变化特征相联系，与真实环境条件相联系，进而应建立重金属在水体中迁移转化和归宿的数学模型。

在环境规划中，提出可降解有机污染物环境容量的数值，可对城市污水、工业废水排放政策作出新的决策，对城市发展、工农业布局作出合理发展规模的判断，可更有力地协调水资源开发规划与水质管理规划。

今后几年，水环境容量的攻关研究，重金属将侧重于天然水环境条件研究，并提出定量模型。可降解有机污染物侧重于应用，为环境规划服务。

人们对环境质量的要求是全面的，既包括对自然环境质量的要求，又包括对社会环境质量的要求。所以，在研究环境容量的过程中，应包含自然环境容量和社会环境容量两方面的内容。当前，人们对自然环境容量已开展了研究，今后也应对社会环境容量给予充分注意。只有两者有机地结合起来，我们才会从总体上认识环境容量。

随机条件下的水环境总量控制研究*

曾维华　王华东
（北京师范大学环境科学研究所，北京　100875）

摘　要：提出风险水环境容量概念，并在此基础上建立了风险水环境容量计算与容量资源分配模式，从而拓展了水环境总量控制的内涵，为水环境总量控制开辟了新的途径——随机条件下的水环境总量控制。

关键词：水环境总量控制　风险水环境容量　水质功能标准概率分布

Total Emission Control of Water Environment under Stochastic Conditions

Zeng Weihua　Wang Huadong
（Institute of Environmental Science，Beijing Normal University，100875）

Abstract: Based on some concepts such as risk capacity of water environment etc. proposed in this paper, a model of computing risk capacity and allocating capacity is established to solve problems of total emission control（TEC）of water environment. The concepts and model expand the connotation of TEC and provide a new approach TEC of water environment under stochastic conditions.

Key words: total emission control of water environment，risk capacity of water environment，probability distribution of water quality function standard

一、前言

随着工农业的迅猛发展，我国水环境污染问题日趋严重，传统的单排污口浓度控制方法，因有一定局限性，无法满足水环境管理的需要，而以总量控制为核心的水污染物排放

* 原载《水科学进展》，1992，3（2）：120-127。

许可证制度，则已在我国逐渐展开，改进了水环境管理工作。

所谓总量控制，是指在一定的水域内，通过限制域内各污染源污染物排放总量，来控制水域纳污量，以达到水域使用功能不受到破坏的目的。水环境总量控制是以域内各污染源综合排污指标（污染物排放负荷的允许限度——水环境容量计量）作为控制目标，通过水环境容量的计算、容量资源分配与总量控制监督管理3个主要环节实现的。

传统的水环境总量控制模式是以对水环境系统的稳态分析为依据的。尽管这样做可以认为对水体提供了足够的保护，但却无法避免“过保护”状态的出现，同时，由于没有考虑除河水流量以外，在水环境总量控制中起重要作用的要素值的随机波动（如河水流量、废水排放量等），因而无法定量描述河水高浓度及高允许排污负荷的出现频率。

众所周知，在总量控制中起重要作用的水环境要素值都是随机波动的随机变量。美国国家环保局对大量河流流量资料以及污水处理厂废水排放量与排污浓度资料的分析结果表明：一般日平均流量的概率分布与对数正态分布很接近，而污水处理厂的废水排放量与排污浓度的概率分布也与对数正态分布相吻合。河水流量等要素值的随机波动，导致由其所确定的水环境容量也上下波动，成为服从某种概率分布的随机变量。为了有效地利用水环境容量的随机波动性，避免出现过保护状态，本文试图利用对数正态分布理论，建立随机条件下水环境总量控制模式，根据上游来水浓度、来水量及域内废水排放量的概率分布，确定水环境容量的概率分布，并在随机条件下对容量资源进行分配，为水环境总量控制提供决策依据。

二、风险水环境容量的概念与计算方法

首先定义一个新概念：水域功能标准概率分布，是指衡量某一水域水质是否满足其使用功能的污染物浓度允许概率分布。与定常水域功能标准不同，它不是常量，而是与水质浓度一样，为满足某种形式概率分布的随机变量。为与水质浓度概率分布一致，可定义水域功能标准概率分布为对数正态分布。

水域功能标准概率分布可由其均值（μ）与方差（σ）表示。如定义其服从对数正态分布，则可利用国家地表水Ⅴ级水质标准（C_{L_i}）与为满足某一使用功能相应的允许超标概率（α_i）的如下关系：

$$\ln(C_{L_i}) = \mu_1(C_L) + \sigma_1(C_L)Z_{\alpha_i} \quad (1)$$

$$i=1, 2, \cdots, 5$$

式中：$\mu_1(C_L)$ 与 $\sigma_1(C_L)$——分别为水域功能标准的对数均值与方差；

Z_{α_i}——对应超标概率α_i的分位数；利用线性回归方法确定 $\mu_1(C_L)$ 与 $\sigma_1(C_L)$。

在确保满足某一水域功能标准概率分布前提下，由河水流量与上游来水浓度以及水域功能标准的联合概率分布确定的该水域所能容纳污染物最大负荷量的概率分布，称为风险水环境容量。其表示形式有两种：一种是由其均值与方差表示，另一种是由一组水环境容量值及其相应允许出现频率表示。

风险水环境容量由两部分组成：稀释风险水环境容量与同化风险水环境容量。对于保

守性污染物，其风险水环境容量主要由前者组成，并可由下列简单的河流水质稀释模型来确定：

$$C_\delta Q_\delta + C_r Q_r = (Q_\delta + Q_r)C_L \tag{2}$$

由式（2）可得最大允许排污负荷的计算模式：

$$\text{MPDC} = Q_r C_r = (Q_\delta + Q_r)C_L - C_\delta Q_\delta \tag{3}$$

式中：Q_r、C_r——分别为废水排放量与排放浓度；

Q_δ、C_δ——分别为河水流量与上游来水中污染物浓度。

应注意的是，最大允许排污负荷（MPDC—Maximum Permit Discharged Capacity）与水环境容量（WEC—Water Environmental Capacity）不完全相同，其关系为

$$\text{MPDC} = \text{WEC} + Q_r C_L \tag{4}$$

以 MPDC 取代 WEC 是不符合总量控制基本思想的。因为如果这样，水环境容量就不仅取决于河流的自然条件，同时还与废水排放量有关，各污染源可以通过稀释所排废水，即在污染物排放总量不变的情况下，增加废水排放量，来达到提高“水环境容量”的目的。这一现象正是浓度控制存在的弊端之一，也是总量控制逐渐取代浓度控制的主要原因。

风险水环境容量计算方法如下：

（一）矩量近似法

保守性污染物风险水环境容量的近似概率分析可由其一阶原点矩与二阶中心矩实现。假设影响水环境容量的各种要素值均服从对数正态分布，且两两不相关，并假设 WEC 与 MPDC 也服从对数正态分布，则可由下列公式确定 WEC 与 MPDC 的概率分布：

$$\mu(\text{WEC}) = [\mu(C_L) - \mu(C_\delta)]\mu(Q_\delta) \tag{5}$$

$$\sigma(\text{WEC}) = \{[\sigma^2(C_L) + \sigma^2(C_\delta)][\mu^2(Q_\delta) + \sigma^2(Q_\delta)] + [\mu(C_L) - \mu(C_\delta)]^2\sigma^2(Q_\delta)\}^{\frac{1}{2}} \tag{6}$$

$$\mu(\text{MPDC}) = \mu(\text{WEC}) + \mu(C_r)\mu(C_L) \tag{7}$$

$$\sigma(\text{MPDC}) = \{[\sigma^2(\text{WEC}) + \sigma^2(Q_r)[\mu^2(C_L) + \sigma^2(C_L)] + \mu^2(Q_r) + \sigma^2(C_L)\}^{\frac{1}{2}} \tag{8}$$

$$\mu_1 = \ln[\frac{\mu}{\sqrt{1+\gamma^2}}] \tag{9}$$

$$\sigma_1 = \ln(\sqrt{1+\gamma^2}) \tag{10}$$

式中：γ ——偏差系数，$\gamma=\sigma/\mu$。

由此可得允许出现概率为α的 WEC 与 MPDC 分别为

$$\mathrm{WEC}_{\alpha}=\exp[\mu_1(\mathrm{WEC})+\sigma_1(\mathrm{WEC})Z_{\alpha}] \tag{11}$$

$$\mathrm{MPDC}_{\alpha}=\exp[\mu_1(\mathrm{MPDC})+\sigma_1(\mathrm{MPDC})Z_{\alpha}] \tag{12}$$

式中：Z_{α}可由正态概率表查得。

（二）数值积分法

数值积分法可以精确地计算水环境容量的概率分布。该法是以对数正态分布理论与数值积分原理为基础，通过对上游来水浓度（C_{δ}）、水质功能标准（C_L）、河水流量（Q_{δ}）与废水排放量（Q_r）的联合概率密度函数 $f(C_L,C_{\delta},Q_{\delta},Q_r)$ 进行多重积分来确定 MPDC 大于某一特定值 MPDC*的概率，即

$$\begin{aligned}\Pr\{\mathrm{MPDC}\geqslant\mathrm{MPDC}^*\}&=\Pr\{(C_L-C_{\delta})Q_{\delta}+Q_rC_L\geqslant\mathrm{MPDC}^*\}\\&=\int_0^{\infty}\int_0^{\infty}\int_0^{\infty}\int_0^{\infty}f(C_L,C_{\delta},Q_{\delta},Q_r)\mathrm{d}C_L\mathrm{d}C_{\delta}\mathrm{d}Q_{\delta}\mathrm{d}Q_r\end{aligned} \tag{13}$$

式中：$\beta=(\mathrm{MPDC}^*+C_{\delta}Q_{\delta})/(Q_r+Q_{\delta})$

令 $C_L'=\ln C_L$，$C_{\delta}'=\ln C_{\delta}$，$Q_r'=\ln Q_r$，$\beta'=\ln\beta$

则可得C_L'、C_{δ}'、Q_r'与β'的联合概率密度函数，这一函数为四元高斯函数，它可转化为

$$f(C_L',C_{\delta}',Q_{\delta}',Q_r')=f(Q_r')f(Q_{\delta}'|Q_r')f(C_{\delta}'|Q'_{\delta},Q_r')f(C_L'|C_{\delta}',Q_{\delta}',Q_r') \tag{14}$$

这些条件概率密度函数均为一元高斯函数。由此，式（13）可进一步转化为

$$\begin{aligned}&\Pr\{\mathrm{MPDC}\geqslant\mathrm{MPDC}^*\}=\\&\int_{-\infty}^{\infty}f(Q_r')\int_{-\infty}^{\infty}f(Q_{\delta}'\big|Q_r')\cdot\int_{-\infty}^{\infty}f(C_{\delta}'|Q_{\delta}',Q_r')Q_L^*\mathrm{d}C_{\delta}'\mathrm{d}Q_{\delta}'\mathrm{d}Q_r'\end{aligned} \tag{15}$$

其中，$Q_L^*=Q^*\left[\dfrac{\ln\beta-\mu(C_L'|C_{\delta}',Q_{\delta}',Q_r')}{\sigma(C_L'|C_{\delta}',Q_r')}\right]$

这里，$Q^*(Z^*)=\Pr\{Z\geqslant Z^*\}$ 为标准正态分布随机变量 Z 大于 Z^*的出现概率，它可由近似公式或查表确定。

经过一系列数学转换，积分式（15）的值可利用高斯-莱让德数值积分法计算。数值积分法与矩量近似法相比，其最大优点在于它可以考虑各随机变量间的相关性，并且没有必要假设 MPDC 与 WEC 服从对数正态分布。数值积分法的计算结果表明，MPDC 与 WEC 并不服从对数正态分布。

WEC 是 MPDC 的一个特例（Q_r=0.0）。令$\mu(Q_r)$=0.0，$\sigma(Q_r)$=0.0，可利用同一计算程序确定 WEC 的概率分布。

三、实例分析

如图 1 所示，某河流经一污染源 PS，其上游来水中某污染物 P 的浓度 C_δ、来水量 Q_δ、污染源废水排放量 Q_r 以及水域功能标准 C_L 的均值与方差列于表 1。表 2、表 3 分别为矩量近似法与数值积分法的计算结果。

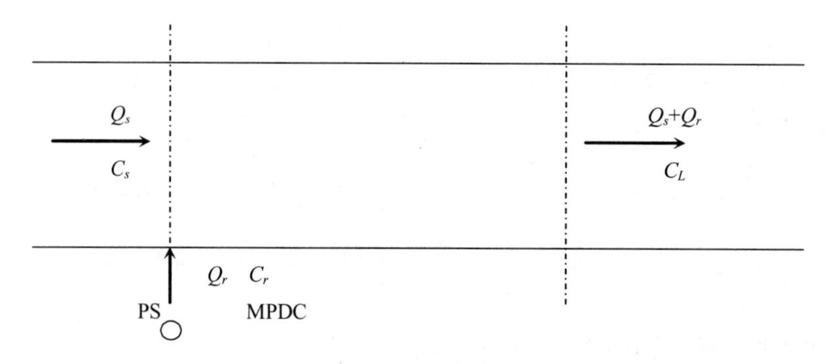

图 1　水域概化图

表 1　已知条件

变量	均值	方差
Q_δ/（m^3/s）	467.0	700.5
C_δ/（mg/L）	0.645	0.887
Q_r/（m^3/s）	7.77	1.56
C_L/（mg/L）	1.22	0.678

表 2　矩阵近似法计算结果

变量	均值	方差	对数均值	对数方差
C_L	1.22 mg/L	0.678 mg/L	0.062 3	0.519
WEC/86.4	267.12 kg/d	851.7 kg/d	4.38	1.206
MPDC/86.4	267.6 kg/d	851.7 kg/d	4.45	1.175
	α	Z_α	WEC/86.4（kg/d）	MPDC（kg/d）
	0.5	0.0	79.83	85.63
	0.159	−1.0	23.90	26.44
	0.841	0.0	222.7	277.3

表 3 数值积分法计算结果

X/86.4（kg/d）	P_r（WEC≥X）	P_r（MPDC≥X）
0.200 0	80.32	82.16
0.600 0	80.10	82.03
1.000 0	79.89	81.90
2.000 0	79.31	81.55
20.000	69.00	72.89
100.00	48.00	50.15
200.00	36.00	37.17
500.00	20.60	21.10
800.00	14.22	14.44
2 000.0	5.560	5.610
6 000.0	1.160	1.170
10 000	0.446	0.448
50 000	0.008 23	0.008 24
100 000	0.000 80	0.000 80

根据计算结果，可在对数正态概率纸上绘制这两种算法得到的 WEC 的概率分布图（图 2）。由图可以看出，矩量近似法得到的是一条直线，这是因为在矩量近似法中假设 WEC 服从对数正态分布；而数值积分法得到的是一条当 WEC 趋于零时，其允许出现频率趋于一小于 100%定值的渐近线。这说明在矩量近似法中，WEC 服从对数正态分布的假设不完全成立。

在图 3 中，比较了当上游来水中污染物 P 的浓度均值为零、大于定常水域功能标准与小于定常水域功能标准三种情况下，WEC 的概率分布情况。由此可得出以下结论：

（1）只有当上游来水浓度的均值为零时，WEC 才服从对数正态分布。

（2）当上游来水浓度均值大于定常水域功能标准时，“WEC 为正（WEC≥0）”事件还是有一定允许出现频率的，即 $P\{\text{WEC}\geq 0\}>0$。而此种情况下，如果用传统保守性污染物水环境容量计算模式计算，则得到的结果为负，也就是说没有容量。传统的容量计算模式如下：

$$\text{WEC}=[C_L-\mu(C_\delta)]Q_\alpha \tag{16}$$

式中：Q_α——河水设计流量。

这充分说明本文所介绍的风险水环境容量计算模式较传统容量计算模式更具有代表性，反映问题更全面。

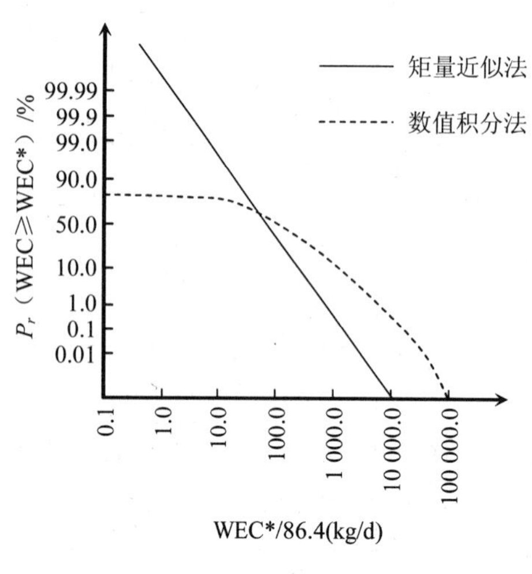

图 2 WEC 的概率分布图

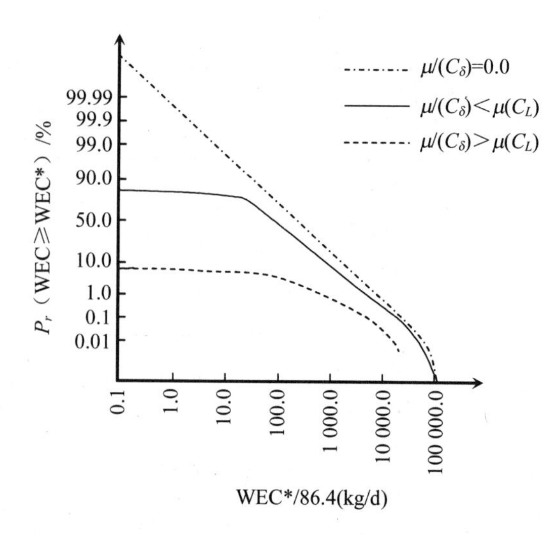

图 3 三种情况下 WEC 概率分布比较图

四、风险水环境容量资源的分配

总量控制的真正目的在于负荷分配，即水环境容量资源的分配。由于各污染源的排污负荷与该水域风险水环境容量均为随机变量，这就要求在负荷分配过程中充分考虑各污染源排污负荷的随机波动。两个污染负荷均值相同，但偏差系数不同的污染源它们对下游水质浓度概率分布的贡献是不相同的，偏差系数大的导致“水质超标事件”出现频率较偏差系数小的大。另外，偏差系数低，标志着治理水平高，它需要技术经济实力支持。倘若对这两个污染源，因其排污负荷均值相同，而在负荷分配过程中待遇相同，那就违背了公平性原则，是不合理的。

设某水域有 n 个污染源，每个污染源每年对所排废水进行 m 次监测，由此得到一系列排污浓度 $C_{r_{ij}}$ 与废水排放量 $Q_{r_{ij}}$，其中 ij 表示第 i 污染源的第 j 次监测。考虑到由数值积分法得到的风险水环境容量并不服从对数正态分布，不能利用简单的线性关系进行负荷分配，这里介绍一种根据允许出现频率分段进行分配的方法。表 4 为分段负荷分配表。

表 4 分段负荷分配表

序号	M_1'	M_2'	…	M_n'	$P\%$	M	M_1	M_2	…	M_n
1	M_{11}'	M_{21}'		M_{n1}'	$100(1-1/m)$	M_1	M_{11}	M_{21}		M_{n1}
2	M_{12}'	M_{22}'		M_{n2}'	$100(1-2/m)$	M_2	M_{12}	M_{22}		M_{n2}
⋮	⋮	⋮	⋮	⋮	⋮	⋮	⋮	⋮	⋮	⋮
j	M_{1j}'	M_{2j}'		M_{nj}'	$100(1-j/m)$	M_j	M_{1j}	M_{2j}		M_{nj}
⋮	⋮	⋮		⋮	⋮	⋮	⋮	⋮		⋮
m	M_{1m}'	M_{2m}'		M_{nm}'	$100(1-m/m)$	M_m	M_{1m}	M_{2m}		M_{nm}

表 4 中的 M_{ij}' 为第 i 污染源 m 次监测得到的排污负荷序列（$M_{ij}' = C_{r_{ij}} \times Q_{r_{ij}}$），经由小到大排序后得到第 j 个排污负荷值，i=1，2，…，n；j=1，2，…，m。M_j 为允许出现频率为 100（1–j/m）的风险水环境容量，可由数值积分法确定；M_{ij} 为各污染源随机条件下水环境总量控制指标：

$$M_{ij} = \left(\frac{M_{ij}'}{\sum_{i=1}^{n} M_{ij}'}\right) M_j \tag{17}$$

它不是某一确定值，而是与风险水环境容量一样，表现为某种形式的概率分布，即要求第 i 污染源在 100 个监测数据中，有 $\mathrm{INT}[100(1-j/m)]$ 个排污负荷值小于 M_{ij}，依此类推，就为各污染源提供了更直接的总量控制指标。

根据表 4 可确定国家环保局编制的排放水污染物许可证总量分配表中的一系列指标：

（一）最大允许日排污负荷

该指标是对应于允许出现频率为 95%的 M_{ij}，可利用插值法由表 4 获得。

（二）允许排污总量

（1）年平均日允许排污量。

$$\overline{M}_i = \sum_{i=1}^{m} (1 - j/m) M_{ij} \qquad i = 1, 2, \cdots, n \tag{18}$$

（2）年允许排污总量。

$$TM_i = \overline{M}_i \times \text{排放天数} \qquad i = 1, 2, \cdots, n \tag{19}$$

（三）最高允许排污浓度

首先假设某污染源在工艺与产量不变的条件下，其废水排放量 Q_r 的概率分布不变，则第 i 污染源在允许出现频率为 $(1-j/m)\times 100\%$ 时的排污浓度为

$$C_{rij} = M_{ij} / Q'_{rij} \tag{20}$$

由此可得一系列允许出现频率及相应的排污浓度，经内插可得允许出现频率为 95%的排污浓度，即为最大允许排污浓度。

五、随机条件下水环境总量控制计算机辅助决策支持系统

为了辅助地方水环境管理人员在随机条件下进行水环境总量控制，本文利用 IBM-PC 系统微机，建立了一套随机条件下水环境总量控制计算机辅助决策支持系统。图 4 为该决策支持系统的组成结构图。

由图 4 可知，本决策支持系统具有以下几个功能：

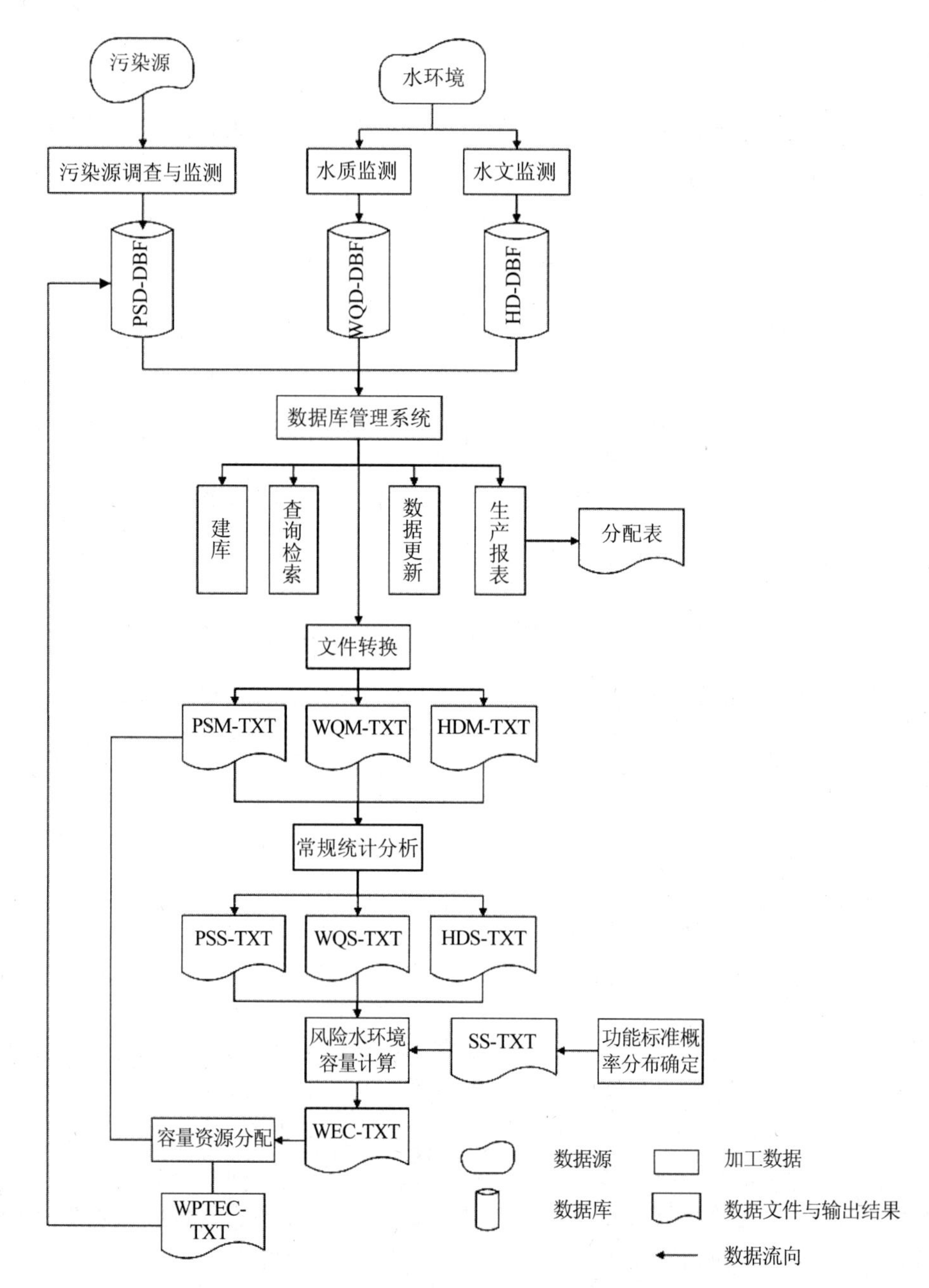

图4 随机条件下水环境总量控制计算机辅助决策支持系统组成结构图

（一）信息数据库管理功能

本决策支持系统的输入、输出信息包括三大部分：污染源调查和监测信息、水环境质量监测信息与水文监测信息。这些信息分别存于 3 个相应的数据库中：PSD·DBF、WQD·DBP 与 HD·DBF。为了便于管理这些存贮信息，在本系统中建立了相应的数据库管理系统，它包括以下几个子系统：①建库；②数据更新；③数据查询与检查；④报表输出；⑤文件转换。其中文件转换是指由数据库中提取数据，建立归并信箱（一种通用的数据文件），以备用高级程序设计语言编写的模型程序调用。

（二）常规统计分析功能

常规统计分析子系统包括以下两个功能：①计算随机变量的均值、方差与偏差系数；②计算随机变量间的相关系数。

（三）风险水环境容量计算功能

它包括以下两个子系统：①确定水环境功能标准概率分布；②计算风险水环境容量。

（四）容量资源分配功能

它包括以下两个子系统：①确定各污染源总量控制指标——允许排污负荷的概率分布；②计算最大允许日排污量、年允许排污总量与最高允许排放浓度。

六、结论

1．本文介绍的风险水环境容量计算模式，初步解决了长期以来利用稳态水环境容量计算模式所存在的过保护问题，为充分利用水环境容量开辟了新途径。

2．我国北方许多季节性河流，由于在某些保证率下设计流量为零，或由于河流水质污染严重，上游来水中污染物浓度已大于定常水质功能标准，从而使利用传统稳态条件下容量计算模式得到的容量值为负，这是不合理的。如果利用本文所提出的风险水环境容量计算模式，则在这些情况下，仍可确定容量的概率分布，只是相应的允许出现频率较小而已。

3．数值积分法的计算结果表明：当上游来水中污染物浓度均值不为零时，WEC 与 MPDC 均不服从对数正态分布，这就使得矩量近似法的应用范围只限于上游来水浓度的均值近似为零的情况。

4．鉴于污染源排污负荷与水环境容量均是随机变量，这就要求在负荷分配过程中考虑排污负荷的偏差系数。通常只以排污负荷均值为依据的负荷分配方法是不合理的。

区域水环境风险容量的合理分配研究*

樊鸿涛[1] 王华东[2]
（1. 冶金部建筑研究总院环保所，北京 100088；
2. 北京师范大学环境科学研究所，北京 100875）

摘 要：以对数正态分布理论为基础，应用随机水环境容量计算模式，进行了水环境风险容量的计算。同时，提出税收与补偿分配模式，对水环境风险容量进行优化、公平地分配，并进行了实例应用计算，取得了较为满意的结果。

关键词：总量控制 风险容量 税收与补偿模式

区域水污染总量控制是指在一定区域内，通过限制区域内各个污染源排放污染物总量的方法，控制污染源向水环境排放污染物，以达到保护水环境不受污染的目的。在总量控制过程中，环境容量的确定及其在各个污染源间的分配是总量控制的核心所在。

1 水环境风险容量的确定

影响水环境容量的众多因素（流量、水温及污染物浓度等）大都是随机变化的，这就决定了水环境容量的随机波动性。以往在水环境容量的计算中，多应用确定性水环境容量计算模式，只考虑河水流量的波动性而没有考虑影响水环境容量的其他因素（上游来水浓度等）的随机波动性，因而容易出现“过保护”或“保护不足”的现象。为了解决上述问题，有效利用流量与浓度的随机波动性，本文采用以对数正态分布理论为指导的河流水环境容量随机计算模式，确定区域水环境风险容量。

在满足某一水域功能标准条件下，由影响水环境容量的各种因素的联合概率分布确定的某一水域所能容纳的某种污染物的最大负荷量，称为水环境风险容量。它由稀释容量和降解容量两部分组成，保守性污染物的水环境风险容量主要由前者组成。其计算基于简单的河流水质稀释模型：

$$C_s \times Q_s + C_e \times Q_e = C_1 \times (Q_s + Q_e) \tag{1}$$

* 原载《环境工程》，1994，12（6）：50-54。

最大允许排污负荷 MPDC 与水环境容量 WEC 的计算模式分别为：

$$\text{MPDC} = C_1 \times (Q_s + Q_e) - C_s \times Q_s \tag{2}$$

$$\text{WEC} = (C_1 - C_s) \times Q_s \tag{3}$$

两者之间的关系为：

$$\text{MPDC} = \text{WEC} + C_1 \times Q_e \tag{4}$$

式中：Q_e，C_e——废水排放量及排污浓度；

Q_s，C_s——上游来水量及来水浓度；

C_1——区域水环境功能标准。

采用数值积分法，通过对上游来水浓度、水质功能标准、河水流量及污水排放量的联合概率密度函数 $f(C_1, C_s, Q_s, Q_e)$ 进行多重积分，确定最大允许排污负荷 MPDC 大于某一特定值 MPDC*的概率：

$$P_r(\text{MPDC} \geqslant \text{MPDC}^*) = \int_0^{\infty}\int_0^{\infty}\int_0^{\infty}\int_0^{\infty} f(C_1, C_s, Q_s, Q_e) \cdot \mathrm{d}C_1 \cdot \mathrm{d}C_s \cdot \mathrm{d}Q_s \cdot \mathrm{d}Q_e \tag{5}$$

其中，$\alpha = \dfrac{\text{MPDC}^* + C_s \times Q_s}{Q_s + Q_e}$

利用高斯-莱让德数值积分法，可确定式（5）的值，采用相应软件可迅速求解。

水环境风险容量可通过假设废水排放量 Q_e=0 作为最大允许排污负荷的一个特例，利用同一软件求解。

2 水环境风险容量的合理分配

通过水环境风险容量的计算，结合区域污染物排放总量，可以确定出区域污染物削减总量。根据各污染源的位置、排放量、排放方式、排污种类及污染源管理、技术经济承受能力等因素，需要对区域污染物总削减量进行分配，以便公平合理且费用最小地达到区域水环境功能区划目标。目前，我国在各地试行总量控制排污许可证工作中主要提出了以下几种负荷分配方法：最优组合方案分配、等比例分配、加权分配、分区加权分配、排污指标有偿分配、行政协调分配和多目标加权评价法等。这些方法对推动我国总量控制工作的深入开展起了积极的作用，而且都能根据各地区的社会、经济和环境发展状况对水环境资源进行较好地利用。但是，由于方法的局限性和地区间的差异性，各种负荷分配方法很难在较大范围内得到推广，在公平与效率方面有着各自的优缺点，无法系统地实现公平与效率的统一。因此，我们提出了税收与补偿分配模式来解决上述矛盾，在分配技术上采用费用最小原则，在分配管理上采用公平性原则，使公平与效率更好地结合，促进总量控制的管理工作更加科学合理。

税收与补偿分配模式的基本指导思想为：对区域水污染总量控制费用最小分配和公

平分配方法下的区域整体费用和各污染源在两种分配方法下污染控制费用进行比较，在区域整体费用差额的范围内，采用外部影响内在化的原则，对在费用最小分配下因污染控制费用高而获得较多的环境资源享用权利的污染源征收税款，对在费用最小分配下因污染控制费用低而被要求处理较多污染物的污染源进行经济补偿，从而使得区域水污染总量控制在整体上达到费用最小、系统最优，在各污染源之间达到公平合理地分配排污权。

采用税收与补偿的方式可以弥补费用最小分配和公平分配的不足，结合两种分配方法的长处，得出适合我国国情的，既使得区域整体效益最佳又使得外部影响大的污染源承担较大的污染治理责任、外部影响小的承担较小的污染治理责任的最佳分配方法。这种方法克服了最小费用分配下因排污源污染控制费用高而可无偿获得较多的环境资源享用权利的不足，也克服了公平分配下整体系统污染总量控制费用较高的缺陷。

税收与补偿分配模式的具体计算方法如下：

假设：区域内需实施总量控制的污染源有 n 个，在费用最小分配和公平分配方法下，各污染源需削减污染物的量及其费用见表 1。

表 1　两种分配方法下各污染源需削减量及其费用表

污染源编号		$A_1, A_2, \cdots, A_i, \cdots, A_n$	总计
需削减量/（t/d）	费用最小分配	$V_1, V_2, \cdots, V_i, \cdots, V_n$	V
	公平分配	$V_1', V_2', \cdots, V_i', \cdots, V_n'$	V'
	差值	$\Delta V_1, \Delta V_2, \cdots, \Delta V_i, \cdots, \Delta V_n$	ΔV
费用/万元	费用最小分配	$f_1, f_2, \cdots, f_i, \cdots, f_n$	F
	公平分配	$f_1', f_2', \cdots, f_i', \cdots, f_n'$	F'
	差值	$\Delta f_1, \Delta f_2, \cdots, \Delta f_i, \cdots, \Delta f_n$	ΔF

其中，A_i——第 i 个污染源编号；

V_i——第 i 污染源费用最小分配下的要求削减污染负荷，t/d；

V_i'——第 i 污染源公平分配下的要求削减污染负荷，t/d；

f_i——第 i 污染源费用最小分配下削减必要污染物的费用，万元；

f_i'——第 i 污染源费用公平分配下削减必要污染物的费用，万元。

$$\Delta V_i = V_i - V_i' \qquad V = \sum_{i=1}^{n} V_i$$

$$V' = \sum_{i=1}^{n} V_i' \qquad \Delta V = V - V'$$

$$\Delta f_i = f_i - f_i' \qquad F = \sum_{i=1}^{n} f_i$$

$$F' = \sum_{i=1}^{n} f_i' \qquad \Delta F = F - F'$$

由以上公式可以计算各污染源的经济补偿和税收：

$$M_i = \Delta f_i + M_i' \tag{6}$$

$$M_i' = -\frac{|\Delta V_i|}{\sum_{i=1}^{n}|\Delta V_i|} \cdot \Delta F \tag{7}$$

式中：M_i——第 i 污染源的税收或经济补偿，万元；

Δf_i——第 i 污染源费用最小分配与公平分配费用之差，万元；

M_i'——费用最小分配与公平分配总费用之差（ΔF）对第 i 污染源不同权重下的经济补偿，万元；

$-\frac{|\Delta V_i|}{\sum_{i=1}^{n}|\Delta V_i|}$——第 i 污染源经济补偿权重。

“–”号由ΔF为负值决定，ΔF为负值表示区域内实施水污染总量控制采用费用最小分配方法较采用公平分配方法区域总体控制节约费用。

$M_i>0$ 表示第 i 污染源的经济补偿数额；$M_i=0$ 表示第 i 污染源无经济补偿或税收；$M_i<0$ 表示第 i 污染源需缴纳的税收数额。

模式由 $\sum_{i=1}^{n} M_i = 0$ 来检验，它表示，经过采用税收与补偿模式之后，区域污染总体控制费用达到最小，各污染源之间达到公平合理地分配污染控制总费用。经过ΔF_i进行税收与补偿之后，使得在费用最小分配下被要求较公平分配处理较多污染物的污染源得到相应的经济补偿，另外一些被允许较公平分配排放较多污染物的污染源受到相应的经济惩罚，这样，区域水污染总量控制的总费用在多个污染源内部得到调整。M_i'的经济补偿调整，是公平分配较费用最小分配的总费用之差在各污染源间按不同权重分配的经济补偿金额，它使得在区域总量控制下较多处理污染物的污染源能够得到比处理这些污染物本身所花费用更多的经济补偿，也使得那些因技术经济条件落后而无力处理本应自己处理的污染物的污染源得到一部分经济补偿，以促进所有的污染源都努力改进工艺，降低污染物排放量，使区域水污染总量控制得到较好地贯彻。

3 简例

现以某城市的污染物总量控制为实例，进行具体应用计算。

城市境内有一条主要河流，是城市的主要纳污河流。按照河流的环境功能进行区划，要求河流各段执行不同的地面水标准：上段，地面水III级标准；中段，地面水Ⅳ级标准；下段，地面水III级标准。根据河流水质评价结果，选择 COD 作为区域水污染控制污染物。城市 COD 排放总负荷为 8 001.59 kg/d，其中六个主要污染源的排污负荷之和占全市总排污负荷量的 90.5%，我们以这六个排污源作为区域水污染总量控制的控制对象。

在河流水环境功能区划的基础上，应用随机水环境容量计算模式，计算得到此河流在 80%保证率下水环境风险容量为 5 248.8 kg/d，这样，城市就必须削减 COD

2 752.8 kg/d，才能达到水环境功能区划目标。城市六个主要排污源污水处理系统的技术经济情况见表 2。

采用分解协调技术，对城市-河流的 COD 削减总量在六个主要污染源内进行费用最小优化分配；采用等浓度削减分配方法，对六个主要污染源进行公平性分配。对费用最小分配与公平分配结果进行比较，见表 3。由税收与补偿计算模式，可以计算出各污染源的税收或补偿款额。

（1）第一造纸厂。将受到经济惩罚 37.06 万元，以促进其通过各种手段减少污染物排放量。

（2）第二造纸厂。将受到经济惩罚 195.12 万元。

（3）市化工厂。将得到经济补偿 48.73 万元，以鼓励其继续减少污染物排放量。

（4）市天然气化工厂。将得到经济补偿 102.48 万元。

（5）第一化肥厂。将得到经济补偿 7.33 万元。

（6）第二化肥厂。将得到经济补偿 73.64 万元。

表 2　城市污水处理技术经济情况表

序号	工厂名称	污水流量/（万 m^3/d）	COD 质量浓度/（mg/L）	COD 量/（kg/d）	去除率/10^{-2}	投资费用/万元	运行费用/万元	总费用/万元	费用函数
1	第一造纸厂	55.0	1 486.72	2 240.27	75	89.1	37.05	126.15	$C=198.17x^{1.57}$
2	第二造纸厂	60.05	1 356.0	2 230.90	45	50	3	53	$C=329.9x^{2.29}$
3	市化工厂	425.4	88.4	1 030.27	55	47	3	50	$C=106.83x^{1.27}$
4	市天然气化工厂	330.0	90.0	813.70	90	1 700	580	2 280	$C=2\,515.7x^{1.18}$
5	第一化肥厂	463.76	54.36	690.68	70	108.4	156.2	264.6	$C=497.5x^{1.77}$
6	第二化肥厂	412.11	41.4	467.42	80	776.76	166.95	943.71	$C=1\,233.5x^{1.2}$
合计		1 746.32	—	7 473.24	—	2 771.26	943.2	3 714.46	—

表 3　城市两种分配方法下需削减量及其费用表

工厂序号		1	2	3	4	5	6	总计
需削减量/（kg/d）	费用最小分配	1 557.44	804.24	458.47	53.46	57.05	44.12	2 974.78
	公平分配	2 074.94	2 050.42	0.0	0.0	0.0	0.0	4 125.36
	差值	–517.5	–1 246.18	458.47	53.46	57.05	44.12	–1 150.58
费用/万元	费用最小分配	119.98	31.89	38.20	101.25	6.02	72.63	361.97
	公平分配	175.70	271.93	0.0	0.0	0.0	0.0	447.65
	差值	–55.72	–240.04	38.20	101.25	6.02	72.63	–85.68

这样，我们就可以得到城市-河流区域水污染总量控制的结果，见表 4。

表 4 城市-河流水污染总量控制结果表

工厂序号	1	2	3	4	5	6	总计
削减率/10^{-2}	69.52	36.05	44.50	6.57	8.26	9.44	—
削减量/（kg/d）	1 557.44	804.24	458.47	53.46	57.05	44.12	2 974.78
优化费用/万元	111.98	31.89	38.20	101.25	6.02	72.63	361.97
税收/万元	37.06	195.12	—	—	—	—	232.18
补偿/万元	—	—	48.73	102.48	7.33	73.64	232.18
总费用/万元	149.04	227.01	−10.53	−1.23	−1.31	−1.01	361.97

注：总费用为负值表示，次污染源将获得比其处理污染物所花费用多的经济补偿数额。

结果表明，应用税收与补偿分配模式，既可以充分利用各污染源处理单位污染物费用的不同使区域水污染控制总费用达到最小，又可以通过公平分配使得区域水污染控制的总费用在各污染源之间得到公平合理的分摊，达到“鼓励先进，鞭策后进”的效果。

中国河流水环境容量区划研究*

鲍全盛　王华东　曹利军
（北京师范大学环境科学研究所，北京　100875）

摘　要：根据河流水环境容量丰裕度指数、紧缺度指数及季节变差系数的地域分异规律，依据区内相似性和区间差异性的基本原则，将我国除台湾省以外的区域划分为 4 个水环境容量区和 9 个水环境容量亚区，并分别研究了各区容量赋存数量多寡、开发利用强度及季节变化程度与该区水质污染之间的内在联系。结果表明，丰裕度指数的低值与紧缺度指数和季节变差系数的高值相耦合（即负耦合）的容量区内，河流水质污染严重相反，则水质污染比较轻微。此外，文章还结合各容量区的实际情况，探讨了相应的水污染控制、管理策略。

关键词：河流水环境容量　区划　污染调控

Research for division into districts of China's river water environmental capacity

Bao Quansheng　Wang Huadong　Cao Lijun
（Institute of Environmental Sciences，Beijing Normal University，Beijing　100875）

Abstract: According to the region differentiation laws richness index，the lack index and the seasonal variety index of river water environmental capacity，noticing the basic principle of similarity in a district and diversity among districts，China's river water environmental capacity except Taiwan Province is divided into 4 districts and 9 subdistricts in the paper. Based on this，the internal link between water pollution and the capacity storage quantity，the exploitation intensity or the seasonal variety of water environmental capacity in every district is studied respectively. The research shows that the water pollution of capacity district is serious with coupling negative couping of the low value of the richness index and the high value of the lack index or the lack index or the seasonal variety index，on the contrary，the water pollution is not serious. Besides，the strategies on water pollution control and management are

* 原载《中国环境科学》，1996，16（2）：87-91。
** 国家自然科学基金和高校博士点基金资助项目。

also discussed.

Key words: river water environmental capacity，districts，pollution control

鉴于经济承受能力有限，目前我国水污染控制选择了污水人工处理与自然净化相结合的道路。实践证明，这一模式符合我国国情，对发展经济，保护水质产生了积极的影响。为探索这一符合我国国情的水污染控制途径，我国环境界自 20 世纪 70 年代后期引入环境容量的概念，并开始了水环境容量的研究。经过 70 年代后期以及“六五”、“七五”两次科技攻关研究，对部分污染物在水体中的物理、化学行为及水污染物总量控制等诸方面均取得了重要成果，对我国水环境管理工作的科学化和环境容量研究的发展，起到了积极的推动作用。

综观河流水环境容量研究的实践，不难看出，我国河流水环境容量研究主要围绕较小河流或大江大河的局部河段展开的，从全国整体上探讨河流水环境容量及其空间分异的研究尚不多见。然而，环境管理与生产力布局实践，迫切需要依据可行性的原则，选择适当的指标，对我国河流水环境容量进行区划，分区指导水环境容量的开发利用，以促进经济发展与水质保护，下面就此进行初步探讨。

1 区划原则

1.1 纳污能力相对一致性原则

水环境纳污能力指水环境对污染物的稀释、同化的能力，它主要取决于水环境容量赋存数量的多寡。水环境纳污能力不同，对人类活动的承载能力不同，水环境被人类用来发展社会经济、提高生活水平的潜力以及保护、改善水环境质量应采取的对策就有明显的差异。因此，区内纳污能力的相对一致性和区间纳污能力的差异性，乃是水环境容量区划的基本原则。水环境容量赋存数量的区域分异是河流水环境容量区划的基本依据。

1.2 使用强度相近性原则

水环境容量的使用强度是表明人类开发利用水环境容量程度的重要标志，它影响着水环境容量继续开发利用的方向和应采取的保护措施。水环境容量使用强度受人类活动程度的影响和制约，在具有相似纳污能力的地区，因水环境容量的开发利用强度不同，从而形成了不同的水环境质量状况。因此，水环境容量使用强度在区内相似性和区间差异性是河流水环境容量区划的另一个重要原则。社会经济发展的需要及水环境容量缺乏程度的区域分异是河流水环境容量区划的重要依据。

1.3 季节变化程度相似性原则

水环境容量的季节分配程度可影响到社会经济发展中可充分利用的水环境容量的数

量及其开发利用的难易程度，它主要受河川径流量季节变化的影响。在具有相似纳污能力的地区，因水环境容量的季节变化程度不同而可以有效使用的水环境容量的数量及其开发利用难易程度不同。因此，水环境容量季节变化程度在区内相似性和区间差异性是河流水环境容量区划的重要原则。

1.4 突变原则

河流水环境容量区划界线的实质就是无数容量突变点的连线。影响河流水环境容量突变的因素很多，其中气候的突变是引起河流水环境容量突变的主要原因。因此，导致气候发生明显地域变化的山脉等可作为河流水环境容量区划的界线。

1.5 相关区划成果继承性原则

河流水环境容量的相近性和差异性，来源于河川径流量和人类社会经济活动的区域分异。由社会经济及其支持系统—河川径流复合而成的复杂系统的区域分异是河流水环境容量区划的基础。因此，河流水环境容量区划原则上应以径流地带区划和社会经济区划为主要参考和依据，即河流水环境容量区划应该与径流地带区划、社会经济区划等有一定的继承性。

1.6 尽量保持省级行政单元相对完整性原则

河流水环境容量区划的目的在于为生产力的合理布局和环境管理服务，而生产力布局与环境管理又是以省级行政区为单位进行的。因此，在确定河流水环境容量区划界线时，保持省级行政区界的完整性，有利于统筹规划区内经济发展方向、速度和工农业合理布局，有利于环境保护对策的统一实施。所以，尽量保持省级行政区界的完整性是河流水环境容量区划中必须考虑的原则。

2 区划指标

区划指标是确定各级区划单位界线的标准。基于区划原则，为较确切地表达我国河流水环境容量赋存数量及开发利用状况的地域分异特征，本文选用水环境容量丰裕度指数、紧缺度指数及季节变差系数等指标，对我国河流水环境容量进行了初步区划（区划方法将另文探讨）。

2.1 水环境容量丰裕度指数（简称丰裕度指数）

水环境容量在一定地区的集中程度为水环境容量丰裕度指数。它是某地区单位面积容量与全国各地区单位面积容量之和的比值，是个相对值，随对比地区而变化。丰裕度指数越大，表明容量越丰富；反之，容量越贫乏。其计算公式为：

$$M_i = n_i / \sum n_i \tag{1}$$

式中：M_i——某地区 i 种污染物水环境容量丰裕度指数；

n_i——某地区 i 种污染物单位面积容量。

2.2 水环境容量紧缺度指数（简称紧缺度指数）

水环境容量在一定地区的缺乏程度为水环境容量紧缺度指数。当某地区容量尚未全部利用时，它是其剩余容量的倒数；当某地区已无剩余容量时，它是容量开发强度与某正数 k 的乘积（本文取 k=10）。紧缺度指数越接近或超过 10，表明容量的开发强度越大，紧缺程度越高；反之，紧缺程度越低。其计算公式为：

$$S_i=\begin{cases}1/(1-P_i/n_i) & P_i<n_i\\ k\cdot(P_i/n_i) & P_i\geqslant n_i\end{cases} \tag{2}$$

式中：S_i——某地区 i 种污染物水环境容量紧缺度指数；

P_i——某地区已利用的 i 种污染物容量；

n 与式（1）相同。

2.3 水环境容量季节变差系数（简称变差指数）

某地区水环境容量的季节分配不均匀程度是其水环境容量季节变差系数。河流水环境容量季节变差系数 C_i，可用类似表示河川径流年内分配不均匀性的系数来表示。其计算公式为：

$$C_i=\sqrt{\frac{\sum_{j=1}^{12}[(E_{ij}/\overline{E}_i)-1]^2}{12}} \tag{3}$$

式中：E_{ij}——某地区 i 种污染物第 j 月水环境容量占年总容量的百分比；

$\overline{E}_i$——某地区 i 种污染物各月水环境容量平均占年总容量的百分比，即 $\overline{E}_i$=8.33%。C_i 越大，表明各月河流水环境容量相差悬殊，即年内分配不均匀；反之，年内分配不均匀性小，容量资源年内波动不大。

水环境容量由稀释容量和自净容量构成，其中自净容量一般较小，因而稀释容量是水环境容量的主体。因此，为简便起见，本文在计算上述各项指数时，以最大稀释容量近似代替了水环境容量。稀释容量可由拟定的环境标准与本底值的差值求得，若忽略本底值的影响，可得到最大稀释容量。文中采用了以 COD 的地面水Ⅲ类标准为环境目标时的最大稀释容量。

3 河流水环境容量区划

丰裕度指数和紧缺度指数分别是确定河流水环境容量一级区界线和二级区界线的基本依据。受资料的限制，这两项指标均按省（市、区）为单位平均计算，故它只能代表一个省的平均状况。实际上，有些省区的各部分分属于不同的自然区域和经济区域，为使区划结果更好地符合实际情况，根据自然条件、经济发展状况及变差系数的分布，参照径流地带区划、社会经济区划等相关研究的成果，对界线进行了适当的调整。最后，将我国河流水环境容量划分为 4 个一级区，9 个二级区（图 1）。各地区情况如下：

Ⅰ区 是我国东部容量最小的地区，丰裕度指数只有 0.64%～1.95%。然而，该区人口密集、经济发展迅速，水环境容量的开发利用强度很大。据紧缺度指数的区内差异性，把本区可划分为两个亚区：

$Ⅰ_1$区 包括北京、天津、山东、辽宁、河南、山西大部、河北大部及陕西关中地区，丰裕度指数介于 0.64%～1.95%，且变差系数基本上在 1.00 以上。由于容量少，季节变化显著，加上污染废水排放量大，除京密引水渠、引滦入津河等为数不多的饮用水源河流外，绝大多数河流已遭严重污染。如山西的汾河、河南的沙颍河、天津的海河干流、北京的北运河、唐山的滦河干流及陡河、辽宁的大辽河、太子河、浑河等河流的许多断面的水质均已超过地面水Ⅴ类标准。紧缺度指数介于 11.20～62.80，许多河流的容量已耗竭或近于耗竭，水污染已成为经济、社会发展的制约因素之一。因此，该区应严格实施总量控制与排污权交易制度，提高污水人工处理能力，同时通过跨流域调水调节容量已刻不容缓。

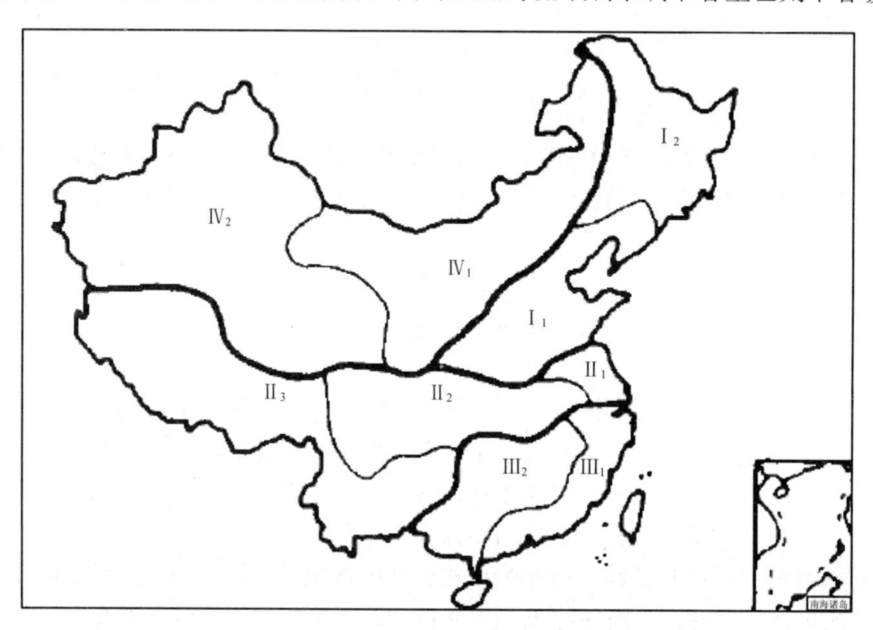

图 1 中国河流水环境容量区划

$Ⅰ_2$区 包括黑龙江、吉林两省及内蒙古兴安岭以东地区，属我国东部容量偏少的地区，丰裕度指数为 1.25%～1.61%。虽然该区污染废水排放量相对较少，其容量开发强度较$Ⅰ_1$区低（紧缺度 1.49～1.54），但因变差系数也在 1.00 以上，每年有近半年的冰封期，所以诸如松花江等沿岸分布有工业重镇的河流河段水质均遭严重污染。因此，在这些河段实施总量控制与排污权交易制度，提高污水的人工处理能力已势在必行，并需要通过产业结构调整来减轻经济发展对水环境的压力。

Ⅱ区 是我国容量比较丰富的地区，丰裕度指数介于 2.12%～5.25%。区内社会经济发展水平不等，由东往西容量的开发利用强度逐渐降低。据紧缺度指数的地域分异，该区又可分为 3 个亚区：

II_1 区　包括江苏、上海两省市及安徽省的淮河流域区。该区容量比较丰富，丰裕度指数为 2.12%～2.56%，变差系数在 0.80 以下，尽管如此，因污染废水排放量大，紧缺度指数高达 19.80～181.00，水环境容量已几乎耗尽，除长江干流及水源地水质尚可外，其余绝大多数河流已无容量可言，如苏州河、秦淮河、奎濉河等河流基本已成为污水沟。因此该地区要想控制污染、改善水质，必须采用清洁工艺，强化全过程管理，减少排污量，提高污水人工处理能力，严格实施总量控制与排污权交易制度。

II_2 区　包括安徽省的长江流域区、湖北、四川及陕南地区，丰裕度指数为 3.88%～4.80%，变差系数小于 0.80，容量开发潜力巨大。本区紧缺度指数小于 2.00，所以仍有许多容量有待开发，除城市附近河段受污染外，其余地区水质尚好。因此，该区应采取总量控制与浓度控制双轨制，既严格控制城市河流污染，又要合理利用水环境容量，以达到发展经济、保护环境的目的。

II_3 区　包括贵州、云南和西藏三省区。该区容量相当丰富，丰裕度指数可达 3.26%～5.25%，季节变差系数基本上小于 0.80。由于经济发展水平低，人口稀疏，污染废水排放量有限，其紧缺度指数接近于 1.00，说明水环境容量几乎未开发，除贵阳的南明河、昆明的螳螂川及盘龙江等大中城市的河流水质污染较重外，其余地区河流水质良好。因此，只要合理布局生产力、加强浓度控制就能达到控制水质污染的目的。

III 区　该区是我国容量最丰富的地区，丰裕度指数高达 6.68%～8.90%，集中了全国 1/3 以上的水环境容量。由于历史和区位的影响，各地区经济发展不平衡，由东南诸海向西紧缺度指数变小，据此该区又可分为两个亚区：

III_1 区　包括浙江、福建、广东三省，该区容量很丰富，集中了全国 15%的容量，并且变差系数小于 0.64。尽管近年污染废水排放量大，但因容量大、季节变化小而紧缺度指数仍小于 1.50，除京杭大运河、深圳河等水质污染较重外，其余地区水质尚好。因此，为充分利用水环境容量，应区别对待污染河段和非污染河段，视具体情况分别采取总量控制与浓度控制措施，力争以最小的经济代价换取最大的污染控制效果。

III_2 区　包括江西、湖南、广西和海南四省区，该区河流水环境容量相当丰富，丰裕度指数为 6.68%～7.65%，且变差系数小于 0.64。目前水环境容量开发利用强度较III_1区小，紧缺度指数在 1.30 以下，仅个别大中城市附近河段受到污染，尚有大量容量有待开发利用。因此，通过生产力合理布局与产业结构调整，就可以达到控制污染，保护水质的目的。

IV 区　该区容量丰裕度指数只有 0.11%～0.76%，总容量不及全国的 8%，是我国容量最贫乏的地区。由于该区经济落后、人口稀疏，污染废水排放量少，容量利用程度普遍较低，但区内紧缺度指数仍有一定的差异性，据此又可分为两个亚区：

IV_1 区　包括甘肃、宁夏、内蒙古大部以及陕西、山西、河北三省北部地区。该区容量十分稀缺，丰裕度指数仅为 0.11%～0.52%，总容量不及全国的 1/40，并且变差系数接近 1.00。尽管当前污染废水排放量少，紧缺度指数在 1.40 以下，但因容量的绝对数量有限，而且季节变化大而开发利用潜力不大。目前，该区许多河流，如大黑河、昆都仑河、老哈河、洋河、桑干河等均遭一定程度的污染，个别河段污染严重。因此，为保护水环境不受污染，保障未来的经济、社会持续、快速、健康发展，该区也应采取总量控制措施，同时还要视经济承受能力加强污染防治的需要，也应适当提高污水人工处理能力，以满足社会经济发展对水质的要求。

<u>IV_2 区</u> 包括青海、新疆两省区。该区容量贫乏，丰裕度指数仅为 0.42%～0.59%，变差系数也接近 1.00。当前，容量开发强度不大，紧缺度指数接近于 1.00，仍有较多容量尚未利用，但由于生态环境的脆弱性，该区水环境易受污染与破坏。因此，与IV_1 区相仿，水污染控制中，也应采用总量控制措施，适当提高污水的人工处理能力。

4 结语

4.1 尝试性地应用丰裕度指数、紧缺度指数及变差系数等指标，对我国河流水环境容量进行了区划。结果表明，我国河流水环境容量无论其赋存数量，还是其开发利用强度均具有显著的地域分异特征。

4.2 基于我国水环境容量的区域差异性，水污染控制中应因地制宜地采取调控措施，以充分发挥各地区水环境容量的经济潜力，使经济与环境持续协调发展。

4.3 我国非点源污染所占容量大小尚不清楚，需进一步加强研究，以利于水污染总量控制工作顺利发展。

环境规划

区域环境水污染控制最优化的数学模型

王华东[1] 汪培庄[2]
（1. 北京师范大学地理系；2. 北京师范大学数学系）

区域环境污染研究是环境污染研究工作的基本单元。每一个区域都是一个独立的生产地域综合体。由于它有特殊的地区环境条件和特定的工矿企业及农业构成，因此，区域环境污染具有鲜明的地区性特征。区域环境污染研究包括6个基本环节：即区域环境污染的综合调查；污染物迁移转化地区性规律的研究；区域性环境质量评价；区域环境污染控制；区域环境污染趋势的预测和预报及区域环境规划。这里区域环境污染控制是环境研究工作的重要环节。为了经济合理解决区域环境污染问题，关键是要制定区域环境污染控制的最优化方案。

区域环境污染控制是一个复杂的系统。但基本上包括两个主要环节：即污染源内部污染物的控制及污染物进入外环境后污染的消除。污染源内部污染物的控制又包括分散控制及集中控制两个部分。

污染源污染物的分散控制。一个区域包括若干个污染源，它们分别属于不同的部门，由于各污染源的性质不同，排出的污染物也不一样。对其中超过国家规定排放标准（或地方性标准，往往要考虑地方排放总量原则）部分，应该采取改革工艺、综合利用以及工程治理的控制措施，减少其外排数量。对各种污染源采取不同的技术措施，其控制效果及所付出的经济费用是不相同的。制定区域环境污染控制的最优化方案，就是把各种污染源的污染控制，根据区域环境质量要求调节到最佳点。

为了更好地控制区域环境污染，往往在污染源分散治理的基础上，需要对污染物进行集中处理，譬如在解决城市污水及工业废水污染中，需要建立集中的污水处理厂，污水处理厂的规模及其处理的程度和付出的投资费用应与分散处理联合起来进行考虑。

污染物排入外环境以后，要充分利用大气、水体、土壤、生物等环境组成要素的自然净化能力消除污染，在区域污水控制中，尤其在干旱和半干旱地区，经过自然净化的污水及污水处理厂处理的污水，往往最后要用来灌溉，以解决水源的不足。

区域环境是一个复杂的系统，运用系统分析的方法，对环境污染的各个环节，采取综合控制措施，制定最优化的联合控制方案具有重要科学和实践意义。

应该指出，区域环境污染控制是一个逐级最优化的问题。污染控制方案的设计可以逐级进行。可分成一级控制系统及二级控制系统。概言之，一级系统包括：污染源的分散控制系统，污染源的集中处理控制系统，河渠水体净化控制系统，土壤净化控制系统（或陆

原载：教育部直属高等学校环境科学第一次学术讨论会论文集（续集），1981年4月，126-129页。

生生态控制系统）。二级控制系统是一级控制系统下面的分支系统。以污染源分散控制系统为例，由于区域污染源组成不同，排出污染物的种类和数量也不一样，因此所采取的控制途径及控制方法也不同。

这里，环境污染控制的一级系统内可以选择最优化的控制方案。同样，二级控制系统也有一个最优化的问题。因此，为了寻求一个区域环境污染控制的最优化方案，必须进行逐级的最优化处理。

（一）

现以某一地区污水控制系统为例，如图 1 所示，设 O_1，O_2，…，O_n 表示分布某区的 n 个污染源，它们每单位时间排出的污染物设为 q_i 个单位。污染物在一定的渠道中输送，图中细线表示支渠，粗线表示干渠。在渠道的任一地点作一截面，我们称单位时间流过该截面的污染物合量为渠道在该处的污染物通量。当然，各点的污染物通量不尽相同。例如，O_1A_1 段任一点的污染物通量为 q_1，O_2A_2 段各点的污染物通量为 q_2，…，O_nA_n 段各点的污染物通量为 q_n。图中 A_1，A_2，…，A_n 表示分散治理点，分散治理的目的，就是要减少支渠中的污染物通量，设第 i 个污染源 O_i 所在支流，经过分散治理点 A_i 以后，污染通量下降为 $q_i'(q_i' \leqslant q_i)$；记

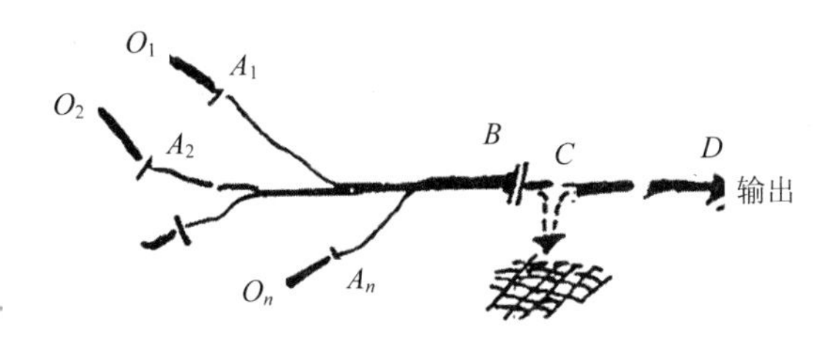

图 1　某流域示意图

$$x_i = \frac{q_i - q_i'}{q} \qquad (i=1,\ 2,\ \cdots,\ n)$$

叫做 A_i 点的分散治理程度；显见 $0 \leqslant x_i \leqslant 1$，且有

$$q_i' = (1 - x_i)q_i \qquad (i=1,\ 2,\ \cdots,\ n)$$

如果没有分散治理，则总干渠中任意一处的污染物通量应为

$$Q = \sum_{i=1}^{n} q_i$$

叫总污染物通量。

由于有了分散治理，总污染物通量便降为：

$$Q' = \sum_{i=1}^{n} (1 - x_i) q_i$$

特别地，假定各分散治理程度相同，均等于 x，则

$$Q'=(1-x)Q$$

这便是图中邻近 B 点处的污染物通量。

设 B 是一个集中治理点，集中治理的目的是要减少干渠中的污染物通量。假设污染物通量由原来的 Q' 变为 Q''（$Q''\leqslant Q'$），则记

$$y=\frac{Q'-Q''}{Q'}$$

为 B 点的集中治理程度，易见 $0\leqslant y\leqslant 1$，

$$Q''=(1-y)Q'$$

联系起来考虑，便有

$$Q''=(1-x)(1-y)Q$$

图中 C 不是指一个确定的地点，而是象征着污水排灌这样一个治理环节。假定浇灌农田的污水流量有一个确定的平均数值，设为 S，令 Z 表示污水中污染物的浓度，则经过一个环节以后，干渠中的污染物通量又降为

$$Q'''=Q''-SZ=(1-x)(1-y)\mathrm{Q}-SZ$$

还考虑地表水有自净能力，通过自净所减少的污染通量与污染物在地表水中的浓度和它在地表水中停留的时间 t 有关，设地表水总流量为ω，又设污染物在渠道中平均停留的时间为 t，于是，在输出点 D 处，污染物通量为：

$$Q=Q'''-t\omega \mathrm{e}Q$$

e 是反映自净能力的某个常数。

我们希望 Q 越小越好，为此，就要提高分散治理（平均）程度 x 和集中治理程度 y。同时提高排灌中的污染物浓度 E 和地表水量ω和平均停留时间 t。但是，提高 x 与 y，就要提高治理费用，必须兼顾又要治得好，又要治得省。这便出现了最优化问题。

从治理费用来考虑：

（1）分散治理的费用 P_1 是分散治理程度 x 的函数

$$P_1=f_1(x)$$

这函数的具体形式，可以通过实践统计得出；我们粗略地假定其形式为：

$$P_1=a_1x+b_1$$

a_1 是真实数，b_1 为一正数或者为零。

（2）集中治理的费用 P_2 是集中治理程度 y 的函数

$$P_2=f_2(y)$$

我们粗略地假定其形式为：

$$P_2=a_2x+b_2$$

（$a_2>0$，$b_2\geqslant0$）

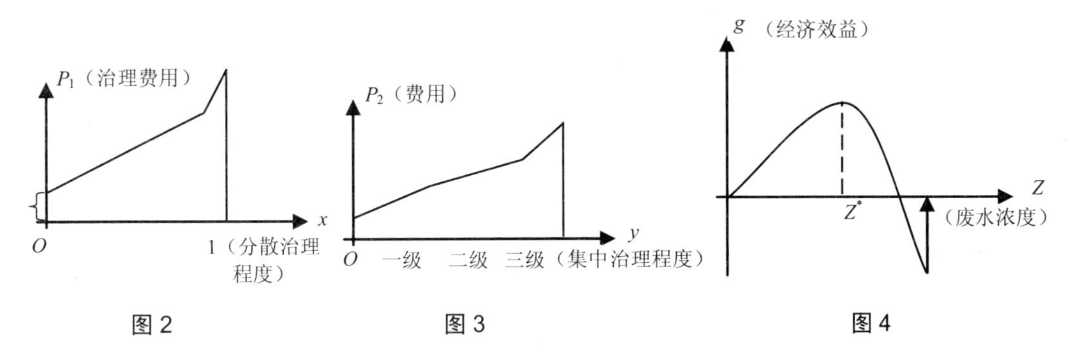

图 2　　图 3　　图 4

（3）污水灌溉，科学适量地进行污灌，不但不需要大量费用，反而可以获取经济效益，某些污染物浓度在一定容许范围 Z^*之内，污染物浓度的增加会使农作物增产，但超过限度 Z^*，则会危害作物，造成减产，或使农作物品质显著降低。所以污水灌溉的经济收益 g，可以看做是废水浓度 Z 的函数，我们粗略地定为：

$$g=f_3(Z)=\begin{cases}a_3Z(0\leqslant Z\leqslant Z^*)\\ b_3Z(Z^*<Z\leqslant1)\end{cases}$$

其中 a_3 是正数，而 b_3 是负数。

注意费用与收益是相反的数，收益是 a，则费用是 $-a$。总体费用是

$$P=P_1\times n+P_2-g$$

亦即：

$$P=n（a_1x+b_1）+（a_2y+b_2）-a_3Z（限定 Z\leqslant Z^*）$$

或 $$P=na_1x+a_2y-a_3Z（n\,b_1+b_2）$$

令 $$P'=na_1x+a_2y-a_3Z$$

从节约成本考虑，就要选择 x，y，Z，使 P'越小越好。

综合治理效果与费用，最优化的数学模型可以表述为下面两种类型：

1）在保证一定效果的前提下，尽量降低成本，这是一个典型的规划问题：给定参数 Q，n，s，e；a_1，a_2，a_3；要求出未知数 x，y，Z，ω，t：它们在限制

$(1-x)(1-y)Q-sZ-t\omega eQ\leqslant Q$ 上限

（能够容许输出的最大污染物通量）

及 $$Z\leqslant Z^*$$

下，使

$$P'=na_1x+a_2y-a_3Z$$

达到最小。

2）在保证一定的节约原则下，尽量提高治理效果。这同样是典型的规划问题：给定参数 Q，n，s，e；a_1，a_2，a_3。要求出未知数 x，y，Z，ω，t：它们在限制

$P'=na_1x+a_2y-a_3Z\leqslant P$ 上限（最大允许支出）

及 $$Z\leqslant Z^*$$

下，使

$$Q_1=(1-x)(1-y)Q-sZ-t\omega eQ$$

达到最小。

（二）

在制定区域环境污染最优化方案，当对一级控制系统实行最优化处理后，要继续进行二级分支控制系统的最优化，如在分散治理程度 x 确定以后，在各个分散治理点上还需进行调整。

要确定未知数 x_1，x_2，…，x_n 使

$$\frac{1}{n}(x_1+x_2+\cdots+x_n)=x \tag{1}$$

同时

使 $Q'=\sum_{i=1}^{n}(1-x_i)q_i=Q-\sum_{i=1}^{n}x_iq_i$ 尽量小。

而使

$$P=\sum_{i=1}^{n}f_1(x_i)=\sum_{i=1}^{n}(a_ix_i+b_i)=\sum_{i=1}^{n}a_ix_i+\sum_{i=1}^{n}b_i$$

也尽量小，这就是要在式（1）的限制下，使

$$R=Q''+P'=-\sum_{i=1}^{n}x_iq_i+\sum_{i=1}^{n}a_ix_i=\sum_{i=1}^{n}(a_i-q_i)x_i$$

达到最小。

结语

1．区域环境污染控制是解决我国环境污染问题的基础单元。选择区域环境污染控制的最优化方案是切实解决区域环境污染问题的有效途径。

2．建立区域环境污染控制的数学模型是进行最优化方案的基础。鉴于区域环境污染控制系统十分复杂，我们设想逐级实现最优化。

3．建立一级控制系统和二级控制系统之间的数学函数关系，是今后继续努力的方向。

环境规划研究*

王华东[1] 张义生[2]
（1. 北京师范大学环境科学研究所；2. 吉林大学化学系）

过去，由于经济建设和城市发展缺乏科学的总体规划，产生了一系列的环境污染和生态破坏问题。20 世纪 50 年代至 70 年代中期，国外由于工业高度发展，环境污染和破坏构成所谓的社会公害问题，使人类的生存和发展遭到了极大的威胁。

制定环境规划就是世界各国长期探索解决经济发展和保护环境这一矛盾的经验总结。环境规划的根本目的在于从资源、能源均得到充分利用的观点出发：建立一套最佳的工农业生产体系，使区域综合生产体系中排泄物达到最少，而成品获得最多，使土地得到最佳方式的利用，生态系统得以良性循环。从而建立以城市为中心的，具有区域优势和特征的，工农业发展均各得其所的良好生态系统。所以，加强环境规划研究对我国发展国民经济和改善我国环境质量都具有现实意义和深远历史意义。这里，我们拟对环境规划研究中的一些问题做一初步探讨。

一、环境规划的概念和类型

根据国内外环境保护的经验教训，人们得出这样的认识：环境污染和生态破坏，主要是人类生产和经济活动不当的产物。为了协调经济发展和保护环境之间的关系，必须进行环境规划的研究。并且在制定国民经济发展计划或规划的同时，制订环境规划，使其纳入国民经济计划或规划之中，成为它的一个有机组成部分。

环境规划是指对于一个城市、一个地区或一个流域的区域环境进行调查、质量评价、预测因发展经济所引起的环境质量变化，根据生态学原则提出调整工业部门结构以及安排生产布局为主要内容（包括区域环境污染控制规划）的保护和改善环境的战略性部署。这就是说，它包括保护、修复和塑造环境的问题。

可将环境规划分为近期规划、中期和长远环境规划两个部分。前者是对所筛选出的环境问题，用规划的方法提出解决环境问题的途径；后者则是根据经济未来发展所作出的环境影响预测，进行合理规划，提出解决环境问题的战略途径。

若按行政区划类型可分为：国家环境规划、省市环境规划、县区环境规划等。

---

* 原载《环境污染治理技术与设备》，1985，6（3）：23-28。

若按区域类型划分，可包括城市环境规划、区域环境规划、流域环境规划等。

若按环境要素划分，则分为大气污染防治规划、水质污染防治规划、土地利用规划和噪声污染防治规划，等等。

目前，我国正在制定国家长远环境规划，各地区应根据当地经济发展和环境污染所存在的问题，制定出当地的环境规划，以便解决和协调经济发展可能带来的环境问题。

二、制定环境规划的基本原则

我们在制定环境规划时，应遵循下述基本原则：

1．以生态规律和社会主义经济规律为指导

我们在制定环境规划时，必须根据生态的客观规律办事，要求人们在生产活动和开发与建设重点经济区时，要有全局观点、长远观点和反馈的观点，既要从当前的生态情况出发，又要考虑到生态系统改变后所产生的各种效应的长远影响。

因为环境规划是我国经济发展规划的一个有机组成部分，所以还必须以社会主义经济规律为指导，在制定环境规划时，以社会主义的基本经济规律、有计划按比例的经济规律以及价值规律为指导。

2．以经济社会发展的战略思想为依据，明确制定环境规划的指导思想

我国发展国民经济的战略思想就是社会、经济、科学技术相结合，人口、资源、环境相结合的协调发展，这就清楚地阐明了发展经济与保护环境的关系，因为我们发展生产的目的就是满足人民日益增长的物质文明和精神文明的需要。如果只有发展经济的目标，而无环境目标，只有经济发展的规划，而没有保护和改善环境的规划，势必造成环境污染和生态破坏，资源的衰退和枯竭，则经济难以持续发展，人民的需要也难以满足。

3．环境目标的可行性原则

在环境规划中，我们应该提出对应于环境标准的污染负荷量，在预测未来经济发展和伴随产生的污染发生量的相互关系下，明确达到的环境目标，这种环境目标一定要切实可行，保证满足人民的基本需要。为此，要综合考虑区域的性质、功能、环境特征、居民的实际需求和当前的经济、技术的水平。

三、环境规划的任务

环境规划的任务是解决和协调国民经济发展和环境保护之间的矛盾，以期科学地规划（或调整）经济发展的规模和结构，恢复和协调各个生态系统的动态平衡，促使人类生态系统向更高级、更科学、更合理的方向发展，为此，必须对下述问题加以解决：

1．充分合理地利用资源，提高资源利用率

对于资源，我们可有狭义和广义两种理解。狭义的主要是指自然资源（如水、气候、生物、土地、矿物、天然风景等）；广义的则包括劳动资源（如男女劳动力数量、年龄构成、就业比重、劳动技能、文化教育水平等）和经济资源（指在这一地区已积累的物质财富，包括工农业生产、交通运输、水利、城镇建设等物质技术基础）。因此，必须对全国及各地区的资源结构进行全面分析和评价。在对比中弄清长处和短处，有利条件和限制因素，以便因地制宜，扬长避短和正确地规划地区经济发展和布局。这样，可最大限度地利用资源，对于经济发展和减少环境污染是十分有利的。

2. 合理布局污染工业体系，形成“工业生产链”

污染工业的合理布局是区域环境规划中需要解决的重要任务之一。因此，应主要抓好下述几方面的工作：

（1）对区域内污染工业的分布现状进行分析，揭露矛盾，以便在今后调整和建设过程中逐步改善布局。

（2）对国家计划确定建设的大型骨干工程，组织有关部门进行联合选厂定点，并进行环境影响评价。即在大型工程或企业实施建设前，对其可能的环境影响给予估算和预测，并采取减少其不利影响的保护措施，以期达到规定的环境目标。

（3）在新开发的工业区，要形成“工业生产链”，以便充分利用资源，减少环境污染。

3. 为保护和治理环境，要采取综合防治以及区域性环境工程措施

4. 制定环境保护技术政策

环境保护技术政策，涉及国民经济和社会发展的需要和可能，资源能源合理开发利用的程度，生态环境保护与人体健康，国家经济技术开发战略等多方面错综复杂的关系，而且还与环境质量的背景、现状和未来发展直接相关。因此，我们强调要制定统一的环境保护技术政策，把它作为制定环境规划的重要依据和重要组成部分。制定环境保护技术政策，既要和有关方面、有关行业的技术经济政策相协调，又要从环境保护战略全局的需要加以统筹，起到横向综合与协调的作用，体现控制环境质量的动态发展过程。

四、环境规划的研究内容

根据国内外环境规划研究的经验，我们认为，环境规划的研究可从以下四个方面进行：

1. 环境目标和环境指标体系研究

（1）区域环境特点和环境质量现状的研究。

（2）区域环境目标的确定，这主要根据区域环境功能以及区域未来经济发展的要求，确定环境目标。

（3）区域环境指标体系研究，在区域环境特点及环境质量现状的基础上，选择能反映区域环境特征的环境要素和指标。这类指标可分为两类：一类是环境污染指标，包括大气污染指标（如 SO_2，NO_x 和颗粒物等）、水环境污染指标（如 BOD、COD、DO、SS 和氨氮等）；另一类是资源保护指标和文化古迹保护指标等。

2. 环境预测和环境问题研究

（1）环境预测研究：根据国民经济发展规划，预测经济发展对环境的影响及变化趋势，并建立各种环境的预测模型。

（2）环境问题的研究：根据环境预测结果筛选出主要环境问题，提出相应的措施和对策。

3．区域环境规划优化的研究

（1）区域资源合理利用与工业生产链研究：根据区域自然资源的特点，建立合理的工业生产链，提高自然资源的利用率。同时确定重污染工业在区域工业部门中的适当比例。

（2）区域环境容量与污染工业的合理布局：根据区域环境容量的特点，对重污染工业进行合理布局。

（3）区域能源合理结构研究：我们应该研究区域内的能源合理结构，以便减少大气污染。

（4）区域水资源合理利用与环境污染综合防治的研究：这里应研究区域水资源的合理利用及区域环境污染的综合防治途径。

4．环境保护技术政策的研究

这一研究涉及资源和能源的合理利用、环境保护投资、环境补偿及环境管理等方面。

下面以煤炭能源化工型的发展区为例，具体说明环境规划研究的详细内容。它可包括如下研究内容：

（1）煤炭重化工基地环境背景值和环境现状的调查研究。

（2）煤炭重化工基地的环境目标和环境指标体系的研究。

1）环境目标：根据煤炭重化工基地的环境功能及经济技术条件确定其环境目标。

2）环境指标体系的确定：结合煤炭重化工基地的特点，其环境指标应包括：资源利用率、SO_2、尘、致癌物、放射性物质、植被覆盖率、水土流失和风蚀等。

（3）煤炭重化工发展的环境影响预测和环境经济损益分析研究：建立环境预测模型，预测因开发区开发建设对环境（包括大气、水及生态等）的影响，并且进行环境影响的损益分析。

（4）煤炭重化工基地环境规划优化研究：包括有采煤、坑口电站、煤化工工业部门的优化发展比例及速度研究；大中型企业充分利用环境容量进行合理布局研究；经济发展的资源利用率研究；经济发展的环境保护控制技术的优化组合研究。

（5）煤炭重化工基地开发的环境保护经济政策研究：包括有环境补偿、环境保护技术投资比例、投资方向、投资重点研究；能源政策研究；水资源政策研究及土地利用政策研究。

五、环境规划研究程序

若我们将环境规划按对象及性质划分，可包括两方面的内容：防治污染规划和生态保护规划。研究制定这些规划大体可按下述步骤进行：

1. 明确环境规划目标，建立表征环境规划目标的指标体系

2. 进行区域环境预测，揭示潜在矛盾，分析未来可能出现的各种环境问题

3. 环境规划方案优化

这是环境规划的核心所在，它应包括下述内容：

（1）提出并解决环境问题，研究达到预定环境目标的各种防治措施。

（2）对所有拟议实施技术要进行经济分析、社会影响分析、环境效益分析以及生态影响分析。

（3）将环境问题系统化，并将筛选出来的切实可行的措施进行组合，形成多种环境总体规划。

（4）将各种环境规划方案进行系统分析，建立模型，优选出最佳总体方案。

（5）概算实施方案的环境投资，评价它对经济的影响。

（6）编制环境保护计划，确定环境保护投资方向、环保重点、投资构成及期限，详论投资效果。

4. 提出环境保护战略、研究环境规划技术政策和环境法规

由上述可见，环境规划的研究程序大致顺序是确定环境指标体系，进行环境预测和经济分析，选出最优的环境方案，并进行环境保护技术政策和环境法规的研究，最后达到环境规划的预定环境目标，具体程序如图 1 所示。

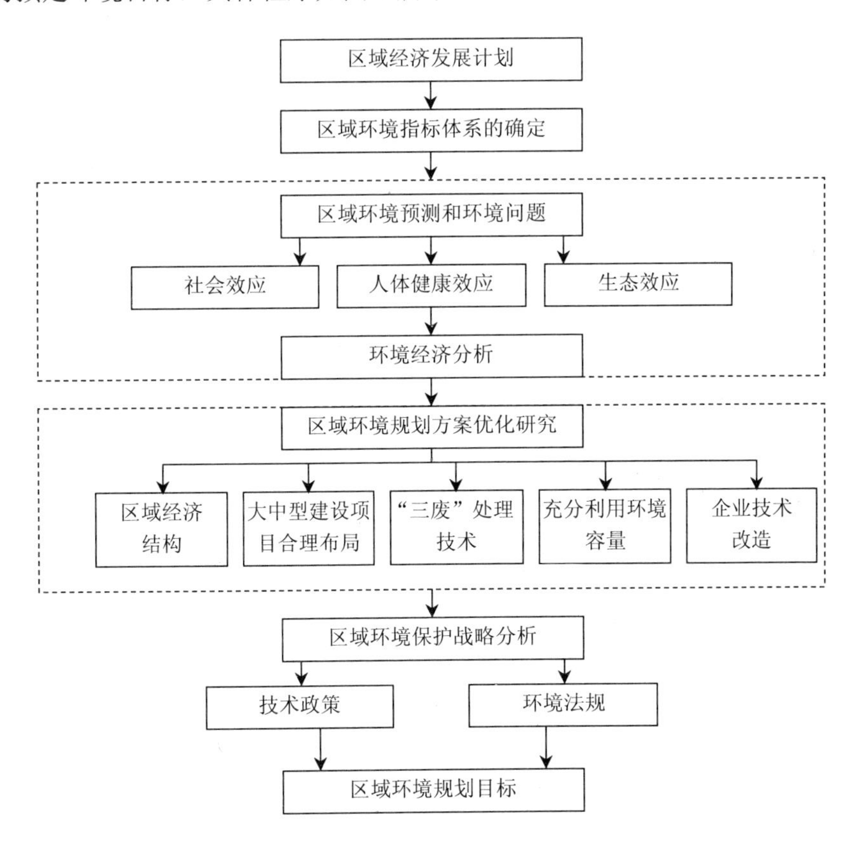

图 1　区域环境规划研究程序图

六、环境规划的研究方法

环境规划是一个多目标、多层次、多个子系统的大系统研究工作。包括环境区划、环境预测和环境规划优化研究等几个主要环节，需要运用各种方法技术进行研究。环境规划研究工作的关键也就在于如何筛选运用各种不同的方法，将它们组合成一个方法系统，恰当地运用一系列的方法技术来完成环境规划的任务。

其关键技术是环境区划方法、环境预测方法以及环境规划方法。下面分别予以说明：

1．环境区划的研究

它是环境规划的基础，应确定环境区划的原则，进行具体的分区。环境区划的原则，我国在吉林省、辽宁省及京津唐地区都进行过尝试。经验表明：环境区划研究的目的是从区域整体观点出发，根据自然环境和社会环境结构特点及其功能的分异规律，把特定的空间环境划分为不同的环境单元，研究其特点、揭示工农业生产活动与环境以及人类生活之间的相互关系。研究各地区经济发展的环境负荷、承担能力以及发展方向，对各地区提出环境管理的基本对策。

2．环境预测及环境规划研究

环境预测技术是研究未来环境质量变化的基本工具、基本方法。环境预测方法基本上有两类：一类是环境定性预测技术。它以逻辑思维推理为基础，如征询意见法、历史回顾法，即多年积累的环境监测资料进行回顾分析，以此为基础对未来环境状况进行定性描述和环境交叉影响的定性分析；另一类是环境定量预测技术。它是以运筹学、系统论、控制论和统计学为基础，通过辨别建立各种环境模型，用数学或物理模拟来进行环境预测。

近年来，未来学发展十分迅速，未来学中采用的方法已达 150～200 种，其中比较常用的方法有 15～20 种之多。其中很多方法可应用于环境预测当中。可用于环境预测的方法，如趋势外推法：适用于环境监测资料积累比较丰富，监测系列和周期较长的地区，可以采用外推趋势预测或趋势线外延的方法，如官厅流域、松花江流域都有十年左右的监测资料，可考虑应用趋势外推法进行预测（趋势外推法包括卡尔曼预测法，即通过 t_K 时刻的观测值 Z_K，预测下一步的状态值）。回归分析法：由于环境质量变化涉及的影响因素比较多，一般可采用多元回归的方法建立大气、水质及土壤等环境要素的环境质量变化模型，用以预测某一地区今后环境质量变化的趋势。在山西煤炭重化工基地的水环境质量变化预测中运用了这种方法。马尔可夫法：马尔可夫过程是一种描述复杂系统状态转移的数学模型。我们运用马尔可夫链预测了污染物在环境各要素间的分配趋势及比例，研究表明：用马尔可夫链进行环境质量预测是一种可行的方法。此外，还可用投入产出模型进行环境预测研究等。

由于环境预测系统是一个复杂的灰色系统，部分子系统是白色系统，部分系统是黑色系统，用灰色系统从整体、从边界对环境系统作综合研究。其基本思路是将已知的与时间有关的环境数据群，按某种规划加以组合，构成动态的或非动态的组合体，亦称白色模块，再按照某种变换、解法，来求解未来的灰色模块。再在灰色模块中，按照某种准则，逐步缩小探索范围，即逐步提高白色度。

在环境预测的基础上，可以运用线性规划、非线性规划、动态规划以及大系统优化等方法进行环境规划。因环境规划系统比较复杂，一般采用大系统优化的办法效果较好，通常采用大系统的静态优化法进行分析。也可以尝试着运用模糊规划的方法进行环境规划研究。

城市环境功能区环境功能评估方法*

王红瑞　王华东　陈隽
（北京师范大学环境科学研究所，北京　100875）

摘　要：本文提出利用环境功能指数对城市环境功能区的环境功能进行评估，设计了相应的评估方法，以马鞍山市七个环境功能区为例进行了实例分析，讨论了各功能区的环境功能变化趋势，并提出了相应的对策与建议。

关键词：环境功能　环境功能指数　环境功能区

Evalution method of environmental function for urban district

Wang Hongrui　Wang Huadong　Chen Jun
（Institute of Environmental Science，Beijing Normal University，Beijing　100875）

Abstract: The environmental function index and the method of pertinent practical are offered to evaluate environmental function of urban districts in this paper. The environmental function of seven urban environmental districts in Maanshan City are assessed and the environmental function developing tendency of each district are analyzed. Finally，the relevant suggestions and countermeasures are offered in it.

Key words：environmental function，environmental function index，environmental function district

1 引言

城市环境功能是指由城市特有的环境要素及由其构成的城市环境状态，对城市居民生活和生产所承担的职能和作用。城市环境功能区是城市环境功能区划的结果，该区的环境

---

* 原载《城市环境与城市生态》，1994，7（3）：22-26。

结构、环境状态、社会经济发展状况与发展规划决定了它的环境功能特征，即决定了该区的职能和作用。对环境功能区的环境功能进行评估，可作为城市总体规划调整功能区的参考，使城市各种土地利用方式符合生态要求，合理地利用环境容量、以最小的环境费用为城市居民创造一个清洁、舒适、安静、优美的环境，可使城市建设与环境保护同步规划，协调发展。为此本文提出利用环境功能指数对城市环境进行评估。

2 环境功能指数计算方法

环境功能指数是对环境功能状况的描述，是对环境功能区环境功能量的刻画。用它可以对某功能区逐年的环境功能变化进行定量分析，并对不同功能区的环境功能程度进行差异分析。下面以马鞍山市为例，给出环境功能指数计算的一般方法。

步骤 1　根据功能区的实际状况提出一系列能在某方面表征该区环境功能的指标。A_1，A_2，…，A_n，并将逐年的指标值列于表 1。

步骤 2　将逐年的指标值进行无量纲化处理。结果列于表 2。

$$a'_{ij}=\frac{a_{ij}}{\bar{a}_i};\ i=1,2,\cdots,n;\ \ j=1,2,\cdots,m$$

$$\bar{a}_i=\frac{1}{m}\sum_{i=1}^{m}a_{ij}$$

λ_1，λ_2，…，λ_n 表示每个环境功能指标的权重。$\lambda_i>0$，$i=1$，2，…，n；$\lambda_1+\lambda_2+\cdots+\lambda_n=1$。权重可采用专家估算，层次分析等方法确定。

表 1　功能区历年环境功能指标值*

	N_1	N_2	…	N_m
A_1	a_{11}	a_{12}		a_{1m}
A_2	a_{21}	a_{22}		a_{2m}
⋮	⋮	⋮		⋮
A_n	a_{n1}	a_{n2}	…	a_{nm}

* N_1，N_2，N_m 表示不同的年份。

表 2　功能区历年环境功能指标计算值

		N_1	N_2	…	N_m
λ_1	A_1	a'_{11}	a'_{12}		a'_{1m}
λ_2	A_2	a'_{21}	a'_{22}		a'_{2m}
⋮	⋮	⋮	⋮		⋮
λ_n	A_n	a'_{n1}	a'_{n2}	…	a'_{nm}

步骤 3　求出表 2 中每一指标的最大值与最小值，给出每一指标的得分公式，$y=f(x)$。

$$C_i=\max(a'_{i1},a'_{i2},\cdots,a'_{im})$$

$$i=1,2,\cdots,n$$

$$d_i=\min(a'_{i1},a'_{i2},\cdots,a'_{im})$$

$$i=1,2,\cdots,n$$

（1）如果对于指标 A_i，其数值愈大愈好，则令 $f(d_i)=0, f(C_i)=1, i=1,2,\cdots,n$。得分公式：

$$y=\frac{1}{c_i-d_i}(x-d_i)$$

（2）如果对于指标 A_i，其数值愈小愈好，则令 $f(d_i)=1, f(C_i)=0, i=1,2,\cdots,n$。得分公式：

$$y=\frac{1}{d_i-c_i}(x-c_i)$$

步骤 4　利用得分公式计算表 2 中每一指标值的得分，列于表 3。

表 3　功能区历年环境功能指标得分值

		N_1	N_2	…	N_m
λ_1	A_1	b_{11}	b_{12}		b_{1m}
λ_2	A_2	b_{21}	b_{22}		b_{2m}
⋮	⋮	⋮	⋮		⋮
λ_n	A_n	b_{n1}	b_{n2}	…	b_{nm}

步骤 5　计算环境功能指数。

（1）计算功能区每年的累计得分

$$b_j=\lambda_1 b_{1j}+\lambda_2 b_{2j}+\cdots+\lambda_m b_{mj}$$

$$j=1,2,\cdots,m$$

（2）将每年的累计得分除以其理想得分再乘以 100，即得该功能区环境功能指数。

3 马鞍山市环境功能区环境功能评估

3.1 环境功能区类型

马鞍山市是一个以钢铁工业为主体的中等工业城市，曾获得 1991 年“全国十佳卫生城市”称号。该市中心部分以宁芜路为中轴，生产区和生活区沿两侧平行分布，外围慈湖、采石、向山三镇鼎足而立，形成大集中、小分散的布局形式。根据该市 1995—2000 年总体规划的目标要求将该市划分为两种类型，7 个环境功能区，见图 1。

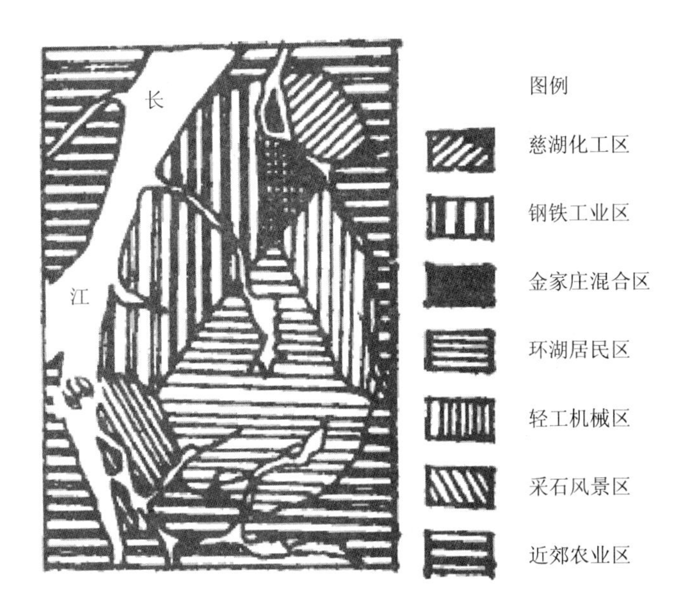

图 1　马鞍山市环境功能区图

3.1.1 保护类型

包括采石风景区、环湖居民区、近郊农业区和金家庄混合区。

3.1.2 控制类型

包括钢铁工业区、慈湖化工区、轻工机械区。

3.2 各功能区环境功能指标体系

由于各功能区环境功能不同，故各功能区所选取的指标体系亦不同，见表 4。

表 4　各功能区环境功能指标体系

采石风景区	变异系数，累积污染风频，水环境功能系数，绿化覆盖率，区域噪声，SO_2 含量，海外旅游人数
环湖居民区	变异系数，累积污染风频，水环境功能系数，人均绿地面积，区域噪声，人口密度，湖水水质（COD），气化率，TSP 含量
金家庄混合区	变异系数，累积污染风频，水环境功能系数，绿化覆盖率，区域噪声，交通噪声，TSP 含量，经济密度，人口密度
钢铁工业区	变异系数，累积污染风频，SO_2 含量，降尘水环境功能系数，绿化覆盖率，区域噪声，经济密度
慈湖化工区	变异系数，累积污染风频，水环境功能系数，绿化覆盖率，区域噪声，SO_2 含量，降尘，经济密度
轻工机械区	变异系数，累积污染风频，水环境功能系数，绿化覆盖率，区域噪声，SO_2 含量，降尘，经济密度
近郊农业区	变异系数，累积污染风频，水环境功能系数，SO_2 含量，农业总产值

3.3 部分环境功能指标含义

3.3.1 变异系数

在某功能区中非环境功能用地与该区面积之比。此指标从土地利用上表征该区环境功能的变异程度。

3.3.2 水环境功能系数

工业废水排放标准与水体功能标准的比值，用来表征对不同环境功能区所具有的潜在水污染能力差异的调整系数。

3.3.3 海外旅游人数

从旅游方面表征采石风景区旅游环境功能特征。

3.3.4 经济密度

用每平方千米的工业产值表征该区的经济效益。

3.4 各功能区环境功能变化分析

各功能区历年环境功能指数和规划年（1995 年，2000 年）环境功能指数计算结果见表 5。

表 5　马鞍山市环境功能区环境功能指数表

年份	采石风景区	环湖居民区	金家庄混合区	钢铁工业区	慈湖化工区	轻工机械区	近郊农业区
1985	64.29	63.16	52.12	27.64	61.51	67.87	77.52
1986	59.28	50.74	41.27	32.61	60.75	57.38	80.20
1987	64.09	68.76	49.28	34.18	59.72	62.56	78.70
1988	62.19	66.76	52.34	40.03	61.56	59.30	79.11
1989	67.88	60.56	47.04	53.43	63.70	59.50	77.57
1990	54.72	69.62	40.47	53.13	61.05	53.29	75.86
1991	55.63	68.54	43.26	54.21	62.33	51.45	72.69
低目标							
1995	53.32	54.59	44.07	50.25	42.58	42.13	51.93
2000	60.99	54.65	49.39	59.87	42.18	42.22	49.51
中目标							
1995	63.81	69.80	57.20	60.43	51.69	51.23	58.75
2000	71.48	74.37	69.00	79.98	63.70	62.04	57.98
高目标							
1995	72.99	75.84	71.54	77.39	71.35	67.19	66.26
2000	78.17	79.22	74.32	93.80	74.86	73.62	68.29

3.4.1 采石风景区

1985—1991 年环境功能指数基本上在 55～65 波动，1985—1989 年变化不大，1990—1991 年由于非功能用地增多，区域噪声的增加以及海外旅游人数远低于正常年份的影响，环境功能指数降低较多。对于规划年，如果采用低目标，则环境功能指数与前几年相比基本上无变化，环境功能基本维持原状。如果采用中目标和高目标，则指数上升较快，环境功能有较为显著的改善。

3.4.2 环湖居民区

除1986年功能指数较低外，其余年份均在60以上，环境功能状况良好。对于规划年如采用低目标要求，则功能指数下降，环境功能降低；采用中目标要求，则基本维持现状并略有改善；如果采用高目标要求，则功能区向良性方向发展。

3.4.3 金家庄混合区

鉴于金家庄混合区的特殊性，虽是马鞍山市主要工业区，但根据市规划发展的要求，其环境功能不同于工业区的要求，应尽可能保护和改善职工居住区的环境状况，提高其环境功能。所以，从作为保护区的要求看，其环境功能指数得分普遍偏低。为尽可能改善职工的居住环境，在规划年份应采用中、高目标规划的要求。

3.4.4 钢铁工业区

钢铁工业区的环境功能指数呈上升趋势，使环境功能逐年有较大程度的提高。这是因为该区降尘大幅度降低，非功能用地减少，经济密度逐年呈上升趋势等。在规划年无论采用低、中目标还是高目标，环境功能都会有进一步的提高。

3.4.5 慈湖化工区

慈湖化工区在1985—1991年环境功能基本上没有变化，在规划年采用低目标要求，环境功能会降低，采用中目标要求，环境功能基本维持现状。采用高目标要求，环境功能状况才会有所提高。

3.4.6 轻工机械区

轻工机械区环境功能指数总体呈降低趋势，这是由于该区变异系数增长较快，即非功能用地增长较快，TSP增多，区域噪声增大，绿化覆盖率低等所致，在规划年如果采用低目标要求，则环境功能呈恶化趋势，只有采用中、高目标要求，环境功能才会改善。

3.4.7 近郊农业区

近郊农业区环境功能指数较高，环境功能状况较好，但在规划年无论采用低、中或高目标，环境功能指数均呈显著下降趋势。这主要是由于非农业用地日益增多。近郊大量农田被占用等造成的。

3.5 不同功能区环境功能程度差异分析

（1）从各功能区逐年的环境功能指数横向对比看，近郊农业区，慈湖化工区，环湖居民区的指数较高，即三个功能区分别作为农业区、工业区、居民区来说，目的和作用明确，环境功能状况较好，利用程度较高，划分也比较合理。

（2）金家庄混合区的环境功能指数无论从现状还是规划年的低、中、高目标来看，普遍低于环湖居民区的环境功能指数，所以仅就作为居民保护区来说，金家庄混合区环境功能较低，亟待改善。

（3）采石风景区历年环境功能指数与其他功能区横向对比看，其功能指数亦较高，环境功能状况亦良好。

（4）从各功能规划年低、中、高目标来看，环境功能指数依次普遍提高，除近郊农业区外，各功能区规划年的中、高目标普遍比以往历年有所改善和提高。

4 结论

（1）马鞍山市环境功能分区基本上是合理的，除金家庄混合区外，各功能区环境功能明确。采石风景区、环湖居民区、慈湖化工区、轻工机械区、近郊农业区等环境功能状况较好。这有利于经济发展和控制城市规模，防止环境污染、保护城市生态环境。

（2）采石风景区应进一步提高植被覆盖率，保护丰富的文化和人文景观，大力发展旅游事业，减缓非环境功能用地的发展趋势，严禁发展污染型工业，在规划年宜采用中，高目标要求。

（3）环湖居民区是马鞍山市的主要居住、商业区及党政机关团体所在地。因此要控制有污染的工厂发展及新建工厂、对沿湖一带污染型工厂应该有计划地搬迁或进行技术改造，杜绝任何污水排入雨山湖，保护居住区的居住环境，美化沿湖一带景观，使之成为城市居民以及外来游客游览休息的重要场地。在规划年对该区的环境功能以中、高目标要求为宜。

（4）金家庄混合区应限制厂区规模的扩大，在控制这一地区人口发展的基础上，按保护类型的要求，提高和改善居住的环境功能。提高绿化覆盖率，特别应加强该功能区交通噪声，区域噪声的控制与管理，研究降低噪声的对策。在规划年，根据实际发展的可能情况，对该功能区采用中目标或高目标要求。

（5）钢铁工业区是马鞍山市水、气、渣、噪声等“四害”的主要污染源。因此，此地不利于居住用地，在合理地利用现有厂区发展生产的同时，应对污染物实现总量控制和排放许可证制度。特别应注意降尘的控制，提高厂区绿化覆盖率，在规划年对其环境功能的要求应采用中、高目标为宜。

（6）应对慈湖化工区和轻工机械区进行合理的工业链组合，调整工业布局。慈湖化工区不应发展危害较大的烟气和烟尘的污染工业。轻工机械区应控制非功能用地的发展趋势，整治葛羊路、马向路一带的噪声，提高这两个功能区的绿化覆盖率。在规划年为使这两个功能区环境功能提高，应采用高目标要求。

（7）在加强农业投入，提高近郊农业区农业总产值的同时，应尽可能减少侵占农业用地的面积和速度，近郊农业区环境功能下降的趋势是必然的。

（8）本文提出的利用环境功能指数对功能区的环境功能定量评估的方法是可行的，所得结论亦可靠。

城市环境功能区划研究
——以广西北海市为例*

徐少辉　王华东
（北京师范大学环境科学研究所，北京　100875）

摘　要：讨论了城市环境功能区划的概念、原则及方法，提出了城市性质决定城市功能，进而决定城市环境功能区划格局的思想。根据北海市城市总体规划对城市性质的规定及城市的空间结构特征，给出了北海市的环境功能区划方案。

关键词：环境功能区划　区划原则　城市功能　北海市

Study on Urban Environmental Functional District Planning

Xu Shaohui　Wang Huadong
（Institute of Environmental Sciences，Beijing Normal University，Beijing　100875）

Abstract: This article discussed the concept, principle and method of urban environmental functional district planning. It advanced a theory that the urban characters determine the urban function and then determine the structure of urban environmental functional district planning. On the stipulation that the total plan of Beihai City determined the urban characters and the base of the urban space features, the scheme of Beihai urban environmental functional district planning was obtained.

Key words: Environmental functional district planning，Principle of district planning，Urban function，Beihai City.

在城市经济发展过程中，生态破坏和环境污染问题日益突出，进行城市环境规划是解决这一矛盾的有效手段之一。环境功能区划作为环境管理的一项基础工作，是环境规划的基础和前提。

---

* 原载《重庆环境科学》，1997，19（6）：5-9。

1 城市环境功能区划的内涵

城市是一个具有多种社会、经济功能的综合体，其不同的区域担负着不同的社会功能，同时，它们对环境质量具有不同的要求。为了使其不同区域的社会、经济功能得以正常发挥，从环境保护的角度，将城市空间划分为不同的功能区域，称之为环境功能区划。

2 环境功能区划的原则

（1）城市性质决定城市功能，进而决定城市环境功能区的格局。在进行城市环境功能区划时，必须以城市总体规划中所确定的城市性质和总体布局为依据，再参照区内自然条件、现有社会经济条件等相关的城市生态指标，经过综合分析，进行环境功能区划。对任何事物而言，性质决定功能，对于城市生态系统，同样具有这样的特点。城市性质一般具有以下几种类型：行政性城市，文化城市，生产性城市，交通运输城市以及旅游疗养城市等。然而尽管城市性质不一样，但大多数的城市都是由于工业生产的发展引起人口集中而形成和发展起来的，所以工业是城市形成和发展的重要因素之一，它是确定城市性质的主要因素。从环境保护角度出发，工业是造成城市环境污染的主要因素。因此，根据城市总体规划中所确定的城市性质，确定工业在整个城市产业结构中的布局，对于城市环境功能区划来说，是非常重要的。

（2）城市环境功能区划应遵循区域环境问题的一致性原则。应当把环境问题相近或一致的区域划分为相同的环境功能区，这样便于对城市环境问题的统一治理，更有利于城市环境规划的实施。城市环境问题主要表现在：大气污染、水体污染、土壤污染、固体废弃物污染、噪声污染等几个方面，不同的功能区，由于其主导行业不同，故生产的环境问题也不尽相同，在进行城市环境功能区划时，就应当从主要环境问题入手，根据环境问题的差异，将城市划分为不同的功能区。

（3）城市环境功能区划还应当遵循区域在环境结构上的相似性及差异性原则和综合性与主导性相结合的原则。区域环境结构上的相近性与差异性，要求所划分的各个分区内的环境基本特点，包括自然环境、社会环境、环境问题及治理措施要有相对一致性，而各个分区之间则要具有较大差异。综合性与主导性是指，环境中各个因素是相互作用、相互制约的，然而所起的作用却大小有异。因此，在进行环境功能区划时，必须从综合性与主导性相结合的原则出发，从整体环境角度，抓住反映环境本质，并在环境中起支配作用的因素，进行环境功能区划，这样就能抓住区划工作的实质，使区划工作事半功倍。

3 城市环境功能区划的方法

城市环境功能区划的方法可分为定性和定量两种类型。

3.1 定性分区的方法

定性分区的方法包括传统意义上的分区方法和以计算机技术为特征的新的分区方法。传统方法主要是指手工图形叠置的方法，即将不同的环境要素描绘于透明纸上，然后将它们叠置在一起，得出一个定性的轮廓，选择其中重叠最多的线条作为环境功能区划的最初界线，然后再通过一些定量方法计算出较精确的边界，对最初的边界加以修正。

由于计算机科学的发展，图形叠置的任务可以通过计算机系统来完成，目前最流行的一类软件是地理信息系统（GIS）。地理信息系统是以地理空间数据库为基础，采用地理模型分析方法，提供多种空间和动态的地理信息。它具有强大的数据管理和分析计算功能，以信息的形式表达了自然界实体之间的物质与能量流动，以直接的方式反映了自然界的信息联系。地理信息系统在区划工作方面的主要功能表现在，可以在 GIS 的支持下，将各种不同专题地图的内容叠加，显示在结果图件上，叠加结果生成新的数据平面，该数据平面即时综合了各种参加叠加的专题地图的相关内容后而生成的新的分区界面图，不仅该平面的图形数据记录了重新划分的区域，而且该平面的属性数据库中也包含了原来全部参加复合的数据平面的属性数据库中的所有数据项。

在进行城市环境功能区划时，可以利用 GIS 软件对城市生态环境指标的一系列图件进行综合分析，就城市建设、社会经济、环境污染负荷和环境质量等几个方面的内容进行叠加和分类分析，最终获得城市发展过程中进行建设开发活动的不同类型分区图，为环境功能区划提供区界划分的科学依据。

3.2 定量分区的方法

定量分区的方法主要体现在环境现状的评价和对未来环境状况的预测上，通常用于现状评价的方法主要包括以下几种：

3.2.1 土地利用现状评价

进行土地利用现状评价，目的是为了寻找土地利用的可能性以及和现有土地利用相平衡的最佳土地利用形式，评价公式如下：

$$S=L/U$$

式中：S——综合评价值；

L——土地条件等级；

U——土地利用现状等级。

对上式有以下说明：

（1）土地条件等级 L。是根据土地的自然地理特征和土地利用目标来确定的，一般可以参照城建部门对于土地的分级。

（2）土地利用状况等级 U。一般按人口密度来划分，也可以辅以经济密度。

（3）平衡点的选择。平衡点是指土地条件等级与该土地的实际利用状况相协调的点。理论上讲，平衡点 $S_{平}$=1.0 时，土地条件与开发现状相协调。但由于不同城市的经济发展水平不同，平衡点实际为一个区间。

（4）土地利用现状评价。根据实际情况确定合理的平衡值 $S_{平}$后，便可由不同的 L 值和 U 值确定各自的 S 值，通过 S 与 $S_{平}$的比较而得出评价结果。

3.2.2 生态适宜度评价

就是将城市划分为不同的环境单元，对每一个单元选取适当的评价因子进行评价，然后将不同的评价因子进行加和，公式如下：

$$B_{ij} = \sum B_{isj}$$

式中：S——影响广种土地利用方式的生态因子编号；

B_{isj}——土地利用方式为 j 的第 i 个环境单元的第 s 个生态因子适宜度评价值；

B_{ij}——第 i 个环境单元，土地利用方式为 j 时的综合评价值。

3.2.3 数理统计方法

一般包括聚类分析法、判别分析法、模糊聚类法等，这些方法通常是根据对象的一些数量特征，来判别其类型归属的一种统计方法，对于事物类型的划分和区界的判定十分有效。

用于环境预测的方法一般包括灰色系统模型法、回归分析法、德尔菲法等。

（1）灰色系统模型法。将所收集的随机数据看做是在一定范围内变化的灰色量，通过对原始数据的处理，将原始数据变为生产数据，从生产数据得到规律性较强的生成函数，然后便可通过这一函数进行预测。该方法的关键是如何建立灰色模型。一般的方法是将随机数据经生产后变为有序的生成数据，然后建立微分方程，寻找生成数据的规律，即建立灰色模型，然后便可以通过将运算结果还原而得到预测值，其基础是数据生成，通常是采用累加生成。

记 $x^{(0)}$为原始数列：

$$x^{(0)} = \left\{ x^{(0)}{}_{(t)} \mid t = 1, 2, \cdots, n \right\}$$

生成数列为 $x^{(1)}$：

$$x^{(1)} = \left\{ x^{(1)}{}_{(t)} \mid t = 1, 2, \cdots, n \right\} = \left\{ x^{(1)}{}_{(1)}, x^{(1)}{}_{(2)}, \cdots, x^{(1)}{}_{(n)} \right\}$$

$x^{(1)}$与 $x^{(0)}$满足下列关系：$x^{(1)}{}_{(t)} = \sum x^{(0)}{}_{(i)}$

通过几次累加后，生成数据具有下列关系：

$$x^{(n)}{}_{(t)} = x^{(n)}{}_{(t-1)} + x^{(n-1)}{}_{(t)}$$

然后在数据生成的基础上建立微分方程，以微分方程的解作为灰色模型，经检验合格后，便可用于预测。

（2）回归分析法。主要用于研究不同变量之间的相关关系，它不仅是一种应用范围极广的预测方法，同时也是建立数学模型的重要基础，一般以多元线性回归为主。多元线性回归的基本模型为：

$$Y = b_0 + b_1 x_1 + b_2 x_x + b_m x_m + e_t$$

式中：Y——因变量值；

x——自变量值；

m——自变量个数；

b_0，b_1，…，b_m——回归系数；

e_t——随机误差。

其回归系数 b_m 的确定一般通过最小二乘法获得，实际运算中多以矩阵求解，最后进行假设检验，合格后便可用于预测。

（3）德尔菲法。是一种定性预测方法，主要用于历史数据难以采集，影响变量过多及预测时间跨度大的宏观战略预测，也可用于微观预测。它是在专家预测法的基础上发展起来的。基本方法是将所要预测的问题以信函方式寄给专家，将回函的意见综合整理，又匿名反馈给专家征求意见，如此反复多次，最后得出预测结果。

4 实例研究——广西北海市环境功能区划

4.1 北海市城市性质

北海市城市总体由北海市西、铁山港区、合浦县城廉州镇三部分组成。根据北海市城市总体规划，北海市所确定的总体城市性质是：集商贸、金融、旅游、科技、工业、海洋渔业多功能于一体的综合性现代化港口城市，北海市的三个组成部分，又各自划分了其分区城市性质，分别为：

北海市中心区的城市性质为：集商贸、金融、旅游、科技多功能为一体的现代化港口城市。

铁山港区的城市性质为：北部湾重要的港口及工业基地，重点发展港口、石油、化工、钢铁、电力、建材等大型临海工业。

廉州镇的城市性质为：以农副产品加工和轻纺工业为主的县行政文化中心。

4.2 北海市城市功能分析

根据北海市的城市行政规定，北海市城市总体的 3 个组成部分应当提供相应的城市功能。首先，北海市中心区应当提供商业、贸易、旅游和开展科技活动的功能。相应的，要求其环境也提供适应开展以上活动的功能，即在进行环境功能区划时，中心区的整体环境质量都要达到较高标准。其次，铁山港区主要提供港口和工业生产的功能。因此，在进行环境功能区划时，要求其环境质量符合工业生产的标准即可。第三，廉州镇主要提供轻工业生产和农副渔业加工功能，因此，在环境功能区划时，也要求其环境质量在整体上达到一定水平。

4.3 中心区的环境问题

（1）作为北海市区 3 个组成部分（中心区、铁山港区、廉州镇）中开发较早，投资环境最佳的地区，是将来北海市城市建成区的门户和代表，是北海市城市总体规划中商贸、金融、旅游、科技活动这四项功能的主要提供者。因此，要求其环境质量达到较高标准，只有高水平的环境质量方能提供高标准的环境功能。目前的主要矛盾在于，中心区已经吸引了一定数量的投资，但这些资金并没有主要用于商贸、金融、旅游、科技活动，而是用于了房地产开发和各类工厂的建设。随着经济形势的发展，房地产开发的浪潮已经渐趋平静，而建设工厂的趋势却又有抬头，一些老的污染大户（如北海市化肥厂，北海市玻璃厂等）还未从中心区迁走，却又陆续建设并开工了一批新的工厂，如造纸厂、食品厂，这些排污较严重的工厂，会直接威胁到北海半南端的银滩国家旅游度假区和半岛西北部廉州湾渔业养殖基地的环境质量。如果任凭这种趋势发展下去，中心区的环境质量势必不能达到它所要提供功能的环境质量标准，从而使中心区不能完成自己的社会功能。

（2）铁山港区的环境问题。根据城市总体规划，铁山港区将作为北海市的主要工业基地和港口基地，北海市的大型工业企业和大吞吐量的海港主要安置在铁山港区。但是，工业生产将会排出大量废物，尤其是许多难以降解的有毒有害工业废物，当它们被排到海域时，会造成近海海域的水质污染，给近海海域水生生物的生存带来极大威胁。作为港口，又会有大量船舶停靠于此，这些船舶在行驶和停靠过程中必然也要排出各种废物，使港口附近海域和船舶行驶过程中的海域受到污染。然而恰恰在铁山港湾口东侧生长有国家级珍贵海生植物——红树林，铁山港湾口两侧则是北海市最著名的特产之一——合浦珍珠的养殖基地，铁山港口南部海域是另一国家级海洋保护动物——儒艮的生活区域。这三类海生生物要求其所生活的海域水质达到国家Ⅰ类海水水质标准，然而这与铁山港工业区所要提供的工业生成和铁山港所要提供的港口功能是相互矛盾的。

（3）廉州镇的环境问题。按照城市总体规划，廉州镇主要作为农副产品加工基地并发展一些无污染的纺织品加工业，然而由于历史的原因，却在廉州镇所辖的平头岭地区安置了部分污染较重的工业企业，平头岭是北海市中心区的上风向，且紧邻牛尾岭自然保护区，其工厂排出的废气，势必会污染到牛尾岭自然保护区和北海市中心区，同时平头岭又紧靠廉州湾，工厂向海中排泄的废弃物将直接影响到湾内养殖的各种海产品，给廉州湾的养殖业和廉州镇的食品加工业带来影响。因此，如何处理好平头岭地区的污染型工业企业是该区的主要环境问题。

4.4 北海市环境功能区划方案

根据对北海市的城市性质、城市功能的分析，分别采用了定性、定量的分区方法，对北海市的城市环境按各自的环境功能进行分区，其中定性方法采用地图重叠法将各要素图进行叠加，选取轮廓线最密集处作为分区的最初界线。各要素图主要包括以下几类：①自然要素图；②规划图；③人口、经济要素图；定量方法主要采用土地利用现状评价和生态适宜度评价；在土地利用现状评价中将北海市土地条件按山地、滨海平原、混合堆积阶地的不同类型分为五级，土地利用现状按人口密度分为五级。在生态适宜度评价中，选取与生活用地与工业用地相关的生态因子，通过聚类分析和判别分析相结合，得出各区域的生态适宜度值，将这一结果与定性分区的结果相结合，最终得出北海市环境功能分区方案。

Ⅰ：北海市中心区

$Ⅰ_1$：居住区；$Ⅰ_2$：工业区；$Ⅰ_3$：港口区；$Ⅰ_4$：旅游度假区；$Ⅰ_5$：高科技开发区；$Ⅰ_6$：风景区；$Ⅰ_7$：商贸金融区。

Ⅱ：廉州镇区

$Ⅱ_1$：居住区；$Ⅱ_2$：工业区。

Ⅲ：铁山港区

$Ⅲ_1$：居住区；$Ⅲ_2$：工业区。

环境标准：

（1）旅游度假区和风景区要求其水质、大气达到国家一级标准，噪声达到国家规定的城市区域环境噪声标准中一类混合区标准。

（2）生活区、科技开发区、商贸金融区要求其水质、大气均达到国家二级标准，噪声达到国家规定的城市区域环境噪声标准中的居民分散区和二类混合区标准。

（3）工业区要求水质、大气达到国家规定的三级标准，噪声达到国家规定的城市区域环境噪声标准中工业集中区标准。

区域环境规划专家系统设计的初步探讨*

陈 隽 王红瑞 王华东 冉圣宏
（北京师范大学环境科学研究所）

摘 要：环境专家系统是环境科学的一个新的研究领域，本文介绍了专家系统的发展过程，论述了环境专家系统的作用，并在此基础上提出了区域环境规划专家系统的设计方案。

关键词：专家系统 环境专家系统 区域环境规划专家系统

1 专家系统的发展过程

自 1946 年第一台电子计算机问世以来，不到半个世纪，计算机已成为人类不可缺少的现代科学工具。计算机的应用也从简单的数值计算、数据处理，发展到信息管理、决策支持，进而发展到智能问题的处理。在智能计算机研究中扮演关键性角色的是人工智能（Artificial Intelligence，简称 AI）。

专家系统是人工智能的发展以求得侧重解决问题的一个分支。专家系统是一种计算机程序，用于从事某种特定的、程度较高的专业工作。它能以专家的水平去解决该领域中的问题，在某些方面甚至可能超过专家。由于专家系统主要是依靠知识来发挥其功能，因此有时也将它称为“知识库系统”。专家系统可以辅助非专家来解决问题或下决心。

1965 年斯坦福大学计算机系的 Feigenbaum 与遗传学家 J. Lederberg、物理化学家 C. Djerassi 等人合作研制出了根据化合物的分子式及其质谱数据帮助化学家推断分子结构的计算机程序系统 DENDRAL（1968 年基本完成），标志着专家系统的诞生。

在以后的 20 多年中，专家系统的应用领域不断扩大。到目前为止，主要应用领域有：疾病的诊断和治疗、机械设备系统故障检查、化学数据的解释和化学结构的确定、矿物资源勘查、信号解析、数学式处理、计算机制图、教育训练、超大规模集成电路设计及版面设计等。

由于软件、硬件方面技术水平的限制，专家系统具有较强的针对性，目前的专家系统大多是针对某一狭窄的应用领域而研制的。从专家系统获取知识和解决问题的能力来看，现有的专家系统基本上是建立在经验性知识之上的，系统本身不能从领域的基本原理来理

* 原载《环境保护》，1994，12：37-39。

解这些知识。由于这一代专家系统基本上是基于规则的系统，因此也称为产生式系统（Production System）。让专家系统能够从具体领域的基本原理出发去分析、推理、解决具体问题是今后的研究方向。

2 环境专家系统的作用

随着专家系统的理论和技术的不断提高，它的应用领域也越来越广泛，对社会生产与科学技术的发展都起着重大作用。从发展趋势看，专家系统这一技术在环境保护、防治污染、废弃物处理等方面也将起到重要作用。

区域环境是一个极其复杂的动态变化系统，同时也是一个模糊系统。环境问题复杂，涉及学科多，环境问题的解决是在经验积累基础上的推理过程，目前大都靠专家经验指导得以进行，难以用算式描述，即便建立了目标函数，也常遇到参数不易选值的问题；环境问题包含不确定因素多，模式计算的精确性常常被不确定因素出现的模糊性所影响；环境问题处置有时需要做出快速反应和决断，来不及作模型化和复杂计算，求得数值解后再决策行动。因此，在人为主观性强的区域，其环境质量评价、预测、规划中使用模拟人脑行为的专家系统是一种新的尝试。专家系统解决问题的全过程与环境专家在环境质量评价、预测、规划中解决问题的全过程非常类似，专家系统适合解决这类问题。鉴于专家的有限性、非永久性和不能永远处于最佳工作状态，将专家的知识和思维过程制成专家系统，有助于保存专家知识和思维，加以“推广，普及”，还可避免专家在工作时受主观因素的影响。

环境科学是一门新兴的科学，专家系统这一技术尚未在其中得到广泛应用，目前只在环境评价、环境管理预测等方面有一些研究的报道。从国内外文献检索的结果来看，尚未有区域环境规划专家系统方面的报道。

计算机技术在环境科学中的应用是从数据库（Data Base）及数据库管理系统阶段到决策支持系统阶段再到专家系统阶段的。目前，数据库技术在环境科学中的应用比较普遍，也比较成熟，这有利于专家系统技术的引入。

3 区域环境规划专家系统的设计

区域环境规划问题一般涉及不确定性，其本身往往是半结构或是病态结构的，为此，专家的判断必不可少。区域环境规划是一门综合性的技术，它涉及环境、经济等多方面的知识，又由于其研究对象是一个区域，进行环境规划所需的专业知识种类多，基础数据量大，用于评价、预测、规划的模型也多。对这类问题，传统的方法已经不能满足要求，开发一种能够模仿专家的、计算机辅助问题求解系统——专家系统，进行区域环境规划是非常合适的，也是切实可行的。

区域环境差异明显，因此要建立某一区域的环境规划专家系统，首先要进行该区域的环境系统分析，了解区域环境的一般性质，突出主要问题。根据所要解决的问题，选取与问题有关的环境基础数据、模型及专家知识。

区域环境系统分析的目的在于弄清区域环境系统的组成、结构，弄清区域主要环境问题产生的原因、历史和影响范围、影响程序。在区域环境规划中，它关系到区域环境指标体系、环境目标、环境规划方法的确定，而对于建立区域环境规划专家系统来说，则其分析结果直接关系到专家系统建立的目的和目标选择，关系到信息的选择、收集，关系到系统功能的确定和设计。因此区域环境系统分析是专家系统设计的最基础工作。区域环境专家系统设计前的环境系统分析应着重以下几个方面：

第一，搞清系统的组成和各部分之间的联系。环境系统的组成是信息的来源，专家系统中的环境数据库把这些组分作为信息实体来加以描述和处理。

第二，了解区域环境的一般性质，突出主要问题。区域环境的特殊性质和主要问题往往反映了该区域自然和社会经济环境的主要特征，代表着该区域的主要功能，因而也是人类影响的主要对象和环境问题的中心。对区域环境进行分析、评价、预测和规划管理应着重于这些特征和方面。专家系统设计中要依据分析得出的区域环境问题的主要方面和影响区域环境质量的主要因素，在数据收集、分析、知识库中专家知识的选取等方面，从功能设计上突出它们，以增强系统的实用性。

在区域环境规划原理指导下，设计区域环境规划专家系统的结构如图 1 所示。

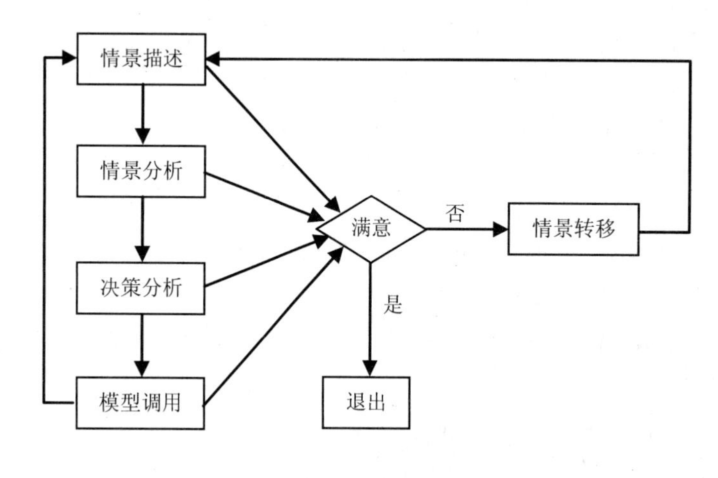

人机界面管理

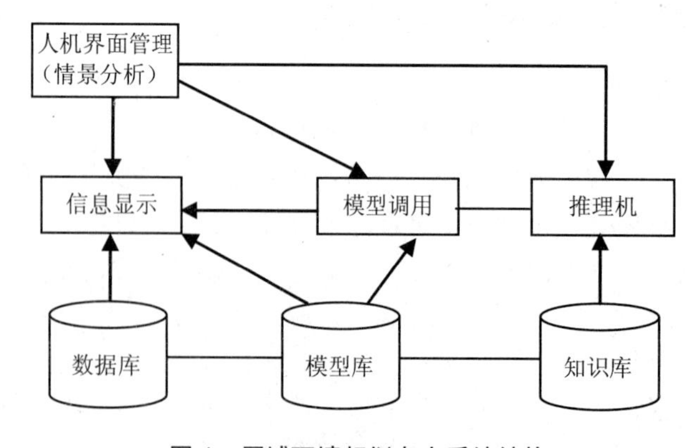

图 1　区域环境规划专家系统结构

下面给出根据区域环境规划的要求，专家系统各部分一般应有的内容。各不同区域，可根据本身的具体情况，规划的具体要求，对下述内容进行增加或删除，以适应各地规划的特点。

对系统各部分分述如下：

3.1　环境数据库

对区域环境现状的调查与评价是区域环境规划的基础，因此，在环境数据库中将主要存贮区域环境现状与评价方面的数据，主要由以下几个数据文件组成：

（1）区域自然环境现状数据文件。包括以下字段：规划区域在不同季节的气温、气压、降雨量、风向、风速等气象条件字段以及大气环境本底值。区域内河流、湖泊和水库的分布、水位、流向、流速、流量、储水量以及水体环境本底值。区域的地理位置、地形、地质、地貌、土壤本底值。自然保护区、森林、草原、矿产、野生动植物等自然生态要素的数量、分布和构成。

（2）大气环境污染现状数据文件。包括以下字段：各类污染源向大气环境中排放主要污染物的总量、浓度以及种类；主要大气污染物的达标和超标情况，污染源的分布、大气污染治理方面的情况。

（3）水体环境污染现状数据文件。包括以下字段：各类污染源的分布，污水排放总量，水体中所含污染物的种类、数量和浓度。地下水和地表水的达标和超标以及污水治理情况。

（4）土壤环境污染现状数据文件。包括以下字段：土壤中所含污染物的种类和数量，污水灌溉施肥、使用农药以及土地利用等方面的情况。

（5）噪声污染现状数据文件。包括以下字段：各类污染源的分布，噪声污染强度，噪声污染的达标和超标以及噪声污染治理等方面的情况。

（6）固体废弃物污染现状数据文件。包括以下字段：固体废弃物排放总量和种类，固体废弃物的污染及综合利用方面的情况。

3.2　模型库

模型库中存贮着环境定量预测的模型，以运筹学、系统论、控制论、系统动态学仿真和统计学模型为主。如：趋势外推法、回归分析法、马尔可夫法、投入产出模型，系统动力学模型等。

3.3　知识库

知识库是专家系统的核心。知识库中的知识主要体现“在一个区域之内按空间和时间序列，协调经济发展与环境保护的部署及安排”这一原则。根据这一原则和区域的主要问题，确定领域专家，提取他们关于问题的知识，构成知识库。领域专家由环境专家和经济专家组成，以环境专家为主。人数可在10～15位。

表1为合理的分配情况。

知识库采用语义网结构，结构见图2。

如何将这些自然语言的规划知识转换成数理逻辑的形式，即计算机能接受的形式，这是一个难点；另一方面，由于区域环境规划是一门综合性技术，涉及的知识比较多，因此，在知识库中如何组织好这些知识，既不冗长也不遗漏，使之结构合理，便于推理机工作，便于算法优化，在最短的时间内得出结论。这些计算机技术问题，都需要与计算机工程师共同研究。

表 1 领域专家组成情况

环境专家	污染治理专家	环境评价专家	2人
		环境规划专家	2人
		环境工程专家	1人
	自然生态专家	植物专家	1人
		动物专家	1人
		社会生态专家	1人
经济专家	经济规划专家	宏观经济专家	2人
		计划经济专家	1人
		市场经济专家	2人

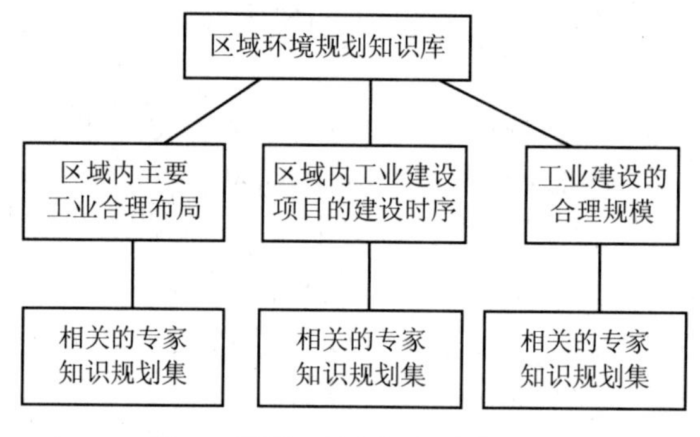

图 2 区域环境规划知识库结构

3.4 推理机

推理机好比是“未经训练”的人脑，它具有做任何事情的能力。知识库是人在某个领域所有经验的总和，推理机的任务就是迅速有效地利用知识库中的知识进行推理。推理机的构造是建立在知识库的基础之上的，知识库不同，推理机的构造也不尽相同。因此，不同的专家系统，其推理的构造也不同。

区域环境规划专家系统中的推理机，就是要利用知识库的内容，在环境数据库、模型库的辅助下，得出区域内合理的工业布局，合理的工业项目的建设时序，合理的工业规模等建设，达到区域内经济与环境保护协调发展的目的。

4 说明

在区域环境规划专家系统的设计、建立过程中，区域环境系统分析、知识库中知识表示方法的选择、推理机制的选择是重点，而知识表示方法、推理机制同时又是难点，因为目前为大家认可的知识表示方法和推理机制不能完全照搬于环境规划专家系统，要根据环境系统的特点，建立相应的知识表示方法和推理机制，有相当大的难度和工作量。系统的建立，需要计算机工程师与领域专家密切配合，需要多人的共同努力才能完成。

为进一步探讨区域环境规划专家系统，我们在马鞍山市环境规划中进行了尝试，设计探讨了其知识库、推理机的情况，有待于另文论述。

官厅水库污染及其调控*

王华东[1] 刘永可[2] 王景华[2]
（1. 北京师范大学地理系；2. 中国科学院地理研究所）

官厅水库位于北京西北部，是我国新中国成立后最早建成的大型水库之一。它是一个综合利用水库，可供发电、养鱼、灌溉和饮用，是首都用水的重要补给源，总库容22.7 亿 m^3，流域面积为 47 000 km^2。

官厅水库有 3 条入库河流，即洋河、桑干河与妫水河。其中桑干河最长，全长 350 km，流域面积最大为 24 000 km^2，多年平均径流总量 8.04 亿 m^3，约占官厅水库来水量的 50%，流域内主要工业城市偏居桑干河上游，污染物经过长距离输送自净，对官厅水库的污染影响大大减弱，洋河全长 250 km，流域面积 14 000 km^2，多年平均径流量 5.6 亿 m^3，占官厅水库来水量的 37%。洋河流域的主要工业城镇如张家口、宣化、下花园及沙城等都位于洋河下游，距水库较近，对水库的污染影响较大。妫水河全长 20 km，补给水量仅占 3 条河来水量的 1%左右，但由于延庆县几个工厂位于妫水河河口处，对水库的影响较大。官厅水库接受了 3 条水系带来的污染物，故水质受到污染。

为了解水库污染问题，自 1972 年开始，对官厅流域及水库环境质量进行了研究。本文仅就官厅水库水环境污染的研究方法及水库污染调控问题进行初步探讨。

一、官厅水库水环境污染研究

进行水系水源保护研究、建立研究程序方框模型是非常必要的。我们按下述程序对官厅水系进行了水环境污染的研究（图 1）。

（一）确定官厅水库水环境污染的研究目标，研究官厅水库污染状况及其生态学影响，主要污染物在流域内的迁移转化规律，提出官厅水库污染的调控措施和全面的水源保护措施。

（二）进行流域内污染源调查、评价及污染负荷比的研究，分别对流域内的天然污染源、农业污染源特别是工业污染源进行了调查，并按流域和地区对污染源进行了污染负荷比的研究。研究表明，洋河流域污染负荷比最高（56.21%），桑干河流域次之（24.84%），妫水河流域为 0.12%。按工业区比较，则宣化区最高（37.96%），大同市次之（19.71%），张家口占第三位（16.98%），怀来县为 15.15%，山阴县为 6.93%，涿鹿县为 3.68%，下花

* 原载《环境科学》，1980（4）：61-66，77。

园区为 1.21%，延庆为 0.12%。

（三）对官厅水库入库河流的水质、底质进行监测，研究酚、氰、砷、汞、铬在河道中的迁移转化规律。以酚为例，酚类化合物由工厂排入河流中以后，迅速进行氧化分解过程，首先是酚的化学氧化过程。易挥发和氧化的部分在几小时内即可完成，以后是酚在微生物作用下的生物化学氧化过程，一般可延续几天的时间，以宣钢焦化厂为例，含酚废水在排水渠中自净能力很强，在几公里流程中，酚即可净化掉 90%以上。以铬为例，六价铬在河流中的净化作用不明显，三价铬从工厂排污口排出后，在很短距离内（约几百米），水中三价铬的浓度就明显下降，表明三价铬在微酸性或微碱性介质中或呈 $Cr(OH)_3$ 沉淀，或被悬浮泥沙及底质所吸附。

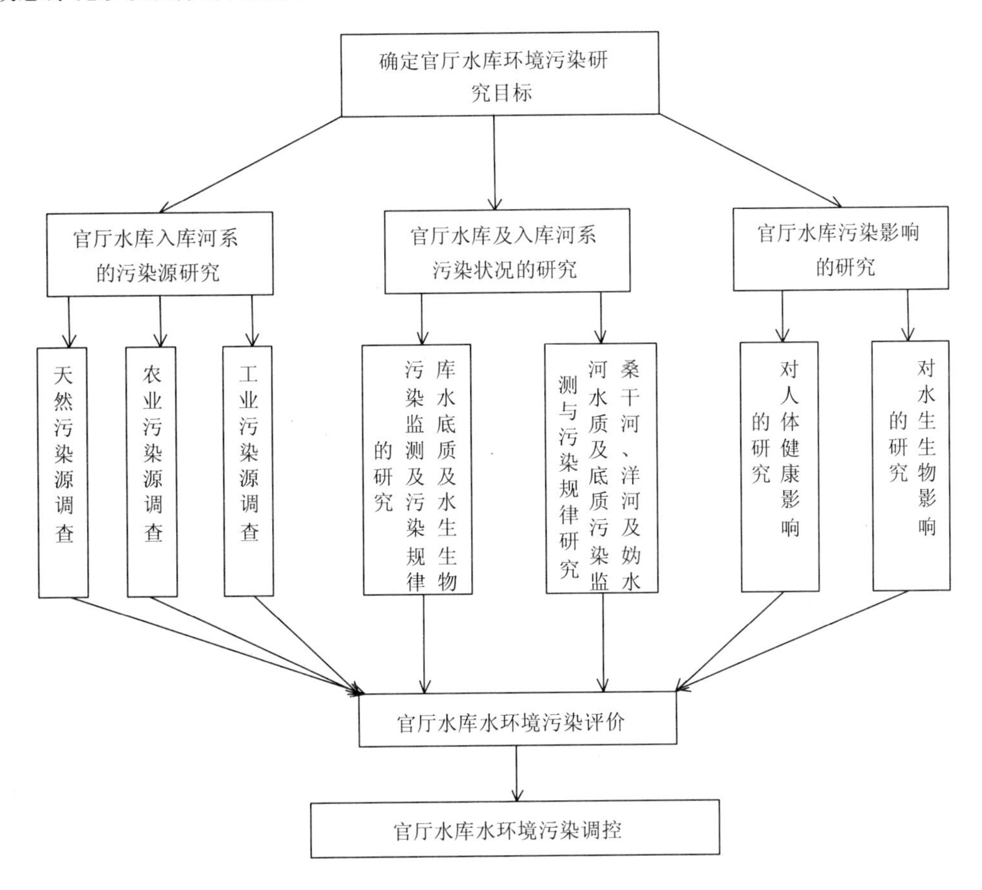

图 1　官厅水库环境污染研究程序方框图

（四）对官厅水库水质、底质及水生生物进行监测，研究酚、氰、砷、汞、铬、滴滴涕、六六六及油的迁移转化规律。在官厅水库布设了 9 个断面，15 个采样点。官厅水库库区平均水深在 10 m 以上，但水温和水体交换条件变化不明显，在水库坝前按固定水层深度取样。取样深度为 0～0.5 m、0.5～3 m、3～6 m、6～9 m、12～16 m 共 5 层。

研究表明，水库中主要污染物含量范围与本流域水体的天然背景值范围相比较，总铬和汞大体与背景值相当，而酚、氰、砷的最高值略超过背景值上限。水库中有机毒物（如酚、氰、滴滴涕、六六六、油、洗涤剂、硝基苯、氯苯）和无机毒物［如砷（个别点除外）、汞、铬（六价）、氟（个别点除外）、镉、铜、铅、锌、铁、铝、铍、磷、铀等］都未超过地面水允许标准。在库区个别点上，酚、氰、砷、氟有时超过饮用水标准。

除汞在个别鱼体中超过食用标准外，其他各种污染物在鱼体内一般不超标。

（五）对长期饮用库水的北寨大队居民进行健康调查，对北寨居民尿中滴滴涕及其代谢产物的含量和居民头发中砷进行了测定，还对食鱼哺乳水貂进行了一些试验研究。

（六）对官厅水库水环境污染进行综合评价研究表明，官厅水库水质的综合污染指数*大部分在 0.1 以下，只有库区个别点个别层次有时大于 0.1，库中水生生物生态正常，个别鱼体中某些污染物含量超过食用标准。底质中污染物略高于自然背景值，污染物的含量水平对底栖生物没有显著影响，因此官厅水库属于轻度污染。

（七）由于官厅水库蓄水排入永定河后，可直接补给北京西郊的地下水，特别是沿岸居民有的直接饮用库水，为此，必须不断改善官厅水库的水质，对官厅水库水质进行调控研究，对官厅水库的污染物实行总量控制。

二、官厅水库污染调控

（一）污染物的总量控制

官厅水库上游工厂每年排放几亿吨废水进入河流，几乎占水库多年平均来水量的 8.3%。近年来，随着工业污染源的治理，水质在一定程度上又趋于好转，所以官厅水库污染形成取决于上游污染物的来量。污染物进入环境以后，除在河流中净化一部分外，其余部分随河水和水中的悬浮物一起转移到水库中。

水库的污染物浓度与官厅水库的水量有一定关系。当进入水库中的污染物数量一定时，在不同水量条件下，造成水中污染物浓度不同，为了保护好官厅水库水源，以达到饮用水的要求（水库沿岸居民直接饮用库水），官厅水库各种主要污染物含量都应在饮用水标准以下，这是官厅水库污染物总量控制的主要目标。

官厅水库各月的蓄水量随季节变化很大，一般变化于 2 亿～10 亿 m^3。根据多年平均蓄水量选择 2 亿、4 亿、6 亿、8 亿、10 亿、17 亿 m^3 为代表，分别计算在这 6 种蓄水量情况下，污染物达到饮用水标准时的总量控制值：

$$E_i=W_i \cdot X_i$$

式中：E_i——污染物总量控制值，kg；

W_i——水库蓄水量，m^3；

X_i——污染物 i 的饮用水标准，mg/L。

应用上式，分别计算了官厅水库在不同水量条件下，污染物酚、氰、砷达到饮用水标

---

* 水质综合污染指数可定义如下：

$$K=\sum\frac{CK}{C_{mi}}\cdot C_i$$

式中：K——各污染物的总体对水质的综合污染程度。

准时的总量控制值（表 1）。

表 1　官厅水库酚、氰、砷的总量控制值

水库水量/亿 m^3	酚/kg	氰/kg	砷/kg
2	400	10 000	8 000
4	800	20 000	16 000
6	1 200	30 000	24 000
8	1 600	40 000	32 000
10	2 000	50 000	40 000
17	3 400	85 000	68 000

控制官厅水库的污染物总量的关键是控制上游的污染源，由于官厅流域污染特点和污染物来源不同，不能不加区别地要求达到某种标准。必须根据流域的地理环境特点，进行区域划分。划分的原则是：①根据官厅水库上游工业布局的特点、污染源的分布和污染物排放的情况；②根据污染源距水库的远近程度及污染物在地理环境中迁移转化的特点。

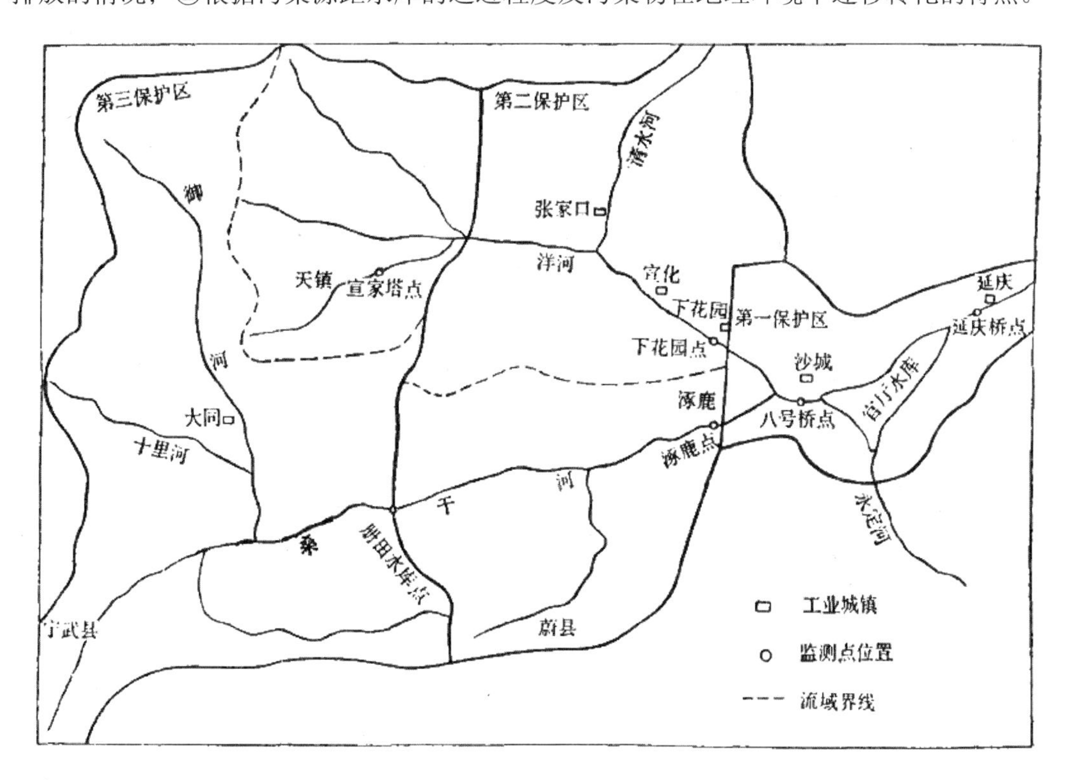

图 2　官厅水库 3 个水源保护区

从以上要求出发，把官厅流域划分成 3 个水源保护区（图 2），这样，就可以实行总量控制。我们把官厅水库在不同蓄水量时污染物达到饮用水标准的总量控制值，按一定的比例分配给 3 个水源保护区。分配的原则是：按官厅水库 3 个水源保护区的位置以及 3 个保护区污染物排放的大致比例，在 3 个保护区中，第 1 保护区污染物排放量占流域总排放量的 10%，第 2 区占 60%，第 3 区占 30%。按同样比例，把污染物总量控制值也分别分配给

3 个水源保护区。这样，事实上就规定了各水源保护区污染物的具体排放指标。例如，第 1 区分配给 40 kg 酚，超过这个指标，官厅水库就可能造成酚的污染。这 40 kg 酚分配给第 1 区以后，还需要完成以下两个方面的工作：

（1）根据当前工厂污染物排放的数量和环境净化能力，提出工厂进行污染源治理的比例，以使工厂排放的污染物在总量控制的分配数量内，这是总量控制研究的最终目的，它直接为污染源治理服务。

工厂污染源治理比例是这样规定的，例如分配给第 1 区 40 kg 酚，再平均给沙城和延庆两地（是第 1 保护区的两个主要工业城镇），分给沙城 20 kg 酚，加上酚在第 1 区有 70%的自净量，那么沙城工业区的排酚量就不仅仅是 20 kg，而是 66 kg，即当沙城工业排放 66 kg 的酚进入河流，其中有 70%被净化掉，余下来的不能超过 20 kg。沙城工业区实际每月排酚量是 238.80 kg，如果考虑 70%的自净量，也有约 167.16 kg 的酚进入水库，显然超过规定要求，肯定会造成水库酚污染，因此必须对沙城工业区排酚工厂提出具体排放比例。通过计算得到，当要求沙城排酚工厂治理 3/4 的含酚废水，排放 1/4 时，每月沙城工业区排酚量为 59.70 kg，经过河流自净一部分，进入水库不超过 20 kg，符合总量控制的要求。

在水库的不同水量时期里，其结果是不一样的。譬如水库水量超过 8 亿 m^3，工厂排酚量可以放宽。由于考虑到工厂的排酚量基本变化不大，我们以 2 亿 m^3 水为最低水量标准进行计算。

在要求治理 3/4 含酚废水的基础上，对沙城工业区所有排酚工厂进行逐一的计算，并提出工厂废水中应有的含酚量。例如，沙城一个工厂治理 3/4 的废水后，废水中含酚量应该是 1.1 mg/L。按这个数量排放，就符合总量控制的要求，超过这个数量，就是超量排放。

（2）要求建立监测点，提出控制标准，对各水源保护区污染物排放进行监测，以使各保护区不超过总量控制的指标，这是进行总量控制的手段。仍以沙城第 1 保护区为例，当沙城的含酚废水按要求进入河流以后，在八号桥点必然含有一定的浓度。因此，依据其一年各月（按总量控制的要求排放时）河水的含酚浓度及从第二区排入的含酚浓度，规定了第 1 保护区八号桥监测点每月的浓度控制范围（0.001～0.003 mg/L）。这个浓度范围就是八号桥点的控制标准。各个保护区的废水量、排放浓度和河水径流量不同，控制标准也有差异（表 2）。

表 2　3 个水源保护区各监测点控制浓度范围值　　单位：mg/L

监测点位置	酚	氰	砷
延庆桥	0.01～0.015		
八号桥	0.001～0.003	0.001～0.01	0.002～0.01
下花园	0.01～0.015	0.01～0.05	0.003～0.01
涿鹿桥	0.001～0.005	0～0.1	0～0.01
册田水库	0.005～0.01	0～0.1	0.002～0.01
宣家塔	0.01～0.02	0.005～0.02	0～0.01

（二）官厅水库水量的调控和管理

一般污染物进入水库的数量超过一定限额就会产生污染并造成危害，应严格加以控制。其控制标准一般是指在用水部门对水质要求的允许范围内，水库能够承受污染物的最大可能数量，亦称为水库最大允许负荷，作为表征或衡量水库负载能力的指标。显然，供水目的不同，对水质要求不同。库水污染物允许限额也随之变化。

水库污染物负载能力与蓄水量成正相关，但水库蓄水量因诸年来水、用水，以及水库运转情况各不相同而有很大差异，即使同一水文年度各个季节也不一样。因此在不同年份、不同季节，水库负载能力显著不同。为了保障水质安全，在水质标准允许范围内，接纳一定数量污染物时水库应该具备相应的蓄水容量，这个蓄水容量命名为环保库容。

计算环保库容时，首先要选择库水的主要污染物，即以入库量大、浓度高、毒性大、能左右水质污染程度的污染物为对象。官厅水库主要污染物为酚类及其化合物。以入库河水年平均含酚浓度（S_c）与库水年平均浓度（S_{cp}）求净化率（p），并以此净化率与相应年的水库年平均库容（w）绘制相关曲线（图 3），其曲线方程为：$W=Ae^{Bp}$，式中 A、B 为经验参数。官厅水库主要供城乡居民生活饮用，故库水年平均含酚浓度以饮水标准（S=0.002 mg/L）为基准，由入库河水浓度按上述方法即可推算出该水库的一组环保库容（W_p）。从表 3 可以看出，每个入库河流含酚浓度均有其相应的环保库容量。

表 3 水库环保库容（W_p）

入库含酚量/（mg/L）	净化率/%	环保库容/亿 m^3
0.002 9	30	1.800
0.003 3	40	2.000
0.004 0	50	2.600
0.005 0	60	3.600
0.006 0	67	4.600
0.007 0	72	5.400
0.008 0	75	6.400
0.010 0	80	8.000

注：饮用水标准 0.002 mg/L。

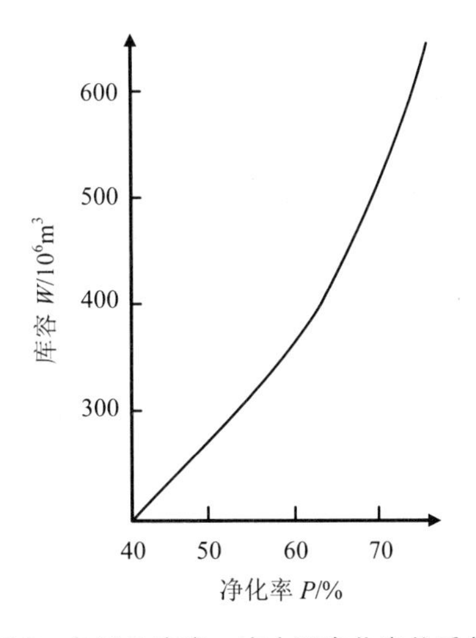

图 3 年平均库容—库水酚净化率关系曲线

（$W=Ae^{Bp}$，A=37，B=0.04）

如果环保库容很大，就会影响水库的兴利事业，应该缩小库容量，但为了保障水库水质安全，不得超过允许标准，这就势必要降低入库河水含酚浓度、加强对工业含酚污水的处理。如降低环保库容量为 ΔW_p，可通过下述联立方程组推求其相应的入库河水含酚浓度减少量 ΔS_0。

$$\begin{cases} X = S_0 \ln \dfrac{W_p}{W_p - \Delta W_p} \\ \Delta S_0 = \dfrac{XS_0}{S + X} \end{cases}$$

式中：S_0——原入库河水含酚浓度，设 V 为多年平均入库径流总量，

$$P' = \frac{\text{水库年纳酚总量}}{\text{全流域工业年排酚量}}$$

则全流域增加的外酚量 $\Delta G=V\Delta S_0/P'$。再通过水利经济计算，提出缩小环保库容量 ΔW_p，所获得的兴利效益，与增加处理酚量 ΔG 所产生的经济负担进行比较，即可从中选择最佳方案。

当环保库容确定以后，即可算出入库河水含酚浓度及总量，作为入库河水水质标准。由酚的入库总量除以 P' 值即得全流域工业排酚总量，作为全流域允许排放量再按工厂规模及其对水库污染的影响程度，应用上节估算办法拟订工业区或工厂排酚标准或分配方案。

随着流域内工厂含酚废水处理工程的实施及环境污染治理、入库酚量逐年减少，对环保库容要求也随之降低。但因官厅水库诸年水文情况变化甚大，库水对污染物的稀释能力及其他净化过程也要发生相应的变动，特别是在枯水年或遭遇枯水年的形势下，水量供求发生矛盾，库水负载能力不断降低，这时不仅要对入库酚量加以严格控制，而且要求水库尽可能保持较大的蓄水量，因此为了确保水质安全，应根据水文预报及排污情况，对年入库水量进行估算，利用上述方法求出相应的年环保库容，作为来年库水的运转控制指标。但年环保库容仅反映全年的纳污量对库容量的总体要求，特别在枯水季节水库负载能力比较小时，易发生超载现象，此时需要配合短期水质污染预报，提出可能发生超过水质允许标准时的最小库容量（即警戒库容）。

库水径流经过人工调节在时间上再分配，可服务于供水要求。库水径流在其分配过程中也对入库污染物质输送起再分配作用，但污染物分配过程受供水要求所制约，往往不一定适应水质要求。官厅水库在枯水季节，天然径流供不应求，需要动用库存水量来补充，当库水量降低到不足以稀释入库污染物时，就会出现超标现象，而在丰水季节水库却有较大的潜在负载能力。因此需要对污染物质输送过程加以适当调整，以便充分运用库水稀释能力，加速污染物质输送过程，减少库水污染物质含量以保障水质安全。

官厅水库原属多年调节水库，后因泥沙淤积、入库水量减少，目前只能起到不完全多年调节或者年调节作用。这样就可以把水库中酚污染物质的数量平均关系就可以近似地表示为：

$$W_{入} S_{入} - W_{存} S_{存} - R = W_{出} S_{出}$$

式中：W、S——水量及污染物质浓度，其注角入、存、出分别为入库、库存、下泄；

R——入库污染物净化总量。

在库水运转过程中诸平衡要素均有其不同的时间变化过程。为使其适应水质要求需对诸要素加以调整，这就是库水污染物质径流调节的基本任务。在调节过程中要求：①库水污染物质浓度在水质允许标准范围内；②年平均库容量不得小于年环保库容量；③在满足上述要求的前提下，尽可能加大污染物质输送总量和输送速度。

按库水污染物质平衡关系，列出逐月平衡方程式：

1 月：$W_0 S_0 + W_{入1} S_{入1} - W_{存1} S_{存1} - R_1 = W_{出1} S_{出1}$

2 月：$W_{存1} S_{存1} + W_{入2} S_{入2} - W_{存2} S_{存2} - R_2 = W_{出2} S_{出2}$

$\vdots \quad \vdots \quad \vdots \quad \vdots$

12 月：$W_{存11} S_{存11} + W_{入12} S_{入12} - W_{存12} S_{存12} - R_{12} = W_{出12} S_{出12}$

全年：$W_0 S_0 + \sum_1^{12} W_{入i} S_{入i} - W_{存12} S_{存12} - \sum_1^{12} R_i = \sum_1^{12} W_{出i} S_{出i}$

由此可见，$\sum_1^{12} W_{入i} S_{入i}$、$\sum_1^{12} W_{出i} S_{出i}$ 分别为污染物年输入、输出、净化过程及数量。净化量 R 取决于库水量及其化学、生物环境对污染物净化作用的影响程度，但化学及生物净化效果与库水的稀释作用相比较居于次要地位，为了计算简便，不考虑其净化过程的数量变化，而用历年统计资料，以月平均净化量来代替。

库水在下泄过程中，各种污染物均发生着不同程度的净化效果。官厅水库平均含酚浓度 S_{cp} 与坝下泄水含酚浓度 $S_{出}$ 的数学模式为：

$$S_{cp} = C \cdot e^{DS_{出}} \quad (C、D \text{ 为参数})$$

而入库河水含酚浓度 $S_{入}$ 与 S_{cp} 的数学模式为：

$$S_{入}\left(\frac{1}{B}\ln\frac{A}{W} + 1\right) = S_{cp}$$

所以，

$$S_{入}\left(\frac{1}{B}\ln\frac{A}{W} + 1\right) = C \cdot e^{DS_{出}}$$

至此不难看出，坝下泄水含酚浓度为入库河水含酚浓度与库水量的函数。若库水 $S_{cp} \leqslant 0.002$ mg/L，则坝下泄水必然会满足水质要求丰水期库水量大，可以提高入库河水含酚浓度，反之枯水期应降低入库浓度。但工厂污水在自然排放条件下不能与此相适应，需加以控制调节。在排酚工厂集中地区设置污水库控制排放，调节入库浓度或数量，这样入库污水既可得到事前净化，又可充分利用库水稀释能力，扩大排污量，减轻污水处理负担，同样也可以减少环保库容量，缓和或者解决与水库兴利的矛盾。

应该指出，库水含酚污染物质径流调节问题，仅是从保障水质安全角度出发，而官厅水库是多目标的综合利用水库，因此，上述问题仅作为研制水库调节方案时的基本因素之一来加以考虑，或参照它对现行水库运转方案加以修正。

黄河中、上游黄土高原开发的环境污染及其对策*

王华东
（北京师范大学环科所）

摘　要：黄河中、上游的黄土高原地区，是我国主要的能源重化工基地。该区生态环境脆弱，区内工业结构，以采煤、电力、化工、冶金及建材为主，“三废”排放量巨大，缺乏相应的保护措施，目前，该区干支流已受到不同程度的污染。干流属轻度污染，靠近大中城市的个别河段达中度污染；支流在靠近城市的一些河段达重度或严重污染。针对上述情况，作者提出应采取全面规划合理布局的工业建设方针，加强环境管理和“三废”利用，确保环境保护投资等，以作为环境问题的相应对策。

On Environmental Pollution and Its Control in Development on the Loess Plateau in Yellow River Valley

Wang Huadong

Abstract: The loess plateau in the upper and middle Yellow River valley is the main base of energy resources and heavy chemical industry in China. In this area，the ecological environment is quite fragile and industries are mainly cocal minning，electricpower generation，chemical industry，metallurgical industry and constructional material industry，which discharge a large amount of pollutants without adequate controlling measures. As a result，the main course and tributaries in the area have been polluted in different degree: main course subjects to mild pollution，reaches close to big cities to middle and tributaries reaches nearly big cities to serious pollution. So，the author suggests that the development of the industry should be under overall planning and rational arrangement，environmental management and utilization of three wastes should also be improved，in the same time the invest in environment protection should be ensured.

---

* 原载《人民黄河》，1989（6）：7-10。

位于黄河中、上游的黄土高原地区，矿产资源丰富，是我国重要的能源重化工基地。本文试就该区的环境质量现状及今后发展的趋势和应该采取的环境保护对策进行简要分析。

一

黄土高原地区与我国东部沿海地区相比，经济发展尚较落后，属待开发地区。但目前该区的某些局部地段污染已十分严重。该区的工业结构以采煤、电力、化工、冶金及建材为主，均属重污染型工业，其单位产品的“三废”排放量大。区内沿黄各省 1985 年的统计，山西、陕西及甘肃各省废水的排放量均在 4 亿 t 以上。其中山西省以排酚、氰为主；陕西省以排酚、六价铬及石油为主；甘肃省以排石油、砷及镉为主；内蒙古以排铅、砷及六价铬为主。废气排放山西、陕西、甘肃均在 1 500 亿 m^3 以上，主要污染物为二氧化硫及颗粒物。固体废弃物中陕西、内蒙古排工业废渣均在 1 000 万 t/a 以上，目前山西省已堆存各种废渣达 2 亿多 t。值得注意的是其污染物排放主要集中在几个大城市及工矿区。就废水排放而论，太原市排废水 1.99 亿 t/a，西安为 1.93 亿 t/a，兰州为 1.84 亿 t/a，它们的废水排放量分别占到其所在省区的 1/3～1/2。就废气排放而言，太原市 1985 年排放的二氧化硫就达 854 万 t/a，数量十分可观。

黄土高原境内黄河的干支流均受到不同程度的污染，就整体而言，黄河干流尚属轻度污染，但在靠近大、中城市的个别河段则达到中度污染水平，黄河支流在靠近城市的河段已达重度及严重污染水平。黄河干流以兰州段为例，该段长 397.4 km，由于接纳兰州市及白银市排水，每年 2 亿～3 亿 t，含污染物 4.8 万 t，导致该河段的轻度污染。如以油污染为例，1983 年油检出率为 79%～94%，超标率为 0.63%，1986 年油污染均值为 0.35 mg/L，超过国家规定标准（GB 3838—83）0.17 倍。COD 污染，1983 年超标率 63.35%，平均值为 10.20 mg/L，已经超标。黄河包头段的情况与前者类似，该河段全长 314 km，包头市位于黄河北岸，约 60%的工业及生活污水直接排入黄河，造成黄河的污染。根据 1980—1986 年的监测资料，其酚的检出率 6 年中为 100%，检出含量为 0～0.07 mg/L，历年最大含量达 0.081 mg/L；氰化物的检出率 7 年中有 6 年为 100%，检出含量为 0～0.003 mg/L，历年最大检出量为 0.028 mg/L；砷化物检出率为 100%，检出含量为 0.02～0.04 mg/L，最大检出含量为 0.13 mg/L；汞检出率为 20%～100%，检出含量为 0～0.001 mg/L，最大检出量为 0.007 mg/L。该河段的磴口断面经常在枯水季节出现中度污染。

值得注意的是，沿黄河及其支流的某些城市地下水已遭到一定程度的污染。以西安市为例，目前地下水硝酸根及六价铬污染严重。地下水硝酸根含量大于 10 mg/L 的水域面积约 399 km^2，大于 50 mg/L 的有 168 km^2。在城区及近郊区硝酸根含量普遍较高，一般均大于 50 mg/L，最高处可达 600 mg/L 左右。六价铬的污染十分突出，含量大于国家饮用标准 0.05 mg/L 的污染区面积约 92 km^2。西安市地下水遭受六价铬污染的时间不长，但污染范围正在逐年扩大。

沿黄河干支流的一些大、中城市大气污染亦十分严重。例如太原、延安、包头、乌海、石嘴山、兰州及白银等地均是。它们绝大部分地区属煤烟型污染，主要污染物为二氧化硫、颗粒物、氮氧化物、苯并[a]芘等，此外，在局部地区氟污染亦十分突出。

该区二氧化硫的污染主要是由燃煤造成的，以山西省为例，1985 年排二氧化硫 43.6 万 t，其中 17.87 万 t 来自于电力生产。在山西六大盆地中的太原盆地，二氧化硫每月排放强度最大为 2.55 t/km^2，其次为大同盆地达 1.24 t/m^2，依次为长治盆地 1.12 t/km^2、临汾盆地 0.68 t/km^2、运城盆地 0.34 t/km^2、忻定盆地 0.23 t/km^2。与二氧化硫、颗粒物及苯并[a]芘污染水平属于中偏高的北京相比，五城市大气环境二氧化硫浓度显然偏高，太原为 440 μg/m^3、阳泉为 250 μg/m^3、忻州为 360 μg/m^3、榆次为 330 μg/m^3、离石为 150 μg/m^3，而北京为 106 μg/m^3。颗粒物污染，1985 年山西省排放烟为 49.6 万 t/a，其中工业排放源占 78%，生活排放源占 22%左右。太原盆地排放强度最大为 2.31 t/(km^2·a)，其次为大同盆地 1.10 t/(km^2·a)，依次为长治盆地 0.89 t/(km^2·a)、临汾盆地 0.79 t/(km^2·a)、运城盆地 0.35 t/(km^2·a)、忻定盆地 0.32 t/(km^2·a)。太原市颗粒物浓度为 1 180 μg/m^3、阳泉为 1 120 μg/m^3、忻州为 1 200 μg/m^3，而北京为 870 μg/m^3。可见，山西省一些城市的颗粒物浓度显然偏高。黄土高原某些局部地区氟污染严重，以包头市为例，20 世纪 70 年代末每年向大气排放含氟气体达 3 500～4 000 t；进入 80 年代，包钢采取了措施，排放量有所降低。氟气对大麦及高粱的影响较大，对小麦及玉米影响较小。它可通过食物链影响家畜生长，其影响曾波及包头郊区、固阳县、达拉特旗及乌拉特前旗。黄土高原一些地区的大气苯并[a]芘污染较重，如太原 1984 年达 6.99 μg/100 m^3，为北京的 3 倍左右。

二

黄土高原的经济在迅速发展，该区工矿开发及城市发展的环境影响值得重视。在矿山开发方面，煤矿的影响最大，煤矿开采的环境影响，可从平朔大型露天煤矿、准噶尔露天煤矿，以及大同燕子山和四台沟井采煤矿的环境影响中可见一斑。以准噶尔露天矿为例，它距库布齐沙漠仅几十公里，采矿中引起的水土流失及风的搬运堆积是十分显著的，如防治不当，可能引起土地沙漠化的进一步发展。煤矿开采中的矸石自燃是引起矿区大气污染的重要方面。众所周知，煤矸石是由煤、炭质页岩、页岩、煤砂岩、石灰岩及硫铁矿组成的，它与大气接触产生氧化作用，放热，当温度升高到 360℃时，发生自燃，这是今后煤矿开采中应该采取措施加以防止的重要问题之一。

该区火力发电厂的建设速度发展很快，预计到 21 世纪中期发电规模将达到上亿千瓦。火力发电厂的污染主要表现为二氧化硫及粉煤灰的污染，如不采取适当措施，其污染规模将十分可观。以粉煤灰为例，相应于上亿千瓦的发电量，燃煤量将达到 5 亿～6 亿 t，以其含灰分 10%～20%计，每年将产生上亿吨的粉煤灰，其占地可达数万亩之多。

黄土高原将在冶金工业方面发展一批耗能高的电解铝厂，以青海西宁电解铝厂为例，一期工程为生产 10 万 t 电解铝，二期工程亦为 10 万 t，经初步估算，其氟化氢负荷将超过地方的环境容量。为此，必须调整其他工业的构成及生产规模，加强对氟化氢的治理，才能协调当地经济发展与环境保护的关系。

建材工业是黄土高原地区发展较快的行业之一。区内各地水泥厂林立，以陕西耀县水泥厂及洛阳水泥厂为例，颗粒物污染均是其突出的环境问题。为此，积极采取环境工程措施是十分重要的问题。

此外，黄土高原地区的老城市在不断发展扩大中，如西安、太原、兰州、包头、呼和浩特、西宁等，它们均面临着城市老的污染问题尚未彻底解决，而新的建设项目又接踵而来，新的环境污染又可能产生的问题。与此同时，该区又有二批新城市不断涌现，如白银市20世纪50年代建成铜城，成为我国西北的重要有色金属基地，目前已有13万多人口，在“七五”计划中国家重点投资，建成西北铅、锌冶炼厂、电解铝厂、TDI工程等，由于其布局不当，已使白银市形成三面被工厂包围的形势，市区二氧化硫污染严重，超过了国家对居民区规定的环境标准。此外，其颗粒物及重金属粉尘的污染亦较严重，根据新的发展规划，在其西北部还将发展新的经济特区。鉴于目前该市的环境污染状况，建议新经济区不要再发展污染重的工业，应以发展与当地目前工业部门配套的加工工业为主，而且老市区不要再行扩大，可在沿黄地带另辟新市区，以高速公路与老市区相连，这样即可减轻当地环境污染的压力。

最后应该指出，与全国总的形势一样，黄土高原地区面临的环境形势是十分严峻的，区内局部地区环境污染虽有所控制，但总体在恶化当中，如不大力采取措施，其前景令人担忧。

三

由上述可见，黄土高原的环境污染问题起因于经济发展与环境保护的“失调”，为了协调该区经济发展与环境保护的关系，应该做到如下各点：

第一，确保该区的环境保护投资比例，鉴于其工业构成中以污染型工业为主，其环境保护投资应占建设总投资的1.5%左右，其投资比例应略高于全国的平均值。该区开采的煤炭运往全国各地作为能源，支援国家的“四化”建设，因此，煤炭开采应收取合理的生态补偿费，大致以煤炭价格的1/10为宜。

第二，采取全面规划合理布局的方针。在今后发展中应根据该区自然条件、资源分布及环境结构单元的环境容量特点，做好工业的合理布局。在黄土沟谷及盆地中发展电力工业及重化工工业不宜过于集中，应采取“大分散、小集中”的原则。以山西太原盆地为例，工业的分布已过于集中，其工业产值为全省的42.1%，人口为全省的13%，而其面积仅占全省的3.2%。

第三，调整工业结构，建立合理的工业生产链，形成符合当地生态条件的生产地域综合体。以西安为例，就其城市功能来说，为我国历史名城、世界著名旅游中心，根据其功能，应以发展轻纺及机械为主，但目前其“三废”排放量大的冶金、造纸、电力工业及石油化工工业占比例过大，应逐渐予以调整。

第四，加强环境管理，制定地方性排放标准，实行排污许可证制度。目前甘肃省环保所已制定了黄河兰州段的污染物地方性排放标准，山西省环保所制定了汾河太原段的工业废水排放标准。这样，可根据各地区的具体环境功能、目前的治理环境污染的能力，提出合理的削减计划，积极促进各地环境质量的改善。

第五，鉴于该区未来二氧化硫排放总量巨大，应建立烟气脱硫示范工程。以山西省为例，据推测，全省1985年排二氧化硫为49.9万t，至2000年将增至179万t，必须采取脱硫措施，才能减缓二氧化硫的污染灾害。

第六，根据黄土高原地表水资源缺乏，水环境容量小，短期内又拿不出很大资金进行污水处理的情况，应利用该区土地广阔的优势，积极发展污水土地处理系统。目前已在山西雁北地区浑源县开展了试点研究，应不断总结经验，进一步推广。

第七，加强对“三废”的回收与综合利用，如加强对煤矸石的综合利用。以焦作地区为例，对煤矸石投资 1 元即可收取 3.77 元的净效益。焦作的经验值得借鉴。

第八，制定合理的乡镇企业发展政策，保护自然资源，防止与避免污染由城市向农村转移。

环境管理

区域环境污染控制和管理*

王华东
（北京师范大学地理系）

区域环境污染控制和管理是环境科学的一项重要研究课题。通常，在对一个地区的污染源，污染物在环境中的迁移转化规律，环境污染的危害进行调查研究，并对区域环境质量进行评价之后，还应该进行区域环境污染控制与管理的研究。它大致包括如下几个主要环节：

1）确定区域环境污染控制目标；

2）进行区域环境容量的估算；

3）确定区域内污染物总量控制指标；

4）区域环境污染系统的最优控制；

5）工、矿企业排放污染物分担率的计算。

一

确定环境目标是区域环境污染控制与管理的首要环节。环境目标的确定，要根据人们对该地区的环境质量要求和环境本身的同化作用能力来确定。

不同地区土地利用方式不一样，人们对环境质量的要求也不一样。一般，政治文化中心，特别是风景游览胜地的环境质量要求较高，工矿企业基地的环境质量要求可稍宽一些。在同一城市内，对它不同的功能区，可根据其具体功能，提出不同的目标，以便控制和管理。

根据各地区特点的不同，大致可将环境目标划分成3种不同的等级。其中，特级区对各种环境要素、环境质量标准要求较严。特级区包括风景游览地及各种名胜古迹，如杭州西湖、北戴河、青岛及厦门鼓浪屿等风景区。在不同类型的游览地，对某种环境要素可提出特殊的要求。

* 原载《环境污染与防治》，1980（1）：8-9，26。

二

在确定区域环境目标以后，应该进行环境容量的估算。关于环境容量的概念，日本学者探讨的比较多一些，但各家看法也不尽一致。我们认为，环境容量是指某环境单元所允许承纳的污染物质的最大数量。它是一个变量，包括两个组成部分，即基本环境容量和变动环境容量。前者可通过规定的环境标准减去环境本底值求得；后者是指该环境单元的同化能力。

环境容量可分成整体环境单元的容量及单个环境要素的容量。可以下式表示它们之间的关系：

$$\overline{E_v} = \overline{A_v} + \overline{W_v} + \overline{S_v} + \overline{B_v}$$

式中：$\overline{E_v}$ ——某一环境单元的平均环境容量；
$\overline{A_v}$ ——某一环境单元中大气的平均环境容量；
$\overline{W_v}$ ——某一环境单元中水体的平均环境容量；
$\overline{S_v}$ ——某一环境单元中土壤的平均环境容量；
$\overline{B_v}$ ——某一环境单元中生物的平均环境容量。

环境单元中大气环境容量的估算，可根据制定的地方性环境标准与清洁对照区的环境本底之差进行计算，并加上大气的同化能力。可以用下式表示大气环境容量的计算方法：

$$A_v = V(S_a - B_a) + C_a$$

式中：A_v——某一环境单元中大气的环境容量；
V——大气的体积；
S_a——大气中某污染物的地方性环境标准；
B_a——大气中某污染物的环境本底值；
C_a——大气的同化能力。

同理，环境单元中地表水的环境容量可按下式估算：

$$W_v=V（S_w-B_w）+C_w$$

式中：W_v——某一环境单元中地表水的环境容量；
V——地表水的体积；
S_w——地表水中某污染物的地方性环境标准；
B_w——地表水中某污染物的环境本底值；
C_w——地表水的同化能力。

土壤和生物要素环境容量的估算可参照大气及地表水容量的计算方法进行。

三

在区域环境容量研究的基础上，确定区域污染物总量控制的目标。根据区域环境污染的实际负荷与区域污染物总量控制目标之差，确定区域污染物的总削减量，并提出逐年污染物削减量的目标值。区域环境污染物的总削减量可按下式计算：

$$R_{mt}=R_{pf}-R_c$$

式中：R_{mt}——区域环境污染物总削减量；

R_{pf}——区域环境污染负荷；

R_c——区域环境容量。

逐年污染物削减量则按下式计算：

$$M_e=\frac{R_{mt}}{n}$$

式中：M_e——区域环境污染物逐年削减量；

n——年数。

当区域环境污染总量控制目标确定后，在区域环境系统内实行最优控制具有重要意义。

区域环境系统是一个大系统，它是由一系列的多级子系统构成的。从水质污染控制的角度来看，它可以包括如下的子系统：河流子系统、地下水子系统、污水灌溉子系统、集中污水处理厂子系统及各工矿企业分散污水处理子系统等几个环节。区域环境污染综合控制的经济合理途径，是将污水中的污染物根据其性质和特点，分别在不同的子系统中予以净化和处理。有人将污染物分成特殊有毒物质、可溶性无机物、生物可降解有机物和悬浮固体四类。从环境系统工程的观点来看，对于特殊性有毒物质，应要求在工矿企业内部严格处理，其他三类物质要求它经厂外（或企业内）的二级处理，再进入陆地和水生生态系统。污水灌溉是污水二级处理后的进一步深度处理措施。目前，在我国污水处理系统十分不完备的条件下，有控制地利用农田来净化污染物，是一个有效的过渡性措施。

区域环境污染控制系统中，各子系统净化和处理污染物的功能及特点是不相同的。污水自然净化系统包括地面水子系统、地下水子系统及污水灌溉子系统。应充分利用环境系统的自然容量，并人工加大环境容量，使污染物在环境中的同化作用达到高效状态。我国的北方，因为气候干旱，水资源缺乏，污水灌溉子系统在调节和控制污染物方面具有重要作用。污水灌溉子系统是指由工矿企业或居民区直接排入农田，或由河流、沟渠排入农田的系统。它是由固、气、液三相组成的多相多元系统，对污染物有很强的物理、化学及生物净化能力。如何合理地发展污水灌溉，充分利用农田的净化能力，是当前区域环境污染控制和管理中的重要研究课题。而我国南方高温多雨，地表径流多，河流水量丰沛，地表水子系统的环境容量大，它在调控污染物方面具有重要意义。因此，在长江流域及珠江流域应该加强河流及湖泊的水环境容量研究。

污水人工处理系统包括集中污水处理子系统及分散污水处理子系统两个环节。在充分利用了区域污染物自然净化能力之后，要合理规划污水集中处理和分散处理的分担率。当前，我国集中污水处理设施薄弱，特别是在大、中城市问题显得更加突出，应该积极发展。当确定了污染物分散处理的总目标以后，可根据各工矿企业排放污染物的数量及毒性大小，来确定各工矿企业污染物的削减目标量。为了加强区域环境污染的管理，各工矿企业应按产品及产值的标准排放系数，计算其应有排放数量，凡超量排放部分应予罚款收费。

区域环境污染控制和管理是一项迫切需要研究的课题，当前应组织环境工程（特别是环境系统工程）、环境地学、环境生态、环境化学及环境学工作者开展这一研究。

区域污染物质流的离散数学模型及其模糊调控*

王华东 车宇瑚
（北京师范大学地理系）

本文提出一种区域环境中水体污染物质流的赋权有向图模型，并用这种模型来研究区域水污染系统的调控问题，提出了一种该系统的模糊调控方法，以期能对区域环境中污染物质的预测预报及环境质量预断评价和防治决策等提供一种新的工具。

The Discrete Mathematical Model for the Pollution Materials Flow in a Region and the Fuzzy Regulation for IT

Wang Hua-dong Che Yu-hu

Abstract This paper raises a open Markoff chain model for the pollution materials flow in a regional environment and its algorithm. The limit distribution of this system is researched. Various regulation and control strategies for this system are analysed, and furthermore, the fuzzy regulation problem and the solution method solving it are advanced.

（一）赋权有向图模型

一个区域中由工厂及生活用水中排出的污水通常有4个去向：①工厂本身处理；②到集中污水处理厂；③排入农田进行污灌；④排入地表水系，工厂本身处理后的污水一部分可经闭路循环，工厂本身再使用，一部分仍然还要进集中污水处理厂，一部分排入地表水系。集中污水处理厂净化掉一部分污染物质后，可将其全部用于污灌（当然也可以将一部分排入地表水系），随污水进入农田的污染物由于土壤的自净能力较强，可有大部分被降解为

* 原载《北京师范大学学报》，1981（4）：77-88。

无毒物质，也有一部分仍残留在土壤中。排入水系的污染物，有一部分随着污灌进入农田，一部分沉入底泥，一部分被水净化，一部分随水流出该区域。

污染物由一个地点转移到另一个地点的量当然不会每天一样，但在一段时期中差别也不会太大，故可算出平均每天的转移比率（即由地点 i 转移到地点 j 的污染物的量占地点 i 的污染物总量的比率）。这种转移比率在一个时期内可以大致看成是常数，它与离散的时间 t（单位取作“天”）无关。我们把地区污染源①、农田②、集中污水处理厂③和地表水系④作为 4 个“地点”，并把它们看做是随机过程中的“状态”，而把转移比率 q_{ij} 看成是随机过程中的转移概率 $p_{ij}=q_{ij}$，则我们的这个系统便可看成是一个马尔可夫链。另外，我们再想象一个地点（0），认为一切从该系统中消失的污染物都进入这个地点，而且一旦进入该地点就再也不会转移到别的地点，我们称这个想象中的地点（状态）为“吸收”，它本身组成一个遍历集合，而且该马尔可夫链是含有一个吸收态的吸收的马尔可夫链。它可以画成一个赋权有向图的形式（图 1）。

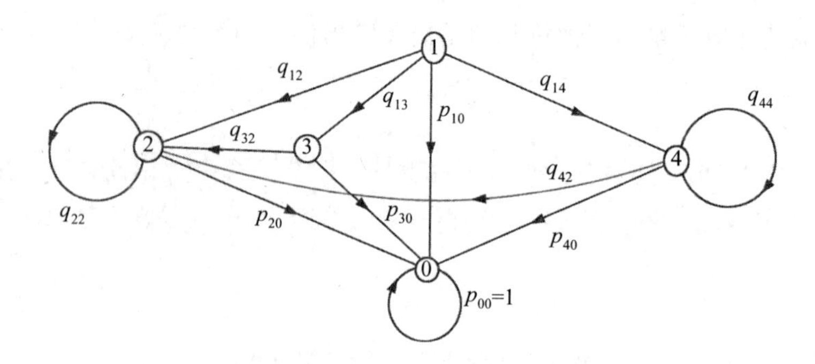

图 1　区域水污染系统的马尔可夫链

注：①该地区的污染源；②农田；③集中污水处理厂；④地表水系；⓪吸收

图 1 中为了以后叙述的方便，将所有进入吸收的转移比率都记为 p，图中污染源是指该地区所有的工厂及生活用水等的排放。① $\xrightarrow{p_{10}}$ ⓪表示工厂本身净化处理掉的部分及工厂回用的部分。① $\xrightarrow{q_{12}}$ ②，① $\xrightarrow{q_{13}}$ ③，① $\xrightarrow{q_{14}}$ ④ 包括工厂等未经处理直接排入和经过工厂本身处理后排入各地点的部分。④ $\xrightarrow{q_{40}}$ ⓪包括地表水系自净、工厂使用河水及随河水流出该区域的部分。

此马尔可夫链的转移矩阵是：

$$P=\begin{matrix}0\\1\\2\\3\\4\end{matrix}\begin{bmatrix}p_{00} & p_{01} & p_{02} & p_{03} & p_{04}\\ p_{10} & p_{11} & p_{12} & p_{13} & p_{14}\\ p_{20} & p_{21} & p_{22} & p_{23} & p_{24}\\ p_{30} & p_{31} & p_{32} & p_{33} & p_{34}\\ p_{40} & p_{41} & p_{42} & p_{43} & p_{44}\end{bmatrix}=\begin{bmatrix}1 & 0\quad 0\quad 0\quad 0\\ p_{10} & \\ p_{20} & Q\\ p_{30} & \\ p_{40} & \end{bmatrix} \tag{1}$$

其中 $0\leqslant q_{ij}<1$，（对所有的 i，j）且 $\sum_{j=1}^{4}q_{ij}<1$，i=1，2，3，4，在 Q 里，还有

$q_{11}=q_{21}=q_{23}=q_{24}=q_{31}=q_{33}=q_{34}=q_{41}=q_{43}=0$。

设每天平均源排放以向量表示为

$$\boldsymbol{f}=(f_1, f_2, f_3, f_4)=(f_1, 0, 0, f_4)$$

其中 f_1 为该区域污染源平均每天排放的水体污染物总量，f_4 为地表水系上游来量中平均每天输入该区域水系中的污染物总量（此处，我们把地表水系也看做一个“污染源”），地点 2、3 不是源，故 $f_2=f_3=0$。又设初始分布（t=0）为

$$\boldsymbol{m}=(m_1, m_2, m_3, m_4)$$

则在第 t 天后，总的污染物分布为

$$\mathbf{d}(t)=\boldsymbol{mQ}^t+\sum_{s=0}^{t}\boldsymbol{fQ}^s=(d_1(t), d_2(t), d_3(t), d_4(t)) \tag{2}$$

利用这个公式，便可以算出任何时候的污染物分布状况。当然我们的主要兴趣是 $d_2(t)$ 和 $d_4(t)$，即在农田和地表水系中的污染物含量，由此可推算出它的浓度，从而进行污染水平的预测预报。这就是我们要建立的区域水污染物质流的离散数学模型。

为了便于计算，我们来推导一个递推公式。

$$\begin{aligned}\boldsymbol{d}(t+1)&=mQ^{t+1}+\sum_{s=0}^{t+1}fQ^s\\&=(mQ^t+\sum_{s=0}^{t}fQ^s)Q+f\\&=\mathrm{d}(t)Q+f\end{aligned} \tag{3}$$

（二）实　例

假设某地区的水污染物质流系统如图 2 所示。

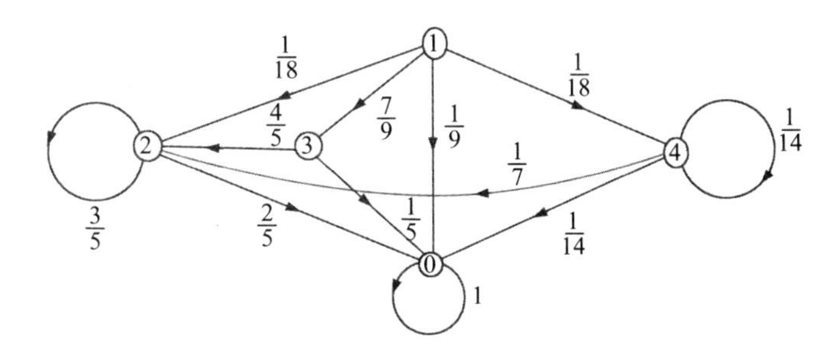

图 2　某地区水污染物质流系统实例

数据如下：

初始分布　　m=(0，20，35，30)

源排放量　　f=(45，0，0，20)（单位：t）

此处

$$Q=\begin{bmatrix}0 & \frac{1}{18} & \frac{7}{9} & \frac{1}{18}\\ 0 & \frac{3}{5} & 0 & 0\\ 0 & \frac{4}{5} & 0 & 0\\ 0 & \frac{1}{7} & 0 & \frac{1}{14}\end{bmatrix}=\begin{bmatrix}0 & 0.056 & 0.778 & 0.056\\ 0 & 0.6 & 0 & 0\\ 0 & 0.8 & 0 & 0\\ 0 & 0.143 & 0 & 0.071\end{bmatrix}$$

则据式（2）和式（3），可算得

$$\mathrm{d}(1)=mQ+f+fQ$$

$$=(0,20,35,30)\begin{bmatrix}0 & 0.056 & 0.778 & 0.056\\ 0 & 0.6 & 0 & 0\\ 0 & 0.8 & 0 & 0\\ 0 & 0.143 & 0 & 0.071\end{bmatrix}$$

$$+(45,0,0,20)$$

$$+(45,0,0,20)\begin{bmatrix}0 & 0.056 & 0.778 & 0.056\\ 0 & 0.6 & 0 & 0\\ 0 & 0.8 & 0 & 0\\ 0 & 0.143 & 0 & 0.071\end{bmatrix}$$

$$=(45,49.69,35,26.07)$$

$d(2)=d(1)Q+f=(45,64.06,35,24,37)$，

$d(3)=d(2)Q+f=(45,72.44,35,24.25)$，

……

由此可得任何时刻的污染物分布。

（三）模型的进一步探讨

人们自然会想到这样一个问题：在各种条件基本上保持不变的情况下，该地区的污染物会不会随着时间的推移而无限地增大呢？利用我们的模型，可以给出否定的答复。

事实上，由式（2），我们知道 t 天后的污染物分布是由两部分组成的。第一部分为初始污染物分布 mQ^t，第二部分为源排放分布 $\sum_{s=0}^{t} fQ^s$ 。

容易证明，当 $t\to\infty$ 时，$Q^t\to 0$，事实上，由于 $q_{ij}<1$ $(i,\ j=1,2,3,4)$，且

$$\sum_{j=1}^{4} q_{ij} < 1, \quad i = 1, 2, 3, 4$$

$$Q^2 = (q_{ij})^2 = \left(\sum_{k=1}^{4} q_{ik} q_{kj} \right) \leqslant (rq_j) < (r)$$

其中

$$r = \max_{1 \leqslant i \leqslant 4} \left(\sum_{k=1}^{4} q_{ik} \right) < 1$$

$$q_j = \max_{1 \leqslant i \leqslant 4} (q_{ij})$$

而

$$Q^3 = \left(\sum_{\tau=1}^{4} q_{i\tau} \sum_{k=1}^{4} q_{\tau k} q_{kj} \right) < \left(\sum_{\tau=1}^{4} q_{i\tau} r \right) \leqslant (r^2)$$

用归纳法即得

$$0 < Q^t < (r^{t-1}) \to 0 \quad (t \to \infty)$$

因此，初始污染物分布 $mQ^t \to 0 \ (t \to \infty)$。

再看源排放分布：

$$\sum_{s=0}^{t} fQ^s = f \sum_{s=0}^{t} Q^s$$

由于：

$$(I - Q)\sum_{s=0}^{t} Q^s = (I - Q)(I + Q + Q^2 + \cdots + Q^t) = I - Q^{t+1}$$

而 $Q^{t+1} \to 0 \ (t \to \infty)$，故当 t 充分大时，$\det(I - Q^{t+1}) \neq 0$，所以 $\det(I - Q) \neq 0$，故 $(I - Q)^{-1}$ 存在，而

$$(I - Q)\sum_{s=0}^{\infty} Q^t = I$$

因此，

$$\sum_{s=0}^{\infty} Q^t = (I - Q)^{-1}$$

由此便知源排放的极限分布为 $f(I - Q)^{-1}$，而初始污染物的极限分布为 0，因此该区域的污

染物极限分布为

$$d(\infty)=f(I-Q)^{-1} \tag{4}$$

用式（2）中的例来计算，便有

$$(I-Q)^{-1}=\begin{bmatrix}1 & 1.718 & 0.778 & 0.06\\ 0 & 2.5 & 0 & 0\\ 0 & 2 & 1 & 0\\ 0 & 0.385 & 0 & 1.076\end{bmatrix}$$

故极限分布为

$$d(\infty)=f(I-Q)^{-1}$$

$$=(45,0,0,20)\begin{bmatrix}1 & 1.718 & 0.778 & 0.06\\ 0 & 2.5 & 0 & 0\\ 0 & 2 & 1 & 0\\ 0 & 0.385 & 0 & 1.076\end{bmatrix}$$

$$=(45,85.01,35,24.23)$$

通常的情况下，$d(t)\to d(\infty)$的速度是比较快的。往往只要 10 天左右便与极限分布所差无几。在我们的例子中

$$d(10)=(45,84.62,35,24.24)$$

与 $d(\infty)$很接近。

污染物分布迅速趋于极限状态这种现象与实际情况是基本一致的。它提示我们，区域污染程度的增加主要与污染源的增加等客观条件的改变有关。在一定的污染源与一定的转移比率条件下，污染状况基本上是不变的，这在一定程度上解释了严重污染问题为什么只在现代大工业迅速发展的情况下才突出出来，而历史上并没有因为污染物千百年来的积累而产生公害的恐慌。

污染物的分布具有有限的极限分布这一点并不能解除人们对污染问题的担忧。因为随着经济的发展，污染源在迅速增多，而且所谓极限分布虽然是有限的，但却往往超过人类所能允许的限度。因此，必须对区域污染系统进行合理调节，使其污染状况控制在人类许可的范围内。

（四）区域污染物质流系统的调控

为使一区域的污染状况达到人们预定的目标，通常有 3 种策略可供选择：

（Ⅰ）控制源排放 f；

（Ⅱ）调节转移比率；

（Ⅲ）改变污染物的转移方向。

后两种策略实际上都是调节转移矩阵 Q。

我们还是通过（二）中的例子来说明这 3 种方法。

假定目标分布为：

$$g=(g_1,\ g_2,\ g_3,\ g_4)=(45,80,35,8)$$

我们要求出允许的源排放，使在给定的转移比率下极限分布不超过目标分布，此即上述策略（Ⅰ）。

根据不等式

$$f(I-Q)^{-1}\leqslant g \tag{5}$$

即有

$$(f_1,0,0,f_4)\begin{bmatrix}1 & 1.718 & 0.778 & 0.06\\0 & 2.5 & 0 & 0\\0 & 2 & 1 & 0\\0 & 0.385 & 0 & 1.076\end{bmatrix}\leqslant(45,80,35,8)$$

此即线性不等式组

$$\begin{cases}f_1\leqslant 45\\1.718f_1+0.385f_4\leqslant 80\\0.778f_1\leqslant 35\\0.06f_1+1.076f_4\leqslant 8\end{cases}$$

它的解是

$$\begin{cases}f_1\leqslant 45\\f_4\leqslant 4.926\end{cases}$$

这表明污染源的允许排放标准是 $(45,0,0,4.926)$，也就是说工厂等污染源可照以前一样排放，而地表水系的上游来量中每天只允许有 4.92 吨污染物质。这可以换算成浓度单位对上游水质提出要求。

关于策略（Ⅱ），即调节转移比率，我们可如下进行。设源排放量不变，目标给定为 g，由于希望极限分布达到目标，故有

$$f(I-Q)^{-1}=g$$

由此可得

$$gQ=g-f \tag{6}$$

一般来说，若 f、g 已知，Q 未知时，式（6）是一个 16 个变量 $(q_{ij},i,j=1,2,3,4)$ 的线性方程组。它只有 4 个方程，因此，通常这方程组的解是不确定的。但是，在我们的问题中，却可依据实际情况，减少很多的变量。在式（1）中，我们就看到有许多的 q_{ij} 是 0。而且有些转移比率是无法人为控制的。例如农田、地表水中污染物的残留率等在一定条件

下是不易变更的。还有污水处理厂的净化率，由它排入农田的转移比率也是不变的，即使可以计划新建污水处理厂，但它的净化能力也是由计划投资、设计规模而确定的。因此，在我们的模型中，式（6）只是 4 个变量 q_{12}，q_{13}，q_{14}，q_{42} 的方程组。我们仍然用例子来说明。

假设 $f=(45,0,0,20)$， $g=(45,85,35,22)$ 则式（6）为

$$(45,85,35,22)\begin{bmatrix}0 & q_{12} & q_{13} & q_{14}\\0 & 0.6 & 0 & 0\\0 & 0.8 & 0 & 0\\0 & q_{42} & 0 & 0.071\end{bmatrix}=(0,85,35,2)$$

此即方程组

$$\begin{cases}45q_{12}+22q_{42}=6\\45q_{13}=35\\45q_{14}=0.438\end{cases}\tag{7}$$

这里 4 个变量只有 3 个方程。但是，工厂本身的处理净化率 q_{10} 是确定的，假定仍为 $q_{10}=\dfrac{1}{9}$，则 $q_{12}+q_{13}+q_{14}=1-\dfrac{1}{9}=\dfrac{8}{9}$。此方程与式（7）合在一起，得到的解为

$$\begin{cases}q_{12}=0.101\ 38\\q_{13}=0.777\ 78\\q_{14}=0.009\ 73\\q_{42}=0.065\ 36\end{cases}$$

这便是我们所要求的转移比率。在这种转移比率下，便可控制污染状况达到我们的目标。

调控策略（III），即改变污染物的转移方向。比如说，在可能的条件下，让所有源排放都进入集中污水处理厂进行三级处理，然后全部用于污灌，不允许污水进入地表水系。这在我们的有向图模型中，只不过是减少或增加几条弧，改变一些弧的权数（即转移比率）。从数学角度来看，与第（II）种策略没有什么本质的不同。

以上三种策略，往往可以交替或综合使用。

（五）模型的模糊调控

在实际上对某地区的水污染状况用上述模型来进行模拟时，通常并不是只有一种污染物，而是多种污染物并存于污水中，例如各种有机污染物，各种重金属等。由于污染物的不同，在同一条件下的转移比率也不尽相同。因此，要对某区域的污染物分布有比较客观的描述，必须对各种主要的水体污染物分别使用上述模型，分别得出它们的分布。这样做并没有什么实质的困难。

现在假设对 m 种污染物分别建立起离散数学模型，其极限分布分别为：

$$d_1 = (d_{11}, d_{12}, d_{13}, d_{14})$$

……

$$d_m = (d_{m1}, d_{m2}, d_{m3}, d_{m4})$$

当这些污染物分布不符合人们要求的目标时，便需要进行调控。用（四）中策略（Ⅰ）来控制污染源排放，并不困难。这只要分别算出各种污染物的源排放标准就可以了。但是实际上由于工厂规模等不可随意变动，源排放量通常也不易变动。需要调控且易于调控的就是转移比率。但这时简单地用（四）中提出的策略（Ⅱ）来进行调控是不行的。这是因为，若给定 m 种污染物的目标分布为 g_1，g_2，…，g_m，问题在于当我们由某种污染物 i 的目标 g_i 确定了转移矩阵 Q 后，它并不能保证其他的污染物都达到目标，甚至会使它们都达不到目标，详而言之，由方程

$$f_i(I-Q)^{-1} = g_i \quad \text{（对某种污染物 } i\text{）}$$

用（四）中方法（Ⅱ）解出 Q^*，一般来说都有

$$f_j(I-Q^*)^{-1} = g_j^* \neq g_j \quad \text{（对若干 } j \neq i\text{）}$$

严格地讲，满足所有的方程组

$$f_i(I-Q)^{-1} = g_i \quad (i = 1, 2, \cdots, m) \tag{8}$$

的统一的 Q 是不存在的。应当注意，在同一条件下，各种污染物的转移矩阵 Q 不应该是完全一样的。例如有机质在土壤中的残留率就很小，而重金属在土壤中的残留率就很大。因此，对于不同的污染物 i，转移矩阵 Q_i 也不同。但是，如（四）中所见，我们的调控问题关心的只是 Q 中的若干可调的比率，如 q_{12}，q_{13}，q_{14} 等，严格地说，这些比率对于不同的污染物来说，既不相等也不独立，它们之间是有复杂的关系的，我们来考虑一种较为简单的情形，即污染物随污水而排放，浓度不变时，含量与水量成正比，此时，源排放中转移到某一地点 j 的各种污染物的比率 q_{1j} 可看成是一样的。也就是说上述不同的转移矩阵 Q^i 中待调的那些 q_{12}，q_{13}，q_{14} 是一样的。为了表明这一点，我们把式（8）中的 Q 记为 Q（q_{12}，q_{13}，q_{14}），或简记为 Q（q_{uv}），u、v 为 1、2、3、4 中某些特定的数码。式（8）便成为

$$f_i(I - Q(q_{uv}))^{-1} = g_i \quad (i = 1, 2, \cdots, m) \tag{9}$$

这样，式（9）就是某几个相同的变量 q_{uv} 的 m 组方程组。如前所述，对于给定的 m 组目标 g_i，通常是没有统一的 g_{uv}，使式（9）成立的。

为了找出一个解决办法，我们来引入模糊数学的工具，把目标向量 g_i 模糊化。事实上，我们的目标并不是必须十分确定的。例如，地表水中污染物负荷要求目标为 10 t，其实只是要求在 10 t 左右即可。甚至可以用“比较清洁”这样的模糊概念来要求。确定性的要求不仅是不必要的，而且是不够科学的。它与自然系统中客观存在的模糊性是矛盾的。

利用[2]中的方法，可以对各种污染物（i）的各种污染水平（j）建立模糊数学模型，即污染水平的隶属函数$\underset{\sim}{\lambda}_{ij}(x)$，模糊变量$x$通常呈正态型分布，故此隶属函数可写成如下形式：

$$\underset{\sim}{\lambda}_{ij}(x)=\mathrm{e}^{-\left(\frac{x-a_{ij}}{b_{ij}}\right)^2} \tag{10}$$

参数 a、b 可由统计方法求得，这些隶属函数代表着不同污染物在不同地点（土壤、地表水等）的不同污染水平（如极严重、严重、中度、轻度、清洁等）。由式（10）求出模糊变量x用隶属度λ来表示的表达式：

$$x=a_{ij}\pm\sqrt{-b_{ij}{}^2\ln\lambda} \tag{11}$$

我们的目标 g 就可用式（11）中的 x 来做分量，它们分别是各个λ的函数。例如，设我们对某污染物 i 的目标是

g_i=（极严重、中度、极严重、轻度）

用模糊集合的隶属度来表示即为

$$g_i(\lambda_i)=(g_{i1}^{(1)}(\lambda_{i1}^{(1)}),\ g_{i3}^{(2)}(\lambda_{i3}^{(2)}),\ g_{i1}^{(3)}(\lambda_{i1}^{(3)}),\ g_{i4}^{(4)}(\lambda_{i4}^{(4)})) \tag{12}$$

这里，第一足标 i 表示第 i 种污染物质，第二足标表示污染水平，上标表示地点。

以式（12）（i=1，2，…，m）分别代入式（9），得到 m 个矩阵方程

$$f_i(I-Q(q_{uv}))^{-1}=g_i(\lambda_i)\ （i=1,2,\cdots,m） \tag{13}$$

注意，如式（12）所示，每个分量的λ并不一致，为了叙述的方便，我们用λ_i来表示第 i 种污染物的目标向量中每个分量里的隶属度所组成的向量，由式（13）便得到：

$$g_i(\lambda_i)Q(q_{uv})=g_i(\lambda_i)-f_i \tag{14}$$

由此解得

$$q_{uv}=\psi_{uv}^{i}(\lambda_i)\text{对某些特定的}u，v \tag{15}$$

$$（i=1,2,\cdots,m）$$

由式（14）又可解得

$$\lambda_i=\psi_i(q_{uv})\ （i=1,2,\cdots,m） \tag{16}$$

其中ψ_i是由式（15）解出的诸 q_{uv} 的一组函数向量。由于对不同的污染物目标 g 在数量上千差万别，甚至单位也不一致，不易进行调控分析，我们用模糊的方法，把问题转化到无量纲的隶属度λ的调节上来。因此，我们的问题就是求出统一的 q_{uv}，使得式（16）的诸λ至少在某一标准以上，从而保证基本上达到我们的目标。

我们可用如下的方法来进行计算：

首先选择某种污染物 i_0，（这种选择可根据该区域的污染物以何种为主，或我们的兴趣以何种为最来决定，）对它给定一组较高的隶属度λ_{i0}，代入式（15）求出 q_{uv}，将这些 q_{uv} 代入式（16）（$i \neq i_0$），算得其他的λ_i，看这些 $\lambda_i^{(j)}$ 中哪一个未达到最低要求，如果都达到了，则诸 q_{uv} 即为所求，如果没有达到，则将这未达要求的 $\lambda_i^{(j)}$ 适当提高，再代入式（15），又求得一组新的 q_{uv}，再用式（16）检验其他的λ是否达到标准，如此反复，直至各λ都达到起码的要求为止。

我们举例来说明这种算法，为简单起见，设某区域有两种主要水体污染物是我们考虑的对象，其流模型如图 3 所示。

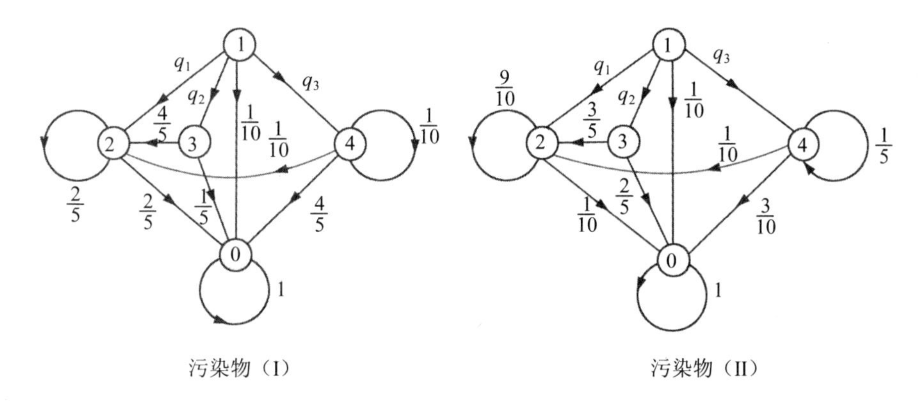

图 3　某一地区两种污染物的赋权有向图模型

其中，q_1、q_2、q_3 是待求的，两种污染物的源排放为

$$f_{\mathrm{I}} = (60,0,0,20)$$

$$f_{\mathrm{II}} = (5,0,0,3) \tag{17}$$

现在，我们的目标要求是

g_{I}=（任意，中度，任意，轻度）

g_{II}=（任意，严重，任意，中度）　（18）

特别要注意，各种污染物在各个不同地点的不同污染水平其隶属函数是均不相同的。例如，同是有机污染物，它在土壤中“严重污染”与在地表水系中的“严重污染”的隶属函数也是不同的。上述目标中的“任意”是由于在污染源和污水处理厂我们不对其污染程度作要求，根据情况，它们可定为常数，也可定为某种污染水平。

设第 I 种污染物在土壤中中度污染的模糊集合隶属函数为

$$\lambda_{11} = \mathrm{e}^{-\left(\frac{x-75}{5.1}\right)^2} \tag{19}$$

注意，此处第一足标表示污染物种类，第二足标仅表示λ 在目标向量中的顺序。用隶属度λ来表示目标便是

$$g_{12} = 75 \pm 5.1\sqrt{-\ln \lambda_{11}} \tag{20}$$

类似地，其他目标也均可表成式（20）形式，设为

$$g_{\mathrm{I}}=(60,75\pm5.1\sqrt{-\ln\lambda_{11}},15\pm2.4\sqrt{-\ln\lambda_{12}},27\pm2.9\sqrt{-\ln\lambda_{13}})$$

$$g_{\mathrm{II}}=(5,38\pm3\sqrt{-\ln\lambda_{21}},1\pm1.2\sqrt{-\ln\lambda_{22}},3\pm\sqrt{-\ln\lambda_{23}} \tag{21}$$

将式（21）代入式（14）得

（Ⅰ）$(60,75\pm5.1\sqrt{-\ln\lambda_{11}},15\pm2.4\sqrt{-\ln\lambda_{12}},27\pm2.9\sqrt{-\ln\lambda_{13}})$

$$\begin{bmatrix}0 & q_1 & q_2 & q_3\\ 0 & 0.4 & 0 & 0\\ 0 & 0.8 & 0 & 0\\ 0 & 0.1 & 0 & 0.1\end{bmatrix}=(0,75\pm5.1\sqrt{-\ln\lambda_{11}},15\pm2.4\sqrt{-\ln\lambda_{12}},7\pm2.9\sqrt{-\ln\lambda_{13}})$$

（Ⅱ）$(5,38\pm3\sqrt{-\ln\lambda_{21}},1\pm1.2\sqrt{-\ln\lambda_{22}},3\pm\sqrt{-\ln\lambda_{23}}$

$$\begin{bmatrix}0 & q_1 & q_2 & q_3\\ 0 & 0.9 & 0 & 0\\ 0 & 0.6 & 0 & 0\\ 0 & 0.1 & 0 & 0.2\end{bmatrix}=(0,38\pm3\sqrt{-\ln\lambda_{21}},1\pm1.2\sqrt{-\ln\lambda_{22}},\pm\sqrt{-\ln\lambda_{23}} \tag{22}$$

由此解出

$$(\mathrm{I})\ \begin{cases}q_1=0.505\pm0.051\sqrt{-\ln\lambda_{11}}\mp0.032\sqrt{-\ln\lambda_{12}}\mp0.004\,8\sqrt{-\ln\lambda_{13}}\\ q_2=0.25\pm0.04\sqrt{-\ln\lambda_{12}}\\ q_3=0.072\pm0.043\,5\sqrt{-\ln\lambda_{13}}\end{cases}$$

其中 q_1、q_2、q_3 须满足条件（A）：

$$q_1+q_2+q_3=0.827\pm0.051\sqrt{-\ln\lambda_{11}}\pm0.008\sqrt{-\ln\lambda_{12}}\pm0.038\,7\sqrt{-\ln\lambda_{13}}=0.9$$

$$(\mathrm{II})\ \begin{cases}q_1=0.58\pm0.06\sqrt{-\ln\lambda_{21}}\mp0.144\sqrt{-\ln\lambda_{22}}\mp0.02\sqrt{-\ln\lambda_{23}}\\ q_2=0.2\pm0.24\sqrt{-\ln\lambda_{22}}\\ q_3=-0.12\pm0.16\sqrt{-\ln\lambda_{23}}\end{cases}$$

其中 q_1、q_2、q_3 须满足条件（B）：

$$q_1+q_2+q_3=0.66\pm0.06\sqrt{-\ln\lambda_{21}}\pm0.096\sqrt{-\ln\lambda_{22}}\pm0.14\sqrt{-\ln\lambda_{23}}=0.9 \tag{23}$$

从条件（A）、（B）决定在目标式（21）中，各分量均取＋号较为方便和合适。相应的在式（23）中各式均取上方的符号。由式（23）即得式（16）中诸λ 的表达式：

$$
\text{（Ⅰ）}\begin{cases}\lambda_{11}=e^{-(19.8q_1+15.7q_2+2.165q_3-0.713)^2}\\ \lambda_{12}=e^{-(25q_2-6.25)^2}\\ \lambda_{13}=e^{-(23q_3-1.655)^2}\end{cases}
$$

$$
\text{（Ⅱ）}\begin{cases}\lambda_{21}=e^{-(16.67q_1+10q_2+2.1q_3-11.417)^2}\\ \lambda_{22}=e^{-(4.167q_2-0.833)^2}\\ \lambda_{23}=e^{-(6.25q_3+0.75)^2}\end{cases} \tag{24}
$$

现在，我们来进行调节，设根据某种情况，我们首先要求第（Ⅱ）种污染物的隶属度为λ_{21}=0.905，λ_{22}=0.84，由式（23）中条件（*B*）得λ_{23}=0.19，把它们代入式（23）的（Ⅱ），得出

$$
\begin{cases}q_1=0.513\\ q_2=0.3\\ q_3=0.086\end{cases} \tag{25}
$$

再以式（25）代入式（24）的（Ⅰ），得出

$$
\begin{cases}\lambda_{11}=0.38\\ \lambda_{12}=0.2\\ \lambda_{13}=0.9\end{cases} \tag{26}
$$

假设λ_{11}不合要求，我们将它提高

$$
\begin{cases}\text{取}\lambda_{11}=0.57\\ \text{保持}\lambda_{12}=0.2\\ \text{由式（23）中条件（}A\text{）得}\lambda_{13}=0.667\text{，认为满足要求，}\end{cases} \tag{27}
$$

将式（27）代入式（23）中的（Ⅰ），得

$$
\begin{cases}q_1=0.500\,3\\ q_2=0.3\\ q_3=0.099\,6\end{cases} \tag{28}
$$

以式（28）再代入式（24）的（Ⅱ）来检验诸λ:

$$
\begin{cases}\lambda_{21}=0.98\\ \lambda_{22}=0.84\\ \lambda_{23}=0.15\end{cases} \tag{29}
$$

认为满意，则停止。若认为λ_{23}偏低，再适当提高，重复以上程序。

我们假设现在已均满足要求，则式（28）即为所求的转移比率。此时可达到的确定目标，可将式（27）和式（29）代入式（21）得到：

$$g_{\mathrm{I}}(60,78.81,18,28.89)$$

$$g_{\mathrm{II}}=(5,38.37,1.5,4.38)$$

它们也可用式（4）来算得。

以上的模糊调控的思想和方法，也可用于较复杂的单种污染物的转移比率调节问题，因为在（四）中方法（Ⅱ）里，我们把问题都简化了，事实上，式（6）与一些别的约束条件可能构成矛盾方程组，为了消除这种矛盾，便须将目标模糊化，然后调节诸隶属度，使得式（6）既有解，而各隶属度也尽可能地高，其计算方法与上述基本一样，不举例赘述。

大冶湖盆地西部有色金属工业经济损益分析初步研究*

王华东 李生仅

衡量一个工程项目的损益，提出增益减损的方案，是目前我们工程建设中的重要环节，必须大力推广实行。一个工程建设项目的环境效应所带来的损失，包括三方面的估算。即人体健康的损失、生态的损失及物品的损失，可分别计算它的一次或二次效应的损失，最后归纳成总体损失值。现以大冶湖盆地西部有色金属工业为例，进行初步的经济损益分析供参考。

大冶湖盆地西部是我国盛产铜、铁等多种金属和煤的基地，已有两千多年的矿业开发历史。但由于当时生产规模小、产值低，并没有破坏该区的生态平衡，因此没有造成环境污染。自20世纪60年代以来，由于现代化大企业的建立，短短的十多年就使这个地方的大气、水体、土壤和农作物、水生生物都遭到了严重的污染，致使人民的健康受到了很大的危害并面临着严重的威胁。

经济损益分析是把一个决策（例如兴建一个企业）的全部效果或影响转换为货币单位，使设计方案根据收入（益）和支出（损）相互比较以决定取舍的估算方法。这种估算方法，过去只注意纯经济方面的比较，用国民生产总值的多少来衡量人民生活水平的高低，而忽略环境资源贬值以及对人类的潜在危害。这种只讲经济不管环境的决策，往往不是为人民造福，而是灾难。现以该盆地西部工业经济发展及其带来的环境影响为例，说明如下。

（一）地表水污染造成的环境经济损失

大冶湖原是接纳本区地面径流的开放性湖泊（通长江），年产鱼四五百万斤，虾、蚌、藕、菱皆有，水生生态系统完好。现在则成了工业废水的储存库，特别是有色金属公司所属厂矿不仅排出的废水量大，而且重金属（Cd、As、Pb）和铜、锌含量高，使该湖遭到严重的污染。鱼年产量下降到三四十万斤，镉、铜、砷、铅和锌的含量较国内同种淡水鱼高5～15倍，以致不能食用。虾、藕、菱几近绝迹，水生生态系统受到了严重破坏。沿湖居民的饮用水源也完全受到破坏。水污染造成的经济损失相当大，渔业每年的损失达

---

* 原载《环境污染与防治》，1981（4）：37-38。

250 万元，新建饮用水工程投资需 475 万元。

（二）土壤和作物污染造成的经济损失

受污染土地达 20 万亩，其中严重的有 2.5 万亩。主要污染物为镉、砷、铅、铜和锌。污染严重的地方，土壤中含镉量高达 441.5 mg/kg。生长的稻米已成镉米，含镉量高达 0.74～1.24 mg/kg，大大超过国际卫生组织规定的卫生食用标准，根本不能为人畜所用。这种土地不宜再种植粮食，若改种苎麻，需投资 2 116 万元。一般受害的农田，经济损失也相当大，据初步估算，每年的损失将达 875 万元。

（三）对人体健康的危害及其经济损失

据调查，受到环境病威胁的人达 40 万，占该县人口的 2/3。例如，1977 年铜录中学 2 510 人参加体检，普遍发现轻度、中度重金属中毒性颗粒。1979 年 3 261 人参加验血检查，发现有 16%的人患乙型肝炎（全国最高发病率为 14%）。这 40 万群众，因环境污染每人每年多支付药费 10 元，其医药费用每年达 400 万元，影响工作而不能上班的人数按 1/40 计算，每日工资按 1 元计算，全年损失为 360 万元。

除上述外，为了控制污染继续发展，使该区环境质量得到恢复，还必须进行工程治理，其工程治理费用初步估计每年达 611 万元。

若对林业、农业机械和一般建筑物损失忽略不计，则上述各项经济损失就一年和一次投资来说共达 5 000 万余元，其环境经济损失分析综合见表 1。

表 1　大冶盆地西部有色金属工业环境经济主要损失估算表

损失项目		数量	单价/万元	年损失或一次投资/万元	20 年损失/万元	说明
水污染	扩建自来水厂		350.0	350.0	350.0	
	新建水井	1 000 口	0.474 5	475.0	475.0	
	渔业损失	250 万 kg	0.5	250.0	5 000.0	
土壤污染	粮食作物改种苎麻	2.5 万亩	846.4	2 116.0	2 116.0	
	一般受害农田	17.5 万亩	50.0	875.0	17 500.0	按经济收入损失 50%计算
人体健康损失	医疗费用	40 万人	10.0	400.0	8 000.0	
	影响上班费用	1 万人	360.0	360.0	7 200.0	
工程治理	厂内治理	—	—	400.0	8 000.0	按年产值 10%计算
	废石堆处理	—	—	40.0	800.0	按年产值 0.1%计算
	底泥清除	5.7 万 m^3	30.0	171.0	3 420.0	
合计		—	—	5 437.0	52 861.0	

从上述经济损益分析可以看出，对一个区域来说，可以从理论上归纳成下列的数学模型：

令

$$A=\begin{pmatrix} a_{11}a_{12}\cdots a_{1n} \\ a_{21}a_{22}\cdots a_{2n} \\ \vdots \quad \vdots \quad \ddots \quad \vdots \\ a_{n1}a_{n2}\cdots a_{nn} \end{pmatrix}=(a_{ij}) \quad \begin{matrix} i=1,2,\cdots,m \\ j=1,2,\cdots,n \end{matrix}$$

$$B=\begin{pmatrix} b_1 & b_2 & \cdots & b_n \end{pmatrix}=\begin{pmatrix} b_j \end{pmatrix} \quad j=1,2,\cdots,n$$

$$C=\begin{pmatrix} C_1 \\ C_2 \\ \vdots \\ C_m \end{pmatrix}=\begin{pmatrix} C_i \end{pmatrix} \quad i=1,2,\cdots,m$$

则

$$A\cdot B^T=C$$

式中：a_{ij}——第 i 个污染源 j 种产品的单价；

b_j——第 j 种产品的数量；

c_i——第 i 个污染源的产值；

B^T——B 的转置矩阵。

污染源排放“三废”必定给环境造成一定的损失，将其损失亦用矩阵来表示。

仿上式令

$$A'=\begin{pmatrix} a'_{ij} \end{pmatrix}$$

$$B'=\begin{pmatrix} b'_j \end{pmatrix}$$

$$C'=\begin{pmatrix} C'_i \end{pmatrix}$$

式中：a'_{ij}——“三废”排入环境后对人体健康、生态、物品的损害，所造成损失项目的单价；

b'_j——j 种损失项目的数量；

c'_i——第 i 个污染源造成的环境经济损失。

又令

$$\begin{pmatrix} \overbrace{1 \quad 1 \quad \cdots \quad 1}^{m} \end{pmatrix}=D$$

那么环境经济损益率（η）

$$\eta=\frac{D\begin{pmatrix} C'_i \end{pmatrix}}{D\begin{pmatrix} C_i \end{pmatrix}} \quad \begin{matrix} \eta>0 \\ i=1,2,\cdots,m \end{matrix}$$

式中：$D(C_i)$——第 i 个污染源年产值的总和；

$D(C_i')$——第 i 个污染源造成的环境经济年损失值总和。

可将η 值化为以下不同的等级：

$\eta<0.1$　　损失较小

$\eta \in \{0.1,0.2,0.3\}$　　损失中等

$\eta \in \{0.4,0.5\}$　　损失较严重

$\eta \in \{>0.5\}$　　损失严重

可根据污染源所造成损失的具体情况来决定是进行工艺改革，还是停产治理，或是搬迁。

根据大冶有色金属公司生产总值及其所造成的主要损失，用上述公式计算，其经济损益率$\eta=0.12>0.1$，属于损失中等。但是该公司投产 20 年来，由于过去对环境污染缺乏认识，环境管理不善，积累的环境问题是严重的。

排污交易理论与方法研究*

施晓清　王华东
（北京师范大学环科所）

摘　要：排污交易是一种适应市场经济的排污管理政策。本文从经济学的角度分析了排污交易的原理，提出并论述了排污交易的技术方法，为尽早在我国环境管理中实施排污交易政策提供一定的理论与方法基础。

关键词：排污交易　经济学原理

1 引言

排污交易是美国在20世纪80年代首先推行的以总量控制为基础，运用市场经济规律的调节作用，能灵活有效地进行环境管理的一种新型环境管理机制。它克服现行的集中式指令性管理的不足，充分调动排污单位的积极性，能更有效、更科学地控制环境污染。美国自1979年提出“整体政策”即“泡泡政策”到1986年制定排污交易政策，经过了8年的实践、修正，逐步建立了以气泡、补偿、银行、净得为核心内容的一整套排污交易体系，取得了较好的经济—环境效益。德意志联邦共和国也在西欧国家中率先实施了排污交易政策。我国从1987年起陆续在各个城市推行了排污许可证制度，1989年又在许可证制度的基础上，结合黄浦江的治理，针对许可证制度的不足，对部分污染源也尝试性地实行了排污交易政策，并取得了一定的经济效益。实践经验表明，许可证制度虽然弥补了浓度控制的不足，但仍然没能充分调动企业的积极性，并存在企业扩大再生产后及新建项目的许可指标如何分配等一系列急需解决的问题。因此，迫切需要研究排污交易的理论和方法，逐步建立起适合我国国情的排污交易机制，使环境管理适应我国社会主义市场经济的改革，促进经济—环境持续协调发展。

* 原载《江苏环境科技》，1995（4）：1-4。

2 排污交易理论

2.1 排污交易的定义

所谓排污交易就是运用市场经济的规律及环境资源所特有的性质，在环保部门监督管理下，各个持有排污许可指标的单位在与交易有关的政策、法规的约束下所进行的交易活动。

2.2 排污交易的前提条件

2.2.1 排污许可证制度是实行排污交易的基础。在实行排污交易前，必须将排污行为明确量化，即根据环境容量或环境目标量化所控区内的排污总量，然后将排污总量按一定方法以许可证形式分配到所控区的各个单位，并明确其责。

2.2.2 排污交易理论的确立及排污指标的商品化和价格化。在我国自然资源为国家所有，在市场经济条件下，自然资源要素的使用权（如开采或向环境排放污染物的权力）就有了商业性，一定条件下是可以定价、交换的。

2.2.3 环境区域划分及环境容量确定。由于排污交易指标的价格及排污交易指标值在不同排放口间的折算率是与环境状况及环境目标密切相关的，因此，环境目标的确定及环境容量的量化使价格及折算率的确定成为可能，并为排污交易合理的进行提供前提。

2.2.4 健全排污交易的立法、规定，规范交易活动，正确地监督交易行为。交易活动是与交易双方利益及环境质量的好坏紧密相连的，必须有一套完善的制度作保障，才能充分发挥交易的作用，取得良好的经济—环境效益。

2.3 排污交易的经济学原理

柯斯定理：如果在一个竞争的社会中，有明确规定的财产权的转让有助于促进经济效益，解决外在不经济性，让个人或企业拥有一部分环境资源的财产权是有益的，在解决谈判协商费后，财产权的转让又已明确，那么就能取得成效。

例如，如果下游的用水者被分配使用具有一定质量水的财产权，这时，法律就会保障私有权不受侵犯，那么想要污染下游的企业将被迫向这些用水者提供补偿。

再如，企业被分配向河流中排放一定量污染物的排污权，由于处理污染的边际成本不同，在市场竞争条件下，当事人都会通过一定方式买进或出售这些权利以获得一定的利益，从而使污染控制在一定的许可水平，社会效益达到最佳。

3 排污交易技术方法

排污交易的顺利进行需要一整套科学的和切实可行的实施方法作保障。

3.1 排污权分配

排污权的分配是排污交易的基础，也即是环境容量的分配。它决定排污单位将拥有多少许可排污量，直接影响着排污单位的生产成本，关系到环境的污染程度。因此，必须公平、合理地解决排污权的分配问题。

当今，由于经济的发展，排污量的巨增，许多地区对排污者来说已无环境容量可言，环境容量的分配是以污染治理费用的分摊体现的。由于存在污染源削减的规模效应和边际成本差异，如果仅仅公正性地分担削减量，则不仅总体治理费用增加，有的单位无力承受，也不利于环境资源的合理分配。而通过排污交易却能使那些不能以合理低价治理污染，却能以合理低价通过购买排污权而支付治理费用的单位受益，同时又使边际成本低的排污单位通过交易而获利，实现污染削减费用的合理分担。因此，排污权分配应分两步进行：首先，利用数字目标规划的方法，以环境目标为约束条件，治理费用最小化为目标函数，优选区域污染治理方案；其次，通过建立排污交易市场，利用价格机制的调控实现区域污染削减费用的合理承担；最终达到环境容量资源的有效分配。

3.2 交易量的确定

由于受到污染物非均匀混合因素的影响，交易量的确定就不能完全按照等量的原则进行，应按照一定的输入响应关系确定系数，对交易量进行修正。

排污指标的时空折算

由于交易是按等价交换的原则进行的，根据[3]，污染源与周围环境浓度之间存在一定响应关系，即转换系数α，且α随污染物的种类及环境的不同而不同。因此，在各源互相交易时就要求按一定规则进行折算，如果处于同一环境功能区，例如，A源向B源出售排放指标Q_a，或B源向C、D、E源购买指标Q_c、Q_d、Q_e，则根据它们各自的转换系数分别为α_a、α_b、α_c、α_d，B源可得的指标分别是：

$$Q_b = Q_a \frac{\alpha_a}{\alpha_b} \tag{1}$$

$$Q_b = \frac{Q_c\alpha_c + Q_d\alpha_d + Q_e\alpha_e}{\alpha_b} \tag{2}$$

对于环境功能区不一致或由于季节等其他变化而导致的环境容量发生的变化，那么使用上述公式时还须加入一个折算率ψ：

$$Q_b = \psi_b Q_a \frac{\alpha_a}{\alpha_b} \tag{3}$$

$$Q_b = \psi_b \frac{Q_c\alpha_c + Q_d\alpha_d + Q_e\alpha_e}{\alpha_b} \tag{4}$$

一般讲，对气类物质中的污染物，按环境吸收性分为三类：一，均匀混合型吸收性污染物（如挥发性有机化合物），其污染水平不随时间而积累，污染状况与污染地点无关，因而该种污染物在交易时，由于α值相同，故可以等量交换；二，非均匀混合吸收性污染物（如悬浮颗粒物、二氧化硫等），其对环境质量的影响与源所在位置密切相关，各源的α值不相同，必须用上述公式计算指标；三，均匀混合积累性污染物（如氟氯烃等）。污染水平随时间变化，污染状况与污染源地点无关，需限定的是排放总量（t），交换时也按等量原则，但达到排放限额时就不允许有任何排放。

对于水体中的污染物的交易，首先确定控制断面，然后选用相应的水质模型来确定排污单位对控制面的影响，从而确定修正系数。如果已知出售方X吨排放量对控制断面的影响是Y，那么可由模型反推交易另一方的排放量Z吨，从而达成交易。

3.3 交易价格的确定

根据经济学的价格理论，排污交易市场的价格确定的具体方法有三种：边际成本收益法、边际成本法、平均成本法。其中关键因素是边际收益曲线、边际成本曲线、平均成本曲线及需求曲线的确定。

合理的交易价格的确定是排污交易机制合理运行的保障。在排污市场中，价格可归为两类：一是主产者独立价格，它是由边际收益和边际成本所决定的，旨在使生产者获得最大的超额利润；二是政府的调控价格，它是由平均成本法和边际成本法来决定的，旨在保护购买者利益，控制生产者获得超额利润。基于环境容量的自然垄断性，政府必须对交易价格进行宏观调控，避免垄断对市场的影响，保证环境容量资源的合理优化配置。

3.4 交易原则

3.4.1　首先必须实行污染物总量控制原则。即在控制区内必须实行容量或环境目标总量控制，交易在不恶化环境质量的前提下进行。交易后双方排污对环境的不利影响之和不得超过交易前的水平。

3.4.2　交易有偿原则。交易只有在交易双方互利的条件下进行，才能切实发挥排污交易刺激调动排污单位削减排污的作用。

3.4.3　排污交易应当使区域污染源的治理总费用趋于最小原则。要按一定的经济规律确定价格，使其达到最佳经济效益。

3.4.4　按污染物的类型进行交易原则。交易一般是在同类污染物之间进行，不同类型间一般不发生交换。

3.4.5　按边际处理费用的高低进行交易。从经济上讲，处理边际费用较高者往往是排污指标的购买者，而处理边际费用较低者往往成为转让者。

3.4.6　排污许可指标的时空折算原则。用于交易的指标应根据交易双方各自所处位置环境容量和功能的差异性合理折算。例如，丰水期的指标变成枯水期使用，指标值应缩小；饮用水水源保护区的指标转到工业取水水域，指标值可放大。

3.4.7　按实际的工程技术水平进行交易。

3.4.8　按交易双方自愿互利并接受环保部门监督管理的原则进行交易。

3.4.9　按一定的交易范围进行交易，各交易单位必须严格遵守交易规则，在允许的区域内交易。

3.4.10 交易指标的可控性原则。用于交易的指标必须是实施计划外的富裕指标，且削减单位必须保证有持续削减的真实可靠的技术力量，应向环保部门提交详细报告，交易指标必须是削减中可以定量测定及审核的那部分富余量。

3.5 排污交易的类型

3.5.1 按交易空间范围划分：①在同一管辖区内，同一环境功能区内的交易与不同环境功能区内的交易；②在不同管辖区内，同一环境功能区内的交易与不同环境功能区内的交易，各自都遵守特定的规则。

3.5.2 按交易指标买卖形式划分：①交易受让方通过购买一个或几个出让方自身削减取得的净富裕指标进行的交易；②交易受让方帮助出让方削减排放量，如提供资金、技术、设备、场地等，从而取得待交易的富裕指标；③两个或多个排污单位共同出资建造污染处理设施，削减后的富裕指标予以交易，收益按一定比例分享或按一定比例占用富裕指标；④国家出资建造污染物处理设施，富裕指标由国家向购买者交易。

3.6 交易步骤

3.6.1 首先由各市、省、国家环保局在所管辖的范围内按照一定要求明确划定控制区，并进行功能区划。

3.6.2 控制区内总量控制。在受控范围内，环保局根据有关政策，结合环境容量的研究成果及现有的污染源排放登记内容，确定受控区内的受控污染物种类、总量、浓度，并向污染源所属单位分配排放许可指标。

3.6.3 富裕排污指标登记。排污者可以根据上述规则，经环保部门的审查取得富裕排污指标证明，以备存档或用于交易或留用发展。

3.6.4 环保局设立环保排污交易站。站内建立交易信息管理系统，负责存储各类与交易有关的资料，咨询、交易、监督管理。其中资料包括指标分配后的污染源档案，各类与交易相关的规定、政策、立法等内容。

3.6.5 各自愿者向交易站申请交易。在环保部门的监督管理下，自由选择交易对象，确定交易价格后进行交易，并办理交易后的有关手续。

3.7 交易管理

3.7.1 对交易活动进行宏观调控与约束，为交易活动提供保障与指南。

3.7.2 指导确定交易价格或价格幅度。

3.7.3 鉴定审核交易指标，确保交易指标的净富裕性、可实施性、持续性、可量性；提供交易指标的折算率及折算方式，如果交易后会导致恶化受让方所处环境的质量，则不应批准交易。

3.7.4 督促双方在交易后及时办理排污许可证变更手续，明确各方的责任，如排污许可指标和应缴排污费的增减，以及排污报表内容的变化。

3.7.5 对交易工作进行评估、总结，逐步完善交易体制。

4 结语

排污交易符合经济学原理，适应社会主义市场经济的特点，将来一定会在我国环境管理中发挥重要作用。目前在我国有关排污交易技术方法的研究还处在起步阶段，本文为在我国环境管理中规范推行排污交易制度提供了一定的参考。

废物交换管理信息系统研究*

王珏　王华东
（北京师范大学环境科学研究所，北京　100875）

摘　要：在废物交换模式分析的基础上，对交换进行了分类，并总结其各自的作用。通过对废物交换各环节的阐述，用系统分析的方法，分析了废物交换管理信息系统的基本功能和组成，并且结合计算机技术，以现代数据库为核心，通过系统分析、系统设计、系统实施等步骤，研制了废物交换管理信息系统，根据废物交换的基本功能要求，实现信息的输入、输出、传输、检索和统计计算等功能。并且在该系统研制的基础上，对系统的智能化作了理论探讨。

关键词：废物交换　系统分析　管理信息系统

Study on the Information System for Management of Solid Waste Exchange

Wang Jue Wang Huadong
（Institude of Environmental Sciences，Beijing Normal University，Beijing　100875）

Abstract: An information system has been developed for the management of solid waste exchange which is a means of waste recycling and recovery and a kind of exchange between waste generators and potential waste users，based on the relativity of waste. Based on the analysis of solid waste exchange patterns，the exchange types were classified and their effects were summarized. By expounding the links of waste exchange and using the method of system analysis，the basic functions and components of such an information system were analyzed. Computer technology system design and system implement action were used to set up the information system for management of solid waste exchange by using a modern database as its system core. According to the basic demands of waste exchange，this system realizes functions such as data input，output，transport，retrieval and statistics. A theoretical discussion on system intellectualization was made based on the development of the system.

Key words: waste exchange，system analysis，information system

---

* 原载《环境科学》，1995，16（3）：64-67。

1 废物交换简介

废物是一个相对的概念。有人将废物描述为“在一定的时空条件下没有使用价值的物质”。许多在某时某地成为废弃物的物质，随着技术经济条件的变化或者仅仅是转移到另一个生产过程中去，就有可能变成有用的原材料。

20 世纪 60 年代，在发达国家，由于固体废弃物不断增加而形成的环境问题，使人们对废物概念的认识有所提高，尤其对废物的相对性有了新的认识。在此基础上，1972 年荷兰首先提出了废物交换的思想，在产废者和潜在的使用者之间进行物质交换，使废物交换成为废物资源化的一种手段。

所谓废物交换，即是依据废物的相对性而在产废者和潜在使用者之间的物质传输，使某一种废物成为另一个生产过程的原材料，是废物循环利用的一种手段。一般来说，固体废弃物交换有 2 种类型：信息交换和实物交换，其不同主要是交换对象不同及交换中心（交换经营者）在交换中所起的作用不同。

1.1 信息交换

信息交换中，在产废者、经营者（交换中心）、潜在使用者之间传递的是信息。在这种交换模式下，固体废弃物交换中心大多是非营利性的，主要起协助作用，帮助产废厂家公布产废情况和潜在价值；帮助使用者寻找所需的废旧物资，在产废者和使用者之间起媒介的作用。信息交换工作主要由固体废弃物信息的收集、整理、发布以及废物交换的协调和咨询等组成。图 1 表示信息交换模式。

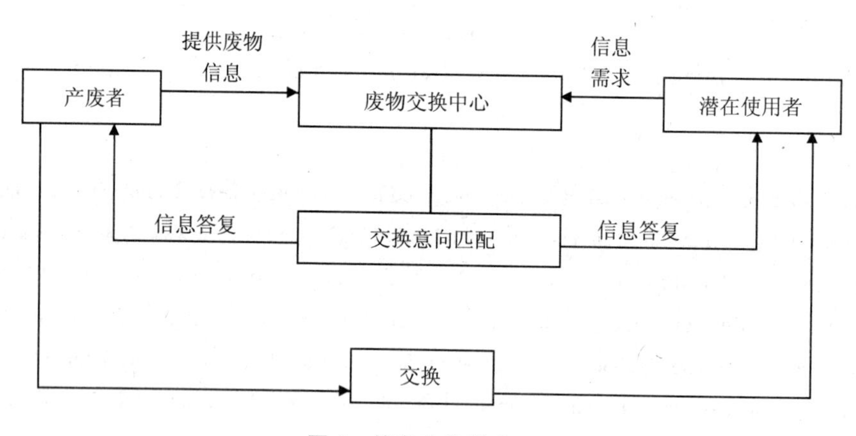

图 1　信息交换模式

1.2 实物交换

在产废者、潜在使用者、经营者之间直接传递废物的交换模式，属实物交换。实物交换中心往往是营利性的，在交换中所起的作用更主动一些。和信息交换相比，实物交换的组织结构和经济关系更为复杂。它除了需掌握有关信息以外，有时候须承担更深入的工作。

例如，使用者需要知道某种废物的化学、物理性质是否符合要求，如果产废者自己不了解这些特性，或者这种废物是由不同废物混杂而成的，实物交换中心必须对废物进行分析。若废物不完全符合使用者的要求，交换中心必须对废物进行一定的处理。而交换双方并不直接接触。图 2 表示实物交换模式。

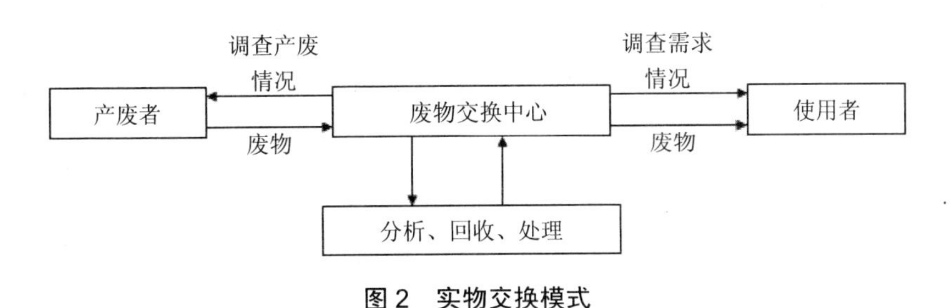

图 2 实物交换模式

在两种交换模式中，信息交换起主导作用，只有及时、准确地获得信息，传播信息，才能促使交换的进行。因此，笔者在阐述交换各环节时，将以信息交换为主。

废物交换可以以交换流程图表示（图 3）。

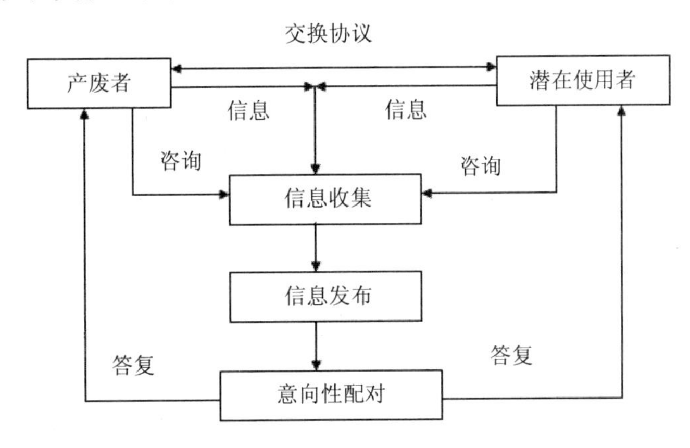

图 3 废物交换基本流程图

（1）信息收集。信息收集的方式主要有废物申报、废物供求调查、废物供求者登记。

（2）信息整理、汇总。对大量的资料和数据进行分类、登记、编号、汇总等。

（3）信息发布。信息发布一般以定期或不定期的刊物、小册子等宣传品形式向潜在的客户发放。发行的刊物或小册子一般包括：①废物提供情况：在各种废物分类下，列出具体废物的名称、数量、特点、企业的名称和所在地区（二者均用代码）；②废物需求情况：在各种废物分类下，列出对废物的名称、数量等要求。

（4）信息咨询。由潜在的客户向交换中心提出咨询，并索要更详细的信息。

（5）意向性配对。对有交换意向的供求双方进行配对，并向双方提供彼此更详细材料。

上述各个环节的工作，在交换中心往往由计算机完成。将所收集的信息如废物名称、数量、成分、含量、物理状态等信息输入计算机，由计算机完成信息整理、分类、发布、汇总、配对、查询和统计等工作。笔者研制了沈阳市废物交换管理系统，以下将介绍该系统的功能及组成。

2 废物交换管理信息系统的基本功能和组成

本系统主要用于废物交换，和其他环境管理信息系统一样，是以现代数据库为核心，把有关信息存储在计算机内，在计算机软硬件支持下，实现对信息的输入、输出、更新（修改、增加、删除）、传输、保密、检索和统计计算等各种数据库技术的基本操作，完成有关废物交换的特殊功能。

废物交换管理信息系统的目标，主要是将实际的废物交换工作和大体流程用计算机实现，尤其是实现繁杂的信息收集、分类、整理、统计、汇总等工作量较大的工作，减少人工的劳动量，提高工作效率及工作的准确性和科学性。系统流程见图 4。

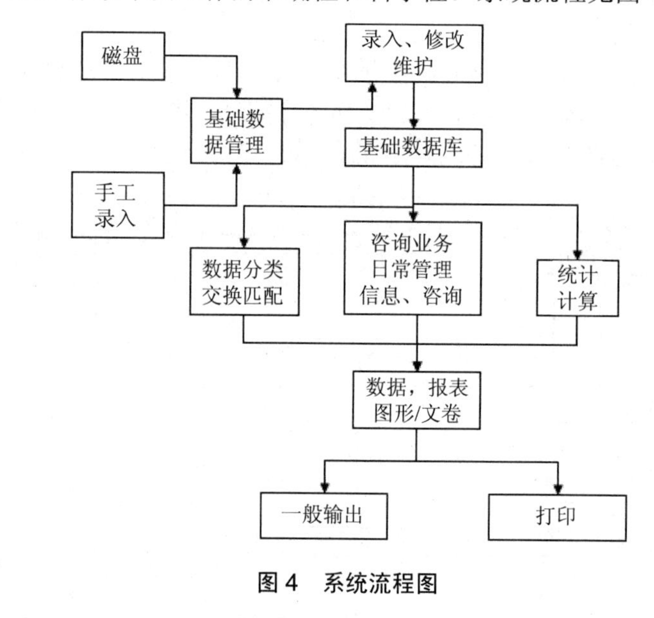

图 4 系统流程图

3 系统总体结构分析

本系统由 2 大部分构成，一是应用系统，二是管理系统。

3.1 应用系统结构

包括 4 类，第一类是以基础数据管理为主要功能，如数据输入，数据管理等；第二类是信息查询，如日常信息查询、业务查询；第三类是以实际交换匹配、信息分类为主要功能；第四类是以统计、汇总为主要功能。这 4 类应用系统均为整个交换系统的运作提供了足够的信息和实际操作。

3.2 管理维护系统

管理维护系统是由 3 方面的功能构成：一是用户管理功能（包括修改口令、加密等），二是文件的安全维护管理功能（包括文件备份、文件读入、文件映象恢复等），三是系统资源管理功能（包括磁盘份额使用状况等）。

4 系统的总控和功能设计

通过对系统的流程、基本功能和结构分析，可得总控和功能方案（图 5）。

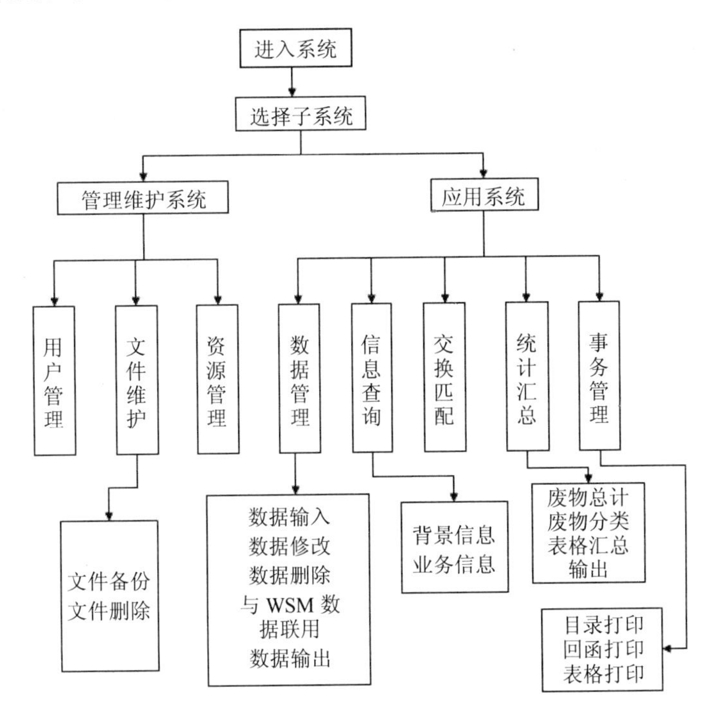

图 5　总控和功能方案

5 各编程模块简介（图 6）

（1）库文件　列出本系统所包含的数据库，可选择当前操作库，并可在结束工作后，退出系统。

（2）库录入　用于数据录入，包括手工录入和从磁盘录入 WSM（废物申报软件）的有关数据，可以单个表格的形式录入，或者多个表格连续录入。

（3）库管理　用于数据管理，包括对库内数据的添加、修改、删除和打印输出，还可实现数据浏览。

（4）查询　用于对信息的查询。系统可根据用户选择的查询内容和条件，提供有关的信息，并打印输出。

（5）统计　用于对现有数据的汇总，并输出报表，以及对废物总量、分类、供求关系、交换次数和交换量的统计。

（6）匹配　用于对废物供求者的配对。

（7）打印　用于打印日常事务管理中的报表和文卷，包括各类表格、废物供求目录、对客户的回函等。

（8）维护　用于修改口令、对系统进行加密，以及在本系统环境下进行简单的 DOS 操作。

（9）文件管理　用于数据文件的备份、删除和恢复。

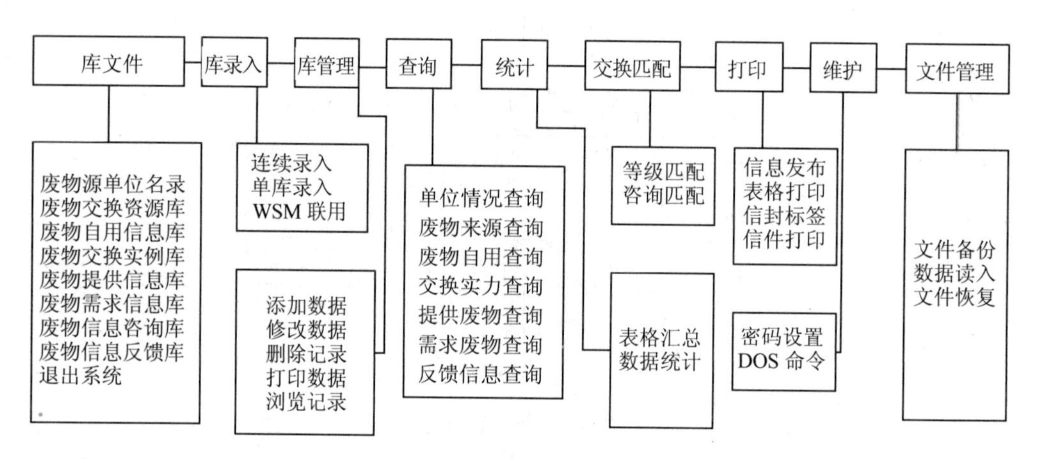

图 6　系统模块框图

6 系统的智能化

废物交换管理这一工作涉及面很广，除了可由前述系统完成的信息收集、检索、匹配、统计等工作，作为废物交换管理人员，尤其是环保部门作为管理、监控部门介入此项活动时，更多的是对循环利用技术的考察、对交换工作的监督等。涉及的问题常常是：某种废物交换可能性怎样？某种循环利用技术有无环境危害？某种废物交换过程中（如运输）是否会对环境造成不良影响？这一系列问题涉及法规、工艺、经济效益、交换行为及其循环利用技术的环境评估、风险评估等多方面多学科的知识和丰富的实际经验。笔者在研制信息管理系统的基础上，拟从理论和方法上探讨废物交换管理系统的智能化，希望计算机实现具有多学科知识，模拟人脑思维，以充当专家角色，协助人们的管理工作。

系统智能化步骤见图 7。

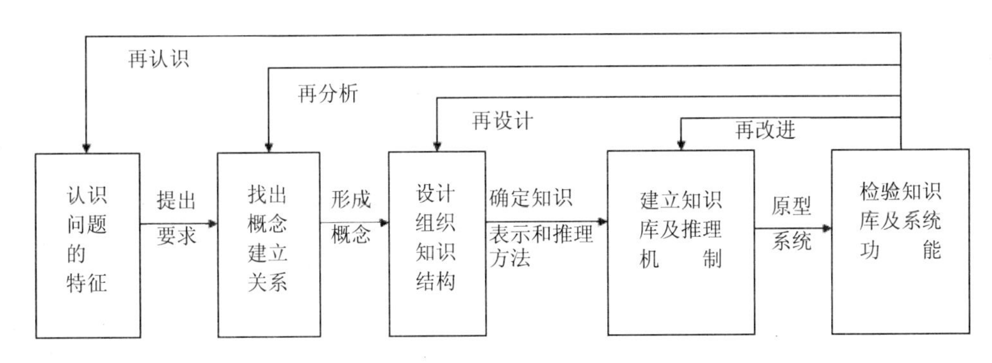

图7　系统智能化步骤

（1）认识阶段　应探讨问题的定义、特点及问题的分解。目的是了解表述问题的特征及其知识结构，以便进行知识库的开发工作。对于废物交换管理系统，希望解决的问题主要有两类：其一，交换行为是否可能发生？其二，交换行为发生时及发生后对环境的影响如何？对它们各自定义见图8。

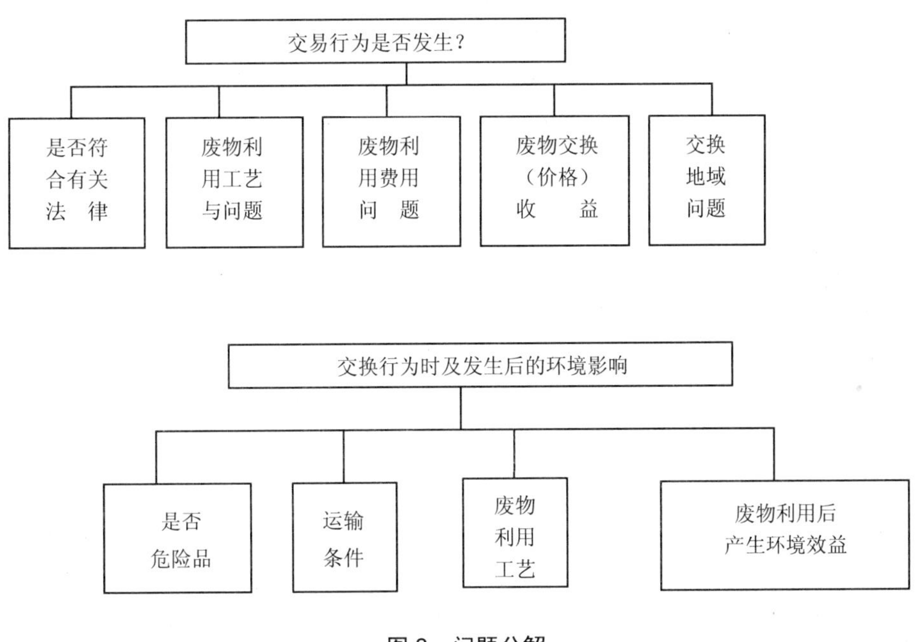

图8　问题分解

（2）概念阶段　主要解决问题的层次体系，局部和全体的关系，边界条件，并形成概念。

（3）形式化阶段　将上一阶段孤立处理的概念、子问题及信息流用某种工具将其形式化。开发者根据所选择的适用工具，建立知识表示方法，并根据概念之间的因果关系、时空关系建立不同的抽象层，在此基础上建立求解问题模型。

（4）实现阶段　将建立的求解方法具体实施成系统。测试则是对原型系统及实现系统的表示形式进行评价，选用具体问题让系统运行以便检查其正误。

环境投资规模、结构与优化配置研究*

曹利军　王华东
（北京师范大学环境科学研究所，北京　100875）

摘　要：论述了确定环境投资规模和分配环境投资的一般原则；探讨了区域环境投资优化配置的技术和方法。并在区域中观层次上，以山西某县级市为例进行了区域环境投资的优化配置。

关键词：环境投资　环境投资配置　区域

Study on the Scale，Structure and Optimizing Distribution of Environmental Investment

Cao Lijun　Wang Huadong
（Institute of Environmental Science，Beijing Normal University，Beijing　100875）

Abstract: The principles of determining the scale and distribution of environmental investment were discussed. A functional method on the optimizing distribution of regional environmental investment was investigated. As an example，the optimizing distribution of environmental investment of a county in Shanxi province was conducted.

Key words: Environmental investment，Distribution of environmental investment，Region

随着工业化和城市化的迅速发展，环境问题日益突出，特别是在人口集中、工业密集的城市地区，已成为影响区域持续发展的一个重要因素。在现阶段环境投资规模不会大幅度增长的情况下，保持适度的环境投资规模、合理的环境投资结构、实现环境投资的优化配置，对于我国环境状况的基本好转，具有现实和深远的意义。

---

* 原载《环境科学研究》，1996，9（3）：39-44。

1 环境投资

环境投资是指社会各有关投资主体从社会的积累基金和各种补偿基金中，拿出一定数量的基金用于防治环境污染、维护生态平衡及与其相关联的经济活动。其目的是保护和改善环境，促进经济建设与环境保护协调发展。

2 环境投资规模及其确定原则

2.1 环境投资规模

环境投资规模一般用其占国民生产总值的比例来表示，它是从价值角度反映环保投资活动计划投入或已经投入的资金量。

2.2 确定环境投资规模的原则

2.2.1 需要与可能结合的原则

纵观我国环境投资的历史，投资总量虽有较大增长，但占国民生产总值的比例一直偏低，“六五”期间为 0.56%，“七五”期间为 0.70%。面对大量的环境欠账和严峻的环境形势，环境投资规模需大幅度增长。但是，我国还是一个发展中国家，经济建设是一切工作的核心，投资规模又不可能增长太多。所以，环境投资规模的确定不仅要考虑环境现状的需要，而且要和国家的经济状况相适应，离开这一基本点，确定过大的环境投资规模是难以实现的。

2.2.2 以多通道理论为指导优化环境投资结构，以环境项目管理为中心提高环境投资效益的原则

多通道理论是指解决环境问题的途径多种多样，可调整产业结构，可实施清洁生产，可进行污染治理等。途径的选择取决于内部和外部的环境。以多通道理论为指导，优化投资结构，有利于提高环境投资效益。项目管理是改善环境投资效益的必由之路，只有提高单位投资效益，才能提高整体投资效益。

2.2.3 确保环境投资规模稳步增长和协调发展的原则

环境投资规模的稳步增长是就纵向而言的，为保持环境质量的稳定，一定时期内，环境投资的规模应逐年增长，避免大起大落。这是因为环境投资是为配置环境净化能力和污染削减能力服务的，为尽快形成这种能力并保持其稳定，投资规模应稳步增长。环境投资的协调发展是就横向而言的，即要求环境保护各部门之间的投资要协调地平衡发展。这是因为一个区域的环保工作是一个有机的整体，任何一个环节的落后，都会影响环境投资的整体效果。

3 环境投资结构及分配原则

3.1 环境投资结构

环境投资结构是指环境投资在各地区、各部门及其内部环保事业各个方面的分配比例，是环境投资与环保活动的各个方面相互联系的货币表现。它包括环境投资的来源结构、使用结构、地区结构和规模结构。

我国环境投资的使用主要集中在以下 5 个部分：①工业污染防治；②城市基础设施建设中的环保投资；③区域环境综合整治；④自然生态保护与改善；⑤环境管理方面的固定资产投资。其中工业污染防治投资是环境投资中最重要的部分，“六五”“七五”期间分别占到投资总量的 74. 5%和 67.7%。

3.2 环境投资的分配原则

一个地区的环境投资规模和结构确定以后，要实现环境投资的优化配置，应遵循以下原则：

3.2.1 超标指数大者优先原则

在区域环境质量现状调查的基础上，选取合适的环境标准，计算各污染因子的超标指数，超标指数大于 1 者，都属于投资范围，超标指数大者，享有优先投资权。

3.2.2 危害权重大者优先原则

当 2 个污染因子的超标指数相同时，危害权重大者，享有优先投资权。

3.2.3 注重环境效益的原则

环境投资是为了获得最大的环境效益，为此，必须追求投资的最大边际效益，即环境投资每增加一个单位所获得的最大的环境效益。

3.2.4 综合防治的原则

环境质量的调控必须在区域环境综合防治的基础上进行，即从区域环境的整体出发，进行综合分析，通过全面规划、合理布局、采取防治结合、人工处理和自然净化等措施，以技术、经济和法律等手段达到环保目标。

4 区域环境投资的优化配置

在此只讨论以区域政府为投资主体的中观层次上的环境投资的优化配置，对于以企业为投资主体的微观层次上的环境投资的优化配置，将另文讨论。

实现环境投资优化配置的技术路线如图 1 所示。

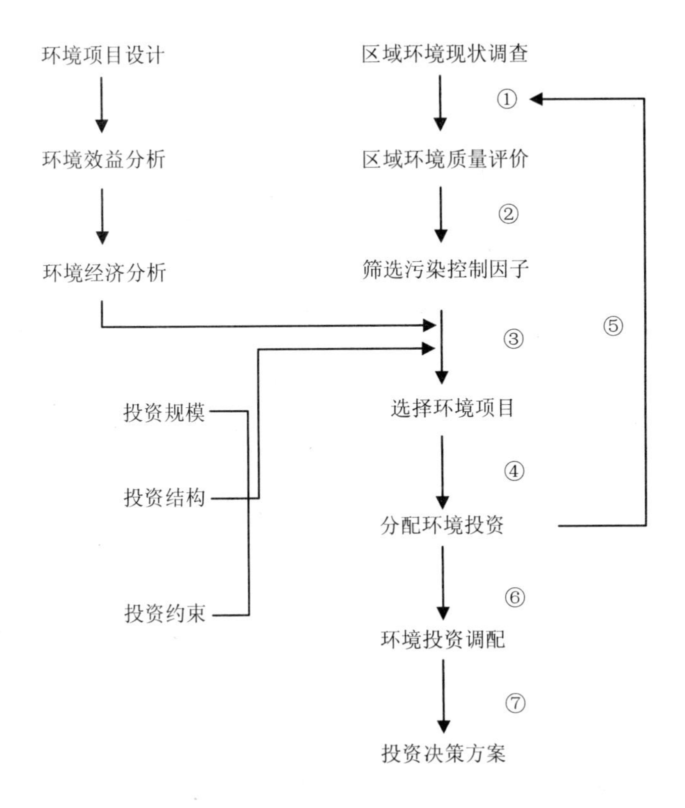

图 1　区域环境投资优化配置技术路线

注：①～⑤重复直到环境项目的费用受到投资约束。

由图 1 可见，环境投资优化配置的关键是：①筛选污染控制因子；②选择环境项目。

4.1 污染控制因子的选择——矢量算子法

环境质量评价中，基本的环境因子用矢量元素来描述，其中单要素环境质量由矢量来描述，综合环境质量则由矢量簇来描述。

在区域环境质量调查和分析的基础上，建立环境质量矢量簇 Q，选择合理的环境标准矢量簇 B 和危害权矢量簇 W，利用综合评价模型：

$$P=\left(Q/B\right)\cdot W \tag{1}$$

对区域环境质量作出综合评价得环境质量评价矢量簇 P，P 矢量算子运算得评价矢量 P^0：

$$P^0=\left(P_1^0,P_2^0,\cdots,P_n^0\right)^T \tag{2}$$

式中：n——环境要素的个数。

由评价矢量 P^0 找出 P_l^0：

$$P_I^0 = \max\left(P_1^0, P_2^0, \cdots, P_n^0\right)^T \tag{3}$$

P_I^0 即为优先治理的环境要素，再从 P^0 中 P_I^0 所对应的环境要素矢量中，找出显式因子（即最大值），该显式因子就是优先控制因子。

4.2 环境项目的选择

为确定优先投资的环境项目，建立了环境项目评价指标体系，对项目进行环境、技术、经济分析，通过计算综合评价指数来确定优先投资项目。

4.2.1 环境项目评价指标体系

4.2.1.1 废物削减能力指数 P_1

它是衡量环境项目优劣的一项重要指标。用项目的废物削减量（Q_e）与原有废物量（Q_0）之比表示废物削减能力（S），把废物削减能力最大值作为目标值（S_{max}），则 P_1 可由下式计算：

$$S = \frac{Q_e}{Q_0} \tag{4}$$

$$P_1 = \frac{S}{S_{max}} \tag{5}$$

4.2.1.2 技术成熟度指数 P_2

该指数不是数字化的定量指标，为同其他数字化指标可比，把技术成熟度（H）按项目是否有现成技术、技术的有效性是否在实践中证实，可否证实等分为 1.0，0.9，0.8，0.7，0.6 五档，最成熟的给值为 1.0。把项目中成熟度最高值作为目标值（H_{max}），则 P_2 可由下式计算：

$$P_2 = \frac{H}{H_{max}} \tag{6}$$

4.2.1.3 实施难易度指数 P_3

同 P_2 一样，考虑项目的施工工程量、设备安装的难易、施工时是否影响企业生产和居民生活等因素，把实施难易度（F）分为 1.0，0.9，0.8，0.7，0.6 五档，最易实施的给值为 1.0。把项目中难易度最高值作为目标值（F_{max}），则 P_3 可由下式计算：

$$P_3 = \frac{F}{F_{max}} \tag{7}$$

4.2.1.4 运行费指数 P_4

项目的优劣与其运行费用的大小有直接关系。把项目中运行费用最小值作为目标值（N_{min}）。目标值与项目运行费（N）之比为 P_4：

$$P_4 = \frac{N_{min}}{N} \tag{8}$$

4.2.1.5 效益指数 P_5

指项目实施后预期可以得到的经济效益。把项目中效益最大值作为目标值（E_{max}），项目效益值（E）与目标值之比为 P_5：

$$P_5 = \frac{E}{E_{\max}} \tag{9}$$

4.2.2 确定各指标权重

上述 5 项指标，对环境项目可取程度的影响并不完全一样。它们的重要程度决定了其在项目取舍中的作用。权重一般由专家评定，也可以用综合评议和专家打分相结合的方法产生。本文从环境、技术、经济的角度出发，根据环境项目的目的、作用大小，在综合评议后，赋予各指标权重（K_i）如下：

K_1=0.35　K_2=0.15　K_3=0.15　K_4=0.15　K_5=0.20

4.2.3 综合评价指数的计算

综合评价指数（D_j）及其平均值（$D_{均}$）可由下式求得：

$$D_j = \sum_{i=1}^{5} K_i \cdot r_{ij} \tag{10}$$

$$D_{均} = \frac{1}{m}\sum_{j=1}^{m} D_j \tag{11}$$

式中：i——某项目评价指标（此处 i=1，2，3，4，5）；

j——某个环境项目（设共有 m 个环境项目，则 j=1，2，…，m）；

r_{ij}——第 j 个环境项目的第 i 个指标的值。

将 D_j 值由大到小排列，D_j 值大的项目为优先投资项目。为保证投资效益，当 $D_j < D_{均}$时，该项目不可取。

4.3 投资分配

控制因子确定后，选择针对该控制因子的 D_j 值最大的项目作为投资项目，并分配环境投资；评价项目实施后的区域环境质量，并确定新的控制因子，再选择针对新控制因子的优先环境项目。依此类推，直到累计投资额受到投资约束为止。

5 实例

以山西能源重化工基地某县级市为例。

5.1 筛选控制因子

根据该市的环境污染特点和现有的环境监测、环境统计资料，构造环境质量矢量簇 Q：

$$Q=\begin{bmatrix}\text{大气}\\ \text{水体}\\ \text{噪声}\\ \text{固废}\end{bmatrix}=\begin{bmatrix} SO_2 & NO_x & TSP & CO & BaP\text{（a）} & - & - & - & - & - & - & - \\ COD & BOD_5 & CN^- & F^- & As & Hg & Cr^{6+} & \text{酚} & \text{油类} & NH_3\text{-}N & - & - \\ T_1 & T_2 & J_1 & J_2 & H_{11} & H_{12} & H_{21} & H_{22} & G_1 & G_2 & D_1 & D_2 \\ CLL & LYL & - & - & - & - & - & - & - & - & - & - \end{bmatrix}$$

$$=\begin{bmatrix} 1.11 & 0.21 & 1.38 & 4.90 & 0.15 & 0 & 0 & 0 & 0 & 0 & 0 & 0 \\ 483 & 110 & 0.012 & 1.60 & 0.015 & 0.004 & 0.03 & 0.299 & 5.44 & 1.15 & 0 & 0 \\ 0.0 & 39.6 & 66.6 & 46.3 & 68.8 & 49.9 & 70.0 & 69.1 & 61.8 & 52.4 & 75.8 & 73.4 \\ 1/67.51 & 1/35.77 & 0 & 0 & 0 & 0 & 0 & 0 & 0 & 0 & 0 & 0 \end{bmatrix}$$

式中：T_1，T_2——特殊住宅区昼、夜平均噪声值；

J_1，J_2——居民文教区昼、夜平均噪声值；

H_{11}，H_{12}——一类混合区昼、夜平均噪声值；

H_{21}，H_{22}——二类混合区昼、夜平均噪声值；

G_1，G_2——工业集中区昼、夜平均噪声值；

D_1，D_2——交通干线道路两侧的昼、夜平均噪声值；

CLL——固体废物处理率；

LYL——固体废物综合利用率。

鉴于该市区域环境质量较差，参考国家环境标准和该市固体废物规划目标，得环境标准矢量簇如下：

$$B=\begin{bmatrix} 0.25 & 0.18 & 0.50 & 6.00 & 0.10 & 0 & 0 & 0 & 0 & 0 & 0 & 0 \\ 25 & 10 & 0.2 & 1.5 & 0.10 & 0.001 & 0.10 & 0.1 & 1.0 & 25 & 0 & 0 \\ 45 & 35 & 50 & 40 & 55 & 45 & 60 & 50 & 65 & 55 & 70 & 55 \\ 1/100 & 1/30 & 0 & 0 & 0 & 0 & 0 & 0 & 0 & 0 & 0 & 0 \end{bmatrix}$$

为方便起见，危害权矢量簇取单位矢量簇，即：

$$W=\begin{bmatrix} 1 & 1 & 1 & 1 & 1 & 1 & 1 & 1 & 1 & 1 & 1 & 1 \\ 1 & 1 & 1 & 1 & 1 & 1 & 1 & 1 & 1 & 1 & 1 & 1 \\ 1 & 1 & 1 & 1 & 1 & 1 & 1 & 1 & 1 & 1 & 1 & 1 \\ 1 & 1 & 1 & 1 & 1 & 1 & 1 & 1 & 1 & 1 & 1 & 1 \end{bmatrix}$$

通过综合评价模型：$P=（Q/B）\cdot W$ 得：

$$P=\begin{bmatrix} 4.44 & 1.40 & 2.76 & 0.82 & 1.50 & 0 & 0 & 0 & 0 & 0 & 0 & 0 \\ 19.3 & 11.9 & 0.60 & 1.07 & 0.15 & 0.40 & 0.30 & 2.99 & 5.44 & 0.06 & 0 & 0 \\ 0.00 & 1.13 & 1.33 & 1.16 & 1.25 & 1.11 & 1.17 & 1.38 & 0.95 & 0.95 & 1.08 & 1.33 \\ 1.48 & 0.84 & 0 & 0 & 0 & 0 & 0 & 0 & 0 & 0 & 0 & 0 \end{bmatrix}$$

对于矢量簇 P，选算子分数 d_1 为 2.0，d_2 为 1.5，d_3 为 1.0，d_4 为 0.8 进行矢量算子运算，得评价矢量 P^0：

$$P^0=（4.41\quad 19.33\quad 1.30\quad 1.40）^T$$

$$P^0{}_I=19.33$$

表明水体为优先治理的环境要素，P 中搜寻显式因子的结果，COD 为优先控制因子。

5.2 环境项目选择及投资分配

为促进区域环境综合整治和污染集中控制，同时，也为了与国民经济发展规划同步，区域环境投资以 5 年为一个阶段，即以五年规划为基础进行分析。以环境投资占国民生产总值 1.6%计，该市“八五”期间环境投资总量为 5 466 万元。

对 COD 削减项目进行环境、技术、经济分析，优先项目为：投资 511 万元，对造纸厂、印染厂、焦化厂、炭素厂等污染源污水进行综合整治，治理后混合污水排放浓度：COD 为 270 mg/L，BOD 为 105 mg/L。此时：

$$P=\begin{bmatrix} 4.44 & 1.40 & 2.76 & 0.82 & 1.50 & 0 & 0 & 0 & 0 & 0 & 0 & 0 \\ 10.8 & 10.5 & 0.6 & 1.07 & 0.15 & 0.40 & 0.30 & 2.55 & 5.44 & 0.06 & 0 & 0 \\ 0.00 & 1.13 & 1.33 & 1.16 & 1.25 & 1.11 & 1.17 & 1.38 & 0.95 & 0.95 & 1.08 & 1.33 \\ 1.48 & 0.84 & 0 & 0 & 0 & 0 & 0 & 0 & 0 & 0 & 0 & 0 \end{bmatrix}$$

仍取算子分数 d_1 为 2.0，d_2 为 1.5，d_3 为 1.0，d_4 为 0.8 和单位危害权矢量簇进行矢量算子运算得评价矢量 P^0：

$$P^0=(4.41 \quad 10.83 \quad 1.30 \quad 1.40)^T$$

结果表明，水体仍为优先治理的环境要素，COD 仍为优先控制因子。此时的优先项目为：投资 3 400 万元，建设厌氧—兼性—好氧—水生植物串联氧化塘，进行污水集中处理。处理后污水排放浓度：COD 为 59.21 mg/L，BOD_5 为 105 mg/L。

重复上述计算步骤，得评价矢量 P^0：

$$P^0=(4.41 \quad 2.30 \quad 1.30 \quad 1.40)^T$$

结果表明，治理后的水环境质量虽未达标，但有了很大改善。此时，SO_2 成为优先控制因子，环境投资尚余 1 555 万元。该市大气污染源主要由居民取暖做饭、焦化行业、工业锅炉和单位取暖锅炉四部分构成。其中，居民生活和取暖的污染负荷最大，应首先对其进行控制。经选择优先项目为：①投资 1 000 万元，建设小型煤气厂，使城区气化率提高到 50%；②投资 600 万元进行区域联片供暖供热改造，使区域联片供暖供热率达到 74%。整治后的城区大气环境状况明显好转，好转的变化率在 50%左右，城郊各点也有一定好转。

重复上述计算步骤，进行矢量算子运算，得评价矢量 P^0：

$$P^0=(2.71 \quad 2.30 \quad 1.30 \quad 1.40)^T$$

结果表明，大气仍为优先治理的环境要素，此时，TSP 成为优先控制因子。但由于环境项目投资已超支 45 万元，说明环境投资占该市国民生产总值 1.6%时，区域环境污染难以控制，要使环境质量全面达标，需进一步扩大环境投资规模。

水资源价值时空流研究*

姜文来[1] 王华东[2]
（1. 中国农业科学院农业自然资源和农业区划研究所，北京 100081；
2. 北京师范大学环境科学研究所，环境模拟与污染控制国家重点实验室，北京 100875）

摘　要：水资源价值是水资源经济管理和持续利用的关键问题之一，它在解决水资源危机中占有举足轻重的地位。水资源价值与多种因素有关，其中时间和空间尤为重要。本文对水资源价值的时空变化进行了探讨，研究了水资源价值时间流、水资源价值空间流、水资源价值时空流。结果表明，水资源价值是时空的函数，时间、空间的不同耦合方式形成各异的水资源价值流，水资源价值流沿着时空链发生变化。

关键词：水资源　价值　价格

Studies on temporal and spatial flow of water resources value

Jiang Wenlai[1] Wang Huadong[2]
（1. Institute of Natural Resources and Regional Planning，Chinese Academy of Agricultural Sciences，Beijing 100081; 2. Institute of Environmental Science，Beijing Normal University，State Key Joint Laboratory of Environmental Simulation and Pollution Control，Beijing 100875）

Abstract: The value of water resources is a key problem of water resources economic management and sustainable utilization and occupies an important role in the water resources crisis. The value of water resources is affected by many factors，in which time and space are is extremely important. In this paper，the temporal and spatial variability of water resources value was discussed，and the temporal flow，spatial flow as well the temporal and spatial flow of water resources value were also studied respectively. Results show that the value of water resources is a function of time-space and evolves different flow of water resources value because time and space couple in different way and flow of water resources value changes

* 原载《中国环境科学》，1998，18：9-12。
** 国家自然科学基金、国家社会科学基金和中国农业科学院院长基金资助项目。

along the chain of time-space.

Key words: water resources，value，price

水资源价值研究近年来日趋活跃，其最终目的是通过水资源经济管理促进其持续开发利用。国内外有关文献表明，水资源价值研究尚属薄弱环节，特别是水资源价值时空变化研究甚少。水资源价值与时间和空间有关，从时间上来看，水资源经过了由“无价”到“珍贵”发展历程；从空间来看，由于社会经济发展的不平衡和水资源分布的非均一性导致水资源价值出现差异。对其深入研究不仅能合理估价水资源工程效益，为调水工程决策提供科学依据，而且对实现《中国 21 世纪议程》中关于对水资源等自然资源无价的改革目标具有重要意义。

1 水资源价值流

在生态经济系统中，价值流被定义为商品生产的价值形成、增殖、转移和实现过程，在此过程中，人们通过有目的的劳动把自然物（能流）变成经济物（能流），价值就沿着生产链不断形成、增殖和转移，并通过交换关系得到实现。水资源价值流指单位水资源量在不同的时空条件下，因自然环境、社会环境、经济环境因素的差异而导致的水资源价值的变化过程。

尽管水资源价值流具有“价值流”的涵义，但它不是生态系统中价值流概念的套用，具有其特殊内涵，水资源价值流与生态系统中的价值流存在着本质的区别。

1.1 两者所体现的关系不同

生态系统中的价值流体现了人与人之间的关系，在传统的经济学中，水资源被视为无价之物投入经济领域，所以最开始时水资源的价值为零；水资源价值流是在深刻反思传统经济学中水资源无价而存在严重缺陷的基础上，赋予自然状态下水资源的一定价值（严格地说是价格），因而水资源价值流的基点不为零，它所反映的并不是人与人之间的关系，而是体现了人与自然的关系。

1.2 价值的停滞点不同

在生态系统中，“生产”是价值流变化的前提和基础，没有生产，意味着价值变化的停滞；水资源价值流是沿着时空链变化的，即使不将水资源投入生产过程，水资源价值流依然发生变化，空间可以固定，但时间总是不断前进的，因此，水资源价值流不存在停滞点。

1.3 受政策影响的程度不同

生态系统中的价值流是人类物化劳动的价值量变化过程，它受政策影响较小，主要是因为物化的劳动是不以人的意志为转移的，不管政策如何变化，投入的劳动难以改变，如果强制改变，将导致价格的严重扭曲，出现严重的不良后果；而水资源价值流受政策影响极大，国家经常利用有关政策进行调控，水资源价值流受到严重影响。

根据水资源价值流条件的变化，可以将水资源价值流分为三类：水资源价值时间流、水资源价值空间流、水资源价值时空流。

2 水资源价值时间流

水资源是水资源量与水质的统一，它是自然因素、社会因素、经济因素的函数，随着时间的推进，上述各种因素是不断演化的，因此，时间也是水资源价值的变量，水资源价值具有明显的时间维。在一特定空间内，水资源价值随着时间的变化而发生扰动的过程称为水资源价值时间流。

从理论上讲，水资源的价值时刻地发生扰动，但是，在正常情况下，时间的微小变化，对水资源价值影响并不大，但时间的积累，可能导致量变到质变的突跃，即水资源价值大的改变。根据时间跨度的长短，水资源价值时间流可以分为两类，即年内水资源价值时间流和系列年内水资源价值时间流。

年内水资源价值时间流是水资源价值在同一水文年内变化过程，它们受多种因素的影响，但最主要的是水资源量的变化。水资源最大特点之一就是水资源时空分布极不均一，即使是在同一空间内、同一年内，水资源量的分布也存在着很大差异。如北京市，水资源量的多少主要是受降水分配的控制，由于降水的分布不均一性，水资源量在年各个时间段内分配极不均匀。从径流月分配情况来看，最多水月份是 8 月，占全年径流量的 80%以上，最少水月份是 5 月，占全年径流量的 3%以下，最大与最小月径流量相差 11～25 倍。

系列年水资源价值时间流是指在多个水文年内水资源价值变化过程。在同一水文年内，由于时间相对较短，经济结构、社会环境变化不大，可以将其变化忽略，只考虑水资源量的多少。但是，如果时间足够长，上述的各种因素变化是明显的，如果仍然忽略这种变化显然是不合理的。仅从水资源量的变化看，在系列年内是明显的。以海滦河流域为例，1920—1936 年为枯水段，1937—1939 年为丰水段，1940—1948 年为枯水段，1949—1964 年为丰水段，1965—1978 年为平水段，1979—1989 年为 70 年以来最枯水段。它表明水资源价值流在系列年内是十分明显的。

3 水资源价值空间流

水资源价值空间流是指在一特定时期内，水资源价值随空间变化而发生扰动的过程。水资源价值空间流产生的原因是多方面的，主要原因是水资源空间分布不均一性和社会经济发展的不均衡性。

水资源空间分布的不均一性可以通过降水空间分布得到良好的反映，我国水资源补给主要来源于大气降水，尽管水资源量的多少最后由地理位置、蒸发等因素共同作用决定，但从总的来看，我国的水资源空间分布特征同降水极为相似。我国的降水分布具有十分明显的空间差异性，年降水量总的趋势是由东南向西北递减，在山区形成 16 个高值区，而在盆地、平原和高原上相应形成了 13 个低值区，为水资源的价值空间流形成奠定了基础。

不均衡的社会经济结构和地区差异的存在，是影响水资源空间价值变化过程的重要因素。水资源量的多少只有与一定的社会经济相结合才能体现出经济价值。例如，沙漠地区水资源量极少，与此相对应，需求量也极其有限，特别是没有一定的社会经济的参与，水资源的经济价值暂时难以得到实现，允其量它们只具有生态价值或者存在价值。由于我国的经济发展很不平衡，各地区的产业结构差异很大，水资源在不同的产业中具有不同的效益，同时产业结构会大大地影响水资源的价值。不同的区域产业结构水资源价值变化不同，即使是同一区域，工业布局也存在差异，所以同量的水资源在不同空间内产生的效益是不同的，这意味着水资源价值的本底是不同的，水资源价值具有明显的空间差异性。

4 水资源价值时空流

为了研究的方便，采取了固定某一因素（时间或空间），令另一因素发生变化来处理水资源价值，出现了水资源价值时间流、空间流，在实际经济生活中，水资源价值是随时间、空间同时发生变化的，因此，研究水资源价值随时间、空间同时变化是极其必要的，水资源价值因时空不同引起的变化过程称水资源价值时空流。

水资源价值时空流含有两个因素：时间维和空间维，可以简单地用函数形式表示：

$$V=f(T, S) \tag{1}$$

式中：T——时间连续函数，是单向一维；

S——空间维，它是一个复合函数，可以表示为：

$$S=f(A, B\cdots) \tag{2}$$

S 是除时间因素外，其他与水资源价值有关的系列参数函数。

对于水资源价值时间流和水资源价值空间流，都是式（1）的特殊形式。当空间固定时，为水资源价值时间流；当时间固定时，为水资源价值空间流。水资源价值时间流和空间流可以用下式来表示：

$$\mathrm{d}V_T=K_T \cdot f'(S) \tag{3}$$

$$\mathrm{d}V_S=K_S \cdot f'(T) \tag{4}$$

式（3）为水资源价值空间流数学模型；式（4）为水资源价值时间流数学模型。K_T、K_S 分别为与时间或空间有关的常数。当 T 或 S 发生变化时，其价值的变化可以表示为：

$$\mathrm{d}V_T=K_T \cdot \frac{\partial f'(S)}{\partial(S)} \cdot \mathrm{d}S \tag{5}$$

$$dV_S = K_S \cdot \frac{\partial f'(S)}{\partial(S)} \cdot dT \tag{6}$$

在水资源价值时空流中，时间、空间都在发生变化，因此水资源价值时空流公式可以表示为：

$$dV = K_T \cdot \frac{\partial f'(S)}{\partial(S)} \cdot dS + K_S \cdot \frac{\partial f'(S)}{\partial(S)} \cdot dT \tag{7}$$

水资源价值时空流可以用图像形象地加以描述（图 1）。

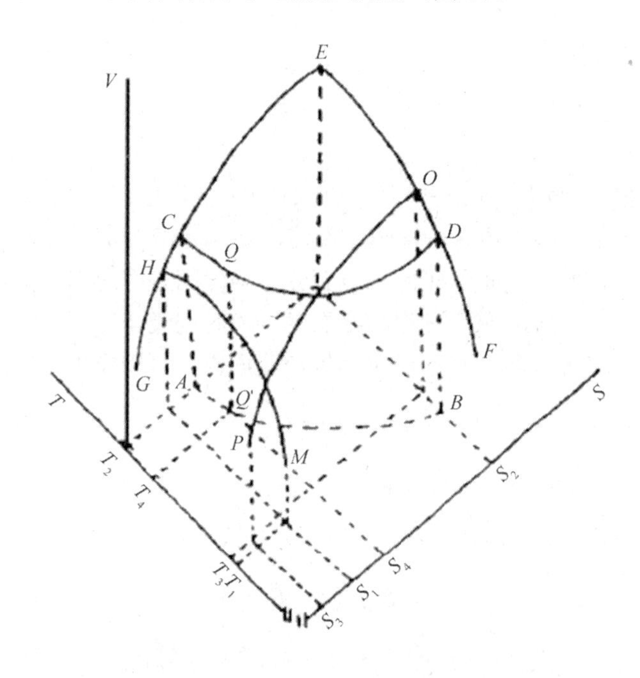

图 1 水资源价值时空流示意图

在图 1 中，T、S、V 分别为时间维、空间维、价值维；T_n、S_n（n=1，2，3…）分别代表不同的时间和空间。

图 1 中 $GHCE$ 曲线是 T=T_2，且 S 不断变化时各个 S 处水资源价值的连线，该条曲线称为水资源价值空间流曲线。在水资源价值空间流曲线中，存在着最高点和最低点，最低点其价值为零，此种情况出现于水资源相对于需求而言极其丰富的年代和地区，最高限则产生于水资源危机极其严重的时间或区域。经济生活的实践表明，由于受经济发展及生活水平的影响，巨大的水资源价值难以被人们接受，客观上存在一个特定时期的能够接受的最大价值，即水资源价值上限，此点也称为临界点，也即水资源价值的最高点。该条曲线在实践上可能很不规则，但是其值在最高和最低之间波动。在 $GHCE$ 曲线中，水资源价值的最大点是（T_2，S_2，V_E）。同理，PO 即是 T=T_3 时水资源价值空间流曲线。P 点坐标为（T_3，S_3，V_P），也就是说当 T=T_3，S=S_3 时，其水资源价值为 V_P。

曲线 $EODF$ 是 S=S_2（即空间固定），时间 T 可变时所有水资源价值点连线，其实质就

是 $S=S_2$ 时的水资源价值时间流曲线，同水资源价值空间流曲线一样，它也有最高和最低值，同理，HM 是 $S=S_1$ 时水资源价值时间流曲线。M 点坐标为（T_1，S_1，V_M），其含义是当 $T=T_1$，$S=S_1$ 时，水资源价值为 V_M。

CQD 是水资源价值时间、空间都发生变化时的水资源价值时空流曲线，在该条曲线中，T、S 都是变量。曲线 AB 是 CQD 在 T-S 平面的垂直投影，也就是 T、S 变量的轨迹，其坐标为（T，S，O）；Q 的坐标为（T_4，S_4，V_Q），即 $T=T_4$，$S=S_4$ 时水资源价值为 V_Q；Q 点在 T-S 平面上的垂直投影为 Q'，其坐标为（T_4，S_4，O）。

众多的水资源价值时间流、水资源价值空间流、水资源价值时空流曲线围成的图形是部分类球体。所谓的类球体是指曲率半径不均一，整体观察像球体的物质。类球体内任意一点都代表 T、S 状态下水资源价值为 V。图中 P、Q 是类球体上的两点，其含义上述已经阐明，其余与此类似。

为了描绘上的方便和图形的整洁，各曲线进行了理想化处理，实际曲线可能很不规则，作者认为，进行理想化处理不但不影响实际问题的阐述，而且更易于深入理解实际问题；在该图形中，只描绘了水资源正价值流，没有描绘水资源负价值流及水资源正负价值相互作用的耦合价值流，它们与此图相类似，只是方向上有所改变或者数值有所变化。

影响水资源价值的因素是多方面的，可以概括为自然因素、社会因素、经济因素，它们都具有很强的时空性。因此，可以说影响水资源价值流的因素是时空，在不同的时空状态下，具有不同的价值，水资源价值流随着时空链发生变化。

5 小结

水资源价值受多种因素影响，但最终可以概括为时间和空间两个因素。水资源价值的变化过程形成了水资源价值流，水资源价值是时空的函数，时间、空间的不同耦合方式导致水资源价值变化差异，分别形成水资源价值时间流、水资源价值空间流、水资源价值时空流，水资源价值流沿着时空链发生变化。

人地关系与可持续发展

城市环境质量与人为活动间关系的研究*

王华东[1]　于春普[2]　朱坦[3]
（1. 北京师范大学地理系；2. 天津市规划设计管理局；3. 南开大学环境科学系）

本研究的目的是，在城市环境质量综合评价中，结合人的生产与消费活动，讨论城市环境质量区域分布的规律及其与人口分布和各项活动间的关系，并针对城市环境质量受人工强烈影响的特点，把传统的以污染物为内容的环境容量研究，推广到对人为活动影响承受能力的城市环境容量的研究上，为城市建设与改造，为协调城市发展与环境保护的关系提供依据。

一、概况

本研究以天津市区为对象，研究大体可分 3 个阶段，如图 1 所示。

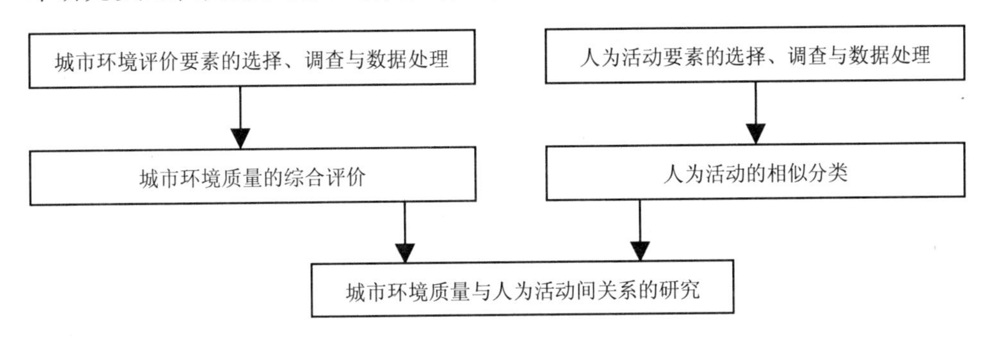

图 1　研究程序框图

第一阶段为城市环境评价要素及人为活动要素的选择、调查和数据网格化处理；第二阶段是城市环境质量综合评价及人为活动分布的相似分类；第三阶段是研究人为活动与城市环境质量间的关系，探讨城市环境容量的特征。

* 原载《环境科学》，1985，6（1）：60-64。

二、城市环境质量综合评价的内容和方法

20 世纪 70 年代，我国很多城市和地区如北京、南京、沈阳等都先后开展了城市环境质量评价工作，在评价的深度、广度和方法手段上都取得了一定进展。但在研究内容上，大都以城市内大气、水质、土壤等自然环境要素的污染为主。从城市环境构成上看，这显然是不够的，因为城市环境是由自然环境和社会环境组成的（图 2）。由于城市环境的社会化、人工环境化，必须进行社会生活环境的城市环境综合评价，才能抓住城市环境的本质特点。

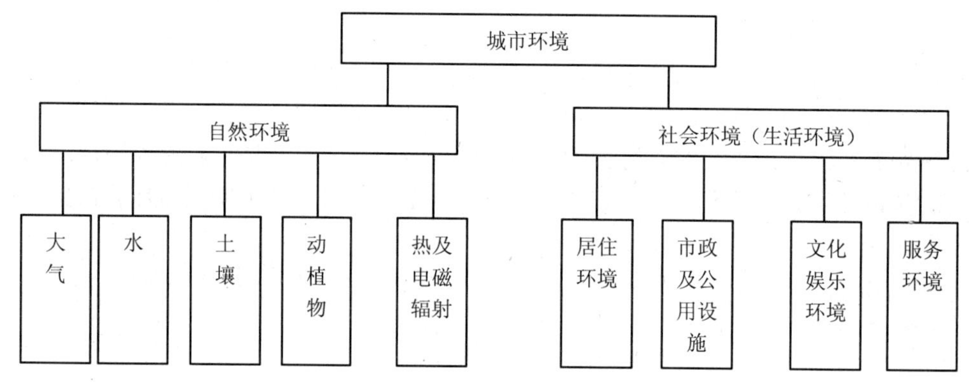

图 2　城市环境的构成

天津市是一个工商业老城市，以反映生活环境质量的舒适、方便、安全、卫生等原则出发，我们选取了居住环境质量（包括居住面积水平和居住建筑密度*）、道路交通环境质量（包括道路面积率、车辆行驶速度、公共交通线网密度等）、园林绿化水平（指绿化覆盖率和人均绿地面积）、工业污染（包括工业“三废”、烟尘和噪声振动）、城市噪声这五项评价要素，用以反映城市环境各构成要素上的信息，对城市环境质量进行全环境的综合评价。

与此同时，为反映居民对环境的实地感受和需求以验证上述定量计测评价的结果，采用了发放调查信的社会调查方法，对天津市区发放了 2 万封调查信，取得了大量城市环境信息，经统计处理取得综合评价结果，并为进行各评价要素综合提供了“权”值。

我们将天津市区划分为 500 m×500 m 的正方形网格为基本环境单元，利用网格法分析，以便于各环境单元间的相互比较，也便于同单元中各要素间的相关分析，反映它们之间的相互影响和动态变化规律。建立起这样的网格数据库，也便于计算处理。

在综合评价中采用指数法来表示各要素质量优劣的分布格差，同时，为使各要素彼此能比较和进行指数综合，采取把计测出的各评价要素参数值进行规范化处理的方法，使其转换成反映环境质量的等级值，即规范化指数，使规范化指数介于 0～120。0 表示各评价

* 人均居住面积水平是居住中最基本的条件，居住建筑密度可以反映居住建筑状况和居住用地中土地使用的环境状况，这是综合性强的反映居住环境的指标。

要素质量最低值；120 为最高值；100 为质量优良；80 为尚可；10 为恶劣标准。这样便可把环境质量分为优良（100～120），尚可（80～99），差级（又分为稍差 60～80、差 30～59、很差 11～29），恶劣（0～10），设各级内规范化指数与各评价要素计量值有线性关系，就可以方便地利用函数作图方法进行规范化指数的转换。

规范化的关键是如何合理地确定各要素的标准，但有关社会生活环境的评价标准很难确定，因为目前尚无统一的国家或地方标准。再者，其标准亦随人们经济、文化生活水平而不断变化。虽然在城市规划中制定了一些标准，但对天津这样城市的旧市区并不适宜，为使质量地区分布格差显著，本研究中，将评价区域平均水平定为尚可标准，将近期城市规划目标值定为优良标准，以此来确定各评价要素的质量标准。

城市环境质量综合评价值 P，采用下式计算：

$$P=\sum_{i=1}^{n}a_iP_i$$

式中：a_i——各评价要素的权值；

P_i——各评价要素规范化指数。

权值的获取有多种方法。我们是根据上述采取对评价区域内居民发放调查信的方法获取，按居民填写的对各环境评价要素的关心程度，进行统计分析，得出权值见表 1。这些权值尚能客观反映出目前该区域中居民对城市环境的需求和对各种环境问题的切身感受。将上述权值代入公式，取得了评价区域中各网格环境质量综合评价的质量级别。

表 1　环境评价要素数值

评价要素	居住质量		工业污染	城市噪声	园林绿化	道路交通环境
	居住面积水平	居住建筑密度				
数值	0.15	0.15	0.25	0.19	0.14	0.12

三、人的生产与消费活动参数的研究

所谓城市环境问题，主要是指由于人的社会、经济和生活等各项活动引起的环境质量降低。通常，在一定社会、经济、技术条件下，环境受到的总影响，是和人口规模，分布及其人的活动强度密切相关。但人的活动强度与活动内容、方式等各种复杂因素难以度量，而且也不与环境质量呈简单相关关系。有文献把人口密度作为人的活动强度的度量指标，但就城市内部而言，人口密度分布只能是反映人为活动强度的一个侧面。人在城市中的活动内容丰富、形式多样复杂，包括政治、文化、经济、生活、娱乐等，但其中对环境影响最显著的因素是人的生产和消费活动，特别是工业生产活动。因此，反映人的活动强度，不仅要考虑人口规模和分布，还必须考虑人对土地使用的性质，即人为活动的内容与性质，特别是生产与消费活动的强度。人的生产与消费活动量可以通过能源和资源消耗来度量。因此，人为活动强度可以通过人口分布、土地使用性质、能源与资源消耗这四个方面来反映。我们根据天津市旧市区的情况，选择白天人口密度、工业用地占网格内的比例、燃煤量和耗水量四个参数，采用 1 km^2 的网格，将调查资料经数据网格化处理后，分别将它们按数量大小分为五级，级别越大，强度越大，以此作为研究人为活动与城市环境质量之间关系的基础参数。

四、人为活动强度的相似分类

由于人为活动强度在全市范围内分布变化很大，而且城市环境质量分布差异性也较明显，人为活动影响环境质量的优劣，并不是某一项活动的结果，而是综合作用的结果。因此，在研究中，不单单抓住人的某种单项活动对环境质量会产生多大影响，而是要分析代表人为活动强度诸参数的综合特征，以及对城市环境质量的综合影响。

我们采用数理统计的 *Q* 型群分析的方法，按四项人为活动参数进行相似分类。分类结果，天津市区 66 个网格中 43 个网格被划分为Ⅰ、Ⅱ、Ⅲ、Ⅳ四类相似群，余 23 个网格互不成类。为便于分析，将它们视为第Ⅴ类。这五类与人的各项活动强度参数间的关系见表 2。

表 2 各类人为活动参数

人为活动参数（平均级别） 类 别	白天人口密度分布	燃煤量分布	耗水量分布	工业占地比例	四项参数
Ⅰ	4.00	3.67	3.33	1.33	3.08
Ⅱ	3.11	2.47	2.95	1.95	2.62
Ⅲ	1.69	2.25	2.50	3.18	2.40
Ⅳ	2.00	2.50	5.00	2.00	2.88
Ⅴ	2.13	3.09	3.30	3.78	3.08

从表 2 可以看出，天津市区按人为活动强度相似分类，在土地使用上各类别的特征是Ⅰ，Ⅱ两类为工业用地比例小（小于 10%），应属于居住用地性质，Ⅰ类白天人口密度、燃煤量、耗水量这三项参数均高于Ⅱ类；Ⅲ类工业用地比例大，从土地使用上属于用途混杂地区；Ⅳ类只有 2 个网格，耗水量大，为工业与居住混杂地区；Ⅴ类各项指标尽管变化较大，彼此相似差，但它们的共同特点是工业用地比例大（接近 40%）。如果用计算机继续将这五类进一步归并，则可将Ⅰ、Ⅱ两类归在一起，而Ⅴ类网格之间仍无相似归类，这正反映出混杂地区人的活动性质和强度变化都大的特点。

五、人为活动与城市环境质量关系的研究

表 3 反映出天津市区城市综合环境质量优劣与人为活动相似分类各类别之间的关系，研究它们的关系，包括人为活动对城市环境质量变化的影响，和城市环境对于人为活动影响的承受能力两个内容。前者是讨论人的各项活动的综合环境效益；后者就是讨论城市的环境容量。从天津市的研究中，可以看出：

表 3　市区综合环境质量与人为活动类别的关系

人为活动相似分类类别	Ⅰ	Ⅱ	Ⅲ	Ⅳ	Ⅴ
城市综合环境质量优劣顺序	2	1	3	5	4

（1）在土地使用性质相同的情况下，随人口密度增加，能源和资源消耗的加大，城市环境质量出现明显下降。如人为活动相似分类的Ⅰ、Ⅱ两类地区，虽均属居住环境，但质量的平均状态并不相同。如上述Ⅰ类人为活动强度大于Ⅱ类，而平均质量状态低于Ⅱ类。Ⅱ类平均环境质量属尚可级之下，人为活动强度增加到Ⅰ类，环境质量随之下降，说明在目前条件下这些地区人为活动强度已超出环境所能允许的限度。

（2）在土地使用性质不同而其他三项人为活动强度参数相似的情况下，环境质量亦有很大差异，功能混杂地区环境质量明显差于功能较单纯的居住环境地区的质量。从第Ⅱ、Ⅴ两类相比较可以看出，二者白天人口密度、燃煤量与耗水量三项人为活动强度平均级别相同，但工业用地比例大的第Ⅴ类环境质量大大差于Ⅱ类。这说明混杂区人群的各项活动性质与强度变化大，使环境更为复杂，这些地区的城市环境建设难以同时适应不同的功能需要，因而降低了环境对于人为活动影响的承受能力，即由于土地使用的不合理，难以提高这些地区的环境容量。

（3）人为活动强度四项指标都相似的同类网格，环境质量状态亦有所差异，这正说明这些地区对于人为活动影响具有不同承受能力，即城市环境容量有所不同。从天津实例分析，同类网格中城市环境质量较好地区，城市基础设施建设也较好。显然，加强市政建设，就可以提高城市环境容量，实质上是给环境以补偿。

六、结论

综上所述，城市环境质量与城市人口密集和人群各项活动强度有明显相关，城市环境质量的恶化是人群各项活动超过城市环境容量承受能力的表现。本研究表明城市环境容量的客观性，它不是固定的常数，而是受多种因素支配的变量，与城市基础设施的建设水平、土地合理利用以及技术经济水平都有很大关系。因此，与城市发展规模相适应的城市基础设施建设以及城市规划中土地利用的合理调整等都是提高城市环境容量的重要措施。本研究为分析和解决天津市旧城区环境问题进行了尝试，揭示出提高城市综合环境质量有赖于人口、资源、经济诸因素协调发展。

人口、资源与环境协调发展关键问题之一
——环境承载力研究*

曾维华[1] 王华东[1] 薛纪渝[1] 叶文虎[2] 关伯仁[2] 梅凤桥[2]
（1. 北京师范大学环境科学研究所；2. 北京大学环境科学研究中心）

摘 要： 环境承载力是人口、资源与环境协调发展研究的重要内容，是协调经济发展与环境保护的关键所在。本文试图从环境承载力的定义与表示方法入手，通过对发展变量与限制变量及其间的关系的描述探讨承载力的内涵与研究方法；同时以福建省湄州湾新经济开发区为例进行分析，提出其规划建议，为该区人口、资源与环境协调发展提供科学依据。

关键词： 环境承载力 发展变量（因子） 限制变量（因子）

ENVIRNOMENTAL CARRYING CAPACITY：A KEY TO THE COORDINATION OF THE DEVELOPMENT OF POPULATION,RESOURCES AND ENVIRONMENT

Zeng Weihua[1] Wang Huadong[1] Xue Jiyu[1] Ye Wenhu[2] Guan Boren[2] Mei Fengqiao[2]
(1. Institute of Environmental Science，Beijing Normal University;
2. Centre of Environmental Sciences，Beijing University)

Abstract: The research on environmental carrying capacity is very important for coordinating the development of population，resources and environmento It is the key to the coordination of economic devclopment and environmental protection. This paper tries to put forward the definition and descriptive method of environmental carrying capacity so as to approach the connotation and research method of environmentel carrying capacity by means of describing the development variable and constrain variable and their relationship. In this studv，the new econmic developing region of Meizhou Bay，Fujian Province.is taken as an example to analyse the carryjng capacity of environment. On the basis of this study，the coordinative some proposals have been put forword for regional planning and scientific

* 原载《中国人口·资源与环境》，1991，1（2）：33-37。

evidence, provided for the coordinative development of population, resources and environment in this region.

Key words: Carrying capacity of environment, Development variable(factor), Constrain varable(factor)

一、前言

当今，世界人口的急剧增加和经济迅猛发展，一方面引起世界范围的资源危机，同时又不同程度地造成人类赖以生存的自然环境的破坏。人口、资源与环境已成为当今世界所面临的重大问题，已引起不少国家首脑与学者的普遍关注。如何协调人口、资源与环境相互联系又彼此相对独立的矛盾统一体，环境承载力研究正是其中关键之一。

二、环境承载力的概念内涵与研究方法

“环境承载力”（Carrying Capacity of Environment），在国内外文献中时有采用，但往往沿袭生态学中“承载力”一词的含义，即“某一自然环境所能容纳的生物数目之最高限度”，由此派生了“土地承载力”与“人口承载力”等十分相近的概念。本文所叙及的环境承载力并非局限于此，其落脚点是人类活动（包括生活活动与开发活动），即指在某一时期，某种状态或条件下，某地区的环境所能承受人类活动作用的阈值。这里，“某种状态”或“条件”是指现实的或拟定的环境结构不发生明显改变的前提条件，所谓“所能承受”是指不影响其环境系统发挥其正常功能为前提。

为了进一步探讨环境承载力的物理意义与数学表述，在这里我们定义两个新概念：发展变量（Development Variable）与限制变量（Constrain Variable），以此说明人类活动作用与环境约束条件间的关系。人类活动作用包括直接作用与间接作用，直接作用是指人类生活直接消耗自然资源、排放废弃物等对环境的作用，它可通过人口作用强度（人口数量与人口分布）度量；间接作用则是人类为提高生存条件，通过一些间接手段利用自然资源、排放废弃物对环境的作用，它可通过投资强度（投资方向、总额与规模）度量。在经济、技术高度发达的当今社会，后者往往占主导地位。

发展变量是人类生活活动与经济开发活动作用的一种度量，它是一多要素的集合体，其全体构成了一个集合——发展变量集合（D），集合中元素（d_j）称之为发展因子。这些发展因子可以设法予以量化。因此，发展变量可表示成 n 维空间的一个矢量：

$$\vec{d}=\left(d_1,d_2,\cdots,d_n\right)$$

限制变量是环境约束条件的一种表示，是环境状况对人类活动的反作用。应当说明的是，这里的环境约束条件不是仅指大气、水体及土地等的环境质量状况，而是泛指对人类活动起不同限制作用的环境条件，它还包括自然资源的供给条件、居住与交通条件等。与发展变量一样，限制变量的全体构成一个限制变量集 C，其中元素 C_j 称之为限制因子，通

过量化后，限制变量构成一 n 维空间的矢量：

$$\vec{C}=\left(C_1,C_2,\cdots,C_n\right)$$

一般来讲，限制因子可分为以下四类：

（1）环境类限制因子，指的是大气与水体环境质量，以及生态稳定性与土壤侵蚀等条件限制因子；

（2）资源类限制因子，指的是土地资源、水资源等自然资源利用条件限制因子；

（3）工程类限制因子，指的是公路、供水及污水处理系统等市政工程设施限制因子；

（4）心理类限制因子，指的是人们根据对其周围环境的感受（诸如：居住拥挤、交通与购物不便等）所提出的生活条件限制因子。

这四类限制因子并不是完全独立的，而是既相互联系，又相互依赖、相辅相成的统一体。在研究过程中，正确选择因子很重要，应避免其间关联性太大。另外，环境承载力研究所需工作量与所选限制因子的数目成正比，因此，一般来讲，在研究中只需考虑少数几个限制作用最强的限制因子。

在进行环境承载力分析之前，首先，必须确定所选限制因子的限度，即维持环境系统功能前提下，限制因子的最大值或最小值，它在限制变量 n 维空间中占有特殊位置：

$$\overrightarrow{C^*}=\left(C_1^*,C_2^*,\cdots,C_n^*\right)$$

这些限度值 C_j^*通常不是通过行政手段，就是由专家经研究确定。

发展变量集与限制变量集之间存在某种对应关系。发展变量集中每一发展因子均可在限制变量集中找到一个或多个限制因子与之对应，并且它们之间存在某种映射关系 f_j：

$$d_j=f_j\left(C_1,C_2,\cdots,C_n\right)$$

这一映射关系可以是一组方程（差分方程或微分方程等），也可以是一个计算程序等等，它的确定是环境承载力分析的关键与主要障碍。通常，这些映射关系均是可逆的，即存在其逆映射 f_j^{-1}：

$$C_j=f_j^{-1}\left(d_1,d_2,\cdots,d_n\right)$$

前已叙及，发展变量是人类活动作用的某种度量。发展变量集中每一发展因子均与人类活动作用强度（可由人口作用强度与投资强度表示）间存在某种映射关系 g_j：

$$d_j=g_j\left(O,P\right)$$

其中，O、P 分别为投资强度与人口数量。

所谓环境承载力，即为限制因子分别达到其限度值时，环境所能承受人类活动作用的阈值，它可由以下两个层次描述：

①以各发展因子的阈值表示，由下面规划模式确定：

$$\begin{cases}\mathrm{CCE}_j=\max d_j \\ C_j=f_j^{-1}\left(d_1,d_2,\cdots,d_n\right)\leqslant C_j^*\left(j=1,2,\cdots,n\right)\end{cases}$$

其中，CCE_j 即为环境承载力在发展因子 d_j 方面的分量。由此可得一个地区的环境承载力：

$$\overline{CCE}=\left(CCE_1,CCE_2,\cdots,CCE_n\right)$$

它实质上为发展变量空间中占有特殊位置的一个 n 维矢量。在本例研究中采用的是这种表示方法。

②由人类活动作用强度表示，利用以下规划模式确定：

$$\begin{cases}\max P\\ \max O\\ C_j=f^{-1}\left(d_1,d_2,\cdots,d_n\right)\leqslant C_j^*\\ d_j=g_j\left(O,P\right)\left(j=1,2,\cdots,n\right)\end{cases}$$

由此可得维持环境系统功能（限制因子不超过其限度值）前提下，人类活动作用强度的阈值。

三、实例研究

湄洲湾开发区位于福建省中部沿海，与台湾省隔海相望。湾内港阔水深，是建立港口城市的良好场所。根据国土规划，至 2000 年该区将建成三大城镇和具有五大工业及十大码头的重工业港口城市。随着对其开发强度的加大，人口、资源与环境问题将成为限制该区经济发展的主要障碍。为了使该区人口、资源与环境协调发展，避免重蹈覆辙，在“七五”课题“我国沿海新经济开发区环境的综合研究——福建省湄洲湾开发区环境规划综合研究”中，我们对其各规划小区（秀屿、肖厝、东吴与东岭）的环境承载力进行了综合分析与比较。

（一）限制因子的选择

根据湄洲湾开发区的主要环境问题及研究的可行性，选择了以下五个限制因子，即大气环境质量（以 SO_2 为控制污染物），水环境质量（以油为控制污染物），水生生态稳定性（控制污染物为总磷，以不发赤潮为界），以及水资源与土地资源。由此可定义该区发展变量集为：

$$D=\left\{M_{SO_2},M_{oil},M_{TP},Q_u,A\right\}$$

式中：M_{SO_2},M_{oil},M_{TP}——分别为 SO_2、油与总磷的排污负荷（kg/d）；

Q_u——水资源利用强度（m^3/d）；

A——土地资源利用强度（km^2）。

相应的限制变量集为：

$$C=\left\{C_{SO_2},C_{oil},k,g,a\right\}$$

式中：C_{SO_2}——大气中 SO_2 浓度（mg/L）；

C_{oil}——湾内水体中油的浓度（mg/L）；

k——富营养化指数；

g，a——用水与用地指标。

（二）各规划小区环境承载力分析及其度量与评价

作为 n 维发展变量空间的阈限点，环境承载力可由其原点矩度量。由于各限制因子的环境承载力分量量纲不同，需将其归一化方可进行分析比较。归一化的物理意义可理解为以该地区平均状况为标准，对环境承载力各分量进行评价得到的评价指数。

经归一化后，湄洲湾开发区各规划小区环境承载力分别为：

秀屿区：$\overline{\mathrm{CCE}}$ =（0.247，0.04，0.20，0.132，0.075）

东吴区：$\overline{\mathrm{CCE}}$ =（0.253，0.325，0.20，0.132，0.201）

肖厝区：$\overline{\mathrm{CCE}}$ =（0.246，0.237，0.20，0.312，0.287）

东岭区：$\overline{\mathrm{CCE}}$ =（0.254，0.397，0.40，0.424，0.437）

为了突出限制强烈的因子的作用，可由下式评价第 j 规划区环境承载力的相对大小：

$$I_j = 1\Big/\sqrt{\sum_{j=1}^{5}\left(1/\mathrm{CCE}_j\right)^2}$$

这里 I_j 可称之为环境承载力综合评价指数。由此可得湄洲湾各规划小区环境承载力综合评价指数分别为：

秀屿	东吴	肖厝	东岭
0.033	0.087	0.11	0.16

（三）结论与建议

通过对湄洲湾开发区各规划小区环境承载力的研究，可得出以下结论：

1. 水资源是湄洲湾规划区人类活动作用的最大限制因素，为了适应该区人口增长与工业开发的需要，必须由区外调水，以提高该区水资源环境承载力。

2. 秀屿区环境承载力较小，不宜作为文化行政中心，从长远考虑，行政中心应重新选址。

3. 东吴区在规划小区中环境承载力较大，目前发展电力工业问题不大，但如修建600万t钢厂，其水资源问题尚需进一步解决。

4. 肖厝区环境承载力较东吴区与秀屿区均大，发展石油化工是合适的，但应十分注意大气污染问题。

5. 东岭区环境承载力较其他三个规划区都大，应作为今后发展工业重点地区。

四、结束语

环境承载力是环境系统结构的一种抽象表示，是其客观属性。环境作为一个系统，在不同地区，不同时期，会有不同结构，其任何一种结构均有承受一定程度外部作用的能力。环境的这种属性是其具有“承载力”的基础。

环境承载力可以因人类对环境的改造而改变，实际上，人类改造环境的目的，在很大程度上是为了提高环境承载力；但是不容忽视的是，人类对环境的某些改造活动，在提高环境承载力的同时，又在另一些方面，降低了环境承载力，研究环境承载力的目的就在于协调人类活动作用与环境的关系，以达到人口、资源、环境协调发展的目的。

综上所述，环境承载力既是环境的客观属性，又是可以改变的，它从本质上反映了环境与人类活动间的辩证关系，建立了社会、环境与经济间的联系纽带。它的提出，为环境规划学奠定了理论基础，为人口、资源与环境协调发展提供了科学依据。依据环境承载力的理论与研究方法，可把许多传统科学的微观研究成果与决策的宏观要求有机地结合起来，它既体现了环境科学的整体性，又体现了环境科学在研究和解决环境问题中的综合性；既促进了各学科之间的交叉渗透，又推动了环境科学理论体系的建立与发展。

资源、环境与区域可持续发展研究*

王华东　鲍全盛　王慧钧　段红霞
（北京师范大学环境科学研究所）

摘　要：本文为探讨中国未来区域发展模式，分析了当今世界区域发展中资源、环境与区域发展的关系，分别从资源和环境的角度归纳出数种区域发展模式，并在简要分析各种发展模式特点的基础上提出了中国区域发展模式。

关键词：资源　环境　区域发展模式　区域持续发展　中国

RESEARCH ON RESOURCES,ENVIRONMENT AND REGIONAL SUSTAINABLE DEVELOPMENT

Wang Huadong　Bao Quansheng　Wang Huijun　Duan Hongxia
(Institute of Environmental Science，Beijing Normal University)

Abstract: This paper studies the regional developing model of future China，analyses the relationship among resources，environment and regional development，introduces several different models of regional development，finds out the Chinese mode of regional development.

Key words: resources,environment，regional developing model，regional sustainable development，China

区域是由资源、环境、经济与社会等多要素构成的，是不断发展着的多层次的空间系统。该系统中资源、环境、经济、社会等要素互为条件，互相制约，互相促进，构成复杂的联动关系，共同影响着区域的发展。就某个特定区域而言，只有资源、环境、经济、社会等要素间的关系处理得当，经济效益、社会效益、资源效益、环境效益四者得到统一，区域才能持续、快速、健康发展。如果片面追求经济效益，势必损害资源效益、环境效益和社会效益，阻碍区域发展的进程。

中国人口众多，人均自然资源量偏少，当前某些地区的发展是以大量消耗自然资源和

---

* 原载《中国人口·资源与环境》，1995，5（2）：18-22。

严重污染环境、破坏生态为代价换取的。这与中国的资源、环境实际极不协调，如果不尽快改变这有悖于国情的区域发展模式，迟早将会导致资源紧张，生态破坏，环境质量迅速恶化等一系列严重后果，阻碍区域的发展，影响社会稳定与人民生活水平的提高。所以，以可持续发展思想为指导探索中国未来区域的发展模式，是我们急需解决的课题。本文拟就此问题进行初步讨论。

一、资源、环境与区域发展

（一）资源与区域发展

区域发展与资源的开发利用关系密切，资源是决定区域产业结构的基本因素，资源的类型、数量、质量及时空组合特征是决定区域发展方向，选择区域发展模式的依据之一。因此，正确理解资源概念的内涵及外延，对讨论资源与区域发展的关系有重要意义。

资源概念的内涵与外延并非是一成不变的，它们随技术经济的提高而不断扩展、深化。一般而言，资源泛指在一定技术经济条件下，能为人类利用的一切物质、能量及信息。资源在属性特征、对经济发展的作用方式、数量与稳定性、可更新性与再循环等诸方面存在很大差别。据此可以把资源分为不同类型。从资源的属性特征，将其分为自然资源和社会资源两种。矿产资源、生物资源及环境资源属自然资源，这是当前支撑区域发展的主要资源类型。科学技术、信息、管理方式、劳动力、人才、资金等则属于社会资源；据资源对经济增长的作用方式，可分为直接促进经济增长的硬资源和通过作用于硬资源对经济起增值作用的软资源两大类。自然资源属硬资源，社会资源属软资源。

区域的发展需要综合利用各种资源，各种资源对区域的发展均有重要意义。但由于各地区所处位置及自然条件不同，经济、社会发展程度不一等原因，区域内不同资源的数量、质量及获取难易程度各不相同。所以，各个区域在其发展过程中，根据自己的资源特征，选择了不同的发展模式，主要发展模式有自然资源型、社会资源型、综合型及资源缺乏型四大类。

1．自然资源型

自然资源型模式是当前区域发展模式的主流。采取该发展模式的区域内，一般而言自然资源丰富，尤富矿产，所以这些区域发展的共同特点是，以自然资源的大规模开发利用为区域发展的基础和动力。但是，因不同区域的社会、经济发展水平不同，其自然资源的消耗方式和程度有较大差别，一般有高消耗高效益型、高消耗低效益型、高输出高收益型及高输出低收益型四种基本类型。

2．社会资源型

属于这一类型的区域，因自然资源，特别是矿产资源缺乏，区域的发展基本上依赖社会资源的深度开发，环境质量良好，其经济效益、社会效益与环境效益得到有机统一，是一种具有很大发展潜力的发展模式。

3．综合型

这是一种综合利用硬资源与软资源的发展模式。区域兼备硬资源及软资源，发展潜力大。

4. 资源缺乏型

属于这一类型的区域，一般缺少硬资源，且社会资源贫乏。因此，这类区域的发展缓慢，呈低水平状态。

（二）环境与区域发展

环境是相对人类而言，泛指人类周围的一切自然要素和社会要素。人类的一切活动，包括生产和生活均不能脱离环境，而是在环境所提供条件的基础上开展。所以，区域的发展必然受环境条件的制约，环境质量的优劣直接关系到区域能否持续、快速、健康发展。良好的环境条件促进区域发展进程，相反恶劣的环境条件影响区域发展。

尽管环境与区域发展的关系十分复杂，纵观不同区域环境与发展的关系，可以总结出如下几种模式，即重污染无效益型、中污染低效益型、轻污染良好效益型、无污染高效益型等。

二、资源、环境与区域可持续发展

区域发展是区域系统内部资源、环境、经济、社会诸因素间关系的不断协调过程，上述因素均对区域发展产生深远的影响，其中资源与环境是区域发展的主要条件，是区域发展的两大支柱。从总体和长期看，资源与环境又是区域可持续发展的重要因素，即区域能否可持续发展，主要取决于资源及环境条件。因此，根据区域发展的经济效益及污染损失大小、资源利用的合理程度，可以判定区域的可持续发展与否及其程度。某一区域，如果其代表区域发展水平的国民生产总值的提高速率高于资源浪费、环境质量下降所带来的损失的提高速率，则区域的发展属于可持续发展。反之，区域发展属不可持续发展。

在持续发展的区域中资源、环境、经济、社会之间的关系，也并非是一成不变的，而是处于不断发展变化之中，所以持续发展是有明显的阶段性。某区域，如果其国民生产总值的提高速率略高于资源消耗、环境质量下降所带来的损失的速率，则表明区域持续发展处于较弱阶段；如果其国民生产总值的提高速率远高于资源消耗、环境质量下降所带来的损失的速率，则表明区域正处于强持续发展阶段。

三、我国的可持续发展途径分析

我国地域辽阔，各地区间自然条件、社会、经济发展水平殊异，资源、环境、经济、社会诸因素间的矛盾关系不同。因此，我国的发展不宜采用单一发展模式，而应该根据不同地区的实际情况，因地制宜选择发展模式，以充分发挥各地区资源、环境优势，使各地区得以持续、快速、健康发展。

（1）新中国成立 40 多年来，我国已逐步建立比较完整的工业体系和国民经济体系，但其产业结构极不合理，第一产业和第二产业占绝对优势，产业体系处于工业化初期至中期的结构。不难看出，40 多年来我国的发展基本上建立在自然资源的强度开发利用之上，基本上属于资源导向结构的产业体系。自 1979 年以来，我国的工业结构发生了重要的变化，重加工业地位上升，采掘工业地位下降，且多数省市原材料和轻工业地位下降，高加工度化和重加工业化十分显著，但仍然未能摆脱严重依赖自然资源的区域发展模式。这种产业结构特征，决定了资源消耗的基本框架。由于产业总体技术水平与企业技术含量低，对自然资源的利用水平低，综合利用程度差，使得单位产值资源消耗量大，其结果大量资源以“三废”形式浪费，造成很大经济损失，这不但不利于形成经济优势，同时又引起相当严重的生态破坏与环境污染。目前我国环境污染呈由城市向农村蔓延的趋势，污染物排放量，如 SO_2 排放量正趋增长中。可见，当前我国的发展模式属高消耗重污染、破坏低效益型，这与我国的人均资源量偏少这一基本国情相矛盾，不利于我国的长期发展。因此，需要依据我国的资源、环境状况建立资源节约型的社会经济体系，把产业结构逐步由目前的资源密集型、劳动密集型转向资本-技术-知识密集型结构，把自身资源优势与发展国际优势产业和新型产业结合起来，充分发挥我国整体优势。为今后我国的持续发展，必须提高环保投资在国民经济生产总值中的比例，逐渐由1%增长至2%～3%。

（2）东南沿海地区包括海南、广东、福建、浙江、江苏、上海、天津、北京等省市，该区域是中国经济最发达的地区，人口密度大，该地区矿产资源贫乏，但是众多的人口可为区域发展提供大量的劳动力和人才。优越的沿海、沿江位置，区际联系方便，信息灵通。目前该区域的发展模式属软资源综合型，区域发展缺乏硬资源配合，是区域发展的不利因素。因此，东南沿海地区应根据其经济技术水平较高，软资源丰富，硬资源缺乏的特点，改变其耗能高，运量大的工业为主的结构，致力于发展高、新产业和创汇产品，并强化与中西部地区之间的经济联系，建立稳固的后方，增强区域发展的后劲，开拓国际市场。

（3）西北部地区，包括山西、内蒙古、宁夏、甘肃、新疆等省区，该区域自然资源丰富，特别是能源储量十分丰富，是中国的能源基地。但因社会经济较落后、区域地广人稀而与自然资源相匹配的人才、资金、信息、技术、先进的管理方式等社会资源贫乏，所以自然资源优势尚未得到充分发挥。区域的发展主要依靠自然资源的大量输出来维持。由于大量开采自然资源，资源加工水平低，资源浪费严重，所以生态破坏与环境污染严重。可见，该区域的发展以自然资源为依托，属高输出重污染低效益型模式。

西北部地区的持续发展应凭借本区域自然资源丰富的优势，从接受国外或发展水平比较高的东、中地区的劳动力、人才、资金、技术及部分产业活动，发展资源密集型产业入手，逐步引进先进的技术与管理经验，实现产业结构调整及工业合理布局。提高环保投资比例，建立资源开发的生态补偿制度，改善和提高城市环境质量，促进经济增长。

（4）中部地区，包括黑龙江、吉林、辽宁、河北、河南、陕西、湖北、湖南、安徽、江西、广西、云南、贵州等省区，是中国经济相对比较发达的地区，产业结构中第一、第二产业占绝对优势。该区域内自然资源比较丰富，但由于技术水平偏低，工艺较落后，资源的利用率低，综合利用程度差，所以经济效益不高，环境污染与破坏较严重，其区域发展模式属高消耗重污染低效益型。因此，其资源、环境与区域持续发展的矛盾介于东南沿海与西北部地区之间，这里不再赘述。

（5）青藏高原地区是中国经济落后的地区，该区域地广人稀，自然条件较差，矿产资源的储量多寡尚不清楚，虽赋存十分丰富的太阳能、水能、地热能及风能资源，但均未得到开发利用，加上高山大川等天然屏障的阻隔，区内外联系不便，信息闭塞，劳动力、人才资源缺乏。因此，青藏高原地区的发展至今基本上仍处于资源未开发及环境约束型的发展模式。当前人为活动强度不大，生态破坏与环境污染不甚严重，但该区域特殊的自然地理条件决定其生态与环境的脆弱性，一旦遭到污染与破坏，极难演替恢复。

鉴于青藏高原地区资源、环境的实际，该区域今后除在大力发展农牧业，发展以农牧业产品为原料的轻工业、民族工业外，应引进资金、技术开发区域内丰富的自然资源，加快区域发展步伐，另外要加强与外界联系通道的建设、强化区际联系，充分利用独具魅力的高原自然景观，大力发展旅游业，全面推进区域的发展。

四、结论

（1）资源、环境与区域可持续发展关系密切，二者是区域发展的两大支柱，本文在分析当今世界区域发展中资源、环境与区域发展关系的基础上总结出数种区域发展模式。

（2）当前中国的发展属对自然资源的高消耗重污染低效益型的区域发展模式，这与中国人均自然资源偏少的国情相矛盾，因此应建立资源节约及废物最少化的社会经济体系，以求区域资源、环境与社会、经济持续、协调发展。

（3）中国各种资源的空间分布不均匀，不同区域资源的类型、数量及组合与环境质量状况各具特色，所以中国的发展不宜在同一模式下运转，而应因地制宜根据各地区的资源、环境实际，选择不同的发展模式。

区域 PERE 系统的通用自组织演化模型*

林逢春 王华东
（北京师范大学环境科学研究所，北京 100875）

摘 要：分析了区域人口—经济—资源—环境（PERE）系统中的自组织过程，建立了区域 PERE 系统的通用自组织演化模型，并把模型应用于山西省某市，预测了该市未来的人口、经济和环境状况，试图解决在区域 PERE 系统中应用自组织理论时建模困难的问题。

关键词：区域 PERE 系统 自组织过程 通用自组织演化模型 环境经济协调度

General Self-Organization Evolution Model of Regional Population-Economy-Resources-Environment System

Lin Fengchun，Wang Huadong
（Institute of Environment Science，Beijing Normal University，Beijing 100875）

Abstract: A general self-organization evolution model of regional PERE systems was developed. The model has been applied to a city in Shanxi Province，the future situation of population，economy and environment were predicted.

Key words: regional PERE systems，self-organization process，general self-organization evolution model，the degree of environment-economy coordination

1 前言

区域人口—经济—资源—环境（英文简写为 PERE）系统是一个要素众多、结构复杂的开放巨系统。鉴于其复杂性，近年来，一些国内外学者利用自组织理论来研究该系统，得到了较好的结果。但由于研究处于探索性阶段，所以区域 PERE 系统的自组织演化理论

* 原载《环境科学学报》，1995，15（4）：488-496。

和模型尚不成体系，模型的通用性较差。自组织理论利用非线性微分方程来描写系统的演化，模型比较复杂，而且，对区域 PERE 系统研究尚少，无现成的规律可循，所以建模困难是自组织理论难以广为应用的关键原因。为此，我们在参考前人研究工作的基础之上，尝试性地建立区域 PERE 系统的自组织演化模型体系，试图解决由于建模困难而导致的自组织理论方法难以应用的问题。

2 区域 PERE 系统中的自组织过程

按照不同经济部门对人口发展的不同影响，可以把经济分为基本工业部门和第三产业部门。基本工业部门本身的发展更多地依赖于资源、设备、技术，较少地依赖于人口数量，它与人口的关系仅在于提供就业机会。第三产业则不同，它是直接为人们服务的产业，因此，它的发展，一方面给人们提供就业机会，另一方面又取决于人口的多少。

根据图 1，可以清楚地看出 PERE 系统的自组织过程。自然资源的质和量决定了基本产业的发展，而基本产业的发展和人口增长两个方面决定了基本产业的失业率。人口增多，失业率加大；基本产业发展了，失业率又会下降。人口又决定了对第三产业的需求量，同样，第三产业的发展和人口的增长决定了第三产业失业率。影响人口迁移的因素很多，基本产业、第三产业的失业率、环境状况、区域人口数量都影响人口迁移，同时，迁移行为会使人口数量发生变化。人口数量、基本产业、第三产业的发展情况都会影响环境状况，而人们环境意识的提高又会作用于基本产业和第三产业，通过环保措施来影响环境状况。由于上述复杂的相互作用，区域 PERE 系统有着多种多样的演化结果。人口、经济、资源、环境协调发展就是演化中的一种状态，是区域人口适度，资源高效利用，经济稳定发展，环境状况保持良好的一种稳定有序的状态。这种状态是区域人口、经济、资源、环境协同作用、自组织结果。

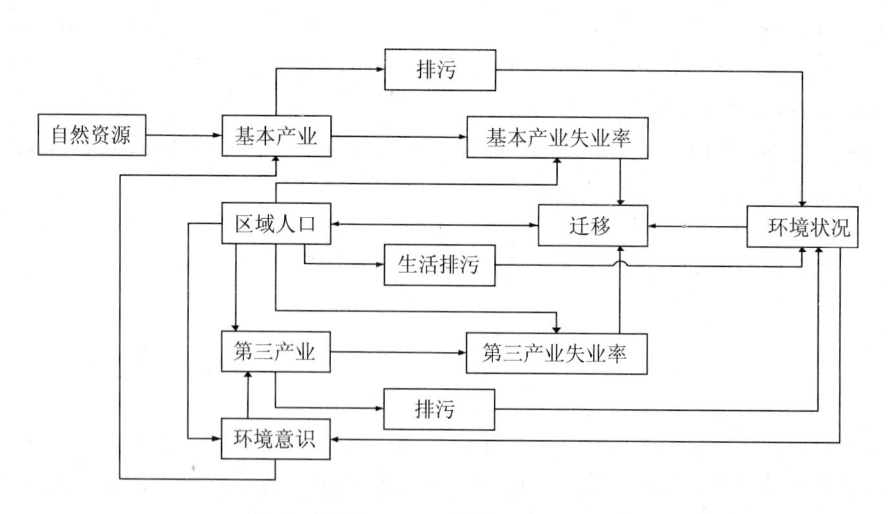

图 1 区域 PERE 系统自组织过程框图

3 区域 PERE 系统的通用自组织演化模型

3.1 非线性数学模型

自组织理论认为一个开放系统要形成有序结构，其内部的相互作用必然是非线性的，在数学模型上必然用非线性的微分方程来反映。这是应用自组织理论建立模型的一个特点。

区域 PERE 系统中存在着复杂的非线性相互作用。经济增长速度并不随投资的增长而直线上升；生产规模越大并不意味经济效益越高；资源的消耗并不随经济增长而直线上升。各要素之间不是简单的因果关系、线性依赖关系，而是既存在正反馈的倍增效应，也存在着限制增长的饱和效应，即负反馈。例如，一个城市系统中人口与企业之间互相促进，共同增长——企业扩大，劳动力需求增多，外地人口迁入，使本地人口增长，人口增加后，对产品需求量增多，又刺激生产，形成正反馈。城市人口与失业率之间存在负反馈。城市人口增加，会导致就业机会减少，失业率上升，失业率上升后，城市中部分人口就会迁移到就业机会较多的其他地区，从而使城市人口减少，形成负反馈。因此，需要用非线性微分方程来描述系统的演化。

自组织理论讨论区域 PERE 系统及其他社会系统的普遍数学模型形式为：

$$\frac{\mathrm{d}X}{\mathrm{d}t}=rX\left(1-\frac{X}{M}\right) \tag{1}$$

式（1）称为 Logistic 方程。

式中：r——状态变量 X 的增长率；

M——外界条件允许状态变量所能取得的最大稳定值。

方程共有两个定态解，X=0，X=M。当 r>0 时，解 X=0 是不稳定的，系统状态稍有变化，X 就会增长，一直到 X=M。只要 X<M，则 X 的变化率为正，X 增长；而 X>M，则 X 的变化率为负，X 下降；只有 X=M 是稳定的。当 r<0 时，解 X=M 是不稳定的，X<M，X 的变化率为负，X 下降，一直到 X=0 为止；X>M，X 一直增长到无穷；此时，X=0 是系统的稳定解。当从小于零变为大于零时，系统的稳定状态从 X=0 向 X=M 发生突变。同时，在 r>0 时，M 的不同取值又使系统有各种不同的变化，形成各种复杂的演化图景。在实际的区域 PERE 系统中，M 的具体形式要根据实际问题来确定。

自组织理论建立在非平衡统计基础上，认为系统状态的突变是由局部涨落引起的，处在非平衡状态下的系统，各处状态不同。状态不同的地点之间发生相互作用，这种作用使新的质产生，旧的质消亡，系统发生质变。

在区域 PERE 系统内人口、资源、经济、环境各要素时空分布是不均匀的，正是由于这种不均匀或非平衡才引起了竞争和涨落，形成了系统内部各处不同的吸引势。吸引势差作为系统内部的驱动力，驱动着系统内部物质、能量、信息等的流动。人口向着经济水平高、环境状况好的地方迁移，企业也向原料充足、劳动力密集的地区迁移。但对于区域 PERE 系统这样的复杂社会系统，各地之间的迁移和扩散没有现成的规律可循，为了能在模型中反映系统这方面的性质，自组织理论用各点之间吸引力反映系统内各点之间物理量的迁移。埃伦（P. M. Allen）教授在讨论美国人口空间分布结构问题时，将人口向 i 点的迁移量 M_i^{in}

写成 i 点对 j 点的吸引力 V_{ij} 与 j 点可迁移人口 N_j 的乘积，具体形式为：

$$M_i^{in}=\sum_{j\neq i}N_j\frac{V_{ij}}{\sum_k V_{kj}} \tag{2}$$

这一公式是普遍的形式，不论是对人口的迁移，还是对企业的迁移，只是根据问题的不同需要计算出不同的吸引力形式。

区域 PERE 系统与周围地区有着大量的物质、能量、信息与技术的交流，同时，人口也在区域之间流动，正是这些交流使系统保持了一种动态的稳定结构，使人口、资源得到合理配置。在研究区域 PERE 系统时，可以认为影响人口迁移的主要因素是经济水平和环境状况等。一个区域经济水平越高，其对人口的吸引力越大；环境状况越好，其对人口的吸引力越大。若用环境经济协调度来定量反映区域 PERE 系统的经济与环境经济的整体状况，则可近似认为一个区域对人口的吸引力正比于环境经济协调（H）：

$$V=\alpha H \tag{3}$$

在研究一个区域 PERE 系统时，在所研究的较短时间范围内，可以忽略周边地区人口的变化，认为周边地区人口为一常数。同样，可以认为周边地区环境经济状况保持稳定。在这种情况下，可以把问题简化，认为区域净迁入人口正比于该地区对人口的吸引力，即：

$$M=\beta V=\beta\alpha H \tag{4}$$

总而言之，建立模型时，自组织理论采用非线性的演化方程，并带有扩散项，方程的一般形式为：

$$\frac{\mathrm{d}X}{\mathrm{d}t}=rX\left(1-\frac{X}{M}\right)+M \tag{5}$$

这样的方程一般称为反应扩散方程。其中等式右边第一项为反应项，第二项为扩散项。反应项为非线性函数，扩散项利用吸引力表示。

3.2 变量的选取

根据协同学的支配原则，对于一个复杂的区域 PERE 系统，可以仅用一个或几个慢变量来描写系统的演化行为。自组织理论讨论实际系统的数学方程虽然复杂，但变量个数却很少，这与系统工程采用众多变量的线性方程来描写系统是不同的。

根据对一般区域 PERE 系统的分析，建议选用以下几种变量来描写区域 PERE 系统：

（1）i 行业产值；

（2）i 行业单位产值排污量，简称 i 行业排污系数；

（3）i 行业单位产值资源消耗量；

（4）区域资源获取量（包括开采和调入）；

（5）区域人口。

对于具体区域 PERE 系统，在研究时间段内，可能有些变量变化不大，如排污系数、单位产值资源消耗量，可将这些变化不大的量作为参数出现在模型中。

3.3 通用区域 PERE 系统演化模型

目前，已有一些学者利用自组织理论来定量研究区域 PERE 系统的协调发展问题。

1989 年，孙本经、王华东以“人—环境系统是自组织系统”为出发点，应用自组织理论建立了非线性动力学模型，模拟了焦作市人—环境系统的演化，预测了焦作市将来的人口、环境和经济状况，并进行了协调控制研究。

继孙本经之后，朱华伟于 1989 年，周建平、赵彩凤等于 1991 年利用自组织理论分别对甘肃白银市、浙江开化华埠地区等区域环境经济系统进行了协调发展研究，得到了较好的结论。

以上研究中都建立了区域 PERE 系统或环境经济系统的非线性演化模型，这些模型经适当修正后，可用于其他区域 PERE 系统。我们参考上述研究工作中的演化模型，试图建立通用区域 PERE 系统演化模型。

3.3.1 建立通用区域 PERE 系统演化模型遵循原则

（1）普适性，即模型要适用于一般的区域 PERE 系统；

（2）简单性，非线性微分方程求解困难，因此，应尽量使模型简单，选择最有代表性的少数变量来描写区域 PERE 系统；

（3）非线性，即用非线性微分方程来模拟区域 PERE 系统中的复杂相互作用；

（4）耦合性，即模型要反映经济子系统中各行业之间的耦合作用和人口、经济、资源、环境之间的耦合作用，而不是描写各行业、各子系统的微分方程相互独立。

3.3.2 一般区域 PERE 系统的结构关系模型

区域 PERE 系统中有 M 个行业，主要的污染物有 N 种，对经济发展构成约束的资源有 S 种。M 个行业竞争 S 种资源。区域 PERE 系统结构关系见图 2。忽略行业间的其他作用。区域环境容量按一定比例分配给 M 个行业，并保持不变。只考虑资源与环境容量对经济发展的制约作用，对其他影响经济发展的因素，如投资量、投资方向等，不作研究。

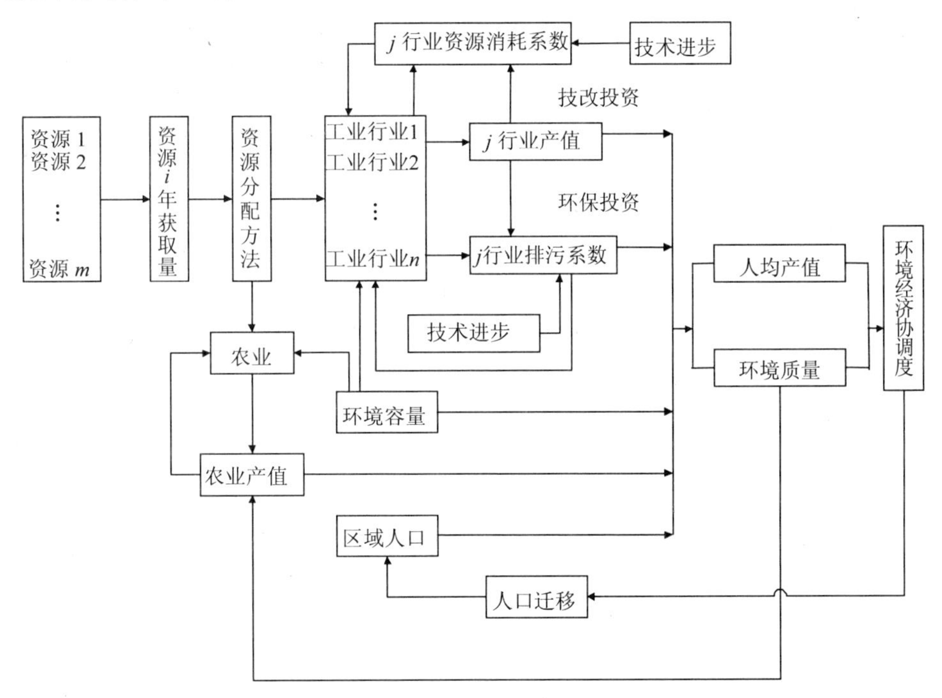

图 2　区域 PERE 系统结构关系图

3.3.3 通用区域 PERE 系统演化模型

（1）资源模型

$$\frac{\mathrm{d}X_i}{\mathrm{d}t}=r_iX_i\left(1-\frac{X_i}{M_i}\right)\quad i=1,2,\cdots,S \tag{6}$$

式中：X_i——第 i 种资源年获取量（开采或调入）；

r_i——第 i 种资源年获取量内禀增长率；

M_i——现状技术、条件下第 i 种资源年最大获取量，其具体形式根据具体情况确定，可以是含时的函数。

（2）工业模型

$$\frac{\mathrm{d}y_j}{\mathrm{d}t}=r_jy_j\left(1-\frac{y_j}{M_j}\right)\quad j=1,2,\cdots,M \tag{7}$$

$$M_j=f_1\left(\{\theta_{ij}\},\{W_{ij}\},\{C_{ij}\},\{X_i\},t\right) \tag{8}$$

$$\frac{\mathrm{d}C_{jk}}{\mathrm{d}t}=r_{jk}C_{jk}\left(1-\frac{C_{jk}}{M_{jk}}\right)\quad k=1,2,\cdots,N \tag{9}$$

$$M_{jk}=f_2\left(y_1,g_k,\{q_{jk}\},t\right) \tag{10}$$

$$\frac{\mathrm{d}W_{ij}}{\mathrm{d}t}=r'_{ij}W_{ij}\left(1-\frac{W_{ij}}{M_{ij}}\right)\quad i=1,2,\cdots,S \tag{11}$$

$$M'_{ij}=f_3\left(y_j,g'_i,t\right) \tag{12}$$

式中：y_j——工业第 j 行业年产值；

C_{jk}——工业第 j 行业单位产值第 k 种污染物排放量；

q_{jk}——工业第 j 行业第 k 种污染物允许排放量；

W_{ij}——工业第 j 行业单位产值第 i 种资源消耗量；

r_j、r_{jk}、r'_{ij}——内禀增长率；

θ_{ij}——第 i 种资源分配给工业第 j 行业的比例；

g_k——第 k 种污染物治理技术进步因子；

g_i'——第 i 种资源利用技术进步因子；

f_1、f_2、f_3——具体函数形式根据具体情况确定。

（3）农业模型

$$\frac{\mathrm{d}y_A}{\mathrm{d}t}=r_Ay_A\left(1-\frac{y_A}{M_A}\right)-\sum_k\xi_k\frac{P_k}{q_k} \tag{13}$$

$$M_A = f_4\left(\{\theta_{iA}\},\{W_{iA}\},\{y_A\},\{X_i\},\{q_{Ak}\},t\right) \tag{14}$$

式中：y_A——农业年产值；

r_A——农业产值内禀增长率；

θ_{iA}——第 i 种资源分配给农业的比例；

W_{iA}——农业单位产值第 i 种资源消耗量；

ξ_k——第 k 种污染物对农业产值的破坏因子；

P_k——第 k 种污染物年排放总量；

q_k——第 k 种污染物在一定标准下的允许排放量；

q_{Ak}——农业第 k 种污染物允许排放量；

f_4——具体函数形式根据具体情况确定。

（4）资源分配模型

$$\theta_{ij} = f\left(\{y_j\},\{W_{ij}\},\cdots\right) \tag{15}$$

式中：f——具体函数形式根据具体情况确定。

（5）人口模型

$$\frac{\mathrm{d}Z}{\mathrm{d}t} = rZ + M \tag{16}$$

$$M = \beta_1 H \tag{17}$$

$$H = \beta_z \frac{\left(\sum_j y_j + y_A\right) \Big/ Z}{\mathrm{e}^{I-1}} \tag{18}$$

$$I = \sum_k U_k \frac{P_k}{q_k} \tag{19}$$

式中：Z——区域人口；

r——人口增长率；

I——区域环境质量综合指数；

H——区域环境经济协调度。

（6）排污模型

$$P_k = \sum_j^M C_{jk} y_j + C_k Z \tag{20}$$

式中：C_k——人均生活排放第 k 种污染物量。

4 应用

现以山西省某市为实例进行分析。该市是新兴的工业城市，工业比较集中，工业结构比较简单，资源利用率低，工业排污量大，城市污染较重。主要污染物是烟尘、SO_2 和废水。主要工业可分为 5 类：煤炭工业、纺织工业、化学工业、造纸工业和其他工业。目前，煤炭工业、纺织工业是该市主导工业。

该市地处黄土高原，地表水已被严重污染，基本上无法使用，地下水资源虽然比较丰富，但补给条件差，由于近几年过量开采地下水，已在局部地区形成地下降落漏斗，面积达 130 km^2。显然，水资源是该市经济发展的重要限制因素。该市矿产资源较为丰富，尤其是煤炭资源，而且，电力能源充足，煤炭及电力等对经济的发展无限制作用。

应用区域PERE系流的通用自组织演化模型，结合该市具体情况可以建立其区域PERE系统演化模型。在模型中只考虑水资源对经济发展的作用，选用行业产值、行业排污系数、水资源开采量和总人口作为模型变量，行业单位产值耗水量变动不大，作为参数出现在模型中。限于篇幅，在此仅列出水资源分配原则和模型。

1．水资源分配原则

（1）产值大的行业分配给较多的水量。

（2）耗水系数大的行业分配给较多的水量，以维持其生产。

2．水量分配模型

$$\theta_i = \theta_0 \frac{y_i^0 W_i}{\sum_i y_i^a W_i} \tag{21}$$

式中：θ_i——工业第 i 行业用水量占水资源开采量的最大比例；

θ_0——工业第 1～5 行业用水总量占水资源开采量的最大比例；

y_i——工业第 i 行业年产值；

W_i——工业第 i 行业万元产值耗水系数；

a——参数（a 值大小反映政府部门决策时对行业年产值的重视程度，a 越大，对产值越重视）。

根据该市 1988—1992 年统计数据，对模型进行了校准。模型较好地模拟了历史情况（图 3）。用调好参数后的模型对该市未来的环境、经济状况进行了预测。

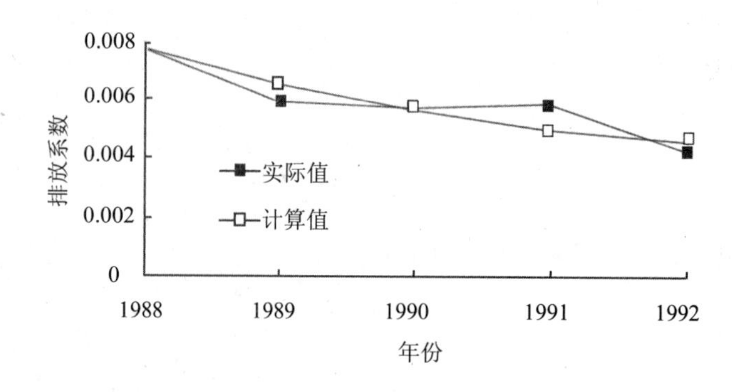

图 3　煤炭工业废水排放系数模拟曲线

参数 a 反映政府部门在水资源分配决策时对行业产值的重视程度，a 值的变化反映政府部门决策上小的变化。不同 a 值情况下的 2010 年环境、经济预测结果见图 4，图 5 和图 6。

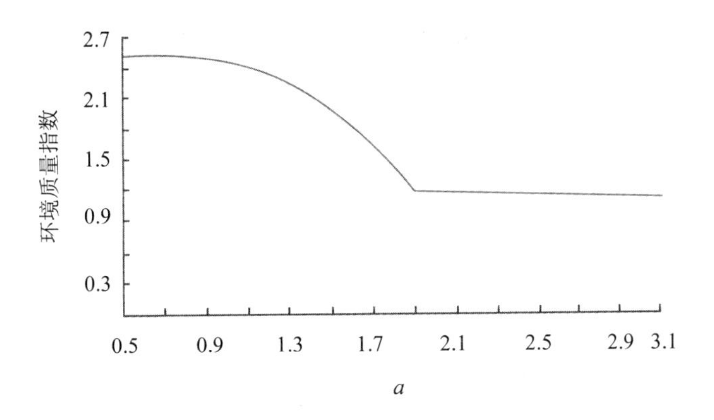

图 4 区域环境质量综合指数

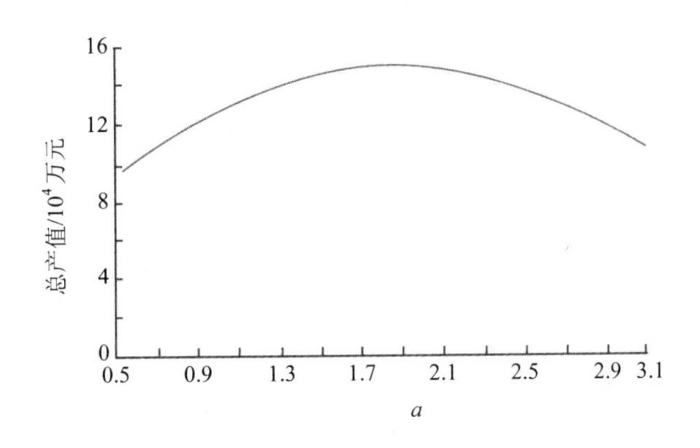

图 5 总产值

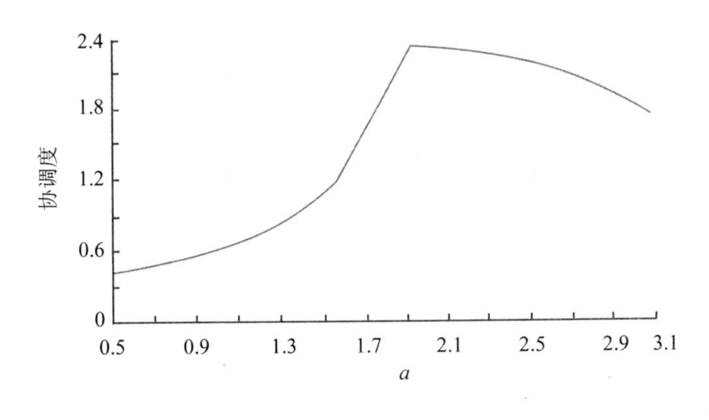

图 6 环境经济协调度

由预测结果可知：

（1）当参数 a=2.7 时，区域环境质量指数最小，环境状况最好。

（2）当参数 a=1.7 时，总产值最大。

（3）当参数 a=2.1 时，区域环境经济协调度最高，经济水平与环境状况最协调。

当 a=2.1 时，该市人口、环境、经济发展预测详细结果见表 1。

表 1　人口、环境、经济发展预测结果

年份	环境质量指数	人口/人	总产值/万元	环境经济协调度
1993	2.443	348 895	40 942.21	0.277
1994	2.411	354 852	42 837.16	0.294
1995	2.386	360 976	44 957.70	0.311
1996	1.872	368 195	47 450.91	0.539
1997	1.788	375 917	50 386.78	0.610
1998	1.722	384 107	53 719.82	0.679
1999	1.666	392 777	57 466.98	0.752
2000	1.621	401 947	61 687.15	0.825
2001	1.220	413 540	66 446.00	1.289
2002	1.191	425 854	71 836.21	1.393
2003	1.159	438 919	77 828.71	1.513
2004	1.125	452 829	84 518.48	1.648
2005	1.095	467 660	92 036.20	1.789
2006	1.075	483 422	100 514.20	1.929
2007	1.093	499 898	110 197.70	2.008
2008	1.111	517 023	121 039.10	2.096
2009	1.126	534 858	133 166.40	2.196
2010	1.138	553 476	146 701.60	2.308

5 结语

以自组织理论为基础，建立区域 PERE 系统的通用自组织演化模型是一种尝试，应用于山西省某市，模拟和预测效果较好，表明此模型对研究区域 PERE 系统中存在的复杂问题有较好的实用性。

区域人口-资源-环境-经济系统可持续发展定量研究*

冯玉广[1] 王华东[2]
（1. 山西师范大学物理系，临汾 041004；2. 北京师范大学环境科学研究所，北京 100875）

摘 要：分析了区域人口-资源-环境经济之间的相互关系；建立了区域 PREE 系统可持续发展的判别模型；对区域 PREE 系统可持续发展问题进行了定量研究。

关键词：区域 PREE 系统 可持续发展 判别模型

The quantitative study on the sustainable development of regional population-resouces-environment-economy system

Feng Yuguang[1] Wang Huadong[2]
（1. Department of Physics，Shanxi Normal University，Linfen 041004;
2. Institute of Environment Science，Beijing Normal University，Beijing 100875）

Abstract: The relation of regional population-resources-environment-economy system was analyzed，a discriminant model of sustainable development of regional PREE system was set up，and the sustainable development problem of regional PREE system was studied quantitatively using the discriminant model.

Key words: regional PREE system，sustainable development，discriminant model

1992 年里约环境与发展大会以来，协调人口-资源-环境-经济的关系，走可持续发展道路，已成为全球下一世纪追求的基本目标。因此，如何判断具体区域的发展是否可持续已是当务之急。本文首先阐明人口-资源-环境-经济（简称 PREE 系统）之间的相互关系，在此基础上建立衡量 PREE 系统的发展是否可持续的数学表达式及定量化判据，并将其应用于辽宁省盘锦市。

* 原载《中国环境科学》，1997，17（5）：402-405。

1 人口-资源-环境-经济之间的相互关系

区域的 PREE 系统是一个具有高度复杂性、不确定性、多层次性的巨开放系统。不同区域的 PREE 系统特点各不相同，而某一特定区域的 PREE 系统又从属于一个范围更广、层次更高的 PREE 系统。构成某一特定区域的 PREE 系统的各子系统又是由诸多更细微的子系统构成的。构成 PREE 系统的子系统之间既相互依存又相互作用，既相互促进又相互制约，既有积极的正面影响，又有消极的负面作用，如图 1 所示。

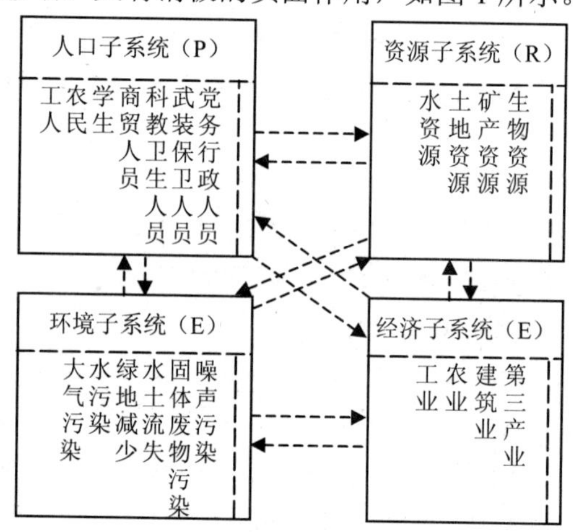

图 1　PREE 系统的结构及相互关系

2 PREE 系统可持续发展的定量描述

面对如此复杂的开放巨系统，在目前的科学发展水平上，还没有一种公认的理论和方法。因此，尝试性地利用钱学森教授提出的从定性到定量的综合集成的方法，构建如下的可持续度（记为 H）计算公式，用以定量描述区域 PREE 系统发展的可持续程度。

A. 自然资源型（以自然资源的大规模开发利用为区域发展的基础和动力的发展模式）

$$H_1 = K_1\left(\sum_{i=1}^{n}\cos\frac{\pi}{2}\frac{M_i/N}{M_{i0}/N'}\right)^2\left(\sum_{j=1}^{l}\frac{m_j/G}{m_{j0}/G_0}\right)^{-2}\cdot \mathrm{e}^{\frac{G/N}{G_0/N_0}}\mathrm{e}^{-\left(\sum_{k=1}^{m}\lambda_k\rho_k/\rho_{k0}-m\right)^2} \quad (1)$$

B. 社会资源型（又称技术型，以社会资源的深度开发或科学技术的深层次利用为区域发展的基础和动力的发展模式）

$$H_2 = K_2\left(\sum_{j=1}^{l}\frac{m_j/G}{m_{j0}/G_0}\right)^{-2}\cdot \mathrm{e}^{\frac{G/N}{G_0/N_0}}\mathrm{e}^{-\left(\sum_{k=1}^{m}\lambda_k\rho_k/\rho_{k0}-m\right)^2} \quad (2)$$

C. 综合型（综合利用自然资源与科学技术的发展模式）

$$H_3 = K_3\left[\left(a\sum_{i=1}^{n}\cos\frac{\pi}{2}\frac{M_i/N}{M_{i0}/N'}\right)^2 + b\right]\left(\sum_{j=1}^{l}\frac{m_j/G}{m_{j0}/G_0}\right)^{-2}\cdot e^{\frac{G/N}{G_0/N_0}}e^{-\left(\sum_{k=1}^{m}\lambda_k\rho_k/\rho_{k0}-m\right)^2} \tag{3}$$

式（1）、式（2）、式（3）诸符号的含义（指某一特定区域）：G 为当年国内生产总值，G_0 为参考年的国内生产总值；N 为当年总人口，N_0 为参考年的总人口，N'为上一年的总人口；M_i 为第 i 种不可再生资源的当年开采量，M_{i0} 为第 i 种不可再生资源上一年的储存量；m_j 为第 j 种不可再生能源当年的消耗量，m_{j0} 为第 j 种不可再生能源参考年的消耗量；ρ_k 为水和大气中第 k 种超标污染物当年的浓度，ρ_{k0} 为水和大气中第 k 种污染的允许浓度；λ_k 为水、大气被污染的权重；m 为水和大气中超标污染物总数（若各种污染都不超标，只取其中最大一项，并取 m=0）；a、b 为比例系数（a 为自然资源型发展模式所占比例，b 为技术型发展模式所占比例，$a+b=1$）；K_1、K_2、K_3 各为常数。

人均不可再生资源开采度：

$$\alpha = \sum_{i=1}^{n}\cos\frac{\pi}{2}\frac{M_i/N}{M_{i0}/N'} \tag{4}$$

人均国内生产总值相对比率：

$$\beta = \frac{G/N}{G_0/N_0} \tag{5}$$

能源消耗因子：

$$\gamma = \sum_{j=1}^{l}\frac{m_j/G}{m_{j0}/G_0} \tag{6}$$

环境污染指数：

$$I = \sum_{k=1}^{m}\lambda_k\rho_k/\rho_{k0} - m \tag{7}$$

据α、β、γ和I的定义，式（1）、式（2）、式（3）变为

$$H_1 = K_1\alpha^2\gamma^{-2}e^{\beta}e^{-I^2} \tag{8}$$

$$H_2 = K_2\gamma^{-2}e^{\beta}e^{-I^2} \tag{9}$$

$$H_3 = K_3\left(a\alpha^2 + b\right)\gamma^{-2}e^{\beta}e^{-I^2} \tag{10}$$

为明确式（8）～式（10）所表示的可持续度的含义，讨论以下几点：

（1）由式（10）可见（略去下标，以下同），$H=H$（α、β、γ、I），即区域 PREE 系统发展可持续程度决定于——反映不可再生资源耗竭程度的α，反映人口、经济状况的β，反映单位产值能源消耗的γ，反映环境污染程度的 I。α、γ、β、I 反映 PREE 系统的主要特征，故称之为特征量。

（2）α对 H 的负影响是双重的。其一，α 反映了不可再生资源对区域发展的制约作用。在其他因素不变的条件下，由式（4）可见，当 M_i=0 或 $M_i \ll M_{i0}$ 时$\alpha \approx n$，H 取最大值；随着 M_i 的增大，α将逐渐减小，H 也逐渐减小；当 $M_i=M_{i0}$ 时，α=0，H=0，自然资源型发展

模式不复存在。其二，α愈小，不可再生资源开采、耗竭愈多，对环境的破坏就愈大，H就愈低。由式（10）有

$$\frac{\partial H}{\partial \alpha}=2Ka\alpha\gamma^{-2}\mathrm{e}^{\beta}\mathrm{e}^{-I^2} \tag{11}$$

可见，当γ、β和 I 不变，$\frac{\partial H}{\partial \alpha}$随$\alpha$线性变化，$\alpha$愈大，$\frac{\partial H}{\partial \alpha}$愈大。$\alpha$是影响 H 的重要因素之一。

（3）γ 反映单位产值的能源消耗，$1/\gamma$ 反映能源的利用效益。在其他因素不变的条件下，γ愈小，能源的利用效益愈高，H 愈大；γ愈大，能源的利用效益愈低，H 愈小。γ对 H 的影响也是双重的：其一，G 愈高，经济状况愈好，H 愈大；其二，m_j（j=1，2，…，l）愈小，能源消耗愈少，H 愈大。由式（10）有

$$\frac{\partial H}{\partial \gamma}=-2K\left(a\alpha^2+b\right)\gamma^{-3}\mathrm{e}^{\beta}\mathrm{e}^{-I^2} \tag{12}$$

可见，当α、β、I 不变，$\frac{\partial H}{\partial \gamma}$随$\gamma^{-3}$变化，$\gamma$愈大，$\frac{\partial H}{\partial \gamma}$愈小。$\gamma$是影响可持续度 H 的又一重要因素。

（4）β反映区域的经济发展水平，在其他因素不变的条件下，β愈大，H 愈大，可持续发展程度愈高。β对 H 的影响是多方面的：其一，G 愈高 H 愈高；N 愈小，H 愈高。其二，G 愈大，经济状况愈好，可为环境的治理和改善提供更多的资金和技术，提高人类保护环境的能力，使 I 减小从而 H 增大。其三，G 愈高，经济状况愈好，可增加资源的勘探和保护的投资，引进先进的技术和设备提高资源和能源的利用效益，使α增大、γ减小，从而 H 增高。其四，N 愈小，人口压力（消费压力、就业压力等）就愈小，人均收入就愈多，人口的素质就愈高，资源环境意识就愈强，科学技术的运用能力就愈强，从而 H 愈高。由式（10）有

$$\frac{\partial H}{\partial \beta}=K\left(a\alpha^2+b\right)\gamma^{-2}\mathrm{e}^{\beta}\mathrm{e}^{-I^2} \tag{13}$$

可见，当β、γ、I 不变，$\frac{\partial H}{\partial \beta}$随$\beta$呈指数地变化，$\beta$增大，$H$ 急剧增大。β是影响 H 的主要因素之一。

（5）I 反映环境的污染程度。I 愈大，环境污染愈严重，H 愈小，可持续度 H 愈低。I 对 H 的影响也是多方面的：其一，被破坏的环境会提高经济活动的成本，治理和改善环境必然要占用一部分经济发展中常常是短缺的资金。其二，被污染的环境必然要损害人类的健康，甚至危及人类及生物的生存条件。由式（10）有

$$\frac{\partial H}{\partial I}=-2K\left(a\alpha^2+b\right)\gamma^{-2}\mathrm{e}^{\beta}\mathrm{e}^{-I^2} \tag{14}$$

可见，当α、γ、β不变，$-\frac{\partial H}{\partial I}$随 I 指数变化，I 增大，H 急剧地减小。I 是影响 H 的又一主要因素。

3 PREE 系统可持续发展的判据和分级

在一段时间内（如 Δt＜10 年），α的变化并不显著，可以近似视为常数。令 $A=K(a\alpha^2+b)$。由式（10）可见：当 $Ae^{\beta}<\gamma^2e^{I^2}$ 时，H＜1；当 $Ae^{\beta}=\gamma^2e^{I^2}$，$H$=1；当 $Ae^{\beta}>\gamma^2e^{I^2}$，$H$＞1。如图 2 所示，$H$=1 的曲线将$\beta$-$I$ 构成的坐标平面分成 H＞1 或 H＜1 两个区域。在曲线上的任一点，I 不变时增大β或β不变时减小 I，就可从 H=1 的状态过渡到 H＞1 的状态；反之，I 不变时减小β或β不变时增大 I，就可从 H=1 的状态过渡到 H＜1 的状态。可见，H=1 的曲线是 H＞1 和 H＜1 之间的转换曲线，亦称其为临界曲线。

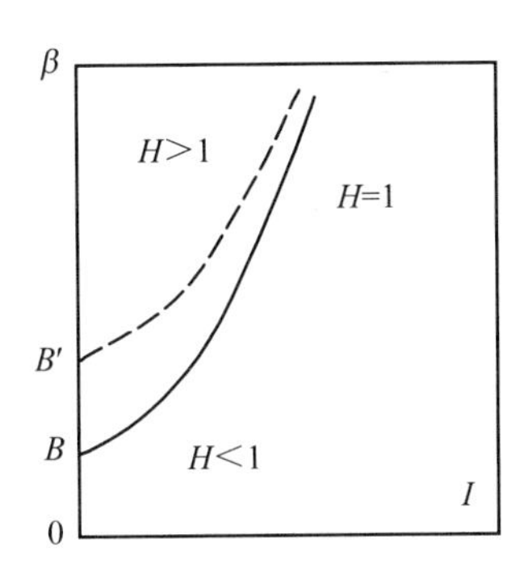

图 2 可持续发展判据

下面讨论 H=1 的曲线及 H＞1、H＜1 两个区域及 B 点的含义。

当 H=1 时，$Ae^{\beta}=\gamma^2e^{I^2}$，$\beta=\ln\left(\gamma^2/A\right)+I^2$。设想$\beta$、$\gamma$和 I 各有一虚变动，则有

$$\delta\beta-\frac{2}{\gamma}\delta\gamma-2I\delta I=0$$

这表明经济的增长全部被能源消耗的增加和环境的恶化所抵消，称之为临界状态。

显然，H＞1 表明经济的增长超过能源消耗增多和环境恶化所需费用。粗略地，这可称为可持续发展状态。

同理，H＜1 表明经济的增长还不足以补偿能源消耗的增加和治理更加恶化的环境。粗略地，可称之为不可持续发展状态。

由以上分析可见，可以根据 H 的取值判断区域 PREE 系统的发展是否可持续。

B 点的值为 $\ln\left(\gamma_B{}^2/A_B\right)$。当 $\gamma^2/A>\gamma_B^2/A_B$ 时，H=1 的曲线上移（如图 2 虚线）；当 $\gamma^2/A<\gamma_B^2/A_B$ 时，H=1 的曲线下移。H=1 的曲线上移，表明由于能源消耗的增多和资源存量的减少，区域 PREE 系统的经济发展必须达到一个较高的水平才能进入可持续发展状态。随着资源存量的逐步减少，H=1 的曲线将逐步上移。B 点的值反映了区域 PREE 系统发展的潜力，该值愈小，发展潜力愈大。

区域 PREE 系统发展的可持续性可进一步分级。如图 3，β-I 坐标平面被分成 4 个区域。

在Ⅰ区中，β 大，经济发展水平高；$0\leqslant I\leqslant 0.5$，污染物含量略超标；但 $A\mathrm{e}^{\beta}\gg\gamma^2\mathrm{e}^{I^2}$，有足够能力治理污染。Ⅰ区称为可持续发展区。

在Ⅱ区中，β 较大，经济发展水平高；$I\geqslant 0.5$，污染物含量超标较多；但 $A\mathrm{e}^{\beta}>\gamma^2\mathrm{e}^{I^2}$，有能力治理污染。Ⅱ区称为弱可持续发展区。

在Ⅲ区中，经济发展水平较高，但环境污染严重。在此区内，若 $1-\varepsilon<H<1$（图 3 中阴影部分，ε 为一小量），则有能力使经济发展并治理环境的污染，称为弱不可持续发展区。若 $H<1-\varepsilon$，则称为不可持续发展区。

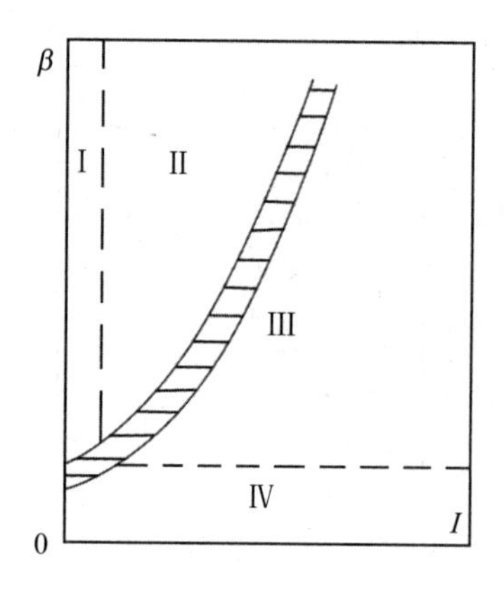

图 3 可持续发展分级

在Ⅳ区中，经济发展水平低，环境污染严重，称为极不可持续发展区。

将区域 PREE 系统的发展分为可持续、弱可持续、弱不可持续、不可持续、极不可持续五级。对于任一 PREE 系统，可由统计资料算出其可持续度，结合特征量 I 看其落入 β-I 图中哪一区域，从而判断其发展的可持续程度，再结合特征量 α、γ、β、I 的取值分析其可持续或不可持续的原因，为宏观决策微观治理提供依据。

4 应用

将辽宁省盘锦市视作一个 PREE 系统，利用盘锦市国土资源（1993 年），盘锦市社会经济统计资料（1994 年），辽河油田统计资料（1994 年），盘锦市环境保护 10 年（1995 年）等统计资料，根据式（4）～式（7）和式（10）计算（其中 K=1，a=0.8，b=0.2），结果见表 1。特征量变化见图 4。

表 1 特征量计算值

年份	α	β	γ	I	H
1989	1.988	0.124	5.56	2.88	2.5×10^{-4}
1990	1.986	0.130	5.00	2.20	1.2×10^{-3}
1991	1.984	0.145	4.76	1.95	3.7×10^{-3}
1992	1.982	0.207	3.33	1.42	4.9×10^{-2}
1993	1.977	0.331	1.85	0.41	1.14
1994	1.975	0.457	1.96	0.23	1.29

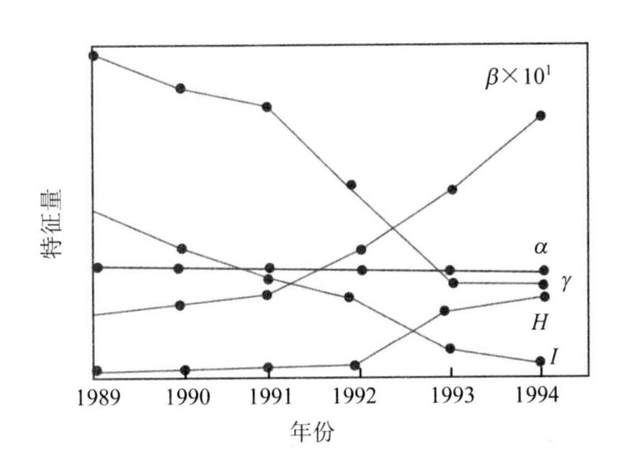

图 4 特征量随时间的变化

由图 4 及表 1 可知，1989—1992 年，盘锦市的经济发展水平低，环境污染严重，能源利用效益差，处于不可持续发展状态；1993—1994 年，该市经济快速发展，环境较前有极大改善，能源利用效益大幅度提高，处于弱可持续发展状态。若想进入可持续发展状态，并保持一个相当长的时期，必须大力发展经济，全力治理环境，继续提高能源的利用效益并注意节约资源。

区域 PRED 系统可持续发展判别原理和方法*

曹利军[1]　王华东[2]
（1. 山西大学环境科学系，太原　030006；2. 北京师范大学环境科学研究所，环境模拟与污染控制国家重点联合实验室，北京　100875）

摘　要：分析了区域人口、资源、环境和经济发展（PRED）系统的结构模式；建立了区域 PRED 系统可持续发展的定量判据；对区域 PRED 系统的可持续发展判别进行了实例研究。
关键词：区域 PRED 系统　可持续发展　可持续发展判据

Principle and method for sustainable development judgment on regional PRED system

Cao Lijun[1]　Wang Huadong[2]
（1. Department of Environmental Sciences，Shanxi University，Taiyuan　030006；
2. Institute of Environmental Science，Beijing Normal University，State Key Joint Laboratory of Environmental Simulation and Pollution Control，Beijing　100875）

Abstract: This dissertation analyses the structure mode of regional PRED system; builds the quantitative criterion of sustainable development on regional PRED system; and gives an example to illustrate the sustainable development judgment on regional PRED system in Taiyuan City that it is sustainable from 1991 to 1992 and 1993 to 1995，but unsustainable from 1992 to 1993.
Key words: regional PRED system　sustainable development　sustainable development criterion

为解决环境与发展问题的突出矛盾，1992 年联合国环境与发展大会制定并通过了全球《21 世纪议程》，提出了全球可持续发展战略框架。世界各国也相继开始调整自己的发展战略和发展规划。目前正确处理人口、资源、环境和经济发展的关系，走可持续发展道路，已成为世界各国 21 世纪追求的基本目标。中国政府高度重视联合国环境与发展大会的成

* 原载《中国环境科学》，1998，18（1）：50-53。

果，已制定出《中国 21 世纪议程》及支持《中国 21 世纪议程》实施的优先项目计划，但可持续发展战略的实施，必然要落实到具体的区域，因此如何判断一个具体区域的发展是否可持续，就成为一个亟待解决的问题。

1 区域 PRED 系统的概念和特征

区域 PRED 系统是指一定区域的人口、资源、环境和经济发展之间通过相互作用、相互影响和相互制约等关系而构成的紧密相连的统一体。它是一个具有高度复杂性、不确定性、多层次性的复杂开放巨系统。不同区域的 PRED 系统具有不同的特点，而某一特定区域的 PRED 系统又从属于一个范围更大、层次更高的区域 PRED 系统。

构成区域 PRED 系统的诸要素之间既相互作用又相互依存，既相互促进又相互制约，既有积极的正面影响又有消极的负面影响。它们之间的关系可以用一种网络结构表示（图 1），其中人口、资源、环境和经济分别作为节点，4 个子系统之间存在着 6 个界面，反映出 12 种联系。在这种关联结构中，人口处于核心地位，人既是区域发展的组织者，也是区域发展的调控者；它通过自身生存活动直接作用于资源和环境，同时通过经济活动间接作用于资源和环境。从“经济-环境-资源”的相互作用看，通过加工产品、污染环境和提取资源而表现出“发展-污染-消耗”的联系。从图 1 还可看出，区域 PRED 系统是一个开放系统，它与外部 PRED 系统在资源、环境和经济方面也有联系，存在外部界面。正是这种内部和外部的界面，决定了系统的演化过程和区域的可持续发展特征。

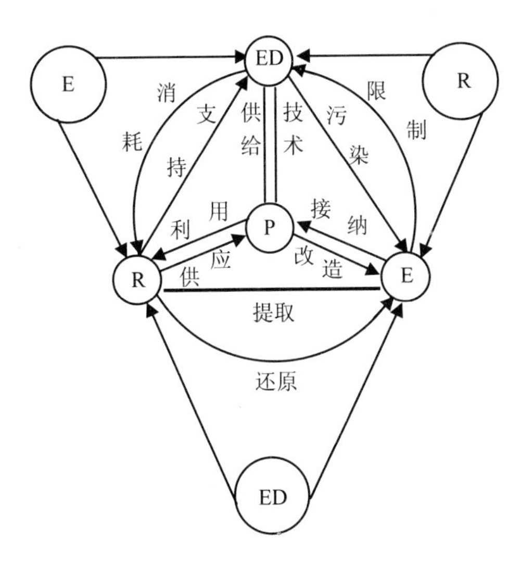

图 1 区域 PRED 系统结构模式

2 区域 PRED 系统可持续发展的判别原理和方法

2.1 可持续度的概念

可持续发展是指区域 PRED 系统全方位地趋向于组织优化、结构合理、运行顺畅的均衡、和谐的演化过程。区域可持续发展研究的是 PRED 系统的动态过程，即时间维上的变化。从系统科学的观点看，系统的过程取决于系统已有的结构，系统的结构又影响着系统未来的过程。因此，区域 PRED 系统的过程与结构就成为系统密不可分的两个侧面。

区域可持续发展本质上表现为区域发展因子（条件）的改善。在此，引入可持续度（S）来描述区域 PRED 系统的综合发展状况，它是区域 PRED 系统中人口控制、资源利用、环境保护和经济发展相互适应、协调发展程度的定量反映。它与人口、资源、环境、经济 4 类变量都有密切关系，反映了实践主体—人（社群）对区域发展状况的价值判断，它的确定必须符合下述规律：①当其他变量不变时，人口增多，可持续度变小；②当其他变量不变时，资源消耗量增大，可持续度变小；③当其他变量不变时，环境质量恶化，可持续度变小；随超标污染物种类和超标倍数的增加，可持续度呈指数下降；④当其他变量不变时，经济发展水平提高，可持续度增大；⑤与区域所处的发展阶段有关。

2.2 可持续度模型

根据以上分析，构造可持续度模型如下：

$$S = K\frac{q \cdot G/G_0}{(1-q)(N/N_0)(M/M_0)\mathrm{e}^{P/P_0}} \tag{1}$$

式中：G——评价年国内生产总值；

G_0——基准年国内生产总值；

N——评价年总人口；

N_0——基准年总人口；

M——评价年能源消耗总量；

M_0——基准年能源消耗总量；

P——评价年超标污染物的总倍数；

P_0——基准年超标污染物的总倍数；

q——恩格尔系数；

K——常数。

$$P_j = \sum_{i=1}^{n}(\lambda_i C_i / C_{i0}) - n \tag{2}$$

式中：P_j——某一年超标污染物的总倍数；

λ_i——经济发展对环境污染的权重；

C_i——第 i 种超标物的浓度；

C_{i0}——第 i 种超标污染物的环境标准；

n——超标污染物的种数，若各种污染物都不超标，只取其中浓度最大的一项。

由于不同区域资源消耗的种类不同，导致资源消耗总量的不可比性，加之新材料不断涌现，增加了资源间的可替代性。在此，选择能源消耗总量作为评价资源利用水平的指标。

恩格尔系数即食品消费支出金额占总消费支出金额的比例。根据联合国粮农组织的标准，恩格尔系数在 0.59 以上为绝对贫困阶段；0.50～0.59 为勉强度日阶段（即我国所说的温饱阶段）；0.40～0.50 为小康阶段；0.20～0.40 为富裕阶段；0.20 以下为最富裕阶段。在此，以恩格尔系数近似地反映不同发展阶段社会群体的价值取向，恩格尔系数越大，人们越重视环境保护；恩格尔系数越小，人们越重视发展经济。

在式（1）中，令：$a = G/G_0$，称为经济发展因子；$\beta = N/N_0$，称为人口增长因子；$\delta = M/M_0$，称为能源消耗因子；$I = P/P_0$，称为环境质量因子；$\omega = q/(1-q)$，称为发展阶段因子。则（1）变为：

$$S = K\omega \frac{a}{\beta\delta \mathrm{e}^{I}} \tag{3}$$

由式（3）可见，$S = F(a, \beta, \delta, I, \omega)$，即区域 PRED 系统发展的可持续程度取决于反映经济发展水平的 a；反映人口控制力度的 β；反映能源消耗强度的 δ；反映环境质量优劣的 I；反映社会群体价值取向的 ω。$\{a, \beta, \delta, I, \omega\}$ 反映了区域 PRED 系统的主要特征，称其为特征量。

2.3 各特征量对可持续度 S 的作用

2.3.1 a 反映了经济发展水平的高低

在其他因子不变的条件下，a 愈大，相对于基准年，评价年区域 GDP 愈高，S 愈大，区域的可持续发展程度愈高。

2.3.2 β 反映了人口增长的态势

β 值越大，说明人口增长越快。在其他因子不变的条件下，β 愈大，相对于基准年，评价年区域总人口愈多，S 愈小，区域的可持续发展程度愈低。

2.3.3 δ 反映了能源消耗的多少

在其他因子不变的条件下，δ 愈大，相对于基准年，评价年能源消耗愈多，S 愈小，区域的可持续发展程度愈低。δ 对 S 的负影响是双重的：其一，δ 愈大，能源消耗愈多，经济效益愈差，使经济发展的可持续性降低；其二，δ 愈大，能源消耗愈多，对环境的污染愈严重。

2.3.4 I 反映了环境质量的变化

I 愈大，说明超标污染物愈多（或超标倍数愈多），环境质量愈差，S 愈小，区域的可持续发展程度愈低。由式（3）可见，S 随 I 的增大呈指数减小。这一点突出了环境保护在可持续发展中的重要地位。

2.3.5 ω 表征区域所处的发展阶段、反映不同发展阶段社会群体的价值取向

ω 愈大，区域所处的发展阶段愈低，人们愈看重物质生活水平的提高；ω 愈小，区域所处的发展阶段愈高，人们愈看重环境质量的改善。

通过上述分析可见，由于引入 ω 因子，该模型不仅能较好地评价一个区域在时间序列上的纵向发展状况；也能较好地实现空间序列上不同区域的横向比较。具有较强的实用性。

3 区域 PRED 系统可持续发展的判据

由式（3）可见，当 $K\omega\alpha<\beta\delta e^{I}$ 时，$S<1$；

当 $K\omega\alpha=\beta\delta e^{I}$ 时，$S=1$；

当 $K\omega\alpha>\beta\delta e^{I}$ 时，$S>1$。

当 $S=1$ 时，$K\omega\alpha=\beta\delta e^{I}$，设想 α、β、δ、I 各有一虚变动，则有：

$$K\omega(\alpha+\Delta\alpha)=(\beta+\Delta\beta)(\delta+\Delta\delta)e^{I+\Delta I} \qquad (4)$$

式（4）表明经济的增长全部被人口的增长、能源消耗的增加和环境的恶化所抵消，人类的福利不变，称之为临界状态。

显然，$S>1$ 表明经济的增长能够补偿人口增长、能源消耗增多和环境恶化所造成的人类福利的下降，称之为可持续发展状态。

同理，$S<1$ 表明经济的增长不能补偿人口增长、能源消耗增多和环境恶化所造成的人类福利的下降，称之为不可持续发展状态。

区域 PRED 系统发展的可持续性还可以进一步细化分级。对于可持续发展，若 $S>1$，且 $\alpha>1$、$\beta<1$、$\delta<1$、$I<1$，说明经济发展因子、人口增长因子、能源消耗因子、环境质量因子都得到改善，为强可持续；若 $S>1$，且 $\alpha>1$、$\beta>1$ 或 $\delta>1$ 或 $I>1$，说明经济发展能够补偿人口增长或资源消耗增加或环境质量恶化造成的人类福利的下降，为弱可持续；对于不可持续发展，若 $1-\varepsilon<S<1$（ε 为一小量，可取 0.05），且 $\alpha>1$，为弱不可持续；若 $S<1-\varepsilon$，且 $\alpha>1$，为不可持续；若 $S<1-\varepsilon$，且 $\alpha<1$，$\beta>1$、$\delta>1$、$I>1$，为极不可持续。

4 实例——太原市可持续发展的定量判别

太原市 PRED 系统 1991—1995 年统计数据见表 1、表 2，特征量计算值见表 3（取 K=2.23，λ=4/5，q=55%（每年下降 0.5 个百分点，参照中等收入国家平均值确定）。1991 年为基准年，环境标准大气采用 GB 3095—82 中的二级标准，地面水取 GB 3838—88 中的三级标准）。

由表 3 可见，太原市 PRED 系统，1991—1992 年经济发展水平有较大提高、环境质量有较大改善、人口增长和资源消耗增长不多，可持续度为 1.45，处于弱可持续发展状态；1992—1993 年经济发展水平虽有较大提高，但能源消耗也有较大增长且环境质量有所恶化，可持续度为 0.98，处于弱不可持续发展状态；1993—1995 年经济发展水平较高、环境质量有较大改善，能源消耗有较大增长，1994 年和 1995 年可持续度分别为 1.15 和 1.40，仍处于弱可持续发展状态。

表 1　GDP、人口总数、能源消耗总量

年份	GDP/亿元	人口/万人	能耗/万 t
1995	240.06	282.77	1 647.83
1994	190.60	276.67	1 483.25
1993	148.81	271.36	1 195.07
1992	117.03	267.02	907.33
1991*	96.59	263.90	877.29

*注：基准年同表 2，表 3。

表 2　各超标污染物浓度　　单位：mg/m^3 或 mg/L

年份	TSP	SO_2	石油类	氨氮	COD	挥发酚	亚硝酸盐氮
1995	0.57	0.21	3.93	11.25	38.63	0.212	0.418
1994	0.60	0.17	4.81	16.61	43.28	0.517	0.545
1993	0.67	0.21	9.83	15.20	47.38	0.294	0.274
1992	0.70	0.33	6.95	11.08	75.58	0.146	0.327
1991*	0.69	0.30	6.75	16.42	76.62	0.433	0.337
环境标准	0.30	0.06	0.05	0.50	15.00	0.005	0.150

表 3　特征量计算值

年份	α	β	δ	I	ω	S
1995	2.49	1.07	1.88	0.80	1.13	1.40
1994	1.97	1.05	1.69	0.91	1.15	1.15
1993	1.54	1.03	1.36	1.07	1.17	0.98
1992	1.21	1.01	1.03	0.76	1.20	1.45
1991*	1.00	1.00	1.00	1.00	1.22	1.00

5 结论

（1）分析了区域 PRED 系统的结构模式。认为区域 PRED 系统内部诸要素之间的关系可以用一种网络结构表示，其中人口、资源、环境和经济分别作为结点，4 个子系统之间存在着 6 个界面，反映出 12 种联系。区域 PRED 系统是一个以人口为核心的开放系统。

（2）在探讨可持续度概念的基础上，建立了可持续度模型并提出了基于该模型的区域 PRED 系统可持续发展的判据。该模型由于引入了表征不同发展阶段社会群体价值取向的 ω 因子，不仅能较好地评价一个区域在时间序列上的纵向发展状况，也能较好地实现空间序列上不同区域的横向比较，具有较强的实用性。

区域环境承载力理论及其应用*

冉圣宏　王华东
（北京师范大学环科所，北京　100875）

摘　要: 本文介绍了环境承载力理论的发展过程及其国内外研究现状。环境承载力理论主要应用于区域环境规划，它以其科学性和实用性受到了环境学界的重视。但它尚存在一些不完善的地方，本文探讨了有关问题并指出了今后环境承载力理论的发展方向。
关键词: 区域环境规划　环境承载力　区域环境承载力　区域环境要素承载力

RENGIONAL ENVIRONMENTAL CARRYING CAPACOTY THEDRY AND ITS APPLICATION

Ran Shenghong　Wang Huadong
(Institute of Environmental Science，Beijing Normal University　100875)

Abstract: This paper introduces the development of environmental carrying capacity theory and the current status of the theory study. The theory is chiefly applied in regional environmental planning，now many environmentalists have paid attention to it because of its value. But it is not consummate，and this paper discuss these problems and point out the trends of the theory's development.
Key words: regional environmental planning，environmental carrying capacity，regional environmental carrying capacity，regional environmental element carrying capacity

* 原载《环境科学进展》，1997，12（增刊）：30-35。

一、简介

目前，随着经济的发展和生活水平的提高，人们的环境意识也日益增强，如何协调经济发展与环境保护，最终实现可持续发展，已成为人们关注的焦点。在经济开发活动的初始阶段，从整体上做好区域环境规划工作，是解决经济发展与环境保护之间矛盾的有效途径。现在已得到应用的环境规划方法很多，如环境—经济投入产出模型、系统动态学模型、多目标决策方法、双向控制模式、环境承载力方法等。其中环境承载力方法尤为引起环境学界的重视，它已被成功地应用到湄洲湾环境规划、秦皇岛市环境规划、本溪市环境规划等实际工作之中。

承载力一词最初出现在群落生态学，其含义是“某一特定环境条件下（主要指生存空间、营养物质、照光等生态因子的配合），某种生物个体存在数量的最高极限。”后来，这一术语又被应用于土地科学、环境科学之中，形成了“土地承载力”、“环境承载力”等概念。在国外，环境承载力至今仍没有一个严格的定义，它是一个非常广泛的概念，在不同的研究领域中，就会出现各种不同的承载力概念。可以说，他们在这一方面的研究仍未突破当初群落生态学中的“承载力”的范畴；在国内，较严格的“环境承载力”的概念最早出现在《福建省湄洲湾开发区环境规划综合研究总报告》中，它可表述为“在某一时期、某种状态或条件下，某地区的环境所能承受的人类活动作用的阈值”。由于环境所承载的是人类的社会活动（主要是指人们的经济行为），因而承载力的大小可用人类活动的方向、强度、规模等来表示。

二、环境承载力指标体系的建立及其量化研究

显然，某一环境所能支持人类活动的能力是有限的，即环境承载力应是一个客观存在的确定的量，所以，它应有一个确定的表示方法。但人类的活动千差万别，用人类活动的方向、强度、规模等表示的任何量的值都与人类活动的种类有关。择取的活动种类不同，就会出现不同的环境承载力之值。它导致了环境承载力量化的困难，也限制了它的实际应用，并使人们很难对不同区域进行的环境承载力分析的结果进行比较。因此，建立一定的指标体系，即科学地选择表示环境承载力的指标在环境承载力分析中无疑会占有重要的地位。

叶文虎、彭再德等通过分析环境承载力的本质和特点，提出了以下建立环境承载力指标体系的原则：①科学性原则，即环境承载力的指标体系应从为区域社会经济活动提供发展的物质基础条件以及对区域社会经济活动起限制作用的环境条件两方面来构造，并且各指标应有明确的界定；②完备性原则，即尽量全面地反映环境承载力的内涵；③可量性原则，即所选指标必须是可以度量的；④区域性原则，环境承载力具有明显的区域性特征，选取指标时应重点考虑能代表明显区域特征的指标；⑤规范性原则，即必须对各项指标进行规范化处理以便于计算，并对最终结果进行比较等等。

按照以上原则建立好指标体系之后，对环境承载力的研究就是对环境承载力值进行计

算、分析，并指出相应的保持或提高当前环境承载力值的方法措施，一般来说，这些指标与经济开发活动之间的数量关系是很难确定的，这一方面是因为这种关系本身是非常复杂的，如大气中 SO_2 的浓度就不仅与区域的能源消耗总量有关，而且还与当地的能源结构、环保设施投资状况等有关；另一方面，所选取的指标除与人类的经济活动有关外，还可能受到许多偶然因素的影响，如降雨可将大气中的许多污染物（如 SO_2）转移到水环境中，使环境承载力的结构发生变化。这些都给环境承载力的量化研究造成了一定的困难。目前有许多学者正在研究如何使环境承载力的量化具有科学性和普适性。也有人认为不可能找到一个普遍适用的公式来计算不同区域的环境承载力。现在人们一般是针对某一具体的区域来进行环境承载力的量化研究，如在湄洲湾的环境规划中，就是用下式

$$I_j = \sqrt{\frac{1}{n}\sum_{i-1}^{n}\tilde{E}_{ij}^{\ 2}} \cdots\cdots\cdots\cdots\cdots\cdots \quad (*)$$

来表示第 j 个地区环境承载力的相对大小的。在（*）式中，$\tilde{E}_{ij}$ 是进行归一后的第 i 个环境因素第 j 个地区的环境承载力，这里，

$$\tilde{E}_{ij} = E_{ij} / \sum_{i-1}^{n} E_{ij}$$

其中，E_{ij} 是第 i 个环境因素第 j 个地区的环境承载力，表示 E_{ij} 所选用的指标简单而实用，如选取风速指标来表示各区域的大气环境承载力，风速越大，则表示该区域的大气环境承载越大等。湄洲湾环境规划是环境承载力理论的一个十分成功的应用实例。之后，人们还探讨了其他的量化研究方法，如专家打分、模加和法、灰色系统分析方法、专家系统方法等等，所有这些方法的关键都集中在指标的筛选、各指标权重值的确定及指标值的预测等方面。

总之，环境承载力的量化研究是环境承载力理论的一个重要研究内容。环境承载力既然是某一区域环境的一个客观存在的量，所以，即使不存在一个普遍适用的计算环境承载力的公式，也应能找到合理分析环境承载力的科学方法，或找出近似表达某些类型的区域环境承载力的公式。这都会促进环境承载力理论的发展及其实际应用。

三、区域环境承载力

区域经济的发展，使得区域环境的破坏和污染问题日益突出，因此迫切需要开展区域环境规划的研究。环境承载力理论的提出，为区域环境规划工作提供了科学的方法。正如前面已经提到的，环境承载力是有区域性的，即环境承载力应该是指一定区域内的环境承载力。彭再德明确了区域环境承载力的概念、研究对象和研究内容等，认为区域环境承载力是指在一定的时期和一定的区域范围内，在维持区域环境系统结构不发生质的改变、区域环境功能不朝恶化方向转变的条件下，区域环境系统所能承受的人类各种社会经济活动的能力，它可看作是区域环境系统结构与区域社会经济活动的适宜程度的一种表示。

区域环境承载力具有客观性和实用性，它是在分析了区域社会经济—区域环境系统后，选择众多指标组成指标体系，并分析区域环境系统对某项指标支持能力的大小。区域环境承载力比区域环境容量所涉及的范围要广泛很多，它不仅涉及区域排放的污染物状

况，更重要的是它选择了一些社会经济指标，对区域的社会发展规模提供量化后的规划意见，因而它是区域环境规划的理论基础。

对某一区域来说，在某一时段内它的环境承载力是一个客观存在的量，但人们的活动、科技的进步等可改变这一个客观的量，区域环境规划的目的就是要最好地利用并提高区域的环境承载力。为了能更好地反映这一客观量的变化，彭再德还提出了区域环境承载力的动态表征量—区域环境承载力饱和度的概念及其计量模型。他将区域环境承载力饱和度定义为“某一区域范围内、某一时期区域环境承载力指标体系中各项指标在目前状态下的取值与各项指标理想状态下取上限值的比值。”区域环境承载力饱和度可以从区域环境系统的整体性来分析区域环境承载力大小的变化情况。

一般来说，研究环境承载力的方法同样适用于区域环境承载力的研究工作。不同的是，提高区域环境承载力的方法措施还可通过调动区域外的一些因素来实现，例如从区域外调水即可提高某区域的水环境承载力，将大气污染严重的企业迁出某区域也可提高区域环境承载力饱和度等。所以在进行区域环境承载力研究时还应考虑区域外的因素的影响，这一点正是目前的研究工作中被忽视的。

四、区域环境要素的环境承载力

区域环境系统是由各个环境要素子系统组成的，因此区域环境承载力与区域各环境要素承载力密切相关。当前对区域环境要素承载力的研究尚处于起步阶段，一般都是沿用研究环境承载力的方法，只是在选择指标体系及确定各指标的权重时考虑到所研究的环境要素，现在也仅对水环境承载力的研究较为深入，但在理论上没有重大突破。王淑华认为，区域水环境承载力有四个方面的含义：①承载主体（活动受体）是特定的水环境，即某一时间在某一区域内的水环境；②该水环境的结构和功能不发生质变，即它能继续支持它当初支持的人们的活动；③承载对象是某种发展模式下的人类活动，它包括人类的生存活动和发展活动；④这种承载能力是有一定的限度的，即存在一定的阈值。显然，区域水环境承载力还受到社会、经济和科技等因素的影响，因而很难找到一个精确的函数来表示它。

众所周知，区域环境系统中各个环境要素是相互联系、相互影响的，它们共同支持或限制着区域的经济开发活动。因此不仅各环境要素的区域环境承载力是一个重要的研究内容，而且对各环境要素承载力相互影响的研究也具有非常重要的意义。但这方面的研究尚不多见，研究进展比较缓慢。

五、环境承载力理论的应用及其发展方向

虽然环境承载力理论中还有许多问题尚待解决，但它仍然不失为环境规划中比较成熟的一种方法，许多学者将环境承载力作为判断某种发展模式是否可持续的判据，拓宽了环境承载力的应用范围。这在可持续发展已得到广泛认同的今天，无疑会促进环境承载力理论的发展。可持续发展就是“既满足当代人的需要，又不对后代人满足其需要的能力构成

危害的发展。”这一定义具有很大的模糊性，因而很难找到它的差别标准，很多人做过这方面的工作，但他们所考虑的范围大多局限在自己的研究领域，如郝晓辉将英国爱丁堡大学 M. Slessof 教授提出的 ECCO（Evolutin of Capital Creation Options）模型应用于可持续发展的量化研究中，就是立足于能源，以能量强度来测试经济活动的。但任何一种发展模式都不能简单地仅以能量强度来表示，而环境承载力所涉及的内容几乎包括了人类活动的各个方面，并且发展的持续性强调的是时间序列上的合理分配，因此对某一发展模式来说，它是否可持续可用该模式所引起的区域环境承载力值的变化情况来表示，若区域环境承载力值保持不变或有增大的趋势，则这种发展就是可持续的发展，将预测的某一未来时间的区域环境承载力之值与参照时间的环境承载力值进行比较，还可以得出环境承载力在时间序列上合理利用的程度。

为了能让环境承载力得到可持续的利用，王淑华还探讨了环境承载力的价值。认为区域环境承载力是区域环境支持人类活动能力的体现，具有使用价值，可视为一种自然资源，其价值应包括直接使用价值（可以被直接消费的资源的价值）、间接使用价值（功能性效益）、选择价值（未来的直接或间接使用价值）、遗留价值（留给后代的直接或间接使用价值）、存在价值（基于道德观赋予其存在意义的价值）等。环境承载力价值的提出，有助于人们形成正确的资源价值观，这在我国从计划经济向市场经济过渡的特殊时期，无疑会具有重大的意义。

环境承载力的概念被提出以后，从环境承载力指标体系的研究到区域环境承载力概念的提出，从环境要素承载力相互影响的探讨到环境承载力价值的研究，环境承载力理论不断得到完善，其应用也日益广泛，但也有一些问题一直未能得到满意的解决，今后应重点开展以下几个方面的研究工作：

（1）环境承载力的量化研究。要使环境承载力理论得到更广泛的应用，必须进行环境承载力的量化研究。目前，环境承载力定量化方法研究一般都集中在指标的筛选、各指标权重的确定、指标的综合方法以及指标值的预测等几个方面。

一方面，环境承载力不是一个固定不变的数值，它不仅会随着时间推移有所变化，而且还会因人们对它的看法和要求不同而不同，因此应主要对它进行定性描述和半定量分析。同时，环境承载力涉及的因素十分广泛，有时不易找出它们之间的定量因果关系，许多对环境承载力进行定量分析的方法中都含有很大的主观成分，如确定指标体系、定量关系以及权重等重要内容时都要依赖于专家；另一方面，在某一时间某一区域的环境承载力应是一个客观存在的相对稳定的数值，应有一套客观的方法来近似地表示它。经过总结前人的工作，我们认为应该改变传统的从各因素相互作用机理来推断它们之间的定量因果关系的做法，而从统计的观点出发，根据一些经验数据和预测数据，利用数理统计知识，找出影响环境承载力的因素之间的关系，并考虑到科技进步对环境承载力的影响，必能对某区域某时段的环境承载力进行定量分析。当一个区域的功能分区确定以后，人们对该区域环境的要求也就确定了，这就尽量减少了人们主观因素的影响，它避开了几乎不可能的对各因素之间作用机理的分析，并能得出比较全面的与时间、功能分区等有关的环境承载力之值。

（2）环境要素承载力及其相互影响的研究。某一区域各个环境要素对区域人类活动的支持能力不尽相同，考虑各环境要素承载力的差别，特别是那些对人类活动支持能力较小的环境要素所产生的“瓶颈”效应，对区域环境规划至关重要。另外，各个环境要素之间有着千丝万缕的关系，它们之间的相互影响也极为复杂，对它们的研究肯定会对环境承载力理论的完善产生积极的促进作用。

（3）环境承载力价值的研究。对环境承载力价值的研究顺应了我国发展市场经济的需要，能促进人们运用经济手段可持续地利用某区域的环境承载力，但目前这方面的研究尚不多见。鉴于环境承载力价值的客观性及其估值的难度，建议从两方面着手进行研究：其一，以人们的支付意愿来表示环境承载力值或提高某区域的环境承载力值的支付意愿，或愿意为降低某环境承载力值而赔偿的数字来表示环境承载力价值。它将环境承载力看作一种商品，询问人们的支付意愿，因而能体现其真正的价值。其二，是以为保持某环境承载力值不变而限制人类的经济活动所造成的损失来估计环境承载力价值。例如为保持某区域的水环境承载力而限制某糖厂的生产量，由此造成的损失就是该区域水环境承载力价值的一部分，这种估值方法的优点是客观性强，易于为人们接受，结论也较一致，但它可能比环境承载力的实际价值要低，因为它只考虑了环境承载力的使用价值，而没有考虑其存在价值等，并且实际考虑到的损失总是低于已经或即将造成的损失。如何综合利用这两种估值方法，正是环境承载力价值研究中的重要内容。

第五篇

英文

- Environmental Impact Assessment in the People's Republic of China
- Progress of Environmental Impact Assessment in China
- A Method for the Identification and Evaluation of Ecological Impacts
- Environmental Impact Assessment of Architectural Landscapes
- The Development of Environmental Impact Assessment in China in Recent Years
- A Study on Control of Industrial Sewage by Means of Price
- A Study on the Water Environmental Variable Capacity of Rivers in China
- On Regional Differentiation of River Water Environment Capacity and Strategies to Control Water Environment Pollution in China

Environmental Impact Assessment in the People's Republic of China[1]

ROBERT B. WENGER[*] Wang Huadong Ma Xiaoying[2]
(College of Environmental Sciences University of Wisconsin-Green Bay Green Bay, Wisconsin 54311-7001, USA; Institute of Environmental Sciences Beijing Normal University; Beijing, the People's Republic of China)

Abstract: Environmental impact assessment (EIA) procedures have been in existence in the People's Republic of China over the last decade. The impetus for China's introduction of EIA was provided by the Environmental Protection Law of the People's Republic of China, which was adopted by the Fifth National People's Congress in 1979. The EIA process, which is administrative and not statutorily mandated, has been applied primarily to construction projects.

Four stages are typically involved in an EIA investigation: design of the investigation, evaluation of background environmental quality, prediction of environmental impacts, and an assessment and analysis of the environmental impacts. A variety of approaches is used for predicting and analyzing environmental impacts, ranging from ad hoc methods to fairly sophisticated mathematical models. The results of the EIA investigation are compiled in an environmental impact statement, which is used as the basis for decision making by personnel in environmental protection departments. The EIA process does not include provisions for citizen notification or involvement.

Views differ concerning the effectiveness of the EIA program in protecting China's natural, social, and cultural environments. Some hold that the EIA program has brought about improvement in environmental protection, while critics contend that the program has had

---

[1] An earlier version of this paper was distributed at a workshop on Environmental Assessment Development Planning held in conjunction with the VII Annual Meeting of the International Association for Impact Assessment, Brisbane, Australia, July 5-8, 1988.

[2] Current Address: State University of New York, College of Environmental Science and Forestry, Syracuse, New York 13210, USA.

[*] Author to whom correspondence should be addressed.

little effect in the prevention of pollution. However, most, if not all, observers seem to feel that the program should be continued and improved. A major avenue for improvement is to place the evaluation of a particular project in a regional context.

EIA Administrative Process

The development of EIA in China can be divided into two periods. In the first period, from 1979 to 1981, several ideas based on EIA procedures and practices in western countries were introduced and initial EIA activities were conducted for several key projects. Mining and power-plant projects were among the first to be subjected to environmental impact investigations. The second period, from 1982 to the present, was launched by an Environmental Science Seminar that was held in Guiyang city in Guizhou Province in 1982. At this seminar, delegates from academic institutions exchanged experiences and ideas that provided a base for the development of guiding principles to be used in conducting EIAs in the entire country. In the second period, which could be called the development phase, EIA activities have expanded rapidly. EIAs have been completed for smelteries, petrochemical and chemical plants, construction materials industries, nuclear power plants, light industries, and large-scale water conservancy projects. In addition, coal-mining operations and airport and seaport projects have been subjected to environmental impact investigations. Work has begun on the assessment of environmental impacts of highway and railway projects.

In contrast to its absence in some countries, China's environmental protection law contains a formal definition of environment: "For the purpose of this law, 'environment' means: the atmosphere, water, land, mineral resources, forests, grassland, wildlife, wild plants, aquatic plants and animals, famous spots and historic sites, scenic spots for sight-seeing, hotsprings, health resorts, nature conservation areas, residential districts, etc." (Article 3, EPL 1979). This definition, with its broad scope, could, it would appear, provide a basis for the application of EIA to all types of proposals that may significantly affect the environment, including projects, policies, programs, and operational procedures. However, to date its application has been limited largely to construction projects. The types of proposals subjected to EIA and the guiding principles for the practice of EIA are usually described in terms of construction projects.

A partial exception to the focus of EIA on construction projects is provided by several nonconstruction projects that have been conducted in the past under the rubric of Environmental Quality Evaluation (EQE). Taken literally from the Chinese language, EQE means an "evaluation of present quality." In the late 1970s and early 1980s, EQEs were conducted in a number of Chinese cities, in which an attempt was made to measure and describe the existing environmental quality of the areas under investigation. Some of the methods and techniques developed as part of this effort were forerunners to methods and techniques that are presently a part of the EIA process in China. EQE is now considered as a basic step of EIA, and what was once a separate program is now essentially the second part of a typical EIA investigation, as described in a later section.

National and provincial projects are subject to China's EIA provisions, but some collective and private projects are not, especially those located in the countryside. For example, the building of small coal pits in rural areas should be under the jurisdiction of the EIA provisions, but in practice construction often occurs outside the scrutiny of the EIA process. Measures for controlling such enterprises and ensuring that their leaders follow and implement EIA procedures are not in existence at present.

Over the years, as a result of recommendations from conferences and the issuance of various guidelines—an example is "Management Rules of Environmental Protection of Basic Projects" (MREP 1981) —an EIA administrative process has emerged. This administrative scheme is depicted in Figure 1.

Before a project is undertaken by a governmental department, a request must be made to the appropriate state, provincial, or city environmental protection department for a ruling on whether an EIA investigation, including a report, hereafter called an environmental impact statement (EIS), is required. After its personnel, sometimes with the assistance of outside experts, conduct a preliminary study, the environmental protection department issues a ruling. If it is determined that an EIS is not required, the department responsible for the project is so informed and the way is clear for the design of the project to begin. If, on the basis of the preliminary study, the site selected is deemed inappropriate or control measures insufficient, in theory the project cannot proceed without the compilation of an EIS, although in practice this stipulation is not always adhered to. Seldom is a project rejected outright based on the findings of the preliminary study. The law itself is very general and does not provide for rejection at this stage. Furthermore, as a practical matter, economic forces that lie behind a given project are usually sufficiently strong to make outright rejection an unlikely outcome.

Sometimes the department responsible for the project does not have the necessary expertise or resources to conduct the EIA, and therefore the EIA work is contracted out to professors or researchers at universities and/or research institutes. Professional consultants are not available in China to assist with this type of work. For large projects, several research groups may be involved in various aspects of the EIA work. As an example, in what is probably China's most famous EIA investigation, the Three Gorges Project, research into the potential environmental and ecological impacts resulting from the construction of a large dam across the Yangtze River has been shared among 48 research institutes and departments coordinated by the Yangtze River Basin Planning Office (Shen, 1987). When the EIA work is divided among two or more groups, a lead group is responsible for synthesizing the results from all groups and compiling the EIS.

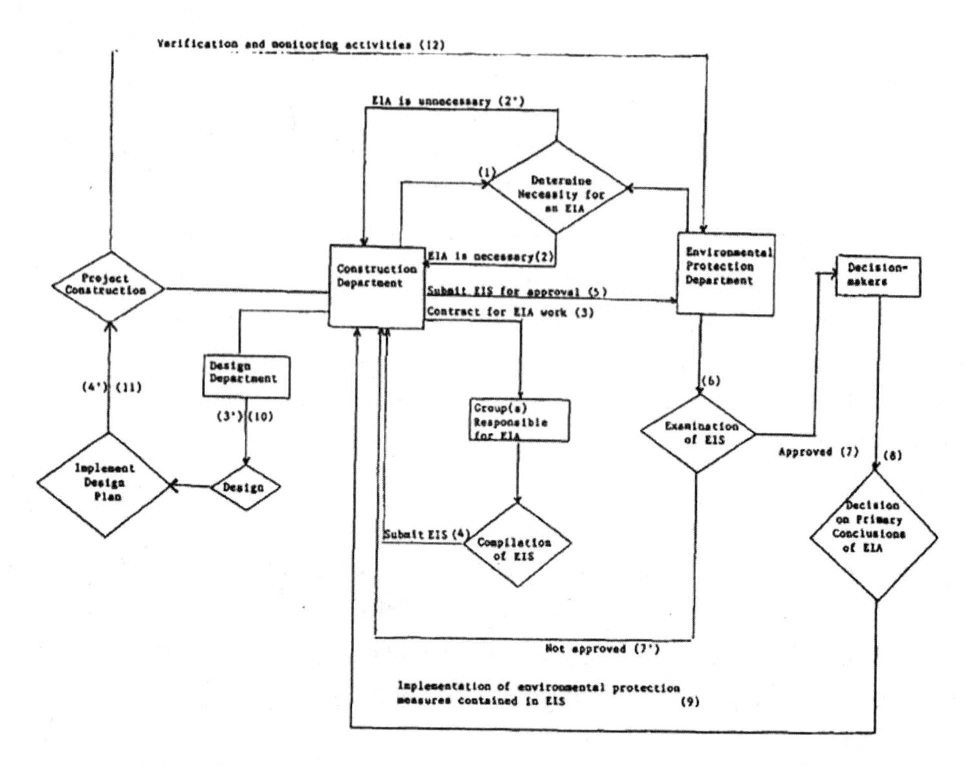

Figure 1　EIA administrative program（adapted from Wu，1982）

The content of the EIS typically includes the following major components: general statement, survey of the proposed project, investigation of the environmental conditions in the region surrounding the project, analysis and prediction of the short- and long-term impacts of the project upon the environment, environmental monitoring proposals, cost-benefit analysis, a set of conclusions, and existing problems and proposals for addressing them. In outline and content, a typical EIS in China is similar to those found in many other countries.

When the EIS has been compiled, it is submitted to the department responsible for the project. This department then adds opinions of its own before forwarding it to the environmental protection department. The environmental protection department conducts an examination of the EIS to determine if the project with the recommended environmental protection measures meets environmental standards or, as a minimum, incorporates a plan for achieving environmental goals. In reaching this decision, it will take into consideration opinions of those in the department responsible for the project and usually consult outside experts for advice. If the decision is approved, the environmental protection department may add some recommendations of its own to those included in the EIS and then inform the relevant decision makers of its decision. The decision-making body could be the Stale Economic Commission, the State Planning Commission, or even the State Council for large national projects and provincial or city governments for middle-sized or small projects. If approval of the EIS is not granted, the environmental protection department informs the department that submitted the EIS, perhaps with recommendations for altering the project plan and/or revising the EIA procedures.

When approval is granted, the decision makers are responsible for implementing the environmental protection measures as specified in the approved EIS and then forwarding their decisions to the department responsible for the project. Including these decision makers, who are neither environmental experts nor experts with regard to the proposal, in the implementation phase is an apparent weakness of the overall EIA process. There is the potential for undue bureaucratic or political interference at this juncture.

The design division of the construction department then draws up construction plans that include the environmental protection measures based on the approved EIS. The environmental protection measures may include monitoring and verification procedures that are to be carried out while construction is in progress and/or after its completion with the requirement that the results be reported lo the environmental protection department.

Of course the flow chart depicted in Figure 1 and the above description of the administrative procedures give an impression of a smoothly functioning process that does not always exist in practice. Breakdowns occur and bureaucratic jostlings result in shortcuts that contribute to various types of inferior work and, in some instances, to bypassing established procedures. However, if the administrative process functions smoothly and effectively, it generally follows the format described above. Problems that commonly occur will be discussed in detail in a later section.

EIA Methods and Techniques

EIA methods and techniques are those procedures, approaches, or methodologies used in conducting the environmental impact investigation (Shopley and Fuggle, 1984). In this section the EIA methods and techniques commonly employed in China will be summarized. There are no formally specified methods and techniques and, therefore, significant variations exist from one project to another. Nevertheless, patterns are present in the methods employed by investigators. Four stages, as shown in Figure 2, arc usually included in an EIA investigation: design of the investigation, evaluation of background environmental qualily, prediction of environmental impacts, and an assessment of the environmental impacts. An important aspect of the investigation is the identification of measures for controlling pollutants and an estimation of the costs of these measures.

The key problems to be addressed in the first stage, the design of the EIA investigation, are the scope of the project, the identification of the factors in the natural and social environments most likely to be affected by the project, and the selection of parameters for evaluating environmental impacts. There is a recognition that this phase can be done well only if input is obtained from several academic disciplines. Another skill required at this stage is the ability to evaluate the opinions of experts from different fields and to synthesize them into a workable plan. The depth and breadth of an EIA investigation depend largely on its design. Experience in China has shown that the better the EIA design, the higher is the quality of die overall investigation. There have been cases where those conducting the EIA have failed to grasp the main aspects of the design of the EIA investigation and have, as a result, neglected some key elements. It is recognized that a way must be found to overcome these shortcomings.

In the second stage of a typical EIA investigation, an evaluation of the quality of the natural and sodal environments prior to a project's implementation is conducted. Monitoring, laboratory analyses, and other types of investigative acdvities are required in order to evaluate the environmental and ecological qualities of the region. In cases where substantial human activities have resulted in a degraded natural environment, attempts are sometimes made to conduct comparative studies of regions having features similar to those of the project site but where environmental degradation is not as serious. Background values from such regions may provide a more appropriate baseline from which to assess future impacts than the heavily polluted surroundings of a project site. An investigation and evaluation of the social environment in the region surrounding the project site is also usually undertaken at this stage. In historically important regions, the identification of cultural relics, historical sites, and ancient vestiges around and near the project site is usually stressed.

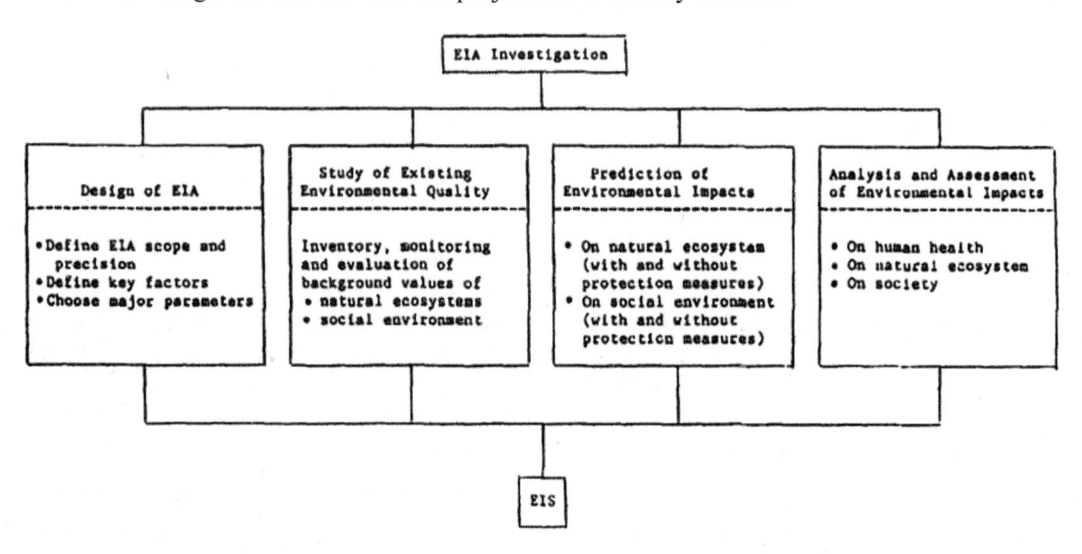

Figure 2 EIA methodology

In the third stage, environmental impacts arc systematically delineated. The aim is to forecast the type and degree of potential environmental changes that will occur as the result of a project construction. Some impacts, particularly those inflicted upon the social environment, are described in qualitative terms, but considerable emphasis is placed upon quantitative descriptions. At this stage environmental protection measures are usually identified and the degree to which these measures will mitigate environmental impacts is also predicted. In order to make accurate predictions of environmental impacts occurring after environmental protection measures are in place and to estimate costs of these measures, it is necessary for the EIA investigators to have a basic knowledge of engineering processes and technology.

An example of typical impacts upon the natural environment is provided by EIAs of mining operations. In an EIA study of the impacts caused by additional development of the Yongping Copper Mine (Xu and others, 1989), potential changes in gcochemical and geomorphological conditions were predicted and the concomitant changes in vegetation and ecosystems caused by large-scale soil erosion and water losses were quantified. In addition, the impacts on surface water caused by acid drainage from the mine with its high corcentrations of heavy metals and the changes to agricultural ecosystems caused by irrigation with polluted water were studied. Environmental protection measures to counter the effects of heavy metal pollution were emphasized.

Prediction of the impacts on the social environment caused by proposed projects is aimed at measuring the effects on the quality of residential living environments—including such things as noise, traffic conditions, and aesthetics—and on the development of the regional economy. Impacts on historical sites, cultural relics, and scenic spots that are of interest to the indigenous population and tourists alike also are included.

On the basis of the first three stages, an analysis of the effects caused by environmental changes on human health, ecosystems, and social systems is conducted. This constitutes the fourth stage of the EIA investigation. Effects on human health caused by environmental changes often are chronic and may become readily apparent only when considerable time has elapsed after exposure has occurred. Accurate assessment of heath impacts is difficult and has only begun to receive systematic attention in EIA studies throughout the world (Go and Peterson, 1987). In China, such studies arc in the rudimentary stage as well. The assessment and analysis of the impacts upon the physical components of ecosystems is more advanced than for the biotic components. There appear to be only a few EIA studies in which comprehensive analyses of animal and plant communities have been conducted.

In the analysis of the impacts on social systems—a concept somewhat more narrowly construed in China than in most western countries—cost efficiency and economic assessments are often stressed. The analytical tool of cost-benefu analysis is used sometimes in an attempt lo make rational decisions that address both economic development and environmental protection concerns. In addition to national standards, there are often local environmental quality standards that must be addressed. Guidelines and articles on EIA often include the counsel that investigators should take local characteristics into consideration.

The EIA investigations are not always conducted in the compartmentalized manner suggested by the descriptions given above of the four methodological stages. In the investigative activities, functions listed under two or more stages may be merged and sequences altered.

A variety of techniques or approaches are used for predicting and analyzing environmental impacts, the major activities under the third and fourth stages. Often the techniques employed arc simple and fit under what Shopley and Fuggle (1984) call ad hoc approaches. However, more sophisticated approaches frequently have been used , particularly in recent years. Weighted composite indices have been utilized as a means for comparing alternatives or quantifying impacts (Liu Guangsi 1987, Wang Yun 1987, Ning Datong and others 1987b, Ren Jiuchang and others 1987). Mathematical models receive heavy usage for studying various kinds of impacts: air pollutants (Ning Datong 1987, Yu Ke 1987, Cai Cunfu and Wang Huadong 1987, Ning Datong and others 1987a, Cai Lin and others 1987, Che Yuhu 1987, Yang Qiansheng 1987) ,water pollutants (Liu Feng 1987, Xue Jiyu and others 1987, Che Yuhu 1987) , soil pollutants (Xu and others 1989, He Jianqun and Xu Jialin 1987, Yang Jurong and others 1984) , and noise (Huang Guohe 1987, Zhao Guangfu 1987, Wang Hongzhi 1987). Most of the mathematical models employed are deterministic, but predictions and assessments in probabilistic terms are starting to appear in EIA studies (Chen Feixing 1987, Cai Lin and others 1987, Yang Qiansheng 1987) . The use of remote sensing and specialized cartographic techniques is now fairly common (Li Tianjie 1987, Chu Guanrong 1987, Fan Weihong and others 1987). Additional techniques that have been employed include the analytical hierarchy process(Li Wanqing and Meng Xiaojun 1987, Zhou Haoming 1987), the Delphi method (Yang Jurong and others 1987) , synergetics (Sun Benjing 1987) , network models and graph theory (Che Yuhu 1987) , and input—output analysis (Guo Baoseng 1987) . In addition to computer simulations, specialized computer programs have been developed to estimate subsidence of the earth's surface resulting from underground coal mines (Zhao Jizhou 1987) and to provide an environmental information system that can be used to study impacts from nonferrous mining operations (Xu and others 1989) . Wind-tunnel simulations are sometimes employed as part of air pollution studies (Ning Datong 1987, Cai Cunfu and Wang Huadong 1987) and simulations of pollutant movements in a water environment are conducted in laboratories to estimate pollutant movements in actual surface water bodies. Many types of chemical analyses have been performed in laboratories, including at lease one study on laboratory rats to assess potential threats to human health from benzo[a]pyrene, a chemical that exists in some atmospheric fly ash (Hou Fuzhong and others 1987) .

Public Participation in EIA

In many countries specific mechanisms are included in the EIA procedures to ensure that the public is informed and that opportunities are granted for citizens to review EISs and to formally present their views concerning the recommendations contained in them. In fact, the enhancement of public participation in environmental decision making is often viewed as an important EIA objective (Hollick 1986). At present formal public involvements arc not a part of the EIA system in China. The set of procedures depicted in Figure 1 is entirely administrative and bureaucratic in nature, and no provision is included for notifying the general public when EISs have been completed so that citizen reviews can occur, nor are public hearings a part of the process.

Located in every county and city in China is a special office called the Xinfang Office, which exists for the purpose of receiving public opinions and complaints. These offices with their ombudsman-type function exist for the purpose of receiving complaints on all types of issues. Thus, it is possible for citizens to lodge complaints concerning environmental issues, including complaints concerning EISs or EIA activities if, in a rare case, they should be aware of EIA provisions. However, such potential actions are a far cry from formal public participation, particularly since personnel in these offices are not empowered to act, only to serve as vehicles of communication. Included among the complaints that have been received by such offices are some concerned with environmental matters. For example, in the Sichuan Province an office received citizen complaints about dead fish on the Tuo River, which appeared to be the result of industrial pollutants discharged into the river. The complaint led to a research project to determine the cause of the problem.

Article 8 of the Environmental Protection Law (EPL 1979) states that Chinese citizens have the right to bring a complaint before the court against a unit or individual who has caused pollution or damage to the environment. Those who bring such matters to court are to be protected against retaliatory action on the part of the accused units or individuals. There are documented court cases pertaining to environmental issues (Ross 1987, Ross and Silk 1987), although none pertaining specifically to an EIA matter has been found in the literature.

Article 8 would seem to provide an opportunity for citizen legal action to redress EIA matters such as a failure to conduct proper EIA procedures or a failure to comply with environmental protection provisions contained in the directives provided by the environmental protection department along with its approval of the EIA. Obviously, such legal actions can occur only if citizens are informed, a condition that is very difficult to attain under the present EIA procedures in China.

It seems clear that formal mechanisms for notification of citizens and providing opportunities for them to review and present their views concerning EISs is a necessary ingredient for strengthening the EIA program.

Effectiveness of the EIA Process

As was mentioned earlier, the EIA program in China has been applied primarily to construction projects. Does the EIA program play an effective role in protecting the natural, social, and cultural environments from adverse effects resulting from the construction of the large and middle-size facilities that come under its purview?

Li Xingji （1987） and others have pointed out that the locations of most construction projects have been decided before the EIA work begins. Therefore，the EIA program in China has not had as fundamental a role as in some countries where alternatives to a proposed project must be explicitly examined，including consideration of alternative locations. Such analysis requires that the EIA work begin at the planning stage of a project，a formidable challenge to a country that is seeking to develop its economy rapidly. The fact that the EIA process has not been thoroughly integrated into the project planning stage is a reflection，no doubt，of the fact that many decision makers feel that they have little choice but to put economic interests ahead of environmental protection concerns. The primary impact of EIA in China has been to alter project designs so that environmental protection is enhanced. A case study involving an aluminum smelter in Qinghai Province，reported by Yin Guangjin（1987），is probably typical of many projects.

The environmental impact assessment of the smelter project，a large-sized electrolytic aluminum plant，was conducted when the preliminary design scheme had already been completed. According to the design plan，wastewater from the plant was to have been discharged directly inio a channel near the smelter. The water in the channel was used for a variety of purposes，including the washing of rice and vegetables and farmland irrigation，by 30,000 villagers who lived nearby. The researchers determined that the discharge would seriously degrade the water quality in the channel and threaten underground water and water wells close to the channel. In effect the channel would become a sewage canal，particularly during the May-June period when it tends to dry up from heavy irrigation use.

Treatment of the wastewater to maintain water quality standards in the channel was deemed too expensive. Instead，the EIA resulted in a recommendation that would discharge the wastewater into a river that is located at some distance from the smelter. It was determined that the discharge into the river would not violate the state industrial wastewater discharge standards and that the villagers' water supply would be protected. The proposed diverson of the wastewater would require an investment of one million RMB（renminbi）but the accrued benefits were considered to be well in excess of the cost，which would have included long-term penalty payments lor discharges into the channel（as of June 1989，at the official exchange rate US $1 equaled 3.7RMB）. The proposal was accepted by the smelter，the design institute，and environmental protection departments and approved for implementation by the China National Non-ferrous Metals Industry Corporation.

It should be noted that there are documented cases where recommendations more radical than the type described above have resulted from EIAs. For example，the environmental impact assessment of a coal gas project in Lanzhou resulted in the recommendation that it not be constructed because its impacts，particularly upon the atmosphere from air pollution，would be too severe（Li Guifen 1987）. Whether the project will be abandoned as a result of this recommendation is not yet clear.

Zhang Dunfu (1987) holds the view that the EIA program in China has brought about a change in traditional economic decision making. Where as in the past sole attention was given to economic growth at the neglect of environmental protection, the EIA program, he argues, has proved very useful in adjusting economic growth and protecting the environment. Ross (1987) holds a less sweeping view but makes the following positive statement about the environmental impact assessment process for construction projects: "the assessments are rudimentary, but the requirements are real and the compliance rate has risen rapidly."

On the other hand, there are those who hold a critical view of the EIA process in China. Zhu Yimin (1987) states that the EISs for large and middle-scale construction projects have had little effect in determining reasonable locations, prevention of pollution, and protection of the environment. He goes on to say that much manpower and money have gone into EIA activities but little has been achieved. He attributes this to three major factors: (1) Some units seek permission for design and construction but fail to be specific and maintain strict requirements towards the units that undertake the EIA; (2) researchers often place too much stress on mathematical models and the academic level of assessment at the expense of practical assessment methods; and (3) some environmental protection departments do not enforce laws strictly and reports may be passed easily.

Wu Sishan and others (1982), in referring to the late stage at which the environmental assessment work occurs in the construction project planning process, state that many EISs are, in essence, post-EISs. The same authors complain that the researchers who conduct environmental impact assessments, although knowledgeable in the environmental protection field, often lack familiarity with technical designs and technological processes. Therefore, they state, the researchers encounter difficulties in the analysis of pollutants and lack the skills to judge whether the data and parameters supplied by design departments are correct. This may be due in part to the fact the Chinese academics are often disciplinary specialists with limited experience in project activities that place a premium on multidisciplinary approaches. In addition, in China, as in many countries, the academic boundary between environmental science and environmental engineering is often a difficult one to cross.

Whatever their views on the effectiveness of the EIA program to date, observers are united on the central point that it is needed to ensure that environmental protection issues in China will be adequately addressed in the future. Proponents, such as environmental leader Liu Peitong (1987), see EIA studies as a tool for promoting a harmonious development between humans and their environment. Even the strongest critics offer suggestions for the improvement of the EIA program rather than advise its disbandment.

Several obvious areas for improvement have been noted throughout this paper. Among them are more effective and objective administrative procedures, better design of the EIA investigation, greater attention to the biotic components of environmental assessment, and provisions for public involvement in the EIA process. Based on a review of several large projects, Zhang Dunfu (1987) concluded that EIAs bearing regional characteristics have been more successful in controlling pollution than those that lack a regional context. In view of this, he recommends that a strategic adjustment occur in China's EIA program by placing the evaluation of particular projects in a regional context. Some steps in this direction have been taken by government officials, who have requested that environmental concerns be addressed on a regional basis along with economic development plans (Che Yuhu 1987).

An academic seminar on EIA was held in Shijiazhuang, the capital of Hebei Province, in March 1986. A set of proposals based on the deliberations at that seminar chart a course for the future of EIA in China. They are:

1. The term "environment" is a broad concept; besides prediction and assessment of environmental pollution, the EIA should study the impacts of projects on the natural ecosystem, and it should be extended to the social and economic factors and the entire human ecosystem.

2. Guidelines should be compiled for EIA, and regulations and standards for EIA should be drawn up as soon as possible.

3. In those projects in which EIAs have been completed, a review should be carried out so as to find the existing problems and improve the EIA method.

4. It is necessary to combine the EIA of a single project with the EIA of regional economic development so that the reasonable distribution of construction projects can be achieved and the environmental capacity can be distributed in a unified way.

5. A risk assessment for some projects should be carried out.

Since a broad definition of environment is already in place in the Environmental Protection Law, it would seem that the first statement would be unnecessary. The likely intent is to raise a call for a narrowing of the gap between theory (as embodied in the Environmental Protection Law) and practice, particularly in relation to nonconstruction projects.

Summary

In the past decade, an environmental impact assessment program has become firmly entrenched in China. Although presently limited primarily to large-and medium-sized construction projects, a legal basis exists for applying EIA procedures to a wide range of proposals. An EIA administrative process has evolved, but it is not statutorily mandated. The EIA process does not include formal provisions for citizen notification or involvement.

Four stages are usually included in an EIA investigation: design of the investigation, evaluation of background environmental quality, prediction of environmental impacts, and assessment of environmental impacts, The techniques employed in EIA investigations are rudimentary but have become increasingly sophisticated. The environmental impact statement. compiled by an investigative group, provides the basis for an examination by an environmental protection department to determine if proposed environmental protection measures are adequate and if approval should be granted for the project design to commence.

Views concerning the effectiveness of China's EIA program differ, but there is agreement that it should be continued and improved. A major avenue for improvement is to place the evaluation of particular projects a regional context.

Acknowledgments

The authors wish to express their appreciation to Professor Che Yuhu for reading a draft of this paper and offering helpful advice and comments. They also would like to thank the referees for suggesting a number of improvements and pointing out several inconsistencies.

Literature Cited

[1] Cai Cunfu and Wang Huadong. 1987. Research methods for determining air pollution meteorological features and atmospheric diffusion patterns in environmental impact assessment . Institute of Environmental Sciences, Beijing Normal University. Paper presented at the International Environmental Impact Assessment Symposium. Beijing. October, 1987.

[2] Cai Lin, Jing Ju, and Guo Baoseng. 1987. A study of critical wind speed and its role in evaluating regional environmental impact. Institute of Environmental Sciences, Beijing Normal University. Paper presented at the International Environmental Impact Assessment Symposium. Beijing. October, 1987.

[3] Che Yuhu. 1987. An integrated model for regional and urban environmental planning. Institute of Environmental Sciences, Beijing Normal University. Paper presented at the International Environmental Impact Assessment Symposium. Beijing. October, 1987.

[4] Chen Feixing. 1987. The assessment of duration of river pollution using statistical probability, Institute of Environmental Sciences, Beijing Normal University. Paper presented at the International Environmental Impact Assessment Symposium. Beijing. October, 1987.

[5] Chu Guanrong. 1987. Methods for compiling series maps of aquatic environmental capacity. Institute of Environmental Sciences, Beijing Normal University, Paper presented at the International Environmental Impact Assessment Symposium. Beijing, October, 1987.

[6] EPL. 1979. Environmental Protection Law of the People's Republic of China (For Trial Implementation). Adopted at the 11th meeting of the Standing Committee of the 5th National People's Congress.

[7] Fan Weihong, Zhao Ji, and Liao Chemei. 1987. The impact of land use characteristics on the grassland environment in Inner Mongolia. Institute of Environmental Sciences, Beijing Normal University. Paper presented at the International Environmental Impact Assessment Symposium. Beijing. October, 1987.

[8] Go, F. C. and P. J. Peterson. 1987. Consideration of human health in environmental impact assessment. Institute of Environmental Sciences, Beijing Normal University. Paper presented at the International Environmental Impact Assessment Symposium. Beijing. October, 1987.

[9] Guo Baosing. 1987. A regional environmental-economic planning model. Institute of Environmental Sciences, Beijing Normal University. Paper presented at the International Environmental Impact Assessment Symposium. Beijing. October, 1987.

[10] He Jianqun and Xu Jialin. 1987. The background value investigation and its role in environmental impact assessment. Institute of Environmental Sciences, Beijing Normal University. Paper presented at the International Environmental Impact Assessment Symposium. Beijing. October, 1987.

[11] Hollick M. 1986. Environmental impact assessment: an international evaluation. *Environmental Management*, 10 (2): 157-178.

[12] Hou Fuzhong, Bao Ziping, Wang Ziyuan, Zhou Zongcan, Liu Lingyun, Ma Yufang, and Kuo Xuecong. 1987. Studies on benzo[*a*]pyrene (BaP) in environmental impact assessment and toxification of BaP and its detoxification by zinc, copper ions and phenolic or hydroxyl compounds. Institute of Environmental Sciences, Beijing Normal University. Paper presented at the International Environmental Impact Assessment Symposium. Beijing. October, 1987.

[13] Huang Guohe. 1987. Assessment of noise impact at Xiamen International Airport. Institute of Environmental Sciences, Beijing Normal University, Paper presented at the International Environmental Impact Assessment Symposium. Beijing. October. 1987.

[14] Li Guifen. 1987. Environmental impact assessment of the Lanzhou coal gas project at Zhengjiazhuang. Institute of Environmental Sciences, Beijing Normal University. Paper presented at the International Environmental Impact Assessment Symposium. Beijing. October, 1987.

[15] Li Tianjie, 1987. The application of remote sensing to the evaluation of environmental quality. Institute of Environmental Sciences, Beijing Normal University. Paper presented at the International Environmental Impact Assessment Symposium. Beijing. October, 1987.

[16] Li Wangqing and Meng Xiaojun. 1987. Benefit/cost analysis of a cement plant site selection problem. Institute of Environmental Sciences, Beijing Normal University. Paper presented at the International Environmental Impact Assessment Symposium. Beijing. October, 1987.

[17] Li Xingji. 1987. Discussing the methods and their selective principles adopted in the EIA, proceeding from the features of our country in this respect. Institute of Environmental Sciences, Beijing Normal University. Paper presented at the International Environmental Impact Assessment Symposium. Beijing. October, 1987.

[18] Liu Feng. 1987. Environmental impact of the nonpoint source pollution: quantitative identification of temporal and spatial variation. Institute of Environmental Sciences, Beijing Normal University. Paper presented at the International Environmental Impact Assessment Symposium. Beijing. October, 1987.

[19] Liu Guangsi. 1987. Assessment for the impact of construction projects on cultural relics. Institute of Environmental Sciences, Beijing Normal University. Paper presented at the International Environmental Impact Assessment Symposium. Beijing. October, 1987.

[20] Liu Peitong. 1987. Promoting a harmonic development between man and environment through EIA studies. Institute of Environmental Sciences, Beijing Normal University. Paper presented at the International Environmental Impact Assessment Symposium. Beijing. October, 1987.

[21] MREP. 1981. Management rules of environmental protection of basic projects.

[22] Ning Datong. 1987. Air pollution potential analysis in environmental impact assessment. Institute of Environmental Sciences，Beijing Normal University. Paper presented at the International Environmental Impact Assessment Symposium. Beijing. October，1987.

[23] Ning Datong，Wang Huadong，Yin Zonghui，Xue Jiyu，Wang Jun，and Xia Yumin. 1987a. Prediction of environmental impacts of a nonferrous smelter. Institute of Environmental Sciences，Beijing Normal University. Paper presented at the International Environmental Impact Assessment Symposium. Beijing. October，1987.

[24] Ning Datong，Yang Jurong，Wang Sufcn，and Ma Xiaoying. 1987b. Preliminary study of evaluation of agro-eccosystem environmental quality in Kai County. Institute of Environmental Sciences，Beijing Normal University . Paper presented at the International Environmental Impact Assessment Symposium. Beijing. October，1987.

[25] Ren Jiuchang，Cai Xiaoming，and Zhong Zhixiang. 1987. Ecosystem impact assessment in the TLK Reservoir project. Institute of Environmental Sciences，Beijing Normal University. Paper presented at the International Environmental Impact Assessment Symposium. Beijing. October，1987.

[26] Ross，L. 1987. Environmental policy in post-Mao China. *Environment* 29（4）：12-17，34-39.

[27] Ross，L. ，and M. A. Silk. 1987，Environmental Law and Policy in the People's Republic of China. Quorum Books，New York.

[28] Shen Ganqing . 1987，About some environmental impact problems of large water projects in China . Institute of Environmental Sciences，Beijing Normal University . Paper presented at the International Environmental Impact Assessment Symposium. Beijing. October，1987.

[29] Shopley，J. B.，and R. F，Fugglc. 1984. A comprehensive review of current environmental impact assessment methods and techniques. *Journal of Environmental Management* 18（1）：25-47.

[30] Sun Benjing. 1987. The environmental impact of industrial development and countermeasures in the Jiazao region . Institute of Environmental Sciences，Beijing Normal University . Paper presented at the International Environmental Impact Assessment Symposium. Beijing. October，1987.

[31] Wang Hongzhi. 1987. Prediction model of traffic noise applied to the Shuangjing area of Beijing. Institute of Environmental Sciences，Beijing Normal University . Paper presented at the Inteniaiional Environmental Impact Assessment Symposium. Beijing. October，1987.

[32] Wang Yun. 1987. Studies in comprehensive environmental impact analysis and assessment. Institute of Environmental Sciences，Beijing Normal University. Paper presented at the International Environmental Impact Assessment Symposium. Beijing. October，1987.

[33] Wu Sishan. 1982. Problems in EIA in China. In：Environmental Impact Assessment. Environmental Protection Bureau，Beijing （in Chinese）.

[34] Xu Jialin，Qin Wei，and Wang Huadong. 1989. A regional environmental information system for analyzing and predicting the impacts of nonferrous mining on an agricultural environmem. *Environmental Management* 13（2）：259-269.

[35] Xue Jiyu，Wang Huadong，and Ma Xiaoying. 1987. A study on environmental impacts of Guixi Smeltery on the Xinjing river. Institute of Environmental Sciences，Beijing Normal University. Paper presented at the International Environmental Impact Assessment Symposium. Beijing. October，1987.

[36] Yang Jurong, Che Yuhu, and Wang Huadong. 1984. Research on heavy metal capacity in soil of the Beijing Region. *Acta Scientiae Circumstantiae* 4 (2): 142-150 (in Chinese).

[37] Yang Jurong, Wang Sufen, Wang Huadong, Che Yuhu, Yin Zonghui, Jin Yuhua, Guo Ying, and Liu Feng. 1987. Ecological impact assessment for the Pingshuo (Antaibao) coal mine. Institute of Environmental Sciences, Beijing Normal University. Paper presented at the International Environmental Impart Assessment Symposium. Beijing. October, 1987.

[38] Yang Qiansheng. 1987. Acid rain aspect in air quality assessment. Institute of Environmental Sciences, Beijing Normal University. Paper presented at the International Environmental Impact Assessment Symposium. Beijing. October, 1987.

[39] Yin Guangjin. 1987. Unity of three benefits in environmental impact assessmem for projects. Institute of Environmental Sciences, Beijing Normal University. Paper presented at the International Environmental Impact Assessment Symposium. Beijing. October, 1987.

[40] Yu Ke. 1987. Atmospheric environmental impact assessment methodology of opencut mining. Institute of Environmental Sciences, Beijing Normal University. Paper presented at the International Environmental Impact Assessment Symposium. Beijing. October, 1987.

[41] Zhang Dunfu. 1987. Create conditions for bringing environmental protection into the national economic plan through adjustment and perfection of the system of environmental impact evaluation in China. Institute of Environmental Sciences, Beijing Normal University. Paper presented at the International Environmental Impact Assessment Symposium. Beijing. October, 1987.

[42] Zhao Guangfu. 1987. The determination of suitable divisions in urban areas for controlling noise. Institute of Environmental Sciences, Beijing Normal University. Paper presented at the International Environmental Impact Assessment Symposium. Beijing. October, 1987.

[43] Zhao Jizhou. 1987. Environmental impact assessment of the Chinese coal industry. Institute of Environmental Sciences, Beijing Normal University. Paper presented at the International Environmental Impact Assessment Symposium. Beijing. October, 1987.

[44] Zhou Haoming. 1987. Scale theory for environmental impact comprehensive assessment. Institute of Environmental Sciences, Beijing Normal Umversity. Paper presented at the International Environmental Impact Assessment Symposium. Beijing. October, 1987.

[45] Zhu Yimin. 1987. The practical aspects of environmental impact assessment. Institute of Environmental Sciences, Beijing Normal University. Paper presented at the International Environmental Impact Assessment Symposium. Beijing. October. 1987.

Progress of Environmental Impact Assessment in China

Wang Huadong and Ma Xiaoying
(Institute of Environmental Sciences, Beijing Normal University, Beijing, China)

In China, research on Environmental Impact Assessment (EIA) has had a short history, but it is developing rapidly, EIA has become an important method for dealing with the relationships between economic development and environmental protection, and an effective measure for strengthening environmental management. To carry out an EIA in China is of considerable importance.

"The Environmental Protection Law of the People's Republic of China (1979)" (for trial implementation) stipulated that all enterprises and institutions shall pay adequate attention to the prevention of pollution and damage to the environment when selecting their sites, designing, constructing and planning production. In planning new construction, reconstruction and extension projects, a report on EIA must be submitted to the environmental protection department and other relevant departments for examination and approval before design work can be started. The installations for the prevention of pollution and other hazards to the public should be designed, built and put into operation at the same time as the main project. Discharges of all harmful substances shall be in compliance with the criteria set down by the State or local government.

Since 1979, about 500 reports on EIA have been completed and they have played an active role in controlling environmental pollution and preventing ecological deterioration.

(1) EIA PROGRAMME

In China, research on environmental quality evaluation and comprehensive control of environmental pollution was initiated in the 1970's. On the basis of this research, EIA was undertaken and the EIA methodology was established. The EIA methodology includes many

原载：*Proceedings of the International Symposium on EIA*，(Oct.1987). Publishing House of Beijing Normal University.

aspects: investigation of pollution sources，environmental monitoring，environmental quality evaluation，research on environmental capacity，environmental system engineering，and comprehensive control of environmental pollution.

In China，the EIA programme encompasses two aspects：an administrative programme and a technological programme.

1. Administrative programme

The administrative programme is outlined in Figure 1. First，a preliminary evaluation is conducted to determine if the project is feasible. If the site selection of a project is reasonable，and the control measures are effective，the project can be started after the preliminary evaluation is approved by the state or local environmental protection department. If the site selection is unreasonable and the environmental impacts are serious，further evaluation is required. Only after the EIA report is approved can this project be constructed.

2. Technological programme

The technological programme is shown in Figure 2. The work at the first stage is the EIA design. The key problems are to define the scope of the EIA（which includes the function of a project and the characteristics of the natural and social environments），to determine the aspects of environmental impacts，to select parameters to be evaluated and to define the important level of these parameters.

At the second stage，the investigation，monitoring and evaluation of ecological and environmental quality should be carried out. These include studies of environmental background values and the present situation of environmental quality. The study of environmental background values should be undertaken in those regions where the activities of people are less，and where destruction and pollution to an ecosystem are not serious. In old industrial regions，environmental quality evaluation of the new or extension projects must be carried out. For example，in preparation for the construction of an ethylene plant with a productive capacity of 300,000 t/y as part of the existing Daqing Petroleum-chemical industrial area，an evaluation of present environmental quality has been carried out. This has provided the basis for prediction of environmental impacts.

It should be pointed out that the investigation and evaluation of the social environment in the region around the projects should be carried out during this stage. In historically important regions，investigations of their cultural relics，historical sites and ancient vestiges around and near the projects should be stressed.

At the third stage，the prediction of environmental impacts should be studied. In view of the entirety of the environment，the systems-analysis method should be used in EIA in order to reach a conclusion about environmental behaviour. Because the environmental system is a large multi-level system，it can be divided into sub-systems on the basis of the main environmental problems introduced by constructions and the main environmental factors involved.

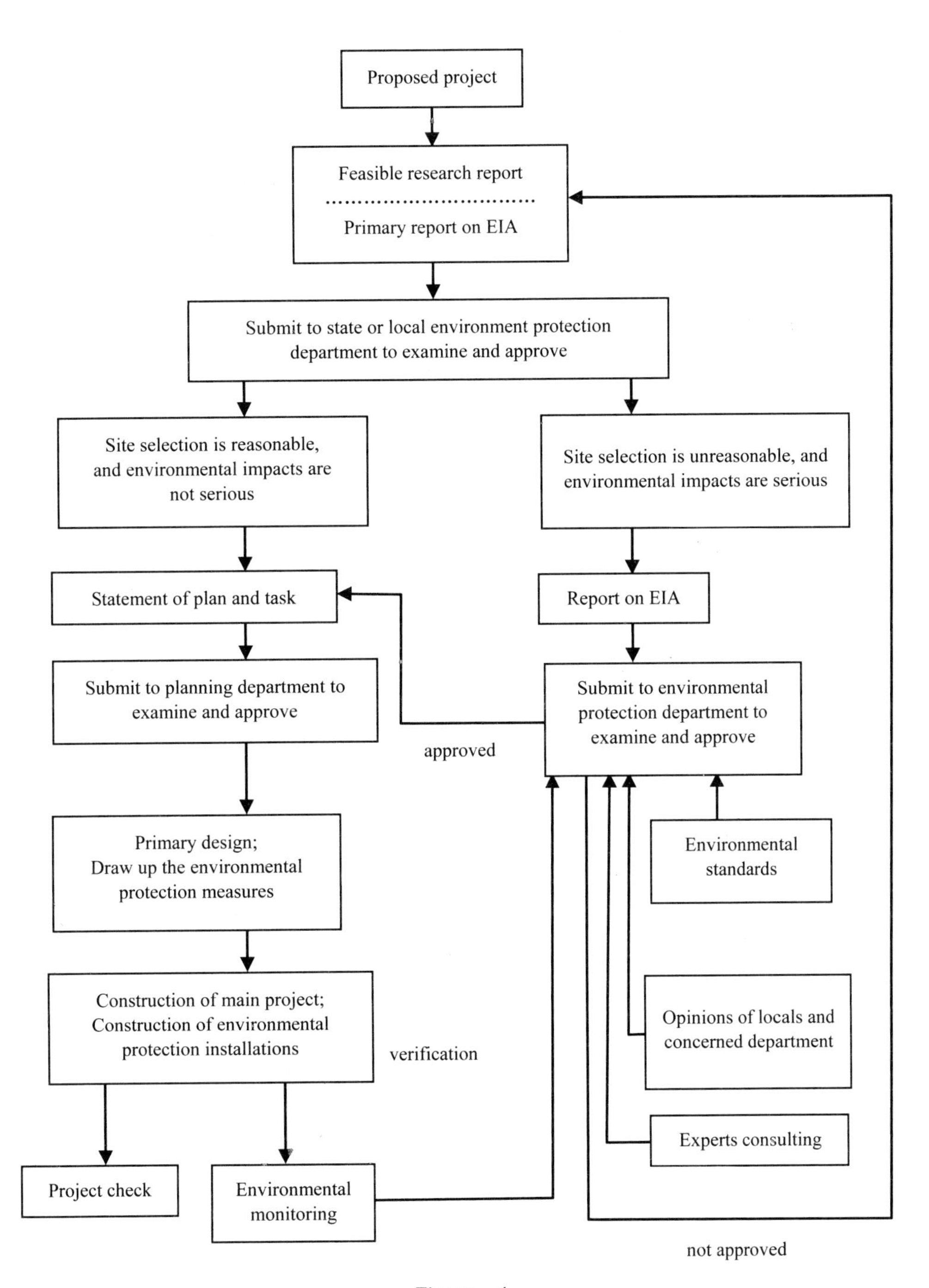
Proposed project
Feasible research report
Primary report on EIA
Submit to state or local environment protection department to examine and approve
Site selection is reasonable, and environmental impacts are not serious
Site selection is unreasonable, and environmental impacts are serious
Statement of plan and task
Report on EIA
Submit to planning department to examine and approve
Submit to environmental protection department to examine and approve
approved
Environmental standards
Primary design; Draw up the environmental protection measures
Opinions of locals and concerned department
Construction of main project; Construction of environmental protection installations
verification
Experts consulting
Project check
Environmental monitoring
not approved

Figure 1

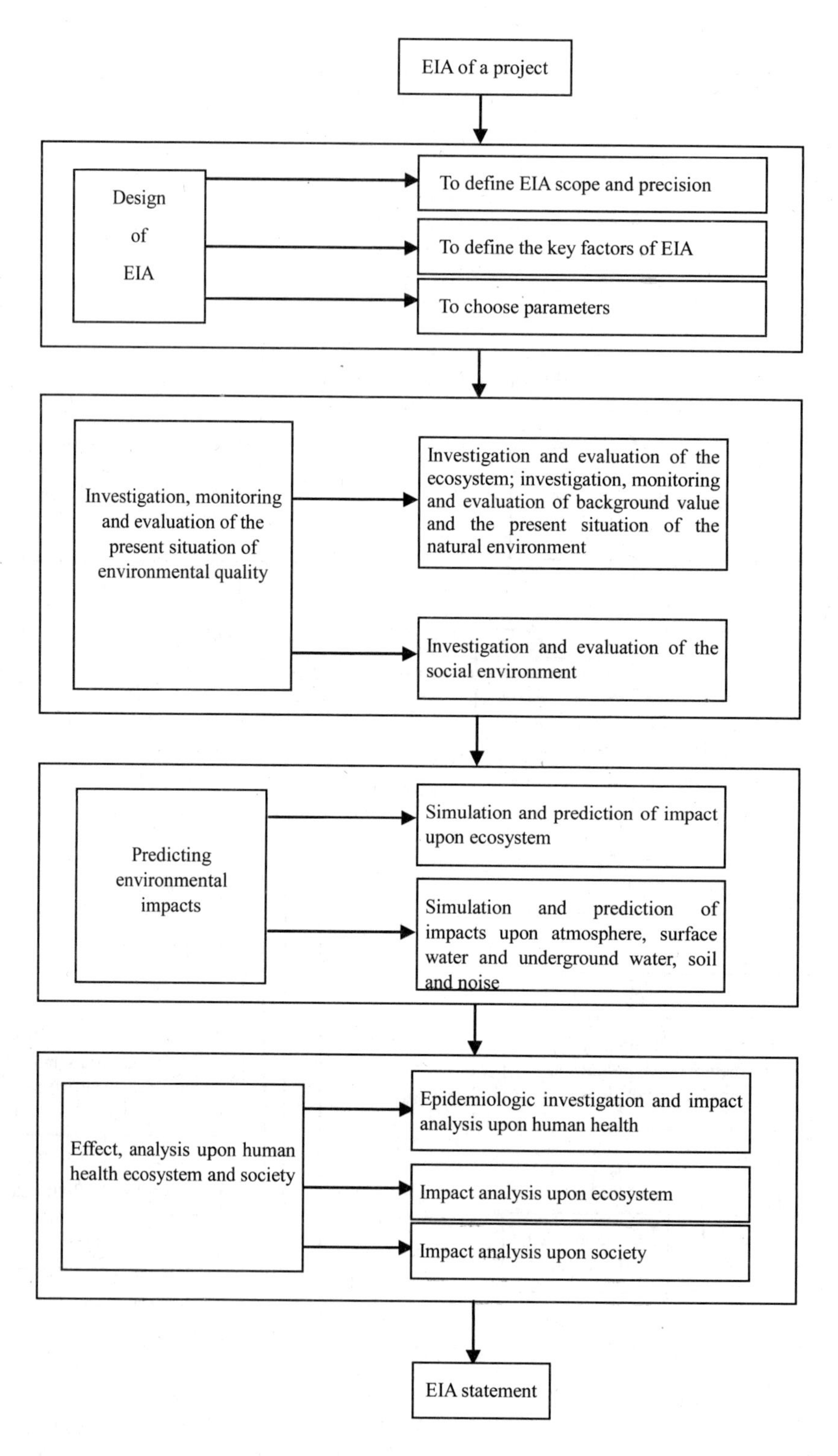
EIA of a project
Design of EIA
To define EIA scope and precision
To define the key factors of EIA
To choose parameters
Investigation, monitoring and evaluation of the present situation of environmental quality
Investigation and evaluation of the ecosystem; investigation, monitoring and evaluation of background value and the present situation of the natural environment
Investigation and evaluation of the social environment
Predicting environmental impacts
Simulation and prediction of impact upon ecosystem
Simulation and prediction of impacts upon atmosphere, surface water and underground water, soil and noise
Effect, analysis upon human health ecosystem and society
Epidemiologic investigation and impact analysis upon human health
Impact analysis upon ecosystem
Impact analysis upon society
EIA statement

Figure 2

Environmental simulation should be used in EIA. It includes mathematical, physical, chemical and biological simulations. For example, in an EIA of a copper mine, the physical-chemical simulation of heavy metals in the water environmental system and the simulation of the accumulation of heavy metals in the agroecosystem have been developed.

With reference to previously developed models of prediction, environmental mathematical models can be set up and should be based on parameters appropriate for the regional conditions. In order to reconcile the predicted results with the reality of the environment, the models should reflect the regional environmental characteristics.

The aims of the prediction of impacts on the natural environment caused by projects are to forecast the type and degree of potential changes and to draw up the compensation measures which can be taken to minimize the disadvantageous effects and build a new environmental system which is more suitable for people.

Prediction of the impacts on the social environment caused by proposed projects is aimed at measuring the effects on the social environmental quality (including quality of the living environment, social historical environment, traffic systems and social services environment), effects on development of regional economy, and on productive regimes in the future.

The fourth stage is to analyse the effects caused by environmental changes on human health, ecosystems and social systems on the basis of the previous steps. Previous research has shown that the effects on human health caused by the changes of environmental quality are often chronic and lengthy. In order to predict the effects of environmental pollution on human health on the basis of background values and the present situation in this respect, a sensitivity index concerned with the changes to health induced by certain environmental problems should be chosen so that the subclinical changes can be identified as soon as possible. For heavy metal and other types of pollution, prediction can be carried out on the basis of dose-response relationships.

At present, most predictions of impacts on ecosystems are limited to an analysis of some biotic communities. There are, however, a few case studies which contain an overall and comprehensive analysis of ecosystems. The study of the quality of an aquatic ecosystem on the Second Song Huajiang River in Northeast China is a example. The eco-simulation method can be utilized to set up a mathematical model of the ecosystem and simulate its behavior and characteristics. When the impacts of projects on ecosystems are studied, the internal structure of these ecosystems can be considered as a "black box", i. e. the impacts of projects on an ecosystem can be regarded as "inputs" and the changes upon the ecosystem as "outputs". With reference to "inputs" and "outputs", the changes of the ecosystems can be made clearly. The mathematical model can be set up with the following steps: define the simulated object, define the structure of the ecosystem, set up a mathematical model, examine the efficiency and accuracy of the eco-model, analyse the sensitivity of the ecosystem, and then simulate and apply the ecosystem model.

Social efficiency analysis of a proposed project requires comprehensive research, and the cost-efficiency analysis should be stressed. It should be pointed out that the EIA applied sensibly can give rise to economic efficiency. China is building on the "four modernizations", so at present to choose the most suitable sites for new, large or middle scale projects and to distribute them rationally will result in economic efficiency.

At this stage, it is important to put forward measures for environmental protection and suggestions about site selection. Future functions of the region must analysed. According to regional comprehensive functions and main functions, appropriate environmental standards should be established. Characteristics of the local environment should be taken into consideration as well. In China, local environmental quality standards and discharge standards are still incomplete. Some cities have set local waste gas emission standards and water pollution discharge standards. Therefore, further research on this aspect is necessary when carrying out EIA.

(2) CONTENT REQUIREMENTS

There are several basic stages in the EIA: to predict the short and long-term environmental impacts; to evaluate the protective measures; to demonstrate and selec an optimum scheme which is technologically feasible and economically reasonable and has a minimum impact on the environment; to provide a scientific basis for decision makers.

The content of the report on EIA is as follows:

A. General

1) According to the characteristics of a proposed project, state the objectives of the report on EIA.

2) The main basis for compiling the report on EIA:

a. Statement of proposed project

b. EIA programme

c. EIA contract

3) The EIA standards

4) The goal of pollution control and environmental protection

B. A survey of the proposed project

1) The name and the nature of construction in the project

2) Construction site

3) Project capacity

4) The main products and technological process

5) The main raw material, fuel, and water demand and their sources

6) Emission types, emission amounts and emission patterns of waste water, waste gas, waste residue, dust, radioactive waste, noise and vibration.

7) The recovery and comprehensive use of wastes, the programme, installation and

technological principle of waste treatment

8） The number of workers and staff members， the distribution of residential areas

9） The area of the project and the type of land use

10） Development planning

C. Investigation of the environmental conditions in the region surrounding the project

1） Geographical position （appending of a plane figure）

2） Topographical， landform， soil， geographical， hydrological and meteorological conditions

3） Mineral resources， forest， grassland， aquatic products， wild animals， wild plants and crops

4） Conditions about reserve areas， scenic spots and historical relics， hot springs， sanatoriums and important political and cultural facilities

5） Present situation of the distribution of factories and mines

6） Distribution of residential areas， population density， health status and endemic diseases

7） Environmental quality of air， surface water and ground water

8） Traffic and transportation

9） Other environmental pollution caused by social and economic elements

D. Analysis and prediction of the short and long-term impacts of the projects on the environment （includes all the environmental impacts which occur during the construction phase and the life of the projects）

1） The potential impacts on geological， hydrological and weather conditions and the measures for controlling and reducing these impacts

2） The potential impacts on natural resources in the area around the projects and the measures for controlling and reducing these impacts

3） The potential impacts on natural reserve areas， scenic spots and ancient relics， sanatoriums in the area around the projects and the measures for controlling and reducing these impacts

4） Emission amounts of each pollutant; the environmental impacts on air， water， soil and residents

5） Impacts caused by noise， vibration and electromagnetic waves on residents ； the scale and level of these impacts； the measures for controlling these impacts

6） The measures for afforestation （which include： planting shelter-forests around the projects and planting trees in construction areas）

7） The investment budget for environmental protection installations

E. Proposals on environmental monitoring programme

1） The principles for distributing the monitoring points

2） The monitoring set-up， staff and facilities

3） The monitoring items

F. A brief cost-benefit analysis

G. Conclusion （state following problems in brief）

1）The environmental impacts

2）Whether the design scale，nature and site selection of the projects are reasonable or not; whether they are in accord with the environmental standards or not

3）Whether the control measures are technologically feasible and economically reasonable or not

4）Whether further assessment is required or not

H. Existing problems and proposals

(3) EIA PRINCIPLES

The EIA methodology is being discussed and is improving constantly. EIA involves a large human ecosystem which includes natural，social，economic，technological，historical，cultural and aesthetic factors. The EIA methodology should address the impacts of the projects on this large ecosystem under the direction of the theories—the System Theory，the Synergetics，the Dissipative Structure，and others. At the same time，in the process of the EIA，some measures should be put forward so as to achieve the goal of coordinating the relationship between economic development and environmental protection.

In the EIA，the following principles need to be followed:

1. "Objective" principle

In different regions the environmental functions and objectives are different. The regional environmental objective is often a multi-objective system. A project design in a certain region should be in compliance with the environmental function and objective.

2. "Entirety" principle

In EIA，the entire set of impacts of a project on the human ecosystem should be emphasized. After predicting the impacts on each environmental factor，it is necessary to study the comprehensive（or entire）effects.

3. "Relativity" principle

The human ecosystem encompasses many sub-systems. It is necessary to study the relationship among the subsystems which may be at the same level or different levels，and to study the nature，the pattern and the degree of the connection with each other. On the basis of the study of "relativity"，the transmission of environmental impacts can be predicted. The transmission of environmental impacts is a network system. The transmission pattern，speed and intensity shall be studied.

4. "Domination" principle

In the process of EIA，the principal contradiction and the principal aspect of this contradiction shall be stressed. Although the EIAs for different projects are various，according to the theory of Synergetics，when the order-structures in the Man-Social ecosystem are formed，they have many characteristics in common. By means of non-linear interactions，the synergetical phenomena and coherent effects can be produced among subsystems, and they induce a system self-organizational structure. We can use some models to describe the main variables of the system—order parameters, then set up the equations which meet the needs of the order parameters. According to the "Slaving Principle", some parameters changes may dominate other parameters' changes.

5. "Dynamics" principle

The environmental impacts change as time goes on. It is a dynamic process. In the EIA, a study of the short and long-term environmental impacts and a study of the reversible and irreversible environmental impacts are required. At the same time, the "cumulation" of environmental impacts should be studied.

6. "Stochastic" principle

The EIA involves a multi-element and complex stochastic system. In order to prevent and eliminate pollution and other hazards to the public, it is necessary to develop "Risk Assessment" approaches.

(4) CASE STUDIES

In recent years, great progress in EIA has been made in China. For example, in the EIA of water resource planning for the Zhu River Valley, the Water Resource Office of the Ministry of Water Conservation and Electric Power advanced the concept of "contrast research", i.e., studies before and after starting the hydroelectrical projects. From this perspective there are four main problems in the EIA which should be studied:

1. To analyse the impacts of the projects on the environment and the effects on the projects by the environment;

2. To study the relationships between various elements of the projects;

3. To study how to bring the advantageous impacts into play and how to control the disadvantageous impacts;

4. To analyse and calculate quantitatively the impacts on the environment caused by the projects and to select the optimum program.

The EIA methodology used here is based on grading the environmental elements according to the actions of the hydroelectric projects. The key problem is "weighting factors". At the first level the weights are distributed among the actions of the hydroelectric projects, at the second level the weights are distributed among the environmental elements, and at the third level the weights are distributed among the small regions of the water basin.

It should be pointed out that the "weighting factors" is one of the key problems of EIA. The method of the "Analytical Hierarchy Process" can be used to solve this problem. When using this method, it is necessary to know the environmental problems, the elements involved in these environmental problems and the relationships among these elements. According to the relationships among the elements and the system objectives, environmental elements should be divided into different groups which have the same nature, and a hierarchy structure is formed. The importance of elements in the same group may be compared one by one under a criterion and be indicated by Arabic numerals. The weight of each element under the same criterion should be made by calculating the maximum characteristic root and corresponding vectors of the judgment matrix constituted by those Arabic numerals. What we need is the direct relation of weights between the objective level and the lowest level, so it is necessary to transfer the relation of weights between two nearby levels into the relation of weights we finally need. From the relation of the weights between the objective level and the lowest level, we can see the order of the elements in the lowest level. Because the EIA is a hierarchy system problem, the AHP (Analytical Hierarchy Process) can be applied to a wider range of EIA studies.

In order to coordinate the relationship between economic development and environmental protection in a region, the Institute of Environmental Protection of Harbin City put forward a new EIA methodology: the "Two-direction Control System", and applied it to the EIA of the new chemical plants in Harbin chemical industry area. They used the "Input-output Analysis" and raised "Coordination Analysis" to control both the economic development and environmental quality, The method of multi-objective system planning should be adopted for setting up a mathematical model to find the "feasible solution" of the environment- economy system. This work is being continued further.

(5) TREND OF EIA

An academic seminar on EIA was help by the Chinese Environmental Society in Shijiazhuang City in March, 1986. In order to promote the studies of the EIA, it was proposed that the following work shall be promoted:

1. The term "environment" is a broad concept, besides prediction and assessment of environmental pollution, EIA should study the impacts of projects on the natural ecosystem, and it should be extended to the social and economic factors as well as the whole human ecosystem.

2. Guidelines for EIA should be compiled, and the regulations and standards for EIA should be drawn up as soon as possible.

3. In those projects in which an EIA has been conducted, a review inspection should be carried out so as to find the existing problems and improve the EIA methods.

4. In EIA, it is necessary to combine the EIA of a single project with the EIA of regional economic development so that the reasonable distribution of construction projects can be achieved and the environmental capacity can be distributed in an unified way.

5. A Risk Assessment for some projects should be carried out.

REFERENCES

1）Liu Peitong，Chen Yiqiu

Principles of Environmental Sciences，Water Conservancy Publishing House. 1981. （In Chinese）

2）The EIA Committee of Chinese Environmental Society，The Guidebook of EIA Methodology. 1982. （In Chinese）

3）Qu Geping

Environmental Problems and Control Measures in China，China Environmental Science Press. 1984. （In Chinese）

4）Wang Huadong

The Present Situation and Progress of EIA in China，Chongqing Environmental Protection. 1985. （In Chinese）

5）Tang Yongluan

Environmental Quality and Its assessment and Protection，the Science Publishing House. 1980. （In Chinese）

6）The Environmental Protection Law of the P. R. C.（for trial implementation），1979.（In both Chinese and English）

7）Volume of Environmental Science，China Encyclopeadia，China Encyclopeadia Press. 1983. （In Chinese）

A Method for the Identification and Evaluation of Ecological Impacts*

Bi Jun and Wang Huadong
(Institute of Environmental Sciences, Beijing Normal University, Beijing, China, 100875)

Abstract: Human beings' development activities may cause great disturbances to ecological process of a natural ecosystem. Through ecological impact assessment, it is possible to make a thorough study of an ecosystem, to assess the impact of development activities on the ecosystem, to make rational economic development plans and to propose some feasible suggestions to decision-makers.
In this paper, System Dynamo model of the ecosystem is applied to predict the ecological alterations (including the landscape change) and "TOPSIS" method is also developed to evaluate the ecosystem's suitability for two purposes: economic development and environmental protection. Finally, analysis of loss-benefit is carried out and some ecological recommendations are put forward.
Key words: ecological impact assessment, TOPSIS method, SD model, suitability

1 Introduction

Human beings' activities affect the structure and function of ecosystems, bringing changes to the recycling of nutrients, the energy flux, and information transmission. Not only landscape but also the stability of ecosystems is changed, which in turn affects further resources utilization and economic development. This leads to the necessity of establishing ecological impact assessment.

Ecological impact assessment, a new branch of EIA, is an ecological-based evaluation of a project (which is now extending to the activities of regional development, or even policies), to achieve a minimum ecosystematic loss and a new balanced ecosystem, with the aim of providing scientific suggestions for policy making and regional planning. In conducting it, the ecological

---

* Presented at IAIA'91 Annual Meeting
原载：*Research on Regional Environ. and Development.*1993 China Environmental Sciences Press.

background，including both biological and nonbiological factors，is investigated and evaluated first；and secondly，through analysis and prediction of ecological impact of the project，landscape changes are predicted，effects on the structure and function of ecosystem determined，and integrated analysis of ecological loss-and-benefit is carried out. Finally，regional ecological loading is given，and ecological recommendations are proposed. Ecological impact assessment involves not only analyses but also evaluation of the significance of the predicted ecological alterations to natural ecosystems. But this kind of analysis and evaluation is very difficult，for the imprecision in predicting the response of an ecosystem to human activities has stemmed from at least two following sources：the difficulty of extending a largely descriptive ecological literature into a predictive mode，and the complexity and interconnectedness of ecosystems themselves（Westman，1984）. The structure of an ecosystem is fundamental to the function of the ecosystem，and its succession history illustrates the response of the ecosystem to human activities. Accordingly，there should be a thorough enough comprehension of the succession process and ambient situation of ecosystem before the prediction of ecological changes. In fact，the prediction of ecological alterations is a dynamic identification process，and a certain dynamic model should be applied. The evaluation of ecological impacts is another important aspect and also the focus of ecological impact assessment. On the one hand，the function of an ecosystem is continually changing with the changes in the ecosystem，and various ecological factors can be used to illustrate it；on the other hand，through the evaluation of ecological impacts，we can have a more thoroughly understand of the ecosystem. Traditionally，the combined information from various ecosystem components，such as soils，vegetation，landform，and climate has been used to evaluate the capacity of a land ecosystem. But with the need for economic development，especially in developing countries，we should not only consider a region as a natural ecosystem，we also have to determine the suitability of an ecosystem for development. Here the term "suitability" is to some extent an equal to environmental carrying capacity of a region. In the study，the following principles should be abided by：

（1）"Ecology" principle

The ecosystem model should be built based on the different ecological relationships，such as "feed-back"，"time-lag" and "non-linear interrelations"，and ecological impacts should be predicted according to ecological consequences.

（2）"Economic" principle

It refers to two aspects；on the one hand，funds and time should be arranged optimally，and on the other hand，loss-benefit analysis should be carried out to provide the decision-makers with scientific suggestions.

（3）"Impartiality" principle

The process of ecological impact assessment is also a process of human beings' selecting different plans；everyone has his or her own judgement of different ecological alterations，and they are willing to participate in the assessment. Therefore，people doing the assessment should assess the ecological impacts according to both scientific principles and other people's suggestions.

(4) "Objective" principle

Each ecosystem has its particular structure, functions, and objective, with which the contents of ecological impact assessment should be in compliance.

(5) "Integrated" principle

After predicting the changes of each ecological factor, the integrated changes of ecosystem should be evaluated, and among which the integrated function must be evaluated.

(6) "Dynamics" principle

Each ecosystem has its own dynamic succession process, and the ecological impacts on ecosystems change as time goes on. Therefore, the dynamic ecological impacts of different stages of the projects should be predicted, as well as the short-term and long-term effects, and the reversible and irreversible effects also should be studied.

(7) "Domination" principle

Each ecosystem has its complexity. However, there are some dominating factors and relationships, with which the ecosystems are formed. Therefore, the ecosystem model based on these principals; interactions will reflect the main process of the ecosystem.

(8) "Relativity" principle

The natural ecosystem encompasses many sub-systems, It is necessary to study the relationships among the sub-systems, which may be at the same level or at different levels, and to study the nature, the pattern, and the degree of the connection between the sub-systems. On the basis of the "relativity" study, the transmission of ecological impacts can be predicted. Because the transmission of ecological impacts is a complicated network, the transmission pattern, speed and intensity should be studied.

(9) "Stochastic" principle

Ecological risk may be caused by some unexpected disturbances which may give rise to unpredicted changes in an ecosystem, so if possible, ecological risk should be assessed.

2 Approaches

2.1 The Procedure of Ecological Impact Assessment

The procedure of ecological impact assessment can be explained in detail as follows:

(1) The determination of objective, principle, and the related range of the assessment.

Based on the initial sketchy analysis of the ecosystems and human activities, the objective and principles of the assessment are defined.

The related region of the evaluation is divided into three different types according to the affected area, the affected organisms and the ecosystem functions.

a. Directly affected region

This refers to the area where there is a possible disappearance of fauna and flora, or a great change in their environment, which is caused by the alteration of land use.

b. Indirectly affected region

This refers to the area where there will be possible impacts on fauna, flora and their habitats accompanying the exploitation.

c. Contrast region

This type of area is not affected by the activities, but it has a similar baseline condition as the assessed area. Therefore, it can be regarded as a typical ecosystem for the study, and it may be useful for us in evaluating the significance of the impacts.

(2) Identification of actions and possible effects

This phase contains the analysis of actions and the identification of potential impacts. Generally speaking, there are always several plans for a proposed project. Each plan has its particular effects and they should first be listed. Methods such as "black-box analysis", or "process model of technique-economy-engineering" are often applied. These actions and effects include:

a. Major direct actions;

b. Duration of the project;

c. Interval before effects occur;

d. Indirect effects triggered at a future time or different places;

e. Other actions (past, present, reasonably foreseeable future) that may add to the present, causing cumulative effects.

Secondly, the potential impacts are analyzed:

a. Duration of effects with and without mitigation;

b. Major ecological components (biota, air, water, soil, etc.) affected;

c. Major ecological succession process affected;

d. Secondary or higher-order interactions;

e. Possible ecological risk.

(3) Investigation and evaluation of the present ecosystem.

Investigation and evaluation of the present ecosystem is the basis of the prediction, and should include:

a. Determining the current pattern of fluctuation in population sizes for important species;

b. Finding out species which play a dominant or critical role in maintaining ecosystem processes (including their abundance, distribution, and functional behaviour);

c. Investigating physical conditions (including the quality, quantity, dynamics of the ecosystem);

d. Revealing the major pathways of interaction between ecological compontents;

e. Illustrating the existing sources of stress from natural risk or human-induced disturbances and estimating the intensity and periodicity of these stresses.

(4) Identification of the major ecological impacts of the proposed actions according to the current ecological theory.

This includes:

a. Comparison of the effects from similar case of disruption to the same or similar ecosystems elsewhere;

b. Analysis of the ecological succession process;

c. Building of conceptional and quantitative models to simulate the dynamic processes of the disturbed ecosystem under controlled conditions.

(5) Evaluation of the significance of findings and integrated functions.

This includes:

a. Determining the magnitude and weight of impact on each affected victim;

b. Evaluating the integrated functions of the ecosystem;

c. Predicting the successional trend of the ecosystem in the future.

(6) Loss-benefit analysis of ecological alterations and providing rational suggestions.

This includes:

a. Estimating the value of ecological changes, including the price of the average change;

b. Cost-benefit analysis of the ecological alterations;

c. Discount analysis and drawing of a net-benefit curve;

d. Regional planning suggestions are proposed to the decision makers to select an optimal plan;

e. Ecological countermeasures are drawn according to ecological theories to restore the ecosystem avoiding its degeneration;

f. Suggestions for pollution control and management are made for the construction course of the project.

The key steps are step 4, step 5 and step 6.

2.2 Identification of Ecological Impacts

It is always a bewildering task for the ecologist to identify and organize potential ecological impacts in a systematic way. Five main classes of quantitative impact identification techniques exist: (1) checklists (2) matrices (3) networks (4) map overlays and (5) ad hoc methods. We consider network method as an effective one. H. T. Odum (1971) suggested that for analyzing impacts on ecosystems, the effects of actions on energy fixation and flux among ecosystem compartments is a vital index to ecosystem functioning. Therefore, energy (in kilocalories) may be a useful common unit for measuring effects, avoiding the need for rescaling from other units. Odum (1971, 1976) diagrammed the flow of energy in natural and human ecosystems using electronic circuitry symbolism and Odum (1972) suggested its potential for application to impact assessment. For example, Systems Diagrams method was applied to indicate the interactions of New Mexican misslerange activities with nature, and the stresses on nature caused by those activities (Gilliland and Risser, 1977). Here we also put forward another network method. SYSTEM DYNAMO language (Jay. W. Forrester, 1956) is used to predict the ecosystem process by simulating its dynamic changes. The rationale for the establishment of SD mode is that the system structure determine the system functioning. This kind of dynamic model has the characteristics of systematic, dynamic simulation, time-lag effect and feed-back structure, its TABLE function can rationally indicate the non-linear ecological relationships. Therefore, it is suitable for application to identify the ecological impacts. The basic steps are as follows:

(1) Determine the boundaries of the model;

(2) Make the cause-result relationship diagrams of ecosystem;

(3) Transform the cause-result relationship diagrams into the special flux diagrams of SYSTEM DYNAMO language;

(4) Analyze and test the ecosystem model;

(5) Sensitivity analysis;

(6) Accept the model and simulate the dynamic ecosystem process.

2.3 Evaluation of Ecological Impacts

The basic approach is to measure the ecological impacts which have been discovered in the phase of identification, and convert these values to common units using scalars, then use the term "suitability" to evaluate the ecological impacts of actions. Here the term "suitability" means how suitable the ecosystem is for the development activities. So we have to select some rational ecological factors to indicate its feasibility. Referring to the evaluation, it means to judge some properties and weigh the impacts, which also means to compare the evaluated targets with the standard. Therefore, the comparison is the fundamental principle and method of the evaluation. Delphi method is an application of this rationale.TOPSIS method (Technique for Order Preference by Similarity to Ideal Solution) is selected to indicate its magnitude.

Ecological impact assessment is actually a comparative process of ecological impacts of various actions and can be ultimately considered as a process of multi-objective decision-making. The "TOPSIS" method can be applied here to compare the different impacts of various alternatives, in which the concept "ideal solution" and "negative ideal solution" are put forward. An ecosystem is composed of biotic factors and abiotic factors which affect each other to form the "suitability" of a ecosystem and can be regarded as the objectives of the decision-making. In the study, "ideal solution" includes a series of ecological factors that make the highest suitability of an ecosystem; at the same time, there certainly exists a "negative ideal solution" including another series of ecological factors that make the lowest suitability of ecosystem. We also take the series of actual ecological factors as "actual solution". Comparing with the "ideal solution" and the "negative ideal solution", the "actual solution" which is the farthest from the "negative ideal solution" and the nearest to the "ideal solution" should be considered to have the higher suitability. But what should be emphasized here is:

In figure 1, solution x^* means "ideal solution" and x^- means "negative ideal solution",

x^7 and x^8 are the actual solutions. From figure 1 we found that x^7 is farther from x^- than x^8 , but at the same time x^7 is not nearer to x^* than x^8. Therefore, another index C_i^* should be termed to indicate the suitability of the ecosystem actually, C_i^* means the relative similarity to ideal solution. It takes the following form:

$$C_i^* = S_i^- / (S_i^* + S_i^-),\ 0 \leqslant 1,\ i=1, 2, \cdots, n$$

Where S_i^* and S_i^- *can* be calculated using:

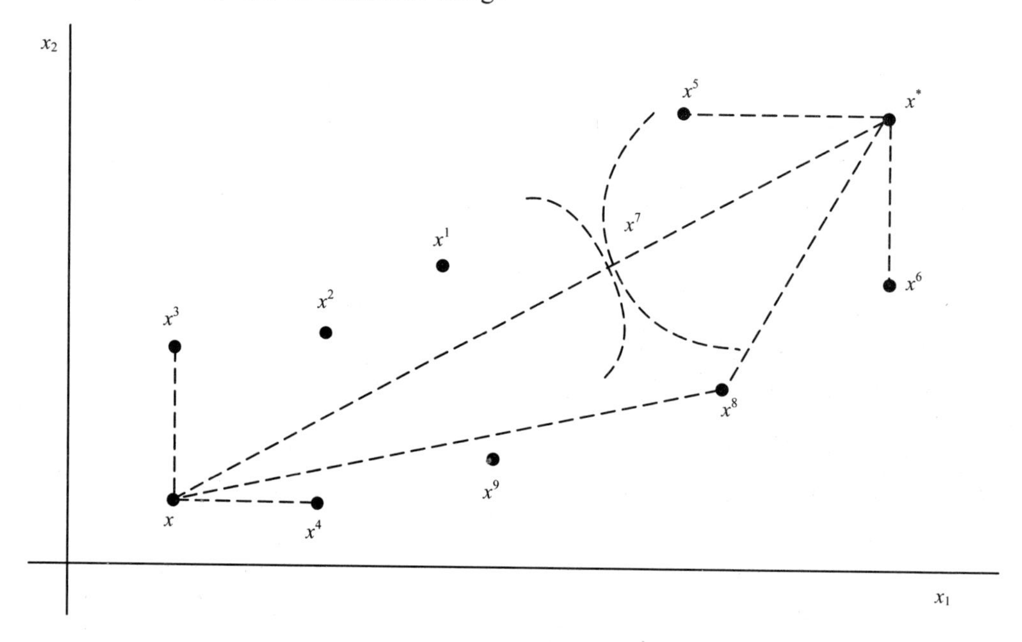

Figure 1 Ideal Solution and Negative Ideal Solution

$$S_i^* = \sqrt{\sum_{j=1}^{m} (x_{ij} - x_j^*)^2} \qquad i=1, 2, \cdots, n$$

$$S_i^- = \sqrt{\sum_{j=1}^{m} (x_{ij} - x_j^-)^2} \qquad i=1, 2, \cdots, n$$

x_{ij}=the j ecological factor for actual solutions;

x_j^*=the j ecological factor for ideal solutions;

x_j^- =the j ecological factor for negative ideal solutions;

i =the number of actions;

j= the number of ecological factors.

It should be noted that the bigger C_i^* is, the higher the suitability is. An ideal solution has the suitability value 1.0, and the negative ideal solution has the suitability value 0.0.

The calculation of C_i^* requires the following steps:

(1) Development activities of different scale are taken as different plans, and ecological factors of the actual solution are taken as the decision-making objectives. Accordingly,

decision-making matrix A is given by：

$$A=\begin{matrix} \\ \text{plan 1} \\ \text{plan 2} \\ \vdots \\ \text{plan 3} \end{matrix}\begin{bmatrix} \text{factor 1} & \text{factor 2} & \cdots & \text{factor } m \\ y_{11} & y_{12} & \cdots & y_{1m} \\ y_{21} & y_{22} & \cdots & y_{2m} \\ \vdots & \vdots & \vdots & \vdots \\ y_{n1} & y_{n2} & \cdots & y_{nm} \end{bmatrix}$$

Then turn matrix A into a standardized decision-making matrix B，which is given by：

$$B=\begin{matrix} \\ \text{plan 1} \\ \text{plan 2} \\ \vdots \\ \text{plan } n \end{matrix}\begin{bmatrix} \text{factor 1} & \text{factor 2} & \cdots & \text{factor } m \\ z_{11} & z_{12} & \cdots & z_{1m} \\ z_{21} & z_{22} & \cdots & z_{2m} \\ \vdots & \vdots & \vdots & \vdots \\ z_{n1} & z_{n2} & \cdots & z_{nm} \end{bmatrix}$$

The transform formula for the beneficial ecological factors（e. g. precipitation）is：

$$z_{ij}=\frac{y_{ij}-y_{ij}^{-}}{y_j^{*}-y_j^{-}}$$

The transform formula for the cost ecological factors（e. g. vaporization）is：

$$z_{ij}=\frac{y_j^{*}-y_{ij}}{y_j^{*}-y_j^{-}}$$

Where ： $0\leqslant z_{ij}\leqslant 1$

y_{ij} ＝the actual value of the j ecological factor；

y_j* ＝the ideal value of the j ecological factor；

y_j^{-} ＝the negative ideal value of the j ecological factor.

（2）Delphi method and AHP（Analytic Hierarchy Process）method are

（3）Determine the ideal solution （x*）, the negative ideal solution（x^{-}）and the weighted standardized decision-making matrix C，which is given by :

$$x^{*}=[x_j\ \mathrm{m}\ j=1,\ 2,\ \cdots,\ m]$$

$$x^{-}=[o\ \mathrm{m}\ j=1,\ 2,\ \cdots,\ m]$$

$$C=\begin{matrix} \\ \text{plan 1} \\ \text{plan 2} \\ \vdots \\ \text{plan } n \end{matrix}\begin{bmatrix} \text{factor 1} & \text{factor 2} & \cdots & \text{factor } m \\ x_{11} & x_{12} & \cdots & x_{1m} \\ x_{21} & x_{22} & \cdots & x_{2m} \\ \vdots & \vdots & \vdots & \vdots \\ x_{n1} & x_{n2} & \cdots & x_{nm} \end{bmatrix}$$

Where：

$x_{ij}=y_{ij}\times w_j$

w_j=the weight of the j ecological factor

（4）Calculate S_i*，S_i^-，C_i*

2.4 Loss-benefit Analysis and Ecological Suggestions

Generally，some important ecological impacts are not recognized and considered in the traditional engineering analysis and economic analysis for various reasons，these ecological impacts are difficult to identify，beyond the geographic situation and time of the studies，or otherwise belong to indirect impacts. These difficulties and ignorance can lead to incorrect development selections. In fact，ecological impact assessment is for predicting the ecological alterations due to development plans，in which ecological prediction is relatively weak and always based on experience. Therefore，the evaluation of the ecosystem must be coordinated with the economic evaluation. The key step is how to use currency to indicate the direct and indirect ecological impacts. Of course，these still exist many shortcomings.

The restoration of a disturbed ecosystem must be based on the complete comprehension of the rational of the ecological restoration process. A natural process is slow，but a good restoration plan is advantageous in speeding up the restoration process and rational ecological recommendation is the basis of such a plan. The ecological recommendations must include the following principles：

（1）ecological characteristics must be considered first；

（2）the optimization of the planning must be assured；

（3）the ecological principles must be abided by；

（4）the economic plan should be considered；

（5）the rationality of the technique is needed.

Acknowledgement

Dr. Sinkule Barbara had given many beneficial suggestions on this paper.

Environmental Impact Assessment of Architectural Landscapes

Wang Jian[1] Yu Cheng[1] Wang Huadong[2] Zhang Shi[2]
(1. Beijing Bureau of Environmental Protection, Beijing, China;
2. Beijing Normal University, Beijing, China)

In China at the present time many new buildings are being constructed. The impact of such construction upon the environment has received much attention. A clear policy for environmental protection has been promulgated recently: "every architectural project must implement an Environmental Impact Assessment (EIA) report". This policy applies especially to buildings of medium height and high-rise buildings where large investments are involved .In order to reduce the harmful influence upon landscapes caused by improper architectural design and construction and to provide a basis for the protection and development of city landscapes, an EIA program for landscapes has begun in Beijing.

In this paper we describe the elements of the EIA program for landscapes by discussing an application to the Beijing International Service Center in the northwest part of the city.

Generally, the EIA program for landscapes includes the following three elements:

(1) An analysis of the present landscape situation.

(2) The possible impact of planned projects upon landscapes (favorable and unfavorable effects).

(3) Conclusions and suggestions arising from the EIA assessment.

1 AN ANALYSIS OF THE PRESENT LANDSCAPE SITUATION

The Beijing International Service Center will lie northeast of the Xizhimen crossing bridge. The center of the building site is the wire rod plant which belongs to The Capital Iron and Steel Company. The area surrounding the plant is disorganized and smoke discharged from the plant pollutes the atmosphere.

原载：*Proceedings of the International Symposium on EIA* (Oct. 1987), Publishing House of BNU.

Near the wire rod plant and to the east there is a white. towerlike high residential building. There are a few orange-colored ordinary buildings nearby. The Changhe River flows east from this location and on its north bank is the Taipinghu rolling stock section of the Beijing subway. Sometimes the towerlike building is shrouded in billowing smoke and the tops of the nearby Beijing Exhibition Center, the Xiyuan Hotal, and other high buildings can be seen only dimly.

The larger surrounding region is a centre of culture, scientific research, and education. Within a three kilometer range to the west and east of the wire rod plant there are 42 institutions of culture, scientific research, and education. This regional feature should determine the architectural and construction style and functional aspects of the Service Center.

The heavy industrial wire rod plant with its generation of several pollutants, high water consumption and large freight volumes is not consistent with the larger regional features. Its environmental quality and landscape characteristics do not tally with this regional style. Therefore, removal of the wire rod plant would not only be in accord with the regional functional needs, but would also be very beneficial for improving the environmental quality and raise the quality of the landscape. Completing a building complex which includes trade, commerce, housing, tourism, entertainment facilities, and gardens and which incorporates a unique style based on national features has an impotant practical significance and would provide longterm benefits.

The Beijing International Service Center will be located at the junction of a few main transportation lines and therefore it would have much influence on surrounding landscapes. The building complex will be seen clearly from many points in a large surrounding region because it will be in the focus of lines of sight from many directions. An investigation of vehiculor traffic on the second belt highway which passes through the site has shown that 2000 motor vehicles of various types go by each hour. It is clear that the influence of this building complex is very great, whether assessed from a static or dynamic stand point.

2 THE ENVIRONMENTAL IMPACT OF THE PROJECT UPON THE LANDSCAPE

(1) A feature analysis of the main scenery

The Beijing International Service Center will lie on the northeast side of the Xizhimen crossing bridge and will cover 16.8 hectares. The total construction area will cover 41.35×10^4 square metres. It will be the largest building complex in Asia at present. It will be divided into three parts by the city highway. The south part will contain businesses; the north part will contain apartment houses and the east part will contain energy resources.

The main part of this building complex consists of two hexagon towerlike office building, each 110 m high and containing 28 stores. The A-grade, B-grade and C-grade hotels will be in the southern, eastern and western directions respectively, from main part of the building complex. In addition, there will be markets, theatres and clubs. The tops of the hotels and the eaves of the markets, theatres and clubs will all show the "main melody" of Chinese traditional architectural style. This style integrates the whole building complex, shows the classic elegant building appearance by using modern materials, and adds lustre to and beautifies Beijing city. In space, the style relates the landscapes to the distant Jinshan and Xishan Mountains.

(2) A feature analysis of the secondary landscape

Based on the near, medium, and distant depth of field, the secondary scenery of the Beijing International Service Center can be divided into three levels. For the near field, the radius is 1.8 kilometers. To the southeast is the Xihai Park with its six scenic spots containing views of the water. In the past, willows lined the banks of the stream and the lotus and water chestnuts appeared in the water. In hot summer fragrant winds can sometimes be felt there.

To the east, the grand watchtower over the city gate in the Deshengmen Arch can be seen. The eaves and the grey-tiled roof point to the blue sky. The green glazed tiles under the eaves form a colorful pattern of classic beauty, setting off the blue sky, white clouds, and green trees.

In the west the famous Gaolingqiao Bridge with its three arches can be seen. Underneath the arches a stream flows. In the north is a park with an adobe city-wall of the Yuan Dynasty and green pine and cypress trees.

In the medium field scenery the viewing radius is three kilometers. The Yonghe Palace is in the east and the Imperial Palace, the Hills Park, and the North Lake Park are in the south. There are many other high buildings and parks including the Beijing Hostel, Tiananmen Square, the Telegraph Beijing, and the Nationatities Cultural Palace.

In the distant field, the viewing radius is 15 kilometers. Xiangshan park, the Summer Palace, and the Western Hills landscape are located in the northwest. The old city with its ancient style and features can be seen.

The Development of Environmental Impact Assessment in China in Recent Years*

Wang Huadong Bi Jun
(Institute of Environmental Sciences, Beijing Normal University, Beijing, 100875, PRC)

Abstract: It has been nearly 20 years since Environmental Impact Assessment was introduce into China and became a kind of legal system. Through many years' efforts, the EIA system in China has come to be perfective, with an obvious development of the theory and methods. It greatly propels the economic development and acts as one of the keystones of theory of "Prevention Is Prior".
EIA in China can be divided into four stages, they are: (1) Preparation Stage (1972—1978); (2) Legislation and implementation Stage (1978—1985); (3) Development Stage (1986—1990); (4) Perfection Stage (1991 and since) . At the same time, some new contents and methods are gradually included, they are: (1) Ecological impact assessment; (2) Social impact assessment; (3) Environmental risk assessment; (4) Landscape impact assessment; (5) Technique impact assessment; (6) Environmental economic assessment; (7) Comprehensive environmental impact assessment; (8) Regional development environmental impact assessment; (9) Impact assessment follw-up; (10) Expert system of environmental impact assessment; (11) GIS; (12) Environmental management information system.
Key words: environmental impact assessment, China

1 Introduction

As an attractive developing country, China develops its economy rapidly by 5%~7% per year in the past ten years, especially about 12.7% in the last year. However, the coordination between the economic development and the environmental protection has been proved to be of great importance. As long as there are appropriate regulating and controlling polices, both the two can be united in their development. Therefore, it has been an essential national

---

* Presented at IAIA'93 Annual Meeting

原载：*Research on Regional Environ. and Development*. 1993, China Environmental Sciences Press.

development strategy of China to protect the environment and human health. Thereafter, eight environmental management systems are built to support the strategy of the nature, among which environmental impact assessment (EIA) is one of the most effective systems.

2 The Four Stages of EIA in China

China develops and implements its EIA through combining the foreign experiences with the actual situations in its own country. At the same time, some new ideas and methods are developed to meet the needs of different resources. Generally, EIA in China could be divided into the following four stages.

2.1 The Preparation Stage (1972—1978): putting the emphasis on the assessment of the present situation of regional environmental quality

From 1972 to 1978 is the preparation stage of EIA. In 1973, the First National Conference on Environmental Protection was held, in which the principles and policies of China's environmental protection were established, and since then, more and more theories and methods are introduced into China by some experts and scholars. It actually practised assessments of the existing situation of regional environment quality in some big cities such as Beijing, Nanjing, Shenyang, and some important waters such as the Bohai Sea, the Huanghai Sea, and the Songhuajiang River. By the year 1976, such assessments had been extended to the whole country and made great progress in environmental studies. On the one hand, they provided theoretical and technical supports for the later establishment of EIA, while the practice of this period promoted the legalization of EIA on the other hand.

2.2 The Legalization and Implementation Stage (1978—1985): the legalization of EIA system and its implementation in the whole country

In 1978, issues of EIA was first dealt with within the regulation of some Contents on the Enforcement of Previous Work of Capital Construction. In Sept. , 1979, The Law of the People's Republic of China on Environmental Protection (For Trial Implementation) was issued, which regulates that EIA is a legal system which must be followed in all constructional projects in China. In 1981, Law on the Environmental Protection in Capital Construction was issued to make concrete regulations on EIA scope, content, work extent, legal responsibility, and management means so as to assure its legal status.

Besides, some foreign experts introduced the experiences of EIA from the United States of America, the Great Britain, Japan and so on. At the same time, several typical EIA, especially on mining, coal fire-power plant and chemical industry are experimented.

Based on the previous assessments, EIA developed in China very rapidly. More and more EIA of capital constructions were finished, including the constructions of petro-chemical industry, large-scale water conservancy project, coal-mining, light industry, ironing industry, construction materials industry. From 1980 to 1985, there had been finished 445 EIA statements on large and middle-sized constructional projects, which covered 76% of the total in China in this period. Among these 445 statements, 62.5% were finished in the feasibility study stage. They played an active role in guiding proper distribution and site-choosing of the projects, perfecting the environmental protection designs, and providing scientific basis for environmental management.

2.3 The Development Stage (1986—1990): EIA going towards the mature with an 100% implemental rate of large and middle-sized constructional projects

Since 1986, a set of administrative regulations and technological regulations on environmental protection were issued, and various types of EIA technical guidelines began to be compiled. The laws on EIA in China were becoming more and more perfect. In Mar., 1986, Management Measures for Environmental Protection of Construction Projects was issued to perfect the previous regulations. Meanwhile, there existed some other sections related to EIA in other acts and regulation, local government issued a series of local laws and implementing procedures. In Dec., 1989, the law of the People's Republic of China on Environmental Protection was promulgated to regulate EIA more explicitly, and Management Procedures for Environmental Protection of Construction Projects was regulated by the NEPA of China in June, 1990. During this period, the EIA implementational rate of the country's large and middle-sized constructional projects approached 100%. EIA in China had achieved a great progress in management, technology, and actual effects. The assessment included not only industrial polluting projects (e. g. ironing and chemical industry), but also the construction projects such as railway, highway, port, and airport. Furthermore, projects of resource exploring and agricultural development, which had adverse effects on the ecosystem were dealt with. At this time, EIA of regional development activities(e. g. the development of the offshore open cities) had aroused the attention of the government and the experts.

2.4 The Perfection Stage (1991 and since): the theory and technique of EIA are becoming more perfect and EIA in China is gradually joining to international standardized procedures

Since 1991, China has speeded up its opening and reformation, and largely introduced foreign investments and international advanced technology into the country. The World Bank, the Asian Development Bank, and other financial groups enthusiastically support China's economic development, and the EIA of some loan projects played the role of leading and motive power of the perfection of China's EIA procedure and techniques, and quickly made them join to the international groups, such as the World Bank, about the evaluation and examination and approval of the loan projects, but also helps enhance the general standard of EIA in China. In the past two years, China has actively taken part in international cooperations and held various kinds of EIA technical training classes and academic exchanging conferences. Some new fields and techniques in EIA have been paid more attention to in practice, such as environmental risk assessment, landscape assessment, environmental economy assessment, and comprehensive assessment.

3 The Characteristics and Roles of EIA in China

China's EIA system has some similarities to the foreign ones, while it has its own characteristics too. They can be demonstrated in mainly five aspects.

3.1 Legal enforcementality

China's EIA is a legal system regulated by the national laws, and has undisobeyable enforcementality ; all proposed projects must be go under the system without and preconditions. Since the economic developmental level of China is still low, and public's awareness of the environment is not yet strong enough, the EIA system cannot be carried out quickly and extensively unless legal enforcement is adopted.

3.2 Inclusion into the Procedures of Capital Construction

The combination of capital construction procedures with environmental protection and management procedures is a model with Chinese characteristics for the present management of capital construction. Only after EIA is ratified, can the planning department approve of the designing statement of the constructional project. Otherwise, the land management department will not go through the formalities of land-taking for use. In China, EIA is a link which can never be neglected in the procedures of capital construction, and has strong restraining power in the early stages of the projects.

3.3 Confining to the Constructional Projects

Since the economic strength in China is still weak and the investment on the environment is limited, the assessment target regulated by the EIA is still confined to constructional projects and has not been extended to implementation of the polices and regulations which are possibly to have great impacts on the environment.

3.4 Different Requirements for Different Assessment Types

EIAs are carried out in two types according to the different types of constructional projects. One must have EIA statements, the other only need to fill in the reporting forms of environmental impacts. The former is further classified into three working levels: full scaled, general , and simplified , according to the characteristics of the project and the environment. The critical points also vary among different types of projects; for the new projects, the most important is how to distribute and choose good sites; for the enlarging and technical transforming projects, the emphasis is on making clear of their polluting effects on the environment and finding appropriate ways of avoiding and dealing with the pollution.

3.5 The Examination and Recognition of EIA Qualifications

In order to guarantee the quality of EIA, an examination system was established in 1986 to examine the qualifications of the EIA institutes. It is emphasized that such institutes must have statutory agent qualifications, and fixed personnels and examining means which fit the assessment contents, and be capable of shouldering legal responsibilities for the results of the assessments. After the qualifications are examined and recognized , the certificates of EIA are issued, the number of which is under control. At present, the certificates are divided into two levels. Level A is issued by the NEPA, and the holders can undertaken EIAs of constructional projects of all scales in the whole country; level B is issued by the province or municipal environmental protection bureaux, and the holder can only undertaken the projects approved by the government of their own provinces, autonomous regions, or municipalities directly under the central government.

On account of the characteristics mentioned before, and based on the experiences of EIA in China, EIA has been proved to be a strategical defensive means of the environmental management of constructional projects. It plays a very important role in the economic construction of China. They are; (1) It guarantees the rational of projects' distribution and site-selecting; (2) It guides the environmental projection design so as to avoid new pollution and destruction of the ecosystems by developmental projects; (3) It guides the direction for regional, social, and economic development; (4) It reinforces the environmental management of constructional projects; (5) It helps with the development of relevant environmental science and technology.

4 Active Aspects and Future Trends of EIA in China

In recent years, some new fields of EIA are conducted to promote the coordination between the economic development and the environmental protection, they will be discussed later.

4.1 Based on the regional and integrated principles, regional development environmental impact assessment and comprehensive environmental impact assessment should be promoted. The objectives are on the one hand to meet the transition of the economic mechanism and the increment of regional development in China, and satisfy the requirements of the international finance organizations on the other hand. Furthermore, it can solve the shortcomings of the assessments of single environmental elements and is advantageous to the decision making.

4.2 Ecological impact assessment is becoming more popular in China. In recent years, ecological impact assessment has been dealt with in the assessment of coal and iron strip-mining, refinery plant, regional development and other activities. Through the assessment of the nature, we can predict the changes of the structure and the functions of the ecosystem, especially the effects on the integrity and health of the ecosystem. What's more, ecological assessment can tell us the ecological loading or carrying capacity of the area and also some ecological recommendation suggestions. During the study, we try to develop the ecological cost-benefit analysis method so as to turn the ecological changes into money. Thereby more reflect the unity between economic development and environmental protection, even the requirement of sustainable development. However, there still exist some problems, the keystone is the uncertainty and inaccuracy of the assessment.

4.3 Environmental risk assessment has bring about more and more attentions from the government's officials and almost every experts. Since 1980s, knowledge about risk assessment are introduced from abroad gradually, especially after the implementation of the ecological risk assessment plan in the United States. Until April this year, the first workshop on environmental risk assessment was held in the Institute of Environmental Sciences, Beijing Normal University, whereas about 60 attendants discussed the concepts, contents, methods and procedure of risk assessment. An organization on environmental risk assessment and risk management may be established in a few months. If it is possible, a practical technical procedure on environmental risk assessment will be issued by NEPA. By now, several case studies have been conducted, e.g., risk assessment on oil and natural gas pipeline, chemical plants, nuclear power stations and the development of oil filed. But for all the reasons, environmental risk assessment still has to be emphasized more in China.

4.4 Landscape impact assessment, social impact assessment and policy environmental impact assessment have been mentioned more often. Though these three kinds of assessment have not been obliged to conduct by the NEPA, they are really of great importance for the integrity of EIA, particularly at present times, when the public demand a more safety, steady, harmonious and fine environment.

4.5 Technique impact assessment is of its special significance in China. As we know, China is developing its economy and importing more advanced techniques from abroad, while developing its own technique system. This kind of activity more or less will bring about benificial and adverse effects on the environment. Sometimes the effects are difficult to be minimized and will exist for a long time. For example, hazardous wastes will increase as well as the development of economy and some technique , thereafter cause dangerous threaten to ecosystem and human health. By this time, technical impact assessment should be combined with the ecological risk assessment so as to get a more accurate result.

4.6 Impact assessment follow-up is indicating its special role for the improvement of EIA, by which the assessor can put more responsibility on it and therefore do their best to fulfil the task. Otherwise, through a follow-up assessment, some remaining points can be solved more perfectly. The question is where to get money to support this kind of assessment. It should be regulated by the NEPA and responsibilities should be put on both the assessors and the opposite side.

4.7 Some practical, effective and advanced techniques should be developed and applied to make a good result of EIA. These techniques include: (1) GIS [Geographic Information System]; (2) EMIS [Environmental Management Information System]; (3) CBA [Cost-benefit Analysis]; (4) ES [Expert System]; (5) Mathematical measures such as probability analysis and fuzzy analysis.

A Study on Control of Industrial Sewage by Means of Price*

Jiang Wenlai[1] Wang Huadong[1] Yu Liansheng[2]
(1. Beijing Normal University; 2. Jilin University)

1 Introduction

With the economic growth, China's environment, especially water environment gets worse and worse, this further aggravates the crisis of water resource, and in return, seriously impedes its economic development.

In China, the greater part of sewage is discharged by industry. For example, in 1991, about 70% among the total amount of sewage came from industrial discharge (EPA, China 1991), chiefly caused by its backward technology and overlow water price, which leads to a low rate of recycling and utilization in China was only 13%, in some developed countries, it had been up to 70%～80%.

A higher water price can impel the enterprises to employ new technologies to economize on and protect water resource. But at present, water price only covers 1% of the price of product made by China's industry, for the water price, in fact, only represents the price of water cost, water resource value itself is neglected.

So far, at home and overseas, the model for appraising the water resource price has not been built, the authors here try this task in terms of fuzzy mathematics on following grounds.

Water resource is a complex systematic engineering, its two basic constituting elements, natrual factor and social labouring factor, are very complex and difficult to be measured, so fuzzy sets method is just suitable to solve problems of this type.

---

* Presented at IAIA'93 Annual Meeting.
原载：*Research on Regional Environ. and Development*，1993. China Environmental Sciences Press.

2 The Mathematical method of the Water Resource Value Assessment

2.1 The Choice of Factors

There exist too many factors that can be involved in water resource value, such as water quantity, water quality, rain fall, run off, population density, topography, economic growth rate, scientific technique and so on. among which we select five factors, rainfall, water quality, run off, population density and national income, to apprise water value. The former three belongs to natural elements, while the later two belongs to social-economic elements.

The rainfall should be connected with time factor when we consider it, because in different months or in different days of the same month, it could be variable. Water quality is also a very important factor. If a certain waterbody is seriously contaminated, its value could be reduced to zero or even below zero. In China, there are about 30 indexes for monitoring the surface water quality, with these indexes, all surface waters are classified into fifth grade.

Water quantity represents the abundance degree of water resource in a region or a river basin. It is influenced by local geographical characteristics, such as climate, topography, vegetation, soil, geological structure, lake ratio and so forth. A too higher population density will surely consume overlarge quantity of fresh water and do great damage to the natural protection function, finally so causes the crisis of water resource.

Water quality consists of the natural amount and the scientific -technological amount, with the development of techology, some water used to be difficult to be exploited will be utilized. Here we use the national income to stand for the level of technology development, for it is the comprehensive reflect of the standard of people's living and the level of economic development (Jiang Wenlai, 1992).

2.2 The Mathematiacal Model

Let U represent the discussional range of the value factors of water resource, that is, U ={water quality, rainfall, runoff, population density, national income}, let V represent the value vector, V= {higherness, highness, general, lowness, lowerness}. We select the following formula to undertake the comprehensive assessment (Zadeh L. A, 1977)

$$B_i = A_i \cdot R_i$$

"B_i" represents a single factor's comprehensively assessmental value, "A_i" represents its weight, "R_i" represents its assessmental matrix. "$\cdot$" represents the compound operation of fuzzy sets.

In the beginning of single factor's assessment, we need at first to determine every element's subordinate function of all factors to be appraised. We can choose the rising（or falling）half-trapezoidal distribution to establish a one-unit linear subordinate function. For example，we use the following formula to assess water quality：

$$U_i(X)=\begin{cases}1 & X\leqslant X_{i1}\ or\ X\geqslant X_{i2}\\ \left|(X-X_{i1})/(X_{i1}-X_{i2})\right| & X_{i1}<X<X_{i2}\ or\ X_{i1}>X>X_{i2}\\ 0 & X\geqslant X_{i1}\ or\ X\leqslant X_{i2}\end{cases}$$

$$U_j(X)=\begin{cases}\left|(X-X_{i,j-1})/(X_{i1}-X_{i2})\right| & X_{i,j-1}<X\leqslant X_{ij}\ or\ X_{i,j-1}>X\geqslant X_{ij}\\ \left|(X-X_{i,j+1})/(X_{i1}-X_{i2})\right| & X_{ij}<X<X_{i,j+1}\ or\ X_{ij}>X>X_{i,j+1}\\ 0 & X\leqslant X_{i,j-1},\ X\geqslant X_{i,j+1}\\ & or\ X\geqslant X_{i,j+1},\ X<X_{i,j+1}\end{cases}$$

$$U_n(X)=\begin{cases}1 & X\geqslant X_{in}\ or\ X\leqslant X_{in}\\ \left|(X-X_{i,n-1})/(X_{in}-X_{i,n-1})\right| & X_{i,n-1}<X<X_{in}\ or\ X_{i,n-1}>X>X_{in}\\ 0 & X\leqslant X_{i,n-1}\ or\ X\geqslant X_{i,n-1}\end{cases}$$

In the second comprehensive assessment，we rely on the principle of mutual comparison of every two factors to determine their weights.

Let T represent the type vector of water resource，for instance，in China，$T=$（1，2，3，4，5）

We get

$$JWL=B\cdot T$$

JWL represents the fuzzy comprehensive index of water resource.

3 Example

First，calculating the results of comprehensive index of water resource.

In the following table is the data of water quality monitored in a certain area.

Result from that table

$A_1=$（0.31，0.18，0.12，0，0，0，0，0，0，0，0，0.10，0.12，0.08）

$$R_1 = \begin{bmatrix} 1 & 0 & 0 & 0 & 0 \\ 0.16 & 0.84 & 0 & 0 & 0 \\ 0 & 0.97 & 0.03 & 0 & 0 \\ 1 & 0 & 0 & 0 & 0 \\ 1 & 0 & 0 & 0 & 0 \\ 1 & 0 & 0 & 0 & 0 \\ 1 & 0 & 0 & 0 & 0 \\ 1 & 0 & 0 & 0 & 0 \\ 1 & 0 & 0 & 0 & 0 \\ 1 & 0 & 0 & 0 & 0 \\ 1 & 0 & 0 & 0 & 0 \\ 0.67 & 0.33 & 0 & 0 & 0 \\ 0.48 & 0.52 & 0 & 0 & 0 \\ 0.75 & 0.25 & 0 & 0 & 0 \end{bmatrix}$$

So the final result is:

$$B_1 = A_1 \cdot R_1 = (0.31,\ 0.21,\ 0.03,\ 0,\ 0)$$

According to the principle and procedure, we can calculate the comprehensive assessmental result of the rainfall (B_2), runoff (B_3), population density (B_4), and national income (B_5):

$$B_2 = (0.133,\ 0.267,\ 0.233,\ 0.133)$$

$$B_3 = (0.53,\ 0.27,\ 0.46,\ 0.3,\ 0.20)$$

$$B_4 = (0.166,\ 0.166,\ 0.284,\ 0.175,\ 0.15)$$

$$B_5 = (0.03,\ 0.11,\ 0.30,\ 0.22,\ 0.19)$$

So the comprehensive assessment matrix of water value is:

ordinal number	term	average annual monitored on-the-spot (mg /L)	subordinate degree					weight	relative weight
			I	II	III	IV	V		
1	DO	9.26	1	0	0	0	0	1.54	0.31
2	BOD	2.16	0.16	0.84	0	0	0	0.879	0.18
3	COD	4.06	0	0.97	0.03	0	0	1.02	0.12
4	volatile pheol	0	1	0	0	0	0	0	0
5	cyanide	0	1	0	0	0	0	0	0
6	arsenic	0	1	0	0	0	0	0	0
7	toal mercury	0	1	0	0	0	0	0	0
8	cadium	0	1	0	0	0	0	0	0
9	hexavalent chxavalent	0	1	0	0	0	0	0	0
10	lead	0	1	0	0	0	0	0	0
11	copper	0	1	0	0	0	0	0	0
12	petrolium	0.133	0.67	0.33	0	0	0	0.457	0.10
13	total phosphorus	0.031	0.48	0.52	0	0	0	0.585	0.12
14	total nitrogen	0.199	0.75	0.25	0	0	0	0.375	0.08

$$R=\begin{bmatrix}B_1\\B_2\\B_3\\B_4\\B_5\end{bmatrix}$$

Through the comparison between every two factors, we get the comprehensive assessmental weight vector:

$$A=(0.3,\ 0.14,\ 0.31,\ 0.13,\ 0.12)$$

Therefore:

$$B=A\bullet R=(0.13,\ 0.27,\ 0.31,\ 0.30,\ 0.2)$$

Finally,

$$JWL=B\bullet T=3.98$$

4 About the Fuzzy Comprehenve Index of Water Resource Value

In order to make the states of water resource in different areas able to be comparable the auther suggest—fuzzy comprehensive index of water resource. Its characteristics includes:

(1) Being a successive value between 1 to 5.

(2) Comprehensiveness—seen from above-mentioned discussion.

(3) Comprehensiveness.

It can be used to compare the states of water resource in different areas.

(4) Changableness.

It varies with the economic growth and technological development.

5 Conclusion

A higher JWL value indicates that the water resource gets poorer and that the water price should become higher. On the contrary, a lower JWL value indicates that the price should become cheaper. The JWL can be changed into the water price through a certain.

References

[1] Report on the State of the Environment in China, EPA, China 1991.

[2] Jiang Wenlai, Jilin University, Master Degree Thesis, 1992.

[3] Zadeh L. A, Fuzzy set Theory-a perspective in Fuzzy Automata and Decision Processes North Holland Amsterdam 1977.

A Study on the Water Environmental Variable Capacity of Rivers in China*

Deng Chunlang　Wang Huadong　Wang Shuhua
(Institute of Environmental Sciences, Beijing Normal University, 100875, Beijing, PRC)

Abstract: The concept and computational method of environmental variable capacity are presented in this paper. Based on the computation for COD of some river reaches all over China, the results state that spatial differentiation of environmental dilution capacity is obvious, and has zonality from the north to the south.
Key words: environmental variable capacity, COD, rivers, China

1 Introduction

As is known to all, the environmental capacity (EC) is the maximum external pollutant load that environment or a component element of the environmental system can hold under the condition of not being harmful to the existence of human being and the natural ecology, or the pollutant quantity that an environmental unit can contain comparing with the environmental quality standards. From some points of view, the environmental capacity is the representation of the balance relation to an environmental system, the feedback mechanism and the auto regulation ability[1]. It can be used as the measurement of the environmental ability to dilute and assimilate. It is the interaction result of the characteristics of pollutant (internal cause) and the characteristics of natural environment (external cause) [2].

Environmental capacity is a kind of natural resources. To study its theory not only can explore the internal attributes of natural environment, but also has direct and important effect on setting up local environmental quality standards, controlling regional environmental pollution, exploring new economic zones rationally, arranging industry and agriculture properly, assessing and analysing environmental influence strategically. Therefore, it can

* A project sponsored by National Natural Science Foundation of China (Approval No.49271062).
原载：*Research on Regional Environ. and Development*, 1993. China Environmental Sciences Press.

coordinate the relation between economy development and environmental protection and provide scientific basis for regional environmental planning.

Thus, the study on environmental capacity theoretically accelerates intersection and permeation among environmental geography, environmental chemistry, environmental system engineering and distribution of production. And at the same time, practically it provides necessary condition for total emission control, and then gives the decision for optimized allocating pollutants discharged from industrial pollution sources. In the developing procedure of a city, environmental capacity can help to judge the scale of rational development, therefore make environmental management and planning more scientific.

As a result, environmental capacity has gained regard and interest from Chinese environmental science field. Researches on it are deeper and deeper. With regard to water environmental capacity, it can be sorted out as follows:

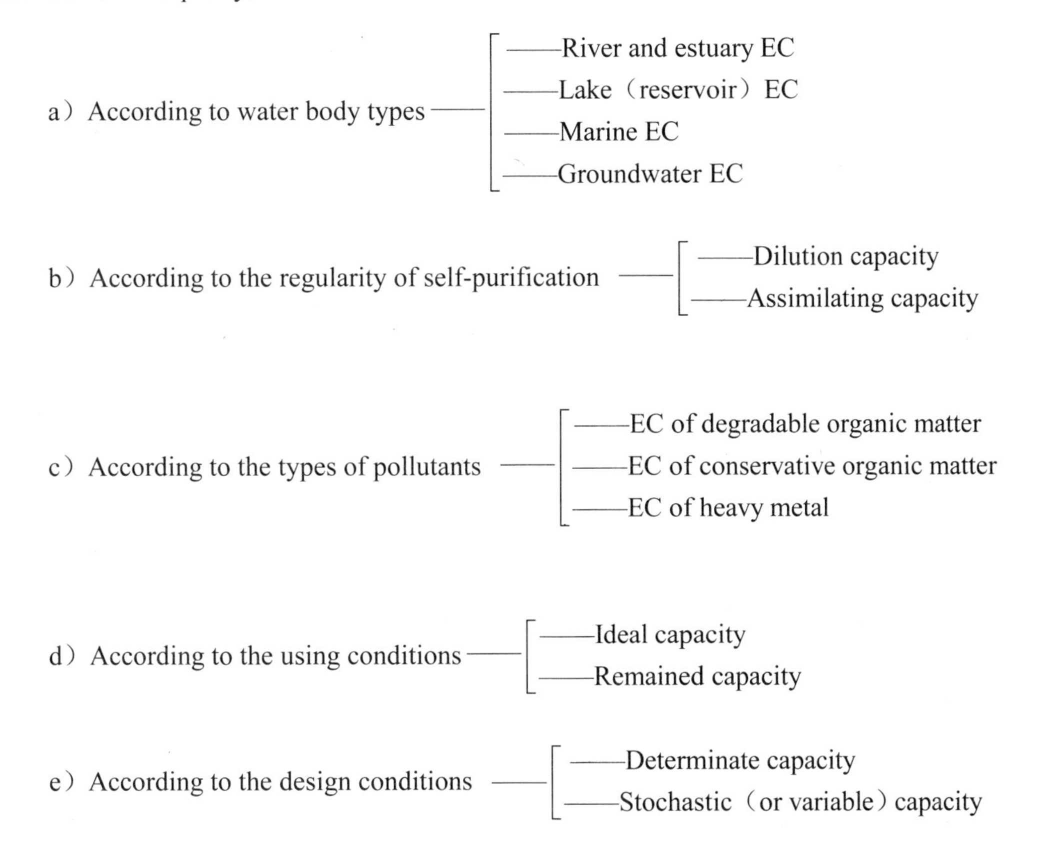

Composing the mentioned types will create many subtypes, such as the variable capacity of conservative organic matter in a river, which is going to be discussed in this paper.

Since Japanese scholars brought out the concept of environmental capacity, over 20 years have past. Environmental capacity has been widely used in Japan. Based on the research of environmental capacity, the system of total emission control was gradually formed [1].

After the concept of environmental capacity was introduced to China in the end of 1970s, it became fashionable and began to be used widely. Xu Ke（1982）first studied the water environmental capacity[2]. He improved environmental capacity quantification and application. And then it was included in the "Sixth five years plan" national-key projects. In the research of many rivers in China, such as the Tuo River and the Xiang River, the theory of environmental capacity was deepened, and a lot of gratifying achievement was gained. During the "Seventh five years plan", the study on the exploitation and utilization of water environmental capacity of some typical watersheds in China was carried out, and an upsurge in research on environmental capacity in China followed the implement and spreading of the systems of total emission control and the discharge permit[3].

However, the pollutant concentration is a complicated function of the discharged pollutant quantity, the discharging position, the discharging way and the characteristics of the receiving region. Because the mentioned factors have obvious space-time non-uniformity, under their constraint, the changing process（self-purification）and concentration of pollutants will be obviously uneven after discharged into the environment[4, 5]. Therefore, environmental capacity also has spatiotemporal non-uniformity.

2 Computation Methodology

In general, when considering the dilution to calculate environmental capacity for the non-degradation pollutant, the design flow and discharge quantity in low water period and the mass balance aquation were used.

Although the capacity gained from this method can provide enough protection for the water quality, it can not describe quantitatively the degree of protection and the influences of the variety of flow and concentration, whereas those influences exist all the while.

For this reason, we use the Log-normal Probabilistic Dilution Model for Point Source（PDM-PS）to calculate the variable capacity of river environment, satisfyingly solving the problem of variety. As to the details of this method and model, see the paper[6].

The environmental variable capacity is calculated by using the PDMPS according to a water quality standard and exceedance probability.

3 Input Data

Here we choose some rivers in China as examples to calculate the environmental variable capacity of COD, and to analyse the elemental characteristics of river capacity.

Choosing rivers or their sections should obey the following points:

a）In accordance with the applying conditions and limits of PPM-PS, that is to say nondegradation pollutants in completely mixed one-dimensional rivers.

b）In dense river nets and developed industry areas.

c）The river sections have hydrologic data.

d）The cities discharge waste water into the same river.

e）The river sections have water quality monitoring records.

Based on the above rules， we chose 26 reaches （or cities） in 23 rivers from 8 drainages. Because of lacking entire information，we can only calculate the environmental variable capacity of COD for Ⅲ—Ⅴ standard levels.

Input data are listed in Table 1.

Table 1 Input Data

Watersheds	Rivers	Sections	v_{QS}	v_{OE}	v_{CE}	Q_s (m^3/d)	Q_e (m^3/d)	Q_e (mg/L)	C_s (mg/L)	Ci (mg/L)		
Heilongjiang Watershed	Songhua R.	Jiamusi	0.808	0.20	0.80	160 331 000	430 868	304.8	19		20	25
	Songhua R.	Harbin	0.791	0.40	0.80	104 870 000	2 164	392.3	10	15	20	25
	2nd Songhua R.	Jilin	0.512	0.10	0.70	38 988 000	1 200 000	234.0	12.5	15	20	25
	Peony R.	Mudan jiang	0.820	0.20	0.20	11 838 500	235 260	1427.4	16		20	25
Liaohe Watershed	Taizihe	Benxi	4.268	0.15	1.20	4 182 710	561 726	92.2	14	15	20	25
	Hunhe	Shenyang	2.536	0.15	0.80	4 188 950	730 685	478.3	21			25
	Hunhe	Fushun	1.694	0.20	0.80	4 743 780	461 096	424.2	13	15	20	25
	Xiaolinghe	Jinzhou	2.222	0.20	0.10	1 474 020	290 110	2161.3	23			25
Hai-Luanhe Watershed	Douhe	Tangshan	2.266	0.20	0.80	185 355	443 014	454.7	18		20	25
	Yanghe	Zhangjiakou	1.284	0.20	0.20	1 295 700	127 644	1068.9	14	15	20	25
Yellow River Watershed	Yellow R.	Lanzhou	0.669	0.20	0.90	90 950 688	320 493	356.9	5	15	20	25
	Huangshui	Xining	0.971	0.25	0.70	1 957 130	79 534	536.5	6	15	20	25
	Weihe	Xianyang	1.738	0.20	1.00	9 315 770	153 600	213.0	24.7			25
	Anyanghe	Anyang	1.094	0.20	1.10	608 964	244 284	161.6	4.7	15	20	25
Huaihe R. Watershed	Huaihe R.	Huainan	1.231	0.10	1.20	62 379 200	1 191 283	76.7	9.1	15	20	25
	Huaihe R.	Bengbu	1.311	0.20	0.50	75 608 200	182 346	774.8	8.3	15	20	25
	Shahe	Pingdingshan	4.616	0.20	1.10	782 785	259 200	139.7	2.7	15	20	25
Yangtze River Watershed	Jinsha R.	Dukou	0.878	0.20	0.70	141 317 000	170 630	500.9	6	15	20	25
	Han R.	Xiangfan	0.825	0.2	1.20	135 554 000	205 973	25.3	9	15	20	25
	Xiang R.	Xiangtan	2.839	0.20	1.00	631 138 000	411 428	230.3	10.7	15	20	25
	Qingyi R.	Wuhu	0.253	0.20	0.80	6 994 080	148 060	456.0	5	15	20	25
Zhe-Min-Tai	Shaxi	Sanming	1.094	0.15	1.10	271 268 000	613 616	199.9	6	15	20	25
	Jing R.	Quanzhou	1.339	0.20	1.00	11 694 400	106 262	278.0	5	15	20	25
Pearl River Watershed	Liu R.	Liuzhou	1.739	0.20	1.10	109 117 000	454 767	174.4	6	15	20	25
	Li R.	Guilin	1.225	0.25	0.40	11 138 400	102 055	872.9	10	15	20	25
	Yi R.	Nanning	1.277	0.20	0.10	115 121 000	225 479	2150.6	9	15	20	25

Notes:

a）v_{QS}，v_{QE}，v_{CE}——the variance coefficients of river daily flow，of waste water discharge，and of effluent concentration respectively;

b）Q_s——the average daily flow for many years;

c）Q_e——the average waste water discharge per day;

d）C_e——the average effluent concentration of COD;

e）C_s——the concentration of COD in upperstream water;

f）C_i——the water quality standard of COD，only choosing those that are higher than C_s.

4 Computation Results

Using the computer programe named PDM-PS and those data in Table 1, we can gain the results in Table 2 to Table 4. When calculating the capacity for every standard in every section, we all chose a series of exceedance probability from 0% to 100% with increment 5%. Considering the practice significance, we only picked out some of the representative results.

Table 2 The Environmental Variable Capacity (kg/d) for COD Water Quality Standard III (15 mg/L)

Watersheds	Rivers	Sections	Exceedance Probability							
			0%	1%	5%	10%	15%	20%	25%	30%
Heilongjiang Watershed	Songhua R.	Jiamusi	—	—	—	—	—	—	—	—
	Songhua R.	Harbin	6 741	48 200	103 500	148 900	199 300	246 700	280 800	347 700
	2nd Songhua R.	Jilin	4 027	17 770	30 240	40 210	48 750	56 830	64 820	72 960
	Peony R.	Mudan jiang	—	—	—	—	—	—	—	—
Liaohe Watershed	Taizihe	Benxi	24.82	181.7	397.5	570.2	756.1	951.3	1 164	1 400
	Hunhe	Shenyang	—	—	—	—	—	—	—	—
	Hunhe	Fushun	135.2	699.4	1 322	2 244	2 493	2 990	3 583	4 331
	Xiaolinghe	Jinzhou	—	—	—	—	—	—	—	—
Hai-Luanhe Watershed	Douhe	Tangshan	—	—	—	—	—	—	—	—
	Yanghe	Zhangjiakou	98.56	192.8	276.7	404.4	411.9	492.7	571.1	641.6
Yellow River Watershed	Yellow R.	Lanzhou	32 050	206 300	404 100	587 500	740 400	923 200	1 066 000	1 326 000
	Huangshui	Xining	697.6	3 720	6 964	9 897	12 590	15 270	18 130	22 150
	Weihe	Xianyang	—	—	—	—	—	—	—	—
	Anyanghe	Anyang	319.4	2 047	3 998	5 742	7 346	8 948	10 610	12 380
Huaihe R. Watershed	Huaihe R.	Huainan	48 620	54 000	118 600	191 500	275 300	359 800	428 400	510 400
	Huaihe R.	Bengbu	10 670	67 510	148 200	216 200	292 300	365 000	418 500	521 200
	Shahe	Pingdingshan	143.0	883.6	1 710	2 451	3 139	3 823	4 560	5 345
Yangtze River Watershed	Jinsha R.	Dukou	18 550	116 400	238 000	343 800	427 200	530 500	606 100	752 000
	Han R.	Xiangfan	6 471	62 310	139 600	215 900	290 200	363 100	450 800	559 500
	Xiang R.	Xiangtan	1 577	25 850	85 040	149 600	231 900	312 900	420 500	564 500
	Qingyi R.	Wuhu	3 720	15 250	25 690	35 260	41 620	48 860	57 100	60 770
Zhe-Min-Tai	Shaxi	Sanming	1 700	15 510	343 350	71 840	91 180	112 600	134 700	160 000
	Jing R.	Quanzhou	542.1	5 162	12 160	25 280	27 310	34 870	44 240	51 820
Pearl River Watershed	Liu R.	Liuzhou	2 067	25 450	68 330	116 000	171 000	216 500	293 900	367 900
	Li R.	Guilin	791.6	3 853	7 331	10 770	13 530	16 770	19 660	23 660
	Yi R.	Nanning	9 194	38 280	83 240	128 200	145 600	192 000	241 200	268 000

Table 3 The Environmental Variable Capacity (kg/d) for COD Water Quality Standard IV (20mg/L)

Watersheds	Rivers	Sections	Exceedence Probability							
			0%	1%	5%	10%	15%	20%	25%	30%
Heilongjiang Watershed	Songhua R.	Jiamusi	2 370	15 600	31 490	44 530	57 130	69 580	82 430	96 040
	Songhua R.	Harbin	13 460	97 470	209 300	301 100	402 900	498 900	567 900	651 500
	2nd Songhua R.	Jilin	12 080	53 310	90 730	120 600	146 300	170 500	194 500	218 900
	Peony R.	Mudanjiang	2 374	7 178	11 700	15 110	18 000	20 920	23 730	26 380
Liaohe Watershed	Taizihe	Benxi	148.9	1 090	2 277	3 421	4 537	5 708	6 982	8 402
	Hunhe	Shenyang	—	—	—	—	—	—	—	—
	Hunhe	Fushun	493.7	2 531	4 759	8 197	8 715	10 690	13 140	15 270
	Xiaolinghe	Jinzhou	—	—	—	—	—	—	—	—
Hai-Luanhe Watershed	Douhe	Tangshan	65.48	264.4	434.0	566.2	678.1	783.0	886.1	990.8
	Yanghe	Zhang jiakou	591.4	1 157	1 661	2 426	2 472	2 957	3 427	3 850
Yellow River	Yellow R.	Lanzhou	24 040	154 800	303 000	440 700	555 300	692 400	799 200	994 300
	Huangshui	Xining	514.0	2 741	5 131	7 293	9 276	11 250	13 290	15 450
	Weihe	Xianyang	—	—	—	—	—	—	—	—
	Anyanghe	Anyang	240.5	1 542	3 012	4 325	5 533	6 740	7 992	9 321
Huaihe R. Watershed	Huaihe R.	Huainan	3 333	37 020	81 310	131 300	183 700	240 400	287 000	368 300
	Huaihe R.	Bengbu	7 484	47 330	103 900	151 500	204 900	255 900	293 400	365 400
	Shahe	Pingdingshan	204.7	1 271	2 465	3 538	4 535	5 542	6 600	7 740
Yangtze River Watershed	Jinsha R.	Dukou	28 850	181 100	370 200	534 800	664 600	825 200	942 800	1 170 000
	Han R.	Xiangfan	11 480	112 700	271 500	393 700	529 100	710 300	817 100	1 014 000
	Xiang R.	Xiangtan	3 436	55 880	178 400	331 800	481 000	695 600	934 700	1 161 000
	Qingyi R.	Wuhu	5 571	22 840	40 710	52 630	62 130	72 950	85 260	91 040
Zhe-Min-Tai	Shaxi	Sanming	2 645	24 120	53 430	82 910	111 800	142 100	184 500	218 600
	Jing R.	Quanzhou	813.2	7 744	19 010	29 110	40 550	51 800	65 740	82 990
Pearl River Watershed	Liu R.	Liuzhou	3 215	39 590	104 600	177 700	261 900	356 900	448 200	561 400
	Li R.	Guilin	1 583	7 707	14 660	22 110	28 390	33 340	39 340	45 930
	Yi R.	Nanning	16 860	70 470	144 500	235 000	267 000	351 900	442 200	491 400

Table 4 The Environmental Variable Capacity (kg/d) for COD Water Quality Standard V (25 mg/L)

Watersheds	Rivers	Sections	Exceedence Probability							
			0%	1%	5%	10%	15%	20%	25%	30%
Heilongjiang Watershed	Songhua R.	Jiamusi	14 190	98 710	194 400	282 200	351 900	438 400	501 500	577 900
	Songhua R.	Harbin	20 220	144 600	310 500	446 600	597 700	740 100	842 400	1 043 000
	2nd Songhua R.	Jilin	20 140	88 850	151 200	249 300	298 700	325 200	385 100	414 800
	Peony R.	Mudanjiang	5 340	16 150	26 330	34 000	40 500	47 080	53 900	61 410

Watersheds	Rivers	Sections	Exceedence Probability							
			0%	1%	5%	10%	15%	20%	25%	30%
Liaohe Watershed	Taizihe	Benxi	273. 0	199.8	4 175	6 272	8 318	10 460	12 800	15 400
	Hunhe	Shenyang	305. 2	1 414	2 521	3 485	4 371	5 264	6 202	7 216
	Hunhe	Fushun	811. 4	4 196	7 932	13 460	14 960	17 940	21 500	25 980
	Xiaolinghe	Jinzhou	451.0	603.9	709.7	797.3	878.7	992.1	1 116	1 203
Hai-Luanhe Watershed	Douhe	Tangshan	229.2	925.5	1 519	1 982	2 373	2 740	3 101	3 468
	Yanghe	Zhangjiakou	1 077	2 096	2 996	4 401	4 484	5 180	6 077	6 874
Yellow River Watershed	Yellow R.	Lanzhou	16 020	103 200	202 000	293 800	370 200	461 600	532 800	662 900
	Huangshui	Xining	330.4	1 762	3 299	4 688	5 963	7 232	8 544	9 931
	Weihe	Xianyang	12.03	119.6	255.3	413.2	575.7	754.8	959.5	1 205
	Anyanghe	Anyang	161.7	1 037	2 025	2 908	3 720	4 532	5 373	6 267
Huaihe R. Watershed	Huaihe R.	Huainan	1 806	20 040	44 050	71 110	99 480	126 400	158 700	189 200
	Huaihe R.	Bengbu	4 293	26 980	59 260	86 460	116 900	146 000	167 400	208 500
	Shahe	Pingdingshan	259.2	1 602	3 101	4 444	5 691	6 948	8 268	9 690
Yangtze River Watershed	Jinsha R.	Dukou	39 520	245 800	502 500	725 900	902 100	1 120 000	1 279 000	1 587 000
	Han R.	Xiangfan	16 700	164 000	394 900	572 600	769 600	1 033 000	1 189 000	1 475 000
	Xiang R.	Xiangtan	5 210	86 000	264 600	492 300	763 100	1 034 000	1 390 000	1 865 000
	Qingyi R.	Wuhu	7 422	30 710	52 150	67 760	86 870	101 800	108 700	126 700
Zhe-Min-Tai	Shaxi	Sanming	3 590	32 740	72 520	112 500	153 700	201 900	241 500	286 500
	Jing R.	Quanzhou	1 084	10 320	24 680	40 090	55 770	71 180	90 260	104 900
Pearl River Watershed	Liu R.	Liuzhou	4 364	53 730	144 400	245 100	361 200	457 100	620 400	776 800
	Li R.	Guilin	2 375	11 560	22 430	31 590	40 640	51 850	60 550	70 450
	Yi R.	Nanning	24 520	102 500	210 200	341 800	388 300	511 900	643 300	714 800

5 Conclusions and Discussion

a) The main factors that make up environmental variable capacity are hydrological conditions which are of zonality, thus the environmental variable capacity changes with the zonality. But because there are other influent conditions such as human being's activities, the environmental capacity varies with complicated non-zonality. The geographical regularity of environmental capacity is the theory basis of regionalization.

Analysing the results in Table 2 to Table 4, we found that in the southern areas of Huaihe River, stream nets are dense, the total run-off quantity is greater than that of the north. And the v_{QS} of the south is less than that of the north. Therefore, the environmental variable capacity in the southern areas is larger. Under the same water quality standard and the same exceedance probability, the variable capacity grows from the north to the south. The small rivers to the north of Huaihe River have the higher C_s, and the variable capacity is less than that in the south, at least in one numerical level. But near the middle and big cities in the south, local water environmental capacity has reached the degree of saturation, the remained capacity is very little, thus water pollution is serious.

b) Because the environmental variable capacity was expressed in a series of values to avoid the disadvantage of expression of trying to use one or several values, we realised the integrated expression of spatiotemporal non-uniformity of environmental capacity.

c) From the calculating results we can see that when the exceedance probability is 0% the variable capacity is very little; if the exceedance probability increases a little, the variable capacity will increase a lot. This fact tells us that the rate of 100% that the water quality is up to standard is too strict and not economical. Therefore, the concept of the environmental variable capacity provides with scientific basis for rational exploring and utilizing the limited environmental capacity resources, and avoids environmental over-protection and under-protection, and at the same time opens a new way for water quality management and decisionmaking.

References

[1] Zhou Mi et al., Environmental Capacity, Publishing House of North-East Normal University, 1987.

[2] Xu Ke, Study on the Theory of Water Environmental Capacity, Institute of Environmental Sciences, Beijing Normal University, 1982.

[3] Xia Qing et al., Comprehensive Planning of Aquatic Environment, Ocean Press, 1989.

[4] Guo Zhenyuan et al., Exploration on the Concepts of Environmental Capacity and Self-purification, Environmental Protection Science, Vol. 9, No. 3, 1983.

[5] Richard R. Noss and Ileen Gladstone, Flow Variable Discharge Permits, Water Resources Bulletin, Vol. 23, No. 5, 1987.

[6] Deng Chunlang, PDM-PS with Its Applications, Journal of Beijing Normal University (Natural Science), Supplement 1, 1990.

On Regional Differentiation of River Water Environment Capacity and Strategies to Control Water Environment Pollution in China*

Wang Huadong Wang Shuhua Bao Quansheng Qi Zhong
(Institute of Environmental Science, Beijing Normal University, Beijing 100875, PRC)

Abstract: China has large population and wide territory; the natural conditions of different regions are complicated; water resources are distributed unbalanced; economic developing states are unequal. For these reasons the variation of concerned water environment capacity has obvious character of regional differentiation. In this paper, from the economic development point of view, the regular pattern of regional differentiation of China's water environment capacity resources is analyzed. The concept of contradictory degree between water environment capacity and economic development is introduced, based on them, rivers in China are divided into three regions, and corresponding strategies to control water pollution are advanced. The aims are to use river water environment capacity resources effectively, to control pollution and to improve environmental quality.

Key words: water environment capacity, regional differentiation, pollution control, total quantity control

1 WATER RESOURCES AND WATER ENVIRONMENT CAPACITY RESOURCES

Water is a basic element of natural environment and a kind of important natural resources. At present, water resources are defined differently, such as "water resources are the water sources that can be used, have enough quality and quantity, and can fulfill applications in certain places." (defined by UNESCO and WHO)[1]. In China, water resources are defined as "the water that can be used by mankind under present economic and technological condition, fresh water like shallow underground water, lake water, water in soil, water in air and river water etc." [2] Water resources have the combined characters of society and nature, the social characters show that water can be used to make products, can fulfill the need of mankind to exist and develop,

*原载 *CHINESE GEOGRAPHICAL SCIENCE*, 1995, 5 (2): 116-124。

the final result is economic benefit increasing and social development; and the natural characters show two basic elements of water resources—quantity and quality, because water environment capacity is determined by quantity and quality of water, water environment capacity is also an important attribute of water resources.

Water environment capacity is the load quantity of certain pollutants during certain time, in a certain unit of water environment, under the condition that water can fulfill certain environmental object. Water environment capacity is a natural attribute of water, it has use value, that means it can be used to eliminate and hold (assimilate, keep and transfer) pollutants discharged into water, therefore it is a kind of natural resources. Water environment capacity change with the required function of water in a certain time, besides the character of eliminating pollutants, it also shows the function reachability of water which is the social attribute of water resources. Evidently, water environment capacity can express the social and natural attributes of water resources, it is the foundation and an important condition for water resources exploitation.

Water environment capacity, to the discharged pollutants, is the measurement of abilities that the water has to dilute and assimilate, but to the water receiving pollutants, it is the measurement value and quality of water resources. The more the water environment capacity, the more the potential exploited ability, and the more pollutants it can contain without declination of environmental object function. As for the water which capacity has reached saturation (such as the seriously polluted rivers or lakes), its use value drop as its usability disappears gradually. To regain the value, a great price (economic cost) must be paid. Water environment capacity has a close relation with the quantity and quality of water, to the total quantity of discharged pollutants, the quantity of water resources is the restricting element of water environment capacity.

Water environment capacity, as an expression of the equilibrium relations in water environment system, of the feedback mechanism and of the self-adjustment ability, since the 1980s, has been studied and used widely[3]. To coordinate the relation between economic development and water environment capacity, in this paper, the balance between water environment capacity and economic development is discussed, the regional differentiation of contradiction between water environment capacity and economic development is brought into light, and theoretical foundation for making water pollution control policies that suit local conditions is provided.

2 ANALYSIS OF RIVER WATER ENVIRONMENT CAPACITY OF CHINA

2.1 The Concept of Contradictory Degree between Water Environment Capacity and Economic Development

Water environment capacity resources are a kind of limited and renewable resources. It and economic development rely on and condition each other. Rationally exploiting water environment capacity resources can not only effectively protect river environment but also accelerate economic development. On the contrary, over-exploiting water environment capacity resources, will certainly influence the continuous and steady economic development. For this reason, the concept of contradictory degree between water environment capacity and economic development is introduced, which aims at describing the pressure that economic development rivers, and at starting with the regional differentiation law to discuss the potential usability of water environment capacity of China.

The contradictory degree between water environment capacity and economic development is the gross output value of industry and agriculture that specific water environment capacity can bear under current conditions (technology, management and ecosystem). This index can express the contradiction between water environment capacity and economic development, through analyzing the regional distribution of water environment capacity, the macroscopic character of regional differentiation of water environment capacity resources can be explained.

As mentioned above, because the quantity of water- environment capacity is determined by the quantity of water resources, there is a close relation between them. To the overall condition of pollutants in a river, the spatial distribution of water resources can reflect the spatial variation tendency of water environment capacity. Based on this, a province is used as the administrative division unit, in this paper, the average quantity of water resources[4] and the gross output value of industry and agriculture[5] are adopted to calculate the contradictory degree between water environment capacity and economic development.

2.2 The Distribution of Contradictory Degree between Water Environment Capacity and Economic Development

The distribution of water resources in different regions of China are not very proportionate, their general tendency is decreasing progressively from southeast coast to northwest inland, the corresponding water environment capacity resources have similar regulation, their general tendency is also high in the east and low in the west.

The result of calculation shows that the maximum contradictory degree appears in the region from the lower reaches of the Liaohe River to the southwest Huang-Huai-Hai Plain and in the Changjiang (Yangtze) River Delta, the degrees are over 5.0. The minimum contradictory degree appears in Guangxi, Yunnan, Guizhou, Qinghai provinces and Xinjiang and Xizang autonomous regions, the degrees are all under 0.5, the degrees of the rest regions are between 0.5 and 5.0.

From the state of contradictory degree, the distribution of water environment capacity in China is unbalanced, in general, water environment capacity is high in the west and low in the east. The region from the lower reaches of the Liaohe River to the southwest Huang-Huai-Hai Plain and the Changjiang River Delta is the area where water environment capacity and economic development are seriously contradictor, the rapid economic development has caused serious pollution to rivers, the left capacity is very limited. On the other hand, in Xinjiang Autonomous Region, the Qinghai-Xizang Plateau. Yunnan-Guizhou Plateau and Guangxi

Zhuang Autonomous Region, the contradiction between water environment capacity and economic development is small, except the few rivers near big cities, most of the rivers are not polluted, there still left some water environment capacity resources that can be exploited, its potentiality is very great. In the rest regions, there is some contradiction between water environment capacity and economic development, some parts of the rivers are heavily polluted, but there is still some capacity left.

2.3 The Regional Differentiation of Water Environment Capacity in China

Contradictory degree is the basis of dividing water environment capacity into regions. According to the spatial distribution of contradictory degree, from the east to the west, Chinese water environment capacity can be divided into three regions. The outline is as follows.

Region Ⅰ—The east region of river water environment capacity: It includes Liaoning, Beijing, Tianjin, Hebei, Shandong, Jiangsu and Shanghai. Its total area is about 627,000 km^2, that is only 6.5 percent of the total area of China. but there concentrated 1/4 of the country's population, 23.6 percent of the farmland and about 41 percent of the gross output vague of industry and agriculture, it is the most densely populated and best developed region in China. In this region, water resources are very poor, the quantity of water resources is less than 4 percent of the total quantity of China's water resources, but its quantity of wastewater that was discharged into rivers and lakes has reached 11 billion tons, that is almost 31 percent of the total quantity of the China's wastewater, the effluent intensity has reached 65,000 $tons/km^2$. Economic development has given great pressure to water environment capacity resources, in most of the region. especially places near large and medium-sized cities. water environment capacity is saturated or overloaded, only little water environment capacity is left, the river water environment is seriously polluted. Taking Beijing as an example, 200 million tons of wastewater is discharged every day, except Guanting and Miyun reservoirs and their diversion channels, the rest rivers are all polluted in some degree, water environment capacity is almost used up, only little water environment capacity is left, that is a serious issue of this region.

Region Ⅱ—the middle region of river water environment capacity: It includes Heilongjiang, Jilin, Gansu, Shaanxi, Shanxi, Henan, Hubei, Hunan, Guangdong, Hainan, Anhui, Jiangxi, Zhejiang, Sichuan and Fujian provinces and Inner Mongolia and Ningxia Hui autonomous regions. Its total area is about 4, 585, 000 km^2. that is 47.7 percent of the total area of China. In general, it is a comparative populated and developed region, its population is 62.3 percent of China. but its population density is lower than Region I, only 150 men/km^2, it is 1/3 of that in Region I. Its cultivated land per unit is 201.1 mu/km^2 (1 mu=1/15 hm^2), its per unit output value of industry and agriculture is 328, 900 $yuan/km^2$, respectively is 37.2 percent and 17.7 percent of that in Region I. Its water resources are richer, its total quantity of water resources is more than half of that in China, but its distribution among the region is not balanced, generally, from south to north from the east to west, its water resources decline gradually. its water environment capacity has the similar regular pattern. Although its discharged wastewater quantity is 60 percent of that in China, the intensity is smaller. only 6,800 tons/km^2. it is 10 percent of that in Region I, therefore, rivers in this region is lightly polluted, only the rivers that pass through large and medium-sized cities are seriously polluted. The pressure that economic development gives water environment capacity is lighter, there is still some water environment capacity that can be exploited. Taking Ma'anshan City of Anhui Province as an example, the river that passes through Ma'anshan City is seriously polluted because of the wastewater discharged from Ma'anshan City and Ma'anshan Steel Co.Lmt., but because it is near the Changjiang River, there is still some environment capacity from the upper reaches of the Changjiang River that can be exploited.

Region III—The west region of river water environment capacity: It includes Guizhou, Yunnan, Qinghai provinces and Guangxi, Xinjiang and Xizang autonomous regions etc., its total area is 4,384,000 km^2, it is about 45.8 percent of that in China. It is a large area with little population, its population is only about 11.8 percent of that in China, its population density is only 30 men/km^2. It is also an under-developed region, its gross output value of industry and agriculture is only 6.1 percent of that in China, its per unit output value is only 39,000 yuan/km^2, respectively 2.1 and 11.8 percent of that in Region I and Region II, its per unit cultivated land is only 2.53 ha/km^2, much less than that in Region I and Region II. Water resources in this region are very rich, it is about 41 percent of total quantity of water resource in China, it is also not very balanced, from the southeast to the northwest, it declines gradually, its water environment capacity has the similar tendency. But the quantity of discharged wastewater is only about 2.8 billion tons, it is less than 8 percent of that in China, especially its intensity is very low, only 640 tons/km^2. Thus the rivers in this region, except few that near large city, are not polluted, their water quality is good, the pressure that economic development exerts water environment capacity is very light, or almost no pressure exists, there is great exploiting potentiality.

3 STRATEGIES TO CONTROL WATER ENVIRONMENT POLLUTION

3.1 Overall Plan, Rational Distribution of Industry and Agriculture

Whether the structure and distribution of regional production is rational or not, they have great impact on the productivity and environmental quality. At present, in some places of China, environmental problem is very serious, there is a close relation with the structure of industry and agriculture. Therefore, in order to control pollution effectively and comprehensively, we should strengthen the control and management of pollution sources, readjust the irrational arrangement and strictly check new projects as well, so as to accomplish economic development without environmental pollution, and to improve environmental quality step by step.

Because of historical reasons, in the east part of China, many water consuming and heavily polluting industries were concentrated, aggravated the contradiction between supply and command of water resources, water environment pollution has become an outstanding issue. Hence in the arrangement of industry and agriculture, the heavy water consuming and polluting projects must be placed restrictions on, at the same time, encourage the industries to adopt water-saving measure and control pollution, and rearrange industry and agriculture of the region, move some industries out or make new project select elsewhere, so as to improve the water environment quality and increase the benefit of industry.

In the middle part of China, although the type of new projects need not be restricted, those water consuming and heavy polluting industries must avoid large cities where pollution is serious and has little water environment capacity left, so as to use water resources and water environment capacity resources rationally and to increase economic benefit.

In the west region of China, we should import more technology in condition permitting places distribute more industry, and bring the advantage of water environment capacity resources into full play, so as to accelerate the development of regional economy.

3.2 Suit Measures of Pollution Control to Local Conditions

Carrying out total quantity control of discharged pollutants and pollutant discharging licence system are effective measures that were adopted in water environment management in recent years in China. They have overcome the disadvantages of concentration control, and they are practical ways to control water environment pollution and to improve environmental quality. But because the water environment capacity resources have obvious regional differentiation character, the water environment capacity resources and the state of economic development of different places are greatly different from each other. Therefore, the measures to control water environment pollution must suit local conditions, different regions choose different measures such as total quantity control of discharged pollutants, pollutant discharging licence and concentration control, so as to increase the economic benefit and environmental benefit at the same time.

In the east part of China, water environment capacity has reached saturation or is overloaded in recent years, although the total quantity control and pollutant discharging licence system are being carried out, that is still not enough to change the case[6]. The system of trading pollutants discharging rights should be also made experiments, in some condition permitting places, this system should be carried out first, so as to control pollution as effective as possible, and to turn around the situation of serious water environment pollution.

The middle part of China is a comparatively developed region, except the places near large and medium-sized cities and few industrial towns where water pollution exists and no much water environment capacity is left, in the rest regions there is still some water environment capacity resources that can be exploited, therefore, when controlling river water environment pollution, from the practical point of view, we should use both total quantity control and concentration control, make a distinction between heavily polluted rivers and lightly polluted rivers, in order to exploit the water environment capacity resources to completely improve water environment quality and to accelerate economic development.

The west part of China is an unexploited region, its economic foundation is poor, the majority of river water environment capacity resources are not exploited. except few places near large cities, river environment is almost unpolluted, therefore, when controlling water environment pollution, it is not so perfect to use the strict total quantity control, it is better to use concentration control system only in some polluted area, so as to bring the potential of water environment capacity resources into fullest play, to reduce the cost of products, to increase the competition of products, and to encourage the economic development.

3.3 Set up Cost Accounts of Water Environment Capacity Resources and Carry forward the System of Using Capacity upon Consideration

River water environment capacity is a kind of limited and renewable natural resources. In the state of social market economy, to prevent damage and exhausting of water environment capacity, we should seek the help of law and technology, set up cost account of water environment capacity resources, add its cost into the cost of products, and advocate the system of using capacity upon consideration, so as to restrain the shortsighted behavior of industries and to reach the aim of using water environment capacity resources forever.

4 CONCLUSION

(1) Water environment capacity resources in China are limited, especially in the east where few water environmental capacity is left, we should use strong measures to protect the water environment, and increase using efficiency.

(2) The distribution of water environment capacity resources in China is not balanced, for this reason, when controlling water environment pollution, we should suit the measures to local conditions, in order to fully exploit the potential resources of different regions, and to make the economic benefit and environment develop simultaneously.

(3) The state of the non-point source pollution in the total pollution is still not clear, further research work to distribute the total quantity control should be carried out.

(4) Water environment capacity is a kind of limited and renewable resources, in the state of social market economy, the cost account of water environment capacity resources should be set up, its cost should be added into the cost of products, water environment capacity resources should be used upon consideration, so as to exploit the water environment capacity completely, rationally and continuously.

REFERENCES

[1] 贺伟程. 试论水资源的涵义和科学内容[J]. 水资源研究，1989. 10（1）：1-8.

[2] 方子云. 水资源保护工作手册[M]. 南京：河海大学出版社，1988.

[3] 张永良，等. 我国水环境容量研究与展望[J]. 环境科学研究，1988，1（1）：73-81.

[4] 水利电力部水文局. 中国水资源评价[M]. 北京：水利电力出版社，1987.

[5] 国家统计局. 中国统计年鉴（1990）[M]. 北京：中国统计出版社，1990.

[6] 张晓东，等. 区域排污许可证的实践[J]. 环境科学研究，1992，5（4）：57-63.

附录　论文、著作目录

土壤地理

[1] 王华东. 土壤的绝对年龄及相对年龄学说的初步探讨[J]. 土壤通报，1957（00）：43-45.
[2] 王华东，李天杰，等. 对京郊耕作土壤分类系统原则及命名方法问题的初步探讨[J]. 北京师范大学学报（自然科学版），1959，4（2）：22-26.
[3] 王华东，李天杰，古汉如，等. 京郊平原区土壤的利用及改良问题[J]. 北京师范大学学报（自然科学版），1959（2）：13-21.
[4] 刘培桐，王华东，李天杰. 土壤地理学发展的方向和途径[J]. 土壤，1961（5）：1-4.
[5] 刘培桐，王华东，刘锁臣. 我国风化壳及土壤中化学元素迁移的地理规律性[J]. 北京师范大学学报（自然科学版），1962（1）：112-138.
[6] 李天杰，王华东，许嘉琳. 数学方法在土壤分类中的应用[C]. 土壤分类及土壤地理论文集，1979：241-247.

化学地理

[1] 刘培桐，王华东. 关于在我国开展化学地理研究的几点意见[J]. 地理学报，1960（2）：135-143.
[2] 刘培桐，王华东，薛纪渝. 化学径流与化学剥蚀[J]. 地理，1962（4）：126-129.
[3] 刘培桐，王华东，朱启疆. 内蒙古凉城县岱海的水量平衡[J]. 北京师范大学学报，1963（2）：53-63.
[4] 刘培桐，王华东，等. 岱海盆地的水文化学地理特征及其在农业生产中的意义[J]. 北京师范大学学报，1964（1）：83-101.
[5] 刘培桐，王华东，潘宝林，等. 岱海盆地的水文化学地理[J]. 地理学报，1965（1）：36-62.
[6] 刘培桐，唐永銮，章申，等. 我国化学地理学的三十年[J]. 地理学报，1979，34（3）：200-212.
[7] 艾亚民，赵金岭，王华东，等. 大同四台沟煤矿地表塌陷的预测[J]. 环境科学，1988，9（2）：87-90.
[8] 王素芬，张平，王华东. 工业含氟废水在土壤中扩散规律的研究——以太原磷肥厂地区的土壤为例[J]. 环境污染与防治，1993，15（2）：7-9.

[9] 垮田共之，杨居荣，王华东. 日本与中国农业系统氮素循环的比较[J]. 中国环境科学，1998，18（1）：79-82.

[10] 李晓华，许嘉琳，王华东，等. 污染土壤环境中石油组分迁移特征研究[J]. 中国环境科学，1998，18（1）：54-58.

环境地理学

[1] 王华东，于澂. 对环境科学的初步认识[J]. 环境保护，1978（1）：36-38.

[2] 薛纪渝，许嘉琳，殷宗慧，等. 北京东南郊环境中砷污染的研究[J]. 北京师范大学学报，1980（2）：93-104.

[3] 郭震远，王华东，刘培桐. 铅山河金属污染物（Cu、Fe）迁移规律及污染预测研究[J]. 环境科学学报，1983，3（4）：298-309.

[4] 王华东，朱耀明，曾连茂，等. 黄石大冶地区土壤重金属的背景值研究[J]. 华中师院学报，1982，1（1）：96-107.

[5] 曹利军，王华东. 土壤作物系统镉污染及其防治研究[J]. 环境污染与防治，1996，18（5）：8-11，45.

[6] 邓春朗，王华东. 试论环境地理学的研究对象、内容与学科体系[J]. 中国环境科学，1998，18（1）：37-41.

环境质量评价

[1] 王华东，于澂. 环境质量指数的评价方法[J]. 环境污染与防治，1979（1）：36-38.

[2] 王华东. 环境质量预断评价[J]. 环境科学，1979（2）：74-77.

[3] 王华东，董雅文，朱季文. 国外环境质量评价发展概况[J]. 环境科学与管理，1980（1）：69-74.

[4] 车宇瑚，王华东，刘培桐. 大气质量标准技术经济评定的数学模型[J]. 环境科学学报，1982，2（2）：102-112.

[5] 黄妙云，王华东. 区域环境质量综合评价与模糊聚类编网及模式识别[J]. 环境污染与防治，1986（5）：12-16.

[6] 马小莹，王华东. 河流水环境质量评价研究——对评价系统、评价方法的新探讨[J]. 环境科学学报，1987（1）：60-71.

[7] 张奭，王华东. 环境评价中的权重理论与方法初探[J]. 环境污染与防治，1989（4）：2-7，40.

[8] 王华东，蒋永生. 大气颗粒物的环境质量评价方法研究[J]. 中国人口·资源与环境，1990（3）：19-26.

环境影响评价

[1] 王华东. 环境影响评价讲座（Ⅰ）第一讲：环境影响评价的意义及其程序[J]. 化工环保，1981（2）：58-63.
[2] 王华东. 环境影响评价讲座（Ⅳ）第四讲：我国环境影响评价实例研究[J]. 化工环保，1982（1）：51-54.
[3] 王华东. 我国环境影响评价的现状及发展方向[J]. 重庆环境科学，1985（5）：1-5.
[4] 王华东，孙立刚. 甘肃黄土高原地区工矿开发对环境的影响及其对策[J]. 甘肃环境研究与监测，1987（2）：11-13，26.
[5] 王华东，艾亚民，许向才. 山西省煤炭开发的环境影响评价[J]. 环境污染与防治，1987（1）：18-23，47.
[6] 艾亚民，赵金岭，陈家宜，等. 大同云岗矿煤矸石自燃对大气环境的影响[J]. 环境科学，1988，9（1）：68-71.
[7] 王华东，苏玉江. 环境影响综合评价方法研究[J]. 重庆环境科学，1990，12（3）：1-5.
[8] 李巍，王华东，王淑华. 战略环境影响评价研究[J]. 环境科学进展，1995，3（3）：1-6.
[9] 彭应登，王华东. 战略环境评价与项目环境影响评价[J]. 中国环境科学，1995，15（6）：452-455.
[10] 边归国，王华东，陈振金. 环境影响事后（回顾）评价编制的研究[J]. 云南环境科学，1995，14（3）：3-7.
[11] 彭应登，王华东. 浅论区域开发环境影响评价的含义[J]. 环境保护，1996（5）：36-37.
[12] 李巍，王华东，王淑华. 政策环境影响评价与公众参与——国家有毒化学品立法 EIA 中的公众参与[J]. 环境导报，1996（4）：5-7.
[13] 王慧钧，王华东. 论社会环境影响评价[J]. 环境科学进展，1996，4（4）：1-20.
[14] 王华东. 积极开展发展战略的环境影响评价研究[J]. 群言，1996（11）：5-6.
[15] 刘贤姝，王华东. 环境影响评价中生物多样性的价值评估探讨[J]. 上海环境科学，1996，15（4）：4-7.
[16] 王华东，刘贤姝. 开发建设项目对生物多样性的影响评价方法构想[J]. 重庆环境科学，1996，18（1）：15-19.
[17] 李巍，王华东，姜文来. 政策评价研究[J]. 上海环境科学，1996，15（11）：5-7.
[18] 彭应登，王华东. 累积影响研究及其意义[J]. 环境科学，1997（1）：86-88，96.

环境风险评价与管理

[1] 王华东，肖振宣. 环境风险评价[J]. 环境与健康杂志，1987，4（6）：40-43.
[2] 毕军，王华东，等. 沈阳市 PCBs 污染的风险评价[J]. 北京师范大学学报（自然科学版），1993，29（4）：551-556.

[3] 王飞，王华东. 环境风险事故概率估计方法探讨[J]. 上海环境科学，1995，14（5）：39-42.

[4] 王华东，王飞. 南水北调中线水源工程环境风险评价[J]. 北京师范大学学报（自然科学版），1995，31（3）：410-414.

[5] 毕军，王华东. 沈阳地区过去 30 年环境风险时空格局的研究[J]. 环境科学，1995，16（5）：72-76.

[6] 毕军，王华东. 有害废物运输环境风险研究[J]. 中国环境科学，1995，15（4）：241-246.

[7] 鲍全盛，王华东，海热提. 沙颍河闸坝调控与淮河干流水质风险管理[J]. 上海环境科学，1997，16（4）：11-14.

[8] 杨晓松，王华东，宁大同. 油田开发区域环境风险综合评价探讨[J]. 环境科学，1991，13（1）：63-68.

环境容量与总量控制

[1] 王华东，夏青. 环境容量研究进展[J]. 环境科学与技术，1983（1）：32-36.

[2] 杨居荣，车宇瑚，王华东. 北京地区土壤重金属容量的研究[J]. 环境科学学报，1984，4（2）：142-29.

[3] 车宇瑚，杨居荣，王华东. 关于土壤环境容量的结构模型[J]. 环境科学学报，1984，4（2）：142-29.

[4] 迪特尔·施密特，王华东. 西德的能源政策[J]. 国际石油经济，1985（1）：55-67.

[5] 王华东，张义生. 环境容量[J]. 环境污染治理技术与设备，1986，7（9）：132-141.

[6] 李生仮，王华东，曾连茂. 长江武汉段底质中重金属累积规律及环境容量的初步探讨[J]. 武汉大学学报（自然科学版），1986（1）：85-92.

[7] 曾维华，王华东. 保守性污染物风险水环境容量的随机估算模式研究[J]. 重庆环境科学，1991，13（2）：17-22.

[8] 曾维华，王华东. 随机条件下的水环境总量控制研究[J]. 水科学进展，1992，3（2）：120-127.

[9] 傅平，王华东. 水质污染总量的合理分配研究[J]. 重庆环境科学，1992，14（2）：10-14.

[10] 樊鸿涛，王华东. 区域水环境风险容量的合理分配研究[J]. 环境工程，1994，12（6）：50-54.

[11] 鲍全盛，王华东，曹利军. 中国河流水环境容量区划研究[J]. 中国环境科学，1996，16（2）：87-91.

[12] 曹利军，鲍全盛，王华东. 区域经济发展与水环境容量紧缺之间矛盾的调和——工业生产力宏观布局与产业结构调整策略[J]. 经济地理，1998，18（4）：54-61.

[13] 田良，王奇，袁九毅，王华东. 污染物总量控制的宏观策略与典型实例[J]. 中国环境科学，1998，18（1）：46-49.

环境规划

[1] 王华东. 积极开展区域环境规划研究[J]. 环境科学与技术，1984（4）：1-4.
[2] 张义生，王华东. 苏联的环境规划研究[J]. 中国环境管理，1985（2）：30-31，38.
[3] 王华东，张义生. 环境规划研究[J]. 环境污染治理技术与设备，1985，6（3）：23-28.
[4] 张义生，王华东. 国外环境规划研究现状和趋势[J]. 环境污染治理技术与设备，1986，7（2）：10-17.
[5] 周昊明，王华东，刘培桐. 金水河水质改善多方案多目标决策研究[J]. 环境污染与防治，1990，12（1）：7-12，47.
[6] 王红瑞，王华东，陈隽. 城市环境功能区环境功能评估方法[J]. 城市环境与城市生态，1994，7（3）：22-26.
[7] 陈隽，王红瑞，王华东，等. 区域环境规划专家系统设计的初步探讨[J]. 环境保护，1994（12）：37-39.
[8] 王红瑞，陈隽，王华东，等. 安徽省马鞍山市区域环境功能评价[J]. 安徽师范大学学报（自然科学版），1994，17（3）：75-80.
[9] 姜文来，王华东，李巍，等. 国有自然资产流失探析[J]. 中国人口·资源与环境，1995，5（4）：44-47.
[10] 彭应登，王华东. 论区域环境规划与区域开发环境影响评价在区域开发环境管理中的作用和地位[J]. 化工环保，1995，15（2）：107-110.
[11] 姜文来，王华东，李巍，等. 国有自然资产流失的初步研究[J]. 国土与自然资源研究，1996（3）：17-20.
[12] 徐少辉，王华东. 城市环境功能区划研究——以广西北海市为例[J]. 重庆环境科学，1997，19（6）：5-9.

人地关系与可持续发展

[1] 王华东，于春普，朱坦. 城市环境质量与人为活动间关系的研究[J]. 环境科学，1985，6（1）：60-64.
[2] 孙本经，刘培桐，王华东. 焦作市人-环境系统的结构、发展与协调控制研究[J]. 环境科学学报，1989，9（1）：1-10.
[3] 曾维华，王华东，等. 人口、资源与环境协调发展关键问题之一——环境承载力研究[J]. 中国人口·资源与环境，1991，1（2）：33-37.
[4] 王红瑞，王华东. 论环境与经济发展的协调度[J]. 重庆环境科学，1993，15（1）：20-23，47.
[5] 漆安慎，赵彩凤，杜婵英，等. 工业-环境系统的非线性描述[J]. 环境科学，1993，14（6）：12-15.

[6] 周建平，杜婵英，漆安慎，王华东. 浙江开化华埠地区工业-环境系统的协调发展[J]. 北京师范大学学报（自然科学版），1993，29（3）：337-342.

[7] 李敬东，王华东. 转变观念，实行全过程污染控制，实现废物最少化[J]. 环境保护，1995（7）：9-11.

[8] 林逢春，王华东. 环境经济系统分类及协调发展判据研究[J]. 中国环境科学，1995，15（6）：429-432.

[9] 林逢春，王华东. 区域 PERE 系统的通用自组织演化模型[J]. 环境科学学报，1995，15（4）：488-496.

[10] 王华东，鲍全盛，王慧钧，等. 资源-环境与区域可持续发展研究[J]. 中国人口·资源与环境，1995，5（2）：18-22.

[11] 冯玉广，王华东. 区域 PREE 系统协调发展的定量描述[J]. 中国人口·资源与环境，1996，6（2）：42-46.

[12] 李巍，王华东，姜文来. 可持续发展决策和评价中的代际公平问题研究[J]. 中国人口·资源与环境，1996，6（4）：41-45.

[13] 曹利军，王华东，海热提. 论可持续发展的基本组织单元和层次体系[J]. 中国人口·资源与环境，1996，6（4）：19-22.

[14] 冯玉广，王华东. 工业-环境系统可持续发展定量研究[J]. 环境科学，1996，17（5）：79-86，96.

[15] 段红霞，王华东. 区域农业可持续发展理论与决策技术[J]. 上海环境科学，1996，15（12）：7-9.

[16] 段红霞，王华东. 县域农业可持续发展评价方法探讨[J]. 北京师范大学学报（自然科学版），1996，32（4）：555-558.

[17] 冯玉广，王华东. 区域人口-资源-环境-经济系统可持续发展定量研究[J]. 中国环境科学，1997，17（5）：402-405.

[18] 冯玉广，王华东. 区域 PRED 系统协调发展的定量描述[J]. 环境科学学报，1997，17（4）：487-492.

[19] 姜文来，王华东. 水资源资产均衡代际转移研究[J]. 自然资源，1997（2）：51-56.

[20] 海热提·涂尔逊，王华东，王立红，彭应登. 城市可持续发展的综合评价[J]. 中国人口·资源与环境，1997，7（2）：46-50.

[21] 海热提·涂尔逊，王华东，王玉. 乌鲁木齐市环境与可持续发展研究[J]. 干旱区地理，1997，20（4）：33-39.

[22] 曹利军，王华东. 常州市可持续发展限制因子辨识及发展对策[J]. 中国人口·资源与环境，1997，7（1）：33-38.

[23] 曹利军，王华东. 区域 PRED 系统可持续发展判别原理和方法[J]. 中国环境科学，1998，18（1）：50-53.

[24] 赵玉霞，杨居荣，王华东. 大足县生态农业管理信息系统的建立[J]. 农业环境保护，1998，17（4）：145-150.

[25] 陈飞星，王华东. 海南岛水资源可持续发展对策[J]. 中国环境科学，1998，18（1）：74-78.

[26] 海热提·涂尔逊，杨志峰，王华东. 关于城市可持续发展理论的思考[J]. 中国环境科学，1998，18（1）：13-18.
[27] 海热提·涂尔逊，杨志峰，王华东，曹利军. 论城市可持续发展[J]. 北京师范大学学报（自然科学版），1998，34（1）：124-130.
[28] 曹利军，王华东. 可持续发展评价指标体系建立原理与方法研究[J]. 环境科学学报，1998，18（5）：526-532.

环境经济

[1] 王华东，李生仅. 大冶湖盆地西部有色金属工业经济损益分析初步研究[J]. 环境污染与防治，1981（4）：37-38.
[2] 姜文来，王华东. 商品具有环境价值属性[J]. 中国环境管理，1993（3）：36-37.
[3] 李敬东，王华东. 废物最少化评价与应用[J]. 重庆环境科学，1994，16（5）：19-24.
[4] 王珏，王华东. 废物交换管理信息系统研究[J]. 环境科学，1995，16（3）：64-67.
[5] 王珏，王华东. 废物交换——废物资源化的新方法[J]. 环境污染与防治，1995，17（5）：26，36-39.
[6] 施晓清，王华东. 排污交易理论与方法研究[J]. 江苏环境科技，1995（4）：1-4.
[7] 曹利军，王华东. 我国排污收费制度存在的问题与改革构想[J]. 科技导报，1995（6）：63-64.
[8] 曹利军，王华东. 市场经济体制下的企业环境行为及调控[J]. 环境导报，1995（4）：1-3.
[9] 云萍，王华东，祁忠. 排污收费制度下企业的执行行为研究[J]. 中国环境管理，1995（4）：17-20.
[10] 曹利军，王华东. 环境投资规模、结构与优化配置研究[J]. 环境科学研究，1996，9（3）：39-44.
[11] 施晓清，王华东. 河流排污交易管理信息系统研究[J]. 上海环境科学，1996，15（4）：8-10.
[12] 施晓清，王华东. 论排污交易体系[J]. 环境保护，1996（2）：9-11.
[13] 张智玲，王华东. 建材资源开发的生态环境补偿费探讨[J]. 上海环境科学，1996（2）：4-9.
[14] 张智玲，王华东. 环境外部不经济性分析及其进展[J]. 环境科学进展，1997，5（5）：30-35.
[15] 张智玲，王华东. 矿产资源生态环境补偿收费的理论依据研究[J]. 重庆环境科学，1997，19（1）：31-34，41.
[16] 毛显强，杨居荣，王华东. 二次生产函数模型在生产行为环境经济分析中的应用[J]. 环境科学学报，1997，17（4）：480-486.
[17] 毛显强，杨居荣，王华东，胡涛. 生态农业模式的环境经济学分析及政策研究[J]. 环境科学研究，1997，10（4）：51-55.

[18] 姜文来，王华东. 水资源价值时空流研究[J]. 中国环境科学，1998（18）：9-12.
[19] 王红瑞，冉圣宏，王华东，阎伍玖. 试析投入产出方法及其在农业生产率中的应用[J]. 安徽师范大学学报（自然科学版），1998，21（1）：82-86.

环境污染控制

[1] 王华东. 区域环境污染控制和管理[J]. 环境污染与防治，1980（1）：8-9，26.
[2] 王华东，车宇瑚. 区域污染物质流的离散数学模型及其模糊调控[J]. 北京师范大学学报，1981（4）：77-88.
[3] 王华东. 黄河中、上游黄土高原开发的环境污染及其对策[J]. 人民黄河，1989（6）：7-10.
[4] 周昊明，王华东，刘培同. 金水河水质改善多方案多目标决策研究[J]. 环境污染与防治，1990，12（1）：7-12，47.
[5] 郑翔，吴燚静，漆安慎，周建平，王华东. 一个工业-环境系统模型中的延时与参数涨落问题[J]. 北京师范大学学报（自然科学版），1993，29（4）：557-560.
[6] 海热提•涂尔逊，王华东. 乌鲁木齐市大气环境质量及其治理对策[J]. 干旱区资源与环境，1998，12（2）：44-50.

城市生态学

[1] 王华东，潘宝林. 城市环境问题研究[J]. 环境科学与技术，1981（4）：8-13.
[2] 王华东. 城市生态系统研究[J]. 环境科学丛刊，1984（3）：1-5.
[3] 王华东，王建. 城市景观生态学刍议[J]. 城市环境与城市生态，1991，4（1）：26-27.

水环境

[1] 王华东. 官厅水库污染及其调控[J]. 环境科学，1980（4）：61-66，77.
[2] 关伯仁，王华东，郑英铭. 我国河流污染研究综述[J]. 环境科学，1980（3）：62，69-74.
[3] 王华东，主跃明，曾连茂，等. 三里七湖底质重金属污染研究[J]. 华中师院学报，1981（1）：72-80.
[4] 姚重华，王华东，刘培桐. 水环境重金属分布综合化学模拟——江西永平地区水体铜、锌、镉形态分布研究[J]. 环境科学学报，1982，2（1）：10-19.
[5] 王华东. 对我国海域环境污染研究的几点意见[J]. 海洋环境科学，1982（1）：139-141.
[6] 李立勇，刘培桐，王华东. 数据组合处理方法（GMDH）建立河流水质模型初探[J]. 环境科学学报，1987，7（2）：151-157.
[7] 刘枫，王华东，刘培桐. 流域非点源污染的量化识别方法及其在于桥水库流域的应用

[J]. 地理学报，1988，43（4）：329-340.
[8] 袁少军，王华东，刘培桐. 工业结构，技术进步和水环境关系研究[J]. 重庆环境科学，1989，11（4）：18-25.
[9] 郝芳华，王华东，张书农. 潮汐河流的憩流模型及其应用[J]. 水利水电技术，1991（9）：9-14.
[10] 姜文来，王华东，于连生，刘人和. 水资源负价值的研究[J]. 生态经济，1993（5）：41-43.
[11] 杨志峰，王华东，薛纪渝. 河口地区污水侧向排放数学模型和精细模拟[J]. 自然科学进展——国家重点实验室通讯，1994，4（4）：435-441.
[12] 曾维华，陶文东，王华东，李延风，陈振金. 湄洲湾开发区海水污染对水产养殖业影响的环境经济损益分析[J]. 福建环境，1994，11（2）：2-5.
[13] 姜文来，王华东，于连生，刘仁合. 北京市水资源价格的研究[J]. 中国给水排水，1994，10（5）：22-23.
[14] Wang Huadong，Wang Shuhua，etc. on Regional Differentiation of River Water Environment Capacity and Strategies to Control Water Environment Pollution in China[J]. Chinese Geographical Science，1995，5（2）：116-124.
[15] 鲍全盛，王华东，毛显强. 我国水环境非点源污染研究进展[J]. 环境科学进展，1995，3（3）：31-36.
[16] 郝芳华，王华东. 北京市水库网箱养鱼与水资源保护[J]. 北京师范大学学报（自然科学版），1995，31（2）：247-250.
[17] 姜文来，王华东. 水资源价值和价格初探[J]. 水利水电科技进展，1995，15（2）：36-39.
[18] 姜文来，王华东，王淑华，敬红. 水资源耦合价值研究[J]. 资源科学，1995（2）：17-23.
[19] 姜文来，王华东. 水资源财富代际转移研究[J]. 经济地理，1995，15（4）：85-90.
[20] 鲍全盛，毛显强，王华东. 我国水环境非点源污染研究与展望[J]. 上海环境科学，1996，15（5）：11-16.
[21] 姜文来，王华东. 我国水资源价值研究的现状与展望[J]. 地理学与国土研究，1996，12（1）：1-10，16.
[22] 姜文来，李巍，王华东. 南水北调中线工程几点思考[J]. 经济地理，1996，16（3）：48-51.
[23] 王厚军. 水资源的价值——与北师大王华东教授、姜文来博士对话[J]. 中国水利，1996（11）：46-47.
[24] 鲍全盛，曹利军，王华东. 密云水库非点源污染负荷评价研究[J]. 水资源保护，1997（1）：8-11.
[25] 姜文来，王华东. 水资源资产均衡代际转移研究[J]. 资源科学，1997（2）：51-56.
[26] 王红瑞，王岩，张涑戎，王华东. 水污染治理工程的多级估量分析[J]. 中国环境科学，1998，18（1）：88-91.

参与编写的著作

[1] 王华东，等. 环境污染综合防治[M]. 太原：山西人民出版社，1984.
[2] 王华东，等. 水环境污染概论[M]. 北京：北京师范大学出版社，1984.
[3] 王华东，薛纪渝，刘培桐. 环境学概论[M]. 北京：高等教育出版社，1985.
[4] 王华东，郭宝森，高铁安. 工业建设环境评价[M]. 太原：山西人民出版社，1986.
[5] 王华东. 环境规划方法及实例[M]. 北京：化学工业出版社，1988.
[6] 王华东，薛纪渝，等. 环境影响评价[M]. 北京：高等教育出版社，1989.
[7] 王华东，等. 环境质量评价[M]. 武汉：华中理工大学出版社，1991.
[8] 王华东，张义生. 环境质量评价[M]. 天津：天津科学技术出版社，1991.
[9] 王华东，等. 环境中的砷：行为、影响、控制[M]. 北京：中国环境科学出版社，1992.
[10] 王华东，等. 你别无选择：人与环境论[M]. 济南：山东教育出版社，1993.
[11] 胡涛，王华东. 中国的环境经济学：从理论到实践[M]. 北京：中国农业科技出版社，1996.
[12] 宁大同，王华东. 全球环境导论[M]. 济南：山东科学技术出版社，1996.
[13] 胡涛，王华东. 中国的环境经济学在实践中应用[M]. 北京：中国环境科学出版社，1997.

继承父亲的遗志

记得小时候，父亲很少带我去玩。一个星期日的早晨，父亲说带我出去，哎呀，我别提多高兴啦！要去中山公园滑天梯该多好啊，就盼着这一天呢！结果，却让我大失所望，偏偏去了前门书店。

书店，是开架的，父亲一进门，就被他喜爱的书活活吸引住了。我在他身边等啊、等啊，时间对我来说可真是难熬，就这样一分一秒地盼着，可他总也看不完……“爸爸，走吧，您不说今天带我去滑天梯吗？怎么还不去呀？”

“这就去。”爸爸轻声对我说。

“我不想来这儿，这不算玩儿，我要去中山公园。”我使劲地拽他，可怎么也拽不动。

“听话，不许淘气”。我实在忍不住了，就拽着他非走不可。“别闹，回头带你去。”我知道是在敷衍我，心里有些难过。

我赌气地坐在书店的门前，看着来来往往的行人，心里很不是滋味。过了好半天，我又跑去苦苦央求他，“爸，您就带我去吧，就去一次！”

“今儿来不及了，下次带你去”。我简直失望极了！

我无奈地从书架上抻下一本书来，狠狠地乱翻着。“不能动，听话，要不该挨打啦。”父亲的话音虽然很低，但有些严厉，拿过我手中的书，从抻出来的地方，塞了回去。

父亲继续埋头阅读，我又抻出一本来，“好孩子，听话，不要自己动，咱们一会儿就走”。“爸，我要这本书！”其实，我哪知道那是一本什么书，就想故意捣乱。我模仿他一页一页地翻着，他也没阻拦。

记得，那是一本硬皮的精装书，不太厚，淡黄色封面，棕色书脊，封面中间是一幅官厅水库的长方形绿色画面。书中多幅黑白照片，图片下注释着许多字。其中，有领导视察的场面；有永定河发洪水，淹没城市、土地、村庄的情景；有劳动大军挖河挑土筑坝的场面，字的内容都是后来母亲告诉我的。父亲给我买的第一本书——《官厅水库》画册。这就是我四五岁时对他的印象。

1965 年，父亲藏书已上万册，当然都是地理、土壤、河流、湖泊、景观、地球化学方面的地理专业书籍。然而一年之后，毛主席发动了史无前例的无产阶级文化大革命。这样一来，麻烦大了，在那“极左”年代，听说精装的俄文书、英文书都属于“封资修”的东西，一旦被人发现，要招灾惹祸！这么多书怎么处理呢？真是把家里人愁死了，当烂纸卖吧，怕人家不收，当垃圾扔吧，怕被人发现，这么多书如何处理呢？现在想起那段邪恶的日子真是荒唐！

1975 年，父亲从图书馆借了一部日文专著《水质污染现象及其预防对策》，是一部从工学角度撰写环境的著作。我和朋友张金生刚好学过日语，听父亲说这部著作很有学术价值，我们就尝试着进行翻译。

当时，遇到许多专业词汇不知怎么译，就整天追着他没完没了地问。译稿被父亲改得密密麻麻，在父亲的帮助下，还得到了著名环境学家刘培桐、关伯仁、傅国伟、王涌潮、孙濡泳、王德明、刘永可、王宝贞、李兴基等先生的悉心指点和帮助。我在水环境方面的专业知识最初就是从那时一点一滴地积累起来的。

经过一年半的艰苦努力，洋洋 80 万字的日文专著，竟然译完了。值得庆幸的是，译稿作为清华、北大、北师大等高校恢复高考后，第一批环境专业研究生的辅助教材。

20 世纪 70 年代，一次偶然机会，我被借调到官厅水系水源保护领导小组办公室工作。说来也巧，年幼时代父亲送我的第一本书就是《官厅水库》画册。

在父亲的指导下，我和张金生将日本“水质总量控制”概念与 1969 年美国国家环境政策法引入中国，并发表了保护密云水库水质的文章。跟着父亲、薛纪愈先生、王景华先生一起考察管涔山、神头泉、泥河湾，考察岱海、黄旗海，跟着父亲进行洋河、桑干河环境调查，开展官厅水系环境评价、流域环境规划，跟着父亲和尹改先生学习如何开展“矾山磷矿开发的环境影响评价”，跟着父亲和夏青先生如何进行“洋河水质规划”；在父亲的指导下，我参加了“长江三峡开发的第四级子课题旅游环境影响评价”研究、“密云水库网箱养鱼的环境影响评价”“密云铁矿开发的环境影响评价”“中国西南扶贫开发项目的环境影响评价”“密云水库水质管理技术研究”课题，并获得了北京市科技进步二等奖。

父亲于 20 世纪 90 年代曾经对南水北调中线做过全程实地考察；10 年后，我沿着父亲的足迹考察了正在施工的南水北调中线工程；2004—2006 年我和志愿者连续考察北京多座大大小小的水库；2007 年，从山西的管涔山经北京门头沟直到天津入海口全程考察了永定河；2008 年考察了岷江的生态环境变化；2009 年、2010 年，我又先后参加了怒江大峡谷、澜沧江、雅砻江、大渡河、金沙江、黄河从源头到入海口的生态考察；对河流的生态变化有了更深刻的认识，2014 年我在《绿叶》杂志第 3 期上刊发的《应高度关注南水进京的八大隐患》一文。国务院专门发了批文，引起了国务院南水北调办公室领导的高度重视，由计划投资司牵头，组织南水北调工程前期工作勘测设计单位、北京市南水北调办公室等有关单位，就八大隐患专门进行研究并采取措施。

最近，我应北京大学邀请作了“水与北京可持续发展”讲座，并收入北大讲座系列丛书。应香港中文大学邀请进行学术访问。自己虽然学识浅薄、能力有限，但我会不断努力，会沿着父亲所走过的道路，将水源保护事业作为自己毕生的追求。

王　建

2009 年 12 月 7 日

海棠花开想起你……

准确地说，我没有见过王华东教授。一个偶然的机会，听人讲起了这位受人敬重，已经悄然离去的环境科学家一些鲜为人知的故事，心中颇受感动。许久，我渴望更多地了解王教授其人其事。在网上敲入王华东三个字，我发现这北京师范大学教授的名字与不少的环保著作连在一起；找出几年前王教授病逝时官方发表的悼词，我读到这样的评价，"他是我国著名的，在国内外享有很高声望的环境地理学家、环境科学家，在我国环境科学领域发展了环境地理学。从 20 世纪 70 年代起，率先开展了我国的环境质量评价工作，撰写了我国第一部环境质量评价专著，建立了我国第一个环境地理学博士点和博士后流动站，建立和开拓了环境质量和环境影响评价方法理论体系。参与组建了中国第一个环境类国家重点实验室。1987 年他在我国第一次组织召开了国际环境影响评价学术讨论会……"悼词中罗列的这一连串的第一，以及王华东教授生前 30 余年所从事的重大环境研究项目和参与课题，数不胜数，这之中，与北京相关的重大研究项目更是令人无法忘怀。最令人感慨的是，这一切王教授都是在默默之中完成的……

当年曾追随父亲到一线进行实地考察的王建，是王教授的长子，也是他最亲密的助手和学生之一。翻开王建递过来的父亲生前的相册，我发现大部分照片都是王教授在漫漫黄土高原上考察工作时，与同事和学生的合影。照片上的王教授一脸谦和的笑容。

现任北师大环境学院院长的杨志峰，是王华东教授过去的同事。他说，作为中国环保科学领域的开创者和开拓者之一，王华东教授曾参与和主持了国家早期几乎所有重大环保项目的考察和评估。杨志峰这样形容王教授，"他渊博的学识和宽厚的为人在环境科学界是公认的，任何一个与他相识的人对这一点都不会提出异议。""作为一位环境科学权威，他从不摆威风，拿架子，是属于那种具有大家风范的人物。因此，无论是政府决策还是项目评审，大家都爱请他出场决断。他心态极好，与别人在一起工作，非常能够体谅别人的难处。"

谈到王华东对中国环保科学领域的贡献，杨志峰说："现在很多环保概念都很普及了，如环境评价、环境容量等，但当初中国的环境科学从零到有，那是非常关键的阶段，那时的艰苦探索研究也最具价值。而王华东教授在中国环境评价这一领域堪称鼻祖啊！"杨志峰告诉我，刘培桐教授与王华东教授等 20 年前撰写的《环境概论》对今天的环境保护依然有着影响，至今还在一些院校当教材使用。从他的论述中即可体会到他那种超前的思维和预见性。杨志峰说，每当新生入校时，他都会对他们讲起已故的王华东教授和他的学术思想。他强调说，环境评价规划与管理仍是北师大环境学院的第一主要研究方向，那是王华东教授的重要学术遗产。

现任农科院农业资源与农业区划研究所研究员的姜文来，曾是王华东教授培养的第二代博士生之一。提起自己的导师，姜文来的眼角不时泛着泪光。说到导师对自己和其他学生的培养，姜文来感慨万千，“王教授那时已在环境界名气很大，但是再忙再累，他也坚持认真批改学生的论文，每周都与自己的学生见面交流……”

姜文来还提起了多年前与导师一同到长春做环境评价的经历。为了不打扰有关部门，王教授和学生一起租了一辆车一路考察，一天下来非常辛苦劳累，当地领导很想安排一些像样的饭菜招待，但王教授却悄悄地和姜文来一起到饭馆吃了碗面条。“王先生为人的谦和，绝非一般学者能效仿。”他曾这样对姜文来等学生说：“你们所从事的工作我不十分懂。”一位学识渊博的科学家的胸怀，由此可见一斑。姜文来说，所有的学生都知道，王教授去世前十几分钟，还在病榻上与一位博士生讨论他的课题研究。

说起北京的水，那是王教授心中的一大牵挂。逝世前几天，病榻上的王教授已全身浮肿，但却撑着重病的身躯接受了北京电视台的采访，谈北京的水问题。作为权威专家，他曾主持参与了我国最早的官厅水库水源保护研究，多年来始终对北京的水问题给予了极大的关注，每每提及北京的水问题，总是忧心如焚。20世纪90年代中期，王教授为评估南水北调工程，从起始点河南南阳乘坐汽车，不顾一路颠簸劳累，沿途细细地进行着艰苦的实地考察。“父亲的观点是，解决北京的缺水问题，必须多种措施并用。过去的经验教训告诉我们，单一的措施是不可取的。北京一定要多条腿走路：既要开源又要节流。开源包括跨流域调水，从长江调水，从黄河经山西调水。南水北调还需要相当长的时间才能实现，因此远水解不了近渴，近期，应在北京所属水系上游进行水资源调整与分配，包括引拒马河水以及保证官厅、密云水库来水水源。加强水库科学管理，保证蓄水量，防止水库污染。在节流方面，控制首都发展规模，进行合理布局，调整产业和工业结构，淘汰低效益、低技术、高耗水、高污染的企业，提高工业企业水循环利用率，建立土地污水处理系统，积极进行地下水回灌，实行地表水与地下水联合调度，根据生态环境承载力要求，将城市重心东移，避免东水西调，缓解用水压力，加强雨洪利用。他认为，北京一定要在开源、节流双向调控上下工夫。”

事实上，很多年前王教授就已提出首都的水源安全问题，认为北京不能只有密云水库这唯一的用水渠道，很早就预言网箱养鱼要控制，以防对水源造成污染。后来的事实都印证了这位科学家的远见卓识……

是啊，世界上的确有这样一些人，当他们悄悄地警示世人时，因为我们还没有看到他们所看到的一切，于是忽视了他们的警示和价值。当他们已经离开，而他们所预言的事情发生在我们面前时，我们才回想起他们曾说过的话和曾做过的事。

四月的北京花香醉人。走在街上，穿越那一簇簇盛开的海棠花，忽闻一位游客感慨：是谁当初栽种的这些海棠树啊，让后人如此受益。那一刻，我脑海里浮现出的是肩背行囊，默默走在黄土高原路上的王华东教授的身影。

是啊，我们不该将那些曾默默地为后人的生存质量呕心沥血的前人忘记。是啊，王华东教授，海棠花开时，我们又想起了你……

张　喆

摘自《北京晚报》

怀念恩师王华东教授

2007年2月1日，是我的导师王华东教授逝世10周年纪念日。十年宛如一梦，我总觉得他还在我的身边。

王华东教授是我国著名的环境地理学家和环境教育学家，也是我国环境保护先驱者之一，我们都亲切地称他为王先生。

我对王先生最初印象来源于他的好友张义生教授。我在吉林大学攻读硕士学位期间，和张教授特别熟悉，他一直将我作为好朋友，他给我讲起他与王华东教授一起编著《环境影响质量评价》教材的故事。当时中国的环境保护刚刚起步，还没有合适的教材供教学使用，他们几个志同道合的环境学者在一起编撰教材，天气很热，宾馆也没有空调，光着膀子连夜奋战，累了就小憩一会儿，醒了还接着写，经过长时间的奋战，凝聚着王先生等心血的《环境影响质量评价》教材终于问世了。我至今还保留着这本后来得到的教材。我从张教授那里获得了王先生肯吃苦、拼命干工作的印象。

与王先生第一次近距离接触是1992年3月，我来北京师范大学考他的博士研究生。刚刚考完最后一门，监考老师通知我去面试，我一点思想准备都没有，因为刚考完试就面试据说是很罕见的，见了王先生后才知道真正的原因，他说你们从东北来北京不容易，如果回去再来北京面试，不仅耽误时间，而且浪费金钱，不如现在就进行了。多么善解人意的老师呀！这一次接触给我的印象很深，他是一位知识渊博的学者，思想活跃，慈祥随和，没有一点架子，善于从他人的角度考虑问题。

和王先生第二次接触是博士研究生考试后询问博士录取情况。那是一次电话交谈，我向他询问我博士考试情况和能否被录取，我从他那里第一次知道有人给北师大研究生招生办公室打电话，告诉他们即使我考上了也不读了，因为我准备留校了。我听后很气愤，告诉王先生我根本没有打过这样的电话，肯定是有人假冒我的名义捣乱，我如果有攻读博士学位的机会绝不会放弃的。王先生劝导我，不要生气，也许打电话的人是真心地喜欢你，你从这个角度去理解就不会气愤了，我在电话里向王先生诉说我的情况和今后的打算，王先生耐心地倾听，一点儿也不觉得烦，他温和地告诉我，我已经知道了事情的来龙去脉，你打的是长途电话，你现在还是一个学生并不富裕，放下电话吧，请放心，我会认真处理这件事情的。

1992年9月，我如愿以偿地考取了王先生的博士研究生。从此，和王先生有了更多的接触和交流，王先生的言行对我的影响深入到学术、生活等各个领域。

在求学期间，王先生承担了长春高新技术开发区生态环境影响评价的课题，让我具体负责这项研究工作，他找我谈话，说出了具体承担的理由：其一是我爱人在长春，通过此课题可以有更多的机会团聚；其二，参加课题可以从实际上锻炼自己，提高实践经验和学术水平。我被王先生善意深深地感动了。我和王先生到长春实地考察，他特意嘱咐我不要通知当地有关单位。王先生的名气很大，他怕当地人知道后迎来送往影响工作。我按照王先生的意思，在当地租了一辆出租车考察，王先生边考察边不断向我讲解相关的内容。到了中午，我要请王先生到一个档次高一点儿的饭店去就餐，他说什么也不答应，最后我们在一个小店各吃了一碗面条。在吃饭的时候，先生向我讲起他的过去和奋斗的历程。这碗面条一直深深地印在我的脑海里，王先生的形象更深深地扎在我的心田中。

在做博士论文期间，我和王先生有过多次的深入探讨，究竟应该做什么，王先生总是尊重我个人的意见。我向他谈起，我的硕士论文《水资源核算及其纳入国民经济核算体系研究》，感觉到水资源价值还没有研究深入，想继续从事这方面的研究。王先生思维敏捷，肯定了我的想法，并断定该研究具有深远的理论和现实意义，并利用开会的机会多次征求有关专家的意见，并将这些专家介绍给我，让我与他们直接交流，其中就包括中国科学院院士章申和著名的水利专家沈坩卿教授。于是我就准备做水资源价值方面的博士论文，开题之前，我拿出了《长江流域水资源价值研究》的草稿报告，先生详细地给我指出了存在的问题并如何改进，谆谆地告诫我论文要小题大做，论文的最高境界是哲学。我慢慢体会先生教诲的内涵，最后将博士论文定为《水资源价值研究》，并从哲学的角度来探讨研究，将辩证法应用其中。我的博士论文凝聚了先生的心血，他字斟句酌地进行修改，在手稿上留下了他的智慧和爱心，我至今还精心地保留着有着先生修改过的论文手稿。事实证明，先生很有远见，后来以博士论文为基础形成的专著《水资源价值论》出版发行，获得了极大的成功，得到了学术界的认可。可惜的是，凝聚着先生心血的著作，先生还没有来得及欣赏就匆匆地离我而去，我只好在专著的扉页上写上“谨将此书敬献给北京师范大学王华东教授”，以此寄托我对先生的哀思、崇敬和敬仰之情。

做王先生的学生，是我人生的一大幸运，遗憾的是，他走得太早了，他许多的精髓我还没有学到，这是我人生的一大遗憾！

先生，安息吧，我会继续努力工作，来报答您对我的厚爱！

姜文来

中国农业科学院农业资源与农业区划研究所

说明：本文已经发表在《中国水利报·现代水利周刊》2007年1月19日人生版

编 后 记

光阴如梭，经过编委会一年多来的共同努力，《王华东教授文集》编辑工作终于完成。回顾《文集》编辑历程，从王先生论著的收集、整理、筛选到最后定稿都离不开许多老师、同学集体的辛勤、认真工作，杨志峰院长与刘虹书记的指导、鼓励与支持，以及师兄弟姐妹们的大力协助。李天杰、许嘉琳与薛纪渝等老师与王建老师在提供素材、王先生论文选取等方面提出了宝贵意见，他们认真求实的精神值得《文集》编委会晚生后辈学习。1998年为纪念王华东教授，由邓春朗等主办，章申院士作序编辑出版的《中国环境科学》（增刊）所收集素材、整理的资料为本《文集》提供了一定基础。在此对为《文集》编辑辛勤努力的老师及同学们，对《文集》出版鼎力相助的出版社领导与编辑，以及全力支持《文集》编写工作的王先生家属、生前好友、同仁、学生们表示衷心的感谢。

《文集》编委会本着务实的态度，将王华东先生的主要代表性论著作为《文集》的主要内容，并收录了王华东先生生前好友、家属与学生的缅怀纪念文章，以及先生从事科学研究、人才培养、学术交流等方面的照片等。王华东先生数十年来站在环境科学学科前沿，取得了很多影响深远的研究成果，并且桃李满天下，限于篇幅，不能将王先生及其与硕士、博士、研究生合作的所有文章收录。另外，由于时间与精力有限，《文集》涉及的文献未及全面考证，部分文章由于年代久远，原文中有的符号已经模糊，图表辨认不清，只能进行了适当删节；同时由于我们的水平有限，对王华东先生博大精深的学术思想未能全面领会，对其论著的介绍与评述难免有不到位之处，甚至存在一些谬误或遗漏，敬请广大读者批评指正。

《环境地理学家王华东教授文集》编委会